AutoCAD 2014 实用绘图教程与实验指导

白 云 邱 劲 陈多观 吕玉惠 编著

苏州大学出版社

图书在版编目(CIP)数据

AutoCAD 2014 实用绘图教程与实验指导 / 白云等编著. —苏州:苏州大学出版社,2019.4(2021.10 重印)
ISBN 978-7-5672-2790-3

Ⅰ. ①A… Ⅱ. ①白… Ⅲ. ①AutoCAD 软件 Ⅳ. ①TP391.72

中国版本图书馆 CIP 数据核字(2019)第 084048 号

内容简介

本书是一本集教材与实验指导书为一体的颇具特色的教科书。书中详细介绍了计算机辅助设计(CAD)的基本概念、AutoCAD 的基本知识、AutoCAD 2014(中文版)的基本操作、二维图形绘制与编辑、三维图形绘制与编辑、参数化绘图、绘图环境设置(图形单位、图形界限、栅格显示、网格捕捉)、图形特性设置(对象颜色、对象线型、对象线宽、图形图层)、对象捕捉、自动追踪、动态输入、图案填充、渐变填充、图案修剪、文本注释、字段、表格、图块、属性、尺寸标注、模型空间、图纸空间、图形输出等,以及多文档设计环境、AutoCAD 设计中心、定制 AutoCAD(命令别名、工具栏、菜单)、图形信息查询、工具选项板、功能区面板和 M2P 捕捉等特殊功能。

本书深入浅出,循序渐进,示例丰富,操作详细,注重实用,为读者系统学习、实战演练、信息查询提供全面、详尽、实用的内容。每章后附丰富习题,书后附 15 个配套实验,供读者练习和上机实验之用。

本书可作为高等院校计算机辅助设计(CAD)课程教材、各类 CAD 技术培训教材和工程设计人员参考用书。本书有配套的电子教学课件,需要者可与作者联系。E-mail: by59@163.com。

AutoCAD 2014 实用绘图教程与实验指导
白 云 邱 劲 陈多观 吕玉惠 编著
责任编辑 周建兰

苏州大学出版社出版发行
(地址:苏州市十梓街 1 号 邮编:215006)
宜兴市盛世文化印刷有限公司印装
(地址:宜兴市万石镇南漕河滨路 58 号 邮编:214217)

开本 787 mm×1 092 mm 1/16 印张 26.25 字数 623 千
2019 年 5 月第 1 版 2021 年 10 月第 2 次印刷
ISBN 978-7-5672-2790-3 定价:59.50 元

苏州大学版图书若有印装错误,本社负责调换
苏州大学出版社营销部 电话:0512-67481020
苏州大学出版社网址 http://www.sudapress.com
苏州大学出版社邮箱 sdcbs@suda.edu.cn

Preface 前言

计算机辅助设计(CAD)技术是一项重要的计算机应用技术,广泛应用于工业生产、工程设计、机器制造、科学研究等诸多领域,已成为工厂、企业、科研部门提高技术创新能力、加快产品开发速度、增强市场竞争力的一项关键技术,也是当今乃至未来工程技术人员必备的高新技术之一。CAD 技术发展之快,应用之广,影响之大,令人瞩目。随着计算机科学技术的发展,CAD 技术正在向标准化、智能化、集成化、网络化、可视化、虚拟化等更高层次迈进,其发展前景极其广阔。CAD 技术应用水平已成为衡量一个国家科学技术现代化和工业生产现代化的重要标志之一。

AutoCAD 2014 是美国 Autodesk 公司在原版本基础上引入当今最新软件设计技术和设计理念推出的最新 CAD 软件,代表了 CAD 软件技术的发展潮流和方向,是 Autodesk 公司的旗舰产品。AutoCAD 2014 的推出,使 CAD 技术达到了更高层次,其功能和效率达到了炉火纯青的地步。AutoCAD 2014 具有直观的图形界面、方便的下拉菜单、易用的功能区面板和工具栏、灵活的工具选项板、完备的二维绘图、强大的三维造型、精确的参数化设计、规范的图形管理、便捷的网络环境及高效的协作设计,能显著提高工作效率和绘图质量,充分满足各种应用需求,实现了与 Internet 网络的无缝集成,体现了高速度、高质量、高效率三大特点,成为基于微型计算机平台的世界一流 CAD 软件,深受用户好评。

本书根据作者多年 CAD 的教学经验,参考大量 CAD 资料,结合教材特点编写而成。本书详细叙述了计算机辅助设计(CAD)的基本概念、AutoCAD 的基本知识和 AutoCAD 2014(中文版)的基本操作,详细介绍了 AutoCAD 2014 二维图形绘制与编辑、三维图形绘制与编辑、参数化设计、绘图环境设置(图形单位、图形界限、栅格显示、网格捕捉)、图形特性设置(对象颜色、对象线型、对象线宽、图形图层)、对象捕捉、自动追踪、动态输入、快捷特性、图案填充、渐变填充、图案修剪、文本注释、字段、表格、图块、属性、尺寸标注、模型空间、图纸空间、图形输出等,以及多文档设计环境、AutoCAD 设计中心、定制 AutoCAD(命令别名、工具栏、菜单)、图形信息查询、工具选项板、功能区面板和 M2P 捕捉等特殊功能。

本书具有如下特点:

1. 注重概念掌握、操作训练和能力的培养,书中既有 CAD 基本概念和基本知识的介绍,又有 CAD 基本操作和基本技能的学习,还有 CAD 综合设计和绘图能力的训练,概念、操作和能力得到有机结合。

2. 体现素质教育的基本要求，注重内容的宽泛、示例的丰富和步骤的翔实，书中内容实例涉及多个领域、多个行业、多种专业，具有较强的适用性、通用性和实用性。

3. 重视课堂理论教学内容和上机实验训练项目的衔接和配套，书后附实验指导，提供15个配套实验项目，实验项目与教材内容及顺序完全一致，无须再使用其他实验指导书。学生可按教学内容及顺序依次做书中提供的配套实验项目。实验项目不涉及后续教学内容，教师教学和学生学习都会感到非常方便。

4. 本教材提供多媒体课件、电子教案和图形素材等教学资源，供教师和学生使用，可直接到苏州大学出版社门户网站下载中心（http://www.sudapress.com/Pages/ResourceCenter.aspx）下载。多媒体课件和电子教案内容全面、界面美观、图文醒目、导航清晰、使用方便，图形素材种类丰富、面广量大、难易相间。

本书是一本集理论学习、实例操作和实战训练为一体的颇具特色的教科书，可作为高等院校计算机辅助设计（CAD）课程教材、各类CAD技术培训教材和工程设计人员参考用书。

苏州大学博士生导师崔志明教授在百忙之中详细审阅了全部书稿，并提出了许多宝贵的修改意见，保证了本书的质量，在此表示诚挚的谢意。张昭玉、周蓓蓓、吴勇、陈国新、李学哲、韦婷婷、张行、黄研秋等同志参与了本书的部分编写工作或对教材的编写提供了帮助，在此表示诚挚的谢意。

由于编写时间仓促及编者水平有限，书中难免有不妥之处，恳请专家和读者批评指正。

编　者

2019年3月

符 号 约 定

为了方便读者阅读,保持本书书写风格的一致和规范,特作如下约定:

1. 本书以 AutoCAD 2014 中文版为蓝本。

2. 菜单名、菜单项名、按钮名用双引号“”括住。

3. 用符号“↙”表示回车键。

4. 用符号“→”表示鼠标操作顺序。例如,“修改”→“复制”,表示用鼠标选取“修改”菜单项或按钮,然后再选取“复制”菜单项或按钮。

5. 用符号“/”表示单项选择。例如,“单点”/“多点”,表示选取“单点”或者“多点”菜单项。

6. 符号“●”“◆”“■”表示叙述的层次性(由外到内、由高到低三个层次)。

7. 功能按键用符号“【”“】”括住。例如,【Shift】、【F1】、【Ctrl】,分别表示“Shift”键、“F1”键、“Ctrl”键。

8. 组合键用“+”号连接表示。例如,“【Shift】+【C】”表示同时键入“Shift”键和字母“C”。

9. 提示内容用小号汉字和字母表示,命令名或数据输入用大写字母及下划线表示。例如:

命令:ARC↙

指定圆弧的起点或[圆心(C)]:2,1↙

指定圆弧的第二个点或[圆心(C)/端点(E)]:C↙

指定圆弧的圆心:@1,0↙

指定圆弧的端点或[角度(A)/弦长(L)]:@1,0↙

10. 提示内容中符号对“[”“]”表示其内为可选择操作部分。例如,“指定圆弧的第二个点或[圆心(C)/端点(E)]:”表示可选择“圆心(C)”或“端点(E)”操作。

11. 提示内容中符号对“(”“)”中的大写字母表示执行操作快捷字母。例如,“[圆心(C)/端点(E)]”表示可键入“C”或“E”。

12. 带下划线部分为用键盘输入或用鼠标选取的内容。例如,“指定圆弧的起点或[圆心(C)]:2,1↙”中的“2,1↙”为键盘键入部分。

13. “单击”指按鼠标左键一次,一般用于选择菜单,激活按钮,拾取点。

14. “双击”指快速按鼠标左键两次,一般用于执行某功能。

15. “右击”指按鼠标右键一次,一般用于弹出快捷菜单。

16. “拖动”指按住鼠标左键的同时移动鼠标,一般用于移动对象。

Contents 目录

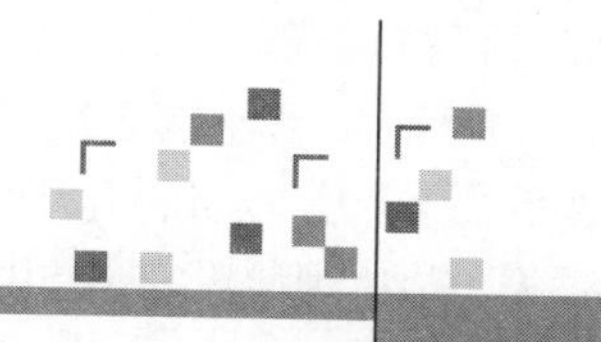

第1章

CAD 技术概述

本章简要介绍 CAD 技术的基本概念、主要特点、应用状况和发展历程，以及 CAD 系统的组成和技术背景，使读者对 CAD 技术和 CAD 系统有一个全面的了解。

1.1 CAD 技术及发展历程

1.1.1 CAD 技术、现代产品设计及其应用

所谓 CAD(Computer Aided Design，即计算机辅助设计)技术就是利用计算机快速的数值计算和强大的图文处理功能，来辅助工程师、设计师、建筑师等工程技术人员进行产品设计、工程绘图和数据管理的一门计算机应用技术。它已成为工矿企业和科研院所提高技术创新能力，加快产品开发速度，增强社会竞争力，促进自身快速发展的一项必不可少的关键技术。使用 CAD 技术，可以显著提高工程设计的工作效率和设计质量。

CAD 技术是现代产品设计中被广泛采用的现代设计方法和手段，它贯穿于现代产品设计中的主要设计环节，并发挥着重要作用。产品设计是工业生产的重要基础，产品设计的效率和质量对工业生产部门的生存和发展具有举足轻重的作用。特别是 20 世纪 90 年代以后，随着计算机技术、信息技术和互联网技术的飞速发展，产品技术含量增加，生命周期缩短，更新换代加快，传统产品设计方法和手段已不能适应高速发展的社会需求，现代产品设计方法和手段受到工业界的广泛重视。现代产品设计强调产品设计的效率和质量，面向产品设计的研发和创新。采用现代产品设计方法和手段，可以显著提高产品设计效率，缩短产品设计周期，加快产品更新换代，增强产品市场竞争力。现代产品设计过程涉及产品结构、形状、颜色、材质、工艺、布局等基本要素，最终以工程描述(工程图纸、设计文档)形式给出设计结果。CAD 技术综合体现了现代产品设计的方法和手段，现代产品设计中的大多数设计活动可以采用 CAD 技术来实现其设计目标。CAD 技术和现代产品设计就像两个孪生兄弟，相互依存，相互促进，共同发展。现代产品设计为 CAD 技术提供了广阔的应用舞台，CAD 技术又为现代产品设计提供了强有力的创新手段。

CAD 技术具有 6 大特点：提高工程设计质量；缩短产品开发周期；降低生产成本费用；

促进科技成果转化;提高劳动生产效率;提高技术创新能力。

CAD 技术发展之快,应用之广,影响之大,令人瞩目。近几年,CAD 技术呈现加速发展的态势,从早期的几个特殊行业,到现在几乎遍及所有领域,如建筑、机械、电子、汽车、航天、纺织、服装、家电、文艺、影视、体育等。CAD 技术应用水平已成为衡量一个国家工业现代化的重要标志之一。

1.1.2 CAD 技术发展历程

CAD 技术是随着计算机技术的发展而发展的,它经历了由小到大、由易到难、由简单到复杂的发展过程。CAD 技术的发展经历了以下 4 个阶段。

1. 第一阶段(20 世纪 60 年代初—70 年代初)

CAD 技术起源于 20 世纪 60 年代初。当时,计算机图形学研究有了突破性进展,光笔、阴极射线管、滚筒式绘图仪等图形设备相继问世。1962 年,美国麻省理工学院 MIT 林肯实验室的 Ivan E. Sutherland 博士研制出世界上第一套利用光笔的交互式图形系统 Sketchpad。该系统首次允许设计师坐在计算机显示屏前利用手中光笔快速输入资料和绘制图形。他在论文"计算机辅助设计纲要"中首次提出了计算机辅助设计的概念,文中指出"设计师坐在显示屏的控制台前用光笔操作,从概念设计到生产设计以至制造,都可以实现人机对话,设计人员可以随心所欲地对计算机显示的图形进行增、删、改"。

Ivan E. Sutherland 博士的创造性工作开创了 CAD 技术研究的新纪元。受其影响,许多计算机工程技术人员和企业纷纷开展 CAD 技术的研究工作,从而开辟了计算机技术应用的新领域,CAD 技术从此走上了快速发展的道路。

这一时期是 CAD 技术研究的起步时期。基于 CAD 技术的 CAD 系统,其功能比较简单,但价格昂贵、技术复杂、使用烦琐,只有大型企业才有条件使用 CAD 技术和 CAD 系统。

2. 第二阶段(20 世纪 70 年代初—80 年代初)

20 世纪 70 年代初,随着计算机技术和图形学的飞速发展,价格低、功能强、性能优的计算机及图形设备开始出现,小型计算机成为市场上的主流机型。Applican、Computer Vision(CV)、Intergragh、Calma、Digital 等公司相继推出了基于小型计算机平台的 CAD 系统,比较著名的 CAD 系统是 Digital 公司的 Turnkey 系统,即交钥匙系统。CAD 系统趋向商品化,对社会开始产生广泛影响。

这一时期 CAD 技术得到了快速发展。绘图软件、支撑软件和图形设备(显示器、输入板、绘图仪等)日趋完善,产品价格下降,应用范围扩大,操作更加方便。CAD 系统开始进入中小企业。我国部分科研院所开始陆续引进一些图形工作站和 CAD 系统。

3. 第三阶段(20 世纪 80 年代初—90 年代初)

20 世纪 80 年代初,超级微型计算机替代小型计算机开始成为市场主流机型,二维和三维图形处理技术、真实感图形处理技术、有限元分析、优化设计、模拟仿真、动态景观、计算可视化等研究工作进入了实用化阶段。例如,1980 年美国 Apollo 公司生产出第一台图形工作站(超级微型计算机),之后 SUN、DEC、HP、SGI、IBM、Autodesk 等公司相继推出了以图形工作站为平台的 CAD 系统。这些系统性能更优、价格更低、功能更强、操作更方

便,图形处理软件更加成熟和完善。

这一时期CAD技术取得了飞速发展。CAD、CAE、CAM一体化综合CAD系统开始出现,其应用得到广泛普及,影响迅速扩大,用户成倍增加。在我国,CAD技术被正式列入国家发展计划,CAD技术开始从科研院所向企业渗透和普及。

4. 第四阶段(20世纪90年代初以后)

进入20世纪90年代,计算机软硬件技术取得了突飞猛进的发展,特别是微处理器(CPU)性能的提高,窗口系统的出现以及互联网的广泛应用,极大地促进了CAD技术的发展。CAD技术在20世纪90年代以后呈现加速发展的态势,系统功能不断增强,版本更新不断加快,特别是与互联网技术的无缝集成和高度融合,使CAD系统功能更加强大和完美。

这一时期CAD技术呈现标准化、智能化、集成化、网络化、可视化、虚拟化等特征,其应用开始遍及社会各个领域。计算机一体化解决方案CIMS、CAPP、PDM、ERP等大型智能化CAD软件相继问世,把CAD技术推向了更高水平。

1.2 CAD 系 统

1.2.1 CAD系统组成

CAD系统是由计算机硬件系统和软件系统组成的大型计算机系统,它集多种技术于一身,功能强大,性能优良,应用广泛,影响深远。

1. 硬件系统

组成CAD系统的计算机硬件系统由计算机和外部设备组成。

(1) 计算机。

计算机是CAD系统中的核心硬件设备,对CAD系统的性能具有重要影响。CAD系统对计算机性能指标要求很高,通常需要配置速度快、内存大、性能优的高档品牌计算机。计算机主要指主机,由CPU、内存、硬盘、光驱、USB端口等部件组成。

- CPU。CPU是计算机主机最重要的核心部件,其主频决定数据处理的速度,字长决定数值运算的精度,两者影响CAD系统的运行效率。CAD系统对CPU性能指标要求很高,通常要求CPU主频2 GHz和字长32位以上。CPU主流品牌是Intel和AMD。
- 内存。内存指计算机内部存储器,它是计算机主机的重要部件,用于存储正在运行的程序和数据。内存容量相对较小,存取速度较快。内存容量大小影响计算机整机性能,从而影响CAD系统性能。目前,CAD系统通常要求配置4 GB以上大容量内存。
- 硬盘。硬盘指大容量外存储器,它是计算机主机的重要部件,用于存储大量的程序和数据。目前,硬盘容量已达1 500 GB。
- 光驱。光驱是一种大容量外存储器,为计算机主机的标配部件。光驱通过光盘来存取信息。光盘有只读光盘和可读写光盘两种。只读光盘价格较低,可读写光盘价格较贵,使用较多的是只读光盘。光驱性能与读写速度有关,光驱有12、24和48倍速之分。
- USB端口。USB端口是计算机与外部设备进行I/O操作的通信接口,为计算机主机的标配部件，是目前颇受欢迎的通信接口，许多外部设备（如打印机、复印机、移动硬盘、优盘等）可与 USB 端口连接。移动硬盘和优盘是一种连接到 USB 口的外存储器，以其外形小巧、携带方便而深受用户的欢迎，目前容量已达 100 GB 以上。

（2）外部设备。

CAD 系统除了配置高档计算机主机外，还需要配置丰富的外部设备。CAD 系统对外部设备性能要求很高。外部设备分为输入设备和输出设备。

● 输入设备。输入设备是将外部信息（数据、文字、图形、图像等）输入计算机的设备。常用的输入设备有键盘、鼠标、数字化仪、扫描仪等。

键盘是计算机上配置的主要输入设备，用来输入文字、数据、图形或控制信息。在 CAD 系统中可用键盘输入操作命令、坐标数据、长度信息等。

鼠标也是计算机上配置的主要输入设备。鼠标一般有两个按键，左键称为拾取键，用于选择、定标和拖动等操作；右键与系统有关，在 CAD 系统中，一般用于回车换行、执行命令、弹出快捷菜单等操作。

数字化仪也称图形输入板，它是一种将已画好的图形输入计算机中的图形输入设备，它可作为鼠标器使用。数字化仪的型号、规格有多种，主要技术指标有分辨率和尺寸大小。高档的数字化仪分辨率可达 0.025 mm，幅面可达 A0 号图纸。

扫描仪是输入图像信息的输入设备，通过扫描图像将图像信息输入计算机内，主要技术指标有分辨率、色彩位数、感光元件等。

● 输出设备。输出设备是将计算机内部信息（数据、文字、图形、图像等）以可读的形式输出到外界的设备。常用的输出设备有普通显示器、图形显示器、绘图机、打印机、数字化仪等。

普通显示器是计算机上配置的主要输出设备，用来显示文字、数据、图形或图像。显示器分为彩色显示器和黑白显示器。显示器性能与分辨率高低有关。CAD 系统通常配置高分辨率彩色显示器，也可同时配置两个显示器，即所谓的双屏配置，一个用于显示提示和输入命令，一个用于显示和修改图形。对于显示器，需在计算机主机内配置图形适配器（显示卡），其显示效果与显示卡有密切关系，高档显示器需要配置高档显示卡。显示器分辨率已达 3 840 ×2 160（4 K）像素，甚至更高，颜色数可达 2^{32} 种，即 32 位颜色（真彩色），通常为 256 色。显示器颜色数只影响视觉效果，与图形输出无关。

图形显示器是大型 CAD 系统配置的带有图形加速硬件的图形输出设备，也称图形终端，其特点是显示速度快，分辨率高，但价格昂贵，一般微机上用普通显示器替代。

绘图机是 CAD 系统中最主要的图形输出设备，用户用其输出大量的工程图纸。绘图机有平板式和滚筒式两种，绘图机又分为笔式和喷墨两种类型。目前，比较流行的是喷墨绘图机，绘图质量较高。绘图机还有彩色和黑白之分。绘图机的主要技术指标是分辨率 dpi，即每英寸点数，目前有 300 dpi、600 dpi、1 200 dpi 等。

打印机是计算机常规配置的输出设备，用户可用其输出文档或图纸样张。打印机种类繁多，打印机有针式打印机、喷墨打印机、激光打印机等。

2. 软件系统

计算机软件系统由系统软件、支撑软件和应用软件组成。

(1) 系统软件。

系统软件是CAD系统的重要组成部分，它为CAD系统提供运行平台，其功能强弱和性能优劣，对CAD系统的运行效率有直接影响。最重要的系统软件是操作系统，它指挥和控制计算机内所有软、硬件资源，CAD系统必须在某一操作系统的支持下运行。操作系统种类很多，常用的有Windows、UNIX、Xenix、Lunix等，目前微机上流行的操作系统是Windows。

(2) 支撑软件。

支撑软件是程序设计语言、图形处理软件、数据库管理系统等通用软件，用于开发应用系统。程序设计语言有Lisp、Basic、C、FORTRAN、Java等，数据库管理系统有Dbase、FoxBASE、Visual FoxPro、Oracle、Sybase等。CAD系统中的图形处理软件属于支撑软件，通常有AutoCAD、CADKAY、CGI、GKS、PHIGS、OpenGL、开目CAD等。

(3) 应用软件。

应用软件是在操作系统支持下利用支撑软件进行二次开发生成的软件系统。应用软件一般专业性强，用于特定的领域。

除以上3种软件外，通常还需配置一些工具软件，如文字处理软件、电子表格软件、网络通信软件等。

1.2.2 CAD系统对运行环境的要求

CAD系统对计算机软、硬件运行环境要求很高，只有具备了优良的软、硬件运行环境，CAD系统才能发挥最佳性能。CAD系统对运行环境有以下要求。

(1) 要具有高速数据处理和数值计算能力。要求计算机系统有高速CPU、大容量主存、高效算法和并行处理机制，以适应复杂的工程计算、工程设计、图形绘制、有限元分析、模拟仿真等需求。

(2) 要具有强大的图形处理能力。要求计算机系统有性能优良的图形处理硬件、图形显示器和图形输入/输出设备，以适应图形绘制、消隐、渲染、可视化、虚拟现实等高级图形处理要求。

(3) 要具有高效的数据管理能力。要求计算机系统有高效的数据存储及传输能力、大容量的存储设备和数据管理系统，以适应大量工程数据、图形、图表、标准、规范、图像等数据的管理工作。

(4) 要符合标准化要求。采用国际标准和行业标准，如开放标准、用户界面标准、数据存储和交换标准、图形处理标准等有关标准，以适应各系统间的交换、协作和并行工作。

(5) 要具有友好的用户界面。要求计算机系统有直观的用户界面、醒目的菜单和方便的操作环境，以适应系统的大众化特点，便于推广和普及。

(6) 要具有较强的通用性。要求计算机系统有较强的通用性和二次开发能力，以适应多领域应用的要求。

(7) 要具有高速网络通信能力。要求计算机系统能与互联网连接，具有高速、通畅、方便的网络环境,有效实现信息交流、共享和利用。

1.2.3 CAD 系统的技术背景

CAD 系统是综合和集成了多种技术在内的大型计算机系统。CAD 系统所涉及的技术有计算机软硬件技术、计算机图形学、数据库管理、数值分析、人工智能、人机界面、数据交换、网络通信等。

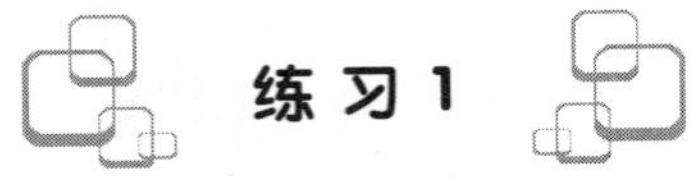
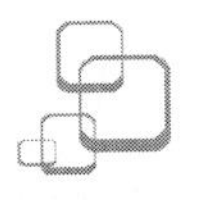

练习 1

1. CAD 的中文含义是什么? 其英文如何拼写?
2. 何谓 CAD 技术? CAD 技术有何特点和优点?
3. 何谓现代产品设计? 现代产品设计有何特点?
4. 简述 CAD 技术与现代产品设计的关系。
5. 目前,CAD 技术主要应用于哪些领域?
6. CAD 技术的发展趋势是什么?
7. CAD 技术对运行环境有何要求?
8. CAD 技术的主要作用是什么?
9. 简述 CAD 系统的组成。
10. 目前,常用的图形输入/输出设备有哪些? 主要技术指标是什么?
11. CAD 技术涉及哪些技术领域?
12. 为什么说 CAD 技术是多学科的综合性计算机应用技术?

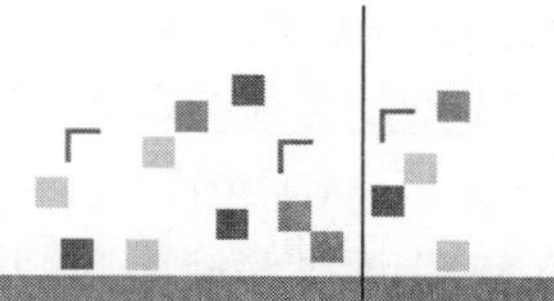

第 2 章

AutoCAD 2014 基础知识

2.1　AutoCAD 2014 概述

2.1.1　AutoCAD 简介

美国 Autodesk 公司是专门从事图形处理软件、影像制作系统和多媒体创作工具的研制、开发和应用的高科技公司，在全球有广泛影响。AutoCAD 是 Autodesk 公司研制的一套通用的交互式计算机辅助设计与绘图软件包，是 Autodesk 公司的旗舰产品，它的推出开创了在微型计算机上实现大型计算机功能的先例，首次将计算机制图带入了个人计算机时代，被认为是 CAD 技术发展中的一场重大事件，它是目前应用最广泛、影响最深远的世界一流的 CAD 软件之一。从 1982 年起到现在，Autodesk 公司一直致力于 CAD 软件研究、开发和应用工作，取得了令人瞩目的成就，成为 CAD 软件领域的一颗耀眼的明星。目前，AutoCAD 软件在全球几乎家喻户晓，越来越多的工程设计人员已习惯和热衷于 AutoCAD 术语、界面和操作方法。AutoCAD 在我国得到了迅速的普及和推广，AutoCAD 软件及其增值产品在工程设计领域得到了广泛应用，AutoCAD 用户成倍增加，极大地推动了我国工程设计的技术进步。

AutoCAD 软件有 6 大显著特点：功能强大、使用面广、易于学习、操作方便、性能价格比高、便于二次开发。

AutoCAD 的发展速度非常惊人，从 1982 年推出的第一个 1.0 版现已经历 20 多次版本升级。经过短短 30 多年时间，它已一跃成为世界一流的 CAD 软件，变化可谓突飞猛进。

2.1.2　AutoCAD 2014 的主要功能

AutoCAD 2014 是 Autodesk 公司在 AutoCAD 2013 基础上推出的 CAD 软件，它代表了 CAD 软件的发展方向。AutoCAD 2014 功能强大，性能优良，操作便捷，深受用户的好评。

AutoCAD 2014 具有直观的用户界面、方便的下拉菜单、易用的功能区面板和工具栏、灵活的工具选项板、完备的二维绘图、强大的三维造型、精确的参数化设计、规范的图形管理、便捷的网络应用及高效的协作设计。它能显著提高工作效率和绘图质量，充分满足各种应用需求，具有高速、高质、高效三大特点。

AutoCAD 2014 改进了用户界面，增加了许多新功能，使其更加符合 Windows 系统标准、互联网技术规范和现代设计理念，给用户提供了一个更加友好、快捷、方便、灵活的设计和绘图环境。

AutoCAD 2014 有以下主要功能。

(1) 工作空间功能。对用户界面进行了改进，使用户界面更加直观、醒目和友好。工作空间提供了“AutoCAD 经典”“草图与注释”“三维基础”“三维建模”4 种类型用户界面供用户选择。除传统的菜单、工具栏和选项板外，提供了应用程序菜单、快速访问工具栏、信息中心工具栏和功能区面板，可方便、快速和高效地创建、打开、搜索、浏览、保存、输出、发布、打印、绘制和编辑图形文件。

(2) 多文档设计功能。采用多任务并发技术和轻松设计环境，充分体现典型的 Windows 风格和先进的设计理念。新增了选项卡，允许用户同时设计和绘制多个图形。

(3) AutoCAD 设计中心(ADC)功能。可快速搜索、浏览、查找、打开和导入 AutoCAD 图形对象，可实现本地或远程图形数据的充分共享和有效管理。

(4) 二维图形绘制和编辑功能。可使用多种绘图方式绘制直线、圆、圆弧、椭圆、椭圆弧、矩形、多段线、样条曲线等基本二维图形；能对图形进行移动、复制、旋转、缩放、拉长、修剪等编辑修改；能创建文字、字段、表格等图形对象；能更改图形对象的显示顺序；能创建图块和属性；能填充和修剪图案，并支持真彩色填充；能进行参数化图形绘制，可为二维图形创建几何体和标注约束关系。

(5) 三维图形建模和修改功能。可创建线框型、表面型和实体型三维图形；可使用多种建模方法创建球体、柱体、锥体、长方体、环体等几何三维形体；能将二维图形通过拉伸、旋转、剖切、放样、扫掠等手段构建三维实体；能对三维图形进行移动、旋转、对齐、阵列、镜像等编辑修改；能利用自由形状设计工具，设计、创建、平滑、优化、分割和锐化任何复杂三维图形。

(6) 文字注释和编辑功能。可轻松方便地处理各种文字；能通过文本编辑器方便设置多种文字样式和文字格式；能对文字进行快速搜索、查看、调整和定位；能对文字实施段落对齐、拼写检查和查找替换；能设置背景遮罩和段落分栏；能输入特殊符号和插入字段对象。

(7) 渲染、漫游、飞行和动画功能。可为三维图形制定光源、场景、材质和贴图；能对三维图形实施消隐、着色和渲染，得到美观、真实、醒目的视觉效果图。

(8) 捕捉、追踪、动态输入、快捷特性和选择循环功能。使用对象捕捉、自动追踪、动态输入、快捷特性和选择循环功能，能显著提高图形绘制和编辑的智能化程度。

(9) 尺寸标注功能。能进行快速尺寸标注和关联尺寸标注，所标注尺寸可随端点和边界的变化而变化；可添加标注约束关系，实现参数化绘图；可进行线性标注、基线标注、连续标注、直径标注、半径标注、对齐标注、弧长标注、折弯标注等 11 种尺寸标注；可设置和修改尺寸标注样式，以满足不同尺寸标注需求。

(10) 图形输出功能。允许将图形以不同样式通过打印机或绘图仪输出，可创建多种图纸布局和真彩色打印样式；能实现非矩形视区输出、着色打印和合并控制打印，使打印图形真正实现“所见即所得”。

(11) 图块、属性和数据提取功能。可轻松创建图块和属性;能快速修改和更新现有图块的参数及定义;能通过多种方式插入图块对象;能使用"数据提取"功能,使图形数据的选择、提取、制表和导出过程自动化;能使用动态图块功能,可在图块中使用几何约束和标注约束,灵活方便地插入不同形状和尺寸的图块。

(12) CAD 标准和图层转换器功能。允许创建、编辑和使用 CAD 标准文件;可依据 CAD 标准文件所确定的标准规则审核图形,保证同一项目图形文件中图层特性、线型属性、文字样式、标注样式等命名对象的一致性。通过"图层转换器"实现当前图形中命名对象与 CAD 标准文件中标准命名对象的关联、映射和转换。

(13) 图层管理功能。通过"图层特性管理器",允许创建图层组和图层组过滤器;可方便设置图层状态和有关参数,对图层进行有效的组织和管理。

(14) 图案填充功能。可对封闭区域和非封闭区域实施普通图案填充、真彩色填充、渐变色填充、图案修剪、图案间隙调整等操作;允许指定图案填充或渐变色填充为注释性对象,根据视口和模型空间比例,自动调整填充对象尺寸。增强了图案填充命令,可直接输入图案名称进行填充。

(15) 图形显示功能。提供平行投影、透视投影、三维动态观察器、二维线框、三维线框、三维消隐、三维真实感、三维概念等多种图形显示方式,图形显示灵活多样,可从不同角度、不同视点、不同焦距显示和观察图形。

(16) 图纸集和标记集功能。可使用"图纸集管理器"创建、打开、组织、管理和归档图纸,实现多个图形图纸的有效组织和管理;可使用"标记集管理器"创建、打开标记集,加注、查看和修改标记,用于设计小组成员之间对图形进行交流、审阅和修改。

(17) 字段和表格功能。允许创建、生成、插入各种数据表格和不同类型的字段对象;可创建和使用表格样式和表格特性,使单调的图形能蕴涵丰富的数据信息和文字说明。

(18) 功能区面板和工具选项板功能。允许创建、显示、隐藏功能区面板和工具选项板,以直观、醒目、快捷的形式提供图形绘制和编辑操作;允许创建、访问、管理、分类和恢复工具选项板,为工具选项板设置固定、隐藏、透明等多种特性。

(19) 二次开发功能。提供 Visual Basic、Visual LISP、ObjectARX 和 ADS 等二次开发工具,可用其开发和使用第三方程序,对 AutoCAD 功能进行必要的扩充和增强。

(20) 网络通信功能。提供丰富的网络通信工具,全面支持互联网。利用信息中心、联机设计中心、联机资源、设计发布、网上发布、电子传递、Autodesk 360 等功能,实现与互联网快速连接,高效完成图形信息的搜索、浏览、发布、传递和交流,轻松共享设计数据和图形信息,及时得到设计组成员和 Autodesk 公司的技术支持。

(21) 文件格式功能。允许输出 DWG、DWT、DWS、DWF、DXF、PDF、DGN 等多种图形文件格式,以满足不同用户需求,可轻松地将这些文件格式的图形文件作为底图插入、添加到当前图形中。

(22) 用户定制功能。允许将 AutoCAD 定制为适应于某个行业、专业或领域并满足用户个人习惯和爱好的专用绘图系统。允许定制的内容有用户界面、命令别名、线条线型、填充图案、系统菜单、功能面板、工具选项板、工具栏、工具按钮等。

(23) 浏览 CAD 图形功能。提供 Autodesk Design Review 工具,可快速浏览、打印和标记多种格式的图形，特别是 DWF 和 PDF 格式图形；可通过互联网将设计数据分发给网络环境中需要这些数据的任何人，以保持工程设计项目合作的顺畅和协调。

（24）在线帮助和新功能专题学习功能。提供"帮助"菜单和"欢迎"窗口，为用户提供获取相关信息和学习资料的便捷方式，实时帮助用户解决疑难问题，通过互联网及时获得 AutoCAD 产品信息的技术支持。

2.1.3 AutoCAD 2014 的软硬件配置

AutoCAD 2014 对计算机软硬件配置提出了更高要求。它有 32 位和 64 位两种配置。

软件配置：Windows XP/Windows 7 操作系统、IE7.0 浏览器、NET Framework4.0。

硬件配置：Intel/AMD（32 或 64 位）双核处理器、2GB 及以上内存、80GB 及以上硬盘；1 024×768 及更高 VGA 真彩色高分辨率显示器、3D 图形卡、鼠标、数字化仪、光驱、并行口、串行口、USB 端口、声卡、网卡、打印机、绘图仪等。

2.1.4 AutoCAD 2014 系统的安装

可在 Windows XP/Windows 7 操作系统平台上安装 AutoCAD 2014。安装过程如下：

（1）将 AutoCAD 2014 软件光盘放入光驱。

（2）运行光盘中 setup.exe 程序文件。

（3）根据安装向导提示完成安装。运行 setup.exe 程序后，弹出安装向导对话框，根据提示进行操作。安装过程中，要进行配置检测，需接受许可协议，输入产品序列号和密钥，指定安装路径（C:\Program Files\AutoCAD 2014）。安装成功后，生成 AutoCAD 2014 程序图标和程序组。

（4）注册和激活。重新启动计算机。首次运行，要求进行注册和激活。在产品激活向导中，选择"激活"项，按照提示输入正确激活码，完成注册和激活。成功激活后，才可使用 AutoCAD 2014。

2.1.5 AutoCAD 2014 的文件类型

安装 AutoCAD 2014 后，在硬盘上保存有 1 000 多个各类文件，了解和区分不同类型文件有助于用户更好地使用 AutoCAD 2014。AutoCAD 2014 文件类型如表 2-1 所示。

表 2-1 AutoCAD 2014 系统文件类型

扩展名	含义	扩展名	含义	扩展名	含义
.ac$	临时文件	.dxb	二进制交换文件	.pat	图案文件
.bak	备份文件	.dxf	图形交换文件	.plt	输出文件
.cfg	配置文件	.dxx	属性提取文件	.sat	ACIS 实体对象文件
.cui	界面自定义文件	.eps	PostScript 文件	.shp	形/字形定义文件
.dgn	CAD 图形文件	.exe	程序文件	.shx	形编译文件

续表

扩展名	含义	扩展名	含义	扩展名	含义
. dwg	CAD 图形文件	. lin	线型文件	. stl	三角形网格
. dwt	CAD 模板文件	. lsp	LISP 文件	. sld	幻灯文件
. dwf	网络图形文件	. mnu	菜单文件	. txt	文字文件
. dws	CAD 标准文件	. pdf	PDF 文档阅读文件	. wmf	Windows 图元文件
. dst	图纸集数据文件	. pgp	命令别名定义文件	. 3ds	3D Studio 文件

2.2 AutoCAD 2014 的启动与关闭

2.2.1 AutoCAD 2014 的启动

需要使用 AutoCAD 2014 绘图，必须启动 AutoCAD 2014 软件，有 4 种启动方法。

（1）双击桌面上的“AutoCAD 2014”图标。

（2）双击桌面上的“我的电脑”图标，在“我的电脑”窗口中查找并双击 acad. exe 程序。

（3）双击桌面上的“我的电脑”图标，在“我的电脑”窗口中查找并双击 dwg 图形文件。

（4）单击桌面左下角“开始”菜单，选择“所有程序”→“Autodesk”→“AutoCAD 2014”→“AutoCAD 2014”菜单项。

AutoCAD 2014 软件启动后，根据初始默认设置（“草图与注释”工作空间）及默认图形样板文件（acadiso. dwt），打开“AutoCAD 2014”用户界面窗口和欢迎窗口，如图 2-1 所示。

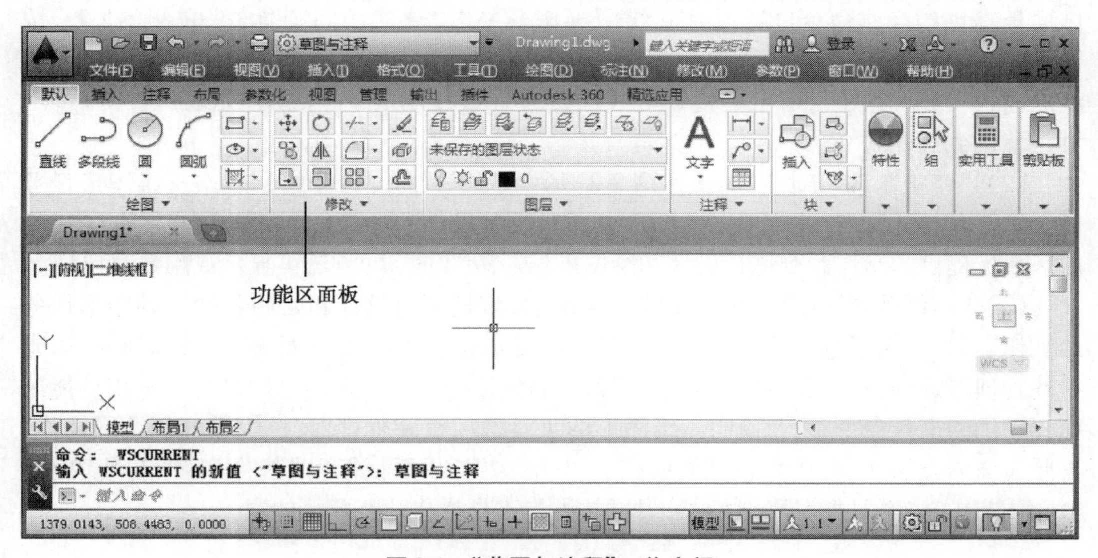

图 2-1 “草图与注释”工作空间

图形文件名默认为“Drawing1. dwg”，图形界限默认为公制 420 ×297。也可在“欢迎”窗口中创建新的图形文件(选择新的图形样板文件，如 acad. dwt，图形界限为英制 12 ×9)或打开已有的图形文件。

2.2.2 AutoCAD 2014 的关闭

当绘图工作结束，不使用 AutoCAD 2014 时，需及时关闭软件，有 5 种关闭方法。

(1) 单击用户界面上部标题栏右侧的“ ×”按钮。

(2) 单击用户界面左上角“应用程序菜单”中的“关闭”菜单项。

(3) 单击用户界面上部菜单栏中的“文件”→“关闭”菜单项。

(4) 在命令行中输入 QIUT/EXIT。

(5) 按【Alt】+【F4】组合键。

在执行关闭软件操作时，若未保存图形文件，则提示保存该图形文件到指定位置。

2.3 AutoCAD 2014 的工作空间

1. AutoCAD 2014 工作空间的类型

AutoCAD 2014 的工作空间也称用户界面，具有直观、醒目和友好等优点。AutoCAD 2014 预定义了 4 种类型工作空间：草图与注释、三维基础、三维建模、AutoCAD 经典。用户可根据需要选择合适的工作空间进行设计和绘图操作，可通过“自定义用户界面”对话框设置和修改工作空间参数，定制更符合实际应用需求的工作空间，能轻松方便地在不同工作空间之间切换。

(1) “草图与注释”工作空间。如图 2-1 所示，它是面向设计和绘制二维图形任务的工作空间，提供了有关二维图形设计和绘图操作的功能区面板。用户主要使用功能区面板提供的操作命令进行设计和绘图操作。单击“快速访问工具栏”右侧的“▼”按钮，在下拉菜单中选择“显示菜单栏”或“隐藏菜单栏”可显示或隐藏菜单栏。单击“功能区面板” →“视图”→“工具栏”→“AutoCAD”→“工具栏名”，激活某工具栏，可将工具栏移动到合适位置。

(2) “三维基础”工作空间。如图 2-2 所示，它是面向设计和绘制基本三维图形任务的工作空间，提供了有关基本三维图形设计和绘制操作的功能区面板。用户主要使用功能区面板提供的操作命令进行设计和绘图操作。按照前面的方法可显示或隐藏菜单栏。

(3) “三维建模”工作空间。如图 2-3 所示，它是面向设计和绘制复杂三维图形任务的工作空间，提供了有关复杂三维图形设计和绘制操作的功能区面板、工具选项板、阳光特性管理器、材质管理器、视觉样式管理器和高级渲染设置管理器。用户主要使用功能区面板提供的操作命令，以及面向三维图形的工具选项板和管理器，进行设计和绘图操作。按照前面的方法可显示或隐藏菜单栏。单击“功能区面板” →“视图”→“工具栏”→“AutoCAD”→“工具栏名”，激活某工具栏，可将工具栏移动到合适位置。

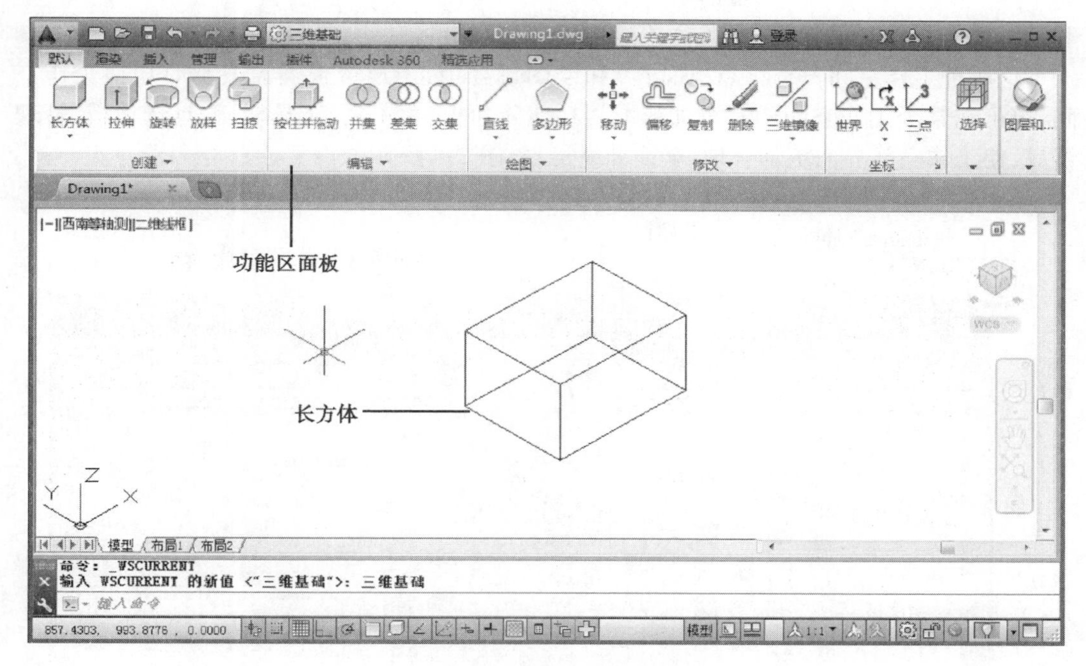

图 2-2 "三维基础"工作空间

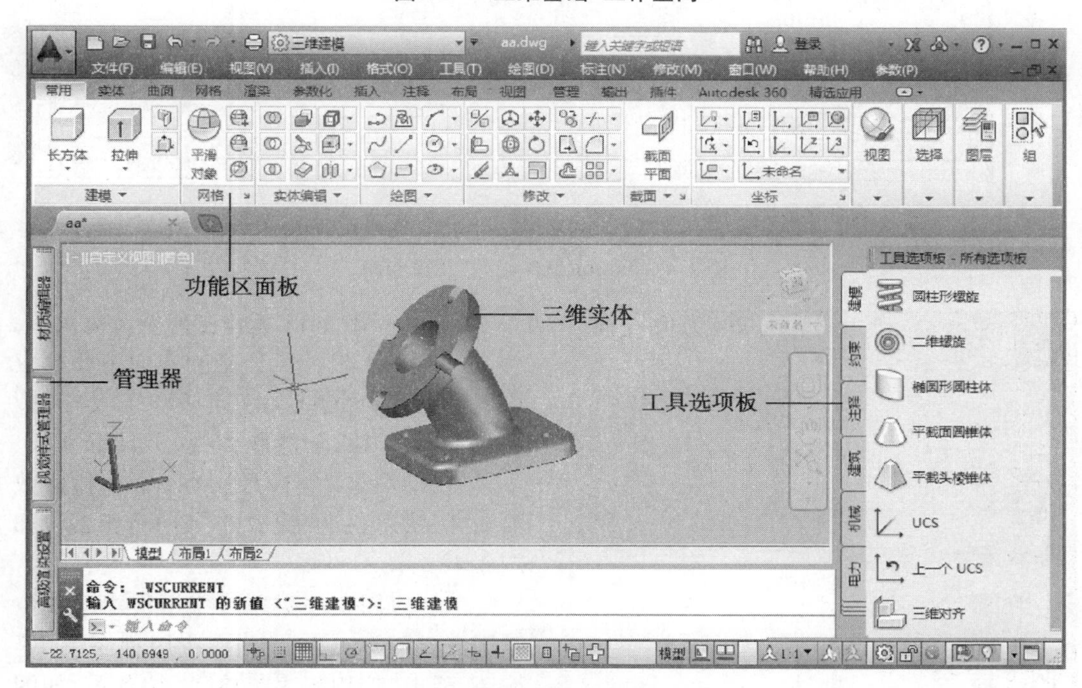

图 2-3 "三维建模"工作空间

（4）"AutoCAD 经典"工作空间。如图 2-4 所示，它是 AutoCAD 传统用户界面，是面向设计和绘制二维、三维图形的工作空间，为用户提供了有关二维、三维图形设计和绘制操作的菜单栏、工具栏、工具选项板，用户主要使用菜单栏、工具栏、工具选项板进行设计和绘图操作。单击菜单栏“工具”→“选项板”→“功能区”，可显示或隐藏功能区面板。

这4种工作空间各有特点，在设计和绘图过程中，用户可根据需要随时切换工作空间，也可在某个工作空间随时添加或取消功能区面板、菜单栏、工具栏、工具选项板、管理器等，使工作空间界面更加合理、全面和完美，如图2-4所示。

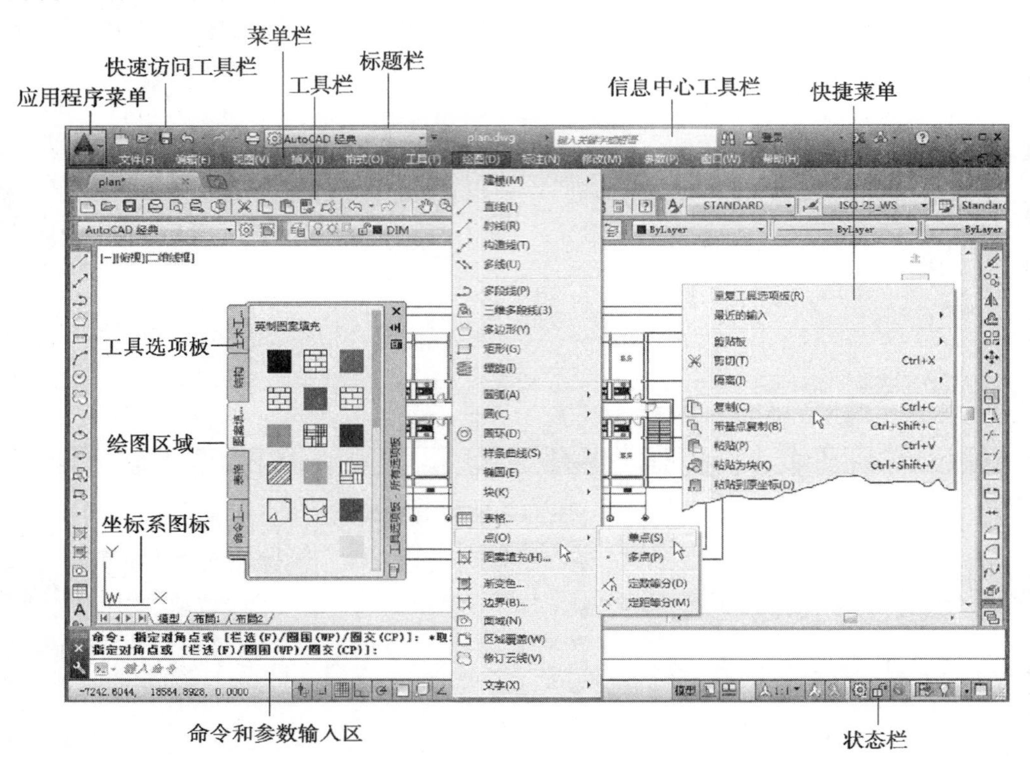

图2-4 “AutoCAD经典”工作空间

图2-5 应用程序菜单

2. AutoCAD 2014 工作空间界面组成

AutoCAD 2014 工作空间界面主要由应用程序菜单、标题栏、快速访问工具栏、搜索引擎、菜单栏、功能区面板、工具选项板、工具栏、绘图区、坐标系图标、命令和参数输入区、状态栏、快捷菜单等部分组成，如图2-4所示。

（1）应用程序菜单。应用程序菜单位于用户界面左上角，单击“应用程序菜单”按钮，弹出“应用程序菜单”下拉菜单，如图2-5所示。使用该菜单可完成新建、打开、保存、输出、发布等操作，也可使用图形特性、清理、修复、核查等实用工具完成有关操作。

（2）标题栏。标题栏位于用户界面最上方，如图2-6所示。标题栏包含有应用程序菜单按钮、快速访问工具栏、工作空间菜单、当前图形文件名、搜索引擎、远程访问、“最小化”/“最大化”/“关闭”按钮等。在未处于最大化或最小化状态下，将光标移至标题栏后，按鼠标左键并拖动，可移动窗口的位置，用鼠标拖动窗口边缘，可调整窗口大小。

（3）快速访问工具栏。快速访问工具栏位于用户界面上部标题栏左侧，如图2-6所示。快速访问工具栏提供了使用频率比较高的操作命令，有利于提高绘图效率。该工具栏可以自定义，可在工具栏上添加、删除、显示、隐藏命令按钮，也可显示和隐藏菜单栏。工具栏中默认命令按钮有新建、打开、保存、打印、放弃和重做。

（4）搜索引擎。搜索引擎位于文件名栏右侧，如图2-6所示。搜索引擎提供了信息搜索、收藏夹、在线帮助、学习资料、交流讨论等功能，便于快速搜索相关信息，及时获得在线帮助和产品技术支持。

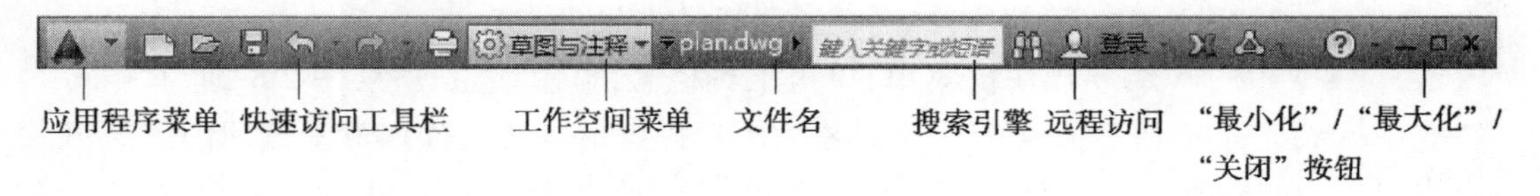

图2-6 标题栏

（5）菜单栏。菜单栏位于标题栏下方，如图2-4所示。如果没有菜单栏，则可通过快速访问工具栏显示菜单栏。菜单栏为用户提供常用功能和操作命令，有“文件”“编辑”“视图”“插入”“格式”“工具”“绘图”“标注”“修改”“参数”“窗口”“帮助”12个菜单供用户选用。用户可用鼠标或热键选择和执行菜单项。单击后跟“▸”的菜单项，将弹出一个子菜单，图2-4中给出“绘图”下拉菜单的“点”子菜单。单击后跟“…”的菜单项，将弹出用于输入参数数据的对话框，如图2-7所示，在对话框中输入有关参数。菜单项名后接带下划线的大写字母（如A），指出该菜单项的热键字母，直接键入字母，即可执行该菜单项。菜单项为灰色，表示该菜单项目前不可用。

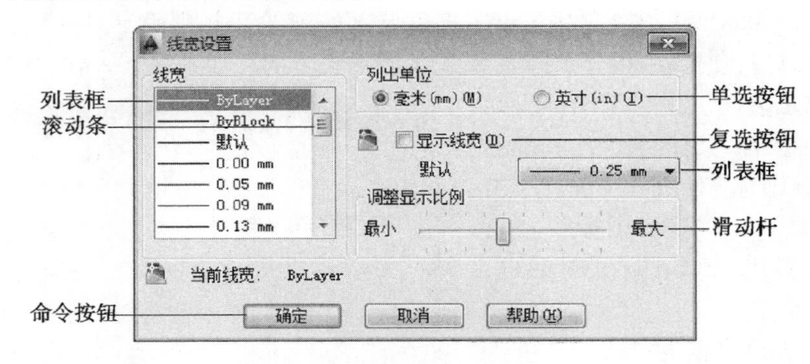

图2-7 “线宽设置”对话框

（6）功能区面板。功能区面板位于标题栏和菜单栏下方，如图2-1、图2-2、图2-3所示。如果没有功能区面板，则可单击菜单栏“工具”→“选项板”→“功能区”，显示功能区面板。功能区面板为用户提供了基于绘图任务的常用操作命令按钮，有“默认”“插入”“注释”“参数化”“视图”“管理”“输出”“建模”“渲染”等选项卡供用户选用。通过“自定义用户界面”功能,可以新建、修改、复制、删除面板。单击面板中箭头“▼”,可展开显示其他操作命令按钮和控件,在非固定状态下,光标离开面板后,展开的面板随即隐藏。也可单击状态按钮“ ”,使展开面板固定,再次单击可取消固定状态。

(7) 工具选项板。工具选项板位于电脑桌面任何位置,如图 2-3 所示。如果没有工具选项板,则可按【Ctrl】+【3】键,或单击菜单栏“工具”→“选项板”→“工具选项板”,或单击“标准”工具栏→“工具选项板”工具按钮,显示工具选项板。工具选项板为用户提供最常用的操作命令按钮,有“绘图”“修改”“表格”“图案填充”“建模”“建筑”“机械”“电力”“土木工程”“材质”等多个选项板供用户选用。用户可修改现有工具选项板内容或创建新的工具选项板。右击“工具选项板”标题栏,弹出“工具选项板”快捷菜单(类似“命令行”快捷菜单),可设置允许固定、自动隐藏、透明、新建、重定义等。

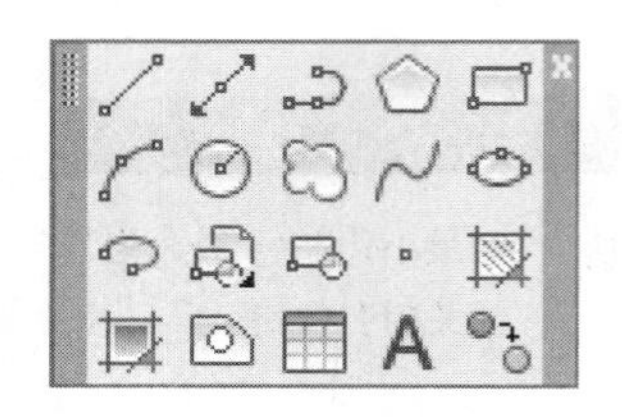

图 2-8 “绘图”工具栏

(8) 工具栏。工具栏位于用户界面绘图区上、下、左、右、中间部位,如图 2-4 所示。如果没有工具栏,则右击某工具栏,弹出快捷菜单,单击工具栏名,显示该工具栏,图 2-8 即为“绘图”工具栏。工具栏为用户提供最常用的操作命令按钮,有“标准”“特性”“图层”“样式”“绘图”“修改”等 44 个工具栏供用户选用,“AutoCAD 经典”用户界面自动激活“标准” “样式” “工作空间”“图层”“特性”5 个工具栏,位于菜单栏下方,“绘图”“修改”“绘图次序”工具栏位于屏幕两侧,所有工具栏都具有浮动特性,可移动到窗口任何位置,可隐藏或显现,可调整工具栏边界。在工具栏快捷菜单中,工具栏名左侧有符号“√”表示该工具栏被激活,无符号“√”表示该工具栏被隐藏,单击工具栏名称,可在激活和隐藏之间切换。用户可方便地修改已有工具栏或定制特定工具栏。

(9) 绘图区域。绘图区域是十字光标所能达到的区域,是用户的工作窗口,用于完成图形显示、绘制和修改工作,用户所做的工作结果均在该区域中得到反映,如图 2-4 所示。

(10) 坐标系图标。坐标系图标位于绘图区域左下角,指出 X 轴和 Y 轴的正方向,如图 2-4 所示。AutoCAD 2014 采用笛卡尔直角坐标系,按右手规则确定 3 根坐标轴的方向,即用右手的拇指、食指、中指分别代表 X、Y、Z 轴的正方向。如果没有 Z 轴,则可用右手规则确定 Z 轴正方向。坐标系图标有二维、三维两种图标,其种类、大小和颜色可通过“UCS 图标”对话框设置。单击“视图”→“显示”→“UCS 图标”→“特性”菜单项,弹出“UCS 图标”对话框,如图 2-9 所示。

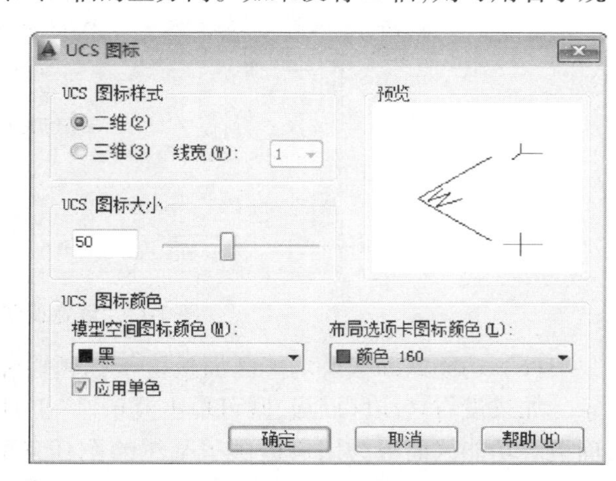

图 2-9 “UCS 图标”对话框

坐标系图标可隐藏或显示,单击“视图”→“显示”→“UCS 图标”→“开”菜单项,可在显示或隐藏状态之间切换。坐标系图标可随坐标系原点移动或固定在绘图区左下角,单击“视图”→“显示”→“UCS 图标”→“原点”

菜单项,可在移动或固定之间切换。

坐标系图标中有“W”字母,表示处于世界坐标系,否则表示处于用户坐标系。

(11) 命令和参数输入区。命令和参数输入区位于绘图区域下方,用户通过键盘在该区域输入命令或参数,如图 2-4 所示。该区域通常称为 AutoCAD 文本窗口,可通过 3 种方法放大和缩小文字窗口:按【F2】键;执行 TEXTSCR 命令;单击“视图”→“显示”→“文字窗口”菜单项。

AutoCAD 2014 增强了命令行功能,可更智能、更高效地输入命令和系统变量,可自动更正输入的错误命令,如果用户输入了错误的 LABEL,则自动更正为正确命令 LABLE。

AutoCAD 2014 将命令和参数输入区定义为命令行窗口。命令行窗口是一个动态可浮动窗口(类似工具栏),有固定和非固定两种方式,可拖动窗口边缘调整窗口大小。对于固定命令行窗口,用鼠标拖动窗口左侧夹条(两根粗竖条)将其拖至绘图区顶部或底部。非固定命令行窗口是一个浮动的选项板,如图 2-10 所示,用鼠标拖动选项板左侧“命令行”标题栏,可将其拖至绘图区中任意位置。单击“命令行”标题栏上“自定义”按钮,弹出“命令行”快捷菜单,如图 2-11 所示,可设置有关参数。双击固定窗口左边的夹条或用鼠标拖动窗口左边的夹条至绘图区,则其转变为选项板。用鼠标拖动选项板左侧“命令行”标题栏至绘图区顶部或底部,则其转换为固定窗口。在“命令行”快捷菜单中单击“透明度”菜单项,弹出“透明度”对话框,在对话框中可设置透明度参数,如图 2-12 所示。如果“命令行”选项板设置了透明度,则可观察到选项板所覆盖的图形或图像,如图 2-10(b)所示。

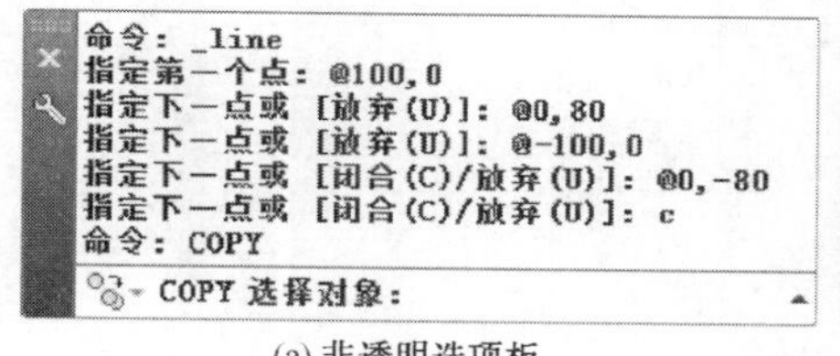

(a) 非透明选项板

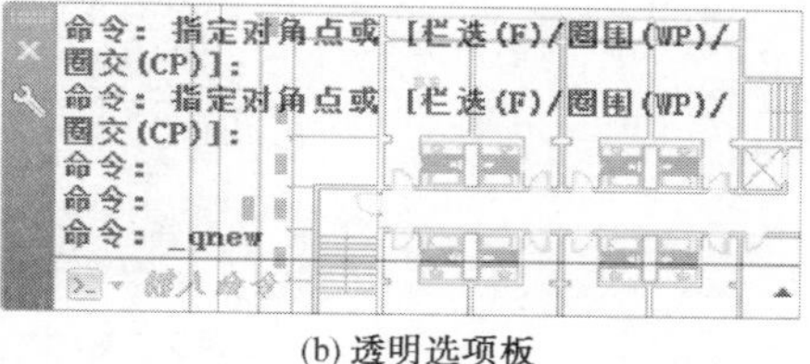

(b) 透明选项板

图 2-10 “命令行”选项板

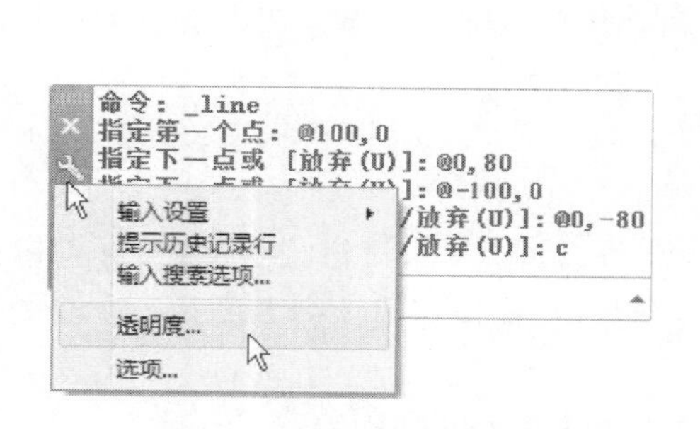

图 2-11 “命令行”快捷菜单

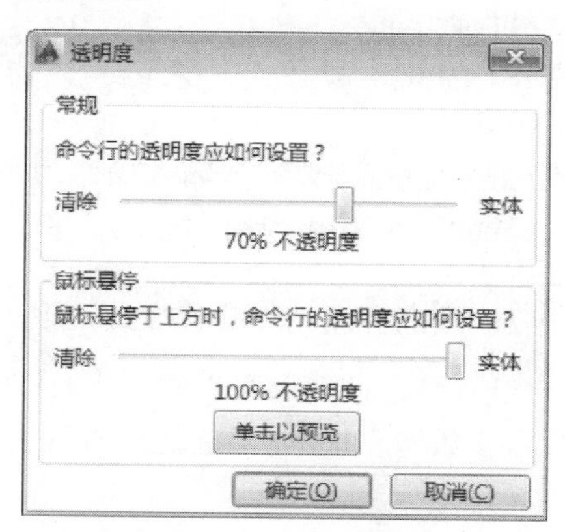

图 2-12 “透明度”对话框

(12) 状态栏。状态栏位于用户界面最下方,用于显示当前光标位置和“约束”“捕捉”“栅格”“正交”“极轴”“对象捕捉”“对象追踪”“动态输入”“线宽” “透明度”“特性”

"选择循环""模型""工作空间切换"等状态以及"状态栏"菜单,如图 2-13 所示。

AutoCAD 2014 增强了状态栏功能,单击右下角按钮"▼",弹出"状态栏"菜单,给出状态栏全部状态,可显示或隐藏状态。

图 2-13 状态栏

(13) 快捷菜单。AutoCAD 2014 提供快捷菜单功能,按鼠标右键或按【Shift】+ 鼠标右键,弹出相关快捷菜单,如图 2-4 所示。快捷菜单为用户提供上下文相关的常用操作命令和功能,菜单项目与光标所处的位置和上一次操作有关。

(14) 快捷特性选项板。AutoCAD 2014 提供快捷特性选项板功能,双击图形对象,弹出快捷特性选项板,如图 2-14 所示。使用快捷特性选项板可快速编辑和修改图形对象的颜色、图层、线型、端点坐标、半径等有关参数。用户可以通过"自定义用户界面"和"草图设置"对话框设置快捷特性选项板有关参数。

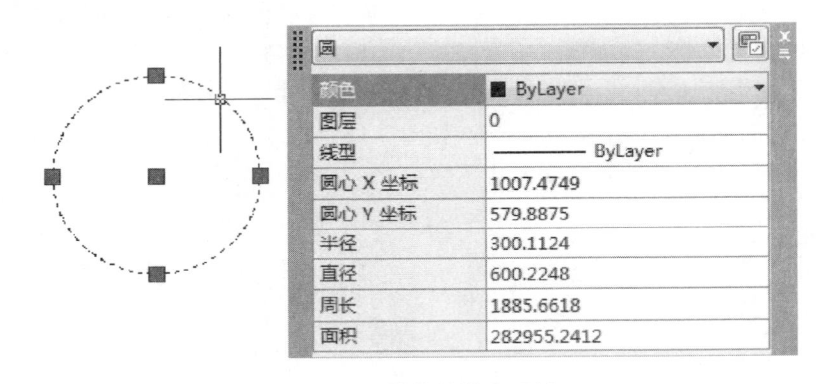

图 2-14 快捷特性选项板

2.4 命令和参数输入

在绘图过程中,需要频繁输入操作命令和参数。熟练输入命令和参数有利于提高绘图效率。AutoCAD 2014 为用户提供了多种命令和参数输入方式。

2.4.1 用键盘方式输入命令

用户可直接通过键盘方式输入待操作的命令名,按【Enter】键或空格键,如需输入参数,则给出参数输入提示,根据提示输入有关参数值,即可完成该命令的执行。绘图区内实时显示命令操作结果。

【例 2.1】 用键盘输入方式绘制从点(10,20)到点(40,30)的直线,如图 2-15 所示。

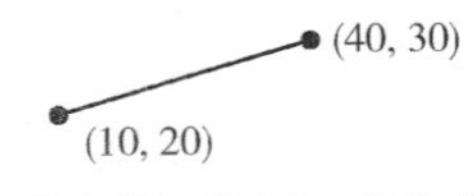

图 2-15 绘制一条直线

- 命令:LINE↙
- 指定第一点:10,20↙

➢ 指定下一点或[放弃U]:40,30↙
➢ 指定下一点或[放弃U]:↙

2.4.2 用菜单方式输入命令

用户可通过菜单方式输入操作命令。将光标移至某菜单项并单击,则执行该菜单项所表示的操作命令。如需输入参数,则给出参数输入提示,根据提示输入有关参数值,即可完成该命令的执行。绘图区内实时显示命令操作结果。

【例2.2】 用菜单输入方式绘制从点(10,20)到点(40,30)的直线,如图2-15所示。

➢ 单击"绘图"→"直线"菜单项。
➢ 命令:_line 指定第一点:10,20↙
➢ 指定下一点或[放弃U]:40,30↙
➢ 指定下一点或[放弃U]:↙

2.4.3 用工具按钮方式输入命令

用户可通过工具按钮方式输入操作命令。将光标移到某工具栏(若无,则打开)或某功能区面板(若无,则打开)或某工具选项板(若无,则打开)上某工具按钮处,单击则执行该工具按钮所表示的操作命令。如需输入参数,则给出参数输入提示,根据提示输入有关参数值,即可完成该命令的执行。绘图区内实时显示命令操作结果。

【例2.3】 用工具按钮输入方式绘制从点(10,20)到点(40,30)的直线,如图2-15所示。

➢ 单击"绘图"工具栏、功能面板或选项板上"直线"按钮。
➢ 命令: _line 指定第一点:10,20↙
➢ 指定下一点或[放弃U]:40,30↙
➢ 指定下一点或[放弃U]:↙

2.4.4 重复输入命令

在绘图过程中,经常进行重复性操作,如重复绘制多个圆。若想重复执行上一次命令,AutoCAD提供了非常便捷的功能,直接按【Enter】键或空格键,即可重复执行上一条命令。

2.4.5 输入透明命令

某些命令可在其他命令执行过程中(未终止)执行,这些命令称为"透明命令",如PAN、ZOOM、COLOR等。输入透明命令需在命令前键入单引号"'"。

【例2.4】 在画线过程中执行平移操作。

➢ 命令:LINE↙
➢ 指定第一点:'PAN↙

2.5 数据输入

2.5.1 AutoCAD 2014 坐标系统

AutoCAD 2014 采用笛卡尔直角坐标系，所有图形都在笛卡尔直角坐标系下绘制。

1. 右手规则

确定坐标系坐标轴方向的右手规则：右手的拇指、食指、中指呈相互垂直，它们分别代表 X、Y、Z 轴的正方向。确定对象旋转方向的右手规则：伸开右手握住旋转轴，大拇指指向旋转轴正方向，其余四指弯曲指向旋转方向。右手规则如图 2-16 所示。

图 2-16　右手规则　　　图 2-17　构造平面

2. 构造平面

当前坐标系的 XOY 平面或平行于当前坐标系 XOY 平面的平面称为构造平面，也称标高，如图 2-17 所示。绘制二维图形一般在构造平面上进行。

3. 通用坐标系（WCS）

通用坐标系也称世界坐标系，为默认坐标系。它是图形中所有图层共用的坐标系，它唯一，其坐标系原点在绘图区左下角，X 轴向右，Y 轴向上，Z 轴指向用户。

4. 用户坐标系（UCS）

用户坐标系是由用户根据需要自己建立的坐标系，它不唯一。绘图过程中，只有一个当前 UCS，UCS 原点可在 WCS 中任何位置，X、Y、Z 方向可任意指定，但要遵守右手规则。

5. 直角坐标系

用点在 X、Y、Z 轴上的坐标值来表示点的坐标位置，称为直角坐标系。二维直角坐标用“x,y”表示，如图 2-18(a)所示。三维直角坐标用“x,y,z”表示，如图 2-18(b)所示。

6. 极坐标系

用点到原点的距离 a 和点到原点连线与 X 轴夹角值 α 来表示点的坐标位置，称为极坐标系。极坐标用“a < α”表示，如图 2-18(a)所示。

7. 球面坐标系

用点到原点的距离 a、点到原点连线在 XOY 平面上的投影与 X 轴的夹角 α、点到原点连线与连线在 XOY 平面上投影的夹角 β 来表示点的坐标位置，称为球面坐标系。球面坐标用“a < α < β”表示，如图 2-18(b)所示。

8. 柱面坐标系

用点到原点连线在XOY平面上的投影长度a′、点到原点连线在XOY平面上的投影与X轴夹角α、点到XOY平面的距离b来表示点的坐标位置,称为柱面坐标系。柱面坐标用"a′<α,b"表示,如图2-18(b)所示。

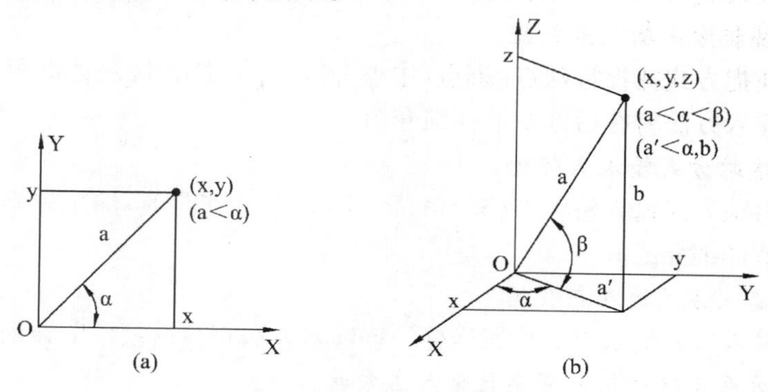

图2-18 坐标系及坐标表示

2.5.2 输入点数据

点数据是图形绘制过程中最常用的数据。输入点数据就是提供点的坐标值,也是操作中使用最频繁的数据输入操作。

1. 用键盘输入点数据

● 绝对坐标输入(有直角坐标、极坐标、球面坐标、柱面坐标4种方式)。

绝对坐标是相对于当前坐标系原点的坐标,输入形式为"x,y""x,y,z""a<α""a<α<β""a′<α,b"。

【例2.5】 用绝对坐标输入点数据,绘制4条折线。

➢ 命令:LINE↙
➢ 指定第一点:30,40↙
➢ 指定下一点或[放弃U]:100<30↙
➢ 指定下一点或[放弃U]:80<45,30↙
➢ 指定下一点或[闭合C/放弃U]:30<45<90↙
➢ 指定下一点或[闭合C/放弃U]:50,40,30↙

● 相对坐标输入(有直角坐标、极坐标、球面坐标、柱面坐标4种方式)。

相对坐标是相对于前一点的坐标,即把前一点作为坐标原点的坐标形式,输入形式为"@x,y""@x,y,z""@a<α""@a<α<β""@a′<α,b",在坐标值前加"@"即可。例如,已知前一点绝对坐标为"15,12,28",下一点绝对坐标为"17,20,23",则相对坐标为"@2,8,-5"。

2. 用键盘方向键输入点数据

同时按【Ctrl】键和方向键【←】、【→】、【↑】或【↓】,移动十字光标到所需位置,然后按回车键或空格键即可输入光标所在点的位置坐标。同时按【Ctrl】键和【PageUp】键,可增加移动间距;同时按【Ctrl】键和【PageDown】键,可减少移动间距。输入时可观察左下角坐标显示值。

3. 用鼠标输入点数据

移动鼠标指针(十字光标)到所需位置,然后按左键即可输入光标所在点的位置坐标。输入时可观察左下角坐标显示值。

4. 用对象捕捉方式输入点数据

利用对象捕捉方式捕捉特殊点(端点、中点、圆心等),然后按左键即可输入特殊点的位置坐标。该输入方法将在后续章节详细介绍。

5. 用自动追踪方式输入点数据

利用自动追踪方式输入特殊点(30°角、距离 10、垂直方向等)的位置坐标。该输入方法将在后续章节详细介绍。

6. 用动态输入方式输入点数据

利用动态输入方式输入点的位置坐标。该输入方法将在后续章节详细介绍。

7. 在指定方向上通过输入距离值输入点数据

移动十字光标到输入点的方向上,键入距离值即可输入点数据。

2.5.3 输入数值数据

许多提示信息要求输入数值数据,如高度、宽度、半径、直径、数值、距离等。可按以下方法输入数值数据。

- 直接输入 22, +37.52,25.52E+3 等。
- 通过两点输入:输入第一点和第二点,两点距离为输入数值,橡皮筋起点为第一点。

2.5.4 输入角度数据

有些提示信息要求输入角度数据。一般以度为单位(可选择其他单位),以 X 轴方向为 0°,逆时针方向为正,顺时针方向为负(基准方向和逆顺时针方向可改变)。可按以下方法输入角度数据。

- 直接输入 30,45,25.5 等。
- 通过两点输入:输入第一点和第二点,两点连线与 X 轴夹角为输入的角度,橡皮筋起点为第一点。

2.5.5 通过对话框输入数据

对话框是广泛使用的数据输入形式,它直观、方便、醒目,深受用户欢迎。凡是菜单项后跟符号"…"命令,执行该菜单项,将弹出一个对话框,凡前面有"DD"的命令或一些特殊命令,执行这些命令,将弹出一个对话框,通过弹出的对话框输入有关数据。对话框形式如图 2-7 所示。

对话框内有许多输入项目,典型的有如下几种。

- 文本框:用于输入文字数据。
- 命令按钮:用于执行命令。
- 单选按钮:用于选择项目(多选一,单击被选项目,项目前圆圈内出现"●")。

● 复选按钮:用于选择项目(有开关特性,单击被选项目,方框内出现"√")。
● 列表框:用于查询项目,从一组项目中选择一个项目。
● 增减框:用于输入数值数据,单击右边箭头来改变数值大小,也可直接输入。
● 滚动条:用于观察项目,通过拖动滚动条来查看有关项目。
● 滑动杆:用于输入数值数据,通过拖动滑标来改变数值大小。

2.6　AutoCAD 2014 文件操作

2.6.1　创建新图形文件(NEW、QNEW)

1. 任务

创建一个新图形文件。

2. 操作

● 键盘命令:NEW 或QNEW↙。
● 菜单选项:"文件"→"新建"。
● 工具按钮:标准工具栏→"新建"。
● 应用程序菜单:应用程序菜单→"新建"。
● 快速访问工具栏:"新建"。
● 图形文件选项卡:图形文件选项卡→" + "→"新建"。

3. 提示

在默认情况下,STARTUP 系统变量为 0(开),FILEDIA 系统变量为 1。弹出"选择样板"对话框,如图 2-19 所示。通过该对话框选择合适的图形样板文件,按该样板文件设置的绘图环境参数创建新图形文件,进入用户界面,即可进行绘图操作。

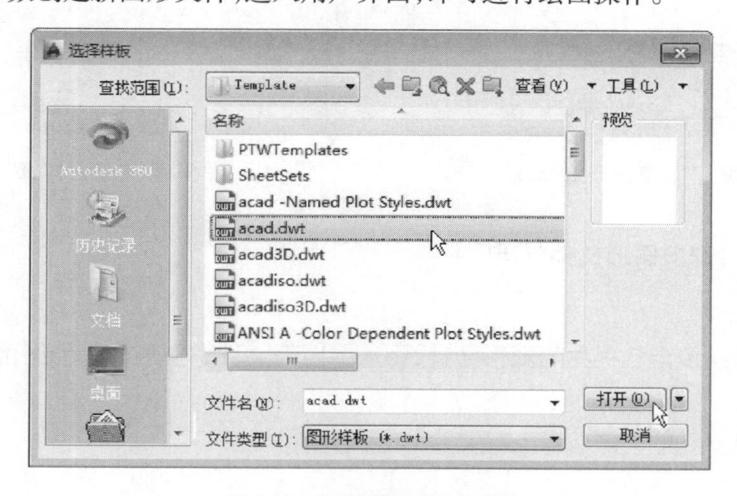

图 2-19　"选择样板"对话框

在"选择样板"对话框中,提供了丰富的图形样板文件供用户选用,其中,提供了 acad. dwt 和 acadiso. dwt 两个默认样板文件供初学者使用。acad. dwt 样板文件基于"英制”,图界为 12×9。acadiso.dwt 样板文件基于“公制”,图界为 420×297。也可单击右下角按钮“▼”,弹出下拉菜单,选择“英制”或“公制”菜单项来选择这两个样板文件。其他样板文件是一些基于特殊应用的样板文件。

4. 使用“创建新图形”对话框创建新图形文件

先将 STARTUP 系统变量和 FILEDIA 系统变量置为 1。在命令和参数输入区键入系统变量名,即可修改系统变量值。设置好系统变量值后,执行前面 6 种新建操作,弹出“创建新图形”对话框,如图 2-20 所示,根据对话框提示,创建新图形文件。以后启动 AutoCAD 2014 将弹出“启动”对话框,类似“创建新图形”对话框,使用对话框创建新图形。

“创建新图形”对话框提供 3 个功能供用户选择。

(1) 从草图开始。单击“从草图开始”按钮,选择“英制”或“公制”,创建新图形。

(2) 使用样板。单击“使用样板”按钮,列出若干样板文件,如图 2-21 所示,选择合适的样板文件,也可单击“浏览”按钮,查找合适的样板文件,按所选样板文件创建新图形。

(3) 使用向导。单击“使用向导”按钮,给出“快速设置”和“高级设置”,按对话框提示信息,设置有关参数,按设置参数创建新图形。使用“快速设置”,可选择测量单位和设置任意尺寸图界。使用“高级设置”,可设置有关绘图环境(长度单位、长度单位精度、角度单位、角度单位精度、角度基准方向、角度逆顺时针方向和图界)参数。

图 2-20 “从草图开始”功能

图 2-21 “使用样板”功能

2.6.2 打开旧图形文件(OPEN)

1. 任务

打开一个或多个已存在的图形文件,将这些图形文件中图形调入绘图区域进行修改。

2. 操作

- 键盘命令:OPEN↙。
- 菜单选项:“文件”→“打开”。
- 工具按钮:标准工具栏→“打开”。
- 应用程序菜单:应用程序菜单→“打开”。
- 快速访问工具栏:“打开”。

● 图形文件选项卡:图形文件选项卡→“ + ”→“打开”。

● Windows 资源管理器:打开资源管理器窗口→选择待打开文件→拖入 AutoCAD 窗口绘图区。

3. 提示

弹出“选择文件”对话框,类似“选择样板”对话框(图 2-19),不同的是在对话框中查找和选择待打开图形文件(可多选),单击“打开”按钮或双击待打开文件名,即可打开一个或多个图形文件。

在 Windows 资源管理器中选择一个或多个图形文件,将其拖入 AutoCAD 窗口绘图区,也可打开一个或多个图形文件。同时按住【Shift】键,可选择连续的几个文件;同时按住【Ctrl】键,可选择不连续的几个文件。使用 Windows 资源管理器打开文件如图 2-22 所示。

可使用“启动”对话框打开图形文件。

如果文件已设置了密码,则弹出“密码”对话框,需要输入正确的密码后,才能打开文件。

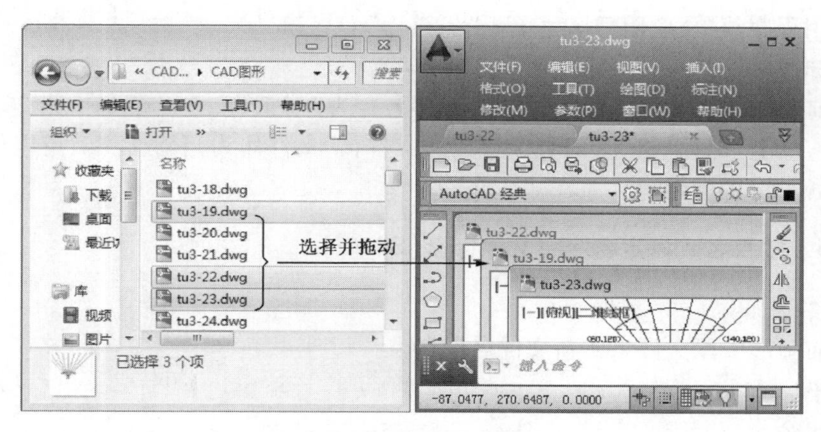

图 2-22　通过资源管理器打开文件

2.6.3　文件快速存盘(QSAVE)

1. 任务

按当前路径及文件名将图形文件保存在存储介质上(硬盘或优盘)。一般情况下,绘图一段时间后,要及时执行快速存盘,以免出现意外故障,丢失绘图信息。

2. 操作

● 键盘命令:QSAVE↙。

● 菜单选项:“文件”→“保存”。

● 工具按钮:标准工具栏→“保存”。

● 应用程序菜单:应用程序菜单→“保存”。

● 快速访问工具栏:“保存”。

● 快捷键:【Ctrl】+【S】。

3. 提示

如果前面已经保存过图形文件,则按当前路径和文件名保存,没有提示信息。如果当前图形未命名文件名,将弹出"图形另存为"对话框,在对话框中指定盘符、文件夹、文件名,单击"保存"按钮,即可保存图形文件。

在"图形另存为"对话框的"工具"菜单中选择"安全选项",弹出"安全选项"对话框,根据提示设置图形密码。

2.6.4 文件换名存盘(SAVEAS)

1. 任务

将当前图形按新的文件名保存。

2. 操作

- 键盘命令:SAVEAS↙。
- 菜单选项:"文件"→"另存为"。
- 应用程序菜单:应用程序菜单→"另存为"。

3. 提示

将当前图形按新文件名存盘,弹出"图形另存为"对话框,在对话框中指定盘符、文件夹、文件名,单击"保存"按钮,即可保存图形文件,新文件作为当前文件。可以使用"安全选项"对话框,设置密码。

2.6.5 按原名或指定名字将文件存盘(SAVE)

1. 任务

将当前图形按原文件名或新文件名保存。

2. 操作

- 键盘命令:SAVE↙。

3. 提示

按原名或指定名字将文件保存,弹出"图形另存为"对话框,如果键入新的名字,则按指定名字存盘,否则按原名存盘。SAVE 与 SAVEAS 的区别是:前者当前图形文件名不变,后者当前文件名改变为新文件名。

2.6.6 给图形文件设置密码(SECURITYOPTIONS)

1. 任务

给当前图形文件设置密码。

2. 操作

- 键盘命令:SECURITYOPTIONS↙。
- 菜单选项:"工具"→"选项"→"打开和保存"→"安全选项"。
- 菜单选项:"文件"→"另存为"→"工具"→"安全选项"。

3. 提示

弹出"安全选项"对话框,如图 2-23 所示。在"密码"标签中输入密码或短语,即可设

置密码,保存图形文件后设置密码生效。设置密码后,该图形文件打开时将请求输入正确密码,只有输入正确的密码后才能打开文件。设置密码时可在“高级选项”对话框中选择加密类型和密钥长度。基于口令的加密技术为图形数据提供了安全保护。用户之间可以交换加密图形而不必担心是否有未授权的用户访问被保护的图形数据。

可通过键盘命令方式、“选项”对话框方式、“图形另存为”对话框方式设置密码,可在图形绘制过程中或保存图形时设置密码。

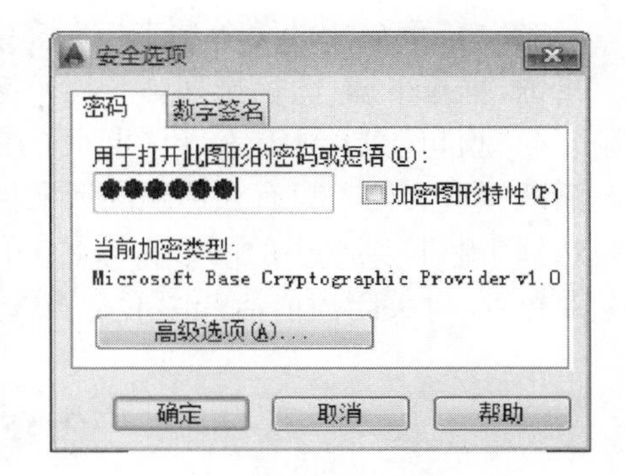

图 2-23 “安全选项”对话框

说明:

① 使用密码要慎重,密码一旦设置,密码丢失后不能恢复。添加密码前,应创建不受密码保护的备份。

② 密码可以修改,其修改方法类似于设置密码的方法,不同的是要求再次输入密码进行确认。

③ 密码区分大小写英文字母。

④ 设置密码后可随时清除。在“安全选项”对话框中,将密码删除即可。

2.7 多文档设计环境 MDE

多文档设计环境(也称多重设计环境,简称 MDE)是现代 Windows 系统的标准功能,体现多任务的并发运行。MDE 允许软件在工作期间打开多个文档,文档操作可并发进行。

2.7.1 MDE 功能

AutoCAD 2014 MDE 能够让用户不中断设计工作,在多个图形文档中同时操作,在一个命令处于激活状态时可随时转到另一幅图形中工作。通过拖放、格式刷和剪贴板等功能可完成图形间的信息交换。AutoCAD 2014 MDE 主要有如下功能:

- 允许打开多个图形文件。
- 可层叠、平铺、排列图标(最小化)和以全屏方式(最大化)显示多张图形。
- 可在不同图形之间进行多任务、无中断操作。
- 通过点击和拖动操作,可在不同图形之间移动或复制对象。
- 通过剪贴板的剪切、复制和粘贴功能,可在不同图形之间移动或复制对象。
- 通过格式刷功能,可在不同图形之间复制图层、颜色、线型、线宽、图案等特性。

2.7.2 MDE 图形显示模式

AutoCAD 2014 主菜单栏中“窗口”菜单给出了 MDE 4 种图形显示模式。通过选择执行“窗口”菜单中的菜单项来控制多幅图形文档的显示模式。显示模式有4种:层叠、水平平铺、垂直平铺、图标排列。

“窗口”菜单中还列出了打开的图形文件清单。图形文件名前有符号“√”的为当前活跃图形文档。只有在活跃图形文档中才能绘制和修改图形。通过单击图形文档窗口或选择“窗口”菜单中的图形文件名,可随时激活其他图形文档。单击“关闭”或“全部关闭”菜单项,可关闭当前活跃图形文档或关闭全部图形文档。

2.8 绘图操作示例

通过一个简单的绘图实例,了解 AutoCAD 2014 绘图过程。

【例2.6】 通过样板文件 acadiso. dwt 或“创建新图形”对话框创建新的图形文件,绘图环境设置为“公制”,图界为420×297。执行 LINE 命令,用绝对直角坐标、相对直角坐标、相对极坐标输入点数据,绘制边长为50的正方形及对角线,如图2-24所示。按照点顺序 p1,p2,p3,p4,p1,p3,p4,p2 绘制图形,点的绝对直角坐标、相对直角坐标和相对极坐标内容如表2-2所示。图形绘制完后,给图形设置密码“1234”。将图形按文件名“example”保存。

表2-2 绝对直角坐标、相对直角坐标、相对极坐标表示

端点顺序	端点号	绝对直角坐标	相对直角坐标	相对极坐标
1	p1	(20,30)	(20,30)	(20,30)
2	p2	(70,30)	@50,0	@50<0
3	p3	(70,80)	@0,50	@50<90
4	p4	(20,80)	@ -50,0	@50<180
5	p1	(20,30)	@0,-50	@50<-90
6	p3	(70,80)	@50,50	@70.7107<45
7	p4	(20,80)	@ -50,0	@50<180
8	p2	(70,30)	@50,-50	@70.7107<225 或 -45

- 启动 AutoCAD 2014。
- 创建新图形文件,在“选择样板”对话框中,选择样板文件 acadiso. dwt,或在“创建新图形”对话框,单击“从草图开始”按钮,选择“公制”选项,单击“确定”按钮。
- 用 LINE 命令画矩形。
  - ➢ 命令:LINE↙
  - ➢ 指定第一点:20,30↙
  - ➢ 指定下一点或[放弃U]:70,30↙
  - ➢ 指定下一点或[放弃U]:70,80↙
  - ➢ 指定下一点或[闭合C/放弃U]:@ -50,0↙
  - ➢ 指定下一点或[闭合C/放弃U]:@0,-50↙
  - ➢ 指定下一点或[闭合C/放弃U]:@0.707114<45↙

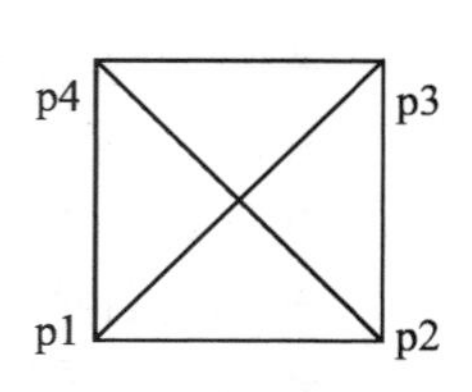

图2-24 简单图形

➢ 指定下一点或［闭合 C/放弃 U］:@ 50 <180↙
➢ 指定下一点或［闭合 C/放弃 U］:@ 70.7114 < -45↙

● 设置密码“1234”。
● 以文件名 example. dwg 保存。

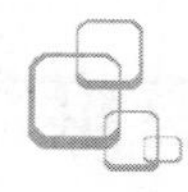

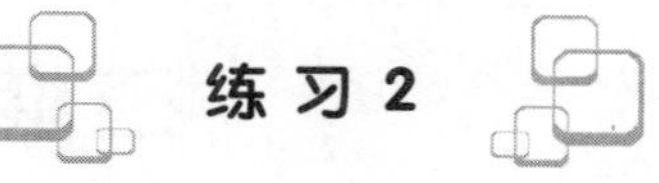

练 习 2

1. AutoCAD 属于什么产品？目前最新产品版本是什么？
2. 简述 AutoCAD 的优点。
3. AutoCAD 2014 的主要功能有哪些？
4. AutoCAD 2014 的软件支撑环境是什么？
5. AutoCAD 2014 的用户界面（工作空间）有哪些？简述其主要特征。
6. AutoCAD 2014 的用户界面主要由哪几部分组成？它们分别有什么作用？
7. AutoCAD 2014 的固定和非固定窗口有何区别？
8. AutoCAD 2014 的“命令行”选项板有何优点？如何设置其透明度？
9. 简述 AutoCAD 采用的坐标系统，简述绝对坐标、相对坐标、极坐标及其区别。
10. AutoCAD 2014 软件中输入点数据有哪几种方式？
11. AutoCAD 2014 MDE 的主要功能有哪些？有何优点？
12. AutoCAD 2014 MDE 的显示模式有几种？
13. SAVE、SAVEAS 和 QSAVE 命令的作用是什么？有何区别？
14. AutoCAD 2014 软件中“选择文件”和“图形另存为”对话框在哪些方面得到增强？
15. AutoCAD 2014 提供了何种手段用于提高图形的安全性？
16. 如何设置、修改、解除图形文件的密码？能否设置密码类型和密钥长度？
17. AutoCAD 2014 的“欢迎”窗口提供哪些功能？简述快速帮助功能。
18. 为什么说帮助功能的强弱对一个软件系统来说至关重要？
19. 试使用 MDE 功能打开 C:\Program Files\AutoCAD 2014\Simple 中的多个图形。
20. 根据 AutoCAD 2014 绘图过程，使用 LINE 命令按照绝对直角坐标、相对直角坐标或相对极坐标绘制如图 2-25 所示的图形。设置密码“autocad”，并以文件名 abc. dwg 保存。
21. 根据 AutoCAD 2014 绘图过程，绘制如图 2-26 所示的图形，尺寸自定。设置密码“181818”，并以文件名 house. dwg 保存。

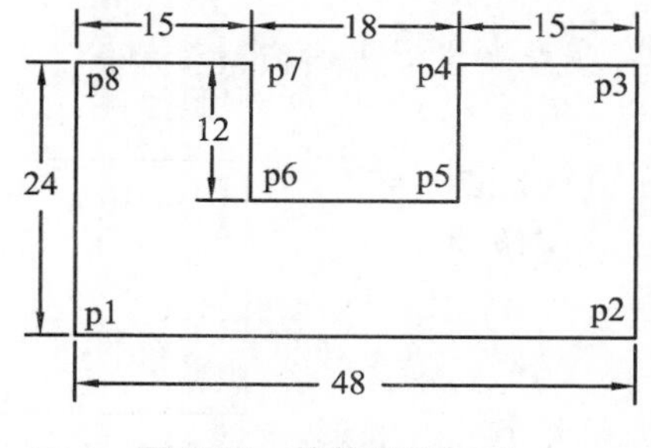

图 2-25　简单图形（一）

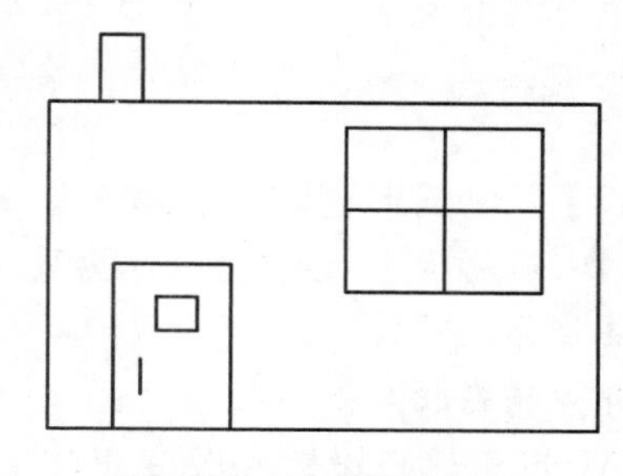

图 2-26　简单图形（二）

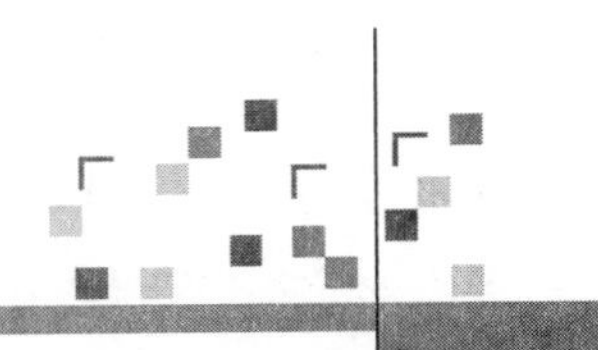

第3章

二维图形绘制

二维图形(即平面图形)由点、线、圆等基本图形对象所构成,它们是使用最多、应用最广的一类图形。掌握二维图形绘制方法是学习计算机辅助设计与绘图技术的基础。

本章将详细介绍点、线、射线、构造线、圆、圆弧、椭圆、矩形、多段线、样条曲线、多边形、圆环、修订云线、擦除区域等基本图形对象的绘制方法。

3.1 绘制点对象(POINT)

1. 任务

在指定位置绘制一个或多个点对象。根据需要设置点的形状(样式)和大小。

2. 操作

- 键盘命令:POINT↙(可通过绘图菜单或工具按钮操作,其他操作类同)。
- 菜单选项:"绘图"→"点"→"单点"/"多点"。
- 工具按钮:"绘图"工具栏→"点"。
- 功能区面板:"默认"→"绘图"→"点"。

3. 提示(在命令和参数输入区,以下皆同)

> ➢ 当前点模式:PDMODE = 0　PDSIZE = 0.0000
> ➢ 指定点:(输入点位置坐标)

说明:

① 一次可输入多个点,按【Esc】键结束输入。

② 将光标在"点"按钮处停留几秒,会弹出绘制点对象的实时帮助信息。

【例3.1】　在图形窗口内,绘制A(30,40)、B(70,40)、C(70,70)、D(30,70)四个点对象,作为某一矩形区域的4个顶点,如图3-1所示。

D •	C •
A •	B •

图3-1　绘制4个点对象

4. 设置点的形状和大小

AutoCAD允许用户设置和改变点的形状和大小。点的形

状共有20种,供用户选择,如图3-2所示。设置点的大小有两种方式:相对于屏幕的百分比方式和绝对尺寸方式。

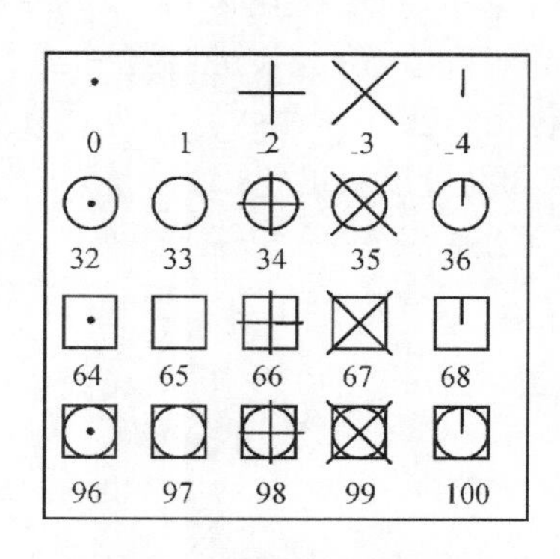

图3-2 点对象形状及编号

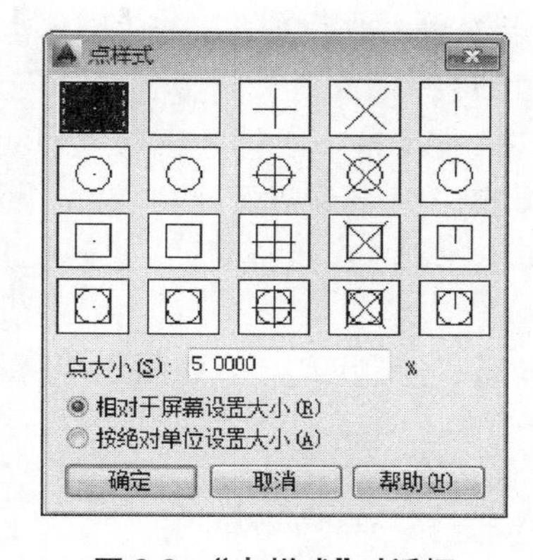

图3-3 “点样式”对话框

● 通过系统变量设置点的形状和大小。

AutoCAD提供两个系统变量PDMODE和PDSIZE,其值分别影响点的形状和大小。

使用PDMODE命令设置点的形状(修改PDMODE的值)。系统变量PDMODE只能取图3-2中的20个值之一。执行PDMODE命令,可将点形状值输入PDMODE系统变量中。

使用PDSIZE命令设置点的大小(修改PDSIZE的值)。系统变量PDSIZE可取正值、零或负值。若值为正值或零,则值为点的绝对尺寸,否则值为点相对窗口尺寸的百分比。执行PDSIZE命令,可将点大小值输入PDSIZE系统变量中。

● 通过对话框设置点的形状和尺寸。

通过键盘键入DDTYPE命令或选择执行菜单项“格式”→“点样式”,弹出“点样式”对话框,如图3-3所示。用户可通过对话框提示信息设置点的形状和大小。

3.2 绘制直线对象(LINE)

1. 任务

在指定位置绘制一条或连续多条(二维或三维)直线、折线或任意多边形。

2. 操作

● 键盘命令:LINE↙。

● 菜单选项:“绘图”→“直线”。

● 工具按钮:“绘图”工具栏 →“直线”。

● 功能区面板:“默认”→“绘图”→“直线”。

3. 提示

➤ 指定第一点:(输入起始点)

➤ 指定下一点或[放弃(U)]:(输入下一端点或U)

➤ 指定下一点或[放弃(U)]:(输入下一端点或U)

➤ 指定下一点或[闭合(C)/放弃(U)]:(输入下一端点、C或U)

📖 **说明:**

① 若在输入提示处直接按【Enter】键,则结束命令;若直接输入"C",则绘制到起始点的直线(封闭直线);若直接键入"U",则取消前一直线段,回退到前一点。

② 在"指定第一点:"处直接按【Enter】键,则将绘图操作前一点作为该直线的起始点。若前一操作为圆弧,则以前一圆弧的终点为该直线(切线)的起始点,此时,提示输入切线长度"直线长度:",输入长度值后即可绘制切线。

【例 3.2】 绘制四边形,如图 3-4 所示。

➤ 命令:LINE↙
➤ 指定第一点:10,30↙
➤ 指定下一点或[放弃(U)]:30,30↙
➤ 指定下一点或[放弃(U)]:30,20↙
➤ 指定下一点或[闭合(C)/放弃(U)]:@ 10 <135↙
➤ 指定下一点或[闭合(C)/放弃(U)]:U↙
➤ 指定下一点或[闭合(C)/放弃(U)]:@ 10 <225↙
➤ 指定下一点或[闭合(C)/放弃(U)]:C↙

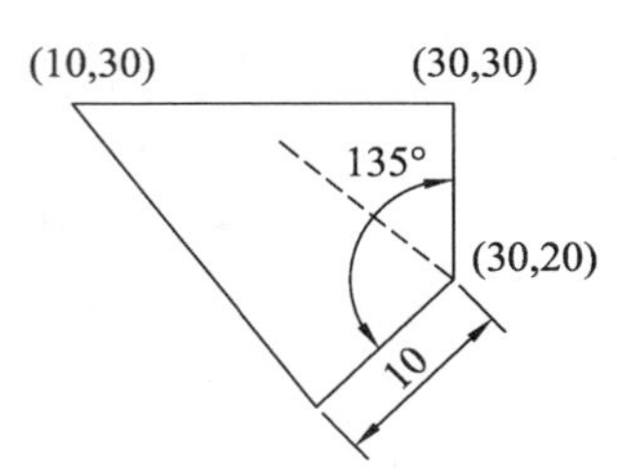

图 3-4 绘制四边形

【例 3.3】 绘制多边形,如图 3-5 所示。

➤ 命令:LINE↙
➤ 指定第一点:(单击 A 点)
➤ 指定下一点或[放弃(U)]:(单击 B 点)
➤ 指定下一点或[放弃(U)]:(单击 C 点)
➤ 指定下一点或[闭合(C)/放弃(U)]:(单击 D 点)
➤ 指定下一点或[闭合(C)/放弃(U)]:(单击 E 点)
➤ 指定下一点或[闭合(C)/放弃(U)]:(单击 F 点)
➤ 指定下一点或[闭合(C)/放弃(U)]:C↙

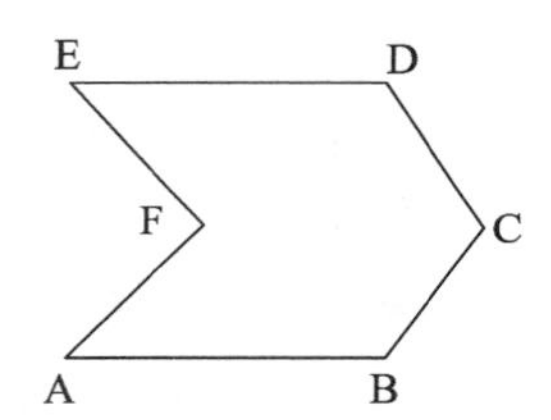

图 3-5 绘制多边形

【例 3.4】 画与圆弧相切且长度为 10 的直线,如图 3-6 所示。

➤ 命令:ARC↙ ——绘制圆弧
➤ 指定圆弧的起点或[圆心(C)]:C↙
➤ 指定圆弧的圆心:20,20↙
➤ 指定圆弧的起点:10,20↙
➤ 指定圆弧的端点或[角度(A)/弦长(L)]:20,10↙
➤ 命令:LINE↙ ——绘制直线段
➤ 指定第一点:↙ ——第一点为圆弧端点
➤ 直线长度:10↙ ——绘制切线
➤ 指定下一点或[放弃(U)]:@ 10,10↙
➤ 指定下一点或[闭合(C)/放弃(U)]:↙

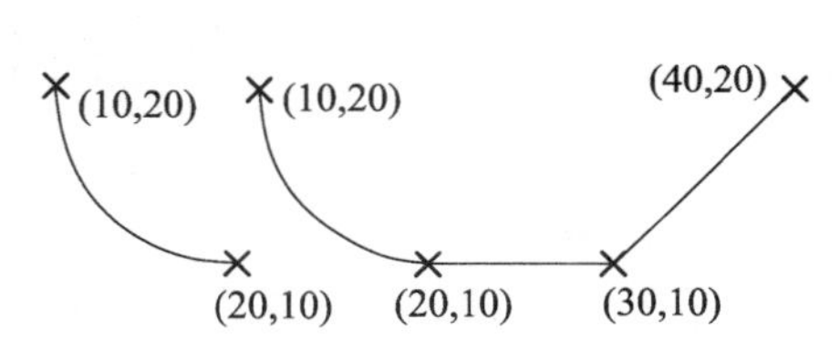

图 3-6 绘制切线

3.3 绘制圆对象(CIRCLE)

1. 任务

在指定位置绘制各种圆对象。

2. 操作

- 键盘命令:CIRCLE↙。
- 菜单选项:"绘图"→"圆"。
- 工具按钮:"绘图"工具栏 →"圆"。
- 功能区面板:"默认"→"绘图"→"圆"。

3. 提示

➢ 指定圆的圆心或[三点(3P)/两点(2P)/相切、相切、半径(T)]:(输入圆心坐标、3P、2P 或 T)

有 6 种绘制圆的方法。

(1) 圆心、半径法:通过输入圆心坐标和半径值绘制圆。提示:

➢ 指定圆的圆心或[三点(3P)/两点(2P)/相切、相切、半径(T)]:(输入圆心坐标)

➢ 指定圆的半径或[直径(D)] <缺省值>:(输入半径值)

【例 3.5】 已知圆心为(20,40),半径为 15,绘制圆,如图 3-7 所示。提示:

➢ 命令:CIRCLE↙

➢ 指定圆的圆心或[三点(3P)/两点(2P)/相切、相切、半径(T)]:20,40↙

➢ 指定圆的半径或[直径(D)]<4.0000>:15↙

(2) 圆心、直径法:通过输入圆心坐标和直径值绘制圆。提示:

➢ 指定圆的圆心或[三点(3P)/两点(2P)/相切、相切、半径(T)]:(输入圆心坐标)

➢ 指定圆的半径或[直径(D)] <缺省值>:D↙

➢ 指定圆的直径 <缺省值>:(输入圆的直径)

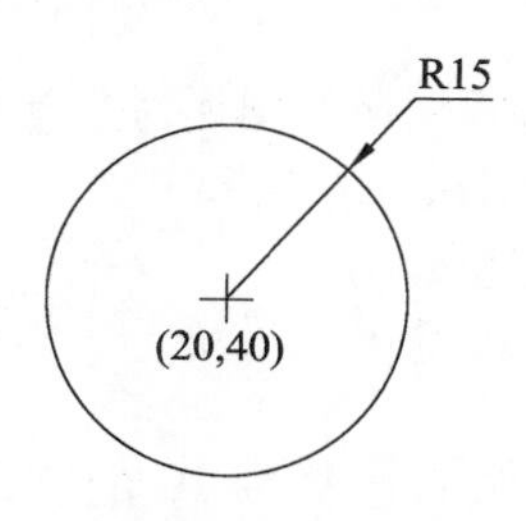

图 3-7 半径画圆

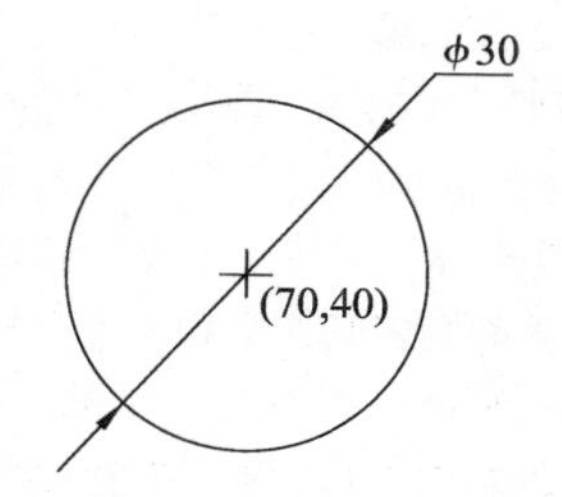

图 3-8 直径画圆

【例 3.6】 已知圆心为(70,40),直径为 30,绘制圆,如图 3-8 所示。提示:

➢ 命令:CIRCLE↙

➢ 指定圆的圆心或[三点(3P)/两点(2P)/相切、相切、半径(T)]:70,40↙

➢ 指定圆的半径或[直径(D)]<4.0000>:D↙

➢ 指定圆的直径 <8.0000>:30↙

(3) 三点法:输入 3P,由给定的三点绘制圆。提示:

➢ 指定圆的圆心或[三点(3P)/两点(2P)/相切、相切、半径(T)]:3P↙

➢ 指定圆上的第一个点:(输入第 1 点)
➢ 指定圆上的第二个点:(输入第 2 点)
➢ 指定圆上的第三个点:(输入第 3 点)

【例 3.7】 已知点 A(110,25)、B(123,35)、C(110,55),绘制圆,如图 3-9 所示。提示:

➢ 命令:CIRCLE↙
➢ 指定圆的圆心或 [三点(3P)/两点(2P)/相切、相切、半径(T)]:3P↙
➢ 指定圆上的第一个点:110,25↙
➢ 指定圆上的第二个点:123,35↙
➢ 指定圆上的第三个点:110,55↙

(4) 两点法:输入 2P,由给定的两点绘制圆。提示:

➢ 指定圆的圆心或 [三点(3P)/两点(2P)/相切、相切、半径(T)]:2P↙
➢ 指定圆直径的第一个端点:(输入第 1 点)
➢ 指定圆直径的第二个端点:(输入第 2 点)

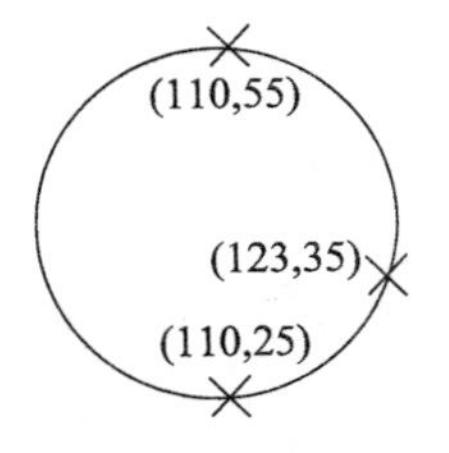

图 3-9 三点画圆

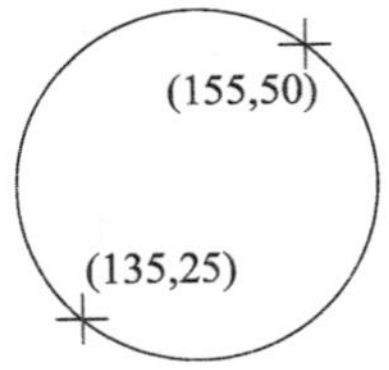

(155,50)
(135,25)

图 3-10 两点画圆

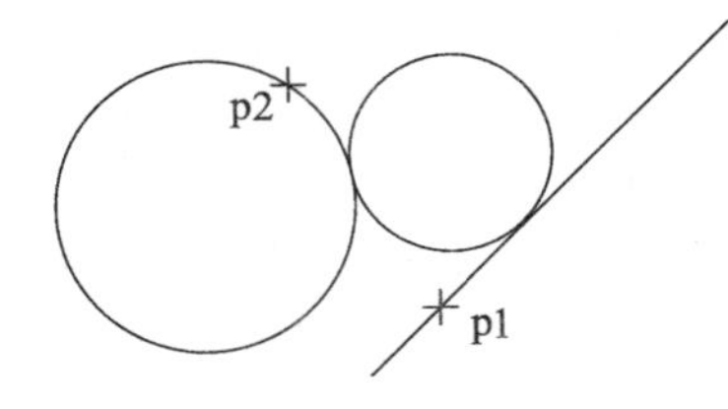

图 3-11 TTR 画圆

【例 3.8】 已知点 A(135,25)、B(155,50),绘制圆,如图 3-10 所示。提示:

➢ 命令:CIRCLE↙
➢ 指定圆的圆心或 [三点(3P)/两点(2P)/相切、相切、半径(T)]:2P↙
➢ 指定圆直径的第一个端点:135,25↙
➢ 指定圆直径的第二个端点:155,50↙

(5) 相切、相切、半径法:输入 T,通过半径和与圆相切的图形对象绘制圆。提示:

➢ 指定圆的圆心或 [三点(3P)/两点(2P)/相切、相切、半径(T)]:T↙
➢ 指定对象与圆的第一个切点:(选择第 1 个相切对象)
➢ 指定对象与圆的第二个切点:(选择第 2 个相切对象)
➢ 指定圆的半径 <缺省值>:(输入半径)

【例 3.9】 已知圆和直线,绘制与两对象相切、且半径为 10 的圆,如图 3-11 所示。提示:

➢ 命令:CIRCLE↙
➢ 指定圆的圆心或 [三点(3P)/两点(2P)/相切、相切、半径(T)]:T↙
➢ 指定对象与圆的第一个切点:(拾取直线上任意点 p1)
➢ 指定对象与圆的第二个切点:(拾取圆上任意点 p2)
➢ 指定圆的半径 <4>:10↙

（6）相切、相切、相切法：TTT 法画圆。通过菜单选项或功能区面板按钮操作，用鼠标拾取三个相切对象绘制圆。提示：

- ➢ _circle 指定圆的圆心或［三点(3P)／两点(2P)／相切、相切、半径(T)］：3p↙
- ➢ 指定圆上的第一个点：_tan 到（选择第一相切对象）
- ➢ 指定圆上的第二个点：_tan 到（选择第二相切对象）
- ➢ 指定圆上的第三个点：_tan 到（选择第三相切对象）

说明：

① 可用鼠标拖动橡皮筋线绘制圆，橡皮筋长度为半径。

② 绘制与对象相切的圆时，必须满足半径≥两对象最短距离的一半，否则不能绘制圆。

③ 用"相切、相切、相切"法绘制圆，只能通过菜单或功能区面板执行。

【例 3.10】 已知一个圆和两条直线，绘制与三个对象相切的圆，如图 3-12 所示。提示：

- ➢ 选择菜单项"绘图"→"圆"→"相切、相切、相切"
- ➢ _circle 指定圆的圆心或［三点(3P)／两点(2P)／相切、相切、半径(T)］：3p↙
- ➢ 指定圆上的第一个点：_tan 到（选择圆上任意点 p1）
- ➢ 指定圆上的第二个点：_tan 到（选择直线上任意点 p2）
- ➢ 指定圆上的第三个点：_tan 到（选择另一直线上任意点 p3）

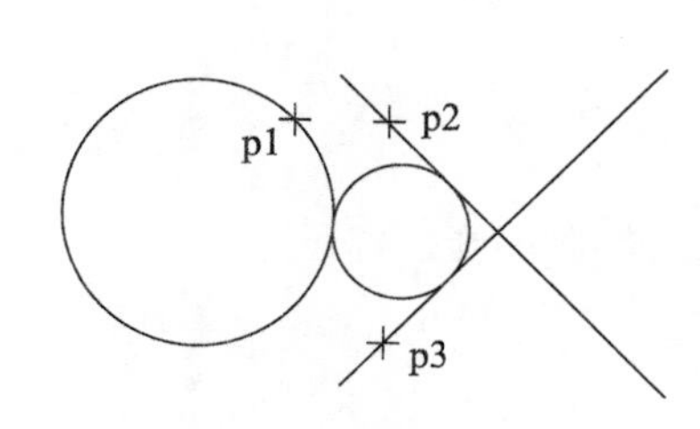

图 3-12 TTT 画圆(一)

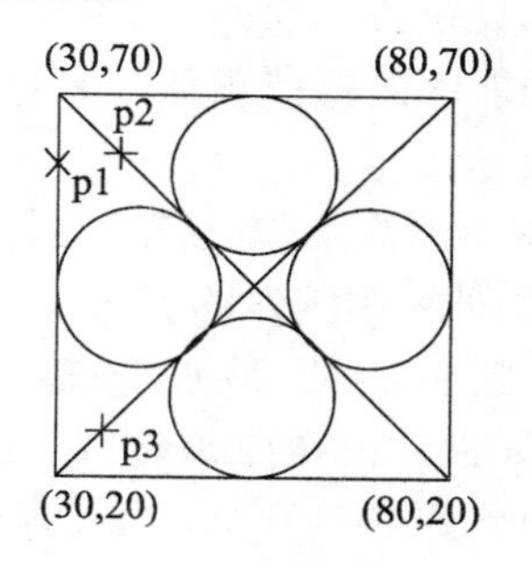

图 3-13 TTT 画圆(二)

【例 3.11】 绘制一简单二维图形，如图 3-13 所示。提示：

- ➢ 命令：LINE↙ ——绘制边长为 50 的正方形
- ➢ 指定第一点：30,20↙
- ➢ 指定下一点或［放弃(U)］：@ 50,0↙
- ➢ 指定下一点或［放弃(U)］：@ 0,50↙
- ➢ 指定下一点或［闭合(C)／放弃(U)］：@ 50 <180↙
- ➢ 指定下一点或［闭合(C)／放弃(U)］：C↙
- ➢ 命令：LINE↙ ——绘制对角线
- ➢ 指定第一点：↙
- ➢ 指定下一点或［放弃(U)］：80,70↙
- ➢ 指定下一点或［放弃(U)］：↙

➢ 命令:LINE↙　　——绘制另一对角线
➢ 指定第一点:80,20↙
➢ 指定下一点或[放弃(U)]:30,70↙
➢ 指定下一点或[放弃(U)]:↙
➢ 选择菜单项"绘图"→"圆"→"相切、相切、相切"　　——绘制左侧圆
➢ _circle 指定圆的圆心或[三点(3P)/两点(2P)/相切、相切、半径(T)]:_3p↙
➢ 指定圆上的第一个点:_tan 到(选择左边线上任意点 p1)
➢ 指定圆上的第二个点:_tan 到(选择对角线上任意点 p2)
➢ 指定圆上的第三个点:_tan 到(选择另一对角线上任意点 p3)

按同样的方法绘制其他三个圆。

3.4　绘制圆弧对象(ARC)

1. 任务

在指定位置绘制各种圆弧。圆弧由圆心、起点、终点、弦长、方向、包含角、直径、半径中三个参数确定。

2. 操作

- 键盘命令:ARC↙。
- 菜单选项:"圆弧"。
- 工具按钮:"绘图"工具栏 →"圆弧"。
- 功能区面板:"默认"→"绘图"→"圆弧"。

3. 提示

➢ 指定圆弧的起点或[圆心(C)]:(输入圆弧起点、圆心)

有 12 种绘制圆弧的方法。

(1) 圆心、起点、终点法:输入圆心、起点、终点,绘制圆弧。提示:

➢ 指定圆弧的起点或[圆心(C)]:C↙
➢ 指定圆弧的圆心:(输入圆弧的圆心坐标)
➢ 指定圆弧的起点:(输入圆弧的起点坐标)
➢ 指定圆弧的端点或[角度(A)/弦长(L)]:(输入圆弧的终点坐标)

【例 3.12】　已知圆心(20,20)、起点(30,40)、终点(10,40),绘制圆弧,如图 3-14 所示。提示:

➢ 命令:ARC↙
➢ 指定圆弧的起点或[圆心(C)]:C↙
➢ 指定圆弧的圆心:20,20↙
➢ 指定圆弧的起点:30,40↙
➢ 指定圆弧的端点或[角度(A)/弦长(L)]:10,40↙

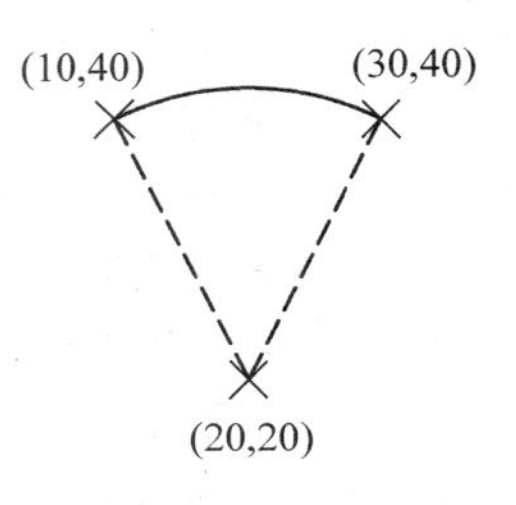

图 3-14　终点画弧

(2) 圆心、起点、包含角法:输入圆心、起点、包含角,绘制圆弧。提示:

➢ 指定圆弧的起点或[圆心(C)]:C↙

➢ 指定圆弧的圆心：(输入圆弧的圆心坐标)
➢ 指定圆弧的起点：(输入圆弧的起点坐标)
➢ 指定圆弧的端点或[角度(A)/弦长(L)]：A↙
➢ 指定包含角：(输入圆弧的包含角度数)

说明：

若输入正角度值，则从起点绕圆心沿逆时针方向绘图；否则沿顺时针方向绘图。

【例3.13】 已知圆心(70,20)、起点(90,35)、包含角(90°)，绘制圆弧，如图3-15所示。提示：

➢ 命令：ARC↙
➢ 指定圆弧的起点或[圆心(C)]：C↙
➢ 指定圆弧的圆心：70,20↙
➢ 指定圆弧的起点：90,35↙
➢ 指定圆弧的端点或[角度(A)/弦长(L)]：A↙
➢ 指定包含角：90↙

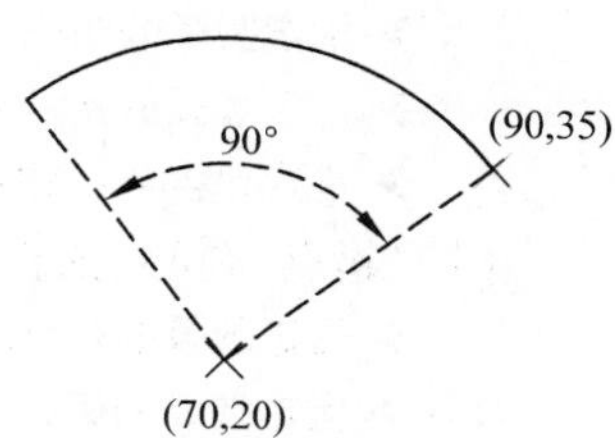

图3-15　包含角画弧

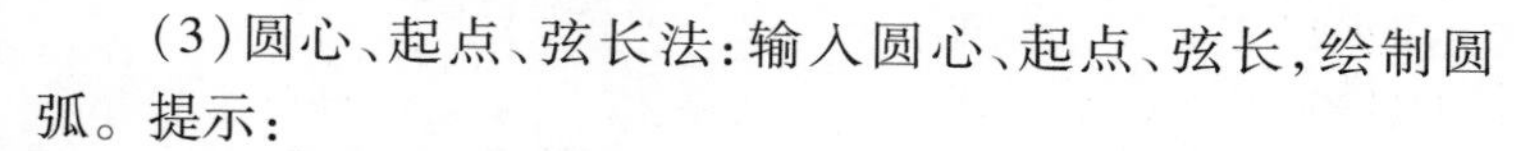

(3)圆心、起点、弦长法：输入圆心、起点、弦长，绘制圆弧。提示：

➢ 指定圆弧的起点或[圆心(C)]：C↙
➢ 指定圆弧的圆心：(输入圆弧的圆心坐标)
➢ 指定圆弧的起点：(输入圆弧的起点坐标)
➢ 指定圆弧的端点或[角度(A)/弦长(L)]：L↙
➢ 指定弦长：(输入弦长)

说明：

若输入正的弦长值，则从起点绕圆心沿逆时针方向按弦长值绘制圆弧；否则按圆周长－沿顺时针方向按弦长值确定的弧长绘制圆弧。

【例3.14】 已知圆心(110,30)、起点(105,40)、弦长为+15(或－15)，绘制圆弧，如图3-16所示。提示：

➢ 命令：ARC↙
➢ 指定圆弧的起点或[圆心(C)]：C↙
➢ 指定圆弧的圆心：110,30↙
➢ 指定圆弧的起点：105,40↙
➢ 指定圆弧的端点或[角度(A)/弦长(L)]：L↙
➢ 指定弦长：15(或－15)↙

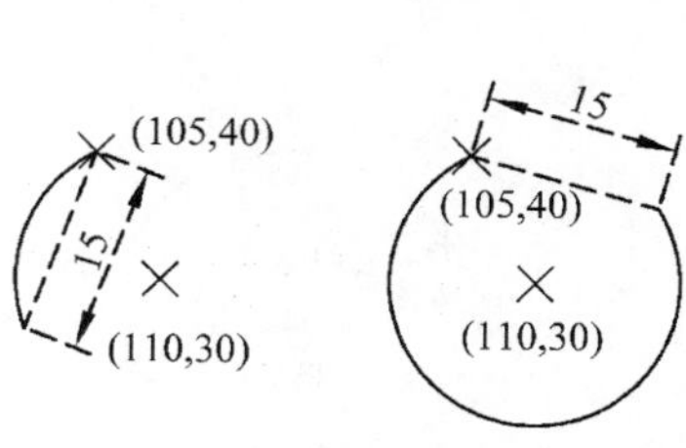

图3-16　弦长画弧

(4)三点法：通过输入起点、第二点、终点，绘制圆弧，如图3-17(a)所示。提示：

➢ 指定圆弧的起点或[圆心(C)]：(输入起点)
➢ 指定圆弧的第二个点或[圆心(C)/端点(E)]：(输入第二点)

➢ 指定圆弧的端点:(输入终点)

(5) 起点、圆心、终点法:输入起点、圆心、终点,绘制圆弧,如图 3-17(b)所示。提示:

➢ 指定圆弧的起点或[圆心(C)]:(输入起点)
➢ 指定圆弧的第二个点或[圆心(C)/端点(E)]:C↙
➢ 指定圆弧的圆心:(输入圆心)
➢ 指定圆弧的端点或[角度(A)/弦长(L)]:(输入终点)

(6) 起点、圆心、包含角法:输入起点、圆心、包含角,绘制圆弧,如图 3-17(c)所示。提示:

➢ 指定圆弧的起点或[圆心(C)]:(输入起点)
➢ 指定圆弧的第二个点或[圆心(C)/端点(E)]:C↙
➢ 指定圆弧的圆心:(输入圆心)
➢ 指定圆弧的端点或[角度(A)/弦长(L)]:A↙
➢ 指定包含角:(输入包含角)

(7) 起点、圆心、弦长法:输入起点、圆心、弦长,绘制圆弧,如图 3-17(d)所示。提示:

➢ 指定圆弧的起点或[圆心(C)]:(输入起点)
➢ 指定圆弧的第二个点或[圆心(C)/端点(E)]:C↙
➢ 指定圆弧的圆心:(输入圆心)
➢ 指定圆弧的端点或[角度(A)/弦长(L)]:L↙
➢ 指定弦长:(输入弦长)

(8) 起点、终点、圆心法:输入起点、终点、圆心,绘制圆弧,如图 3-17(b)所示。提示:

➢ 指定圆弧的起点或[圆心(C)]:(输入起点)
➢ 指定圆弧的第二个点或[圆心(C)/端点(E)]:E↙
➢ 指定圆弧的端点:(输入终点)
➢ 指定圆弧的圆心或[角度(A)/方向(D)/半径(R)]:(输入圆心)

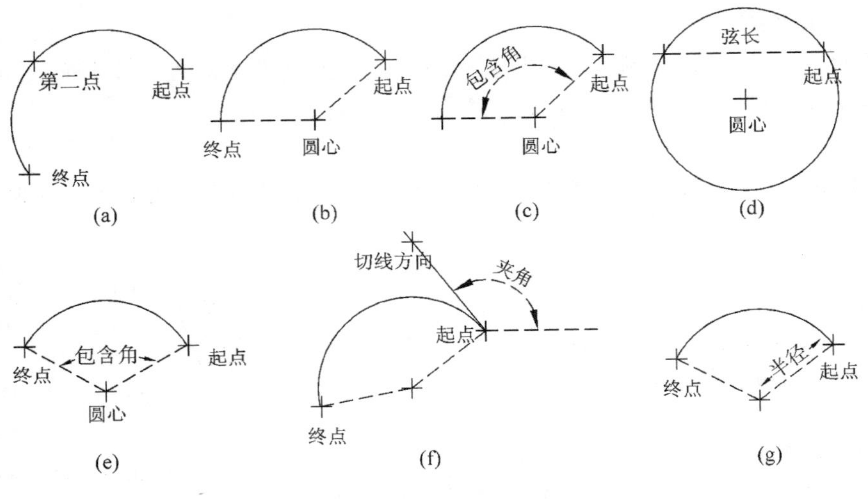

图 3-17 绘制各种圆弧

(9) 起点、终点、包含角法:输入起点、终点、包含角,绘制圆弧,如图 3-17(e)所示。提示:

➤ 指定圆弧的起点或［圆心(C)］:(输入起点)

➤ 指定圆弧的第二个点或［圆心(C)／端点(E)］:E↙

➤ 指定圆弧的端点:(输入终点)

➤ 指定圆弧的圆心或［角度(A)／方向(D)／半径(R)］:A↙

➤ 指定包含角:(输入包含角)

(10) 起点、终点、切线法:输入起点、终点和起点处切线方向,绘制圆弧,如图3-17(f)所示。提示:

➤ 指定圆弧的起点或［圆心(C)］:(输入起点)

➤ 指定圆弧的第二个点或［圆心(C)／端点(E)］:E↙

➤ 指定圆弧的端点:(输入终点)

➤ 指定圆弧的圆心或［角度(A)／方向(D)／半径(R)］:D↙

➤ 指定圆弧的起点切向:(输入圆弧起点处的切线方向与水平方向的夹角)

(11) 起点、终点、半径法:输入起点、终点、半径,绘制圆弧,如图3-17(g)所示。提示:

➤ 指定圆弧的起点或［圆心(C)］:(输入起点)

➤ 指定圆弧的第二个点或［圆心(C)／端点(E)］:E↙

➤ 指定圆弧的端点:(输入终点)

➤ 指定圆弧的圆心或［角度(A)／方向(D)／半径(R)］:R↙

➤ 指定半径:(输入半径)

【例3.15】 使用切线方向绘制圆弧。已知起点(30,20)、终点(125,50)、切线方向角为85°,绘制圆弧,如图3-18所示。提示:

➤ 命令:ARC↙

➤ 指定圆弧的起点或［圆心(C)］:30,20↙

➤ 指定圆弧的第二个点或［圆心(C)／端点(E)］:E↙

➤ 指定圆弧的端点:125,50↙

➤ 指定圆弧的圆心或［角度(A)／方向(D)／半径(R)］:D↙

➤ 指定圆弧的起点切向:85↙

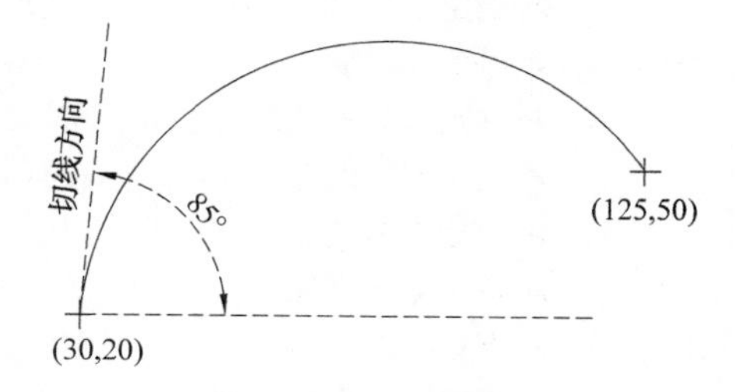

图3-18 绘制各种圆弧

(12) 连续法:按回车键或空格键,绘制与前一圆弧或直线相切的圆弧。提示:

➤ 指定圆弧的起点或［圆心(C)］:↙

➤ 指定圆弧的端点:(输入终点)

说明:

若在提示"指定圆弧的起点或［圆心(C)］:"处按【Enter】键或空格键,则以上一次绘制的直线或圆弧的终点为新圆弧的起点,并以其终点的切线方向作为新圆弧的切线方向,只需输入新圆弧终点即可绘制圆弧。使用菜单选项"绘图"→"圆弧"→"继续"也可实现此功能。

【例 3.16】 绘制如图 3-19 所示的简单二维图形,左上角坐标为(20,80)。提示:

➢ 命令:LINE↙
➢ 指定第一点:20,80↙ ——输入 p1 点
➢ 指定下一点或[放弃(U)]:@ 0,-40↙
➢ 指定下一点或[放弃(U)]:↙
➢ 命令:ARC↙
➢ 指定圆弧的起点或[圆心(C)]:↙
➢ 指定圆弧的端点:@ 20,-20↙
➢ 命令:LINE↙
➢ 指定第一点:↙
➢ 直线长度:50↙
➢ 指定下一点或[放弃(U)]:↙
➢ 命令:ARC↙
➢ 指定圆弧的起点或[圆心(C)]:↙
➢ 指定圆弧的端点:@ 20,20↙
➢ 命令:LINE↙
➢ 指定第一点:↙
➢ 直线长度:40↙
➢ 指定下一点或[放弃(U)]:@ -15,0↙
➢ 指定下一点或[闭合(C)/放弃(U)]:@ 0,-10↙
➢ 指定下一点或[闭合(C)/放弃(U)]:↙
➢ 命令:ARC↙
➢ 指定圆弧的起点或[圆心(C)]:↙
➢ 指定圆弧的端点:@ -20,-20↙
➢ 命令:LINE↙
➢ 指定第一点:↙
➢ 直线长度:20↙
➢ 指定下一点或[放弃(U)]:↙
➢ 命令:ARC↙
➢ 指定圆弧的起点或[圆心(C)]:↙
➢ 指定圆弧的端点:@ -20,20↙
➢ 命令:LINE↙
➢ 指定第一点:↙
➢ 直线长度:10↙
➢ 指定下一点或[放弃(U)]:@ -15,0↙
➢ 指定下一点或[闭合(C)/放弃(U)]:↙

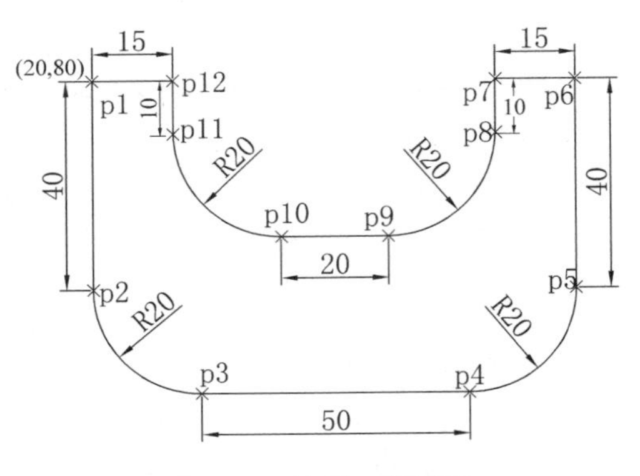

图 3-19 绘制二维图形

3.5 绘制椭圆和椭圆弧对象(ELLIPSE)

椭圆有两种类型:数学椭圆和多段线椭圆,其类型由系统变量 PELLIPSE 决定,PELLIPSE = 0(默认值)为数学椭圆,PELLIPSE = 1 为多段线椭圆。数学椭圆不具有厚度和多

段线特性,多段线椭圆具有厚度和多段线特性,可用 PEDIT 命令修改。

1. 任务

绘制椭圆或椭圆弧。

2. 操作

- 键盘命令:ELLIPSE↙。
- 菜单选项:"椭圆"。
- 工具按钮:"绘图"工具栏 →"椭圆"。
- 功能区面板:"默认"→"绘图"→"椭圆"。

3. 提示

➢ 指定椭圆的轴端点或［圆弧(A)/中心点(C)］:(输入轴端点、A 或 C)

- 指定椭圆的轴端点:输入长轴的端点,根据椭圆长轴两个端点绘制椭圆。提示:

➢ 指定轴的另一个端点:(输入轴的另一端点)

➢ 指定另一条半轴长度或［旋转(R)］:(输入另一轴的半长)

或

➢ 指定另一条半轴长度或［旋转(R)］:R↙

➢ 指定绕长轴旋转的角度:(输入旋转角度)

> **说明:**
> 对轴半长和转角,可直接键入长度和角度,也可用鼠标拖动橡皮筋直接拾取。

- 圆弧(A):输入 A,绘制椭圆弧对象。提示:

➢ 指定椭圆的轴端点或［圆弧(A)/中心点(C)］:A↙

➢ 指定椭圆弧的轴端点或［中心点(C)］:(输入轴端点或 C)

> **说明:**
> 绘制椭圆弧,先按绘制椭圆提示输入椭圆参数,然后输入椭圆弧的有关角度即可。

有两种绘制椭圆弧的方法。

① 角度法(默认方法):根据起始角和终止角或起始角和包含角绘制椭圆弧。提示:

➢ 指定起始角度或［参数(P)］:(输入起始角)

➢ 指定终止角度或［参数(P)/包含角度(I)］:(输入终止角或包含角)

② 参数法(P):输入 P,根据参数方程中参数 u 的起始和终止值绘制椭圆弧。提示:

➢ 指定起始角度或［参数(P)］:P↙

➢ 指定起始参数或［角度(A)］:(输入起始参数值)

➢ 指定终止参数或［角度(A)/包含角度(I)］:(输入终止参数值)

- 中心点(C):输入 C,根据椭圆的中心坐标绘制椭圆。提示:

➢ 指定椭圆的轴端点或［圆弧(A)/中心点(C)］:C↙

➢ 指定椭圆的中心点:(输入椭圆中心点)

➢ 指定轴的端点:(输入椭圆某一轴上的任一端点)
➢ 指定另一条半轴长度或[旋转(R)]:(输入另一轴的半长)

或

➢ 指定另一条半轴长度或[旋转(R)]:R↙
➢ 指定绕长轴旋转的角度:(输入旋转角度)

【例 3.17】 过一轴线两个端点和另一轴线一个端点绘制椭圆,如图 3-20 所示。提示:

➢ 命令:ELLIPSE↙
➢ 指定椭圆的轴端点或[圆弧(A)/中心点(C)]:(拾取 p1 点)
➢ 指定轴的另一个端点:(拾取 p2 点)
➢ 指定另一条半轴长度或[旋转(R)]:(拾取 p3 点)

【例 3.18】 过一轴线两个端点且绕主轴旋转 50°绘制椭圆,如图 3-21 所示。提示:

➢ 命令:ELLIPSE↙
➢ 指定椭圆的轴端点或[圆弧(A)/中心点(C)]:(拾取 p1 点)
➢ 指定轴的另一个端点:(拾取 p2 点)
➢ 指定另一条半轴长度或[旋转(R)]:R↙
➢ 指定绕长轴旋转的角度:50↙

【例 3.19】 绘制起始角为 45°、终止角为 135°的椭圆,如图 3-22 所示。提示:

➢ 命令:ELLIPSE↙
➢ 指定椭圆的轴端点或[圆弧(A)/中心点(C)]:A↙
➢ 指定椭圆弧的轴端点或[中心点(C)]:(拾取 p1 点)
➢ 指定轴的另一个端点:(拾取 p2 点)
➢ 指定另一条半轴长度或[旋转(R)]:(拾取 p3 点)
➢ 指定起始角度或[参数(P)]:45↙
➢ 指定终止角度或[参数(P)/包含角度(I)]:135↙

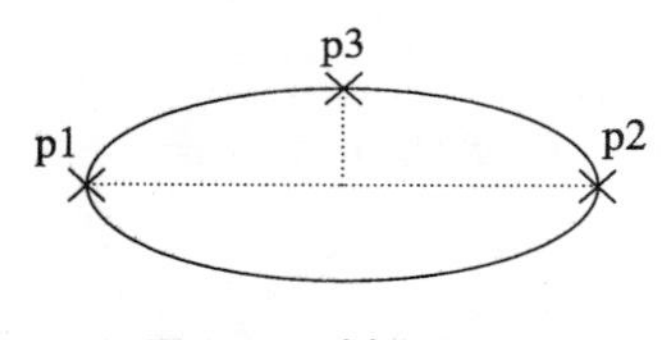

图 3-20 椭圆(一)

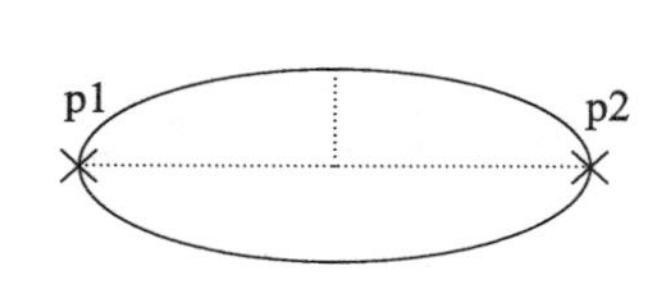

图 3-21 椭圆(二)

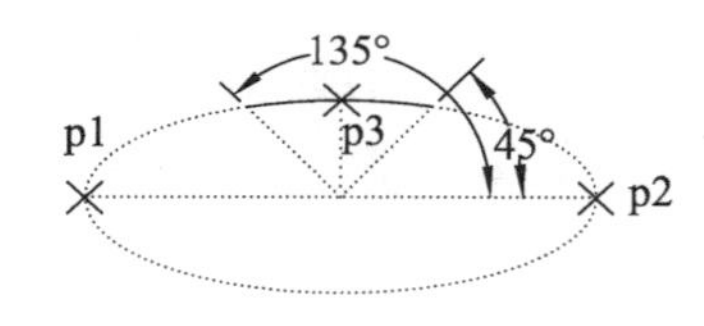

图 3-22 椭圆弧

3.6 绘制射线对象(RAY)

射线也称单向构造线,它是只有一个起点并延伸到无穷远的直线。射线由两点(起点和另一点)确定。射线一般用作辅助线,不能作为图形输出,经修剪后方可作为图形输出。

1. 任务

绘制一条或多条从起点向远处延伸的射线。

2. 操作

● 键盘命令:RAY↙。

● 菜单选项:"绘图"→"射线"。
● 功能区面板:"默认"→"绘图"→"射线"。

3. 提示

➢ 指定起点:(输入起点)
➢ 指定通过点:(输入射线经过的任意点)
……
➢ 指定通过点:↙

【例3.20】 绘制由圆弧和射线组成的图形,如图3-23所示。提示:

➢ 命令:RAY↙
➢ 指定圆弧的起点或[圆心(C)]:C↙
➢ 指定圆弧的圆心:100,80↙
➢ 指定圆弧的起点:140,120↙
➢ 指定圆弧的端点或[角度(A)/弦长(L)]:60,120↙
➢ 命令:RAY↙
➢ 指定起点:100,80↙
➢ 指定通过点:140,120↙
➢ 指定通过点:130,120↙
➢ 指定通过点:120,120↙
➢ 指定通过点:110,120↙
➢ 指定通过点:100,120↙
➢ 指定通过点:90,120↙
➢ 指定通过点:80,120↙
➢ 指定通过点:70,120↙
➢ 指定通过点:60,120↙
➢ 指定通过点:↙

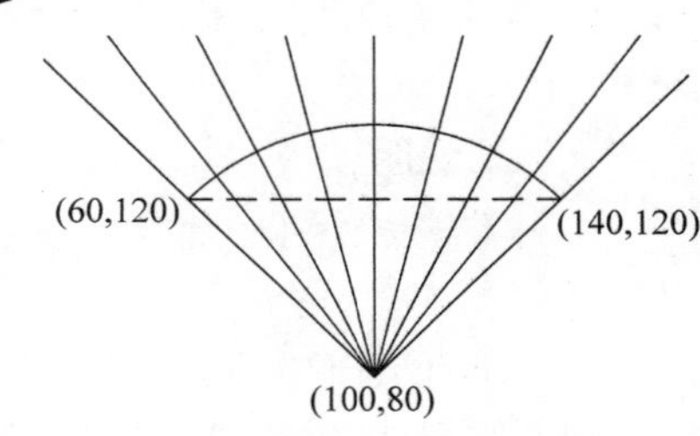

图3-23 绘制圆弧和射线

3.7 绘制构造线对象(XLINE)

构造线也称为双向构造线,它是没有端点且向两个方向无限延伸的直线,它由两点确定。双向构造线通常用作辅助线,不能作为图形输出,经修剪后方可作为图形输出。用构造线绘制平行线非常方便。在实践中,通常有"长对正、高平齐、宽相等"等要求。

1. 任务

绘制从两个方向无限延伸的直线。

2. 操作

● 键盘命令:XLINE↙。
● 菜单选项:"绘图"→"构造线"。
● 工具按钮:"绘图"工具栏→"构造线"。
● 功能区面板:"默认"→"绘图"→"构造线"。

3. 提示

➤ 指定点或[水平(H)/垂直(V)/角度(A)/二等分(B)/偏移(O)]:(输入点、H、V、A、B、O)

有6种绘制构造线的方法。

(1) 两点法:输入两点,绘制经过两点的构造线,如图3-24(e)所示。提示:

➤ 指定点或[水平(H)/垂直(V)/角度(A)/二等分(B)/偏移(O)]:(输入经过的一点)

➤ 指定通过点:(输入经过的另一点)

说明:

利用该方法可一次绘制经过第一点的多条构造线,按【Enter】键或空格键结束命令。

(2) 水平法:输入H,绘制经过指定点的水平构造线,如图3-24(a)所示。提示:

➤ 指定点或[水平(H)/垂直(V)/角度(A)/二等分(B)/偏移(O)]:H↙

➤ 指定通过点:(输入经过点)

说明:

利用该方法可一次绘制多条水平构造线,按【Enter】键或空格键结束命令。

(3) 垂直法:输入V,绘制经过指定点的垂直构造线,如图3-24(b)所示。方法同水平法。

(4) 倾斜法:输入A,绘制与X轴或一直线成指定角度的倾斜构造线,有两种方法。

- 绘制经过某一点且与X轴正方向成指定角度的倾斜构造线,如图3-24(c)所示。提示:

  ➤ 指定点或[水平(H)/垂直(V)/角度(A)/二等分(B)/偏移(O)]:A↙

  ➤ 输入构造线角度 (0) 或 [参照(R)]:(输入角度值)

  ➤ 指定通过点:(输入经过点)

- 绘制经过某一点且与某直线成指定角度的倾斜构造线,如图3-24(d)所示。提示:

  ➤ 指定点或[水平(H)/垂直(V)/角度(A)/二等分(B)/偏移(O)]:A↙

  ➤ 输入构造线角度 (0) 或 [参照(R)]:R↙

  ➤ 选择直线对象:(选择一直线)

  ➤ 输入构造线角度 <缺省值>:(输入角度值)

  ➤ 指定通过点:(输入经过点)

(5) 二等分法:输入B,绘制平分角(由三点确定)的构造线,如图3-24(f)所示。提示:

➤ 指定点或[水平(H)/垂直(V)/角度(A)/二等分(B)/偏移(O)]:B↙

➤ 指定角的顶点:(输入平分角的顶点)

➤ 指定角的起点:(输入平分角的起点)

➤ 指定角的端点:(输入平分角的终点)

(6) 偏移法:输入O,绘制与指定直线偏移一定距离的平行构造线,有两种方法。

- 绘制经过某一点且与指定直线偏移一定距离的构造线,如图3-24(g)所示。提示:

  ➤ 指定点或[水平(H)/垂直(V)/角度(A)/二等分(B)/偏移(O)]:O↙

  ➤ 指定偏移距离或 [通过(T)] <缺省值>:T↙

  ➤ 选择直线对象:(选择所要平行的直线)

  ➤ 指定通过点:(输入经过点)

- 绘制与指定直线偏移一定距离的构造线，如图 3-24(h)所示。提示：
  - ➢ 指定点或[水平(H)/垂直(V)/角度(A)/二等分(B)/偏移(O)]：O↙
  - ➢ 指定偏移距离或［通过(T)］<缺省值>：(输入偏移距离值)
  - ➢ 选择直线对象：(选择直线)
  - ➢ 指定向哪侧偏移：(输入偏移构造线在直线一侧的点)

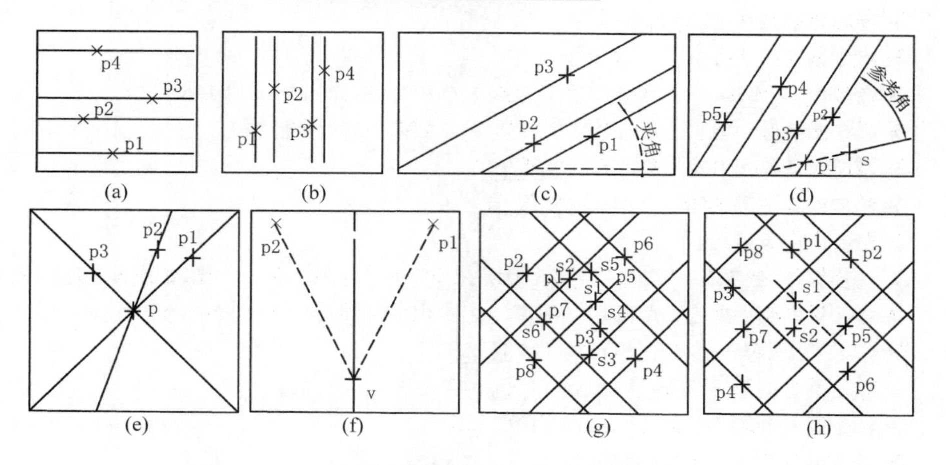

图 3-24 绘制构造线

【例 3.21】 绘制通过顶点(70,30)，且平分由点(70,30)、点(100,40)、点(50,70)所确定的角的二等分构造线，如图 3-25 所示。提示：

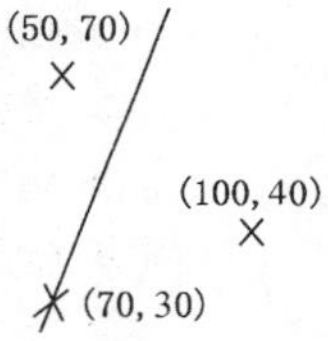

- ➢ 命令：XLINE↙
- ➢ 指定点或[水平(H)/…/二等分(B)/偏移(O)]：B↙
- ➢ 指定通过点：70,30↙
- ➢ 指定通过点：100,40↙
- ➢ 指定通过点：50,70↙
- ➢ 指定通过点：↙

(50, 70)
(100, 40)
(70, 30)

图 3-25

【例 3.22】 利用 LINE、CIRCLE、XLINE 命令绘制如图 3-26 所示的图形。提示：

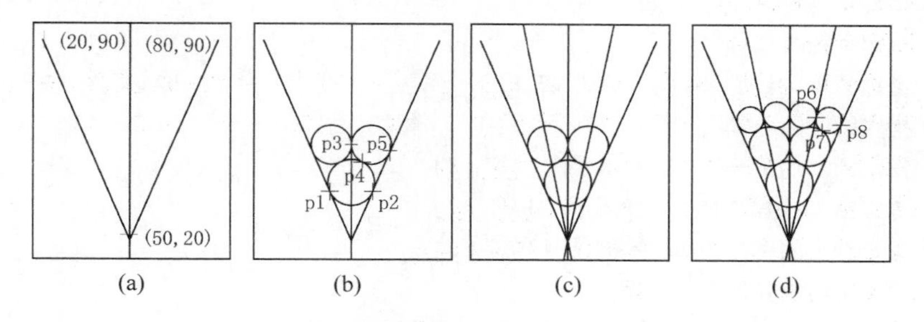

图 3-26 绘制图形

- ➢ 命令：LINE↙ ——绘制折线，如图 3-26(a)所示。
- ➢ 指定第一点：20,90↙
- ➢ 指定下一点或［放弃(U)］：50,20↙
- ➢ 指定下一点或［放弃(U)］：80,90↙

➢ 指定下一点或 [闭合(C)/放弃(U)]:↙
➢ 命令:XLINE↙ ——绘制二等分构造线,如图 3-26(b)所示。
➢ 指定点或[水平(H)/垂直(V)/角度(A)/二等分(B)/偏移(O)]:B↙
➢ 指定角的顶点:50,20↙
➢ 指定角的起点:80,90↙
➢ 指定角的端点:20,90↙
➢ 指定角的端点:↙
➢ 命令:CIRCLE↙ ——绘制下面半径为 8 的一个圆,如图 3-26(b)所示。
➢ 指定圆的圆心或 [三点(3P)/两点(2P)/相切、相切、半径(T)]:T↙
➢ 指定对象与圆的第一个切点:(拾取 p1)
➢ 指定对象与圆的第二个切点:(拾取 p2)
➢ 指定圆的半径:8↙
➢ 选择菜单"绘图"→"圆"→"相切、相切、相切"——绘制上面一个圆,如图 3-26(b)所示。
➢ 指定圆的圆心或 [三点(3P)/两点(2P)/相切、相切、半径(T)]:_3p
➢ 指定圆上的第一个点:_tan 到 (拾取 p3)
➢ 指定圆上的第二个点:_tan 到 (拾取 p4)
➢ 指定圆上的第三个点:_tan 到 (拾取 p5)
➢ 同法绘制另一个三点相切圆。
➢ 命令:XLINE↙ ——绘制二等分构造线,如图 3-26(c)所示。
➢ 指定点或[水平(H)/垂直(V)/角度(A)/二等分(B)/偏移(O)]:B↙
➢ 指定角的顶点:50,20↙
➢ 指定角的起点:80,90↙
➢ 指定角的端点:50,90↙
➢ 指定角的端点:↙
➢ 命令:XLINE↙
➢ 指定点或[水平(H)/垂直(V)/角度(A)/二等分(B)/偏移(O)]:B↙
➢ 指定角的顶点:50,20↙
➢ 指定角的起点:50,90↙
➢ 指定角的端点:20,90↙
➢ 指定角的端点:↙
➢ 选择菜单"绘图"→"圆"→"相切、相切、相切"——绘制三点相切圆,如图 3-26(d)所示。
➢ 指定圆的圆心或 [三点(3P)/两点(2P)/相切、相切、半径(T)]:_3p
➢ 指定圆上的第一个点:_tan 到 (拾取 p6)
➢ 指定圆上的第二个点:_tan 到 (拾取 p7)
➢ 指定圆上的第三个点:_tan 到 (拾取 p8)
➢ 同法可绘制其他三个小圆。

3.8　绘制多线对象（MLINE）

多线也称复合线，用户可绘制双线、三线、四线及多线对象。多线由多条平行线组成，如图3-27所示，组成多线的平行线可具有不同的颜色和线型属性，缺省的多线样式为双线。用户可定义新的多线样式，可对多线进行编辑修改，以满足实际需要。在工程设计中，可用多线功能快速、方便地绘制墙体、街道、管线等图形。

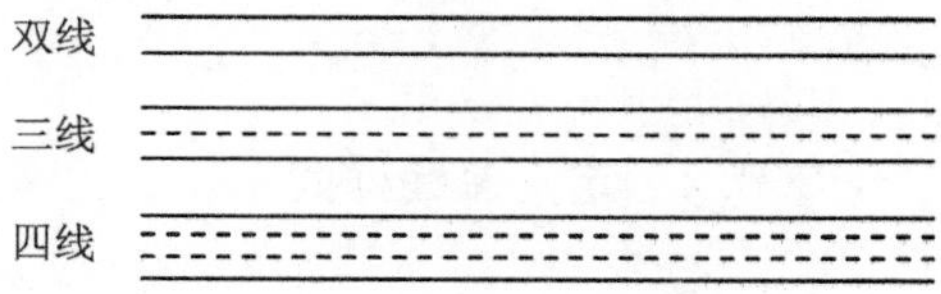

双线

三线

四线

图3-27　多线示例

3.8.1　绘制多线

1. 任务

绘制由多条平行线组成的多线对象。

2. 操作

● 键盘命令：MLINE↙。

● 菜单选项："绘图"→"多线"。

3. 提示

➢ 当前设置：对正 = 上，比例 = 20.00，样式 = STANDARD

➢ 指定起点或［对正(J)/比例(S)/样式(ST)］：(输入J、S、ST或起点)

第一行指出当前多线的对齐方式、缩放比例和多线样式，第二行开始绘制多线。

● 指定起点：输入起点。提示：

➢ 指定下一点：(输入下一点)

➢ 指定下一点或［放弃(U)］：(输入下一点或U)

➢ 指定下一点或［闭合(C)/放弃(U)］：(输入下一点、C或U)

◆ 指定下一点：输入下一点，绘制一条多线。

◆ 闭合(C)：绘制到起点的封闭多线。

◆ 放弃(U)：取消前一线段。

● 对正(J)：输入J，设置多线对齐方式。提示：

输入对正类型［上(T)/无(Z)/下(B)］<上>：(输入T、Z或B)

◆ 上(T)：设置顶对齐方式，表示绘制多线时顶线随光标移动。

◆ 无(Z)：设置中线对齐方式，表示绘制多线时中心随光标移动。

◆ 下(B)：设置底对齐方式，表示绘制多线时底线随光标移动。

● 比例(S)：输入S，设置多线缩放比例，缺省为20.00。提示：

➢ 输入多线比例 <20.00>：(输入新缩放比例)

● 样式(ST)：输入ST，设置多线样式。提示：

➢ 输入多线样式名或［?］：(输入多线样式名或?)

说明：

① 输入“?”时，列出多线样式清单，供用户选择。

② 缺省多线样式为“STANDARD”，多线是间距为20的双线平行线。

3.8.2 定义多线样式

1. 任务

创建新的多线样式。

2. 操作

- 键盘命令：MLSTYLE↙。
- 菜单选项：“格式”→“多线样式”。

3. 提示

弹出“多线样式”对话框，如图3-28所示。

- 当前多线样式：给出当前多线样式名称。缺省名称为“STANDARD”。
- 说明：给出当前多线样式详细说明。
- 样式(S)：列出已经定义的多线样式清单，可从中选择一个样式进行操作。
- 置为当前(U)：单击该按钮，可将选中的多线样式置为当前样式。
- 修改(M)：单击该按钮，可修改选中的多线样式有关参数。
- 重命名(R)：单击该按钮，可更改选中的多线样式名称。
- 删除(D)：单击该按钮，可将选中的多线样式删除。

图3-28 “多线样式”对话框

- 加载(L)：从多线库文件(Acad.mln)中加载已定义的其他多线样式。单击该按钮，弹出“加载多线样式”对话框，如图3-29所示。

图3-29 “加载多线样式”对话框

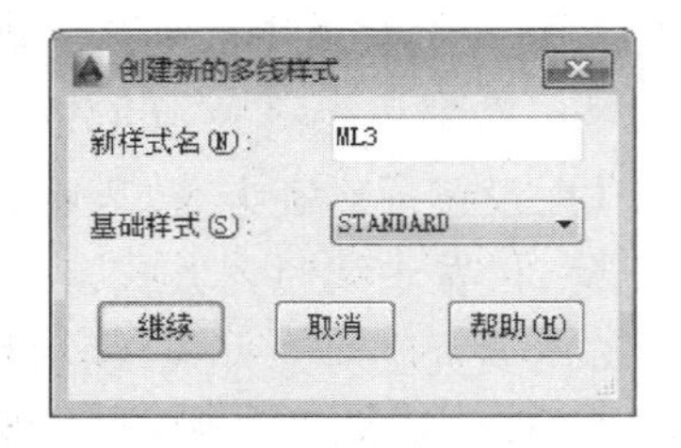

图3-30 “创建新的多线样式”对话框

- 保存(A)：将当前定义多线样式存入指定多线库文件(.mln)中。单击该按钮，弹出“保存多线样式”对话框，指定库文件名，单击“确定”按钮即可。

● 新建(N):创建新的多线样式。单击该按钮,弹出“创建新的多线样式”对话框,如图3-30所示,选择基础样式,输入新的样式名称。单击“继续”按钮,弹出“新建多线样式”对话框,如图3-31所示,根据提示设置该多线有关参数。

◆ 说明(P):在其中可键入该多线的详细说明文字。

◆ 图元(E):设置多线元素特性参数。单击“添加”按钮,添加一条平行线。单击“删除”按钮,删除某条平行线。根据提示设置多线中直线的相对位置、颜色和线型。

◆ 封口:设置多线特性参数。根据提示,设置多线起点和终点的封口方式(表3-1)。

◆ 填充:打开此开关,则用指定颜色填充所绘的多线。

◆ 显示连接(J):打开此开关,则在转折处显示交线。

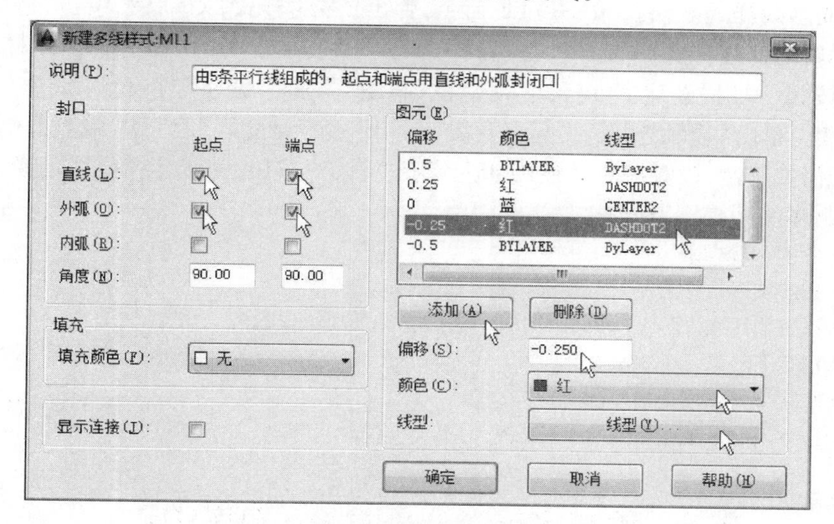

图3-31　“新建多线样式”对话框

表3-1　多线封口、连接和填充方式

均不封口		内弧方式封口	
选择显示连接		角度方式封口	
直线方式封口		设置填充颜色	
外弧方式封口			

【例3.23】　绘制如图3-32所示的多线,起点以直线和外弧方式封口,且角度为90°,终点以直线封口,且角度为45°,选择显示连接。表3-2中给出该多线五条平行线的有关参数要求。

表 3-2　多线参数

序号	相对位置	颜色	线型
1	10	ByLayer	ByLayer
2	5	蓝色	DASHED
3	0	红色	CENTER
4	-5	蓝色	DASHED
5	-10	ByLayer	ByLayer

- 定义多线样式。执行 MLSTYLE 命令，弹出“多线样式”对话框，单击“新建”按钮，弹出“创建新的多线样式”对话框，在“新样式名”框内输入“ML1”作为新多线样式名，单击“继续”按钮，弹出“新建多线样式”对话框，利用“添加”“偏移”“颜色”“线型”项定义各条线的属性。单击“显示连接”、“起点直线”封口、“起点外弧”封口和“端点直线”封口复选框，打开相关属性，设置终点角度为 45°，单击“确定”按钮，完成多线样式定义。
- 绘制多线。提示：
  - ➤ 命令:MLINE↙
  - ➤ 当前设置：对正 = 上，比例 = 20.00，样式 = ML1
  - ➤ 指定起点或［对正(J)/比例(S)/样式(ST)］:30,20↙
  - ➤ 指定下一点:30,35↙
  - ➤ 指定下一点或［放弃(U)］:80,35↙
  - ➤ 指定下一点或［闭合(C)/放弃(U)］:80,20↙

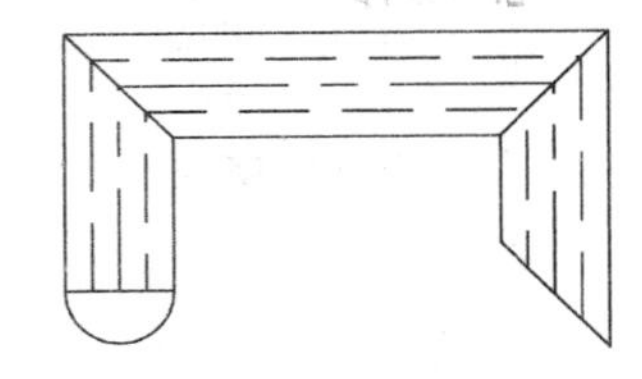

图 3-32　绘制多线

3.9　绘制定数等分点对象（DIVIDE）

在绘图过程中，经常需要对直线、圆弧、圆等图形对象进行定数等分点标记。定数等分点将标记对象进行等分，等分点之间间距相等。

1. 任务

在指定对象的等分点位置绘制点对象或插入图块。本章只介绍绘制等分点，而绘制等分图块在以后章节中介绍。绘制等分点之前，一般要设置点的样式为非“.”形状。

2. 操作

- 键盘命令：DIVIDE↙。
- 菜单选项：“绘图”→“点”→“定数等分点”。
- 功能区面板：“默认”→“绘图”→“定数等分点”。

3. 提示

- ➤ 选择要定数等分的对象：(选择要等分的对象)
- ➤ 输入线段数目或［块(B)］:(输入对象的等分数)

【例 3.24】　已知一直线，在直线上绘制 4 等分点，如图 3-33 所示。

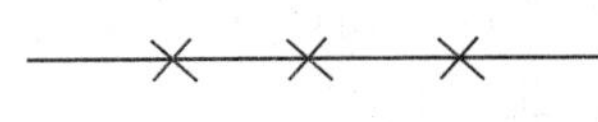

图 3-33　定数等分点

➢ 命令:DDPTYPE↙
➢ 设置点样式为"×"
➢ 命令:DIVIDE↙
➢ 选择要定数等分的对象:(选择直线)
➢ 输入线段数目或[块(B)]:4↙

3.10 绘制定距等分点对象(MEASURE)

在绘图过程中,经常需要对直线、圆弧、圆等图形对象按指定间距进行定距等分点标记。对标记对象按指定距离进行定距测试,除最后一段外,测量点之间间距相等。

1. 任务

在指定对象上,按照指定长度绘制多个点对象或插入图块。本章只介绍绘制定距等分点,绘制等距等分图块在后续章节中介绍。绘制等分点前,要设置点样式为非"."形状。

2. 操作

- 键盘命令:MEASURE↙。
- 菜单选项:"绘图"→"点"→"定距等分点"。
- 功能区面板:"默认"→"绘图"→"定距等分点"。

3. 提示

➢ 选择要定距等分的对象:(选择对象)
➢ 指定线段长度或[块(B)]:(输入每段长度值)

【例3.25】 已知长度为50的直线,在直线上按20间距绘制等分点,如图3-34所示。

➢ 命令:DDPTYPE↙
➢ 设置点样式为"×"
➢ 命令:MEASURE↙
➢ 选择要定距等分的对象:(选择直线)
➢ 指定线段长度或[块(B)]:20↙

图3-34 定距等分点

3.11 绘制矩形对象(RECTANG)

1. 任务

绘制矩形对象。矩形对象是一个封闭的多段线对象。

2. 操作

- 键盘命令:RECTANG↙。
- 菜单选项:"绘图"→"矩形"。
- 工具按钮:"绘图"工具栏→"矩形"。
- 功能区面板:"默认"→"绘图"→"矩形"。

3. 提示

➢ 指定第一个角点或[倒角(C)/标高(E)/圆角(F)/厚度(T)/宽度(W)]:(输入矩形顶

点、C、E、F、T 或 W)

- 倒角(C):输入 C,设置倒直角距离。
- 标高(E):输入 E,设置构造平面的高度。
- 圆角(F):输入 F,设置倒圆角半径。
- 厚度(T):输入 T,设置矩形厚度。
- 宽度(W):输入 W,设置线型宽度。
- 指定第一个角点:输入矩形对角线的第一个顶点坐标。提示:
  ➢ 指定另一个角点或 [面积(A)/尺寸(D)/旋转(R)]:(输入矩形对角线的另一顶点、D)
  - ◆ 指定另一个角点:输入矩形另一个顶点,绘制由第一、第二顶点确定的矩形。
  - ◆ 面积(A):输入 A,根据给定面积绘制矩形。
  - ◆ 旋转(R):输入 R,设置矩形旋转角度,按旋转角度旋转矩形。
  - ◆ 尺寸(D):输入 D,绘制给定长、宽值的矩形。提示:

  ➢ 指定矩形的长度 <缺省值>:(输入矩形长度)

  ➢ 指定矩形的宽度 <缺省值>:(输入矩形宽度)

说明:

矩形实际上是一个由 4 条直线段组成的封闭多段线对象,矩形的两组边分别与 X 和 Y 轴平行。使用绘制矩形命令可绘出形状多样的图形,如图 3-35 所示。

图 3-35　多种矩形对象

3.12　绘制等边多边形对象(POLYGON)

等边多边形是一条封闭的多段线,其线宽为 0。若改变线宽,可用 PEDIT 命令修改。等边多边形的大小由边长和边数确定,也可由内接圆或外切圆的半径大小来确定。

1. 任务

绘制边数为 3 ~ 1024 的等边多边形对象。

2. 操作

- 键盘命令:POLYGON↙。
- 菜单选项:"绘图"→"多边形"。
- 工具按钮:"绘图"工具栏→"多边形"。
- 功能区面板:"默认"→"绘图"→"多边形"。

3. 提示

➢ 输入边的数目 <缺省值>:(输入边数)
➢ 指定正多边形的中心点或[边(E)]:(输入中心点或E)
➢ 输入选项[内接于圆(I)/外切于圆(C)] <I>:(输入I或C)
➢ 指定圆的半径:(输入半径)

有三种绘制等边多边形的方法。

(1) 根据多边形边数以及某边的两个端点绘制多边形,如图3-36(a)所示。提示:

➢ 命令:POLYGON↙
➢ 输入边的数目 <缺省值>:(输入边数)
➢ 指定正多边形的中心点或[边(E)]:E↙
➢ 指定边的第一个端点:(输入某边的第一个端点)
➢ 指定边的第二个端点:(输入某边的第二个端点)

说明:

采用该法绘制等边多边形,从第一端点到第二端点,沿逆时针方向绘制多边形。

(2) 根据多边形边数和内接圆半径绘制等边多边形,如图3-36(b)所示。提示:

➢ 命令:POLYGON↙
➢ 输入边的数目 <缺省值>:(输入边数)
➢ 指定正多边形的中心点或[边(E)]:(输入中心点)
➢ 输入选项[内接于圆(I)/外切于圆(C)] <I>:I↙
➢ 指定圆的半径:(输入半径)

(3) 根据多边形边数和外切圆半径绘制等边多边形,如图3-36(c)所示。提示:

➢ 命令:POLYGON↙
➢ 输入边的数目 <缺省值>:(输入边数)
➢ 指定正多边形的中心点或[边(E)]:(输入中心点)
➢ 输入选项[内接于圆(I)/外切于圆(C)] <I>:C↙
➢ 指定圆的半径:(输入半径)

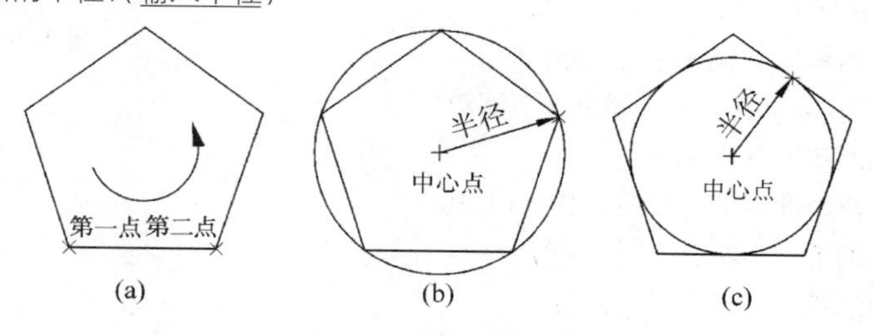

图3-36 等边多边形

说明:

根据内接圆、外切圆绘制多边形,如果直接从键盘输入半径值,则所绘多边形的一条边平行于X轴,如果用鼠标拖动,则边的位置由鼠标拾取点决定。若为内接圆,则拾取点为两边交点;若为外切圆,则拾取点为边的中点。

【例 3.26】 已知中心点坐标为(50,50),半径为 40,用内接圆方法绘制六边形和三角形,如图 3-37 所示。提示:

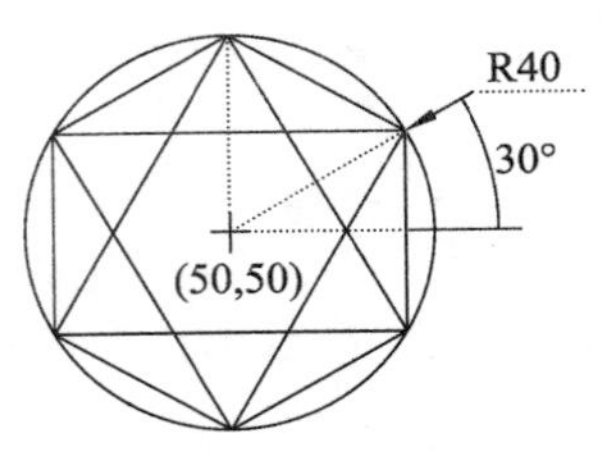

图 3-37 多边形(一)

- 命令:POLYGON↙
- 输入边的数目 < 3 >:6↙
- 指定正多边形的中心点或[边(E)]:50,50↙
- 输入选项[内接于圆(I)/外切于圆(C)] < I >:↙
- 指定圆的半径:@ 40 <30↙
- 命令:POLYGON↙
- 输入边的数目 < 6 >:3↙
- 指定正多边形的中心点或[边(E)]:50,50↙
- 输入选项[内接于圆(I)/外切于圆(C)] < I >:↙
- 指定圆的半径:@ 40 <30↙
- 命令:POLYGON↙
- 输入边的数目 < 3 >:↙
- 指定正多边形的中心点或[边(E)]:50,50↙
- 输入选项[内接于圆(I)/外切于圆(C)] < I >:↙
- 指定圆的半径:@ 40 <90↙

【例 3.27】 用指定边长方法绘制四边形和五边形,边长为 40,如图 3-38 所示。提示:

- 命令:POLYGON↙ ——绘制中间正方形
- 输入边的数目 < 4 >:4↙
- 指定正多边形的中心点或[边(E)]:E↙
- 指定边的第一个端点:200,100↙
- 指定边的第二个端点:@ 40,0↙
- 命令:POLYGON↙ ——绘制下部五边形
- 输入边的数目 < 4 >:5↙
- 指定正多边形的中心点或[边(E)]:E↙
- 指定边的第一个端点:240,100↙
- 指定边的第二个端点:@ -40,0↙
- 命令:POLYGON↙ ——绘制左边五边形
- 输入边的数目 < 5 >:↙
- 指定正多边形的中心点或[边(E)]:E↙
- 指定边的第一个端点:200,100↙
- 指定边的第二个端点:@ 0,40↙
- 命令:POLYGON↙ ——绘制上部五边形
- 输入边的数目 < 5 >:↙
- 指定正多边形的中心点或[边(E)]:E↙
- 指定边的第一个端点:200,140↙
- 指定边的第二个端点:@ 40,0↙
- 命令:POLYGON↙ ——绘制右边五边形
- 输入边的数目 < 5 >:↙

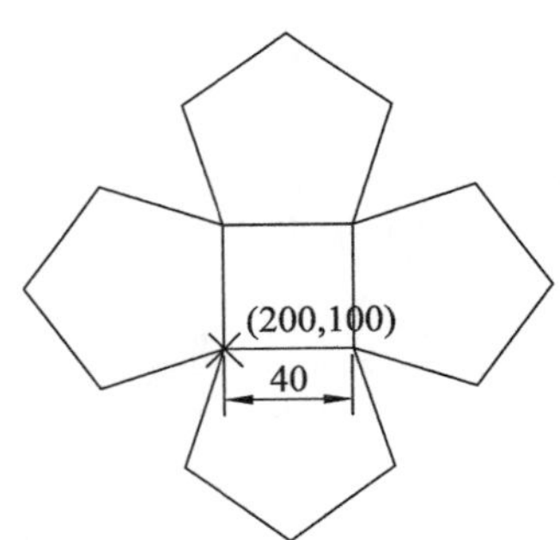

图 3-38 多边形(二)

➢ 指定正多边形的中心点或［边(E)］:E↙

➢ 指定边的第一个端点:240,140↙

➢ 指定边的第二个端点:@ 0, -40↙

3.13　绘制二维多段线对象（PLINE）

多段线也称多义线。二维多段线是由不同宽度的直线和圆弧组成的连续线段。多段线可看成一个独立对象,可对其进行编辑、修改、删除等操作,可用拟合形式将其变为光滑曲线。

1. 任务

绘制由等宽或不等宽的直线和圆弧组成的多线段对象,如图3-39所示。

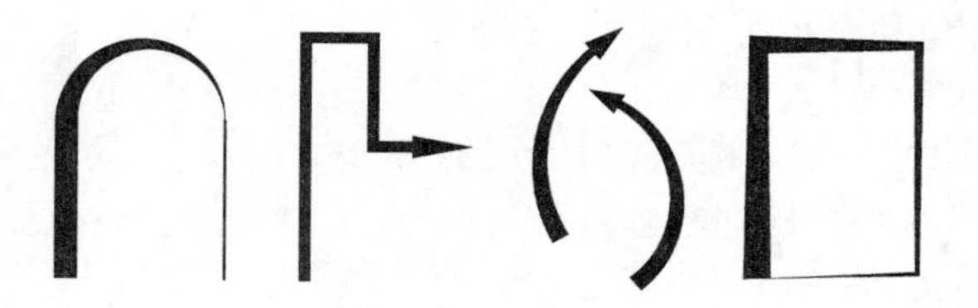

图3-39　多段线(一)

2. 操作

- 键盘命令:PLINE↙。
- 菜单选项:“绘图”→“二维多段线”。
- 工具按钮:“绘图”工具栏→“二维多段线”。
- 功能区面板:“默认”→“绘图”→“二维多段线”。

3. 提示

➢ 指定起点:(输入起点)

➢ 当前线宽为 0.0000

➢ 指定下一个点或[圆弧(A)/闭合(C)/半宽(H)/长度(L)/放弃(U)/宽度(W)]:(输入下一个点、A、C、H、L、U 或 W)

- 指定下一个点:输入下一点坐标,绘制直线段。
- 闭合(C):输入C,绘制到起点的封闭直线段。
- 半宽(H):输入H,设置半宽度值。提示:

➢ 指定起点半宽 <0.0000>:(输入起始半宽度值)

➢ 指定端点半宽 <5.0000>:(输入终止半宽度值)

- 长度(L):输入L,绘制给定长度的直线或切线。提示:

➢ 指定直线的长度:(输入直线段或切线段长度值)

- 放弃(U):输入U,删除前一次绘制的线段。
- 宽度(W):输入W,设置线段宽度(起始宽度、终止宽度)。提示:

➢ 指定起点宽度 <0.0000>:(输入起始宽度值)

➢ 指定端点宽度 <10.0000>:(输入终止宽度值)

● 圆弧(A):输入 A,绘制圆弧段。提示:

➢ 指定圆弧的端点或[角度(A)/圆心(CE)/闭合(CL)/方向(D)/半宽(H)/直线(L)/半径(R)/第二个点(S)/放弃(U)/宽度(W)]:(输入端点、A、CE、CL、D、H、L、R、S、U或W)

◆ 指定圆弧的端点:输入端点,根据两点绘制与前一线段相切的圆弧。

◆ 角度(A):输入 A,根据包含角绘制圆弧,有以下三种方法。

① 通过包含角和端点绘制圆弧。提示:

➢ 指定包含角:(输入包含角)

➢ 指定圆弧的端点或[圆心(CE)/半径(R)]:(输入端点)

② 通过包含角和圆心绘制圆弧。提示:

➢ 输入包含角:(输入包含角)

➢ 指定圆弧的端点或[圆心(CE)/半径(R)]:CE↙

➢ 指定圆弧的圆心:(输入圆心)

③ 通过包含角和半径绘制圆弧。提示:

➢ 输入包含角:(输入包含角)

➢ 指定圆弧的端点或[圆心(CE)/半径(R)]:R↙

➢ 指定圆弧的半径:(输入半径)

➢ 指定圆弧的弦方向<缺省值>:(输入弦方向角)

◆ 圆心(CE):输入 CE,根据圆心绘制圆弧,有以下三种方法。

① 通过圆心和终点绘制圆弧。提示:

➢ 指定圆弧的圆心:(输入圆心点)

➢ 指定圆弧的端点或[角度(A)/长度(L)]:(输入终点)

② 通过圆心点和包含角绘制圆弧。提示:

➢ 指定圆弧的圆心:(输入圆心点)

➢ 指定圆弧的端点或[角度(A)/长度(L)]:A↙

➢ 指定包含角:(输入包含角)

③ 通过圆心和弦长绘制圆弧。提示:

➢ 指定圆弧的圆心:(输入圆心点)

➢ 指定圆弧的端点或[角度(A)/长度(L)]:L↙

➢ 指定弦长:(输入弦长)

◆ 闭合(CL):输入 CL,绘制到起点的封闭圆弧段。

◆ 方向(D):输入 D,根据切线方向角和端点绘制圆弧。提示:

➢ 指定圆弧的起点切向:(输入切线方向)

➢ 指定圆弧的端点:(输入端点)

◆ 半宽(H):输入 H,设置半宽度值,其设置方法同直线段半宽度设置。

◆ 直线(L):输入 L,从绘圆弧方式转换为绘直线方式。

◆ 半径(R):输入 R,根据半径绘制圆弧,有以下两种方法,如图 3-40 所示。

① 通过半径和终点绘制圆弧。提示:

➢ 指定圆弧的半径:(输入半径)

➢ 指定圆弧的端点或[角度(A)]:(输入终点)

② 通过半径和包含角绘制圆弧。提示:

➤ 指定圆弧的半径:(输入半径)
➤ 指定圆弧的端点或[角度(A)]:A↙
➤ 输入包含角:(输入包含角)
➤ 指定圆弧的弦方向<80>:(输入弦方向角)

◆ 第二个点(S):输入S,根据三点绘制圆弧。提示:
指定圆弧上的第二个点:(输入第二个点)
指定圆弧的端点:(输入终点)

◆ 放弃(U):输入U,删除上一次绘制的圆弧。

◆ 宽度(W):输入W,设置宽度,其设置方法同直线段宽度设置。

【例3.28】 用多段线绘制如图3-40所示的图形,宽度为2。提示:

➤ 命令:PLINE↙
➤ 指定起点:30,30↙
➤ 当前线宽为0.0000
➤ 指定下一个点或[圆弧(A)/半宽(H)/长度(L)/放弃(U)/宽度(W)]:W↙
➤ 指定起点宽度 <0.0000>:2↙
➤ 指定端点宽度 <2.0000>:↙
➤ 指定下一点或[圆弧(A)/半宽(H)/长度(L)/放弃(U)/宽度(W)]:@ 40<30↙
➤ 指定下一点或[圆弧(A)/半宽(H)/长度(L)/放弃(U)/宽度(W)]:A↙
➤ 指定圆弧的端点或[角度(A)/…/半径(R)/第二个点(S)/放弃(U)/宽度(W)]:R↙
➤ 指定圆弧的半径:40↙
➤ 指定圆弧的端点或[角度(A)]:A↙
➤ 输入包含角:-225↙
➤ 指定圆弧的弦方向<30>:↙
➤ 指定圆弧的端点或[角度(A)/…/直线(L)/半径(R)/第二个点(S)/放弃(U)/宽度(W)]:L↙
➤ 指定下一点或[圆弧(A)/闭合(C)/半宽(H)/长度(L)/放弃(U)/宽度(W)]:@ 40<30↙
➤ 指定下一点或[圆弧(A)/闭合(C)/半宽(H)/长度(L)/放弃(U)/宽度(W)]:↙

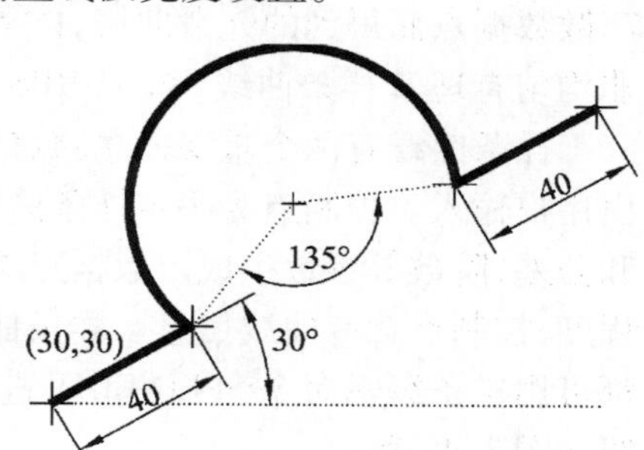

图3-40　多段线(二)

【例3.29】 用多段线绘制填充圆环,宽度为2,如图3-41所示。提示:

➤ 命令:FILL↙　——设置填充方式为ON
➤ 输入模式[开(ON)/关(OFF)] <ON>:ON↙
➤ 命令:PLINE↙
➤ 指定起点:30,20↙
➤ 当前线宽为0.0000
➤ 指定下一点或[圆弧(A)/半宽(H)/长度(L)/放弃(U)/宽度(W)]:W↙
➤ 指定起点宽度 <0.0000>:2↙

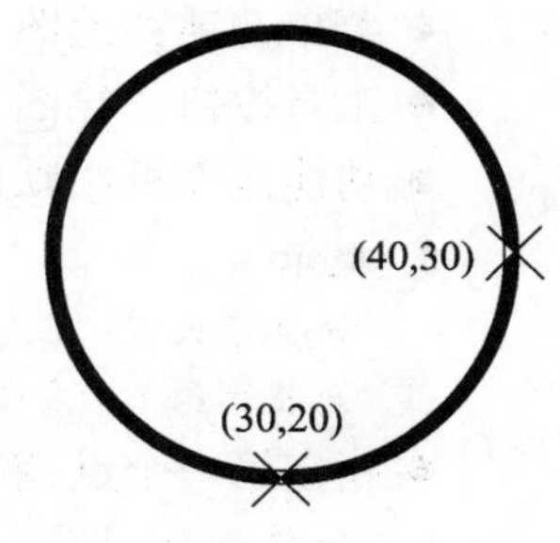

图3-41　多段线(三)

➢ 指定端点宽度 <2.0000 >:↙
➢ 指定下一点或 [圆弧(A)/闭合(C)/半宽(H)/长度(L)/放弃(U)/宽度(W)]:A↙
➢ 指定圆弧的端点或[角度(A)/…/宽度(W)]:40,30↙
➢ 指定圆弧的端点或 [角度(A)/圆心(CE)/闭合(CL)/…/宽度(W)]:CL↙

3.14 绘制样条曲线对象(SPLINE)

样条曲线广泛应用于道路、建筑、规划、机械等工程设计图纸中。所谓样条就是拟合离散数据点而得到的光滑曲线,样条曲线可以是二维或三维图形。AutoCAD 2014 可绘制非均匀有理 B 样条曲线,称 NURBS 曲线。绘制光滑曲线建议用样条曲线绘制。

样条曲线有两个重要概念:数据点和控制点。数据点为样条曲线经过的若干关键点,由用户输入。控制点为决定样条曲线弯曲形状的若干关键点,由系统根据给定的数据点和公差、阶数等参数生成。数据点决定样条曲线的基本形状,控制点决定样条曲线的弯曲程度,控制点含有曲线信息。样条曲线有拟合和控制点两种绘制方式。数据点和控制点都可用样条编辑命令 SPLINEDIT 进行移动、增加、删除等操作,以满足特殊需要。样条曲线如图 3-42 所示。

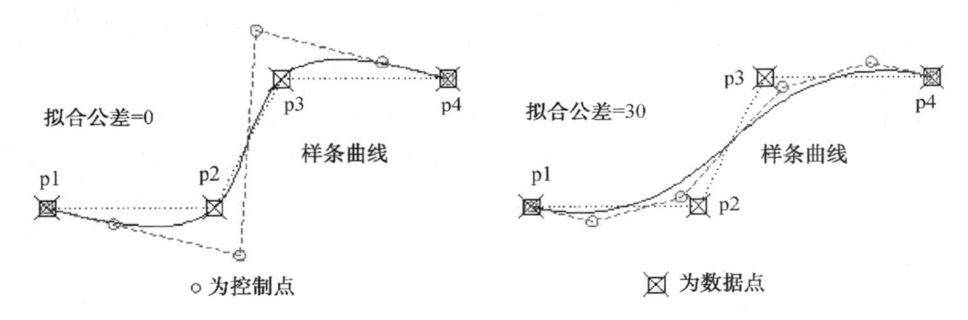

图 3-42 样条曲线示例

1. 任务

绘制二维或三维样条曲线。

2. 操作

- 键盘命令:SPLINE↙。
- 菜单选项:"绘图"→"样条曲线"。
- 工具按钮:"绘图"工具栏→"样条曲线"。
- 功能区面板:"默认"→"绘图"→"样条曲线"。

3. 提示

➢ 当前设置:方式 = 拟合 节点 = 弦
➢ 指定第一个点或[方式(M)/节点(K)/对象(O)]:(输入起点、M、K 或 O)

- 指定第一个点:输入起始数据点,开始绘制样条曲线。提示:

➢ 输入下一点或 [起点或端点相切(T)/公差(L)/放弃(U)/闭合(C)]:(输入点、T、L、U、C)

◆ 输入下一点:输入下一数据点,继续绘制样条曲线。

◆ 起点或端点相切(T):输入T,指定起点或端点样条曲线切线方向。

◆ 公差(L):输入L,设置样条曲线拟合公差或控制点阶数,控制样条曲线对数据点的接近程度。拟合公差对当前样条曲线有效,公差越小,样条曲线越接近数据点,公差为0,则样条曲线精确通过数据点。提示:

➢ 指定拟合公差 <0.0000>:(输入拟合公差值)

◆ 放弃(U):输入U,放弃取消前一点。

◆ 闭合(C):输入C,绘制到起点的封闭样条曲线。提示:

➢ 指定切向:(指定封闭点切线方向)

● 方式(M):输入M,选择拟合或控制点方式绘制样条曲线。提示:

➢ 输入样条曲线创建方式 [拟合(F)/控制点(CV)] <拟合>:(输入F或CV)

◆ 拟合(F):输入F,按照拟合方式绘制样条曲线。拟合方式有弦、平方根和统一三种,确定三种拟合算法。拟合方式还需要指定公差参数,公差参数决定曲线距离数据点的距离,若公差为0,则曲线经过数据点,如图3-43所示。

◆ 控制点(CV):输入CV,按照控制点方式绘制样条曲线。控制点方式需要指定阶数参数,阶数参数决定曲线的平滑程度,阶数越大越平滑,若阶数为1,则曲线为折线,且曲线经过数据点,如图3-44所示。

◆ 节点(K):输入K,指定节点参数化方法,有弦、平方根、统一三种参数化方法。

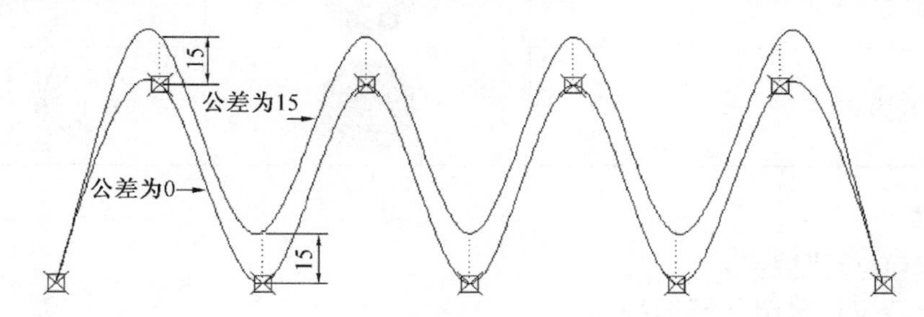

图3-43 按拟合方式绘制样条曲线

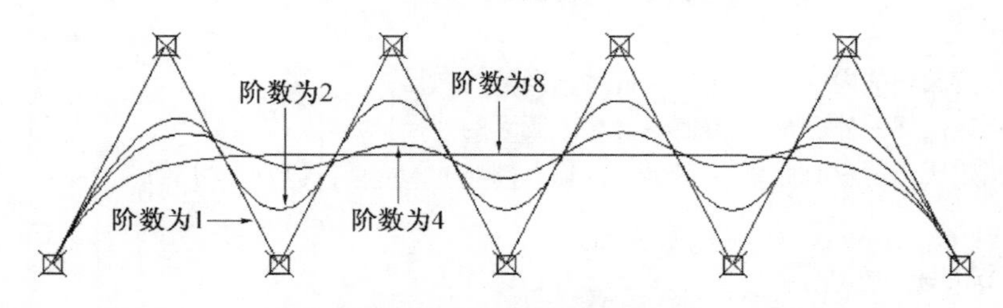

图3-44 按控制点方式绘制样条曲线

● 对象(O):输入O,将拟合多段线转换为真正的样条曲线。提示:

➢ 选择样条曲线拟合多段线:(选择拟合多段线)

【例3.30】 用样条曲线绘制如图3-45所示的整数238。

➢ 命令:SPLINE↙

➢ 指定第一个点或[方式(M)/节点(K)/对象(O)]:(拾取2上的数据点)

根据图中数字所示数据点,拾取其余数字上的数据点,即可完成绘制。

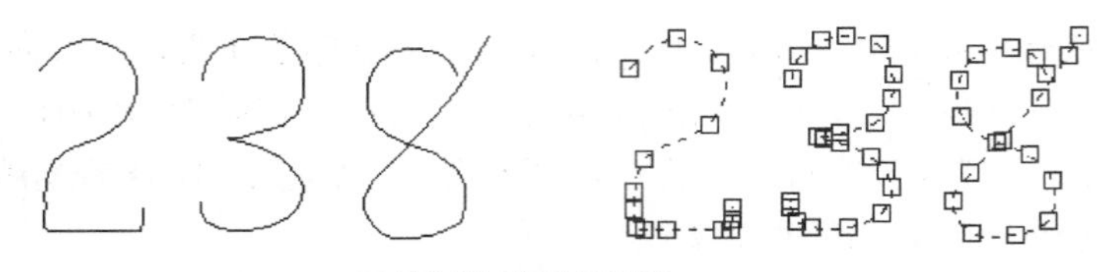

图 3-45　绘制整数 238 的样条曲线图示

3.15　绘制圆环或填充圆对象（DONUT）

1. 任务

在指定位置绘制圆环或填充圆,系统变量 Fill 值决定是否填充圆环,如表 3-3 所示。

表 3-3　圆环填充类型

形　状	填充类型	
	填充	不填充
圆环(内径不为 0)		
实心圆(内径为 0)		

2. 操作

- 键盘命令:DONUT↙。
- 菜单选项:“绘图”→“圆环”。
- 功能区面板:“默认”→“绘图”→“圆环”。

3. 提示

➢ 指定圆环的内径 <缺省值>:(输入圆环的内径)
➢ 指定圆环的外径 <缺省值>:(输入圆环的外径)
➢ 指定圆环的中心点或 <退出>:(输入圆环的圆心或按【Enter】键)

说明:

① 若设置系统变量 FILL 为 ON,则对圆环进行填充;若设置为 OFF,则不填充。
② 若内径为 0,则绘制填充圆。

【例 3.31】　绘制内径为 15、外径为 20 的填充五连环,如图 3-46 所示。

图 3-46　五连环

➢ 命令:FILL↙
➢ 输入模式［开(ON)/关(OFF)］<开>:ON↙

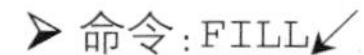

➢ 命令:DONUT↙
➢ 指定圆环的内径 <22.0000>:15↙
➢ 指定圆环的外径 <22.0000>:20↙
➢ 指定圆环的中心点或 <退出>:100,100↙
➢ 指定圆环的中心点或 <退出>:@ 22,0↙
➢ 指定圆环的中心点或 <退出>:@ 22,0↙
➢ 指定圆环的中心点或 <退出>:111,92↙
➢ 指定圆环的中心点或 <退出>:133,92↙
➢ 指定圆环的中心点或 <退出>: ↙

3.16　绘制徒手画线对象(SKETCH)

在绘制图形时,有时需要绘制一些不规则线段或图形,如局部剖面、等高线、云状说明、道路、河流等,以满足特殊需要。徒手画线对象占用存储空间多,建议少用。

1. 任务

使用定标设备(鼠标、光笔或数字化仪等)移动光标来绘制特殊的、不规则的图形。

2. 操作

● 键盘命令:SKETCH↙。

3. 提示

➢ 类型 = 直线　增量 = 1.0000　公差 = 0.5000
➢ 指定草图或 [类型(T)/增量(I)/公差(L)]:(输入徒手画起点、T、I 或 L)

● 指定草图:移动光标至徒手画起点位置,单击输入起点,完成落笔,沿徒手画边移动光标绘制徒手画,光标移至徒手画结束位置,单击输入端点,完成抬笔,结束本次徒手画。将光标移至下一个徒手画起点,同法完成下一个徒手画。最后按回车键结束徒手画操作。画笔状态有落笔或抬笔两种,相互交替切换,落笔后,移动光标可徒手画线,抬笔后,结束徒手画线。

● 类型(T):输入 T,指定构成徒手画的类型,有三种类型:直线、多段线和样条曲线。

● 增量(I):输入 I,指定徒手画增量。

● 公差(L):输入 L,指定徒手画公差值。

说明:

① 根据图形情况,要随时落笔或抬笔。

② 若发现草图不正确,要及时擦除。

③ 草图的光滑程度取决于增量的大小,增量越大草图越光滑,但存储开销也随之增加。

④ 在执行 SKETCH 命令时,一般要关闭正交模式。

【例 3.32】 用 SKETCH 命令绘制“CAD”,如图 3-47 所示。

➢ 命令：SKETCH↙

➢ 类型 = 直线　增量 = 1.0000　公差 = 0.5000

➢ 指定草图或［类型(T)/增量(I)/公差(L)］：I↙

➢ 指定草图增量 <1.0000>：3↙

➢ 指定草图或［类型(T)/增量(I)/公差(L)］：(移动光标到字母 C 起点位置)

➢ 指定草图：(移动光标绘制字母 C，控制抬笔和落笔，绘制字母 A 和 D)

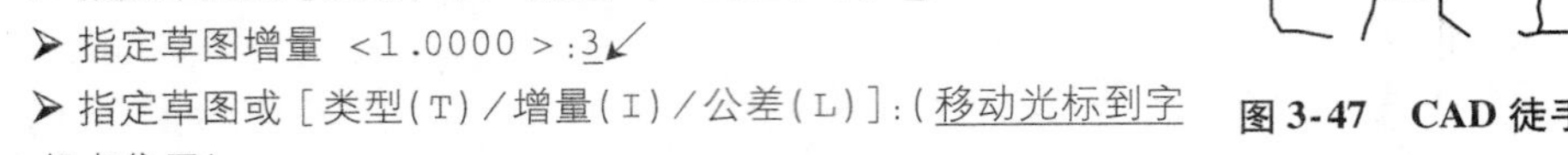

图 3-47　CAD 徒手画

3.17　绘制修订云线对象（REVCLOUD）

在绘图过程中，经常需要检查或圈阅图形的特定部位。可使用修订云线功能来标记所检查或圈阅的内容，以提高图形审查的工作效率，如图 3-48 所示。

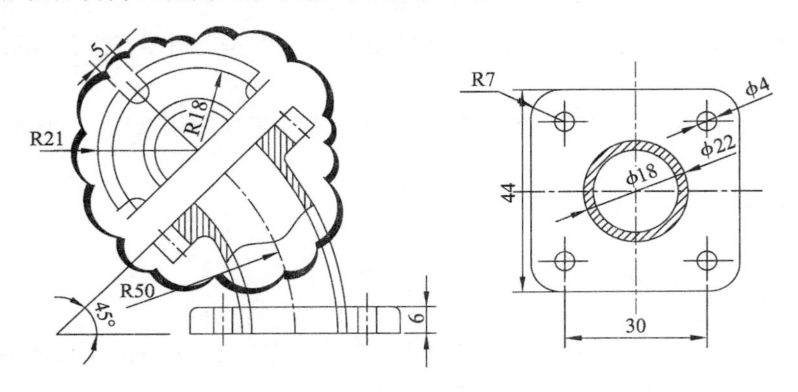

图 3-48　修订云线

修订云线是由多条连续圆弧组成的多段线，通过 REVCLOUD 命令创建修订云线对象，也可将闭合对象（如圆、椭圆、多段线或闭合样条曲线）转换为修订云线。

用户可以为修订云线的弧长设置默认的最小值和最大值。绘制修订云线对象时，可以使用拾取点选择较短的弧线段来更改圆弧的大小，也可以通过调整拾取点来编辑修订云线的单个弧长和弦长。

1. 任务

绘制有多条连续圆弧构成的修订云线对象，可以直接绘制，也可以转换生成，当系统变量 DELOBJ 值为 1 时，将删除被转换的原始闭合对象。修订云线的实际效果为上一次存储的圆弧长度乘以系统变量 DIMSCALE 的值，可以使用不同比例因子缩放修订云线。

2. 操作

- 键盘命令：REVCLOUD↙。
- 菜单选项："绘图"→"修订云线"。
- 工具按钮："绘图"工具栏 →"修订云线"。
- 功能区面板："默认"→"绘图"→"修订云线"。

3. 提示

- 最小弧长：5　最大弧长：15　样式：普通
- 指定起点或［弧长(A)／对象(O)／样式(S)］<对象>：(输入起点、A、O或S)

● 指定起点：输入修订云线起始点，然后拖动鼠标沿期望的云线路径移动十字光标，直到与起点相遇，修订云线对象绘制完成，绘图区显示修订云线对象(轮廓线)。提示：

- 沿云线路径引导十字光标...
- 修订云线完成。

> 说明：
> 圆弧可随光标移动自动产生(在最小弧长和最大弧长之间)，也可在适当点位置拾取鼠标确定圆弧。如果设置的最小弧长和最大弧长相同，则生成的云线中圆弧大小一样。

● 弧长(A)：输入A，指定修订云线中最小弧长和最大弧长，决定修订云线的轮廓形状和效果。提示：

- 指定最小弧长 <5>：(输入最小弧长值)
- 指定最大弧长 <15>：(输入最大弧长值)

> 说明：
> 最大弧长不能大于最小弧长的3倍。

● 对象(O)：输入O，选择闭合对象，将其转换为修订云线对象，如图3-49所示。提示：

- 选择对象：(选择闭合对象)
- 反转方向［是(Y)／否(N)］<否>：(输入Y或N)
- 修订云线完成。

> 说明：
> 输入Y，则修订云线圆弧向外反转，称为内凹云线；输入N或按【Enter】键，则圆弧不反转，保留原样，称为外凸云线，如图3-49所示。

● 样式(S)：输入S，设置修订云线圆弧样式，如普通或手绘，如图3-50所示。提示：

- 选择圆弧样式［普通(N)／手绘(C)］<普通>：(输入N或C)

◆ 普通(N)：输入N，设置圆弧样式为普通样式。圆弧为等宽线段。

◆ 手绘(C)：输入C，设置圆弧样式为手绘样式。圆弧为不等宽线段。

> 说明：
> 不管是普通类型云线，还是手绘类型云线，均可用多段线修改命令(PEDIT)修改线宽、编辑顶点、拟合曲线等。

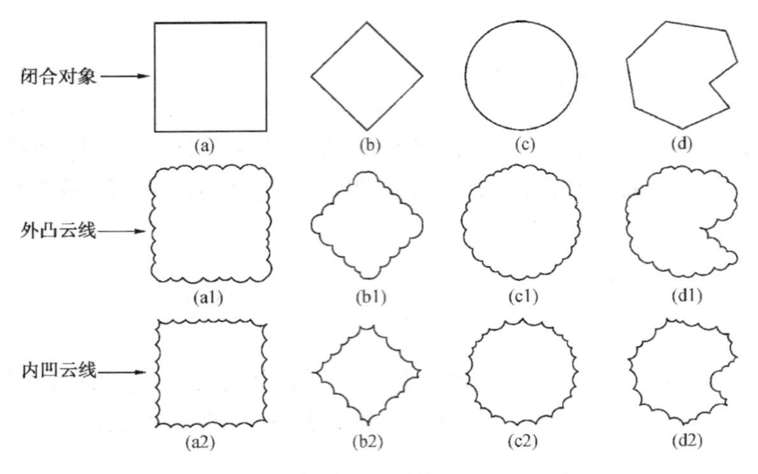

图 3-49 闭合对象转换后修订云线(不反转、反转)

图 3-50 不同类型修订云线

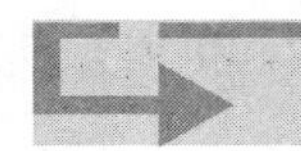

3.18 绘制区域覆盖对象(WIPEOUT)

在绘图过程中,有时出于安全保密需要,需要用一个空白区域将图形中某一区域屏蔽(覆盖)掉,如图 3-51 所示。区域覆盖就是在图形对象上生成的一个空白区域,该区域可添加和编辑必要的注释或详细的屏蔽信息。

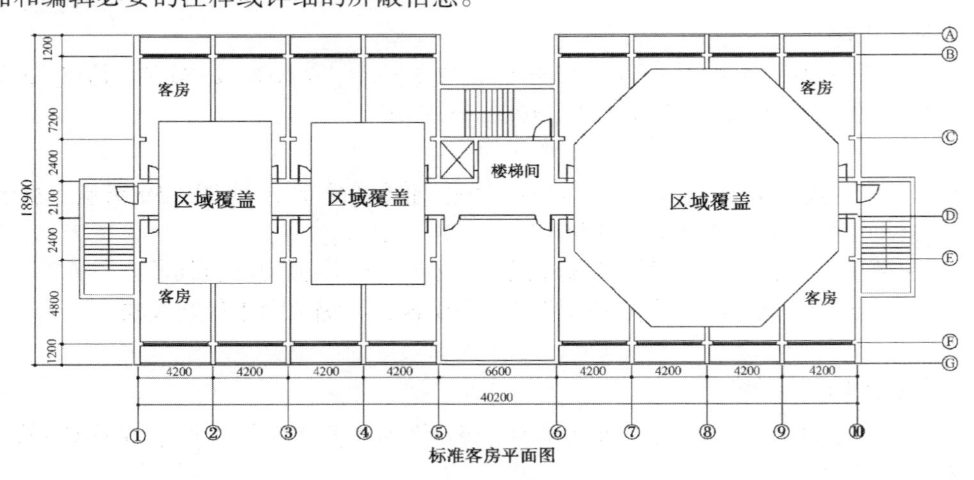

图 3-51 区域覆盖

1. 任务

在图形对象上创建由闭合多段线(只能含直线段)确定的区域覆盖对象。

2. 操作

● 键盘命令:WIPEOUT↙。

● 菜单选项:"绘图"→"区域覆盖"。

● 功能区面板:"默认"→"绘图"→"区域覆盖"。

3. 提示

➢ 指定第一点或[边框(F)/多段线(P)]<多段线>:(输入起点坐标、F或P)

● 指定第一点:输入区域覆盖边界线起始点,然后输入组成多边形闭合多段线的其他顶点,创建一区域覆盖对象。区域覆盖边界线是一个多边形闭合多段线。提示:

➢ 指定下一点:(输入第二点)

➢ 指定下一点或[放弃(U)]:(输入第三点或U)

➢ 指定下一点或[闭合(C)/放弃(U)]:(输入其余顶点、C或U)

● 多段线(P):输入P,选择一闭合多段线,将其作为区域覆盖边界创建区域覆盖对象,同时可决定该多段线是否被删除。输入"Y",则删除多段线;输入"N",则保留多段线。提示:

➢ 选择闭合多段线:(选择一闭合多段线)

➢ 是否要删除多段线?[是(Y)/否(N)]<否>:(输入Y或N)

● 边框(F):输入F,设置区域覆盖边界显示模式(是否显示)。在操作中,输入"ON",则显示边界;输入"OFF",则不显示边界。提示:

➢ 输入模式[开(ON)/关(OFF)]<OFF>:(输入ON或OFF)

➢ 正在重生成模型。

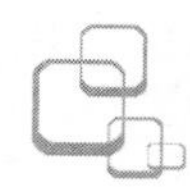

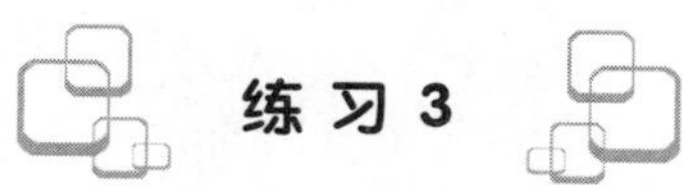

练习3

1. AutoCAD 2014提供多少种点样式?如何设置点样式?表示点样式的值是什么?
2. AutoCAD 2014确定点大小有几种方法?如何设置点大小?
3. 如何绘制与前一对象终点相切的直线段?
4. 采用TTR方法或TTT方法绘制圆,需满足什么条件?
5. 有多少种绘制圆的方法?采用椭圆命令能否绘制圆?怎样绘制?
6. 有多少种绘制圆弧的方法?在绘制圆弧时,包含角或弦长为正值或负值有何区别?
7. 射线和构造线一般做何用途?能否直接从绘图机输出?
8. 用LINE命令绘制的折线与用PLINE命令绘制的折线的主要区别是什么?
9. 多线有几种对齐方式?对齐方式起什么作用?AutoCAD多线样式保存在什么文件中?
10. FILL命令的作用是什么?对哪些对象起作用?
11. 如何确定椭圆是数学椭圆还是多段线椭圆?两者有何区别?椭圆有无厚度特性?
12. 何谓样条曲线数据点和控制点?两种点的点数是否相同?是否有相同的点?

13．修订云线有何特点？其作用是什么？最大弧长和最小弧长有何关系？

14．区域覆盖边界有何特点？绘制区域覆盖有哪些方法？

15．用二维绘图命令绘制如图 3-52 所示的平面图形。绘制修订云图将某些特殊部分圈住。

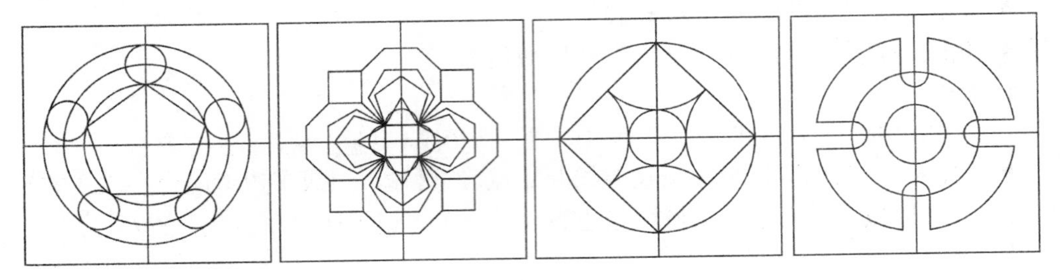

图 3-52　平面图形

16．使用多段线绘制如图 3-53 所示的图形。绘制区域覆盖将某些部分遮盖住。

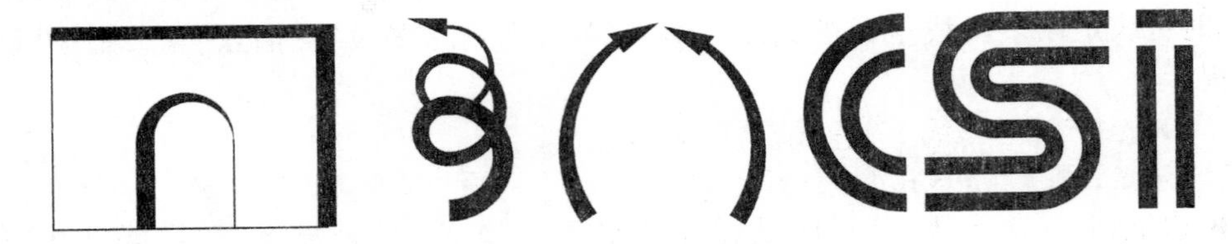

图 3-53　多段线图形

第4章

绘图环境设置

在绘图过程中，要随时设置或改变图形单位、图形界限、图层、颜色、线型、线宽等绘图环境参数，以满足工程绘图的实际需要。AutoCAD 2014 通过 acad. dwt 或 acadiso. dwt 样板文件提供了两个简单的默认绘图环境。这些简单绘图环境，不能满足特殊图形的绘图要求，需要用户随时设置或改变绘图环境。

本章将详细介绍有关绘图环境的设置、编辑和修改等方面的内容。

4.1　图形界限设置（LIMITS）

4.1.1　中性度量单位

实际绘图都按 1 : 1 比例真实尺寸绘制图形。AutoCAD 2014 中使用的度量单位是中性的，即一个长度单位可以代表毫米，也可以代表厘米、米、英寸、英尺等。如 30 m × 20 m 的矩形和 30 mm × 20 mm 的矩形是一样的，都是 30 × 20 的矩形。

4.1.2　图形界限设置

在绘图过程中，需要确定图形的图形界限，简称图界，以保证图形的精确绘制和合理布局。在绘图时，必须根据所绘图形的极限尺寸，设置图形合理的图界。如尺寸为 10 m × 8 m 的建筑平面图，如果考虑 0.5 m 的边缘，则可设置图界为 11 × 9；尺寸为 10 m × 8 m 的建筑平面图也可认为是尺寸为 10 000 mm × 8 000 mm 的建筑平面图，图界可设置为 11 000 × 9 000（考虑适当边缘）；尺寸为 200 mm × 287 mm 的电子布线图，如果考虑边缘，则可设置图界为 210 × 297。

图界一般与图纸大小和出图比例有关，通常按出图时的图纸尺寸乘以出图比例的倒数确定图界，如某图形计划在 A3（420 mm × 297 mm）图纸上按 1 : 20 的比例出图，则图界应设置为 8 400 × 5 940。

图纸尺寸一般采用标准图纸尺寸，如 A0、A1、A2、A3、A4 等。如果用户确定了图形所需的区域大小（考虑边缘），则采用较接近的标准图纸尺寸乘以出图比例的倒数来确定图界。图纸尺寸、出图比例和图形界限的关系如表 4-1 所示。

表 4-1　图纸尺寸、出图比例和图形界限的关系(单位:毫米)

图纸型号	A0	A1	A2	A3	A4	A5
图纸尺寸	1 189 × 841	841 × 594	594 × 420	420 × 297	297 × 210	210 × 148
出图比例	1 : 10	1 : 10	1 : 10	1 : 10	1 : 10	1 : 10
图形界限	11 890 × 8 410	8 410 × 5 940	5 940 × 4 200	4 200 × 2 970	2 970 × 2 100	2 100 × 1 480

1. 任务

设置图界范围或控制图形边界。

2. 操作

- 键盘命令:LIMITS↙。
- 菜单选项:"格式"→"图形界限"。

3. 提示

> ➢ 重新设置模型空间界限:
>
> ➢ 指定左下角点或[开(ON)/关(OFF)]<0.0,0.0>:(输入左下角坐标、ON 或 OFF)

- 指定左下角点:输入图界范围左下角坐标,按提示输入右上角坐标。

> ➢ 指定右上角点 <420.0000,297.0000>:(输入右上角坐标)

- 打开(ON):输入 ON,打开图界范围检查,规定所绘图形对象不能超出图界范围,否则报错。
- 关闭(OFF):输入 OFF,关闭图界范围检查,所绘图形对象可以超出图界范围。

说明:

① 左上角、右上角坐标值可以是负数。

② 可修改系统变量 LIMMIN、LIMMAX 的值来改变图形界限左下角、右上角坐标。

③ LIMITS 命令为透明命令。

【例 4.1】　设置 A3 图幅且按 1 : 1 出图的图界(420 × 297)。提示:

> ➢ 命令:LIMITS↙
>
> ➢ 重新设置模型空间界限:
>
> ➢ 指定左下角点或[开(ON)/关(OFF)]<0.0,0.0>:↙
>
> ➢ 指定右上角点 <12.0,9.0>:420,297↙

【例 4.2】　设置 A4 图幅且按 1 : 20 比例出图的图界(5 940 × 4 200)。提示:

> ➢ 命令:LIMITS↙
>
> ➢ 重新设置模型空间界限:
>
> ➢ 指定左下角点或[开(ON)/关(OFF)]<0.0,0.0>:↙
>
> ➢ 指定右上角点 <12.0,9.0>:5940,4200↙

【例 4.3】　设置原点在图形界限中心且尺寸为 200 × 100 的图界。提示:

➢ 命令:LIMITS↙

➢ 重新设置模型空间界限:

➢ 指定左下角点或 [开(ON)/关(OFF)] <0.0,0.0>: -100, -50↙

➢ 指定右上角点 <12.0,9.0>: 100,50↙

4.2 图形单位设置(UNITS)

图形中使用的绘图单位不是通常所说的米、厘米、毫米、英尺等长度计量单位,而是指图形数据的表示方式。AutoCAD 2014 提供了五种长度、角度数据表示方式。

1. 任务

设置图形的长度单位和角度单位及其精度,以及0°角度的位置和方向。

2. 操作

● 键盘命令:UNITS↙。

● 菜单选项:“格式”→“单位”。

3. 提示

弹出“图形单位”对话框,如图4-1所示。用户根据提示设置所需长度和角度单位及其精度,以及0°角度的位置和方向。

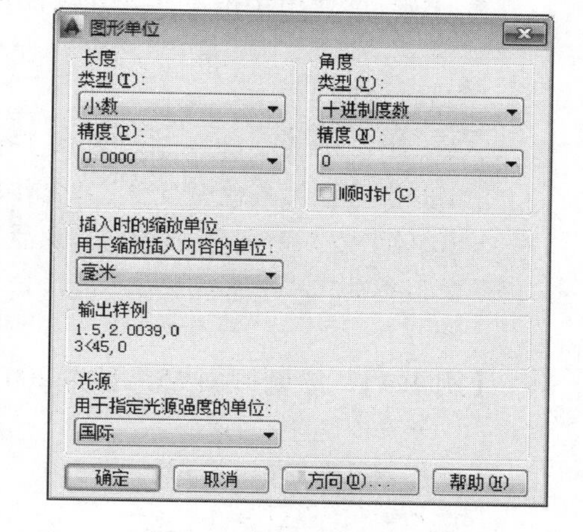

图4-1 “图形单位”对话框

● 长度单位类型(T):下拉列表框,单击列出类型清单供选择,有5种长度单位类型。

◆ 英制“建筑”制(Architectural):如1′-3 1/2。

◆ 十进制“小数”制(Decimal):缺省类型,如15.500 0。

◆ 英制“工程”制(Engineering):如1′-3.500 0″。

◆ “分数”格式(Fractional):如15 1/2。

◆ “科学”计数制(Scientific):1.555 5E+0。

● 长度单位精度(P):单击列出精度清单供选择,有9种长度单位精度。

● 角度单位类型:单击列出类型清单供选择,有5种角度单位类型。

◆ 十进制度数(Decimal Degrees):如45.000 0。

◆ 度/分/秒(Deg/Min/Sec):如45d0′0.000 0″。

◆ 百分度(Grads):以圆周角的1/400为单位,如50.000 0 g。

◆ 弧度(Radians):以圆周角2π为单位,如0.785 4r。

◆ 勘测(Surveyor):以北N、南S、东E、西W方向形式表示,如N45d00′E。

● 角度单位精度(N):单击弹出精度清单供选择,有9种角度单位精度。

● 顺时针(C):决定角度测量方向。若选择该项,则顺时针方向为正角度,否则逆时针方向为正角度(默认设置)。

● 方向…:用于设置角度测量起始位置与方向,单击之,弹出“方向控制”对话框,如

图 4-2 所示,根据提示可设置基准角度东(0°)、基准角度北(90°)、基准角度西(180°)、基准角度南(270°)、其他(输入用户指定角度值)。

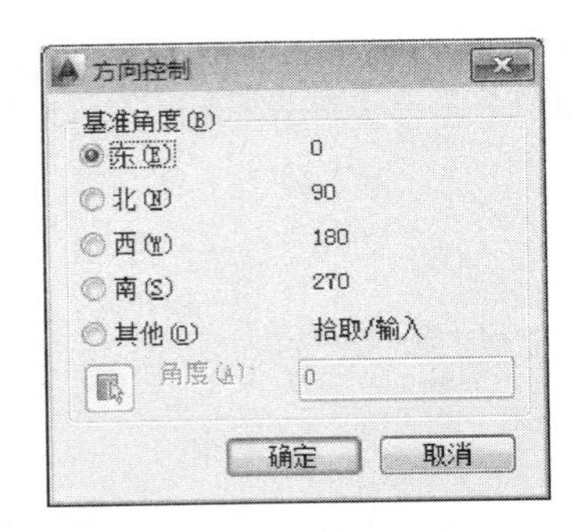

图 4-2 “方向控制”对话框

● 插入时的缩放单位:单击弹出单位清单供选择,有 21 种单位,如无单位、英寸、英尺、毫米、厘米、米、千米等。控制使用工具选项板或设计中心拖入当前图形的图块的测量单位。如果图块或图形创建时使用的单位与该选项指定的单位不同,则插入这些图块或图形时,将对其按比例缩放。插入比例是源图块或图形使用的单位与目标图形使用的单位之比。如果插入图块时不按指定单位缩放,请选择“无单位”。

● 光源:选择用于指定光源强度的单位,有“国际”、“美国”和“常规”三种。

📖 **说明:**

① 默认 0°方向为正东。默认正角度方向为逆时针方向。

② 若要输入其他角度值,可直接输入角度值,也可用鼠标拾取两个点确定。

③ 若“插入时的缩放单位”设置为“无单位”,则源图块或目标图形将使用“选项”对话框的“用户系统配置”选项卡中的“源内容单位”和“目标图形单位”设置。

【例 4.4】 绘制倾斜 45°、长为 200、宽为 150 的矩形,如图 4-3 所示。提示:

- ➢ 命令:LIMITS↙
- ➢ 设置图形范围为 420 ×297。
- ➢ 命令:UNITS↙
- ➢ 在“图形单位”对话框中,设置长度单位为“小数”制,长度精度为 0.000,角度单位为“度”,角度精度为 0.0,单击“方向”按钮。
- ➢ 在“方向控制”对话框中,设置基准角度为 45°,单击“确定”按钮,退出。
- ➢ 命令:LINE↙
- ➢ 指定第一点:150,50↙
- ➢ 指定下一点或[放弃(U)]:@ 200 <0↙
- ➢ 指定下一点或[放弃(U)]:@ 150 <90↙
- ➢ 指定下一点或[封闭(C)/放弃(U)]:@ 200 <180↙
- ➢ 指定下一点或[封闭(C)/放弃(U)]:C↙

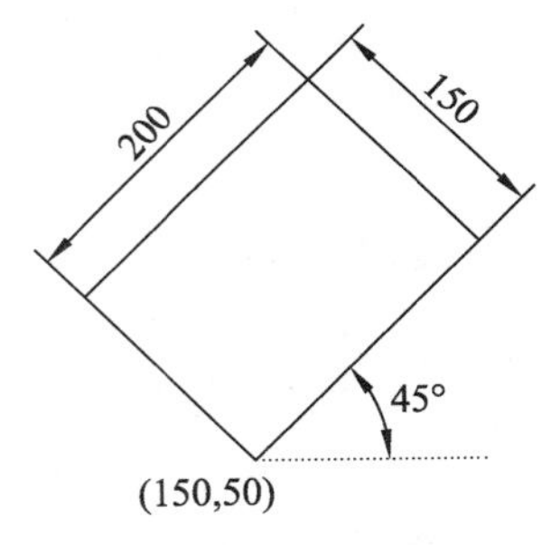

图 4-3 基准角度应用

4.3 栅格设置和控制（GRID）

为了了解图形在绘图区域中的位置和大小，通常需在绘图区内显示灰色的水平线和垂直线（栅格线）。栅格线只作为绘图的参考线，不属于图形。

1. 任务

设置栅格线间距，控制栅格线显示状态。

2. 操作

- 键盘命令：GRID↙。
- 菜单选项："工具"→"草图设置"→"捕捉和栅格"标签。
- 工具按钮：状态栏→"栅格"贴片。
- 热键：【F7】或【Ctrl】+【G】。
- 快捷菜单：单击右键状态栏"栅格"贴片→选择快捷菜单中的"设置"→"捕捉和栅格"标签。

3. 提示

➢ 指定栅格间距（X）或［开(ON)/关(OFF)/捕捉(S)/主(M)/自适应(D)/界限(L)/跟随(F)/纵横向间距(A)］<10.0>：(输入间距、ON、OFF、S、M、D、L、F或A)

- 指定栅格间距(X)：输入X、Y方向栅格间距或缩放倍数（数值后跟X），设置栅格间距（一般设置为网格间距倍数）。若栅格间距太小，则报错，并显示"栅格太密，无法显示"。
- 开(ON)或关(OFF)：输入ON，显示栅格；输入OFF，关闭栅格。
- 捕捉(S)：输入S，设置栅格间距为网格捕捉（Snap）间距。
- 主(M)：输入M，指定主栅格线相对于次栅格线的频率。将以除二维线框以外的任何视觉样式显示栅格线，而不是栅格点。
- 自适应(D)：输入D，缩小时，限制栅格密度，允许以小于栅格间距的间距再拆分；放大时，生成更多间距更小的栅格线。主栅格线的频率确定这些栅格线的频率。
- 界限(L)：输入L，显示超过图界范围的栅格。
- 跟随(F)：输入F，更改栅格平面以跟随动态UCS的XOY平面。
- 纵横向间距(A)：输入A，分别设置水平和垂直间距。提示：

➢ 指定栅格间距（X）或［开(ON)/关(OFF)/捕捉(S)/…/纵横向间距(A)］<10.0>：A↙

➢ 指定水平间距（X）<10.0000>：(输入水平间距或缩放倍数)

➢ 指定垂直间距（Y）<10.0000>：(输入垂直间距或缩放倍数)

4. 利用对话框设置

执行菜单选项或通过快捷菜单操作，弹出"草图设置"对话框，选择"捕捉和栅格"标签，如图4-4所示。在"捕捉和栅格"标签中，设置有关数据，完成栅格设置。

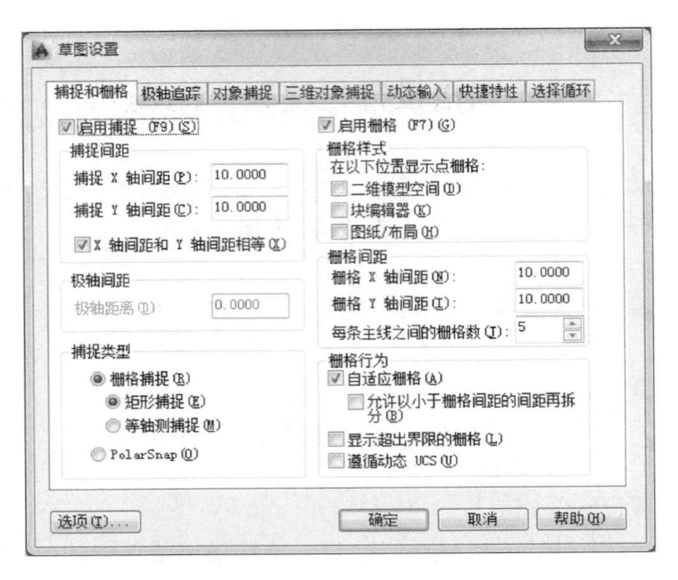

图 4-4 “捕捉和栅格”标签

【例 4.5】 设置栅格间距为 10,且打开栅格显示,如图 4-5 所示。

- 命令:GRID↙
- 指定栅格间距(X) 或 [开(ON)/关(OFF)/捕捉(S)/…] <0.0000>:10↙
- 命令:↙
- 指定栅格间距(X) 或 [开(ON)/关(OFF)/捕捉(S)/…] <0.0000>:ON↙

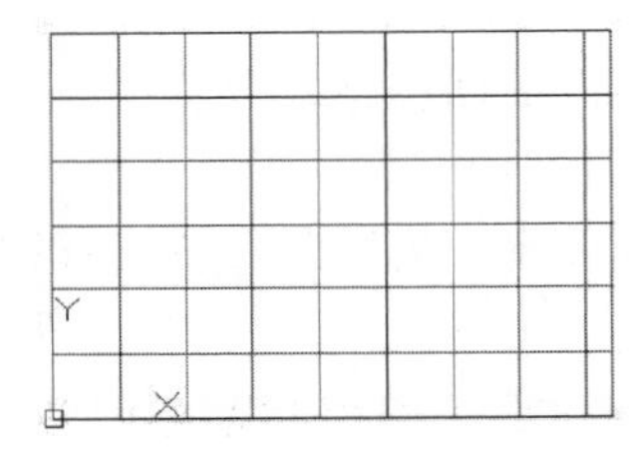

图 4-5 栅格显示

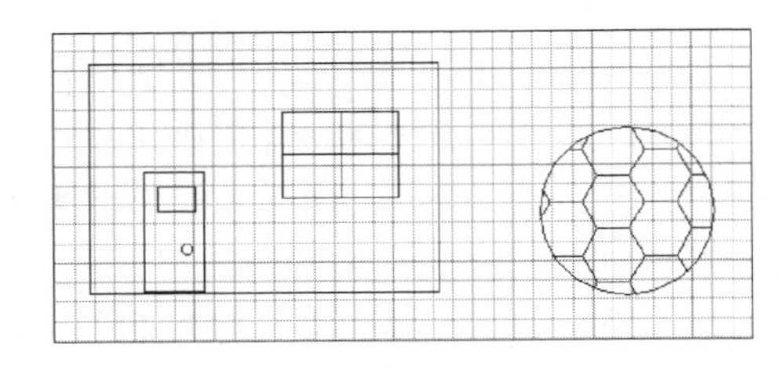

图 4-6 栅格应用

【例 4.6】 设置图形范围为 8 400 × 5 940,栅格 X 方向间距为 100,Y 方向间距为 100,打开栅格显示状态,观察并确定左边图形近似尺寸及与右边图形间距,如图 4-6 所示。提示:

- 命令:LIMITS↙
- 重新设置模型空间界限:
- 指定左下角点或 [开(ON)/关(OFF)] <0.0000,0.0000>:↙
- 指定右上角点 <420.0000,297.0000>:8400,5940↙
- 命令:GRID↙
- 指定栅格间距(X) 或 [开(ON)/关(OFF)/捕捉(S)/…/纵横向间距(A)] <10.0000>:A↙
- 指定水平间距(X) <10.0000>:100↙
- 指定垂直间距(Y) <10.0000>:100↙
- 命令:↙

➢ 指定栅格间距(X) 或 [开(ON)/关(OFF)/捕捉(S)/…] <10.0000>:ON↙

左边图形宽在 X 方向占 18 个间距，宽度近似为 1800；左边图形高在 Y 方向占 11 个间距，高度近似为 1100；两图在 X 方向上间隔占 5 个间距，间隔近似为 500。

4.4　网格捕捉设置(SNAP)

AutoCAD 2014 提供了许多用鼠标完成精确绘图的功能，如网格捕捉、对象捕捉和自动跟踪等。绘图时经常发现，图中许多点的坐标往往呈现某种规律，比如可能是某一数值的倍数。如果控制光标只能在这些特殊点上移动，则可用鼠标灵活、方便、快速地精确定位这些点位置，加快绘图速度。AutoCAD 2014 提供的网格捕捉功能可达到这一目的。

1. 任务

设置网格捕捉参数(间距和角度)，控制网格捕捉状态。

2. 操作

- 键盘命令：SNAP↙。
- 菜单选项："工具"→"草图设置"→"捕捉和栅格"标签。
- 工具按钮：状态栏→"捕捉" 贴片。
- 热键：【F9】或【Ctrl】+【B】。
- 快捷菜单：单击右键状态栏"捕捉"贴片→选择快捷菜单中的"设置"→"捕捉和栅格"标签。

3. 提示

➢ 指定捕捉间距或 [开(ON)/关(OFF)/纵横向间距(A)/传统(L)/样式(S)/类型(T)] <10.0>:(输入捕捉间距、ON、OFF、A、L、S 或 T)

- 指定捕捉间距：输入 X、Y 方向网格捕捉间距，设置网格捕捉间距。
- 开(ON)或关(OFF)：输入 ON，打开网格捕捉功能；输入 OFF，关闭网格捕捉功能。
- 纵横向间距(A)：输入 A，分别设置水平和垂直捕捉间距。提示：

➢ 指定捕捉间距或[开(ON)/关(OFF)/纵横向间距(A)/旋转(R)/样式(S)/类型(T)] <10.0>:A↙

➢ 指定水平间距 (X) <10.0>:(输入水平间距)

➢ 指定垂直间距 (Y) <10.0>:(输入垂直间距)

- 传统(L)：输入 L，确定光标是否保持始终捕捉到栅格的行为。若是，则不管是否执行绘图操作，光标始终按设置的纵横向间距停留；若否，则光标只能在执行绘图操作时，按设置的纵横向间距停留。

➢ 保持始终捕捉到栅格的传统行为吗? [是(Y)/否(N)] <否>: (输入 Y 或 N)

- 样式(S)：输入 S，设置捕捉方式。提示：

➢ 指定捕捉间距或[开(ON)/关(OFF)/纵横向间距(A)/传统(L)/样式(S)/类型(T)] <10.0>:S↙

➢ 输入捕捉栅格类型 [标准(S)/等轴测(I)] <S>:(输入 S 或 I)

◆ 标准(S)：输入 S，设置标准样式，捕捉栅格平行于 X、Y 轴。

➢ 指定捕捉间距或 [纵横向间距(A)] <10.0>:(输入捕捉栅格间距或 A)

◆ 等轴测(I):输入 I,设置等轴测样式,栅格为等轴测栅格,光标十字线倾斜,随着 TOP(顶)、LEFT(左)、RIGHT(右)状态不同,倾斜程度不同。用 ISOPLANE 命令可在顶、左、右状态之间切换。

● 类型(T):输入 T,设置捕捉类型,有两种类型供选择。提示:

➢ 指定捕捉间距或[开(ON)/关(OFF)/纵横向间距(A)/传统(L)/样式(S)/类型(T)] <10.0>:T↙

➢ 输入捕捉类型 [极轴(P)/栅格(G)] <Grid>:(输入 P 或 G)

◆ 极轴捕捉(P):输入 P,设置极轴类型捕捉,沿极轴方向捕捉。

◆ 栅格捕捉(G):输入 G,设置栅格类型捕捉,沿栅格方向捕捉。

说明:

① 网格捕捉间距被改变后,只影响以后绘图,已绘制图形并不受影响。

② 网格捕捉是透明命令,在操作过程中,可随时执行 SNAP 命令设置有关捕捉参数。

③ 要进行极轴捕捉,需同时打开网格捕捉和极轴追踪【F10】功能。

4. 利用对话框设置

打开"草图设置"对话框,选择"捕捉和栅格"标签,如图 4-4 所示。在"捕捉和栅格"标签中,设置有关参数,完成网格捕捉设置。

4.5 正交模式设置(ORTHO)

为方便用户绘制水平或垂直直线,AutoCAD 2014 提供正交模式功能。

1. 任务

设置正交模式,控制绘制水平或垂直线段。

2. 操作

● 键盘命令:ORTHO↙。

● 工具按钮:状态栏→"正交"。

● 热键:【F8】或【Ctrl】+【L】。

3. 提示

➢ 输入模式 [开(ON)/关(OFF)] <开>:(输入 ON 或 OFF)

输入 ON,打开正交功能;输入 OFF,关闭正交功能。

说明:

① 正交模式只对鼠标操作有效,对键盘输入无效。

② 如果处于等轴测方式,则在正交模式下所绘制直线也以同样角度倾斜。

4.6 对象颜色设置（-COLOR、COLOR）

在图形中，经常需要用不同的颜色来表现不同类型的图形对象，使图形更赋有表现力，如墙体、屋顶、地面、家具、门窗、立柱、水管等。AutoCAD 2014 提供“索引颜色”“真彩色”“配色系统”三种颜色功能，使图形的颜色表现更加丰富多彩。

1. 任务

设置对象颜色。通过“索引颜色”“真彩色”“配色系统”三种途径来设置颜色。

2. 操作

● 键盘命令：-COLOR↙或 COLOR↙。
● 菜单选项：“格式”→“颜色”。
● 工具按钮：“对象特性”工具栏→“颜色控制”。
● 功能区面板：“默认”→“特性”→“颜色”。

3. 提示

-COLOR 命令采用键盘操作方式设置。提示：

➤ 输入默认对象颜色［真彩色(T)/配色系统(CO)］ <ByLayer>：(输入对象颜色编号、T 或 CO)

● 输入默认对象颜色：输入颜色编号或颜色名称。有 255 种索引颜色，颜色从 1 ~255 编号，1 ~7 号称为标准颜色（红色、黄色、绿色、青色、蓝色、品红、白色），8 ~255 为普通颜色。两个特殊颜色编号 0 表示随块色，256 表示随层色。

说明：

① 特殊颜色（随层色）：输入 BYL、ByLayer 或 256，设置颜色为对象所在图层颜色。

② 特殊颜色（随块色）：输入 BYB、BYBLOCK 或 0，设置颜色为对象随图块插入图层颜色。

③ 标准颜色（红色）：输入“红色”、Red 或 1，设置对象颜色为红色。

④ 标准颜色（黄色）：输入“黄色”、Yellow 或 2，设置对象颜色为黄色。

⑤ 标准颜色（绿色）：输入“绿色”、Green 或 3，设置对象颜色为绿色。

⑥ 标准颜色（青色）：输入“青色”、Cran 或 4，设置对象颜色为青色。

⑦ 标准颜色（蓝色）：输入“蓝色”、Blue 或 5，设置对象颜色为蓝色。

⑧ 标准颜色（品红）：输入“品红”、Magenta 或 6，设置对象颜色为品红色。

⑨ 标准颜色（白色）：输入“白色”、White 或 7，设置对象颜色为白色（黑色）。

⑩ 普通颜色：0 ~256 之间的整数值。

● 真彩色（T）：输入 T，使用真彩色（24 位颜色）设置颜色，有两种真彩色模式供选择：HSL 模式和 RGB 模式。HSL 模式称为色调、饱和度和亮度颜色模式，RGB 模式称为红、绿、蓝颜色模式。使用真彩色功能时，可以使用一千六百多万种颜色。提示：

➢ 红，绿，蓝：(输入 RGB 颜色值)

📖 **说明：**

RGB 颜色值为由逗号间隔的 3 个整数组成，如红色 RGB 值为 255，0，0。

● 配色系统(CO)：输入 CO，使用第三方配色系统(如 PANTONE)或用户定义的配色系统设置颜色。每个配色系统都给特定颜色赋予特定名称，输入颜色名称即可。提示：

➢ 输入配色系统名称：(输入配色系统名称)

➢ 输入颜色名：(输入颜色名值)

📖 **说明：**

配色系统具有很强的灵活性，用户可根据工程设计需要选择使用特定配色系统或自定义配色系统，使同一项目中图形颜色保持一致。

4. 利用对话框设置颜色

执行 COLOR 命令，弹出"选择颜色"对话框，如图 4-7 所示，用户可根据对话框提示设置颜色。

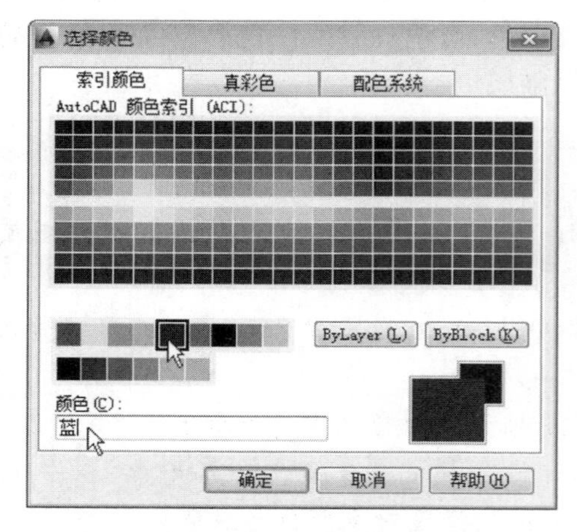

(a)"索引颜色"标签

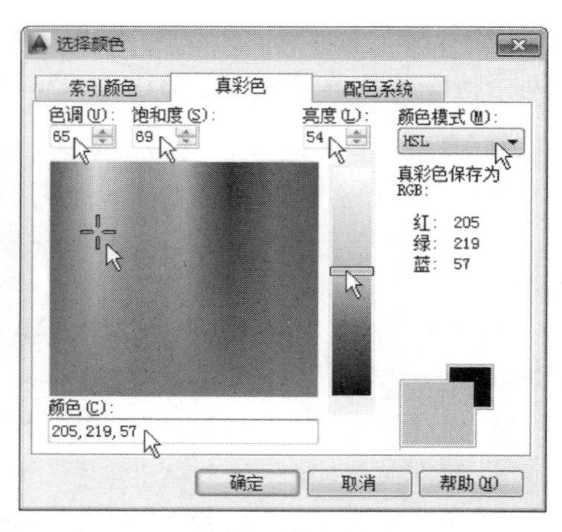

(b)"真彩色"标签

图 4-7 "选择颜色"对话框

4.7 对象线型设置(-LINETYPE、LINETYPE)

4.7.1 线型概述

在绘图时，经常使用不同种类的线条表示特定的对象，使图形更赋有表现力。例如，

用实线绘制墙体、门窗、家具等;用中心线绘制辅助线、参照线等;用虚线绘制动态物体。一种线型是由一系列短实线、点和短空白段组合而成的复合线条。AutoCAD 2014 提供了丰富的线型,供用户使用,线型存放在线型文件 acad. lin 和 acadiso. lin 中,可根据需要随时加载和选择所需线型。除此之外,还允许用户自定义新线型。

对象可采用所在图层的线型绘制,也可设置独立的线型进行绘制。

AutoCAD 2014 在线型文件 acad. lin 中提供的标准线型清单如图 4-8 所示。

BORDER	DASHEDX2
BORDER2	DIVIDE
BORDERX2	DIVIDE2
CENTER	DIVIDEX2
CENTER2	DOT
CENTERX2	DOT2
Continuous	DOTX2
DASHDOT	FENCELINE2
DASHDOT2	HIDDEN
DASHDOTX2	HIDDEN2
DASHED	HIDDENX2
DASHED2	ZIGZAG

图 4-8　AutoCAD 2014 部分线型清单

4.7.2　线型设置

1. 任务

设置对象线型。

2. 操作

- 键盘命令:-LINETYPE 或 LINETYPE↙。
- 菜单选择:“格式”→“线型”。
- 工具按钮:“对象特性”工具栏→“线型控制”。
- 功能区面板:“默认”→“特性”→“线型”。

3. 提示

-LINETYPE 命令采用键盘操作方式设置,提示:

➢ 当前线型:“ByLayer(随层)”

➢ 输入选项 [? /创建(C)/加载(L)/设置(S)]:(输入?、C、L 或 S)

- ?:输入“?”,列出 acad. lin 文件中的线型清单。
- 创建(C):输入 C,创建新线型(后续 4.7.5 节中介绍)。
- 加载(L):输入 L,从 acad. lin 文件中加载线型到内存。提示:

➢ 输入选项 [? /创建(C)/加载(L)/设置(S)]:L↙

➢ 输入要加载的线型:(输入线型名)

弹出“选择线型文件”对话框,类似“选择文件”对话框,选择一个线型文件。如果加载的线型已加载过,则给出提示:

➢ 线型“DOT”已加载。是否重载? <Y>(输入 Y 或 N)

输入 Y,用新同名线型替代原线型;输入 N,则放弃加载。

● 设置(S):输入 S,设置对象线型。提示:

➢ 指定线型名或 [?] <ByLayer>:(输入线型名称、?)

◆ ?:输入“?”,显示已加载的线型清单。

◆ 指定线型名:输入线型名称,设置当前新线型,对象线型独立于图层线型。若输入 BYL 或 ByLayer,则设置随层线型,线型与所在图层线型一致。若输入 BYB 或 BYBLOCK,则设置随块线型,线型与对象所属图块插入图层线型一致。

4. 利用对话框设置线型

执行 LINETYPE 命令,弹出“线型管理器”对话框,如图 4-9 所示,通过该对话框可方便地设置线型各种信息。

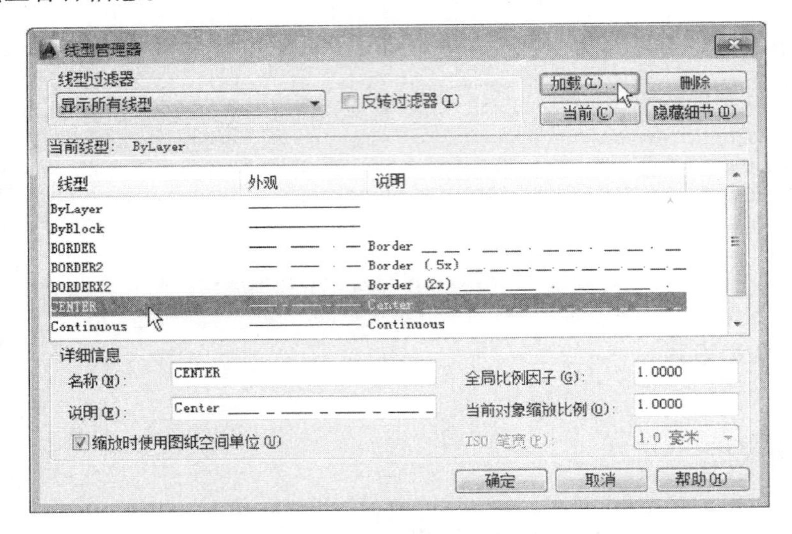

图 4-9 “线型管理器”对话框

● 线型清单区:显示已加载且符合过滤条件的线型名、线型外观、线型说明。

◆ 线型:用鼠标选择,变为反向显示,单击“当前”和“确定”按钮,便将其设置为当前线型。双击线型名,或在“详细信息”区的“名称”框内用键盘修改线型名。

◆ 外观:给出线型几何形式。

◆ 说明:给出线型文字注释。

● 线型过滤器:单击右边箭头,打开下拉列表框,选择某一种过滤条件,如“显示所有线型”“显示所有已用过的线型”“显示所有依赖于外部参照的线型”。

● 反转过滤器:用鼠标单击选择,则显示不符合过滤条件的线型。

● 当前(C):用鼠标选择某线型,然后单击“当前”按钮,即可设置该线型为当前对象绘图线型。

● 加载(L):单击“加载”按钮,弹出“加载线型”对话框,根据提示将线型文件(.lin)中线型加载到内存。

● 删除:选择某线型,然后单击“删除”按钮,即可将该线型从内存中删除,以后需要,则需重新加载。

● 隐藏细节(D):单击“隐藏细节”按钮,打开“详细信息”区,在“详细信息”区编辑修

改线型有关信息(线型名、线型说明、全局比例系数、对象比例系数等)。

● 设置线型比例因子:具体绘图时,有时非实线,则显示为实线,这是线型比例因子不当所制,所以常常需要设置、修改或调整线型比例因子。比例因子有3种:

◆ 全局比例因子(G):其值保存在系统变量 LTSCALE 中,它影响所有已绘制或后续绘制的线型。

◆ 当前对象缩放比例(O):其值保存在系统变量 CELTSCALE 中,它影响以后绘制的线型。实际缩放比例为 LTSCALE × CELTSCALE。

◆ 缩放时使用图纸空间单位(U):若选中该项,则系统变量 PSLTSCALE 为1,在图纸空间线型比例由视区的比例来控制。

● ISO 笔宽:从中选择设置 ISO 线型的笔宽。

4.7.3 全局线型比例设置(LTSCALE)

除实线外,其他线型均是由实线段、空白段、点、文本、形所组成的序列。由于线型与图形比例不协调,所以导致一些非实线显示为实线,起不到特定线型的效果,所以需将线型按一定比例放大或缩小。

执行键盘命令 LTSCALE,设置所有线型比例系数,以达到线型的实际效果。比例系数对所有对象起作用,直到重新设置新的比例系数为止。

4.7.4 当前对象线型比例设置(CELTSCALE)

设置个别对象线型比例系数,以达到特定效果。

执行键盘命令 CELTSCALE,设置个别对象线型比例系数,以达到线型的特定效果。比例系数对后续对象起作用,直到重新设置新的比例系数为止。

4.7.5 创建新线型

AutoCAD 2014 允许用户创建和使用新的特殊线型。线型分为简单线型和复杂线型两种。

● 简单线型:由实线段、空白段、点组成。

● 复杂线型:由实线段、空白段、点、文本、形组成。

选择执行“创建(C)”选项后,给出提示:

➢ 输入选项 [? /创建(C)/加载(L)/设置(S)]:C↙
➢ 输入要创建的线型名:(输入新线型名)
➢ 请稍候,正在检查线型是否已定义...
➢ 弹出保存文件对话框,选择一线型文件,单击“确定”按钮。
➢ 说明文字:(输入线型说明)
➢ 输入线型图案 (下一行):
➢ A,(输入新线型定义模式)
➢ 新线型定义已保存到文件中。

线型定义模式为 $d_1, d_2, \cdots, d_i, \cdots, d_n$,其中 d_i 说明实线段、空白段、点。AutoCAD 规定:当 d_i 为正值时,则绘制长度为 d_i 的实线段;当 d_i 为负值时,则绘制长度为 d_i 的空白段;

当 d_i 为 0 时,则绘制一个点。在绘图时,重复绘制模式中的线段。

【例 4.7】 创建新线型。实线段长度为 4,空白段长度为 1。

➢ 命令:-LINETYPE↙
➢ 当前线型:"随层"
➢ 输入选项 [? /创建(C)/加载(L)/设置(S)]:C↙
➢ 输入要创建的线型名:MyDashed↙
➢ 请稍候,正在检查线型是否已定义...
➢ 弹出保存文件对话框,选择一线型文件,单击"确定"按钮。
➢ 说明文字:— — — — — — — — —↙
➢ 输入线型图案 (下一行):
➢ A,4, -1↙
➢ 新线型定义已保存到文件中。

4.8 对象线宽设置(-LWEIGHT、LWEIGHT)

线宽与颜色、线型一样可产生独特的图形外观效果。用户可对多段线、直线、圆、圆弧、椭圆、文本等对象设置线宽。AutoCAD 2014 提供的线宽如图 4-10 所示。

ByLayer
ByBlock
Default
0.00 mm
0.05 mm
0.09 mm
0.13 mm
0.15 mm
0.18 mm
0.20 mm
0.25 mm
0.30 mm
0.35 mm
0.40 mm
0.50 mm
0.53 mm
0.60 mm
0.70 mm
0.80 mm
0.90 mm
1.00 mm
1.06 mm
1.20 mm
1.40 mm
1.58 mm
2.00 mm
2.11 mm

图 4-10 线宽示例

1. 任务

设置对象线宽。

2. 操作

- 键盘命令:-LWEIGHT 或LWEIGHT↙。
- 菜单选择:"格式"→"线宽"。
- 工具按钮:"对象特性"工具栏→"线宽控制"。
- 功能区面板:"默认"→"特性"→"线宽"。

3. 提示

-LWEIGHT 命令采用键盘操作方式设置,提示:

➢ 当前线宽: ByLayer
➢ 输入新对象的默认线宽或 [?]:(输入? 或线宽值)

- ?:输入"?",列出 AutoCAD 2007 线宽清单。

➢ 输入新对象的默认线宽或 [?]:?
➢ ByLayer ByBlock Default
➢ 0.00 毫米 0.05 毫米 0.09 毫米 0.13 毫米 0.15 毫米 0.18 毫米
➢ 0.20 毫米 0.25 毫米 0.30 毫米 0.35 毫米 0.40 毫米 0.50 毫米

- 默认线宽:输入新的线宽值,设置新线宽。
  - ByLayer:输入 ByLayer,设置随层线宽,线宽与所在图层线宽一致。
  - ByBlock:输入 ByBlock,设置随块线宽,线宽与对象所属图块插入图层线宽一致。
  - Default:输入 Default,设置缺省线宽,线宽取最细的线,宽度占一个像素。
  - 线宽值:输入线宽值,设置新线宽,对象线宽独立于图层线宽。

4. 利用对话框设置

执行 LWEIGHT 命令，弹出“线宽设置”对话框，如图 4-11 所示，通过对话框可设置线宽各种信息和控制线宽显示特性。

根据需要选择线宽、线宽单位，显示或不显示线宽，调整显示比例。显示比例影响模型空间显示，不影响图纸空间显示。

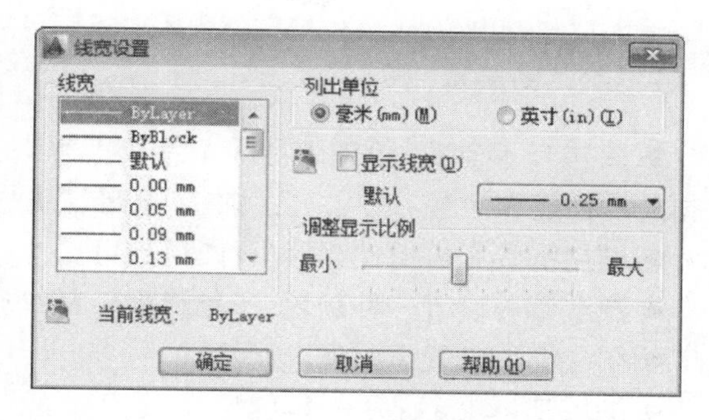

图 4-11　“线宽设置”对话框

说明：

① 使用 ZOOM 命令在模型空间缩放时，其线宽不变，而图纸空间线宽随之缩放。

② 对≤0.25 毫米的线宽，在模型空间都显示为一个像素宽度，在输出时按实际宽度输出。

4.9　图形图层管理（LAYER）

4.9.1　图层概念

为便于用户绘制、组织和管理不同类型的图形对象，AutoCAD 引入“图层”概念。“图层”是把图形中不同类型对象进行按类分组管理的有效工具。用户可建立多个图层，将不同类型图形对象绘制在不同图层上，将同一类型图形对象绘制在同一图层上，用户可设置图层的有关特性，并对不同图层上的图形对象任意组合显示或输出。如绘制一张组合图形，图中有办公楼、住宅小区、机动车道路、人行道、下水道、排水沟、通信线路等。对于这幅图，如果全部绘制在一个图层上，则给绘图、修改、阅读带来极大不便；如果按不同性质分层绘制，则可通过图层可见性特性和打印选择功能进行灵活组合，将所关心的图形对象进行组合显示或打印输出。“图层”类似透明胶片，可任意抽取（关闭）或叠加（打开）。通过对图层实施有效管理（开与关、冻结与解冻、上锁与开锁），能显著提高绘图效率。

通过“图层特性管理器”提供“图层组”“组过滤器”“特性过滤器”“状态管理器”“树形视图”等功能，不但可创建、修改和设置图层，还可以更有效地组织、搜索和管理图层。例如，有一工程图样，含有辅助线、墙体、门窗、家具、尺寸标注等，可将它们分别绘制在各自图层上，通过图层管理功能，可显示某一层、某几层或所有图层的图层对象。

例如，图 4-12 所示图形分为 3 个图层，分别绘制矩形、三角形和椭圆。

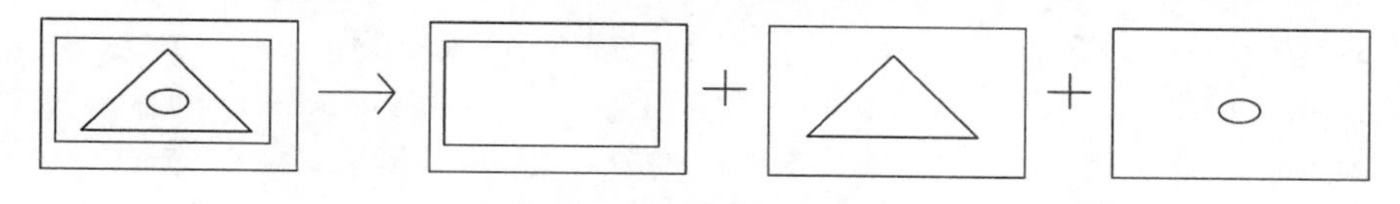

图 4-12　图层应用示例

4.9.2 图层特性

- 图层有一个唯一的图层名称。初始只有一个称为“0”层的图层，其余图层由用户根据需要创建和命名。图层名由数字、字母、“ $ ”、“ - ”、“_”组成，长度≤255。
- 图层都具有可见性，可设置图层的可见性(开与关、冻结与解冻、上锁与解锁)。
- 图层都可设置一种颜色、一种线型、一种线宽和一种打印样式。
- 图层都可设置透明度。
- 图层都可决定是否打印输出。
- 用户可创建任意数量的图层，但只能在当前图层上绘图，在任意图层上编辑修改。
- 所有图层具有相同的坐标系、图形界限、绘图单位、缩放系数。
- 可创建图层组对图层进行分类、分组管理。每一图层可加载到某图层组。
- 可创建图层特性过滤器(搜索条件)对图层进行快速过滤和搜索。

4.9.3 图层管理

1. 任务

创建新图层，设置当前图层和图层的颜色、线型、线宽、可见性、打印样式和状态。

2. 操作

- 键盘命令：-LAYER 或LAYER↙。
- 菜单选项：“格式”→“图层”。
- 工具按钮：“对象特性”工具栏→“图层”。

3. 提示

-LAYER 命令采用键盘操作方式设置。提示：

➢ 当前图层： 0

➢ 输入选项

➢ [? /生成(M)/设置(S)/新建(N)/重命名(R)/开(ON)/关(OFF)/颜色(C)/线型(L)/线宽(LW)/透明度(TR)/材质(MAT)/打印(P)/冻结(F)/解冻(T)/锁定(LO)/解锁(U)/状态(A)/说明(D)/协调(E)]：(输入?、M、S、N、R、ON、OFF、C、L、LW、TR、MAT、P、F、T、LO、U、A、D 或 E)

- ?：输入“?”，列出已建图层清单，提示：

➢ 输入要列出的图层名 < * >：(输入图层名或按回车键)

图层名	状态	颜色	线型	线宽
"0"	开 -P	7 (白色)	"Continuous"	默认
"Aux"	开 -P	7 (白色)	"CENTER2"	默认
"Dim"	关 -P	1 (红色)	"Continuous"	默认
"Door"	开 -P	6 (洋红色)	"Continuous"	默认
"Wall"	开 -P	7 (白色)	"Continuous"	0.500 毫米
"Window"	开 -P	5 (蓝色)	"Continuous"	默认

输入层名(多个层名间用“,”间隔)，显示指定图层的层名、状态、颜色、线型和线宽等

信息。若输入“ * ”,则显示所有图层的图层信息。

● 生成(M):输入 M,创建新图层,使其成为当前层。

● 设置(S):输入 S,设置某图层为当前图层,输入层名必须存在,否则报错。

● 新建(N):输入 N,创建新图层。

● 重命名(R):输入 R,更改图层名称。

● 打开(ON):输入 ON,打开图层显示开关。

● 关闭(OFF):输入 OFF,关闭图层显示开关。若待关闭图层是当前图层,则给出提示,由用户决定是否关闭当前图层。

● 颜色(C):输入 C,设置图层颜色。

● 线型(L):输入 L,设置图层线型。

● 线宽(LW):输入 LW,设置图层线宽。

● 透明度(TR):输入 TR,设置图层透明度。

● 材质(MAT):输入 MAT,将指定材质附着到图层,为创建图形对象指定材质。

● 打印(P):输入 P,设置图层打印状态。

● 冻结(F):输入 F,冻结图层。不能冻结当前图层。被冻结图层不可见,也不可打印,不进行生成、消隐、着色和渲染等系统刷新操作。

● 解冻(T):输入 T,解冻图层。

● 加锁(LO):输入 LO,锁定图层。加锁图层可见,但不可编辑修改,避免产生错误。

● 解锁(U):输入 U,对图层解锁。

● 状态(A):管理(查询、保存、恢复、编辑、命名、删除、输入、输出)图层状态。

➢ 输入选项 [? /保存(S)/恢复(R)/编辑(E)/名称(N)/删除(D)/输入(I)/输出(EX)]:(输入“?”、S、R、E、N、D、I 或 EX)

◆ ?:输入“?”,列出所有图层状态信息。

◆ 保存(S):输入 S,将所有图层特性信息保存起来,并赋予一个图层状态名称,以便今后恢复时使用。

输入新的图层状态名称后,如果该图层状态名称已存在,则拒绝保存,否则列出默认图层状态和特性,用户可根据提示修改这些图层状态和特性。输入选项为切换开关,如目前开状态为“否”,即为关闭状态,输入“O”后,开状态变为“是”,即为打开状态,再输入“O”,开状态又变为“否”。其他选项操作相同。

◆ 恢复(R):输入 R,按某个已保存的图层状态名称恢复图层的有关特性。以当前图层创建的图层信息优先。如果恢复的图层状态中某一图层在当前图形中未创建,则在当前图形中恢复创建该图层信息。

◆ 编辑(E):输入 E,修改某图层状态信息。

◆ 名称(N):输入 N,修改某图层状态名称。

◆ 删除(D):输入 D,删除某图形状态。

◆ 输入(I):输入 I,从某图层状态文件(.las 文件)输入(导入)图形状态。

◆ 输出(EX):输入 EX,将某图层状态信息输出(导出)到一图形状态文件中。

◆ 说明(D):输入 D,设定图层的说明特性值。

◆ 协调(E):输入 E,设定图层的协调特性。

📖 **说明:**

图层状态为用户建立统一的 CAD 文件标准提供了有效途径。设计小组在为一个工程项目绘制图形时,往往有统一的图层特性。项目管理者通过图层状态创建统一的图层状态信息及图层状态文件,设计小组成员由图层状态文件导入需要的图层状态信息,并通过恢复操作将当前图形的图层状态恢复为新的图层状态,之后可在新的图层上设计和绘制图形。

【例 4.8】 使用图层管理功能,按表 4-2 要求绘制如图 4-13 所示的图形。提示:

表 4-2 图层说明

类型	图层名	颜色	线型	线宽	打印
辅助线	Aux	红色(1)	CENTER2	0.50 mm	是
圆	Cir	绿色(3)	Continuous	0.70 mm	是
矩形	Rec	蓝色(5)	DASHED2	0.90 mm	否
椭圆	Ell	青色(4)	Continuous	1.00 mm	是

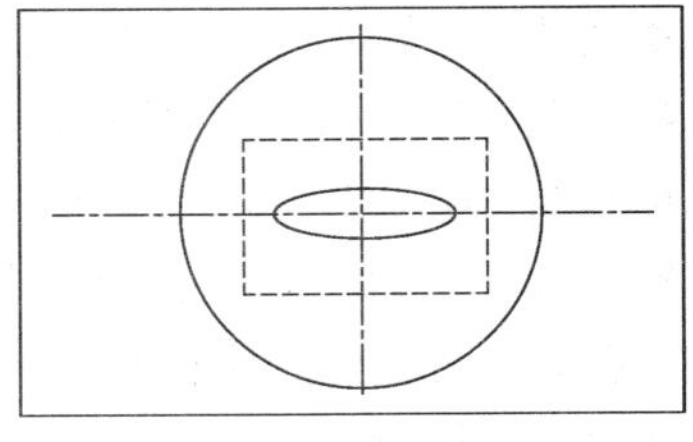

图 4-13 图层应用

➢ 命令:-LAYER↙
➢ 输入选项 [? /生成(M)/设置(S)/新建(N)/开(ON)/关(OFF)/颜色(C)/…/状态(A)]:N↙
➢ 输入新图层的名称列表:Aux,Cir,Rec,Ell↙
➢ 输入选项 [? /生成(M)/设置(S)/新建(N)/开(ON)/关(OFF)/颜色(C)/…/状态(A)]:C↙
➢ 输入颜色名或编号 (1-255):Red↙或1↙
➢ 输入图层名列表,这些图层使用颜色 1(red) <door>:Aux↙
➢ 输入选项 [? /生成(M)/设置(S)/新建(N)/开(ON)/关(OFF)/颜色(C)/…/状态(A)]:C↙
➢ 输入颜色名或编号 (1-255):Green↙或3↙
➢ 输入图层名列表,这些图层使用颜色 1(red) <door>:Cir↙
➢ 输入选项 [? /生成(M)/设置(S)/新建(N)/开(ON)/关(OFF)/颜色(C)/…/状态(A)]:C↙
➢ 输入颜色名或编号 (1-255):Blue↙或5↙
➢ 输入图层名列表,这些图层使用颜色 1(red) <door>:Rec↙
➢ 输入选项 [? /生成(M)/设置(S)/新建(N)/开(ON)/关(OFF)/颜色(C)/…/状态(A)]:C↙
➢ 输入颜色名或编号 (1-255):Cran↙或4↙
➢ 输入图层名列表,这些图层使用颜色 1(red) <door>:Ell↙
➢ 同法分别设置图形对象的线型、线宽、打印状态。
➢ 输入选项 [? /生成(M)/设置(S)/新建(N)/开(ON)/关(OFF)/颜色(C)/…/状态(A)]:S↙

➢ 输入要置为当前的图层名或 <选择对象> <0>:Aux↙

➢ 输入选项 [? /生成(M)/设置(S)/新建(N)/开(ON)/关(OFF)/颜色(C)/…/状态(A)]:↙

➢ 命令:LINE↙

➢ 绘制十字中心线。

➢ 同法分别设置相应图层,绘制有关图形对象:圆、矩形、椭圆。

4.9.4 图层特性管理器

执行 LAYER 命令,或选择"格式"→"图层"菜单项,或单击"对象特性"工具栏上的"图层特性管理器"按钮,弹出"图层特性管理器"对话框,如图 4-14 所示,通过对话框设置图层有关特性。

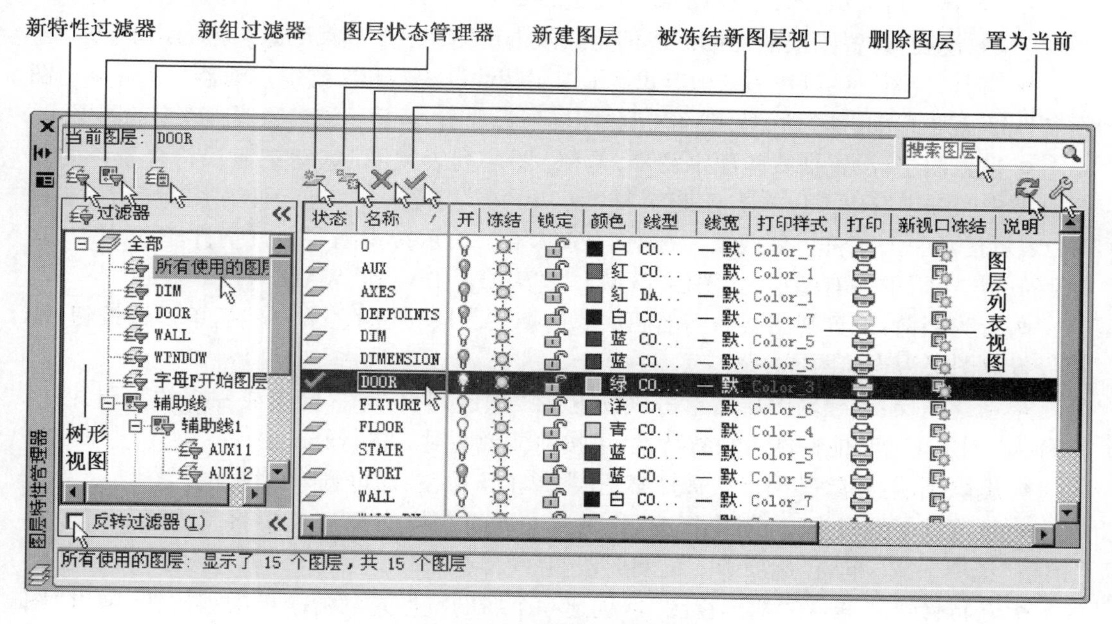

图 4-14 "图层特性管理器"对话框

● "图层列表视图"区:显示所选图层组过滤器或特性过滤器所有图层及其特性,可设置或修改图层特性(状态、名称、开/关、冻结/解冻、锁定/解锁、颜色、线型、线宽、打印样式、打印、新视口冻结、说明)。

◆ 状态:图层激活状态(当前图层、非当前图层)。有图标"√",表示该图层为当前图层;有图符"◇",表示该图层为非当前图层。双击图标"◇",可将该图层置为当前图层。要在某图层上绘图,必须将该图层置为当前图层。

◆ 名称:双击图层名称,可修改图层名称。

◆ 开:若灯泡呈黄色,则该图层处于"开"状态,显示图层对象;若灯泡呈灰色,则该图层处于"关"状态,不显示图层对象。单击灯泡图标,可在"开"与"关"之间转换。

◆ 冻结:若图标呈太阳形状,则该图层处于解冻状态;若图标呈雪花形状,则该图层处于冻结状态。单击图标,可使图层在冻结与解冻之间转换。

◆ 锁定：若锁已打开，则图层处于解锁状态；若锁被关闭，则图层处于锁定状态。单击锁图标，可使图层在锁定与解锁之间转换。

◆ 颜色：单击色框图标，弹出"选择颜色"对话框，根据提示设置新的图层颜色。

◆ 线型：单击线型名称，弹出"选择线型"对话框，根据提示设置新的图层线型。

◆ 线宽：单击线宽值，弹出"线宽"对话框，设置新的图层线宽。

◆ 透明度：单击透明度，弹出"透明度"对话框，输入新的透明度值。

◆ 打印样式：单击打印样式名，弹出"打印样式"对话框，从打印样式清单中设置新的图层打印样式。

◆ 打印：控制图层是否可打印。单击打印机图标，在允许打印和禁止打印之间切换。使用该图层特性，可使图层有选择地打印输出。

◆ 新视口冻结：冻结或解冻新建布局视口中的选定图层，只能在布局中使用。

◆ 说明：设置图层的详细描述信息。双击说明位置，可输入或修改说明文字。

● "树形视图"区：以树形结构形式显示图层特性过滤器和图层组过滤器。选择某一图层特性过滤器或图层组过滤器，则在右侧"图层列表视图"区显示该过滤器所确定的图层。

● 搜索图层：设置搜索匹配字符串，右侧"图层列表视图"区动态显示符合条件的图层。搜索匹配字符串可以含有匹配字符"＊"和"?"，字符"＊"表示任意长度子串，字符"?"表示任意一个字符。如搜索字符串"? ALL＊"，表示搜索图层名首字符任意，第2、3、4字符为"ALL"的所有图层，如图层"WALL"、"WALL_DN"和"WALL－UP"。

● 置为当前：设置某图层为当前图层。选择某图层（反向显示），然后单击该按钮，即可设置该图层为当前图层。

● 新建图层：创建新图层。单击该按钮，在"图层列表视图"区生成一新的图层，图层名称为"图层1"，其他特性为缺省特性，可按前面说明对其进行修改。

● 删除图层：删除某图层。选择某图层，单击该按钮，即可删除该图层。

● 被冻结新图层视口：创建新图层，然后在所有现有布局视口中将其冻结。可以在"模型"选项卡或"布局"选项卡上访问此按钮。

● 新特性过滤器：在"树形视图"区创建一个新的特性过滤器。单击该按钮，弹出"图形过滤器特性"对话框。根据提示输入过滤器名称，设置过滤器定义有关参数，预览过滤结果。双击"树形视图"区新特性过滤器名称，可对其修改。如图中给出创建"WALL"特性过滤器的实例，过滤条件为图层名含有子串"WALL"且为"开"状态，预览区列出符合过滤条件的3个图层。

● 新组过滤器：单击该按钮，在"树形视图"区创建一个新的图层组过滤器。双击"树形视图"区组过滤器名，可对其修改。右击组过滤器名，弹出"组过滤器"快捷菜单。根据提示添加图层，更换图层，设置可见性、锁定、视口和隔离组特性，新建组内特性过滤器和组过滤器，重命名或删除图层组。

● 图层状态管理器：管理图层状态信息。单击该按钮，弹出"图层状态管理器"对话框。根据提示设置、创建、删除、恢复、输入、输出图层状态信息。

4.9.5 “图层”工具栏

通过“图层”工具栏，如图4-15所示，也可对图层进行有效控制。

- 单击“图层特性管理器”按钮，弹出“图层特性管理器”对话框，通过“图层特性管理器”对话框对图层进行管理。
- 单击“图层控制”下拉列表框，打开列表清单，显示当前图层组过滤器或特性过滤器确定的所有图层，选择设置当前图层、开/关状态、冻结/解冻状态和锁定/解锁状态。
- 单击“将对象图层置为当前”按钮，选择对象，将该对象所在图层置为当前图层。
- 单击“上一图层”按钮，恢复上一图层状态信息。

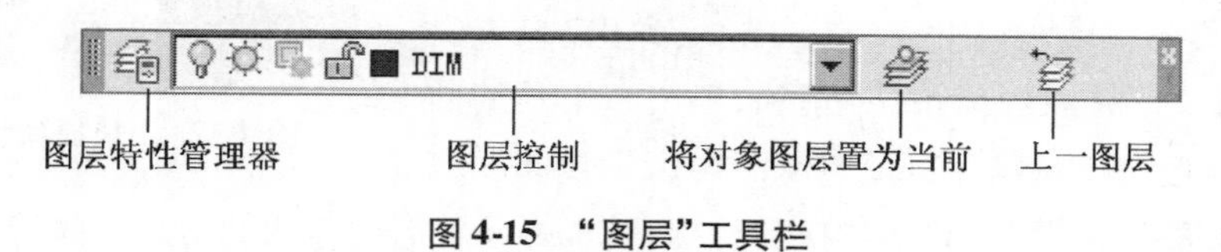

图4-15　“图层”工具栏

4.10 快捷特性

快捷特性是AutoCAD 2014的特色功能之一，使用快捷特性，可快速查询、更改和设置任何图形对象的常用特性，显著提高绘图效率。

4.10.1 “特性”和“快捷特性”选项板（PROPERTIES）

AutoCAD 2014提供“特性”选项板功能，可查询、更改和设置任何图形对象的全部特性。执行下面操作，将弹出“特性”选项板。

- 键盘命令：PROPERTIES↙。
- 菜单选项：“工具”→“选项板”→“特性”。
- 工具按钮：标准工具栏→“特性”。
- 功能区面板：“常用”→“特性”→“特性↘”。
- 热键：【Ctrl】+【1】或双击图形对象。

选择某一图形对象，“特性”选项板显示该图形对象的所有特性，用户可查询、更改和设置对象特性。如选择圆对象，则显示圆的所有特性，可直接在选项板上查询、更改和设置圆的有关特性（周长改为100），如图4-16所示。

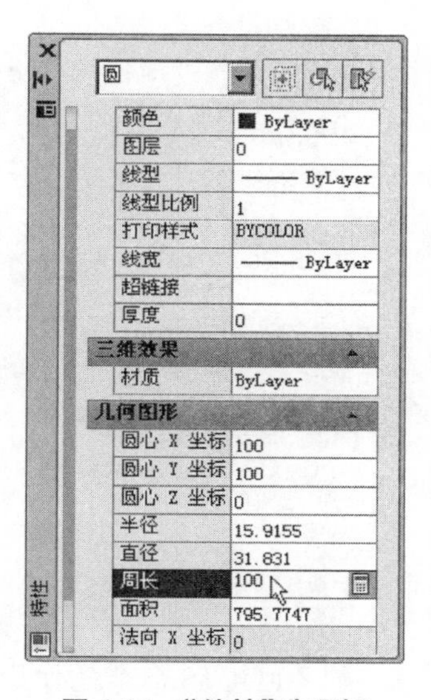

图4-16　“特性”选项板

“特性”选项板功能强大，但过于臃肿，不利用选项板功能的发挥。实际上，在绘图过程中，用户可能只关心部分特性，只要提供部分常用特性即可，不同绘图阶段，可能关心的部分特性有所不同，可随时进行调整。为满足用户这种绘图需求，AutoCAD 2014提供“快捷特性”功能，使用“快捷特性”选项板，可快速查询、更改和设置任何图形对象的部分常用特性，从而显著提高绘图效率。

单击某图形对象，快速弹出该图形对象的“快捷特性”选项板，如单击圆对象，则快速弹出圆对象的“快捷特性”选项板，可直接在选项板上查询、更改和设置圆的常用特性（周长改为100），如图4-17所示。

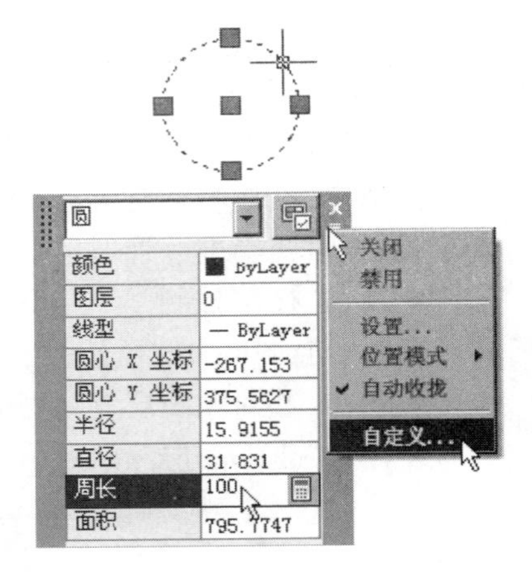

图4-17 “快捷特性”选项板

4.10.2 自定义快捷特性和“快捷特性”设置

通过“自定义用户界面”对话框定义图形对象常用特性。执行下面操作，可设置快捷特性参数，如图4-18所示。

● 单击菜单选项“视图”→“工具栏”，弹出“自定义用户界面”窗口，选择“快捷特性”选项，单击右下角的面板扩展按钮“⊙”，在右侧“常规”列表中单击选择图形对象，右侧列出所选择图形对象的快捷特性项目，选择设置需要显示的常用快捷特性。

● 右击“快捷特性”选项板右上角的“自定义”选项按钮，弹出“自定义用户界面”窗口，同法选择设置需要显示的常用快捷特性。

● 通过“草图设置”对话框中的“快捷特性”选项卡设置“快捷特性”选项板有关属性（显示、位置、行为）。

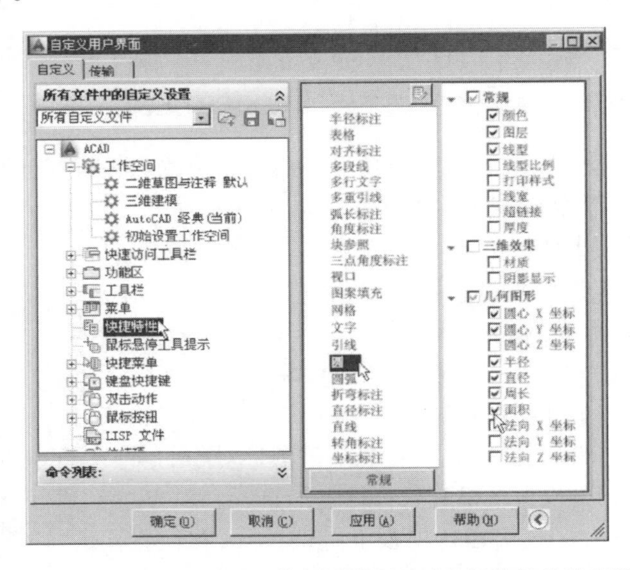

图4-18 “自定义用户界面”中“圆”图形对象的快捷特性设置

练习4

1. LIMITS命令的作用是什么？图形界限的左下角顶点坐标值是否允许为负值？现有20×20的一幅图形，若考虑图形的中心为原点，图形边缘有两个单位宽的空白区，用

LIMITS 命令设置的左下角和右上角的坐标值分别是多少?

2. 在绘图过程中要控制用户执行超越图界范围的错误操作,需采取什么措施?

3. UNITS 命令的作用是什么? 为什么要提供 UNITS 命令? 在绘图过程中能否多次执行 UNITS 命令?

4. AutoCAD 绘图单位属于什么性质的单位? 它与我们日常使用的单位有何区别?

5. AutoCAD 绘图时使用的栅格间距和网格捕捉间距是否相关? 两者间距一般设置为何值?

6. AutoCAD 正交功能是否只允许绘制水平和垂直直线? 若想绘制按某角度倾斜相互垂直的直线,该如何操作?

7. 在绘图过程中,应依据什么原则确定图层? 不同图层间的颜色、线型、坐标系、对象有何关系?

8. AutoCAD 2014 有多少种颜色设置模式? 是否允许真彩色和配色系统? 有几种标准颜色? 它们是些什么颜色?

9. AutoCAD 通过什么方式为用户提供线型? 用户如何设置 AutoCAD 提供的线型? AutoCAD 的缺省线型是何种线型?

10. AutoCAD 2014 允许设置多少种线宽? 线宽是否可任意设置? 线宽作用是什么?

11. 哪些线宽的对象在屏幕上显示一个像素单位? 用 ZOOM 命令对图形进行缩放时,对象的线宽是否也随之缩放?

12. 创建新线型"Myline",并保存在线型文件"Myline. lin"中,新线型说明为"管道线",线型样式为"—— —— - - • - - —— —— - - • - -"。

13. 在图层管理中"特性过滤器""组过滤器""图层状态管理器"的主要作用是什么? 用户如何使用这些功能来组织、管理和设置图形的图层? 保存图层状态信息的文件扩展名是什么?

14. 按要求设置图形环境。

- 图形范围为 297 ×210。
- 图形单位为"小数"制,精度为小数 2 位,角度单位为十进制,精度为整数。
- 网格捕捉 X 轴间距为 15,Y 轴间距为 10,栅格间距与网格间距相同。
- 图层设置如表 4-3 所示。

表 4-3　图层设置

图层	打开	冻结	加锁	颜色	线型	线宽	打印
0	开	解冻	加锁	白	Continuous	缺省	打印
WALL	关	冻结	解锁	红	DASHDOT	0.50 mm	禁止
DOOR	开	解冻	解锁	黄	DOT	0.90 mm	禁止
FUTURE	开	冻结	加锁	绿	CENTER	1.00 mm	打印

第 5 章

对象捕捉、自动跟踪与动态输入

对象捕捉、自动跟踪与动态输入功能是 AutoCAD 2014 最具特色、最受用户欢迎的功能。这些功能体现了 AutoCAD 2014 的智能化特征。

5.1 对象捕捉

5.1.1 概述

在绘图过程中,需要精确指定点的位置。每个图形对象都有一些重要的几何特征点,如端点、中点、圆心和交点等,对象捕捉能帮助用户自动捕捉和确定这些点的精确位置。

对象捕捉是通过鼠标来自动识别和捕捉特征点的。使用对象捕捉功能可快速、精确、灵活地确定特征点的位置。打开对象捕捉状态后,将十字光标移到目标对象上的特征点附近,立即显示其特征点,单击鼠标左键,即可按某种捕捉模式自动确定和输入所需点的坐标。例如,设置圆心捕捉模式后,将十字光标移到圆上,显示圆心点,按拾取键,即可输入该圆的圆心坐标,然后绘制经过圆心的直线,如图 5-1 所示。

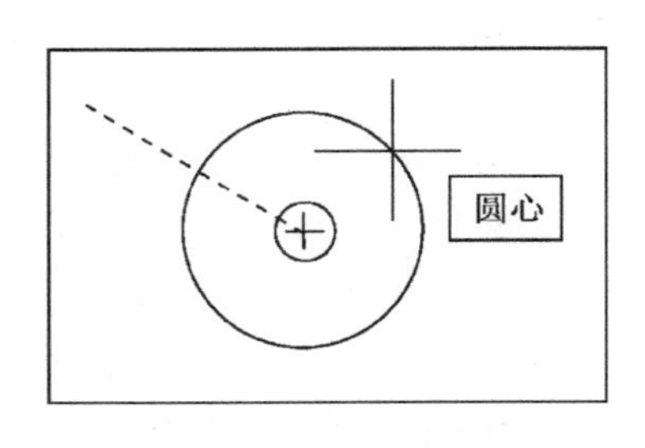

图 5-1 捕捉圆心

对象捕捉有单点捕捉和永久捕捉两种方式。

5.1.2 对象捕捉模式

AutoCAD 2014 提供 16 种对象捕捉模式,如图 5-2 所示。AutoCAD 2014 新增了特殊的三维对象捕捉功能。在进行对象捕捉前,要设置一种或多种对象捕捉模式。

(1) 端点捕捉(Endpoint):捕捉线段、圆弧和多段线等对象的端点。

(2) 中点捕捉(Midpoint):捕捉线段、圆弧等对象的中点。

(3) 交点捕捉(Intersection):捕捉对象之间的交点。

(4) 外观交点捕捉(Apparent Intersect):捕捉对象在视图平面上相交的点。

(5) 延伸点捕捉(Extension):捕捉指定参照对象延伸线上符合指定条件的点。
(6) 圆心捕捉(Center):捕捉圆、圆弧的圆心点。
(7) 象限点捕捉(Quadrant):捕捉圆、圆弧上的象限点(0°、90°、180°、270°位置)。
(8) 切点捕捉(Tangent):捕捉圆、圆弧上的切点。
(9) 垂点捕捉(Perpendicular):捕捉对象(延长线)上离拾取点最近的垂足点。
(10) 平行点捕捉(Parallel):捕捉与参照对象平行的线上符合指定条件的点。
(11) 插入点捕捉(Insert):捕捉块、形、文本、外部参照的插入点。
(12) 节点捕捉(Node):捕捉点、等分点、等距点。
(13) 最近点捕捉(Nearest):捕捉对象上离拾取点最近的点。
(14) 临时追踪点捕捉(Tracing):捕捉相对指定点水平、垂直、极轴方向的点。
(15) 捕捉自捕捉(From):建立临时参照点,捕捉与该点偏移一定距离的点。
(16) 无捕捉(None):不使用任何捕捉。

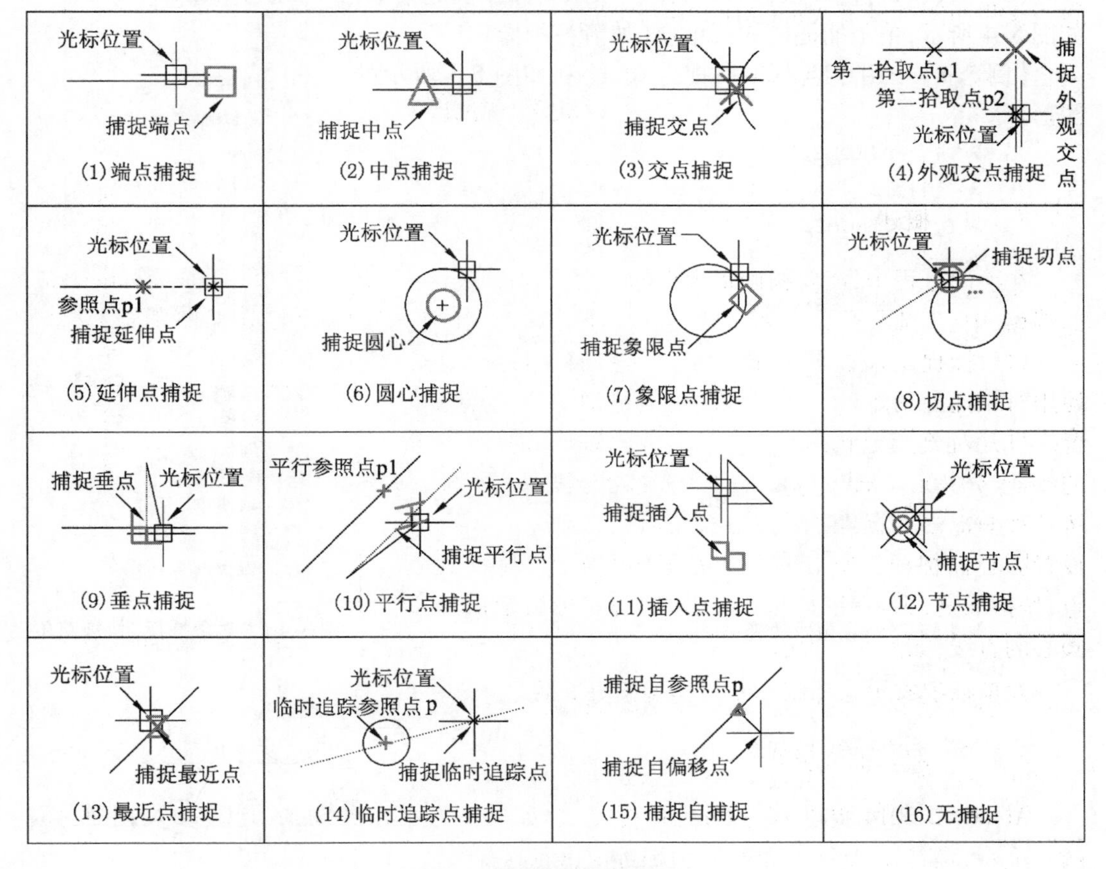

图 5-2　对象捕捉模式示例

5.1.3　设置临时单点对象捕捉

在实施对象捕捉前,需设置一种或多种对象捕捉模式。当对象捕捉不是很频繁时,可采用临时单点对象捕捉,即在拾取点时,临时设置对象捕捉模式,进入对象捕捉状态,拾取点后,对象捕捉状态也随之取消。设置单点对象捕捉模式有 3 种方法。

（1）使用键盘输入捕捉模式的前三个英文字母,按空格键或【Enter】键,可一次输入用“,”间隔的多种捕捉模式。例如,圆心和端点模式需输入“Cen,End”。

（2）使用鼠标单击“对象捕捉”工具栏上的捕捉模式按钮(图 5-3)。例如,箭头所指圆心捕捉模式,单击“捕捉到圆心”按钮设置圆心捕捉模式。

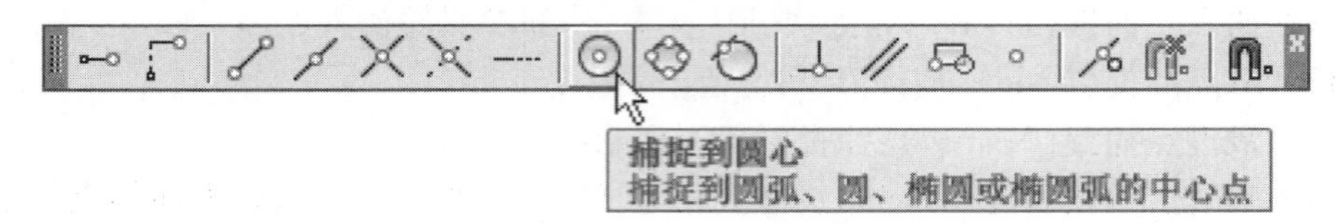

图 5-3 “对象捕捉”工具栏

（3）按【Shift】键和鼠标右键,弹出“对象捕捉”快捷菜单,如图 5-4 所示,单击捕捉模式菜单项(如箭头所指)。

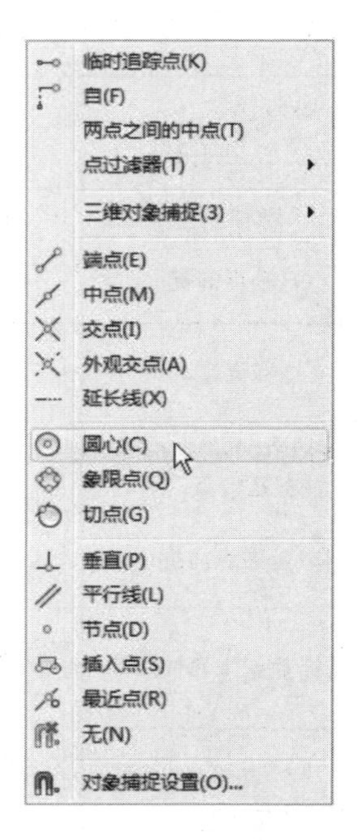

图 5-4 “对象捕捉”快捷菜单

【例 5.1】 用单点对象捕捉方式,绘制如图 5-5 所示的图形。

➢ 命令:CIRCLE↙
➢ 绘制圆 1
➢ 命令:CIRCLE↙
➢ 绘制圆 2
➢ 命令:CIRCLE↙
➢ 绘制圆 3
➢ 命令:CIRCLE↙
➢ 绘制圆 4
➢ 命令:LINE↙
➢ 指定第一点:TAN↙ ——设置切点捕捉模式
➢ 于(拾取圆 1)
➢ 指定下一点或[放弃(U)]:TAN↙
➢ 于(拾取圆 2)
➢ 指定下一点或[放弃(U)]:↙
➢ 命令:LINE↙
➢ 指定第一点:CEN↙ ——设置圆心捕捉模式
➢ 于(拾取圆 3)
➢ 指定下一点或[放弃(U)]:CEN↙
➢ 于(拾取圆 4)
➢ 指定下一点或[放弃(U)]:MID↙ ——设置中点捕捉模式
➢ 于(拾取直线捕捉 p3 点)
➢ 指定下一点或[闭合(C)/放弃(U)]:C↙

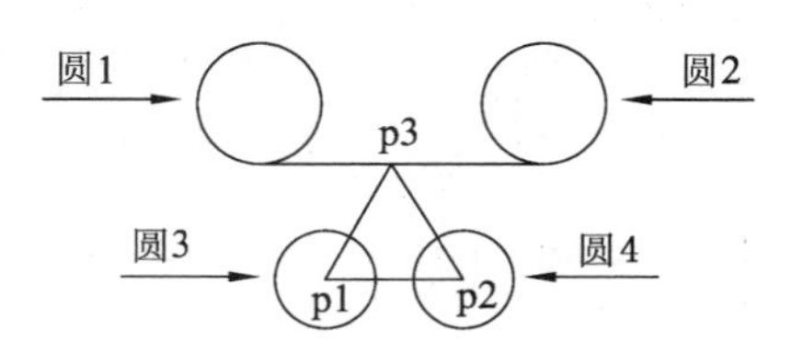

图 5-5 对象捕捉示例

📖 说明:

捕捉垂点、捕捉交点等捕捉模式有延伸捕捉功能,当对象没有相交时,AutoCAD会将对象终点延伸使其相交,得到捕捉交点。

5.1.4 设置永久多点对象捕捉(-OSNAP、OSNAP、DDOSNAP)

1. 任务

当对象捕捉比较频繁时,可采用永久对象捕捉,即在拾取点前设置对象捕捉模式,并置打开状态,拾取点后,永久对象捕捉状态也不关闭,直到解除永久对象捕捉状态。

设置了永久对象捕捉,AutoCAD 2014 会自动选择最合适的捕捉模式进行捕捉。

2. 操作

- 键盘命令:-OSNAP、OSNAP 或DDOSNAP↙。
- 菜单选项:"工具"→"草图设置"→"对象捕捉"标签。
- 工具按钮:"对象捕捉"工具栏→"对象捕捉设置"。
- 快捷菜单:"对象捕捉"快捷菜单→"对象捕捉设置"。
- 热键:【F3】、【Ctrl】+【F】或单击状态栏上的"对象捕捉"贴片(开关按钮)。

3. 提示

执行-OSNAP命令,使用键盘操作设置永久对象捕捉模式。提示:

➤ 当前对象捕捉模式:端点,圆心,切点,节点

➤ 输入对象捕捉模式列表:(输入对象捕捉模式表)

当前永久对象捕捉模式有:端点(End)、圆心(Cen)、切点(Tan)、节点(Nod),如果要重新设置为端点(End)、中点(Mid)、交点(Int),则在提示处键入"End,Mid,Int"即可。

➤ 输入对象捕捉模式列表:End,Mid,Int↙

执行其他对象捕捉命令,弹出"草图设置"对话框,如图5-6所示,选择对话框中的"对象捕捉"标签,根据提示设置对象捕捉模式。

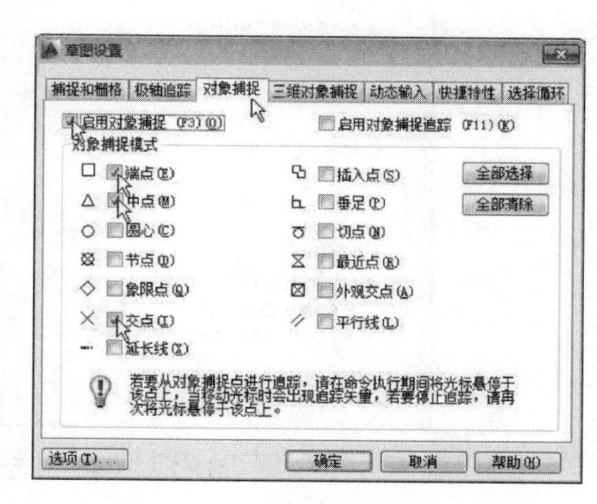

图5-6 "草图设置"对话框中的"对象捕捉"标签

- "对象捕捉模式"区:用鼠标单击捕捉模式复选框,选择或取消该捕捉模式;单击"全部选择"按钮,则选择全部捕捉模式;单击"全部清除"按钮,则取消全部捕捉模式。
- 启用对象捕捉(F3)(O):可启用或关闭永久对象捕捉,也可按【F3】键启用或关闭。
- 启用对象捕捉追踪(F11)(K):可启用或关闭追踪功能,也可按【F11】键启用或

关闭。

● 选项(T):单击之,弹出“选项”对话框,完成有关参数设置。

4. 切换

一次性设置了永久对象捕捉状态后,用户就可在绘图过程中自动捕捉特征点了。用户可暂时取消永久对象捕捉功能,也可随时启用,单击状态栏上“对象捕捉”贴片即可。

5. 自动捕捉功能设置

在“草图设置”对话框中,单击“选项”按钮,弹出“选项”对话框,选择“绘图”标签。根据提示设置自动捕捉功能。也可通过“工具”→“选项”菜单命令打开(图 5-7)。

● 标记(M):打开或关闭“标记框”,不同捕捉模式“标记框”内容不同。

● 磁吸(G):打开“自动靠近锁定”功能,自动将光标吸引到最近捕捉点上。

● 显示自动捕捉工具提示(T):打开或关闭捕捉文字提示。

● 显示自动捕捉靶框(D):打开或关闭靶框显示。

● 颜色(C):单击之,打开“图形窗口颜色”对话框,根据提示可设置捕捉标记颜色。

● 自动捕捉标记大小(S):拖动它,可设置自动捕捉标记的显示尺寸。

● 靶框大小(Z):拖动它,可设置靶框的尺寸。

● 自动(U):设置自动对象捕捉功能。

● 按 Shift 键获取(Q):按住【Shift】键才执行捕捉。

● 忽略图案填充对象(I):选中该项,表示指定在打开对象捕捉时,对象捕捉忽略填充图案。

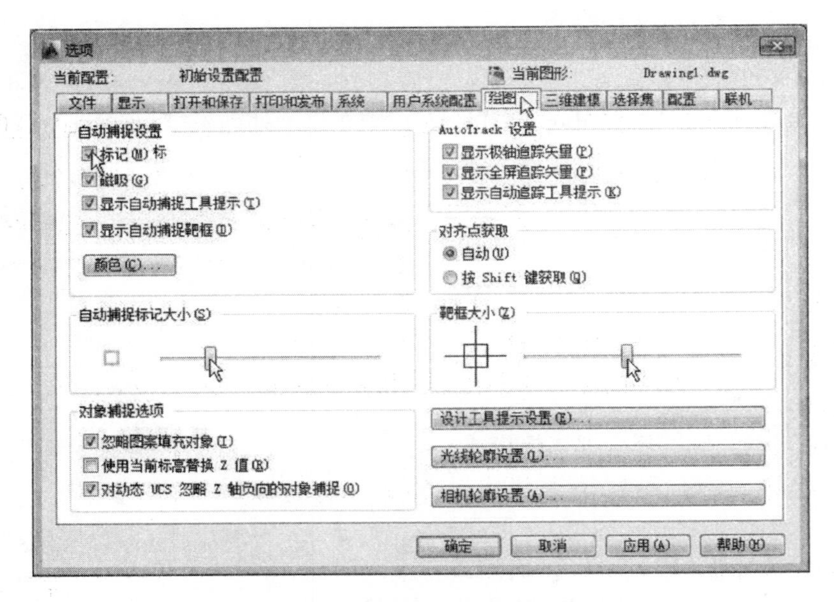

图 5-7 “选项”对话框中的“绘图”标签

6. 对象捕捉的循环特征

如果图形中的图形对象比较拥挤,几个对象的对象捕捉点相互靠得很近,当光标移近对象捕捉点时,难以捕捉希望捕捉的对象捕捉点,这时可利用对象捕捉的循环特征来捕捉

希望捕捉的对象捕捉点。对象捕捉的循环特征：按【Tab】键，循环确定相互靠近的对象捕捉点，同时亮显当前所确定的对象捕捉点的图形对象，用虚线表示。

【例 5.2】　从圆心右面 20 mm 处开始绘制一个长度为 25 mm 的直线，如图 5-8 所示。提示：

➢ 命令：LINE↙
➢ 指定第一点：(设置捕捉自捕捉模式)
➢ _from 基点：(设置圆心捕捉模式，捕捉圆心 p1)
➢ _cen 于 <偏移>：@ 20,0↙
➢ 指定下一点或［放弃(U)］：@ 25,0↙
➢ 指定下一点或［放弃(U)］：↙

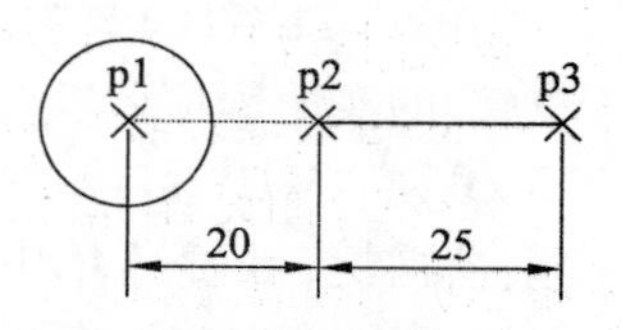

图 5-8　绘制直线(一)

【例 5.3】　从圆弧圆心的右上角 15°方向 40 mm 处开始绘制一个长度为 30 mm 的水平直线，如图 5-9 所示。绘制直线前，需在“草图设置”对话框中的“极轴追踪”标签内，设置极轴角为 15°。提示：

➢ 命令：LINE↙
➢ 指定第一点：(设置临时追踪捕捉模式)
➢ _tt 指定临时对象追踪点：(设置圆心捕捉模式，捕捉圆心 p1)
➢ 指定第一点：40↙——光标沿 15°角追踪线移动
➢ 指定下一点或［放弃(U)］：@ 30,0↙
➢ 指定下一点或［放弃(U)］：↙

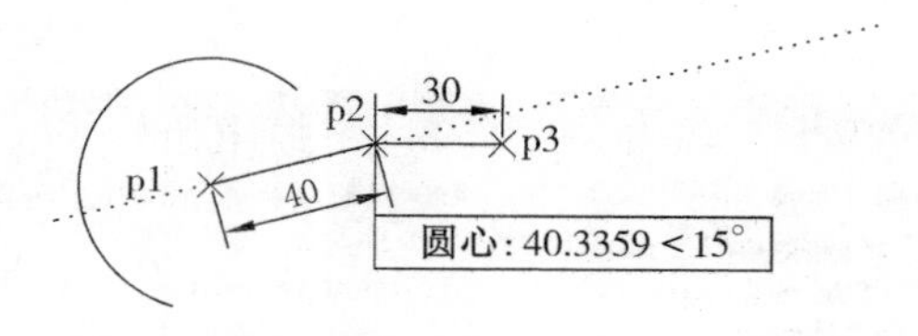

图 5-9　绘制直线(二)

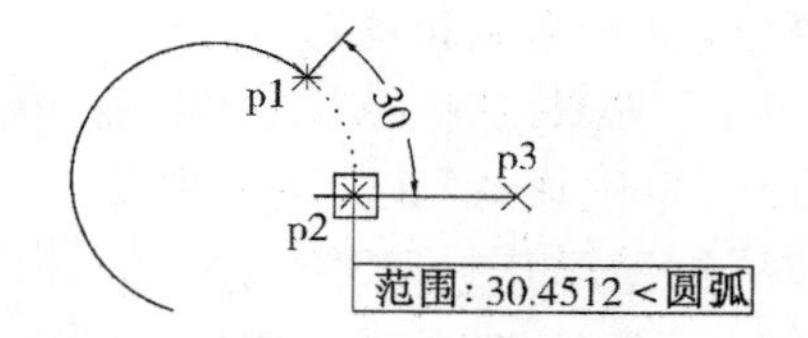

图 5-10　绘制直线(三)

【例 5.4】　从端点 p1 起，延伸弧长 30 mm 处开始绘制长度为 35 mm 的直线，如图 5-10 所示。提示：

➢ 命令：LINE↙
➢ 指定第一点：(设置延伸捕捉模式)
➢ _ext 于 (拾取圆弧端点 p1，沿弧的方向移动光标，键入弧长 30，获得点 p2)
➢ 指定下一点或［放弃(U)］：@ 35,0↙
➢ 指定下一点或［放弃(U)］：↙

【例 5.5】　绘制边长为 40 mm 的菱形，如图 5-11 所示。提示：

➢ 命令：LINE↙
➢ 指定第一点：(拾取 p1 点)
➢ 指定下一点或［放弃(U)］：@ 40 < -135↙
➢ 指定下一点或［放弃(U)］：@ 40 < -45↙
➢ 指定下一点或［闭合(C)/放弃(U)］：(设置平行捕捉模式)
➢ _par 到 (移动光标到 p4 点，然后移动光标，显示虚线，键入 40，获得点 p5)

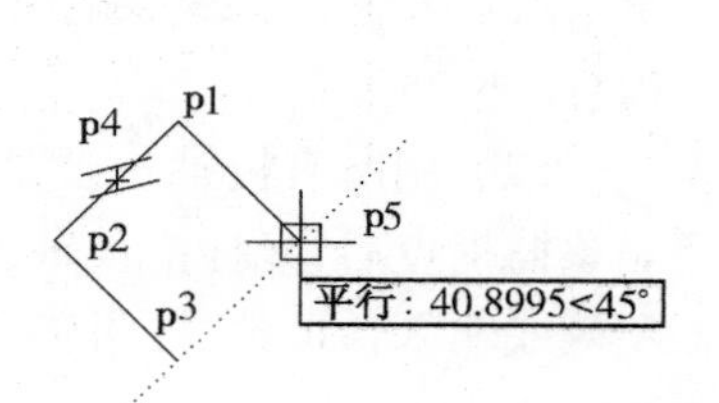

图 5-11　绘制菱形

➢ 指定下一点或［闭合(C)/放弃(U)］:(同法,用平行捕捉模式获得点 p1)
➢ 指定下一点或［闭合(C)/放弃(U)］:↙

5.1.5 M2P(或 MTP)中点捕捉

M2P(或 MTP)是中点对象捕捉模式的扩充。AutoCAD 2014 提供了可捕捉“两点之间中点”的实用程序(M2P 或 MTP)。在输入点时,键入“M2P”或“MTP”可捕捉任意两点之间的中点,或选择“对象捕捉”快捷菜单中的“两点之间中点”项即可。例如,当需要以矩形中心点为基点缩放矩形,捕捉矩形中心点作为基点时,使用 M2P 中点捕捉功能非常方便(提示:“指定基点:M2P↙”),如图 5-12 所示。

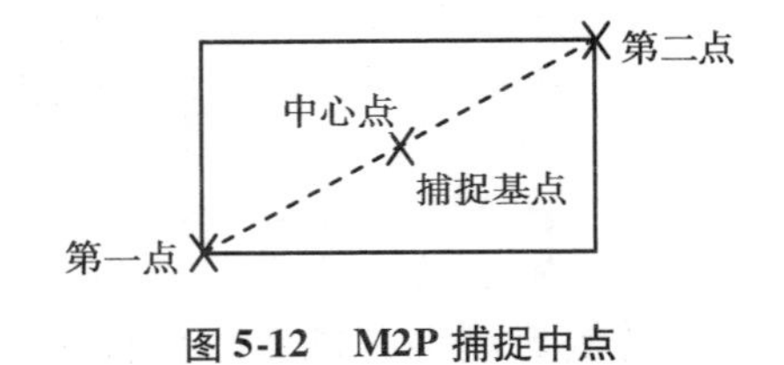

图 5-12　M2P 捕捉中点

5.2 自动追踪

AutoCAD 2014 有两种自动追踪方式:对象捕捉追踪和极轴追踪。

5.2.1 对象捕捉追踪

对象捕捉追踪与对象捕捉紧密相关,需要与对象捕捉模式配合使用。

1. 设置对象捕捉追踪

单击“工具”→“草图设置”菜单项,打开“草图设置”对话框,选择“极轴追踪”标签,如图 5-13 所示。在“极轴追踪”标签中,选择对象捕捉追踪有关参数。

设置对象捕捉追踪有两种方式。

(1) 仅正交追踪:选中该项,追踪时显示水平或垂直追踪路径(虚线)。拾取对象捕捉点后,光标沿水平或垂直追踪路径(虚线)移动,在适当位置单击鼠标左键或输入长度值,即可输入该点。追踪时,光标附近动态显示点的极坐标信息。

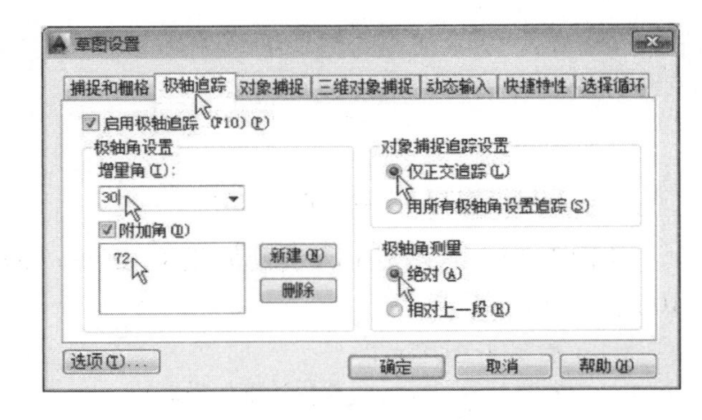

图 5-13　对象捕捉追踪设置

(2) 用所有极轴角设置追踪:选择该项,追踪时显示极轴角追踪路径(虚线)。拾取对象捕捉点后,光标沿极轴角(极轴角倍角)追踪路径(虚线)移动,在适当位置单击鼠标左键或输入长度值,即可输入该点。追踪时,光标附近动态显示点的极坐标信息。

> **说明:**
> 极轴角需事先在“草图设置”对话框中的“极轴追踪”标签内设置。

2. 设置自动追踪显示方式

在自动追踪时有多种显示方式。打开“选项”对话框，选择“绘图”标签，如图 5-7 所示。在“AutoTrack 设置”区设置自动追踪时的显示方式，有 3 种显示方式。

（1）显示极轴追踪矢量：打开或关闭极轴追踪矢量，选择该项，则显示追踪路径。

（2）显示全屏追踪矢量：打开或关闭全屏追踪矢量，选择该项，则显示追踪路径。追踪路径线通过整个绘图区。

（3）显示自动追踪工具提示：打开或关闭自动追踪工具提示，选择该项，则显示对象捕捉模式、追踪距离和追踪角度提示信息。

3. 打开或关闭对象捕捉追踪

有 3 种方式打开或关闭对象捕捉追踪。

（1）单击状态栏上的“对象捕捉追踪”贴片。

（2）按【F11】键。

（3）在“草图设置”对话框的“对象捕捉”标签中选中“启用对象捕捉追踪”复选框。

4. 捕捉临时捕获点

打开对象捕捉追踪功能后，移动光标到需要获取的追踪点处停留片刻，直到该点处出现一个红色“ + ”字标记（注意不要按键拾取），表示捕捉到了一个临时捕获点，同法可捕捉其他临时捕获点，可捕捉两个以上临时捕获点。如果再次将光标移至某个临时捕获点，停留片刻，则取消该临时捕获点。

5. 定位对象捕捉点

当捕捉到临时捕获点后，移动光标，将显示一条或多条通过临时捕获点的追踪路径（虚线），同时显示对象捕捉追踪的文字提示（捕捉模式、距离和角度等）。根据对象捕捉追踪设置，沿所确定的自动追踪路径，确定和拾取对象捕捉点。有两种定位方法。

（1）移动光标，当对象捕捉追踪路径上的距离值符合要求，就立即单击拾取该点。

（2）直接键入距离值。

【例 5.6】　以矩形中心为圆心，绘制半径为 20 的圆，如图 5-14 所示。

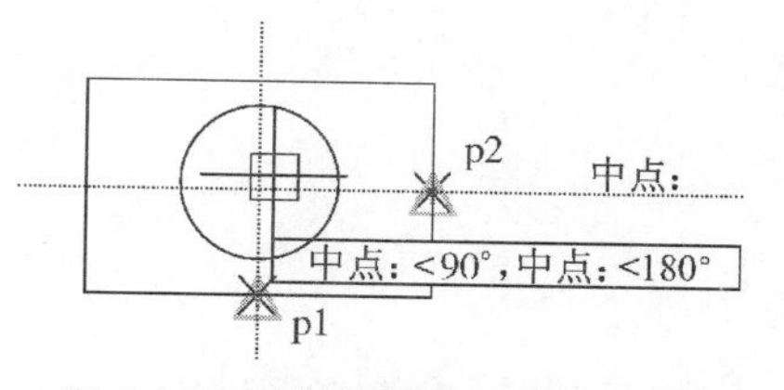

图 5-14　对象捕捉追踪示例（一）

- 在“草图设置”对话框中，设置“中点捕捉”模式。
- 按【F3】键，打开“对象捕捉”。
- 按【F11】键，打开“对象捕捉追踪”。

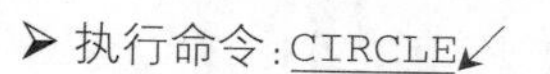

➢ 执行命令：CIRCLE↙

➢ 指定圆的圆心或［三点(3P)／两点(2P)／相切、相切、半径(T)］:

- 将光标移至矩形底边中点 p1 处获取一个临时捕获点。
- 将光标移至矩形右边中点 p2 处获取另一个临时捕获点。
- 移动光标到矩形中心附近，显示相互垂直的对象捕捉追踪矢量线。
- 单击鼠标，拾取追踪矢量线交点，作为对象捕捉点（圆心）。

➢ 指定圆的半径或［直径(D)］<75.4252>:20↙

【例 5.7】　绘制与圆相切的菱形，如图 5-15 所示。

- 在“草图设置”对话框中设置“切点”捕捉和“象限点”捕捉模式。
- 按【F3】键，打开“对象捕捉”。

按【F11】键，打开“对象捕捉追踪”。

- 命令：LINE↙
  - ➢ 指定第一点：
- 将光标移至圆象限点处获取一个临时捕获点 p1。
- 向右移动光标，显示水平的对象捕捉追踪矢量线。
- 单击鼠标，拾取对象捕捉点 p2，如图 5-15(a)所示。
  - ➢ 指定下一点或［放弃(U)］：
- 将光标移至圆周上，获取另一个临时捕获点 p3。
- 将光标移至圆象限点处，获取一个临时捕获点 p4。
- 向上移动光标，显示垂直和切线的对象捕捉追踪矢量线。
- 单击鼠标，拾取对象捕捉点 p5，如图 5-15(b)所示。
  - ➢ 指定下一点或［放弃(U)］：
- 将光标移至圆周上，获取另一个临时捕获点 p6。
- 将光标移至圆象限点处，获取一个临时捕获点 p7。
- 向左移动光标，显示水平和切线的对象捕捉追踪矢量线。
- 单击鼠标，拾取对象捕捉点 p8，如图 5-15(c)所示。

同法绘制菱形其他两条边，如图 5-15(d)所示。

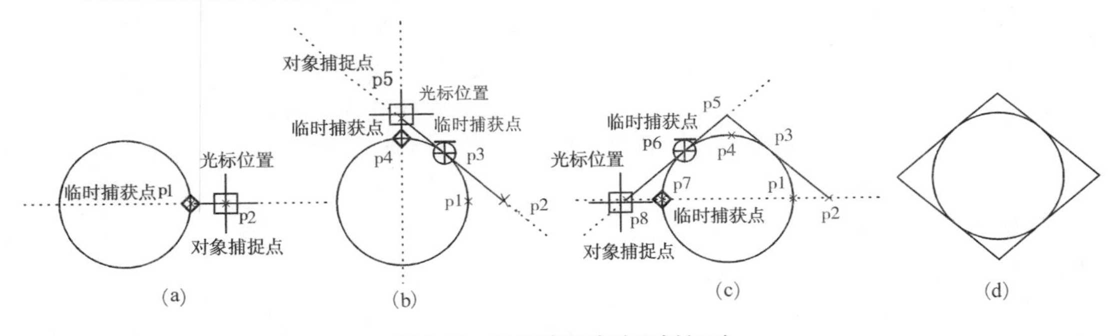

图 5-15 对象捕捉追踪示例(二)

5.2.2 极轴追踪

极轴追踪也称角度追踪，它沿预先设置的角度增量和附加角度方向来追踪并定位点。显示极轴追踪路径(虚线)由角度增量和附加角度控制。

1. 设置极轴追踪角度

打开“草图设置”对话框，选择“极轴追踪”标签，如图 5-13 所示。在“极轴追踪”标签中，设置极轴追踪角度。

- 增量角：打开下拉列表框，选择某一角度增量，作为极轴追踪时的角度增量值，也可直接键入新的角度增量值。极轴追踪时，按角度增量的倍数角进行极轴追踪。例如，角度增量为 15°，则追踪矢量角度可取 15°，30°，45°，60°等。

● 附加角度区：列出所有附加追踪矢量角度，与角度增量同时使用。对附加角度，在极轴追踪时只使用原值，不使用倍数值。单击“新建”按钮，可设置新的附加角度。单击“删除”按钮，则删除某一附加角度。

● 附加角：复选框，选中该项，则打开附加角度，否则关闭附加角度。

2. 设置极轴角测量单位

与绝对坐标和相对坐标类似，极轴追踪时，使用的角度增量和附加角度，也可以有绝对和相对两种，AutoCAD 2014 提供了两种极轴角度测量单位。

● 绝对：选中该项，则以当前坐标系 X 轴方向作为极轴角度测量基准方向，如图 5-16 所示。

● 相对上一段：选中该项，则以前一追踪矢量方向作为极轴角度测量基准方向，如图 5-17 所示。

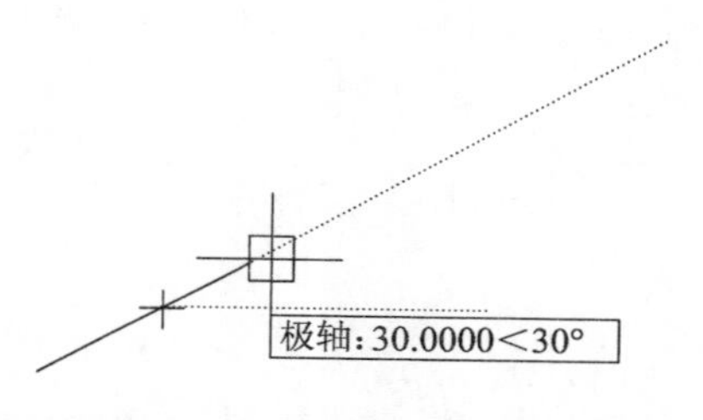

图 5-16　绝对极轴角度测量单位

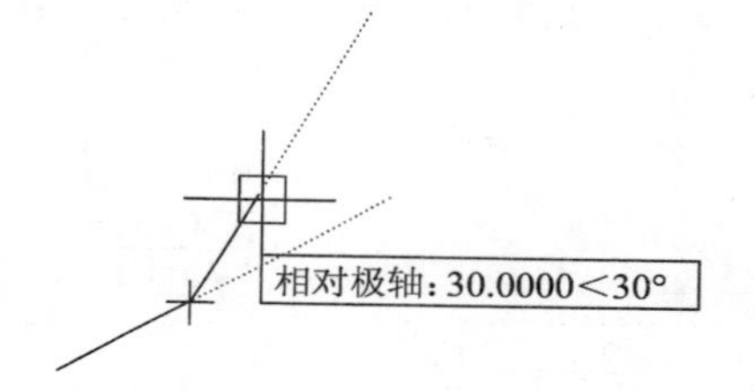

图 5-17　相对上一段极轴角度测量单位

3. 打开或关闭极轴追踪

极轴追踪可以随时打开或关闭，有 3 种方法可打开或关闭极轴追踪。

（1）在“草图设置”对话框的“极轴追踪”标签中单击“启用极轴追踪”复选框。

（2）在状态条上单击“极轴追踪”贴片。

（3）按【F10】键。

说明：

极轴追踪模式不能与正交模式同时使用，但可与对象捕捉追踪同时使用。

4. 设置极轴捕捉参数

在使用极轴追踪功能时，需要输入距离值，有时距离值具有某种规律，如 5 的倍数、10 的倍数、100 的倍数等。

在“草图设置”对话框中的“捕捉和栅格”标签中完成极轴捕捉参数设置。

● 极轴距离：在文本框中输入用于极轴捕捉的极轴距离（距离增量）。

● 极轴捕捉：选择该项，则可使用极轴捕捉功能。只有激活“网格捕捉”和“极轴追踪”功能，极轴捕捉才有效。

【例 5.8】　用 LINE 命令和极轴捕捉功能绘制边长为 50 的五边形，如图 5-18 所示。

● 在“草图设置”对话框中的“捕捉和栅格”标签中，输入“极轴距离”为 50。

● 单选“极轴捕捉”项。

● 在“草图设置”对话框中的“极轴追踪”标签中,设置“附加角度”为72°,并启用“附加角”。

● 在“草图设置”对话框中的“极轴追踪”标签中,单击“相对上一段”单选按钮,设置极轴角度测量单位。

➢ 按【F9】键,打开“网格捕捉”功能,按【F10】键,打开“极轴追踪”功能。
➢ 命令:LINE↙
➢ 指定第一点:(用鼠标在适当位置拾取一点 p1)
➢ 指定下一点或[放弃(U)]:
➢ (向右移动光标,显示水平对象捕捉追踪矢量线,在极轴距离提示 50 处拾取 p2 点)
➢ 指定下一点或[放弃(U)]:
➢ (向右上移动光标,显示 72°对象捕捉追踪矢量线,在极轴距离提示 50 处拾取 p3 点)
➢ 指定下一点或[放弃(U)]:
➢ (向左上移动光标,显示 72°对象捕捉追踪矢量线,在极轴距离提示 50 处拾取 p4 点)
➢ 同法绘制其他两条边,完成五边形的绘制,如图 5-18(d)所示。

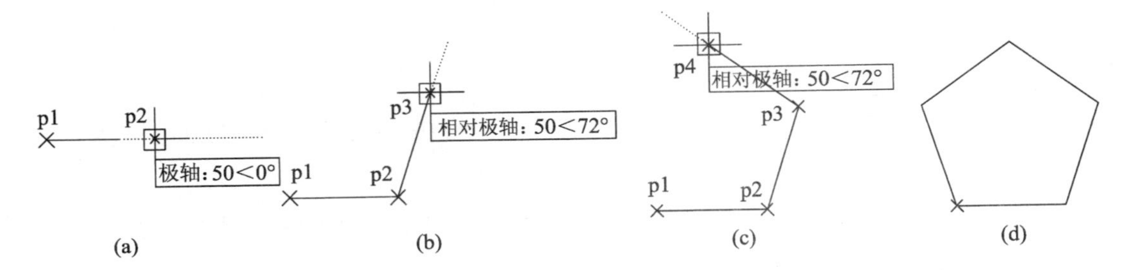

图 5-18 绘制五边形

5.3 动态输入

AutoCAD 2014 提供动态输入(DYN)功能,用于控制指针(坐标)输入、标注输入、动态提示以及绘图工具栏提示的外观,有助于提高绘图质量和绘图速度,深受用户欢迎。

使用动态输入功能前,需要设置动态输入的有关参数。打开“草图设置”对话框,选择“动态输入”标签,如图 5-19 所示,通过提示设置参数。单击主窗口下方状态栏中的“DYN”贴片可启用或关闭动态输入。启用“动态输入”后,在光标附近显示工具栏提示信息(坐标信息、标注信息、操作信息等),该信息会随着光标移动而动态更新。当执行某条命令时,工具栏提示将为用户提供便捷的输入位置,提高绘图效率。

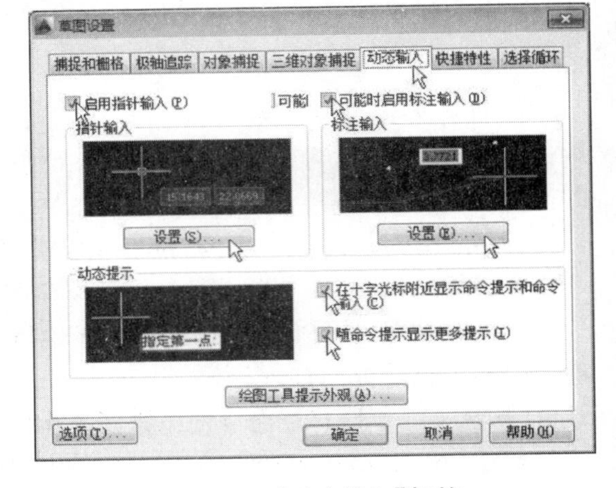

图 5-19 “动态输入”标签

5.3.1 指针输入

在输入点坐标时，随着光标移动，会在光标旁边实时显示和输入点坐标，这给绘图工作带来极大方便。使用动态输入的指针输入功能可达到这一目的。

当启用指针输入且有命令在执行时，在十字光标旁边的工具栏提示中显示坐标信息。可在工具栏提示中直接输入坐标值，而不用在命令行中输入。第二个点和后续点的指针输入默认设置为相对极坐标（对于 RECTANG 命令，为相对直角坐标），坐标前不需要输入符号“@”。如果需要使用绝对坐标，则在坐标前输入符号“#”。例如，在相对坐标格式状态下，输入坐标系原点坐标为“#0,0”。

使用指针输入设置可修改坐标的默认格式，以及控制指针输入工具栏提示何时显示。

1. 设置指针输入参数

在使用指针输入功能前，需要完成参数设置。在“草图设置”对话框中选择“动态输入”标签，单击“指针输入”区的“设置”按钮，弹出“指针输入设置”对话框，如图 5-20 所示，根据提示完成设置。

● 格式：设置格式参数。控制打开指针输入时在光标旁边显示的点坐标格式。格式参数只对每次绘图操作中第二个点或后续点起作用。格式有极轴格式、笛卡尔格式、相对坐标和绝对坐标四种。若设置某一格式，则在指针输入启用后，将在光标旁边以该格式形式实时显示光标所在坐标数据，如图 5-21 所示。

● 可见性：设置可见性参数。控制何时显示指针输入。可设置 3 种显示时机：输入坐标数据时，命令需要输入一个点时，始终可见（即使未在执行命令）。

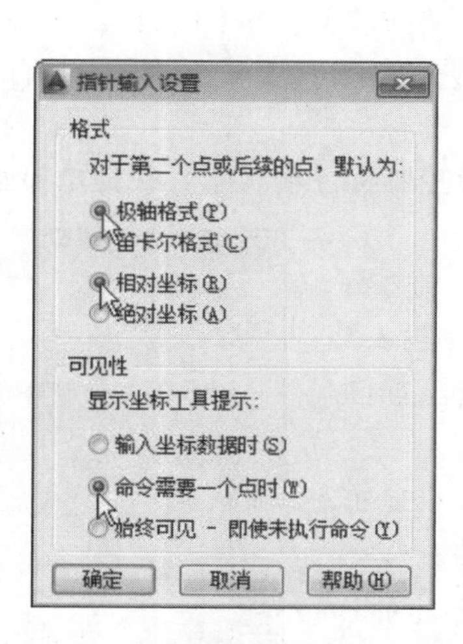

图 5-20 “指针输入设置”对话框

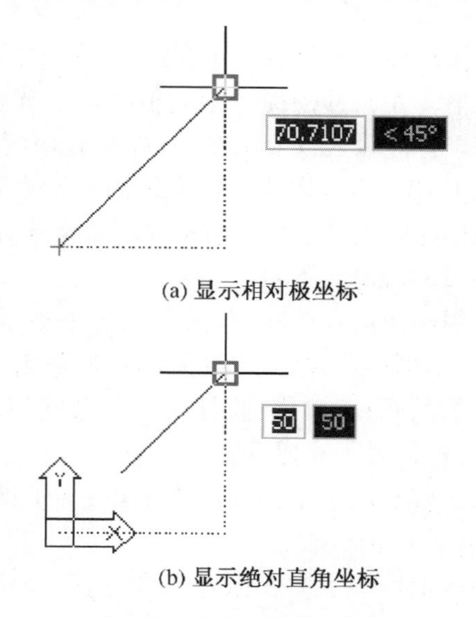

图 5-21 指针输入格式示例

2. 在指针输入工具栏提示中输入坐标

指针输入工具栏不仅仅提示坐标信息，而且可以取代命令与参数输入区输入坐标数据。在指针输入工具栏按设置的格式直接输入坐标数据。输入一个数据后，按【Tab】键，转到下一个数据段输入，前一个数据被锁定，显示锁定图标。按【↑】键，可返回到前一数据段修改数据，修改后，对于笛卡尔直角坐标需输入“,”，对于极坐标需输入“ < ”，转到下一个数据段输入。在默认格式状态下，也可按其他格式输入坐标。若输入绝对坐标，则需要在坐标数据前输入“#”。若输入相对坐标，则需要在坐标数据前输入“@ ”。若输入极坐标或直角坐标，则按坐标格式输入（需输入“,”“ < ”，不能缺省）。

例如，默认格式为相对极坐标格式，绘制一条长 50、倾斜 45°的直线，如图 5-22 所示。

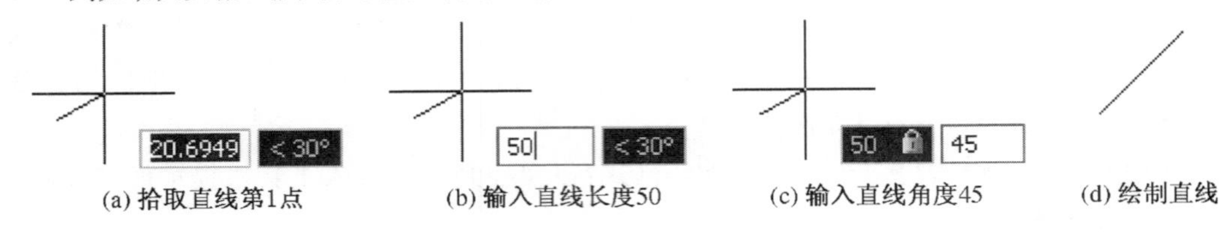

图 5-22　坐标输入

例如，默认格式为相对极坐标格式，输入绝对直角坐标(50,50)，如图 5-23 所示。

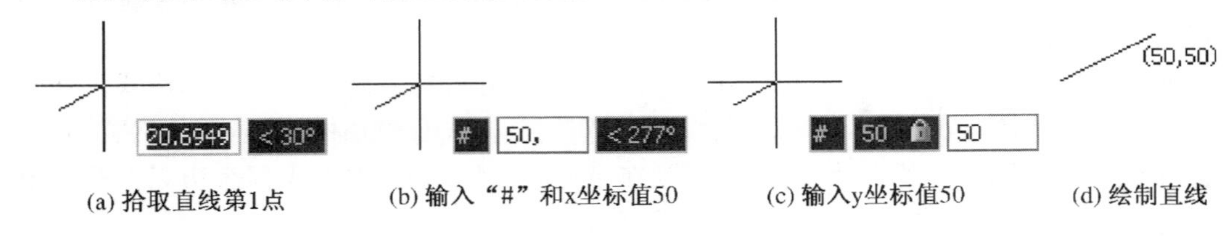

图 5-23　绝对坐标输入

5.3.2　标注输入

当启用标注输入且有命令在执行，命令提示输入第二点时，工具栏提示将实时显示距离和角度值。在工具栏提示中的值将随着光标移动而改变。按【Tab】键，可以移动到要更改的值。标注输入仅显示锐角，即所有角度都显示为小于或等于 180°。标注输入可用于 ARC、CIRCLE、ELLIPSE、LINE 和 PLINE 等命令。

使用标注输入设置可修改标注默认格式，以及控制标注输入工具栏提示显示内容。

1. 设置标注输入参数

在使用标注输入功能前，需要完成参数设置。在“草图设置”对话框中选择“动态输入”标签，单击“标注输入”区中的“设置”按钮，弹出“标注输入的设置”对话框，如图 5-24 所示，根据提示完成设置。

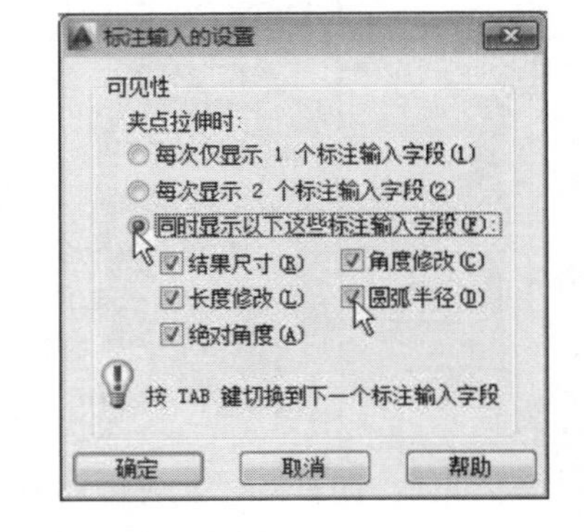

图 5-24　“标注输入的设置”对话框

- 每次仅显示 1 个标注输入字段：选中该项，只显示 1 个标注字段(如长度)。
- 每次显示 2 个标注输入字段：选中该项，显示 2 个标注字段(如长度和角度)。
- 同时显示以下这些标注输入字段：选中该项，显示多个标注字段(如结果尺寸、长度修改、角度修改、绝对角度、圆弧半径)。该选项对于使用夹点编辑修改对象时，显示多个标注字段，否则显示 2 个

标注字段，如图 5-25 所示。

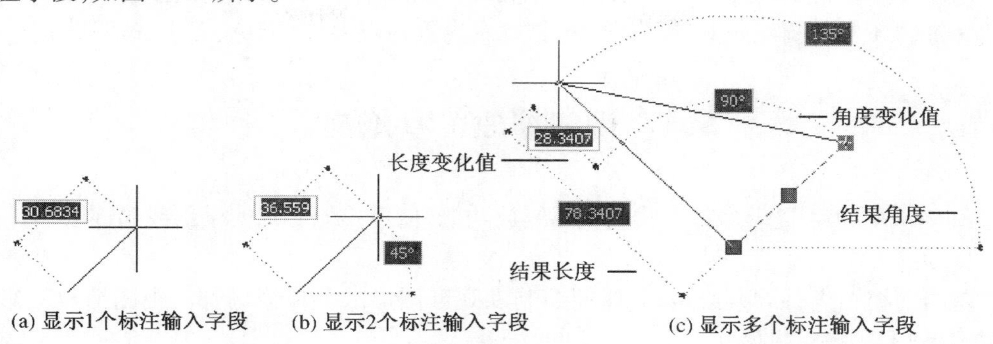

(a) 显示1个标注输入字段　(b) 显示2个标注输入字段　(c) 显示多个标注输入字段

图 5-25　标注输入工具栏提示

2. 在标注输入工具栏提示中输入标注尺寸

标注输入工具栏不仅仅提示标注尺寸信息，而且可以取代命令与参数输入区输入标注尺寸数据，完成点坐标输入。输入一个数据后，按【Tab】键，转到下一个数据段输入，前一个数据被锁定，显示锁定图标。按【↑】键，可返回到前一数据段修改数据。

例如，绘制一条长 50、倾斜 45°的直线，如图 5-26 所示。

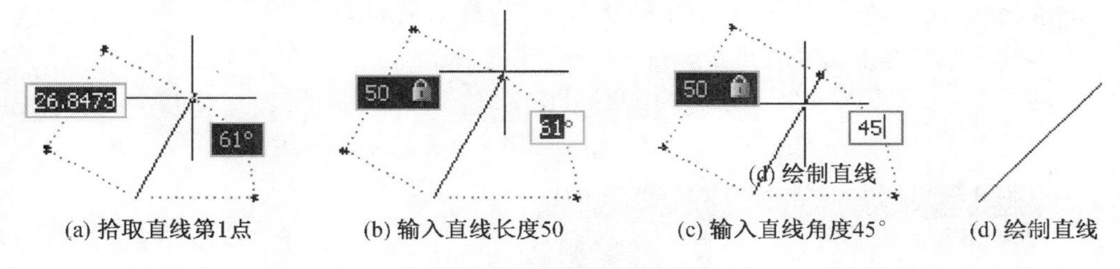

(a) 拾取直线第1点　(b) 输入直线长度50　(c) 输入直线角度45°　(d) 绘制直线

图 5-26　标注尺寸输入

5.3.3　动态提示以及绘图工具栏提示的外观

启用动态提示且有命令在执行时，提示会显示在光标附近的工具栏提示中。用户可以在工具栏提示（而不是在命令行）中输入数据。按箭头键【↓】，可以查看和选择选项。按箭头键【↑】，可以显示最近的输入。

例如，启用指针输入和动态提示，绘制 50×50 的正方形，如图 5-27 所示。

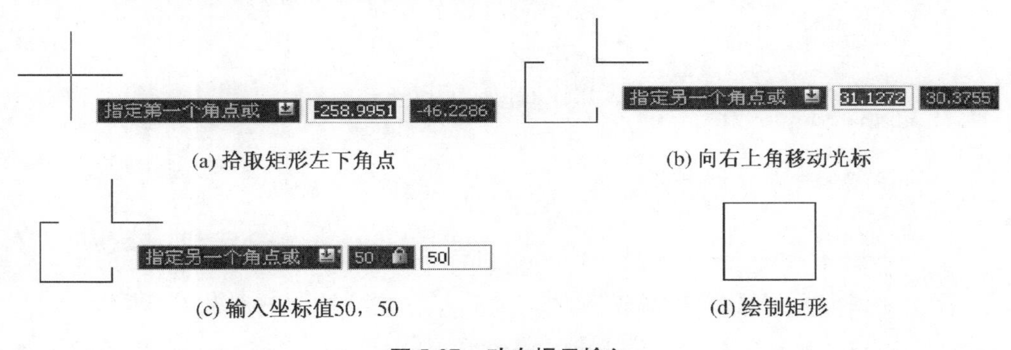

(a) 拾取矩形左下角点　(b) 向右上角移动光标

(c) 输入坐标值50，50　(d) 绘制矩形

图 5-27　动态提示输入

绘图工具栏提示的外观可以根据个人喜好进行设置。单击“设计工具栏提示外观”按钮,弹出“工具栏提示外观”对话框,根据提示设置外观参数(颜色、大小、透明度)。

5.4 视图缩放(ZOOM)

AutoCAD 2014 提供多种方式的视图缩放功能,使用户能够观察全部或局部图形。

1. 任务

将当前视图进行放大或缩小,以便绘制和观察图形的整体或局部。视图缩放只影响视觉效果,不影响实际尺寸。

2. 操作

- 键盘命令:ZOOM↙。
- 菜单选项:“视图”→“缩放”。
- 工具按钮:标准工具栏→“缩放”按钮。
- 快捷菜单:在绘图区单击鼠标右键→在弹出的快捷菜单中选择“缩放”命令。

3. 提示

菜单如图 5-28 所示,工具栏如图 5-29 所示,键盘提示如下:

➢ 指定窗口角点,输入比例因子 (nX 或 nXP),或者

➢ [全部(A)/中心(C)/动态(D)/范围(E)/上一个(P)/比例(S)/窗口(W)/对象(O)] <实时>:(输入窗口角点、比例因子、A、C、D、E、P、S、W、O 或按回车键)

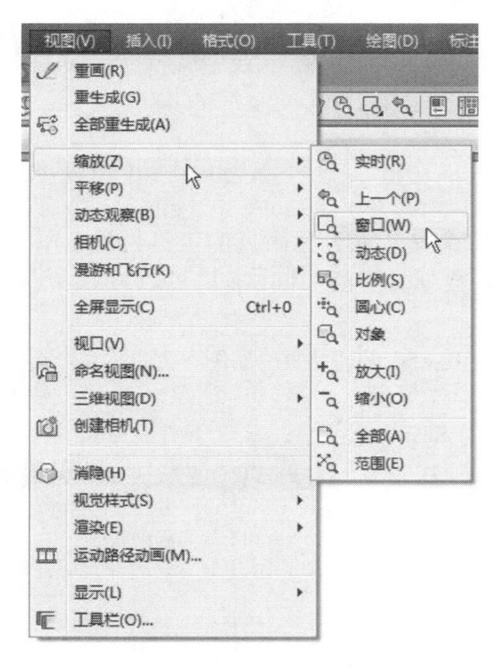

图 5-28 “视图”→“缩放”菜单

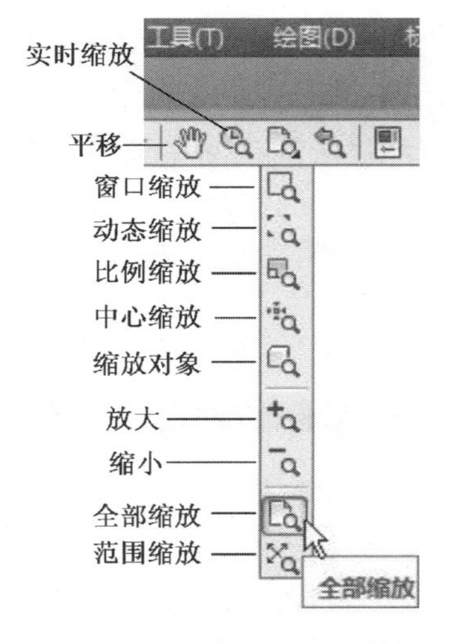

图 5-29 “视图缩放”工具栏

- 指定窗口一个角点:拾取缩放窗口一个角点和另一角点进行缩放,将窗口内图形

放大。

● 输入比例因子(nX 或 nXP):输入 n、nX 或 nXP,分别进行绝对缩放、相对缩放或图纸空间缩放,n 值大于 1 为放大,n 值小于 1 为缩小。

● 全部(A):输入 A,在绘图区域中显示图形范围内整个图形,图形重新生成。

● 中心点(C):输入 C,指定缩放中心点和缩放区域高度,进行缩放。

● 动态(D):输入 D,进行动态缩放,屏幕出现动态缩放窗口,如图 5-30 所示。窗口中有 3 个矩形框:A 框、B 框、C 框。

◆ A 框(蓝色虚线框):表示图形界限或实际大小。

◆ B 框(绿色虚线框):表示当前屏幕绘图区,绘图区显示图形对象。

◆ C 框(取景框):表示当前确定的缩放区域,可移动、放大或缩小。

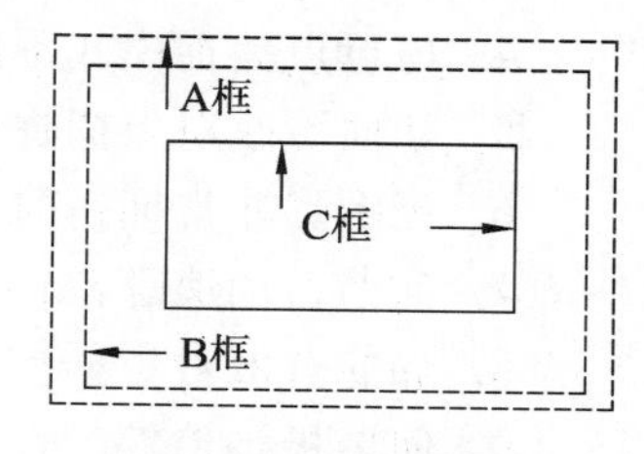

图 5-30　动态缩放窗口

● 范围(E):输入 E,在绘图区域中按图形对象尽可能大地显示图形,忽略图界。

● 上一个(P):输入 P,恢复前一次显示的视图,可恢复前 10 个视图。

● 比例(S):输入 S,按缩放比例因子进行缩放。

● 窗口(W):输入 W,按窗口缩放方式缩放。

● 对象(O):输入 O,按所选对象进行缩放。所选对象以最大尺寸在绘图区域中显示。

● <实时>:键入回车键,出现放大镜标记,进行无级变倍实时缩放,向上拖动鼠标放大视图,向下拖动鼠标则缩小视图。在快捷菜单中选择“Exit”项结束。

5.5　视图平移(PAN)

1. 任务

将屏幕上图形朝任意方向移动若干距离。

2. 操作

● 键盘命令:PAN↙。

●菜单选项:“视图”→“平移”。

●工具按钮:标准工具栏→“平移”按钮。

● 快捷菜单:在绘图区单击鼠标右键→在弹出的快捷菜单中选择“平移”命令。

3. 提示

屏幕上出现小手形状标记,通过拖动鼠标平移图形,按【Esc 键】,或右击鼠标,弹出快捷菜单,选择“Exit”项结束平移。

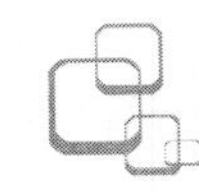

练习 5

1. AutoCAD 有哪些对象捕捉模式？有哪几种对象捕捉方法？
2. 如何使用键盘设置单点对象捕捉和永久对象捕捉模式？
3. 交点捕捉和虚交点捕捉有何区别？什么情况下两种捕捉模式效果一样？
4. 最近点捕捉模式不能同哪些捕捉模式一起使用？
5. 如何更改对象捕捉标记框的大小和颜色？在何处设置对象捕捉提示功能？
6. 当图形非常拥挤时，如何捕捉靠得很近的某个捕捉点？
7. 何谓自动追踪？自动追踪有几种方式？有几种对象捕捉追踪路径？
8. 如何获取对象捕捉追踪时的临时捕获点？是否可获取多个临时捕获点？
9. 何谓极轴追踪？在进行极轴追踪前，需设置哪些参数？极轴距离有何作用？
10. 极轴追踪和对象捕捉追踪能否同时使用？极轴追踪与何种模式不能同时使用？
11. 何谓动态输入？AutoCAD 提供哪些动态输入方法？有何特点？
12. 有几种视图缩放功能？简述这些功能。
13. 重画与重新生成有何区别？哪一种操作速度慢？为什么？
14. 使用栅格、网格捕捉、对象捕捉功能绘制如图 5-31 所示的图形。

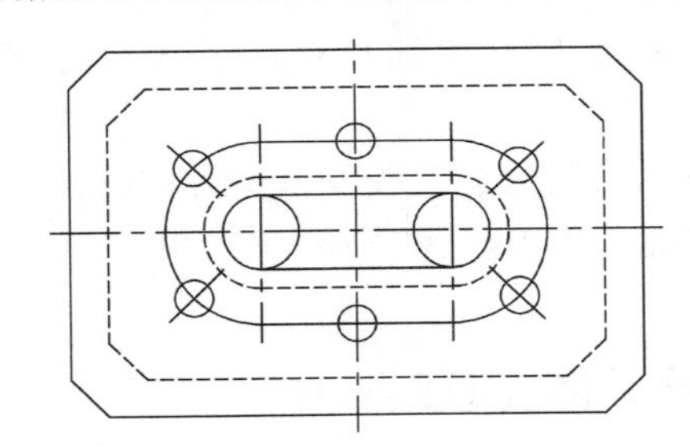

图 5-31　机械图

15. 按要求绘制如图 5-32 所示的图形。图界范围为 297 ×210，顶视图左下角坐标为(40,20)，前视图左下角坐标为(40,120)，顶视图与主视图中心线对齐，不标注尺寸。图层设置如表 5-1 所示。

表 5-1　图层设置要求

图层	颜色	线型	作图内容
0	白	Continuous	图形实线对象
L1	红	DASHDOT	中心线对象
L2	黄	DOT	双向构造线

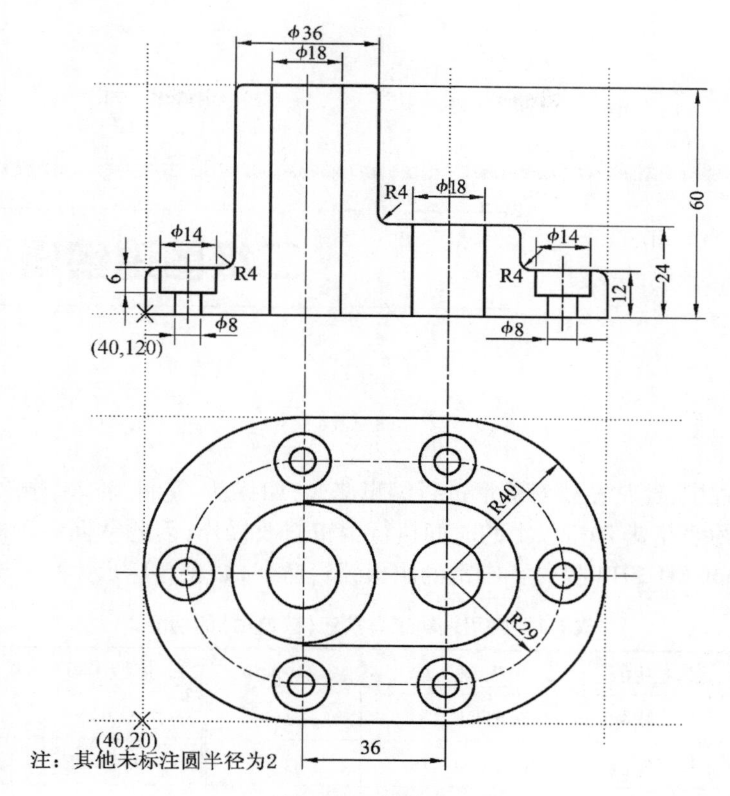

ϕ36
ϕ18
R4
ϕ18
60
ϕ14
ϕ14
6
R4
R4
24
12
ϕ8
ϕ8
(40,120)
R40
R29
(40,20)
36
注：其他未标注圆半径为2

图5-32 机械图

第6章 二维图形编辑

在绘图过程中,经常需要对图形进行编辑修改,如移动、复制、插入、删除、镜像等。绘制一幅图形大约要花费70%以上的时间执行编辑修改操作,因此掌握各种图形编辑命令十分重要。AutoCAD 2014 提供了丰富的图形编辑命令,如表6-1所示。

表6-1 常用编辑工具按钮(菜单项)的功能

按钮名称	功能	按钮名称	功能	按钮名称	功能
ERASE	删除	STRETCH	拉伸	ALIGN	对齐对象
COPY	复制	LENGTH	加长	CHANGE	修改对象
MIRROR	镜像	TRIM	修剪	PEDIT	编辑多段线
OFFSET	偏移	EXTEND	延伸	SPLINEDIT	编辑样条曲线
ARRAY	阵列	BREAK	打断	HATCHEDIT	编辑填充图案
MOVE	移动	CHAMFER	倒角	MLEDIT	编辑多线
ROTATE	旋转	FILLET	圆角	DDEDIT	编辑文本
SCALE	缩放	EXPLODE	分解	ATTEDIT	编辑属性

AutoCAD 2014 提供3种编辑操作方式。

1. 通过键盘命令进行编辑

在命令输入区键入编辑命令,根据提示输入有关参数数据,即可完成编辑操作。例如:

- 命令:MOVE↙
- 选择对象:(选择移动对象)
- 指定基点或[位移(D)]<位移>:(输入基点)

2. 通过菜单选项进行编辑

单击"修改"菜单,弹出下拉菜单,如图6-1所示,选择某菜单项,执行编辑操作。

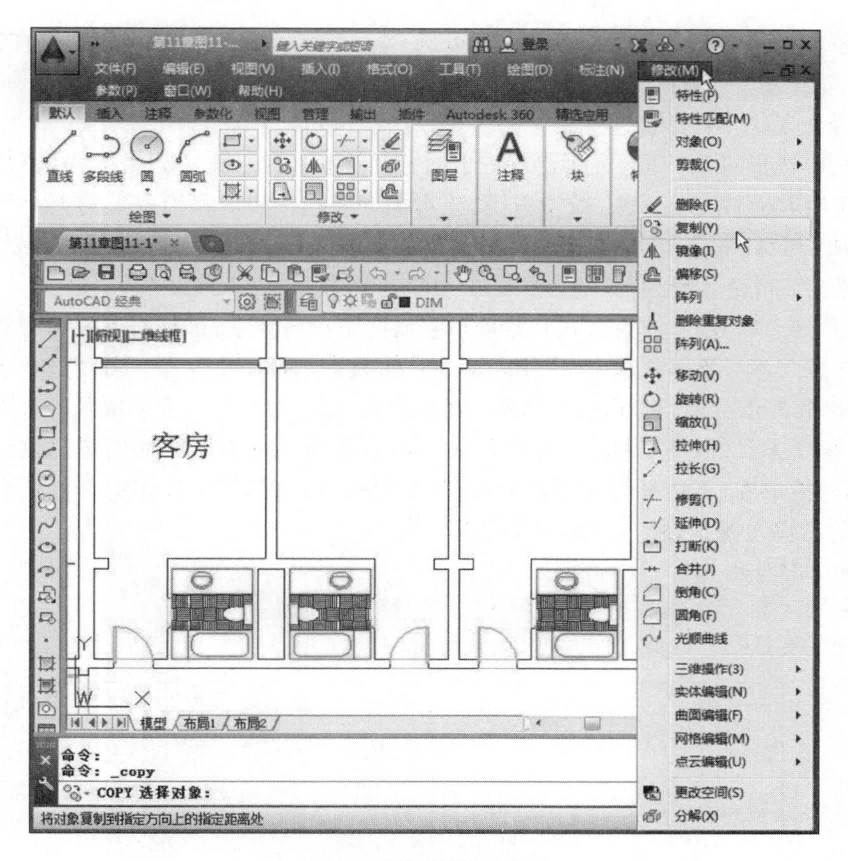

图 6-1　“修改”下拉菜单

3. 通过工具栏、功能区面板上的工具按钮进行编辑

打开“修改”工具栏，如图 6-2 所示，打开功能区面板，如图 6-1 所示，用鼠标选择某修改按钮，执行编辑操作。在命令输入区根据提示输入有关参数，即可完成编辑修改任务。

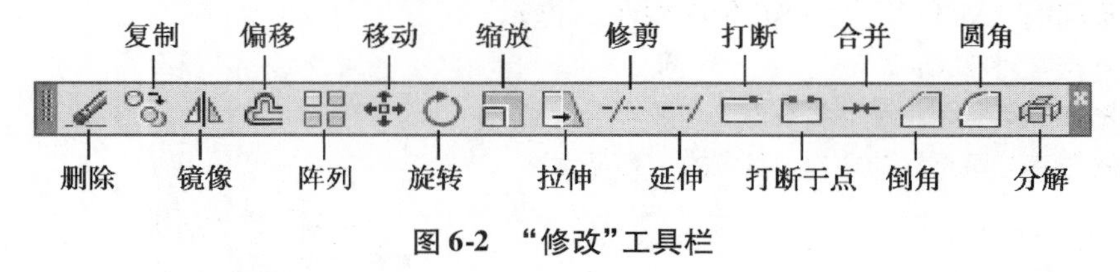

图 6-2　“修改”工具栏

6.1　对象选择方式

6.1.1　选择集

在绘图过程中，编辑操作可能涉及一个或几个对象，所以在对图形进行编辑前，或在编辑过程中必须对所编辑对象进行选择，这些被选择的对象集合称为选择集。常会看到

“选择对象:”这样的提示,提示用户此时可选择一个或多个图形对象作为选择集用于编辑处理。可通过多种方式将图形对象选择加入选择集,也可从选择集中取消某些已选择的图形对象。在绘图区内,选择集中的对象以虚线醒目显示。

当提示“选择对象:”时,屏幕出现一个对象拾取框(小方框),如果欲将某对象加入选择集,可将拾取框移至该对象,按拾取键,该对象即被选中。对象拾取框的大小可变,由系统变量 PICKBOX 确定,也可在“选项”对话框的“选择集”标签中修改“拾取框大小”。按【Enter】键或空格键,退出对象选择状态。对象选择有以下 18 种方式。

(1) 直接点取方式(缺省方式):移动拾取框至待选对象上,选择对象以粗虚线显示,按拾取键(左键),该对象即被选中(虚线表示),一次只能选择一个对象。若要选择多个对象,则需连续拾取多个对象。若拾取框与多个对象重叠,则选取位于最上层位置的对象。

(2) 窗口方式(缺省方式,W 方式):从左向右拖动鼠标确定矩形窗口,窗口范围内的所有对象均被选中,不选择与窗口边界相交的对象。可直接用鼠标指定窗口顶点,也可键入 W,从键盘输入窗口顶点,如图 6-3 所示。提示:

➢ 选择对象:W↙
➢ 指定第一个角点:(拾取左上角或左下角顶点)
➢ 指定对角点:(拾取右下角或右上角顶点)

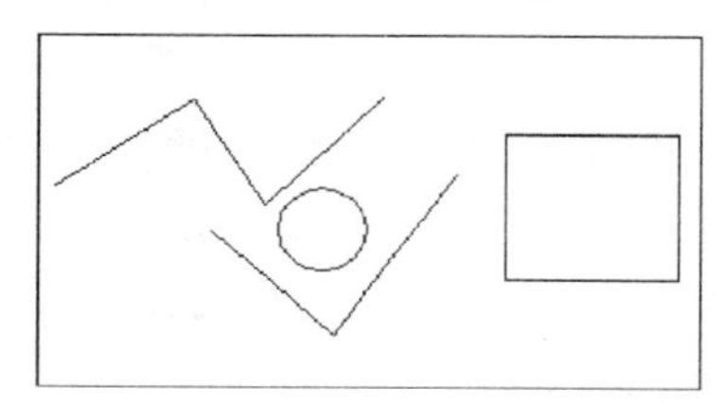
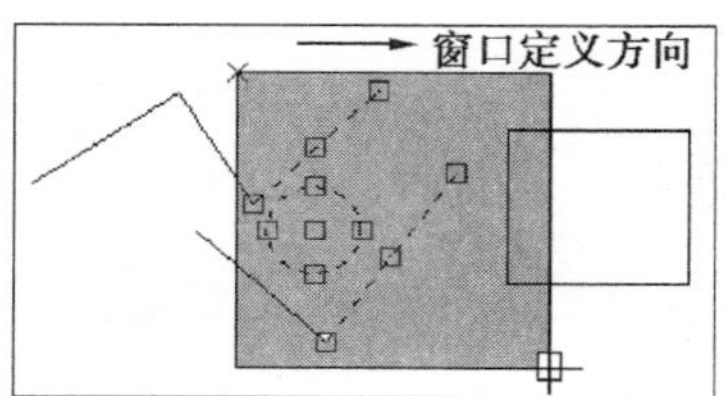

图 6-3　窗口选择方式

(3) 交叉方式(缺省方式,C 方式):从右向左拖动鼠标确定矩形窗口(虚线窗口),窗口范围内和与窗口边界相交的所有对象均被选中。可直接用鼠标指定窗口顶点,也可键入 C,从键盘输入窗口顶点,如图 6-4 所示。提示:

➢ 选择对象:C↙
➢ 指定第一个角点:(拾取右上角或右下角顶点)
➢ 指定对角点:(拾取左下角或左上角顶点)

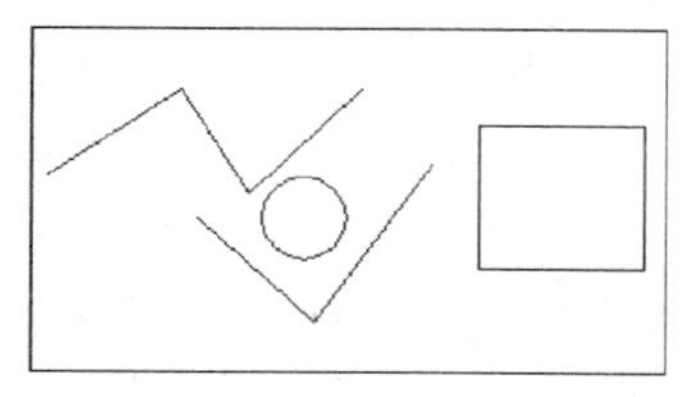
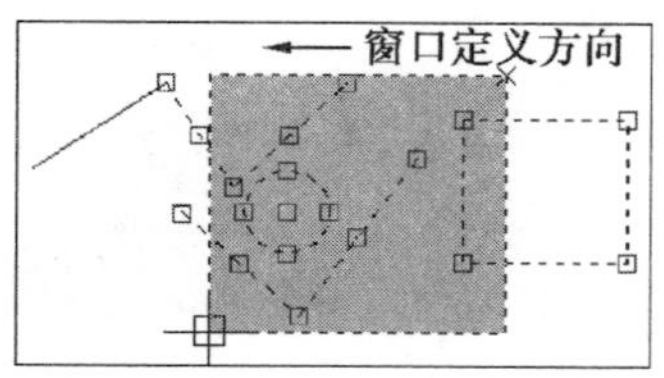

图 6-4　交叉选择方式

(4) 多边形窗口方式(WP 方式):定义一个由多个顶点围成的多边形窗口,多边形窗口内的所有对象均被选中,不选择与窗口边界相交的所有对象。提示:

➢ 选择对象:WP↙

➢ 第一圈围点:(输入第一顶点)

➢ 指定直线的端点或[放弃(U)]:(输入下一顶点)

➢ ……

➢ 指定直线的端点或[放弃(U)]:(输入下一顶点)

(5) 多边形交叉方式(CP方式):定义一个由多个顶点围成的多边形窗口(虚线多边形窗口),多边形窗口内和与窗口边界相交的所有对象均被选中。提示:

➢ 选择对象:CP↙

➢ 第一圈围点:(输入第一顶点)

➢ 指定直线的端点或[放弃(U)]:(输入下一顶点)

➢ ……

➢ 指定直线的端点或[放弃(U)]:(输入下一顶点)

(6) 围线方式(F方式):定义连续折线(虚线),与折线相交的所有对象均被选中。提示:

➢ 选择对象:F↙

➢ 第一栏选点:(输入第一顶点)

➢ 指定直线的端点或[放弃(U)]:(输入下一顶点)

➢ ……

➢ 指定直线的端点或[放弃(U)]:(输入下一顶点)

(7) 全部方式(ALL方式):选取已绘制的除冻结层以外的所有对象。提示:

➢ 选择对象:ALL↙

(8) 最后方式(L方式):选取绘图区最后绘制的一个对象。提示:

➢ 选择对象:L↙

(9) 前一方式(P方式):选择前一次编辑命令的选择集作为本次编辑操作的选择集。

(10) 组方式(G方式):AutoCAD允许预先将若干对象定义成对象组,可定义多个对象组,这些组都有确定的组名。对象组预先由GROUP命令创建。指定组名或点取组中某一对象,即可选择组中全部对象。提示:

➢ 选择对象:G↙

➢ 输入编组名:(输入组名)

(11) 多点选择方式(M方式):先逐个拾取对象,选完后按回车键,所选对象才同时醒目显示。当需要选择多个分散对象时,可使用"多点选择方式"进行选择。使用多点选择方式可提高选择速度。

(12) 框选方式(BOX方式):其意义和操作方法同"W方式"。该方式常用于菜单宏中。

(13) 自动选择方式(AU方式):AU方式规定,选取对象时,若拾取框处存在一个对象,则选取该对象,否则按"W方式"或"C方式"选择对象。该方式一般用于菜单宏中。

(14) 单一选择方式(SI方式):SI方式规定,只允许按任何选择方式执行一次选择操作,一旦成功选择,则退出选择状态。该方式一般用于菜单宏中。

(15) 循环选择方式(【Ctrl】+【W】方式):当图形中对象比较拥挤时,待选择对象与不选择对象相互重叠,使选择出现困难,这时可采用交替选择方式。按【Ctrl】+【W】键,或单击状态栏上的“选择循环”贴片，打开循环选择方式，单击鼠标左键，弹出“选择集”对话框，给出重叠对象列表，移动鼠标选择对象，被选中对象以虚线显示，单击鼠标左键完成选择。

【例 6.1】 用循环选择方式选择其中的直线，如图 6-5 所示。提示：

➢ 绘制一个矩形、一个圆和两条直线。
➢ 命令：SELECT↙
➢ 选择对象：(按【Ctrl】+【W】键，将拾取框移至重叠对象上，单击左键，弹出“选择集”对话框)
➢ 选择对象：(移动鼠标，选择“选择集”对话框中直线，单击鼠标左键，完成直线选择)

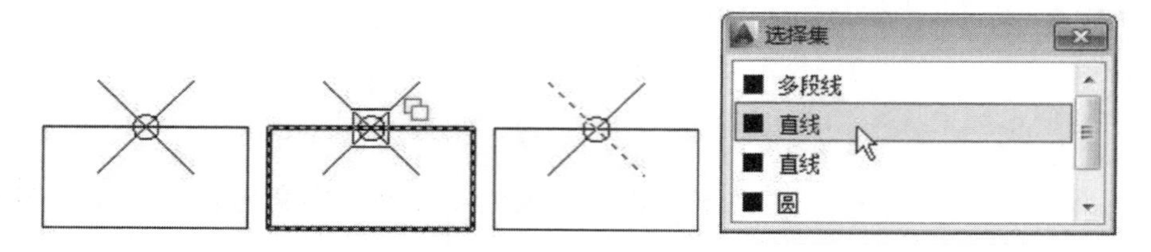

图 6-5 用循环选择方式选择直线

(16) 删除方式(R 方式)：转入选择集删除状态，从选择集中删除某些被选择对象，直到转为加入状态。提示：

➢ 选择对象：R↙
➢ 删除对象：(转入删除状态，用前面介绍的对象选择方式选择被删除对象)

(17) 加入方式(A 方式)：加入方式是对象选择的缺省方式。通常均为加入方式，当进入 R 方式后，必须通过 A 方式回到加入状态。提示：

➢ 删除对象：A↙
➢ 选择对象：(转入加入状态)

(18) 取消方式(U 方式)：取消前一次选择操作。可按逆序取消若干次选择操作。

6.1.2 快速选择对象(QSELECT)

1. 任务

按对象类型或特性条件快速选择对象，这些对象可加入选择集或从选择集中删除。

2. 操作

● 键盘命令：QSELECT↙。

● 菜单选项：“工具”→“快速选择”。

● 快捷菜单：在绘图区单击鼠标右键→在弹出的快捷菜单中选择“快速选择”命令。

3. 提示

弹出“快速选择”对话框，如图 6-6 所示，根据提示设置选择对象类型和特性等参数。

● 应用到(Y)：确定从整个图形中选择，还是从执行右侧“选择对象”按钮选择的对象集中选择。有两个选项，即“整个图形”“当前选择集”。

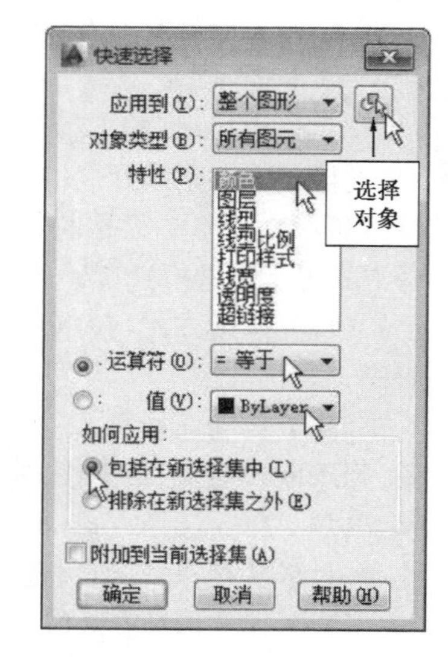

图 6-6 “快速选择”对话框

● 对象类型(B):指定选择对象类型。有多个选项,如“所有图元”“圆”“线”等已绘制图形对象。

● 特性(P):指定对象特性。列出若干特性,如“颜色”“图层”“线型”“线宽”等。

● 运算符(O):指定操作符。有多个选项,如“ = ”“ < > ”“ > ”“ < ”“全部”“ * ”(通配符)。

● 值(V):随对象特性决定,选择或输入对象特性值。

● 包括在新选择集中(I):单击该按钮,将符合设置条件的对象加入新选择集中。

● 排除在新选择集之外(E):单击该按钮,将符合设置条件的对象排除在新选择集之外,将不符合设置条件的对象包括在新选择集中。

● 附加到当前选择集(A):选中该项,则将符合设置条件的对象加入当前选择集中,否则将符合设置条件的对象构建新选择集。

● “选择对象”按钮:单击该按钮,隐去对话框,在绘图区选择对象构建新选择集,键入回车键,返回对话框,继续进行快速选择设置,AutoCAD 自动将“应用到”设置为“当前选择集”。该按钮只有在选择了“包括在新选择集中”且未选“附加到当前选择集”时才有效。

说明:

对话框中特性、运算符和值的列表内容随对象类型和特性的不同而不同。

6.1.3　设置对象选择模式(OPTIONS)

1. 任务

通过设置对象选择模式来控制选择对象时的操作方式,以便用户根据自己的习惯更灵活地选择对象。

2. 操作

● 键盘命令:OPTIONS↙。

● 菜单选项:“工具”→“选项”对话框 →“选择集”标签。

● 快捷菜单:在绘图区单击鼠标右键→在弹出的快捷菜单中选择“选项”命令→“选择集”标签。

3. 提示

弹出“选项”对话框,单击“选择集”标签,如图 6-7 所示,根据提示设置选择集模式和拾取框大小。

● 先选择后执行(N):选中该项,则允许先选择对象后执行编辑命令,否则不允许。TRIM、EXTEND、BREAK、CHAMFER 和 FILLET 命令不能使用该模式。

● 用 Shift 键添加到选择集(F):选中该项,则向已有选择集添加或删除对象时,必须同时按住【Shift】键,否则只有最后选择的对象被选中。

● 对象编组(O):选中该项,则“对象组”有效,即选中组中一个成员就选中整个对象组,否则“对象组”暂时失效。

● 允许按住并拖动对象(D):选中该项,则只需拾取一个顶点,然后按住鼠标左键拖动鼠标，到期望的窗口大小，放开左键即可；否则需拾取两个顶点确定窗口大小。

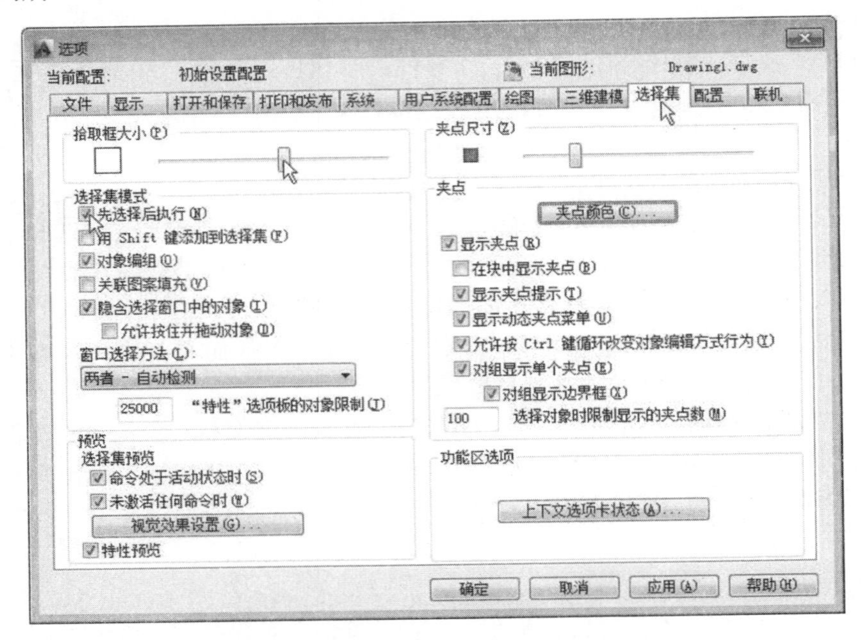

图 6-7 “选项”对话框中的“选择集”参数设置

- 窗口选择方法(L)：选中该项，则效果同“AU 方式”。
- 拾取框大小(P)：移动滑标来设定拾取框大小。

6.2 删除对象（ERASE）

1. 任务

删除图形中不正确的图形对象。

2. 操作

- 键盘命令：ERASE↙。
- 菜单选项：“修改”→“删除”。
- 工具按钮：“修改”工具栏→“删除”。
- 功能区面板：“默认”→“修改”→“删除”。

3. 提示

➢ 选择对象：(选择要删除的对象并键入回车键)

6.3 复制对象（COPY）

1. 任务

将若干指定对象复制到指定位置(可多次复制)。

2. 操作

- 键盘命令：COPY↙。
- 菜单选项："修改"→"复制"。
- 工具按钮："修改"工具栏→"复制"。
- 功能区面板："默认"→"修改"→"复制"。

3. 提示

➢ 选择对象：(选择要复制的对象)

➢ 指定基点或［位移(D)/模式(O)］ <位移>：(输入基点、D、O或按回车键)

- 指定基点：根据两点确定的矢量长度和方向复制对象(可复制多个)。提示：

➢ 指定第二个点或［阵列(A)］<使用第一个点作为位移>：(输入第二个点、A或按回车键)

➢ 指定第二个点或［阵列(A)/退出(E)/放弃(U)］<退出>：(输入第二个点、A、E或U)

说明：

① 若输入第二个点，则按第二个点相对于基点的矢量长度和角度复制对象。

② 第一次输入第二个点时，若键入【Enter】键，则按基点相对于原点的矢量长度和角度复制对象。

③ 若键入A，则按第二个点相对于基点的矢量长度和角度阵列复制若干对象，或者按第二个点相对于基点的矢量长度和角度区间等距布满复制若干对象。该功能是AutoCAD 2014的新增功能，可一次性阵列复制若干对象。

④ 输入第二个点时，若键入E或按回车键，则结束操作；若键入U，则放弃本次操作。

- 位移(D)：若输入D或按【Enter】键，则根据输入的位移点和坐标原点确定的矢量长度和方向角度复制对象。提示：

➢ 指定位移 <0.0000，0.0000，0.0000>：(输入位移点)

- <位移>：若输入位移值，则根据最后一次选择对象拾取点和当前光标位置确定的方向及位移值大小指定复制基点。提示：

➢ 指定基点或［位移(D)/模式(O)］ <位移>：(输入位移值)

➢ 指定第二个点或［阵列(A)］<使用第一个点作为位移>：(输入第二个点或按回车键)

➢ 指定第二个点或［阵列(A)/退出(E)/放弃(U)］<退出>：

说明：

如果在指定位移的第二个点时，按回车键，则以坐标原点(0,0)为第一个点，基点为第二个点，决定复制对象的方向和距离。

- 模式(O)：输入O，设置是单个复制还是多个复制模式。提示：

➢ 输入复制模式选项［单个(S)/多个(M)］ <多个>：(输入S、M)

【例6.2】 将原图从p3点复制到p4点，如图6-8所示。提示：

➢ 命令：COPY↙

➢ 选择对象：W↙ ——窗口方式选择对象

➢ 指定第一个角点:(拾取 p1 点)
➢ 指定对角点:(拾取 p2 点)
➢ 选择对象:↙
➢ 指定基点或[位移(D)/模式(O)] <位移>:(拾取 p3 点为基点)
➢ 指定第二个点或 [阵列(A)] <使用第一个点作为位移>:(拾取 p4 点)

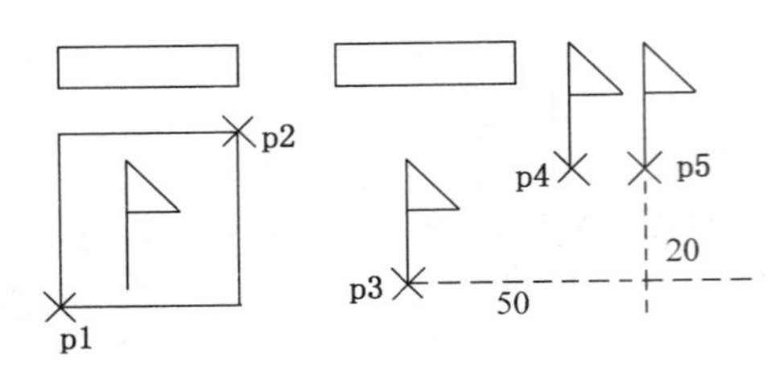

图 6-8 复制对象示例(一)

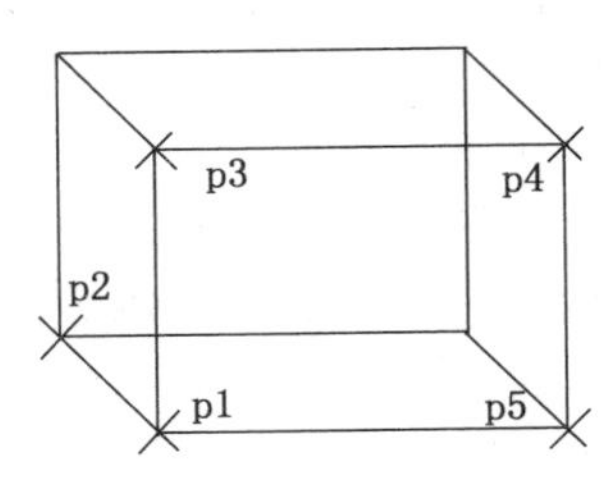

图 6-9 复制对象示例(二)

【例 6.3】 设 p5 与 p3 的坐标差为(50,20),按位移量将上例选择对象从 p3 复制到 p5,如图 6-8 所示。提示:

➢ 命令:COPY↙
➢ 选择对象:(选择小旗对象)
➢ 选择对象:↙
➢ 指定基点或[位移(D)/模式(O)] <位移>:50,20↙
➢ 指定第二个点或 [阵列(A)] <使用第一个点作为位移>:↙

【例 6.4】 使用矩形、直线、复制命令绘制如图 6-9 所示的图形。提示:

➢ 命令:RECTANG↙
➢ 绘制前面矩形。
➢ 命令:COPY↙
➢ 选择对象:(选择矩形)
➢ 选择对象:↙
➢ 指定基点或[位移(D)/模式(O)] <位移>:(采用交点捕捉拾取 p1 点)
➢ 指定第二个点或 [阵列(A)] <使用第一个点作为位移>:(拾取 p2 点)
➢ 指定第二个点或 [阵列(A)/退出(E)/放弃(U)] <退出>:↙
➢ 命令:LINE↙
➢ 指定第一点:(采用交点捕捉拾取 p1 点)
➢ 指定下一点或 [放弃(U)]:(采用交点目标捕捉拾取 p2 点)
➢ 指定下一点或 [放弃(U)]:↙
➢ 命令:COPY↙
➢ 选择对象:(选择 p1 - p2 直线)
➢ 选择对象:↙
➢ 指定基点或[位移(D)/模式(O)] <位移>:(采用交点捕捉拾取 p1 点)
➢ 指定第二个点或 [阵列(A)] <使用第一个点作为位移>:(采用交点捕捉拾取 p3 点)
➢ 指定第二个点或[阵列(A)/退出(E)/放弃(U)] <退出>:(采用交点捕捉拾取 p4 点)
➢ 指定第二个点或[阵列(A)/退出(E)/放弃(U)] <退出>:(采用交点捕捉拾取 p5 点)
➢ 指定第二个点或[阵列(A)/退出(E)/放弃(U)] <退出>:↙

6.4 镜像对象(MIRROR)

1. 任务

将指定对象集按镜像线做镜像复制。原图可保留,也可删除。

2. 操作

● 键盘命令:MIRROR↙。
● 菜单选项:"修改"→"镜像"。
● 工具按钮:"修改"工具栏→"镜像"。
● 功能区面板:"默认"→"修改"→"镜像"。

3. 提示

➤ 选择对象:(选取镜像对象)
➤ 指定镜像线的第一点:(输入镜像线上一点)
➤ 指定镜像线的第二点:(输入镜像线上另一点)
➤ 是否删除源对象?[是(Y)/否(N)] <N>:(输入Y或N)

📖 **说明:**

系统变量MIRRTEXT值决定文本对象镜像方式:MIRRTEXT为1,则文本作完全镜像,如CAD→DAC;MIRRTEXT为0,则文本作可读镜像,如CAD→CAD。

【例6.5】 将图中小旗对象作镜像,保留原图,如图6-10所示。

提示:

➤ 命令:MIRROR↙
➤ 选择对象:(拾取p1和p2点按交叉方式选择小旗)
➤ 指定镜像线的第一点:(输入镜像线p3点)
➤ 指定镜像线的第二点:(输入镜像线p4点)
➤ 是否删除源对象?[是(Y)/否(N)]<N>:↙

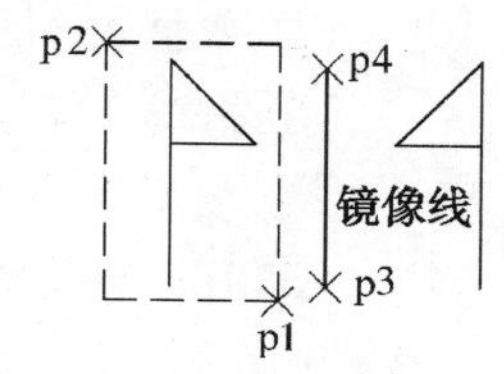

图6-10 镜像操作

6.5 偏移对象(OFFSET)

偏移线也称等距线或同心拷贝,选择的偏移对象可以是直线、构造线、射线、圆、圆弧、椭圆、椭圆弧、二维多段线和二维样条曲线。

1. 任务

对选择图形对象按一定偏移值作偏移复制,可一次进行连续多个偏移。通过偏移可绘制平行线、同心圆、同心弧等图形对象。

2. 操作

● 键盘命令:OFFSET↙。

- 菜单选项:“修改”→“偏移”。
- 工具按钮:“修改”工具栏→“偏移”。
- 功能区面板:“默认”→“修改”→“偏移”。

3. 提示

➢ 当前设置:删除源 = 否　图层 = 源　OFFSETGAPTYPE = 0

➢ 指定偏移距离或[通过(T)/删除(E)/图层(L)] <1.0>:(输入偏移距离、T、E、L)

- 指定偏移距离:按偏移距离绘制偏移线。提示:

  ➢ 指定偏移距离或[通过(T)/删除(E)/图层(L)] <1.0>:(输入偏移距离)

  ➢ 选择要偏移的对象,或[退出(E)/放弃(U)] <退出>:(选择偏移对象或键入 E、U、【Enter】键)

  ➢ 指定要偏移的那一侧上的点,或[退出(E)/多个(M)/放弃(U)] <退出>:(拾取偏移方向一侧任意一点或键入 E、M、U、【Enter】键)

- 通过(T):绘制通过指定点的偏移线。提示:

  ➢ 指定偏移距离或[通过(T)/删除(E)/图层(L)] <20.0>:T↙

  ➢ 选择要偏移的对象,或[退出(E)/放弃(U)] <退出>:(选择偏移对象或键入 E、U、【Enter】键)

  ➢ 指定通过点或[退出(E)/多个(M)/放弃(U)] <退出>:(输入点、E、M、U、【Enter】键)

- 删除(E):设置删除或非删除状态。若处于删除状态,则偏移后删除源对象。
- 图层(L):设置偏移后的目标对象所处图层(当前图层、自身图层)。

说明:

① 一般情况下,一次偏移一个对象。

② 若键入 M,选择“多个(M)”选项,则连续偏移多个对象。

③ 若键入 E 或按回车键,则结束操作;若键入 U,则放弃本次复制操作。

④ 在删除状态下进行偏移,相当于移动操作。

⑤ 可以将偏移对象偏移到指定图层。将目标图层设置为当前图层,设置当前图层偏移即可。

【例 6.6】 绘制从点(50,50)到点(150,150)的直线 L,然后绘制与直线 L 平行的两条偏移线 L1、L2。其中:L1 经过点(100,130),L2 靠右与 L 相距 20,如图 6-11(a)所示。提示:

➢ 命令:LINE↙　——(绘制直线 L)

➢ 指定第一点:50,50↙

➢ 指定下一点或[放弃(U)]:150,150↙

➢ 命令:OFFSET↙

➢ 指定偏移距离或[通过(T)/删除(E)/图层(L)] <0.0000>:T↙

➢ 选择要偏移的对象,或[退出(E)/放弃(U)] <退出>:(拾取 p1 点选择直线 L)

➢ 指定通过点或[退出(E)/多个(M)/放弃(U)] <退出>:100,130↙

➢ 选择要偏移的对象,或[退出(E)/放弃(U)] <退出>:↙

➢ 命令:OFFSET↙

➢ 指定偏移距离或[通过(T)/删除(E)/图层(L)] <0.0000>:20↙

➢ 选择要偏移的对象,或[退出(E)/放弃(U)]<退出>:(拾取p1点选择直线L)

➢ 指定要偏移的那一侧上的点,或[…]<退出>:(拾取p3点指定偏移方向)

【例6.7】 已知半径为10的圆C,绘制半径为25、40、55的三个同心圆C1、C2、C3,如图6-11(b)所示。已知半径为10、包含角为90°的圆弧A,在圆弧外侧绘制相距为15、包含角相同的三个圆弧A1、A2、A3,如图6-11(c)所示。提示:

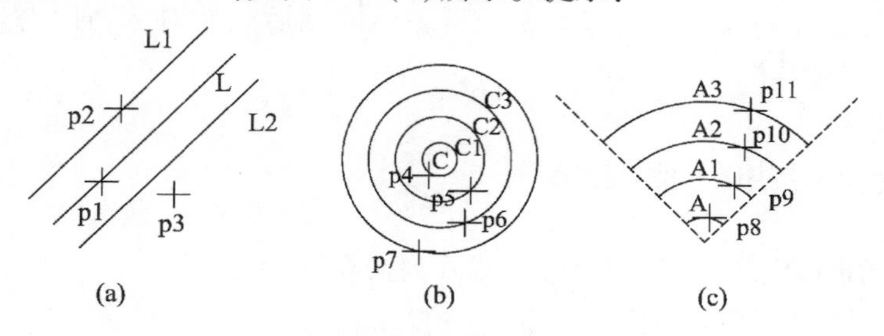

图6-11 偏移操作示例

➢ 命令:CIRCLE↙ ——(绘制半径为10的圆)

➢ 命令:OFFSET↙

➢ 指定偏移距离或[通过(T)/删除(E)/图层(L)]<0.0000>:15↙

➢ 选择要偏移的对象,或[退出(E)/放弃(U)]<退出>:(拾取p4点选择圆C)

➢ 指定要偏移的那一侧上的点,或[…]<退出>:(拾取p5点指定偏移方向,绘制圆C1)

➢ 选择要偏移的对象,或[退出(E)/放弃(U)]<退出>:(拾取p5点选择圆C1)

➢ 指定要偏移的那一侧上的点,或[…]<退出>:(拾取p6点指定偏移方向,绘制圆C2)

➢ 选择要偏移的对象,或[退出(E)/放弃(U)]<退出>:(拾取p6点选择圆C2)

➢ 指定要偏移的那一侧上的点,或[…]<退出>:(拾取p7点指定偏移方向,绘制圆C3)

➢ 命令:ARC↙ ——(绘制半径为10、包含角为90°的圆弧)

➢ 命令:OFFSET↙

➢ 指定偏移距离或[通过(T)/删除(E)/图层(L)]<0.0000>:15↙

➢ 选择要偏移的对象,或[退出(E)/放弃(U)]<退出>:(拾取p8点选择圆弧A)

➢ 指定要偏移的那一侧上的点,或[退出(E)/多个(M)/放弃(U)]<退出>:M↙

➢ 指定要偏移的那一侧上的点,或[…]<…>:(拾取p9点指定偏移方向,绘制圆弧A1)

➢ 指定要偏移的那一侧上的点,或[…]<…>:(拾取p10点指定偏移方向,绘制圆弧A2)

➢ 指定要偏移的那一侧上的点,或[…]<…>:(拾取p11点指定偏移方向,绘制圆弧A3)

➢ 指定要偏移的那一侧上的点,或[…]<…>:↙

➢ 选择要偏移的对象,或[退出(E)/放弃(U)]<退出>:↙

说明:

① 对OFFSET命令,只能用点取方式选择一个对象。

② 如果用距离作偏移线,距离值必须大于零。对于多段线,距离按中心线计算。

③ 不同图形对象,其偏移效果不同。圆为同心圆,圆弧为相同中心角(弦长不同),直线为平行线(长度相同),多段线为同心拷贝。椭圆、样条曲线也可作偏移线。

6.6 阵列对象(–ARRAY、ARRAY)

1. 任务

按矩形或环形阵列方式复制多个指定对象。阵列后的新对象与原对象具有相同的层、颜色、线型、线宽特性。

2. 操作

● 键盘命令:–ARRAY 或 ARRAY↙。

3. 提示

执行"–ARRAY"命令将通过键盘完成阵列操作,提示:

➢ 选择对象:(选取阵列对象)

➢ 输入阵列类型[矩形(R)/环形(P)]<R>:(输入R或P)

● 矩形(R):按矩阵方式复制多个指定对象,如图6-12所示。提示:

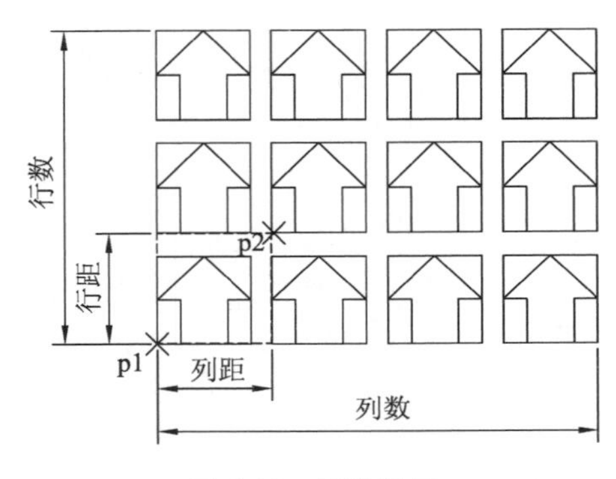

图6-12 矩阵阵列

➢ 输入阵列类型[矩形(R)/环形(P)]<R>:R↙

➢ 输入行数(---)<1>:(输入矩阵行数)

➢ 输入列数(|||)<1>:(输入矩阵列数)

➢ 输入行间距或指定单位单元(---):(输入行间距或指定单位单元)

➢ 指定列间距(|||):(输入列间距)

说明:

① 若输入行间距和列间距,则按行间距和列间距复制。

② 若行间距为正,则复制对象向上排列,否则向下排列;若列间距为正,则复制对象向右排列,否则向左排列。

③ 行间距和列间距可由单位单元矩形的长和宽确定,用鼠标拾取单元矩形两顶点p1和p2,按拾取方向确定复制对象向右上、右下、左上、左下排列。

● 环形(P):按环形、弧形方式复制多个指定对象,如图6-13所示。提示:

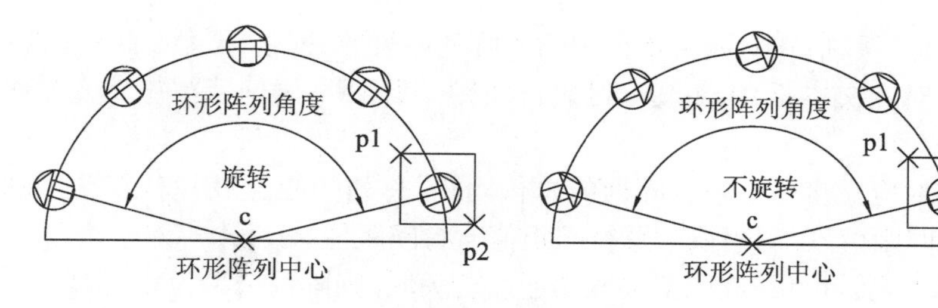

图 6-13 环形阵列

- ➤ 输入阵列类型［矩形(R)／环形(P)］<R>:P↙
- ➤ 指定阵列的中心点或［基点(B)］:(输入阵列的中心点或B)
- ➤ 输入阵列中项目的数目:(输入复制个数)
- ➤ 指定填充角度（+=逆时针，-=顺时针）<360>:(输入环形阵列圆心角)
- ➤ 是否旋转阵列中的对象？［是(Y)／否(N)］<Y>:(输入Y或N)

说明：

① 圆心角为正,则按逆时针阵列,否则按顺时针阵列。

② 如果输入Y,则复制对象相对于中心点作旋转,否则不旋转。

③ 复制对象都取其自身一个特征点作为基点(默认),绕中心点旋转。也可指定其他点作为基点。不同类型对象,默认基点取法不同。

④ 若输入环形阵列圆心角为0°,则按复制对象间夹角复制,提示:

➤ 项目（+=逆时针，-=顺时针）间的角度:(输入阵列对象间夹角)

4. 利用“阵列”面板操作

若打开功能区面板,则可按醒目的“阵列”功能面板方式进行阵列操作。AutoCAD 2014 增强了阵列功能,有矩形阵列、环形阵列、路径阵列3种阵列方式。

(1) 矩形阵列:执行下面操作完成矩形阵列。

- 键盘命令:ARRAY→R↙。
- 菜单选项:“修改”→“阵列”→“矩形阵列”。
- 工具按钮:“修改”工具栏→“阵列”→“矩形阵列”。
- 功能区面板:“默认”→“修改”→“阵列”→“矩形阵列”。

在“选择对象:”提示处,选择要阵列的图形对象,按回车键,弹出“阵列创建”面板,如图6-14所示。根据面板提示,设置有关参数,绘图区实时显示预览阵列结果,单击“确定”按钮,即可完成阵列操作。

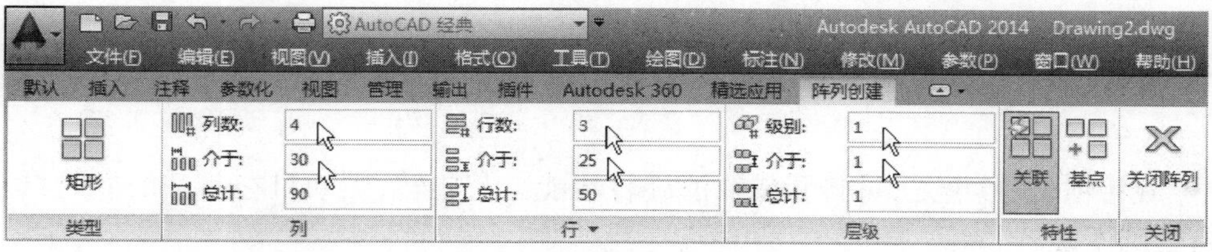

图 6-14 “阵列创建”面板(一)

● 行数、列数、级别：在对应文本框中输入阵列的行数、列数、层数（用于三维阵列）。

● 介于：在对应文本框中输入阵列的行间距、列间距、层间距。输入值影响对应总计值。

● 总计：在对应文本框中输入阵列的总行间距、总列间距、总层间距。输入值影响对应行间距值、列间距值、层间距值。总行间距值 = 行间距值 ×（行数 - 1）。

● 关联：单击之，可打开或取消关联功能。若关联，则阵列结果为独立对象，否则为具有复制效果的离散对象。

● 基点：单击之，可在绘图区重新指定阵列图形的基点位置。

说明：

① 行间距和列间距的正、负含义同键盘命令操作，决定阵列方向。

② 在命令输入区，根据提示，输入行数、列数、行间距、列间距等参数，完成阵列操作。

③ 在命令输入区，单击阵列图形有关夹点，输入或修改阵列图形参数。

（2）环形阵列：执行下面操作完成环形阵列。

● 键盘命令：ARRAY→PO↙。

● 菜单选项："修改"→"阵列"→"环形阵列"。

● 工具按钮："修改"工具栏→"阵列"→"环形阵列"。

● 功能区面板："默认"→"修改"→"阵列"→"环形阵列"。

在"选择对象："提示处，选择要阵列的图形对象，按回车键，在"指定阵列的中心点或[基点(B)/ 旋转轴(A)]："提示处，输入指定中心点，弹出"阵列创建"面板，如图 6-15 所示。根据面板提示，设置有关参数，绘图区实时显示预览阵列结果，单击"确定"按钮，即可完成阵列操作。

图 6-15 "阵列创建"面板(二)

● 项目数：在对应文本框中输入环形阵列项目的个数。

● 介于：在对应文本框中输入阵列的对象间夹角。输入值影响填充角度。

● 填充：在对应文本框中输入环形阵列的圆心角。输入值影响介入值，其值 = 项目数 × 介入值）。

● 旋转项目：单击之，可打开或取消旋转功能。若旋转，则项目在阵列的同时自身也旋转；否则不旋转。

● 方向：单击之，可打开或取消方向功能。若打开，则按逆时针阵列；否则按顺时针

阵列。

● 关联：单击之，可打开或取消关联功能。若关联，则阵列结果为独立对象；否则为具有复制效果的离散对象。

● 基点：单击之，可在绘图区重新指定阵列图形的基点位置。

说明：

① 填充角度的正、负含义同键盘命令操作，决定阵列是按逆时针方向还是按顺时针方向。

② 行数指阵列对象的圈数，级别指阵列的三维层数。

③ 在命令输入区，根据提示，输入项目数、填充角度、关联等参数，完成阵列操作。

④ 在命令输入区，单击阵列图形有关夹点，输入或修改阵列图形有关参数。

（3）路径阵列：路径阵列是 AutoCAD 2014 的新增功能。执行下面操作，可完成路径阵列。

● 键盘命令：ARRAY→PA↙。

● 菜单选项："修改"→"阵列"→"路径阵列"。

● 工具按钮："修改"工具栏→"阵列"→"路径阵列"。

● 功能区面板："默认"→"修改"→"阵列"→"路径阵列"。

在"选择对象："提示处，选择要阵列的图形对象，按回车键，在"选择路径曲线："提示处，选择路径曲线，如样条曲线，弹出"阵列创建"面板，如图 6-16 所示。根据面板提示，设置有关参数，绘图区实时显示预览阵列结果，单击"确定"按钮，即可完成阵列操作。

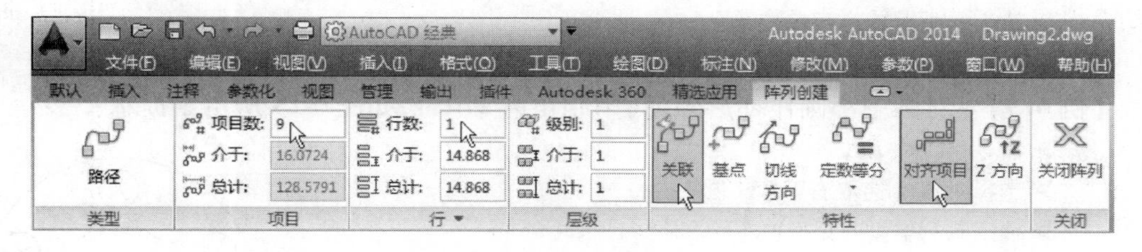

图 6-16　"阵列创建"面板（三）

● 项目数：在对应文本框中输入路径阵列项目的个数。

● 行数：在对应文本框中输入阵列的对象行数，阵列对象与路径曲线平行。

● 介于：在对应文本框中输入阵列对象行间距。

● 总计：在对应文本框中输入阵列的总行间距。输入值影响对应行间距值。总行间距值 = 行间距值 ×（行数 -1）。

● 对齐项目：单击之，可打开或取消对齐功能。若打开，则按路径曲线法线方向对齐；否则阵列项目方向保持不变。

● 关联：单击之，可打开或取消关联功能。若关联，则阵列结果为独立对象；否则为具有复制效果的离散对象。

● 基点：单击之，可在绘图区重新指定阵列图形的基点位置。

- 切线方向:单击之,可在绘图区重新指定阵列图形的起点切线方向。
- 定数等分或定距等分:单击之,可在下拉菜单中选择某一子菜单项。

> 说明:
> ① 路径曲线可以是直线、圆、多段线、样条曲线等图形对象。
> ② 行数指阵列对象的行数,级别指阵列的三维层数。
> ③ 在命令输入区,根据提示,输入项目数、填充角度、关联等参数,完成阵列操作。
> ④ 在命令输入区,单击阵列图形有关夹点,输入或修改阵列图形有关参数。

【例 6.8】 绘制边长为 10 的五边形,并作矩形阵列(4×3),行距为 20,列距为 25,如图 6-17 所示。提示:

➢ 命令:POLYGON↙
➢ 输入边的数目 <4>:5↙
➢ 指定正多边形的中心点或[边(E)]:E↙
➢ 指定边的第一个端点:(拾取一点)
➢ 指定边的第二个端点:@10,0↙
➢ 命令:-ARRAY↙
➢ 选择对象:(选取五边形)
➢ 输入阵列类型[矩形(R)/环形(P)] <R>:R↙
➢ 输入行数(---) <1>:3↙
➢ 输入列数(|||) <1>:4↙
➢ 输入行间距或指定单位单元(---):20↙
➢ 指定列间距(|||):25↙

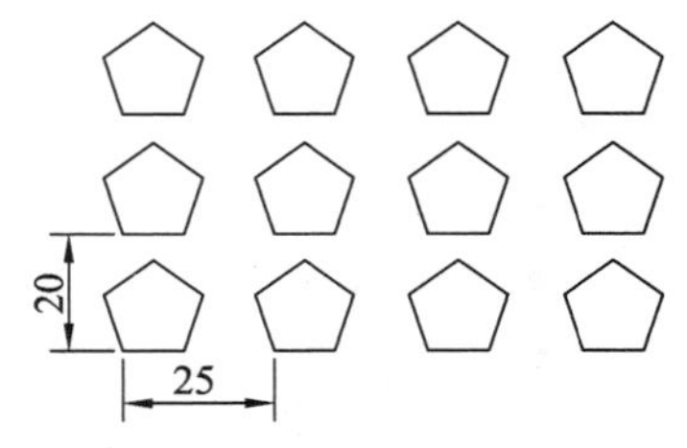

图 6-17 矩阵阵列

【例 6.9】 对圆中小圆作环形阵列(中心角为 270°),如图 6-18 所示。提示:

➢ 命令:-ARRAY↙
➢ 选择对象:(选取右下角小圆)
➢ 输入阵列类型[矩形(R)/环形(P)]<R>:P↙
➢ 指定阵列的中心点或[基点(B)]:(用圆心捕捉模式捕捉圆心)
➢ 输入阵列中项目的数目:5↙
➢ 指定填充角度(+=逆时针,-=顺时针)<360>:270↙
➢ 是否旋转阵列中的对象?[是(Y)/否(N)]<Y>:↙

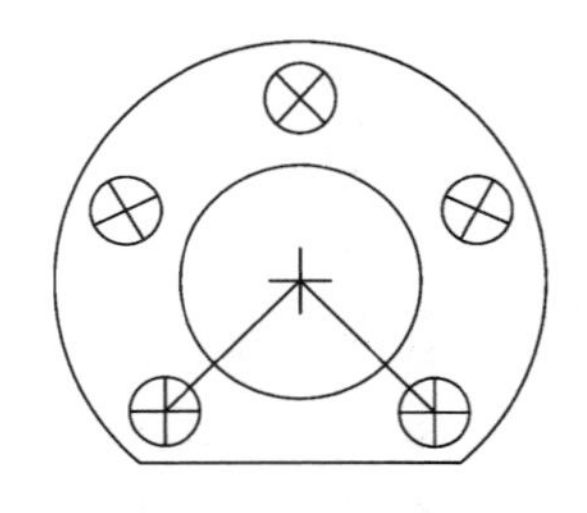
图 6-18 环形阵列

6.7 移动对象(MOVE)

1. 任务

将若干对象移动到指定位置。

2. 操作

- 键盘命令:MOVE↙。
- 菜单选项:"修改"→"移动"。
- 工具按钮:"修改"工具栏→"移动"。
- 功能区面板:"默认"→"修改"→"移动"。

3. 提示

➢ 选择对象:(选取要移动的对象)
➢ 指定基点或[位移(D)]<位移>:(输入基点、位移值、D或按回车键)
➢ 指定第二个点或 <使用第一个点作为位移>:(输入第二个点或按回车键)
➢ 操作类似于COPY命令,不同的是MOVE命令删除原图形。

> 📖 **说明:**
> 可直接选取待移动对象,用鼠标拖动,将所选对象移动到指定位置。

【例6.10】 将山下小旗移到山顶上,如图6-19所示。提示:

➢ 命令:MOVE↙
➢ 选择对象:(用窗选方式选取小旗)
➢ 指定基点或[位移(D)]<位移>:(拾取p3点)
➢ 指定第二个点或 <使用第一个点作为位移>:(拾取p4点)
➢ 指定第二个点或 <使用第一个点作为位移>:↙

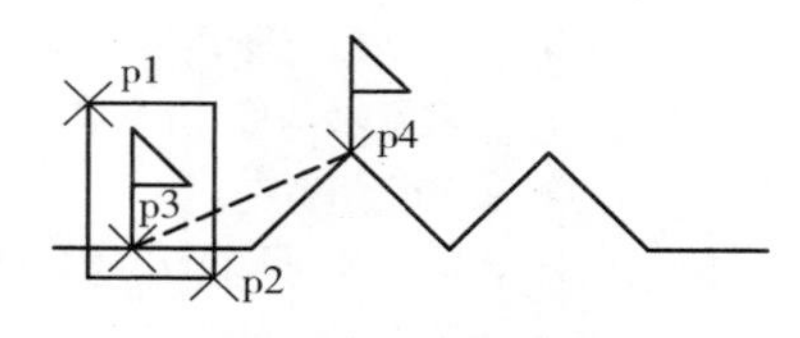

图6-19 移动小旗

6.8 旋转对象(ROTATE)

1. 任务

将所选对象绕指定点旋转指定角度,旋转后也可保留源对象。

2. 操作

- 键盘命令:ROTATE↙。
- 菜单选项:"修改"→"旋转"。
- 工具按钮:"修改"工具栏→"旋转"。
- 功能区面板:"默认"→"修改"→"旋转"。

3. 提示

➢ UCS当前的正角方向: ANGDIR=逆时针 ANGBASE=0
➢ 选择对象:(选取要旋转的对象)
➢ 指定基点:(拾取旋转基点)
➢ 指定旋转角度或[复制(C)/参照(R)]:(输入旋转角度、C或R)

● 指定旋转角度:输入旋转角度,角度为正,则按逆时针方向旋转;角度为负,则按顺时针方向旋转,如图6-20所示。

- 复制(C):输入 C,按输入旋转角度旋转并复制对象,保留源对象。
- 参照(R):输入 R,按新角度与参考角度的差值角度旋转,如图 6-20 所示。提示:
  - ➢ 指定参照角 <0>:(输入参考角度)
  - ➢ 指定新角度:(输入新角度)

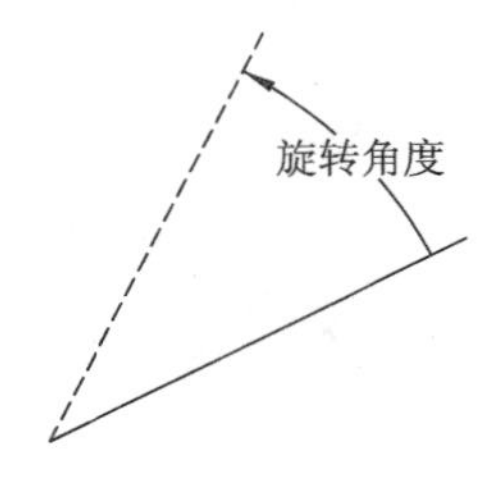

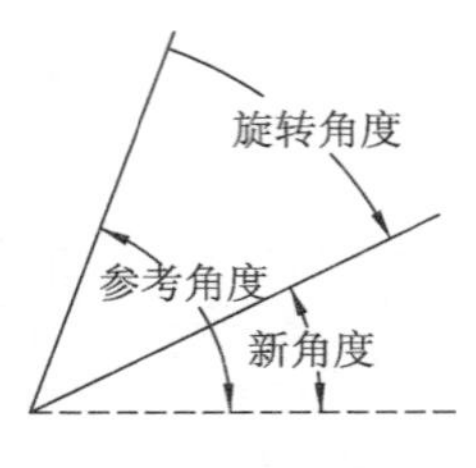

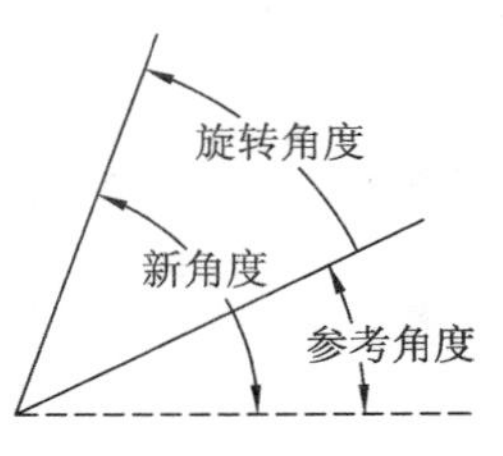

图 6-20 旋转操作

【例 6.11】 将图形向左旋转 90°,按参考角度将图形向右旋转 60°,如图 6-21 所示。提示:

- ➢ 命令:ROTATE↙
- ➢ 选择对象:(选取小旗)
- ➢ 指定基点:(拾取旗杆端点 p1)
- ➢ 指定旋转角度或[复制(C)/参照(R)]:90↙
- ➢ 命令:ROTATE↙
- ➢ 选择对象:(选取小旗)
- ➢ 指定基点:(拾取旗杆端点 p2)
- ➢ 指定旋转角度或[复制(C)/参照(R)]:R↙
- ➢ 指定参照角 <0>:90↙
- ➢ 指定新角度或[点(P)]:30↙

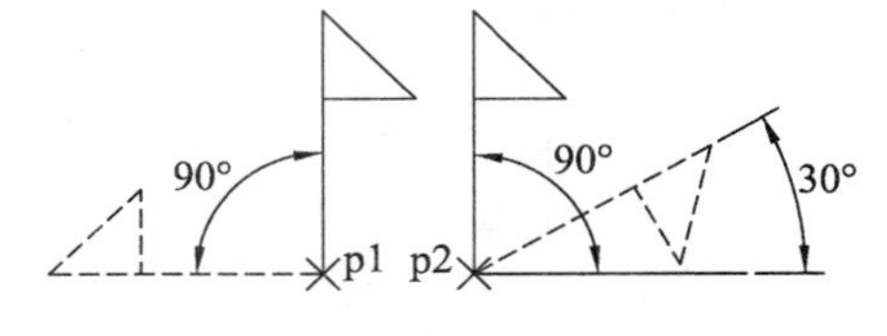

图 6-21 旋转操作示例

6.9 缩放对象(SCALE)

1. 任务

将所选对象按指定基点和比例放大或缩小,缩放后也可保留源对象。

2. 操作

- 键盘命令:SCALE↙。
- 菜单选项:"修改"→"缩放"。
- 工具按钮:"修改"工具栏→"缩放"。
- 功能区面板:"默认"→"修改"→"缩放"。

3. 提示

- ➢ 选择对象:(选取要缩放的对象)
- ➢ 指定基点:(输入基点)
- ➢ 指定比例因子或[复制(C)/参照(R)]:(输入比例因子、C 或 R)

- 指定比例因子:直接输入比例因子进行缩放。若比例因子 >1 时,则为放大;否则为缩小,如图6-22所示。

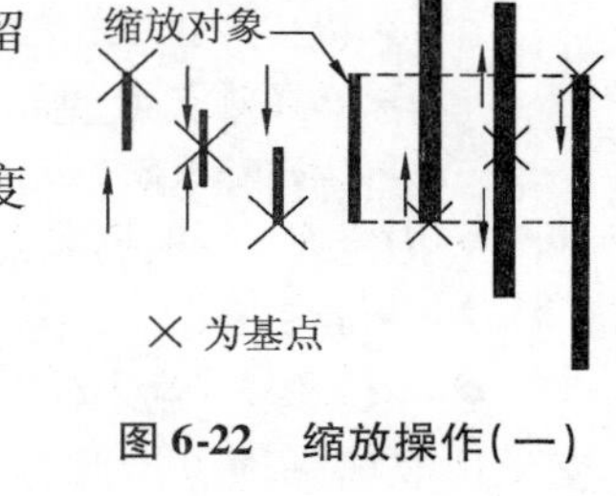

图6-22　缩放操作(一)

● 复制(C):输入C,按指定比例因子缩放并复制对象,保留源对象。

● 参照(R):输入R,按新长度或指定两点间距与参考长度的比值进行缩放。提示:

➢ 指定比例因子或[复制(C)/参照(R)]:R↙
➢ 指定参照长度 <1>:(输入参考长度值)
➢ 指定新长度或[点(P)]<1.0>:(输入新的长度值或P)

【例6.12】　将图中小菱形放大一倍,如图6-23所示。提示:

➢ 命令:SCALE↙
➢ 选择对象:(拾取p1、p2点交叉选取菱形)
➢ 指定基点:(拾取p3点)
➢ 指定比例因子或[复制(C)/参照(R)]:2↙

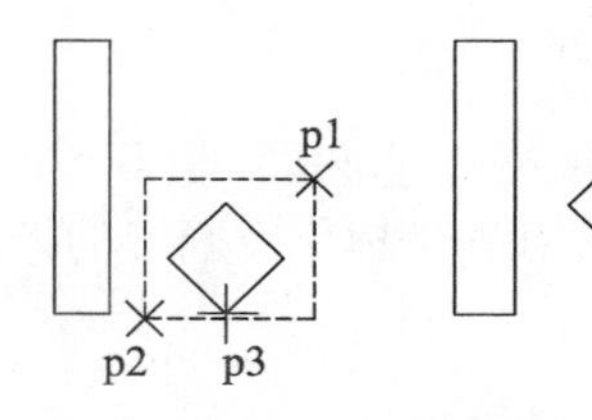

图6-23　缩放操作(二)

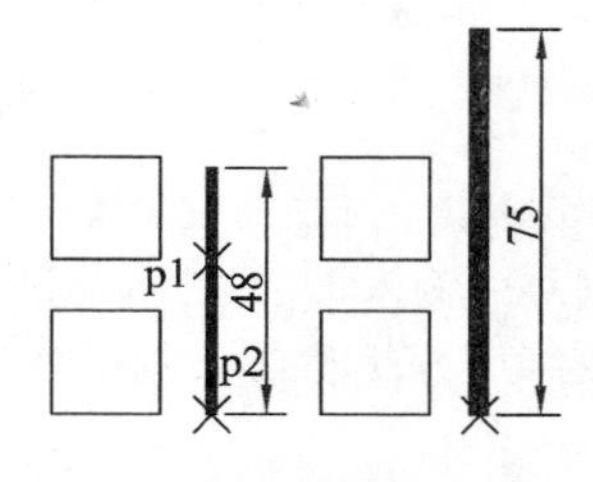

图6-24　缩放操作(三)

【例6.13】　将长度为48的直线放大到长度为75的直线,如图6-24所示。提示:

➢ 命令:SCALE↙
➢ 选择对象:(拾取p1点选取直线)
➢ 指定基点:(拾取p2点)
➢ 指定比例因子或[复制(C)/参照(R)]:R↙
➢ 指定参照长度 <1>:48↙
➢ 指定新长度或[点(P)]<1.0>:75↙

6.10　拉伸对象(STRETCH)

1. 任务

移动图形中指定对象,同时保持与其他部分相连,与其相连的对象被位伸或压缩。

2. 操作

● 键盘命令:STRETCH↙。
● 菜单选项:"修改"→"拉伸"。
● 工具按钮:"修改"工具栏→"拉伸"。
● 功能区面板:"默认"→"修改"→"拉伸"。

3. 提示

➢ 以交叉窗口或交叉多边形选择要拉伸的对象...

➢ 选择对象:(一般 W、WP 用 C 或 CP 方式选择对象)

➢ 指定基点或[位移(D)]<位移>:(输入基点、位移值、D 或按回车键)

● 指定基点:根据基点和第二点确定的矢量长度及方向拉伸。提示:

➢ 指定第二个点或 <使用第一个点作为位移>:(输入第二点或按回车键)

● <位移>:输入位移值,由交叉选取第一顶点和移动前光标位置确定基点方向,从交叉选取第一顶点沿此方向根据位移值确定基点位置,然后输入第二点,如图 6-25 所示。提示:

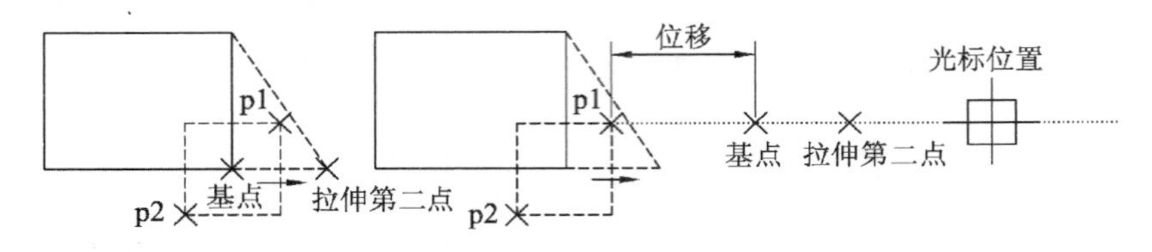

图 6-25 拉伸操作(一)

➢ 指定第二个点或 <使用第一个点作为位移>:(输入第二点或按回车键)

● 位移(D):输入 D 或按回车键,根据输入的位移点和坐标原点确定的矢量长度和方向角度拉伸对象,方法类似复制操作。

说明:

① 用 C、CP 选择对象只移动选择窗口内对象并保持与窗口外对象的连接关系。

② 用 W、WP 选择对象,执行结果与 MOVE 相同。

③ 圆弧可被拉伸,但弧高不变。圆不能被拉伸,只能移动。

【例 6.14】 将左边的门向右移动,将右边的门加宽,如图 6-26 所示。提示:

➢ 命令:STRETCH↙

➢ 选择对象:(拾取 p1、p2 点窗选左门)

➢ 指定基点或[位移(D)]<位移>:(拾取 p3 点)

➢ 指定第二个点或 <…>:(拾取 p4 点)

➢ 命令:STRETCH↙

➢ 选择对象:(拾取 p5、p6 点交叉选右门)

➢ 指定基点或[位移(D)]<位移>:(拾取 p7 点)

➢ 指定第二个点或 <…>:(拾取 p8 点)

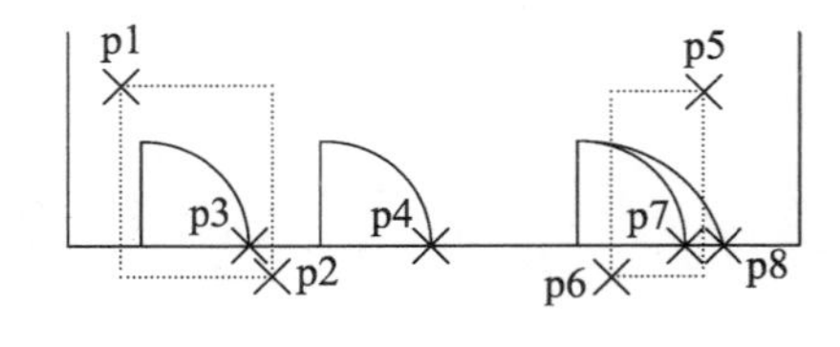

图 6-26 拉伸操作(二)

6.11 拉长对象(LENGTHEN)

1. 任务

改变线段或圆弧的长度。

2. 操作

- 键盘命令:LENGTHEN↙。
- 菜单选项:"修改"→"拉长"。
- 功能区面板:"默认"→"修改"→"拉长"。

3. 提示

➤ 选择对象或[增量(DE)/百分数(P)/全部(T)/动态(DY)]:(选择对象或输入 DE、P、T、DY)

- 选择对象:选择直线、圆弧、多段线、样条线,显示线段长度和圆心角。提示:

➤ 当前长度:[显示线段长度,图 6-27(a)]

- 增量(DE):输入 DE,按增量值拉长或缩短线段、圆弧,如图 6-27(b)、(g)所示。提示:

➤ 选择对象或[增量(DE)/百分数(P)/全部(T)/动态(DY)]:DE↙

➤ 输入长度增量或[角度(A)]<0.0000>:(输入增量长度值或 A)

◆ 输入长度增量:按增量值拉长或缩短线段、圆弧,提示:

➤ 输入长度增量或[角度(A)]<0.0000>:(输入增量值)

➤ 选择要修改的对象或[放弃(U)]:(选择拉长对象或 U)

◆ 角度(A):输入 A,以角度增量方式拉长或缩短圆弧。提示:

➤ 输入长度增量或[角度(A)]<0.0000>:A↙

➤ 输入角度增量 <0>:(输入角度增值)

➤ 选择要修改的对象或[放弃(U)]:(选择拉长对象或 U)

- 百分数(P):输入 P,以百分比的形式改变弧或线的长度,如图 6-27(c)、(h)所示。提示:

➤ 选择对象或[增量(DE)/百分数(P)/全部(T)/动态(DY)]:P↙

➤ 输入长度百分数<100.0000>:(输入百分比值)

➤ 选择要修改的对象或[放弃(U)]:(选择拉长对象或 U)

- 全部(T):输入 T,以新长度或新角度改变圆弧或线段的长度,如图 6-27(d)、(i)所示。提示:

➤ 选择对象或[增量(DE)/百分数(P)/全部(T)/动态(DY)]:T↙

➤ 指定总长度或[角度(A)]<1.0000>:(输入新长度或 A)

◆ 指定总长度:按新长度拉长或缩短线段、圆弧。提示:

➤ 指定总长度或[角度(A)]<1.0000>:(输入新长度)

➤ 选择要修改的对象或[放弃(U)]:(选择加长对象或 U)

◆ 角度(A):输入 A,按新角度拉长或缩短圆弧。提示:

➤ 指定总长度或[角度(A)]<1.0000>:A↙

➤ 指定总角度 <57>:(输入新角度)

➤ 选择要修改的对象或[放弃(U)]:(选择拉长对象或 U)

- 动态(DY):输入 DY,动态改变圆弧或线段的长度,如图 6-27(e)、(j)所示。提示:

➤ 选择对象或[增量(DE)/百分数(P)/全部(T)/动态(DY)]:DY↙

➤ 选择要修改的对象或[放弃(U)]:(选择拉长对象或 U)

➤ 指定新端点:(拾取新的端点)

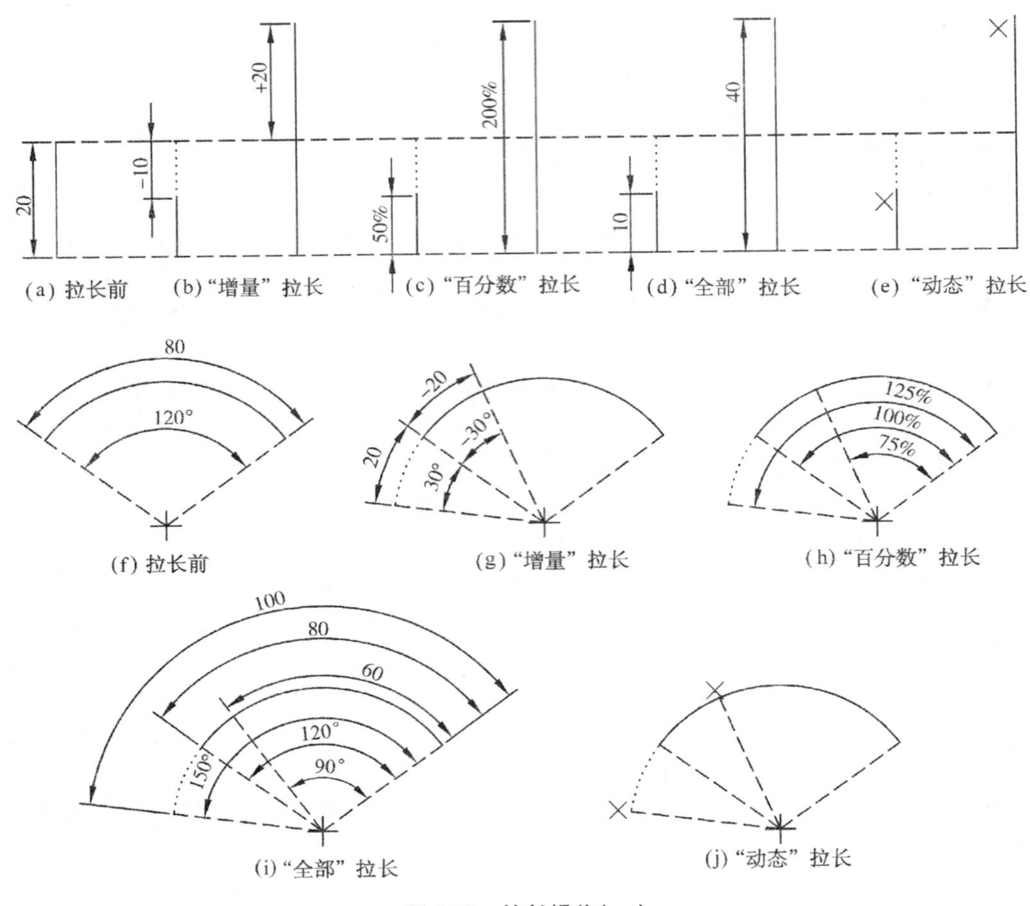

图 6-27 拉长操作(一)

📖 **说明:**

① 若增量值为正,则线段(圆弧)拉长,否则缩短,在靠近拾取点一端拉长或缩短。

② 若百分比大于100,则线段圆弧拉长,否则缩短,在靠近拾取点一端拉长或缩短。

③ 若新长度大于原长度,则拉长对象,否则缩短,在靠近拾取点一端拉长或缩短。

④ 若新角度大于原角度,则圆弧拉长,否则缩短,在靠近拾取点一端拉长或缩短。

⑤ 若新端点位于线段或圆弧延伸线上或延伸线附近,则线段或圆弧拉长,否则缩短,在靠近拾取点一端拉长或缩短。

【例 6.15】 将直线拉长 10,改变圆弧长度,使圆心角减少 13°,如图 6-28 所示。

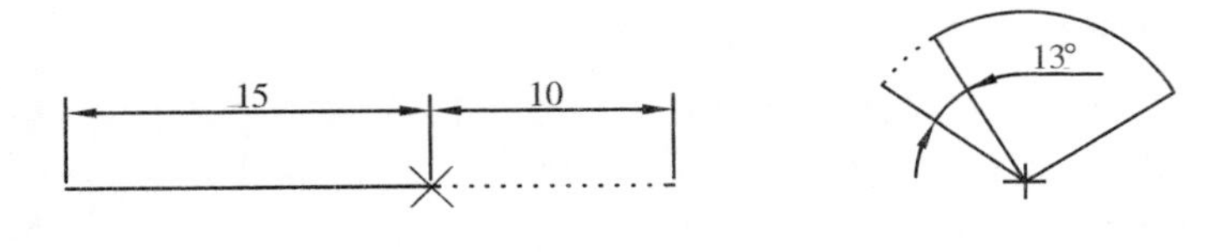

图 6-28 拉长操作(二)

➢ 命令:LENGTHEN↙
➢ 选择对象或[增量(DE)/百分数(P)/全部(T)/动态(DY)]:DE↙
➢ 输入长度增量或[角度(A)]<0.0000>:10↙
➢ 选择要修改的对象或[放弃(U)]:(选择直线右端点)
➢ 命令:LENGTHEN↙
➢ 选择对象或[增量(DE)/百分数(P)/全部(T)/动态(DY)]:DE↙
➢ 输入长度增量或[角度(A)]<0.0000>:A↙
➢ 输入角度增量 <0>:-13↙
➢ 选择要修改的对象或[放弃(U)]:(选择圆弧左端点)

6.12 修剪对象(TRIM)

1. 任务

用剪切边修剪指定的对象(被修剪边)。

2. 操作

- 键盘命令:TRIM↙。
- 菜单选项:"修改"→"修剪"。
- 工具按钮:"修改"工具栏→"修剪"。
- 功能区面板:"默认"→"修改"→"修剪"。

3. 提示

➢ 当前设置:投影=UCS,边=延伸
➢ 选择剪切边...
➢ 选择对象或 <全部选择>:(选取剪切边对象或按回车键)
➢ 选择要修剪的对象,按住 Shift 键选择要延伸的对象,或[栏选(F)/窗交(C)/投影(P)/边(E)/删除(R)/放弃(U)]:(选取被修剪边,或输入 F、C、P、E、R、U)

- 选择对象:选择作为剪切边的对象,类似于剪刀对象。
- <全部选择>:在选择对象处,按【Enter】键,选择所有图形对象作为剪切边。
- 选择要修剪的对象:直接采用点选方式选取被修剪边进行修剪。
- 选择要延伸的对象:按【Shift】键选择要延伸的对象。在修剪中完成对象延伸操作。
- 栏选(F):输入 F,采用围线方式选取被修剪边进行修剪,实现批量修剪。
- 窗交(C):输入 C,采用窗口或交叉方式选取被修剪边进行修剪,实现批量修剪。
- 投影(P):确定修剪时的投影方式。提示:

➢ 输入投影选项[无(N)/UCS(U)/视图(V)]<UCS>:(输入 N、U 或 V)

◆ 无(N):输入 N,修剪边和被修剪边在三维空间精确相交才能进行修剪。

◆ UCS(U):输入 U,修剪边和被修剪边在当前 UCS 的 XOY 平面上投影相交才能修剪。

◆ 视图(V):输入 V,指定修剪边和被修剪边在视图平面上相交,即可进行修剪。

- 边(E):输入 E,确定修剪时修剪边是否允许隐含延伸至相交。提示:

➢ 输入隐含边延伸模式［延伸(E)/不延伸(N)］<延伸>:(输入 E、N)

◆ 延伸(E):输入 E,指定修剪边与被修剪边不相交时可隐含延伸至相交。

◆ 不延伸(N):输入 N,指定修剪边与被修剪边不相交时不允许隐含延伸。

● 删除(R):输入 R,在修剪过程中删除某些对象。

● 放弃(U):输入 U,结束修剪操作。

说明:

① 允许用线、圆、圆弧、椭圆、椭圆弧、多段线、样条曲线、射线、构造线、文本等对象作为修剪边和被修剪边。多线只能作为修剪边,不能作为被修剪边。用多段线作为修剪边时,沿中心线进行修剪。

② 可以隐含修剪边,在提示"选择对象:"时键入回车键,自动确定所有符合条件对象为修剪边。

③ 剪切边也可作为被剪边。

④ 带有宽度的多段线作为被剪边时,剪切交点按中心线计算。

【例 6.16】 修剪键槽刻面轮廓,如图 6-29 所示。提示:

➢ 命令:TRIM↙

➢ 当前设置:投影 = UCS,边 = 延伸

➢ 选择剪切边…

➢ 选择对象或 <全部选择>:(拾取 p1 和 p2 点交叉选取圆和直线)

➢ 选择要修剪的对象,按住 Shift 键选择要延伸的对象,或［…］:(拾取 p3 点)

➢ 选择要修剪的对象,按住 Shift 键选择要延伸的对象,或［…］:(拾取 p4 点)

➢ 选择要修剪的对象,按住 Shift 键选择要延伸的对象,或［…］:(拾取 p5 点)

➢ 选择要修剪的对象,按住 Shift 键选择要延伸的对象,或［…］:↙

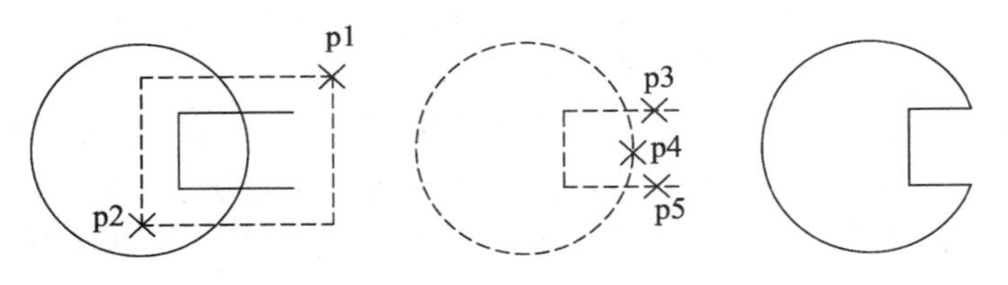

图 6-29 修剪操作(一)

【例 6.17】 修剪图形,如图 6-30 所示。提示:

➢ 命令:TRIM↙

➢ 当前设置:投影 = UCS,边 = 延伸

➢ 选择剪切边 …

➢ 选择对象或 <全部选择>:(拾取 p 点选取直线)

➢ 选择要修剪的对象……或［投影(P)/边(E)/放弃(U)］:E↙

➢ 输入隐含边延伸模式［延伸(E)/不延伸(N)］ <不延伸>:E↙

➢ 选择要修剪的对象……或［…］:(拾取 p1 点)

➢ 选择要修剪的对象……或［…］:(拾取 p2 点)

➤ 选择要修剪的对象……或［…］:(拾取 p3 点)
➤ 选择要修剪的对象……或［…］:↙

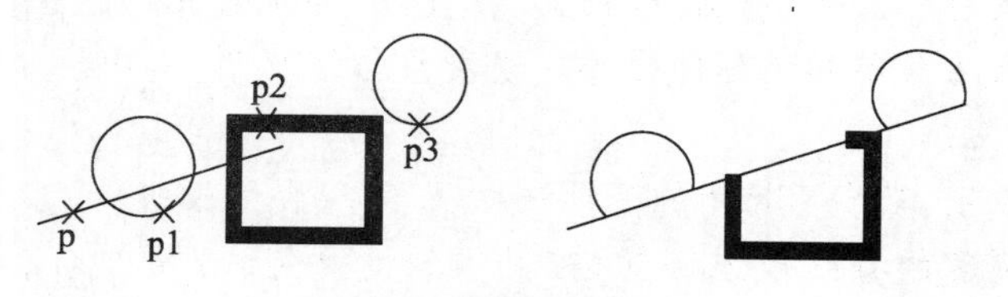

图 6-30 修剪操作(二)

6.13 延伸对象(EXTEND)

1. 任务

延伸指定对象,使其到达图中所选定的边界对象。

2. 操作

- 键盘命令:EXTEND↙。
- 菜单选项:“修改”→“延伸”。
- 工具按钮:“修改”工具栏 →“延伸”。
- 功能区面板:“默认”→“修改”→“延伸”。

3. 提示

➤ 当前设置:投影 = UCS,边 = 延伸
➤ 选择边界的边 ...
➤ 选择对象或 <全部选择>:(选取延伸边界对象或按回车键)
➤ 选择要延伸的对象,按住 Shift 键选择要修剪的对象,或［栏选(F)/窗交(C)/投影(P)/边(E)/放弃(U)］:(选择延伸对象或输入 F、C、P、E、U)

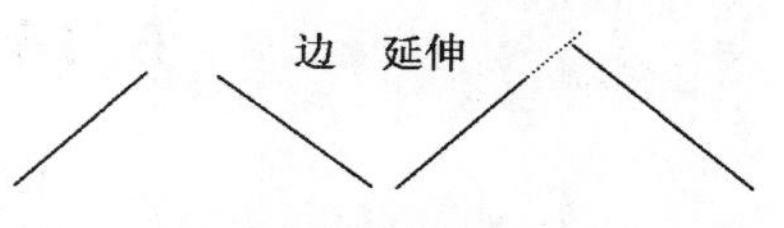

图 6-31 延伸操作(一)

- 选择对象:选择作为边界的边对象。
- <全部选择>:在选择对象处,按回车键,选择所有图形对象作为边界的边。
- 选择要延伸的对象:选择延伸对象进行延伸,延伸到指定边界。
- 选择要修剪的对象:按【Shift】键选择要修剪的对象。在延伸过程中完成对象修剪操作。
- 栏选(F)、窗交(C):同 TRIM 中选项功能。
- 投影(P):输入 P,确定延伸时的投影方式,同 TRIM 中选项。
- 边(E):输入 E,确定延伸边界是否允许延伸至相交,同 TRIM 中选项,如图 6-31 所示。

📖 **说明：**

① 允许用线、圆、圆弧、椭圆、椭圆弧、多段线、样条曲线、射线、构造线、文本、多线等作为延伸边界。多段线作边界边，其中心线为实际的边界边。

② 对于多段线，只有不封闭的多段线可以延伸，否则报错。

③ 对于有宽度的直线段或圆弧，按其倾斜度延伸，若延伸后末端的宽度为负值，则该端宽度值为0，如图6-32所示。

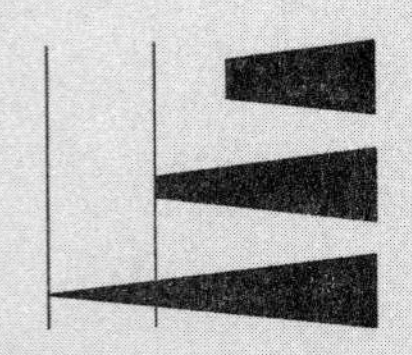
图6-32 延伸操作(二)

④ 延伸对象从离拾取点最近的端点开始，延伸到最近一条边界边上，延伸后对象还可再延伸。

【例6.18】 延伸图中直线和圆弧，如图6-33所示。

➤ 命令:EXTEND↙
➤ 选择边界的边……
➤ 选择对象或 <全部选择>:(拾取p点选取圆)
➤ 选择要延伸的对象……或[…]:(拾取p1点)
➤ 选择要延伸的对象……或[…]:(拾取p2点)
➤ 选择要延伸的对象……或[…]:(拾取p3点)

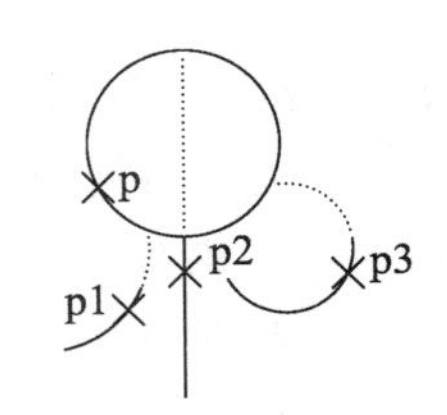

图6-33 延伸操作(三)

6.14 打断对象（BREAK）

1. 任务

删除直线、圆弧、圆等对象的一部分，或者将某一对象从某处切断成为两个对象。

2. 操作

- 键盘命令:BREAK↙。
- 菜单选项:“修改”→“打断”。
- 工具按钮:“修改”工具栏→“打断”。
- 功能区面板:“默认”→“修改”→“打断”。

3. 提示

➤ 选择对象:(选取打断对象)
➤ 指定第二个打断点或[第一点(F)]:(输入第二点、F或@)

- 指定第二个打断点:输入第二点，将选取对象时拾取点到该点之间部分删除。
- 第一点(F):输入F，重新拾取两点并删除两点之间的部分。提示:

➤ 指定第二个打断点或[第一点(F)]:F↙
➤ 指定第一个打断点:(拾取第一点)
➤ 指定第二个打断点:(拾取第二点或@)

- @:输入@，在第一拾取点处将对象断开，变为两个对象。

📖 说明：

① 第二拾取点可在对象附近，可以不在对象上，在垂点处断开。

② 若对圆、圆弧断开，则按逆时针方向删除。

③ “@”选项功能与“打断于一点”命令功能相同。圆不能从某一点切断。

【例6.19】 按要求对图形对象进行断开，如图6-34所示。

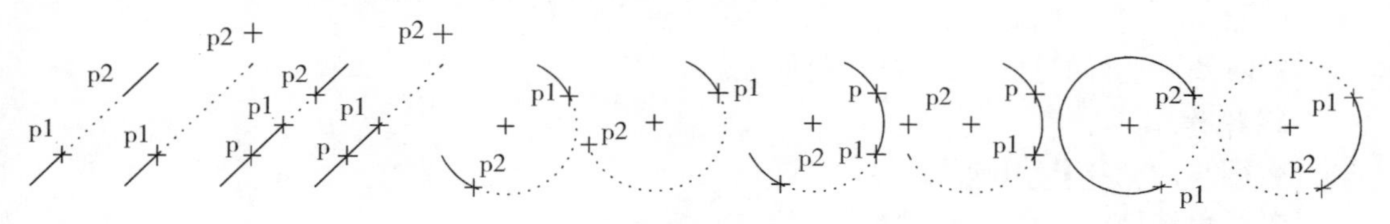

图6-34 打断操作

6.15 合并（JOIN）

1. 任务

将多条直线、多段线、圆弧、椭圆弧、样条曲线或螺旋线连接合并为一个对象。合并需要符合一定的条件。

2. 操作

● 键盘命令：JOIN↙。

● 菜单选项：“修改”→“合并”。

● 工具按钮：“修改”工具栏→“合并”。

● 功能区面板：“默认”→“修改”→“合并”。

3. 提示

➤ 选择源对象或要一次合并的多个对象：（选取一个或多个要合并的对象）

➤ 选择要合并到源的对象：（选取要合并到源对象的一个或多个要合并对象）

● 源对象为直线：选择要合并到源对象的一条或多条直线，将它们合并连接成一条直线。要求所选直线对象必须共线，允许它们之间可以有间隙。

● 源对象为多段线：选择要合并到源对象的一个或多个直线、多段线或圆弧对象，将它们合并连接成一条多段线。要求所选对象必须首尾相连，对象之间不能有间隙，并且必须位于同一平面上。

● 源对象为圆弧：选择要合并到源对象的一个或多个圆弧，将它们合并连接成一个圆弧，或者将源圆弧进行闭合生成一个圆。要求所选圆弧对象必须位于同一圆上，允许它们之间可以有间隙。

● 源对象为椭圆弧：选择要合并到源对象的一个或多个椭圆弧，将它们合并连接成一个椭圆弧，或者将源椭圆弧进行闭合生成一个椭圆。要求所选椭圆弧对象必须位于同一椭圆上，允许它们之间可以有间隙。

● 源对象为样条线、螺旋线：选择要合并到源对象的样条曲线或螺旋线，将它们合并连接成一条样条曲线。要求样条曲线和螺旋线必须点对点相接，对象之间不能有间隙。

6.16 倒角（CHAMFER）

1. 任务

对两条不平行的直线段进行切角处理。

2. 操作

- 键盘命令：CHAMFER↙。
- 菜单选项："修改"→"倒角"。
- 工具按钮："修改"工具栏 →"倒角"。
- 功能区面板："默认"→"修改"→"倒角"。

3. 提示

➢ ("修剪"模式) 当前倒角距离 1 = 10.0000，距离 2 = 10.0000

➢ 选择第一条直线或［放弃(U)/多段线(P)/距离(D)/角度(A)/修剪(T)/方式(E)/多个(M)］：(选取直线或输入 U、P、D、A、T、E、M)

- 选择第一条直线：选择第一条倒角直线，对两条不平行直线进行倒角。提示：

  ➢ 选择第二条直线，或按住 Shift 键选择要应用角点的直线：(选择第二条倒角直线)

- 多段线(P)：对多段线所有顶点进行倒角，如图 6-35 所示。提示：

  ➢ 选择二维多段线或［距离(D)/角度(A)/方法(M)］：(选择一多段线或输入 D、A、M)

说明：

如果多段线用"闭合"封闭，则在闭合点倒角，否则在闭合点不倒角。

- 距离(D)：输入 D，确定两条直线的倒角距离，如图 6-36 所示。提示：

  ➢ 指定第一个倒角距离 <10.0000>：(输入第一条直线的倒角距离)

  ➢ 指定第二个倒角距离 <10.0000>：(输入第二条直线的倒角距离)

- 角度(A)：输入 A，确定相对第一条直线的倒角距离和角度，如图 6-37 所示。提示：

  ➢ 指定第一条直线的倒角长度 <20.0>：(输入第一条边的倒角距离)

  ➢ 指定第一条直线的倒角角度 <0>：(输入角度)

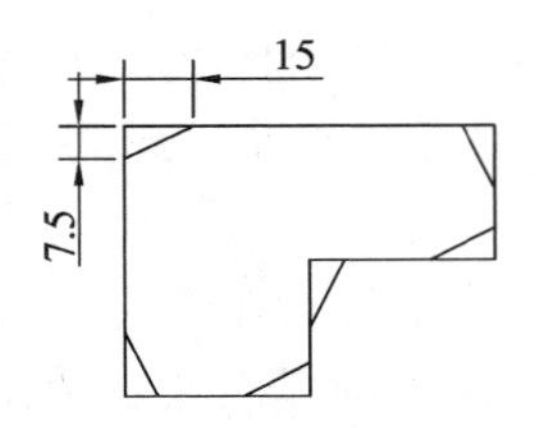

图 6-35　多段线倒角

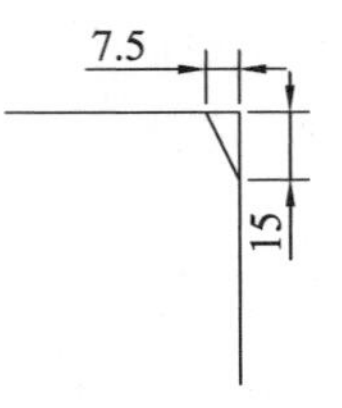

图 6-36　按距离倒角

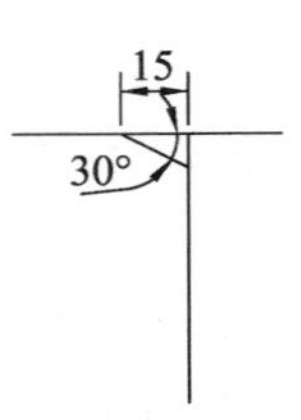

图 6-37　按角度倒角

● 修剪(T):输入T,确定倒角时是否修剪,如图6-38所示。提示:

➢ 输入修剪模式选项[修剪(T)/不修剪(N)] <修剪>:(输入T或N)

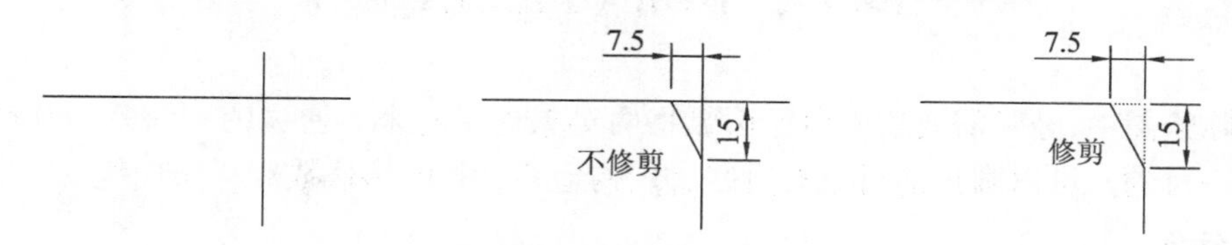

图6-38 修剪方式(一)

● 方式(E):输入E,确定以距离方式还是以角度方式倒角。提示:

➢ 输入修剪方法[距离(D)/角度(A)] <角度>:(输入D或A)

● 多个(M):输入M,允许连续多次进行倒角,直到按回车键结束。

说明:

① 第一个倒角距离对应第一条直线,第二个倒角距离对应第二条直线。

② 倒角时,参数不对不能倒角,否则将出现错误。

③ 当两个倒角距离为0,在交点处修剪,不足则延伸到交点,如图6-39所示。

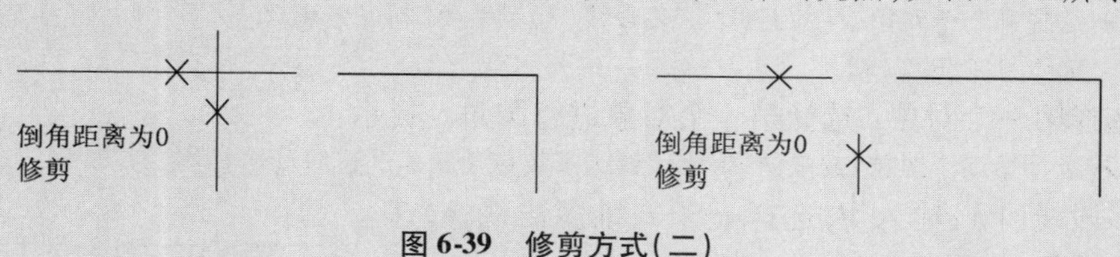

图6-39 修剪方式(二)

【例6.20】 已知三条相交直线,要求左边直线与水平线的倒角距离为2、1,水平线与右边直线的倒角距离为2,倒角角度为30°,如图6-40所示。提示:

➢ 命令:CHAMFER↙

➢ ("修剪"模式)当前倒角距离1 = 10.0000,距离2 = 10.0000

➢ 选择第一条直线或[放弃(U)/多段线(P)/距离(D)/…]:D↙

➢ 指定第一个倒角距离 <0.0000>:2↙

➢ 指定第二个倒角距离 <0.0000>:1↙

➢ 选择第一条直线或[放弃(U)/多段线(P)/…]:(选择左直线)

➢ 选择第二条直线:(选择水平线)

➢ 选择第一条直线或[放弃(U)/…/角度(A)/…]:A↙

➢ 指定第一条直线的倒角长度<20.0>:2↙

➢ 指定第一条直线的倒角角度 <0>:30↙

➢ 选择第一条直线或[放弃(U)/多段线(P)/…]:(选择水平线)

➢ 选择第二条直线:(选择右直线)

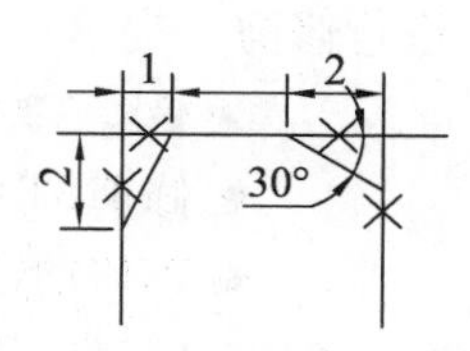

图6-40 倒角操作

6.17 圆角（FILLET）

实际绘图中，经常需要用光滑的圆弧将两对象连接起来。通过圆角命令（FILLET）可实现这一目的。可以圆角的对象有直线、弧、构造线、射线、多段线和样条曲线。

1. 任务

用指定半径的圆弧分别与两指定对象相切连接，圆角对象不足部分自动延伸，多余的部分被切除，做到光滑连接。

2. 操作

- 键盘命令：FILLET↙。
- 菜单选项："修改"→"圆角"。
- 工具按钮："修改"工具栏 →"圆角"。
- 功能区面板："默认"→"修改"→"圆角"。

3. 提示

> 当前模式：模式 = 修剪，半径 = 10.0000
> 选择第一个对象或[放弃(U)/多段线(P)/半径(R)/修剪(T)/多个(M)]：(选择对象或输入 U、P、R、T、M)

- 选择第一个对象：选择第一个对象进行圆角。提示：

> 选择第二个对象，或按住 Shift 键选择要应用角点的直线：(选择第二条对象)

- 多段线(P)：输入 P，选择一条二维多段线，对多段线进行圆角，如图 6-41 所示。提示：

> 选择二维多段线或 [半径(R)]：(选择一条二维多段线)

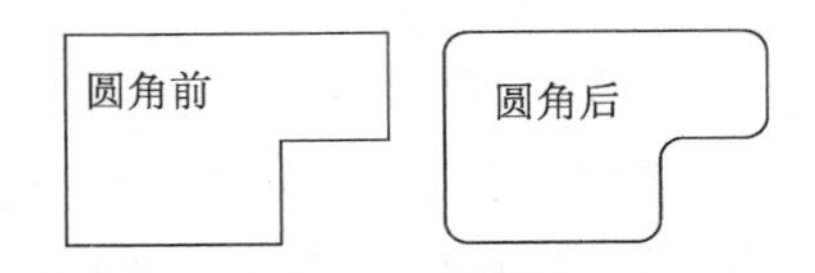

图 6-41　多段线圆角操作

- 半径(R)：输入 R，设置圆角半径。
- 修剪(T)：输入 T，指定圆角时，是否对圆角对象进行修剪。提示：

> 输入修剪模式选项 [修剪(T)/不修剪(N)] <修剪>：(输入 T 或 N)

  - 修剪(T)：输入 T，设定圆角时对圆角对象进行修剪。
  - 不修剪(N)：输入 N，设定圆角时不对圆角对象进行修剪。

- 多个(M)：输入 M，允许连续多次进行圆角，直到按回车键结束。

说明：

① 圆角对象不同，圆角后的效果也不同，如图 6-42 所示。

② 半径太大不能圆角，AutoCAD 系统将报错。

③ 允许对两条平行线圆角，取圆角半径为两平行线距离的一半，如图 6-43 所示。

④ 对多段线，如果是"闭合"封闭，则封闭点倒圆角；如果用目标对象捕捉封闭，则封闭点不倒圆角，如图 6-44 所示。

⑤ 若半径为 0，则在交点处修剪，不足部分延伸，如图 6-45 所示。

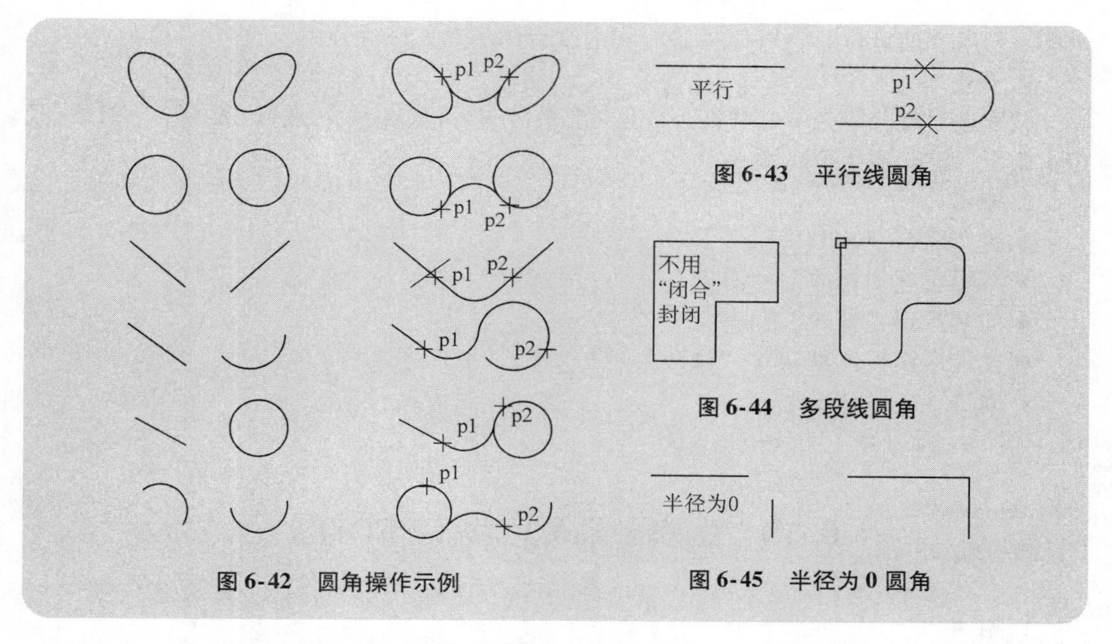

图6-42 圆角操作示例

图6-43 平行线圆角

图6-44 多段线圆角

图6-45 半径为0圆角

【例6.21】 设置图界为420×297,用多段线绘制10个数字字符,每个字符大小为40×70,按半径为10对这些字符进行圆角,得到圆润的10个数字字符,如图6-46所示。提示:

➤ 命令:(用 LIMITS 命令设置图形范围为420×297)
➤ 命令:(打开网格捕捉和栅格显示)
➤ 命令:(用 PLINE 命令绘制数字字符)
➤ 命令:(用 FILLET 命令按半径为10对10个数字字符进行圆角)

图6-46 圆角操作

6.18 分解对象(EXPLODE)

AutoCAD有两类图形对象:单一图形对象和复合图形对象。复合图形对象是由若干单一图形对象组成的复合图形,如矩形、多段线、填充图案、图块、尺寸标注、多线、面域、网格面等对象为复合图形对象,对复合图形对象的编辑可按单一图形对象进行。当复合图形对象不能满足要求时,需对其局部进行修改,这时需要将复合图形对象分解成一个个单一图形对象才能进行。EXPLODE 命令可对复合图形对象进行分解。

1. 任务

将复合对象分解为单一对象。复合对象被分解后,变成直线、圆弧、圆等单一对象,但保留图层、线型、颜色等属性。

2. 操作

- 键盘命令:EXPLODE↙。
- 菜单选项:“修改”→“分解”。
- 工具按钮:“修改”工具栏 →“分解”。
- 功能区面板:“默认”→“修改”→“分解”。

3. 提示

➢ 选择对象:(选取待分解对象)

6.19 编辑二维多段线(PEDIT)

1. 任务

编辑修改二维多段线特性,主要完成编辑操作有:修改宽度(整条或一段);闭合或打开二维多段线;将任意两点间多段线拉直为直线;断开或同化二维多段线;移动顶点或增加新顶点;用圆弧曲线或 B 样条曲线拟合多段线;将几条首尾不相连的直线、圆弧、多段线编辑为首尾相连的一条多段线。

2. 操作

- 键盘命令:PEDIT↙。
- 菜单选项:“修改”→“对象”→“多段线”。
- 工具按钮:“修改”Ⅱ工具栏 →“编辑多段线”。
- 功能区面板:“默认”→“修改”→“编辑多段线”。

3. 提示

➢ 选择多段线或[多条(M)]:(选择要编辑的多段线或输入 M)

➢ 输入选项

➢ [闭合(C)/合并(J)/宽度(W)/编辑顶点(E)/拟合(F)/样条曲线(S)/非曲线化(D)/线型生成(L)/反转(R)/放弃(U)]:(输入 C、J、W、E、F、S、D、L、R、U)

- 多条(M):输入 M,选择多个对象(直线、圆弧、多段线)进行编辑。
- 闭合(C):输入 C,将所选多段线首尾封闭。选项“闭合(C)”变为“打开(O)”。

说明:

若选择“打开(O)”,则多段线从闭合处断开,删除最后一段。“闭合”和“打开”交替出现。

- 合并(J):输入 J,将与所选多段线相连的非多段线同化为一条多段线,或输入模糊距离,将不相连的多段线延伸并修剪为首尾相连的一条多段线[选择“多条(M)”选项]。

➢ 选择对象:(选取与多段线连接的直线或圆弧)

- 宽度(W):输入 W,设置多段线新的宽度值,并将多段线按此宽度变为等宽。提示:

  ➢ 指定所有线段的新宽度:(输入新宽度)

- 拟合(F):输入 F,用圆弧曲线拟合所选多段线,如图 6-47 所示。

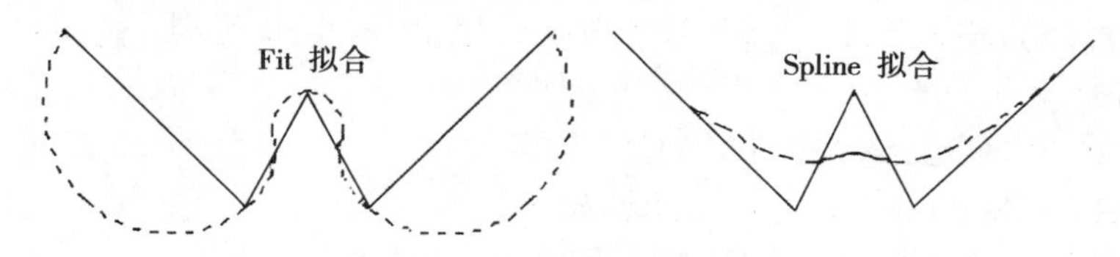

图 6-47 多段线拟合操作示例

- 样条曲线(S):输入 S,用 P 样条曲线拟合所选多段线,如图 6-47 所示。

① 用系统变量 SPLINESEQS 来控制样条曲线精度,值越大,精度越高。如果为负,则按绝对值产生逼近线段,以交点为控制点拟合一条拟合曲线。

② 用系统变量 SPLINETYPE 来控制样条曲线类型,其值为 5 时,产生二次 B 样条曲线;其值为 6(缺省值)时,产生三次 B 样条曲线。

③ 用系统变量 SPLFRAME 来控制样条曲线线框显示与否,其值为 0 时,只显示拟合曲线;其值为 1 时,同时显示拟合曲线和原曲线。

- 非曲线化(D):输入 D,恢复“拟合”或“样条曲线”拟合前多段线,但圆弧变为直线。
- 线型生成(L):输入 L,规定非连续型多段线在各顶点处的绘线方式。提示:

  ➢ 输入多段线线型生成选项 [开(ON)/关(OFF)] <关>:(输入 ON 或 OFF)

  ◆ 开(ON):输入 ON,按多段线全长生成线型。

  ◆ 关(OFF):输入 OFF,按多段线每一子段生成线型。

- 反转(R):输入 R,将所选多段线首尾反转,对于不等宽多段线有反转效果。
- 放弃(U):输入 U,取消上一次操作。
- 编辑顶点(E):输入 E,编辑修改多段线顶点。提示:

  ➢ 输入顶点编辑选项

  ➢ [下一个(N)/上一个(P)/打断(B)/插入(I)/移动(M)/重生成(R)/拉直(S)/切向(T)/宽度(W)/退出(X)] <N>:(输入 N、P、B、I、M、R、S、T、W、X)

  ◆ 下一个(N):输入 N,指定下一顶点变为当前顶点(当前顶点由标记指明)。

  ◆ 上一个(P):输入 P,指定前一顶点变为当前顶点(当前顶点由标记指明)。

  ◆ 打断(B):输入 B,删除多段线中部分线段。提示:

  ➢ 输入选项 [下一个(N)/上一个(P)/执行(G)/退出(X)] <N>:(输入 N、P、G 或 X)

  ■ 下一个(N):输入 N,当前顶点为第一断点,指定下一顶点为第二断点。

  ■ 上一个(P):输入 P,当前顶点为第一断点,指定前一顶点为第二断点。

  ■ 执行(G):输入 G,删除第一断点和第二断点之间的线段。

  ■ 退出(X):输入 X,退出“打断”编辑状态。

  ◆ 插入(I):输入 I,在当前顶点后面插入一新顶点,如图 6-48 所示。提示:

  ➢ 指定新顶点的位置:(拾取新顶点位置)

  A 为当前顶点,B 为新顶点。

◆ 移动(M):输入 M,将当前顶点位置移动到新位置,如图 6-49 所示,A 为当前顶点,B 为新顶点位置。提示:

➢ 指定标记顶点的新位置:(拾取新位置)

◆ 重生成(R):输入 R,重新生成多段线。

◆ 拉直(S):输入 S,拉直多段线中部分线段,如图 6-50 所示。提示:

➢ 输入选项 [下一个(N)/上一个(P)/执行(G)/退出(X)] <N>:(输入 N、P、G 或 X)

■ 下一个(N):输入 N,同"打断"操作。

■ 上一个(P):输入 P,同"打断"操作。

■ 执行(G):输入 G,将第一点到第二点之间线段拉直。

■ 退出(X):输入 X,退出"拉直"编辑状态。

◆ 切向(T):输入 T,标出当前顶点切线方向。提示:

➢ 指定顶点切向:(指定切线方向)

◆ 宽度(W):输入 W,设置前一顶点后面一段的起始和终边宽度。

◆ 退出(X):输入 X,退出"编辑顶点"。

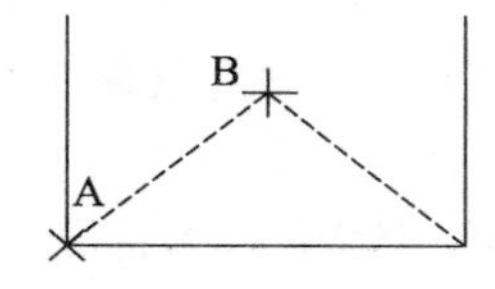

图 6-48　插入一点

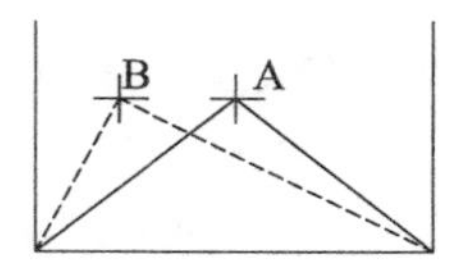

图 6-49　移动顶点

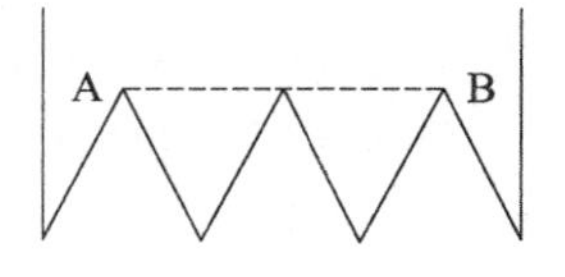

图 6-50　拉直线段

【例 6.22】　用 B 样条曲线拟合多段线。系统变量 SPLFRAME 置 1。提示:

➢ 命令:SPLFRAME↙

➢ 输入 SPLFRAME 的新值 <0>:1↙

➢ 命令:PEDIT↙

➢ 选择多段线或 [多条(M)]:(选择要编辑的多段线)

➢ [闭合(C)/合并(J)/宽度(W)/编辑顶点(E)/拟合(F)/样条曲线(S)/…]:S↙

6.20　编辑样条曲线(SPLINEDIT)

1. 任务

编辑修改样条曲线,并自动将"样条拟合多段线"转化为样条曲线。

2. 操作

● 键盘命令:SPLINEDIT↙。

● 菜单选项:"修改"→"对象"→"样条曲线"。

● 工具按钮:"修改" Ⅱ 工具栏 →"编辑样条曲线"。

● 功能区面板:"默认"→"修改"→"编辑样条曲线"。

3. 提示

➢ 选择样条曲线:(选择要编辑的多段线)

➢ 输入选项[闭合(C)/合并(J)/拟合数据(F)/编辑顶点(E)/转换为多段线(P)/反转

(R)/放弃(U)/退出(X)]<退出>:(输入C、J、F、E、P、R、U、X)

● 闭合(C):输入C,将所选样条曲线首尾封闭。选项"闭合(C)"变为"打开(O)"。若选择"打开(O)",则样条曲线从闭合处断开,删除最后一段。"闭合"和"打开"交替出现。

● 合并(J):输入J,将与所选样条曲线相连接的样条曲线、多段线、直线、圆弧合并为一条曲线。所选对象必须精确相连。

● 拟合数据(F):输入F,编辑拟合数据,生成新的样条曲线。提示:

➢ 输入拟合数据选项

➢ [添加(A)/闭合(C)/删除(D)/扭折(K)/移动(M)/清理(P)/切线(T)/公差(L)/退出(X)]<退出>:(输入A、C、D、K、M、P、T、L、X)

◆ 添加(A):输入A,添加新的拟合点,可一次性添加多个拟合点。提示:

➢ 在样条曲线上指定现有拟合点 <退出>:(选取样条曲线上的一个拟合点)

➢ 指定要添加的新拟合点 <退出>:(拾取添加新的拟合点)

◆ 闭合(C):输入C,将所选样条曲线首尾封闭。若曲线封闭,则可将其打开。

◆ 删除(D):输入D,删除所选定的一个或多个拟合点。

◆ 扭折(K):输入K,沿样条曲线移动鼠标,在样条曲线上拾取点,增加拟合点。

◆ 移动(M):输入M,移动拟合点到新位置。提示:

➢ 指定新位置或[下一个(N)/上一个(P)/选择点(S)/退出(X)] <下一个>:(拾取新位置或输入N、P、S、X)

■ 指定新位置:拾取新位置。

■ 下一个(N):输入N,指定下一点为当前控制点。

■ 上一个(P):输入P,指定上一点为当前控制点。

■ 选择点(S):输入S,任意选定控制点为当前控制点。

■ 退出(X):输入X,退出移动编辑状态。

◆ 清理(P):输入P,删除拟合数据,使提示中的"拟合数据"选项不再出现。

◆ 切线(T):输入T,修改样条曲线在起点和终点处的切线方向。

◆ 公差(L):输入L,修改拟合公差值。

● 编辑顶点(E):输入E,编辑样条曲线控制点,生成新的样条曲线。类似"拟合数据"功能。

● 转换为多段线(P):输入P,将样条曲线转换为多段线。

● 反转(R):输入R,反转样条曲线的起止方向,起点变终点,终点变起点。

● 放弃(U):输入U,取消前一编辑操作。

6.21　编辑多线(MLEDIT)

1. 任务

按"十"形、"T"形、"L"形、打断、恢复、弯曲等方式编辑修改多线。

2. 操作

● 键盘命令:MLEDIT↙。

● 菜单选项:“修改”→“对象”→“多线”。

3. **提示**

弹出“多线编辑工具”对话框,如图6-51所示。

AutoCAD 2014 提供12种多线编辑工具,可方便修改多线,以满足用户要求。

● 单击“十字闭合”按钮,编辑十字相交多线,第一条多线被切断,第二条多线不变。

● 单击“十字打开”按钮,编辑十字相交多线,第一条多线内外线段被切断,第二条多线外部线段被切断,内部线段不变。

● 单击“十字合并”按钮,编辑十字相交多线,两条多线外线被切断,内部线段不变。

● 单击“T形闭合”按钮,编辑T字相交多线,第一条多线被第二条多线外线切断,第二条多线不变。

● 单击“T形打开”按钮,编辑T字相交多线,第一条多线被第二条多线外线切断,第二条多线一条外线被第一条外线切断,第二条多线内线不变。

● 单击“T形合并”按钮,编辑T字相交多线,第一条多线外线被第二条多线一条外线切断,第一条多线内线被第二条多线内线切断,第二条多线一条外线被第一条外线切断,第二条多线内线不变。

● 单击“角点结合”按钮,编辑L字相交多线,多余部分被切断。

● 单击“添加顶点”按钮,在多线上拾取点处添加新顶点,用夹点编辑改变顶点位置。

● 单击“删除顶点”按钮,删除多线上顶点,将相邻两顶点之间多线拉直。

● 单击“单个剪切”按钮,在多线某线段上拾取两点,删除该线段两拾取点之间线段。

● 单击“全部剪切”按钮,在多线某线段上拾取两点,删除多线两拾取点之间线段。

● 单击“全部接合”按钮,恢复多线上被删除的所有线段。

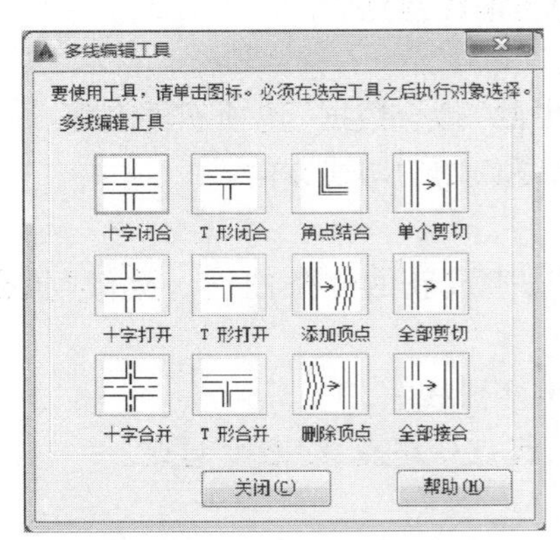

图6-51 “多线编辑工具”对话框

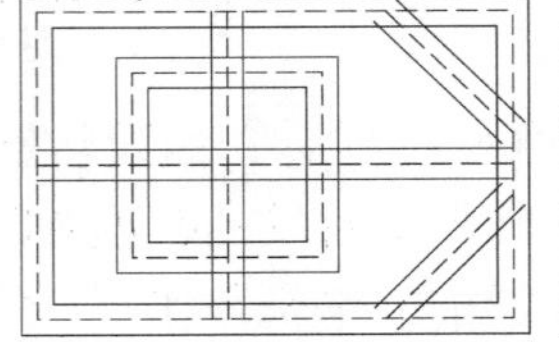

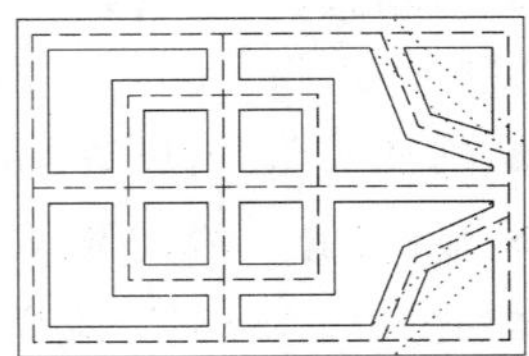

图6-52 多线编辑操作示例

【例6.23】 用多线绘制和编辑命令绘制如图6-52所示的图形。

● 创建新多线样式(3线)。

● 执行 MLINE 命令绘制左图。

● 用“十”形、“T”形和添加顶点多线编辑工具编辑修改左图,得到右图。

● 用夹持点编辑模式移动添加的顶点。

● 用 LINE 命令连接部分缺口。

6.22 对齐对象(ALIGN)

1. 任务

移动和旋转一个二维或三维对象,使其与某一对象在特定位置对齐。

2. 操作

- 键盘命令:ALIGN↙。
- 菜单选项:"修改"→"三维操作"→"对齐"。
- 功能区面板:"默认"→"修改"→"对齐"。

3. 提示

- 选择对象:(选择对齐对象)
- 指定第一个源点:(在对齐对象上拾取第一个源点)
- 指定第一个目标点:(在目标对象上拾取第一个目标点)
- 指定第二个源点:(在对齐对象上拾取第二个源点)
- 指定第二个目标点:(在目标对象上拾取第二个目标点)
- 指定第三个源点或 <继续>:(在对齐对象上拾取第三个源点)
- 指定第三个目标点:(在目标对象上拾取第三个目标点)
- 是否基于对齐点缩放对象?[是(Y)/否(N)] <否>:(输入 Y 或 N)

说明:

① ALIGN 命令是 MOVE 和 ROTATE 命令的组合。

② 在"指定第二个源点:"处按回车键,则执行移动,第一个源点与第一个目标点重合。

③ 第三个源点和目标点用于对齐三维对象,在"指定第三个源点或 <继续>:"处直接按回车键,则移动和旋转对象,第一个源点与第一个目标点重合,第二个源点在第一个目标点和第二个目标点的连线上。

④ 对于三维对象对齐,需指定第三个源点和第三个目标点。

⑤ 在"是否基于对齐点缩放对象?[是(Y)/ 否(N)] <否>:"处输入 Y,则缩放对齐对象;否则保持源对象不变。

【例 6.24】 将左边长方形移到新位置,如图 6-53 所示。提示:

- 命令:ALIGN↙
- 选择对象:(选择左边长方形)
- 选择对象:↙
- 指定第一个源点:(拾取 p1 点)
- 指定第一个目标点:(拾取第 p2 点)
- 指定第二个源点:(拾取第 p3 点)

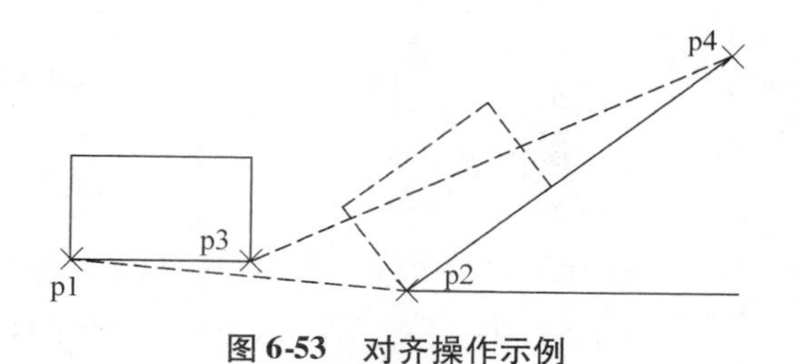

图 6-53 对齐操作示例

➢ 指定第二个目标点：(拾取第 p4 点)
➢ 指定第三个源点或 <继续>：↙
➢ 是否基于对齐点缩放对象？[是(Y)/否(N)] <否>：↙

6.23 修改对象(CHANGE)

1. 任务

修改指定对象的某些特性。

2. 操作

● 键盘命令：CHANGE↙。

3. 提示

➢ 选择对象：(选取直线、圆、矩形、多段线、样条曲线、文本、图块、属性等图形对象)
➢ 指定修改点或 [特性(P)]：(拾取点或输入 P)

● 指定修改点：拾取点，改变所选对象夹持点位置，同时提示修改有关参数，不同对象修改内容不同。

◆ 选取直线：修改与拾取点最近的端点到拾取点，若选取多条直线，则修改多条直线与拾取点最近的所有端点到拾取点，如图 6-54(a)所示。

◆ 选取圆：修改圆半径，使圆周线通过拾取点，如图 6-54(b)所示。

◆ 选取文本：修改文本基点为拾取点，同时修改其他参数，如图 6-54(c)所示。
提示：
➢ 指定修改点或 [特性(P)]：(拾取新的文本基点)
➢ 输入新文字样式 <Standard>：(输入新的文本样式)
➢ 指定新高度 <10.0>：(输入新的文本高度)
➢ 指定新的旋转角度 <0>：(输入新的文本旋转角度)
➢ 输入新文字 <a>：(输入新的文本内容)

◆ 选取图块：修改图块基点到拾取点，同时修改旋转角度，如图 6-54(d)所示。
提示：
➢ 指定修改点或 [特性(P)]：(拾取新的图块基点)
➢ 指定新块的旋转角度 <90>：(输入新的图块旋转角度)

◆ 选取属性：修改属性基点到拾取点，同时修改其他参数，如图 6-54(e)所示。
提示：

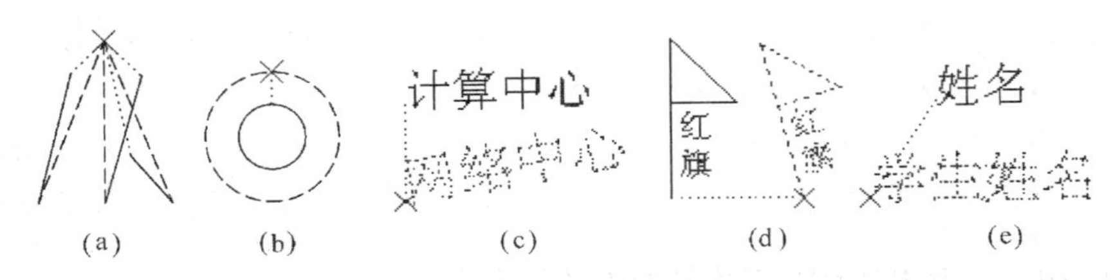

图 6-54 修改操作示例(一)

- ➢ 指定修改点或 [特性(P)]:(拾取新的属性基点)
- ➢ 输入新文字样式 <Standard>:(输入新的文本样式)
- ➢ 指定新高度 <8.4277>:(输入新的文本高度)
- ➢ 指定新的旋转角度 <0>:(输入新的旋转角度)
- ➢ 输入新标记 <AA1>:(输入新的属性标志)
- ➢ 输入新提示 <aa=>:(输入新的属性提示)
- ➢ 输入新默认值 <*>:(输入新的属性缺省值)

● 特性(P):输入P,修改对象特性。提示:

➢ 输入要修改的特性 [颜色(C)/标高(E)/图层(LA)/线型(LT)/线型比例(S)/线宽(LW)/厚度(T)/透明度(TR)/材质(M)/注释性(A)]:(输入C、E、LA、LT、S、LW、T、TR、M、A)

- ◆ 颜色(C):输入C,修改对象颜色。
- ◆ 标高(E):输入E,修改对象标高。
- ◆ 图层(LA):输入LA,修改对象图层。
- ◆ 线型(LT):输入LT,修改对象线型。
- ◆ 线型比例(S):输入S,修改对象线型比例因子。
- ◆ 线宽(LW):输入LW,修改对象线宽。
- ◆ 厚度(T):输入T,修改对象厚度。
- ◆ 透明度(TR):输入TR,修改对象厚度。
- ◆ 材质(M):输入M,修改对象材质。
- ◆ 注释性(A):输入A,修改所选对象的注释性特性。

【例6.25】 修改图中的直线、圆和文本的位置,如图6-55所示。

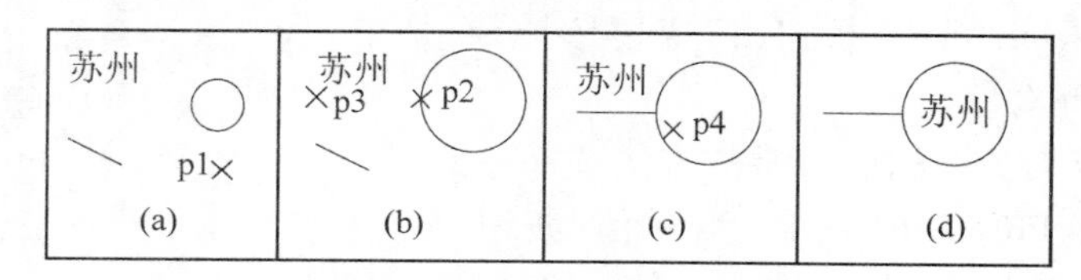

图6-55 修改操作示例(二)

- 执行CHANGE命令,选取圆,拾取p1点,小圆变大圆。
- 执行CHENGE命令,选取直线,拾取p2和p3点,直线变水平直线。
- 执行CHENGE命令,选取“苏州”,拾取p4点,将“苏州”放入圆内。

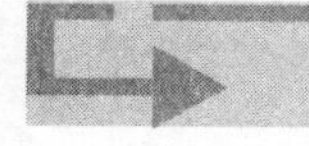

6.24 使用工具栏和选项板修改对象特性

CHANGE命令采用命令方式修改对象特性,其修改功能有限。AutoCAD 2014提供了功能强大的对象特性修改工具,可方便灵活地使用这些工具,高效、快速地完成图形修改。

6.24.1 使用“特性”工具栏修改对象特性

“特性”工具栏提供了查询和修改对象颜色、线型、线宽和打印样式的功能,如图6-56

所示,用户使用鼠标可方便和灵活地修改这些对象特性。

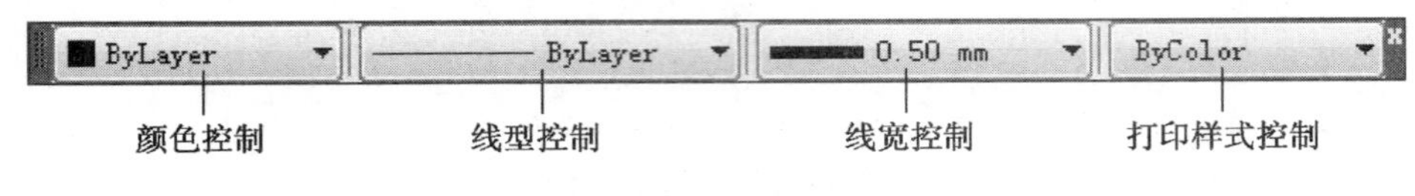

图 6-56 “特性”工具栏

- 先选取要查询和修改的对象(可多选),被选取对象的有关特性显示在“特性”工具栏中的有关控件内。
- 然后单击“特性”工具栏的有关特性控件,打开下拉列表,选择新特性。
- 按【Esc】键,取消选择状态,完成修改。

6.24.2 使用“特性”和“快捷特性”选项板修改对象特性

用户可通过“特性”和“快捷特性”选项板快速查询和修改图形对象的有关特性,如图 6-57所示。

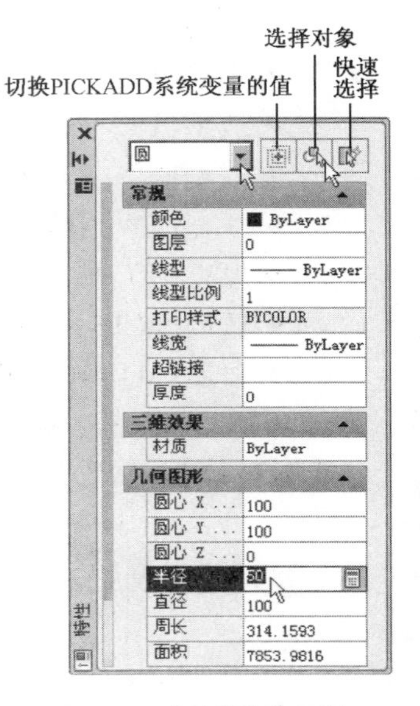

图 6-57 “特性”选项板

打开“特性”选项板,如图 6-57 所示。双击要修改的图形对象,弹出“快捷特性”选项板。根据提示进行对象特性的查询和修改操作。

- 直接在绘图区选取对象(可多选),选项板中显示被选取对象特性。如果只选一个对象,则选项板给出该对象的“常规”“三维效果”“几何图形”特性。如果选择多个对象,则选项板只给出前两种特性。
- 单击“快速选择”按钮,弹出“快速选择”对话框,按快速选择方法选择对象。
- 单击“选择对象”按钮,按常规方法选择对象。
- 单击“切换 PICKADD 系统变量的值”按钮,系统变量 PICKADD 在 0 或 1 之间切换。按钮上显示“1”,表示 PICKADD 值为 0,表示最后一次选择的对象有效,对话框中显示数据与最后一次选择对象有关。按钮上显示“+”,表示 PICKADD 值为 1,表示本次选择对象添加到选择集中,对话框中显示数据与所选对象有关。
- “对象类型”列表框给出所选对象类型列表,从对象列表清单中可选择所需对象类型。“常规”“三维效果”“几何图形”面板中给出该对象类型的有关特性。用户可对其进行查询和修改。
- “常规”面板给出指定对象类型通用的基本特性,如颜色、图层、线型等。
- “三维效果”面板给出三维图形对象类型的有关特性,如材质、阴影。
- “几何图形”面板给出指定对象类型特有的几何特征数据。
- 按【Esc】键,取消选择状态,完成修改。

说明:

① 选项板面板中左边为特性名称,右边为特性值或状态。如果特性值或状态为灰色显示,则该特性值或状态不可修改。

② 若要修改特性,则应先单击左边特性名称,再修改特性值或状态。新的特性值可直接输入,也可单击右侧“计算器”按钮,通过计算器计算新值。

③ 用鼠标右击“特性”标题栏,弹出快捷菜单,如图6-58所示。根据提示设置有关功能。如果设置了“自动隐藏”功能,则光标离开选项板后,选项板面板被隐藏;光标移到“特性”标题栏,选项板面板再次显现。

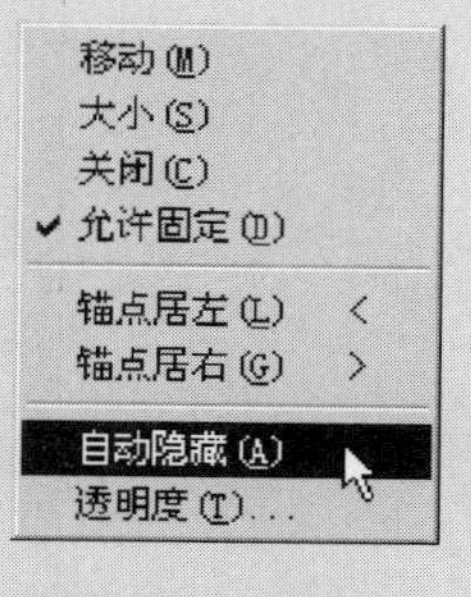

图6-58 “特性”快捷菜单

6.24.3 特性匹配(MATCHPROP)

特性匹配也称“特性刷”,是当前软件系统普遍采用的一种重要修改工具之一,AutoCAD 2014 提供的特性匹配功能,为用户修改图形提供了极大的方便。

1. 任务

将源对象上的指定特性(包括文字样式、标注样式和填充图案)赋予目标对象,以改变目标对象的特性。

2. 操作

- 键盘命令:MATCHPROP↙。
- 菜单选项:“修改”→“特性匹配”。
- 工具按钮:标准工具栏 →“特性匹配”。

3. 提示

➢ 选择源对象:(选取匹配源对象)

➢ 当前活动设置: 颜色 图层 线型 线型比例 线宽 透明度 厚度 打印样式 文字 标注 填充图案 多段线 视口 表格 材质 阴影显示 多重引线

➢ 选择目标对象或[设置(S)]:(选取匹配目标对象或输入S)

- 选择目标对象:选取匹配目标对象,将源对象特性赋予该对象。
- 设置(S):输入S,弹出“特性设置”对话框,如图6-59所示,根据提示设置特性匹配参数,确定有哪些特性可赋予目标对象。

对话框中给出了源对象可匹配的特性,单击某一特性复选框,若复选框左面有“√”标记,则该特性可匹配,否则不能匹配。9个特殊特性只允许在同类对象之间进行特性匹配。单击“确定”按钮,关闭对话框,继续显示匹配操作提示,此时拾取目标对象,就把源对象上指定的特性赋予了目标对象。

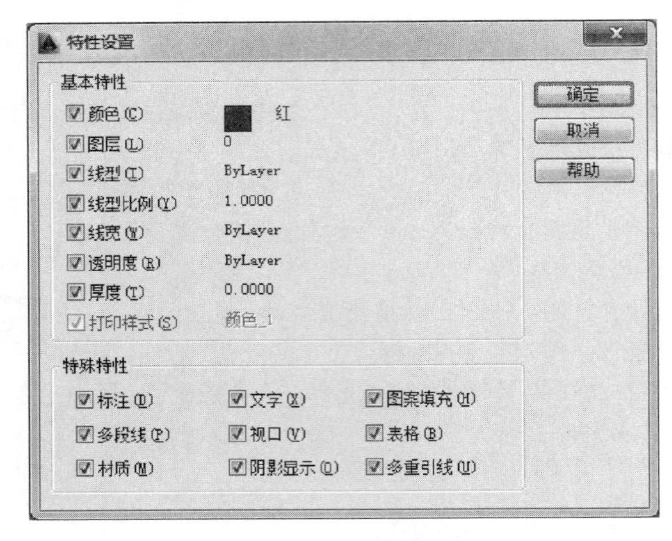

图 6-59 “特性设置”对话框

6.25 使用夹点功能编辑对象（GRIPS）

6.25.1 夹点概念

每个图形对象都有若干几何特征点，直接编辑修改这些特征点可提高编辑效率，快捷、方便地改变图形对象的大小和位置。AutoCAD 2014 规定了每种图形对象的“特征点”，一般称“特征点”为“夹点”，也称“夹持点”或“钳夹点”。

不同图形对象其夹点数量不同，夹点的几何特征不同，选取对象后其夹点用蓝色小方框标记（缺省），夹点标记的颜色和大小可改变。常用对象夹点数量和位置如图 6-60 所示。

夹点编辑是一种图形编辑工具，通常要与其他图形编辑工具结合使用，使用何种图形编辑工具要视具体情况而定，多种图形编辑工具并用，可达到事半功倍的作用。

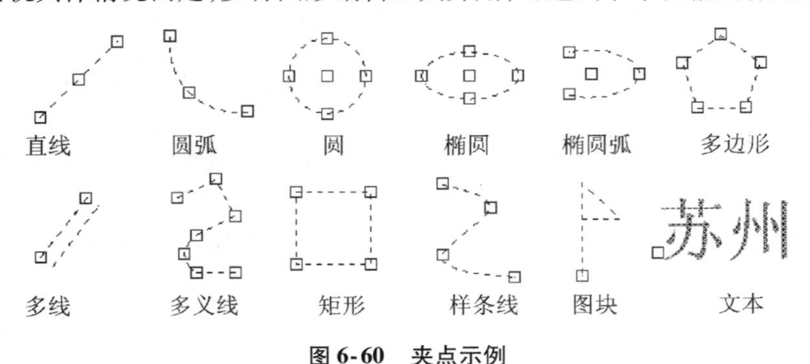

图 6-60 夹点示例

6.25.2 启用或关闭夹点(GRIPS)

1. 任务

启用或关闭夹点功能。

2. 操作

- 键盘命令:GRIPS↙。
- 菜单选项:"工具"→"选项"→"选择集"标签。
- 快捷菜单:快捷菜单 →"选项"→"选择集"标签。

3. 提示

➤ 输入 GRIPS 的新值 <1>:(输入夹点功能状态值 0 或 1)

输入 1,则启用夹点功能;输入 0,则关闭夹点功能。按照对话框提示操作,根据"选项"对话框的"选择集"标签内提示完成有关操作,如图 6-7 所示。

- 显示夹点(R):选中该项,启用夹点功能,否则夹点功能关闭。
- 在块中显示夹点(B):选择该项,显示图块对象的夹点,否则只显示基点夹点。
- 显示夹点提示(T):选中该项,当光标悬停在支持夹点提示的自定义对象的夹点上时,显示夹点的特定提示。该选项在标准对象上无效。
- 选择对象时限制显示的夹点数(M):抑制夹点显示。限制范围为 1 ~ 32 767,默认为 100。
- 夹点颜色(C):单击该按钮,指定设置未选定夹点颜色、选定夹点颜色、悬停夹点颜色和夹点轮廓颜色。
- 夹点尺寸(Z):移动滑标,指定夹点标记大小。

6.25.3 夹点编辑过程

先选取夹点编辑对象(可多选);然后单击某夹点使其激活,成为热夹点,用红色框标记(缺省),作为夹点编辑基点,与【Shift】键配合可同时激活多个夹点,但需再选取其中一个热夹点为编辑基点;最后确定 5 种夹点编辑模式(拉伸、移动、旋转、缩放、镜像)。

1. 拉伸模式

功能与 STRETCH 命令类似,但比 STRETCH 命令有一个优点:拉伸模式"复制"选项能同时进行多次拉伸,生成多个拉伸结果,另外拉伸模式可拉伸圆和椭圆。提示:

➤ ** 拉伸 **

➤ 指定拉伸点或[基点(B)/复制(C)/放弃(U)/退出(X)]:(拾取点或输入 B、C、U 或 X)

- 指定拉伸点:拾取基点被拉伸后的新位置。
- 基点(B):输入 B,指定新的拉伸基点。
- 复制(C):输入 C,允许同时进行多次拉伸(分别拾取多个新拉伸位置)。
- 放弃(U)、退出(X):输入 U,取消上一次操作;输入 X,退出当前操作。

2. 移动模式

拾取夹点后,在拉伸模式状态按回车键或键入 MO,进入移动模式,功能类似于 MOVE 命令,但比 MOVE 命令有一个优点:移动模式"复制"选项能同时进行多重复制。

➢ ＊＊ 移动 ＊＊

➢ 指定移动点或[基点(B)/复制(C)/放弃(U)/退出(X)]:(拾取点或输入 B、C、U 或 X)

● 指定移动点:拾取基点被移动后的新位置。
● 基点(B):输入 B,指定新的移动基点。
● 复制(C):输入 C,允许进行多重复制。

3. 旋转模式

拾取夹点后,在拉伸模式下按两次回车键或键入 RO,进入旋转模式,类似旋转命令。提示:

➢ ＊＊ 旋转 ＊＊

➢ 指定旋转角度或[基点(B)/复制(C)/放弃(U)/参照(R)/退出(X)]:(输入角度、B、C、U、R 或 X)

● 指定旋转角度:输入旋转角度。
● 基点(B):输入 B,指定新的旋转基点。
● 复制(C):输入 C,允许旋转的同时进行多重复制。
● 参照(R):输入 R,指定参考角度,相对参考角度进行旋转。

4. 缩放模式

拾取夹点后,在拉伸模式下按三次回车键或键入 SC,进入缩放模式,类似缩放命令。提示:

➢ ＊＊ 比例缩放 ＊＊

➢ 指定比例因子或 [基点(B)/复制(C)/放弃(U)/参照(R)/退出(X)]:(输入比例因子、B、C、U、R 或 X)

● 指定比例因子:输入缩放因子。
● 基点(B):输入 B,指定新的缩放基点。
● 复制(C):输入 C,允许缩放的同时进行多重复制。
● 参照(R):输入 R,指定参考长度,相对参考长度进行缩放。

5. 镜像模式

拾取夹点后,在拉伸模式下按四次回车键或键入 MI,进入镜像模式,类似镜像命令,但比 MIRROR 命令有一个优点:镜像模式的“复制”选项能在镜像的同时进行多重复制。提示:

➢ ＊＊ 镜像 ＊＊

➢ 指定第二点或 [基点(B)/复制(C)/放弃(U)/退出(X)]:(拾取第二点或输入 B、C、U 或 X)

● 指定第二点:输入镜像线第二点。
● 基点(B):输入 B,指定新的镜像基点。
● 复制(C):输入 C,允许镜像的同时进行多重复制。

说明:

激活夹点后,单击鼠标右键,弹出快捷菜单,在快捷菜单中选择夹点编辑模式。

6.26　使用剪贴板移动或复制对象

6.26.1　剪切对象(CUTCLIP)

1. 任务

将选取对象移到剪贴板。

2. 操作

- 键盘命令:CUTCLIP↙。
- 菜单选项:"编辑"→"剪切"。
- 工具按钮:标准工具栏 →"剪切"。
- 功能区面板:"默认"→"剪贴板"→"剪切"。
- 热键:【Ctrl】+【X】。

3. 提示

➢ 选择对象:(选择剪切对象)

选取对象后,按回车键,被选取对象消失,被选取对象放入剪贴板。也可先选取对象,后执行剪切操作。

6.26.2　复制对象(COPYCLIP)

1. 任务

将指定对象复制到剪贴板。

2. 操作

- 键盘命令:COPYCLIP↙。
- 菜单选项:"编辑"→"复制"。
- 工具按钮:标准工具栏 →"复制"。
- 功能区面板:"默认"→"剪贴板"→"复制"。
- 热键:【Ctrl】+【C】。

3. 提示

➢ 选择对象:(选择复制对象)

选取对象后,按回车键,被选取对象不消失,且被选取对象被放入剪贴板。也可先选取对象,后执行复制操作。

6.26.3　粘贴对象(PASTECLIP)

1. 任务

将剪贴板内容按指定比例粘贴到指定位置。

2. 操作

- 键盘命令:PASTECLIP↙。
- 菜单选项:"编辑"→"粘贴"。

- 工具按钮:标准工具栏 →"粘贴"。
- 功能区面板:"默认"→"剪贴板"→"粘贴"。
- 热键:【Ctrl】+【V】。

3. 提示

> ➤ 指定插入点:(拾取插入点)

粘贴后,被粘贴对象自动定义为图块,并插入图形中指定位置。

6.27 综合练习

【例 6.26】 按要求绘制皮带轮主、左视图,如图 6-61(f)所示。

要求:① 图形范围:150×120;② 创建两个图层:AUX 图层(颜色为红色,线型为 CENTER,线宽为 0.50 mm)和 CSX 图层(颜色为黑色,线型为 Continuous,线宽为缺省线宽)。

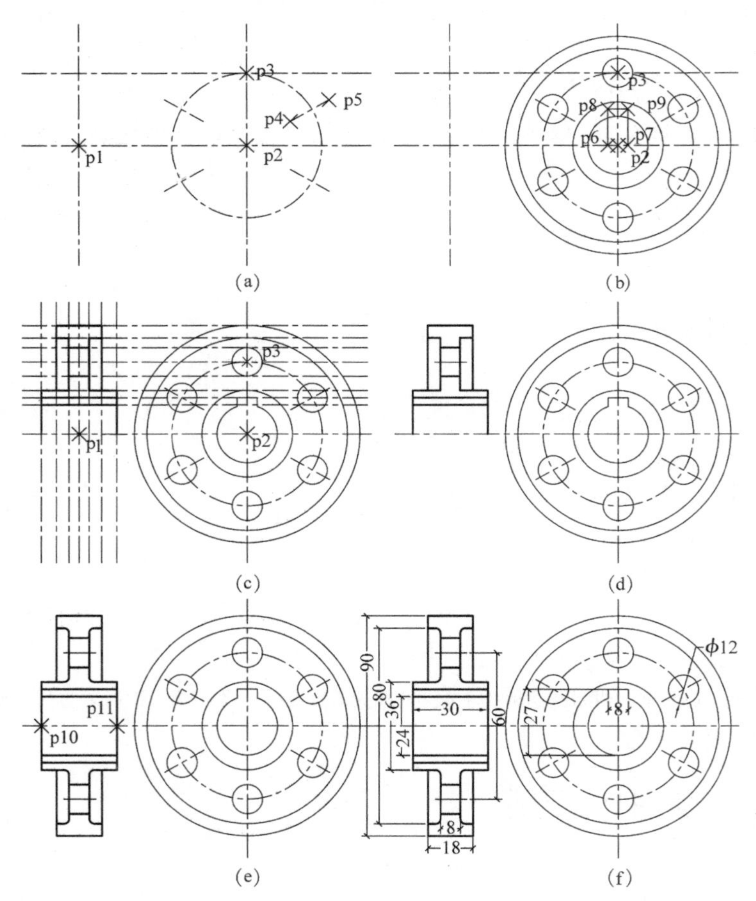

图 6-61 皮带轮主、左视图及绘制过程

图形绘制步骤如下:

(1) 用 LIMITS 命令设置图形范围为 150×120。

(2) 用 LAYER 命令设置图层及颜色、线型和线宽特性。

(3) 用 XLINE 和 CIRCLE 命令绘制如图 6-61(a)所示的图形对象。

● 用 LAYER 命令设置当前图层为 AUX 层。

● 用 XLINE 命令拾取点 p2(100,60)和 p3(100,90),绘制两条水平构造线。

● 用 XLINE 命令拾取点 p1(20,60)和 p2(100,60),绘制两条垂直构造线。

● 用 CIRCLE 命令绘制圆心在 p2(100,60)、半径为 30 的圆。

● 用 LINE 和"捕捉自"捕捉模式拾取 p2(100,60)、p4(@20 <30)、p5(@18 <30),绘制短直线。

● 用 ARRAY 命令对短直线以 p2 点为中心环形阵列 6 个。

(4) 用 CIRCLE 和 LINE 命令绘制如图 6-61(b)所示的图形对象。

● 用 LAYER 命令设置当前图层为 CSX 层。

● 用 CIRCLE 命令绘制圆心在 p2(100,60),半径为 12、18、40、45 的圆。

● 用 CIRCLE 命令和"交点"捕捉模式绘制圆心在 p3、半径为 6 的圆。

● 用 ARRAY 命令对小圆以 p2 点为中心环形阵列 6 个。

(5) 用 OFFSET、LINE 命令绘制如图 6-61(c)所示的图形对象。

● 用 OFFSET 命令将 p1 处垂线以距离 4、9、15 向两侧偏移生成 6 条垂直构造线。

● 用 OFFSET 命令将 p1 处水平线以距离 12、15、18、40、45 向上偏移生成 5 条水平构造线。

● 用 OFFSET 命令将 p3 处水平线以距离 6 向两侧偏移生成两条水平构造线。

● 用 LINE 和"交点"捕捉模式绘制粗线段。

(6) 用 ERASE 和 BREAK 命令绘制如图 6-61(d)所示的图形对象。

● 用 ERASE 命令删除左侧和上部中心线。

● 用 BREAK 命令打断上部一中心线。

(7) 用 FILLET 和 MIRROR 命令绘制如图 6-61(e)所示的图形对象。

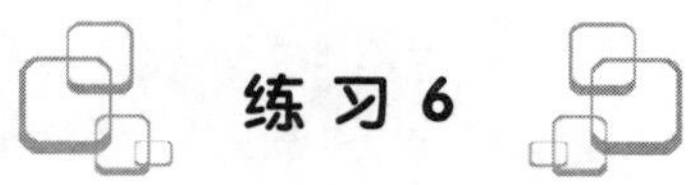

练习 6

1. 何谓选择集? AutoCAD 2014 提供了多少种选择方式? 缺省选择方式有哪些?
2. 系统变量 PICKBOX 的作用是什么?
3. 当图形对象比较拥挤和密集时,如何选择图形对象?
4. 简述"快速选择"的基本方法和主要特征。
5. 简述"修剪"和"延伸"操作中的 3 种投影方式。
6. 如何使用"特性"选项板修改图形对象? 能否一次性修改多个图形对象?
7. 何谓"特性匹配"? 可对哪些特性进行匹配?
8. "夹点"编辑有几种模式? 这几种"夹点"编辑模式与相应的编辑命令有何区别?
9. 用"剪贴板"进行图形复制与用 COPY 命令进行图形复制有何异同点?
10. 利用基本绘图命令和图形编辑命令,以及目标对象捕捉等辅助工具,绘制如图 6-62 所示的图形(不要求尺寸标注和图案填充)。

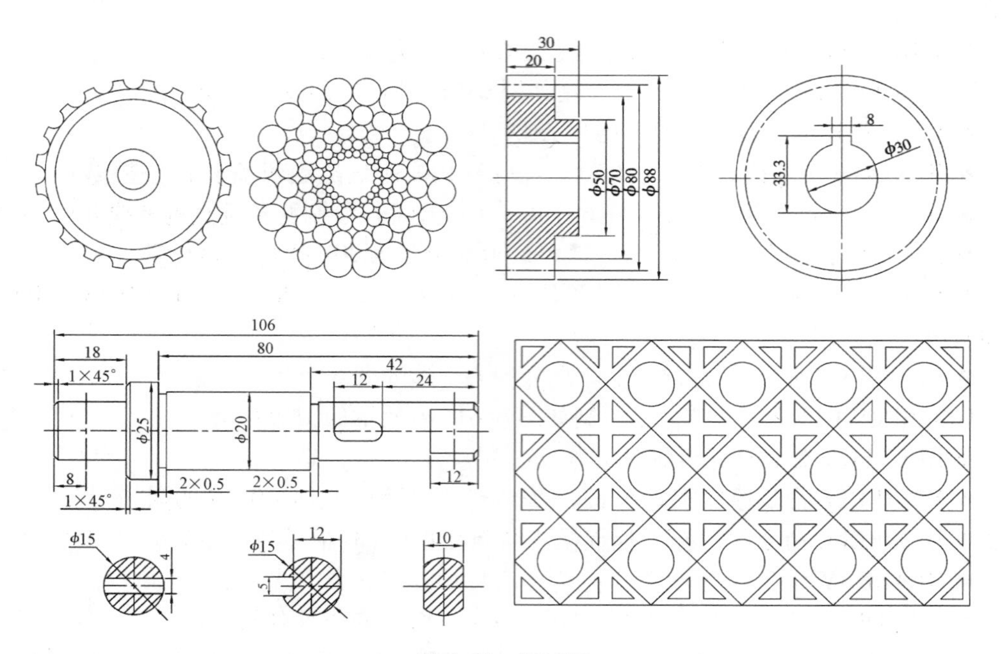
30
20
ϕ50
ϕ70
ϕ80
ϕ88
8
ϕ30
33.3
106
80
18
1×45°
42
12
24
ϕ25
ϕ20
8
2×0.5
2×0.5
12
1×45°
ϕ15
4
ϕ15
12
5
10

图 6-62　机械图

第 7 章

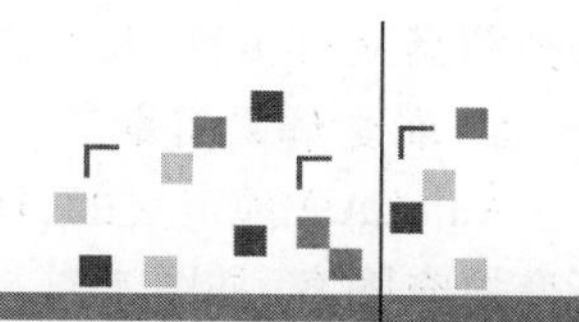

图案与渐变填充

在绘图过程中，常常需要在某些封闭区域填充各种图案（剖面线、阴影线、平面实体、花纹等）和颜色（索引色、真彩色、渐变色），以表示特定的意义，如表示墙体、剖面、横断面、材料、地界、天空等，如图 7-1 所示。将特定图案或渐变色填入指定区域，称为图案填充或渐变填充。AutoCAD 2014 不但提供了丰富的几何图案，而且提供了多种类型的颜色渐变图案。AutoCAD 2014 将预定义图案集中存放在标准图案库文件“acad. pat”中，用户定义图案可保存在“acad. pat”文件中，也可保存在其他“ *. pat”文件中。用户可使用 HATCH 和 BHATCH 命令完成图案和渐变填充。

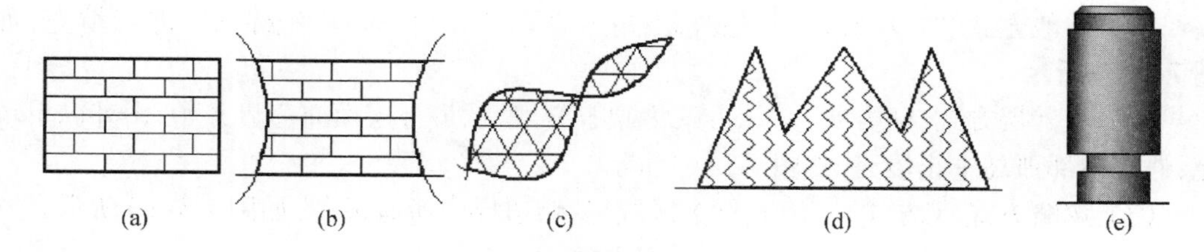

图 7-1　填充图案和填充边界

7.1　图案与渐变填充

1. 填充边界

在进行图案和渐变填充时，首先要确定封闭或非封闭（允许有一定间隙）的填充边界。填充边界是由直线、射线、构造线、多段线、样条曲线、圆、圆弧、椭圆、椭圆弧、面域等对象确定的封闭线框，如图 7-1 所示。边界对象必须与当前 UCS 的 XOY 平面平行，且在绘图区域可见。

2. 普通填充图案

AutoCAD 预定义或用户自定义且表达一定意义的图形作为普通填充图案，这些填充图案实际上由一条或两条（一般相交）特定线型的重复线条组成，如图 7-1（a）、（b）、（c）、（d）所示。预定义图案有 4 种类型：ANSI 图案、ISO 图案、其他预定义图案和自定义图案。

每类图案又有多种,共有 80 多种图案供选择使用。

3. 渐变填充图案

AutoCAD 预定义的,使用单色或双色的平滑渐变色来表现光线逐渐减弱的色块称为渐变填充图案,如图 7-1(e)所示。渐变填充图案有 3 种类型:线性渐变、球形渐变和抛物线形渐变。每类图案又有几种图案,共有 9 种图案,如图 7-2 所示。

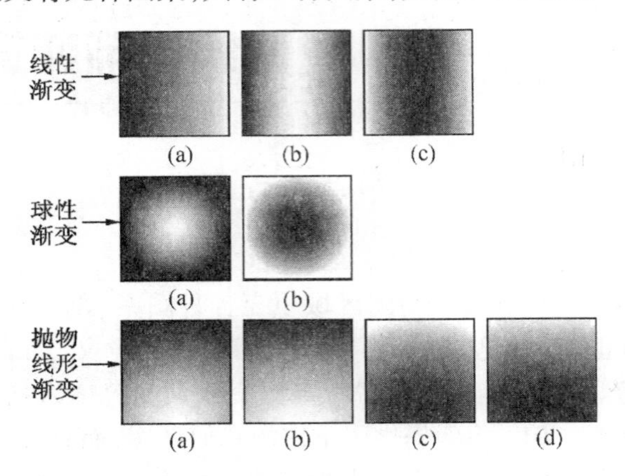

图 7-2　渐变图案

4. 填充方式

AutoCAD 2014 提供 3 种填充方式。

(1) 一般方式(N 方式)。从最外层填充边界开始,由外向里隔一层进行填充,如图 7-3(b)所示。

(2) 最外层方式(O 方式)。该方式为缺省方式,从最外层填充边界开始,由外向里填充,遇到内部孤岛中止填充,如图 7-3(c)所示。

(3) 忽略方式(I 方式)。填充整个区域,忽略边界内所有孤岛,如图 7-3(d)所示。

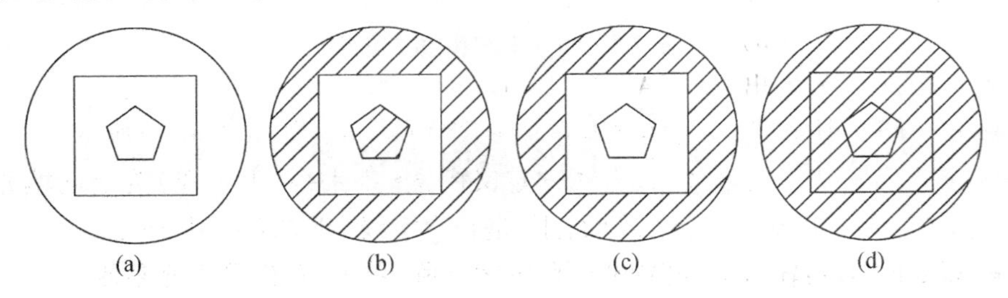

图 7-3　填充方式

5. 孤岛

将填充区域内的封闭区域称为孤岛。孤岛可嵌套,填充区域内的文本对象也可被认为是孤岛,如图 7-3 中的矩形和五边形就是圆形区域中的孤岛。用 BHATCH 命令填充图案时,可通过点取方式自动识别填充边界,也可用手工选取填充边界,来填充区域内的孤岛。

6. 图案填充与特殊对象的关系

填充区域中,如果包含有文本(Text)、形(Shape)和属性,则按"最外层"方式填充;如果包含有平面实体(Solid)和等宽线(Trace),则按"忽略方式"填充。

7.2 使用键盘命令填充图案(-HATCH)

1. 任务

用某一指定图案填充指定封闭区域(填充区域)。

2. 操作

● 键盘命令:-HATCH↙。

3. 提示

➢ 当前填充图案: 图案名,填充方式

➢ 指定内部点或[特性(P)/选择对象(S)/绘图边界(W)/删除边界(B)/高级(A)/绘图次序(DR)/原点(O)/注释性(AN)/图案填充颜色(CO)/图层(LA)/透明度(T)]:(拾取填充区域内部点或输入P、S、W、B、A、DR、O、AN、CO、LA、T)

● 指定内部点:在填充边界内任意位置拾取点,自动识别检测所有孤岛,并按当前填充图案名和填充方式填充图案。

● 特性(P):输入P,设置预定义填充图案、实体或用户定义图案为当前填充图案,同时根据需要设置填充方式为当前填充方式。提示:

➢ 输入图案名或[?/实体(S)/用户定义(U)/渐变色(G)] <缺省图案名>:(输入图案名、?、S、U或G)

◆ 输入图案名:输入预定义图案名,设置预定义填充图案为当前填充图案,设置图案缩放比例和图案角度,若图案名后跟",N""",I""",O",则同时设置填充方式为当前填充方式,如图7-4(b)所示。

◆ ?:输入"?",列出AutoCAD 2014预定义的全部图案。

◆ 实体(S):输入S,设置实体颜色填充图案(solid),如图7-4(c)所示。

◆ 用户定义(U):输入U,设置用户定义图案(水平线、十字线)为当前填充图案,设置用户定义图案倾斜角度、线间行距、是否十字线,如图7-4(d)所示。

◆ 渐变色(G):输入G,设置渐变色图案名称、单色、双色等填充参数。

● 选择对象(S):输入S,用鼠标在绘图区选择填充边界。

● 绘图边界(W):输入W,用鼠标指定新的填充边界。提示:

➢ 是否保留多段线边界? [是(Y)/否(N)] <N>:(输入Y或N)

➢ 指定起点:(拾取起点)

➢ 指定下一个点或[圆弧(A)/长度(L)/放弃(U)]:(拾取下一点或输入A、L、U)

……

➢ 指定下一个点或[圆弧(A)/闭合(C)/长度(L)/放弃(U)]:C↙

➢ 指定新边界的起点或 <接受>:(拾取新边界起点或键入回车键接受)

📖 说明：

用类似绘制二维多段线的方法绘制临时封闭边界，每一封闭边界要用 Close 选项封闭，可绘制多个封闭边界，最后键入回车键，将指定图案填充到封闭区域。

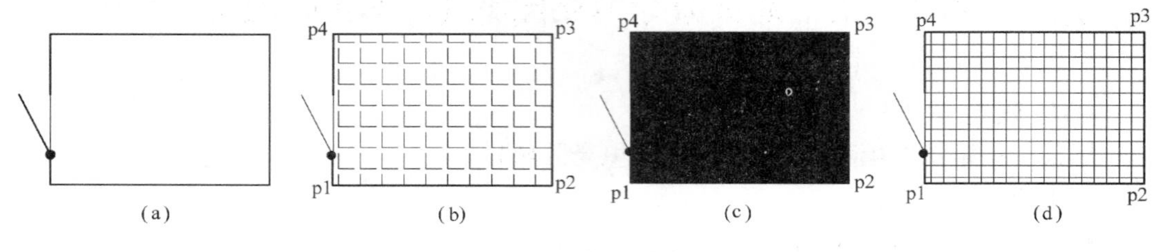

图 7-4 封闭区域填充

- 删除边界(B)：输入 B，从边界定义中删除之前添加的任何边界对象。
- 高级(A)：输入 A，设置边界集、保留边界、孤岛检测、样式、关联、允许的间隙、独立的图案填充等高级填充特性。
- 绘图次序(DR)：输入 DR，为图案填充指定绘图次序。图案填充可以放在所有其他对象之后、所有其他对象之前、图案填充边界之后或图案填充边界之前。
- 原点(O)：输入 O，控制填充图案生成的基点位置。某些图案(如砖块 BRICK 图案)需要与填充边界上的一点对齐。默认情况下，填充图案基点对应于当前坐标系原点。
- 注释性(AN)：输入 AN，指定图案填充为注释性对象。
- 图案填空颜色(CO)：输入 CO，设置填充图案颜色和填充区域背景颜色。
- 图层(LA)：输入 LA，设置填充图案所在图层。
- 透明度(T)：输入 T，设置填充图案的透明度值。

【例 7.1】 使用用户定义图案填充区域，如图 7-5 所示。提示：

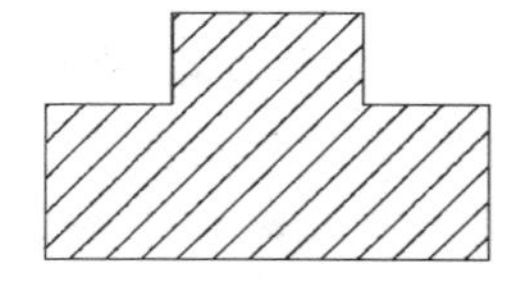

图 7-5 填充图案(一)

➢ 命令：-HATCH↙
➢ 当前填充图案：ANGLE，_N
➢ 指定内部点或[特性(P)/选择对象(S)/绘图边界(W)/…]：P↙
➢ 输入图案名或[?/实体(S)/用户定义(U)/透明度(T)]：U↙
➢ 指定十字光标线的角度 <0>：45↙
➢ 指定行距 <1.0>：4↙
➢ 是否双向填充区域？[是(Y)/否(N)] <N>：↙
➢ 指定内部点或[特性(P)/选择对象(S)/绘图边界(W)/…]：S↙
➢ 选择对象：(选取边界对象)
➢ 选择对象：↙

【例 7.2】 在自定义封闭多段线区域填充图案，如图 7-6 所示。提示：

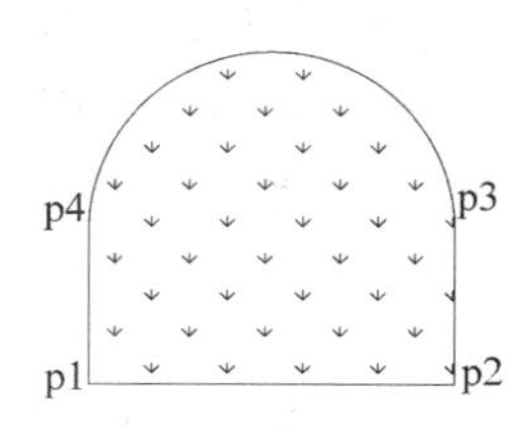

图 7-6 填充图案(二)

➢ 命令：-HATCH↙
➢ 当前填充图案：ANGLE，_N
➢ 指定内部点或[特性(P)/选择对象(S)/绘图边界(W)/…]：P↙

➤ 输入图案名或[? /实体(S)/用户定义(U)/透明度(T)] <缺省值>:Grass↙
➤ 指定图案缩放比例 <1.0000>:2↙
➤ 指定图案角度 <0>:0↙
➤ 指定内部点或[特性(P)/选择对象(S)/绘图边界(W)/…]:W↙
➤ 是否保留多段线边界? [是(Y)/否(N)] <N>:Y↙
➤ 指定起点:(拾取 p1 点)
➤ 指定下一个点或 [圆弧(A)/长度(L)/放弃(U)]:(拾取 p2 点)
➤ 指定下一个点或 [圆弧(A)/长度(L)/放弃(U)]:(拾取 p3 点)
➤ 指定下一个点或 [圆弧(A)/长度(L)/放弃(U)]:A↙
➤ 输入圆弧边界选项
➤ […/放弃(U)/圆弧端点(E)] <圆弧端点>:(拾取 p4 点)
➤ 输入圆弧边界选项
➤ […/直线(L)/半径(R)/…/圆弧端点(E)] <圆弧端点>:L↙
➤ 指定下一个点或 [圆弧(A)/闭合(C)/长度(L)/放弃(U)]:C↙
➤ 指定新边界的起点或 <接受>:↙
➤ 指定内部点或[特性(P)/选择对象(S)/绘图边界(W)/…]:S↙
➤ 选择对象:(选取边界对象)
➤ 选择对象:↙

7.3 使用对话框填充图案(BHATCH、HATCH)

1. 任务

利用对话框填充图案,用某一指定图案填充指定封闭区域。

2. 操作

- 键盘命令:BHATCH 或HATCH↙。
- 菜单选项:"绘图"→"图案填充"。
- 工具按钮:"绘图"工具栏→"图案填充"。
- 功能区面板:"默认"→"绘图"→"图案填充"。

3. 提示

若功能区面板打开,则弹出"图案填充创建"面板,如图 7-7 所示。若功能区面板关闭,则弹出"图案填充和渐变色"对话框,如图 7-8 所示。单击右下角的"更多选项"按钮,扩展对话框,列出"孤岛检测""边界保留""边界集""允许的间隙"等选项,如图 7-9 所示。根据提示完成选择填充图案、指定填充边界、确定填充方式和实施填充等操作。

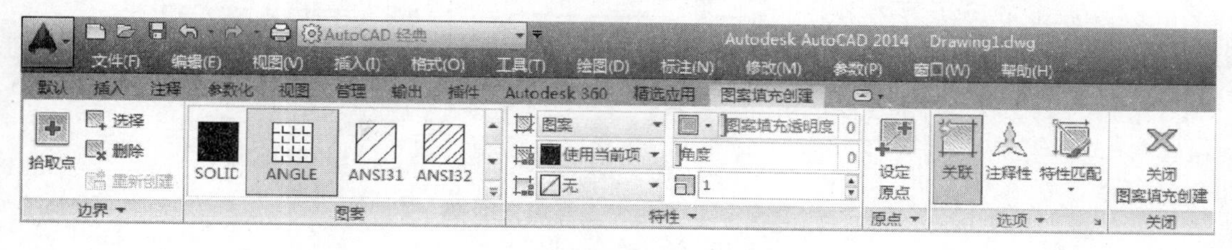

图 7-7 "图案填充"功能面板

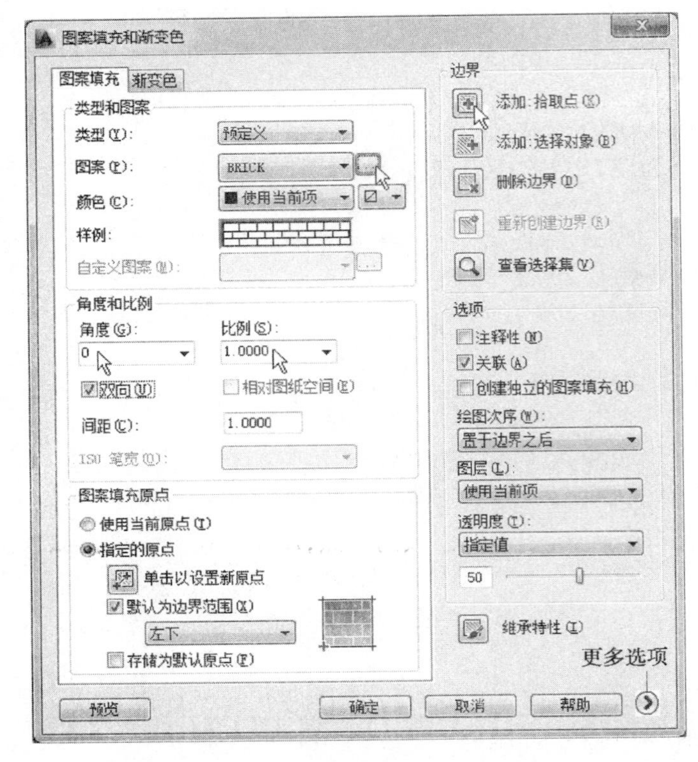

图 7-8 “图案填充和渐变色”对话框中的“图案填充”标签

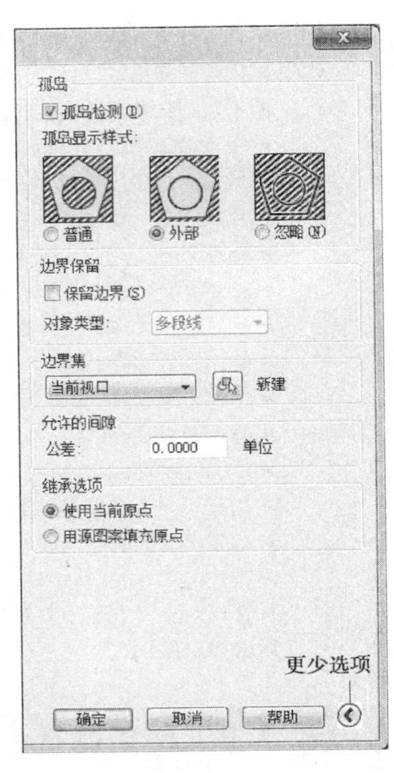

图 7-9 “图案填充”扩展项目

● 类型(Y):从列表框中可选择填充图案类型,有以下 3 种类型。

◆ 预定义:由 AutoCAD 系统提供,有 80 多种,保存在 acad. pat 和 acadiso. pat 图案文件中,图案文件可用文本编辑器对其进行编辑修改。

◆ 用户定义:采用用户临时定义的简单图案,该图案由一组或两组相互垂直的等宽平行线组成,可指定间距和角度,用临时定义图案进行填充,用户定义图案只能使用一次。

◆ 自定义:用户预先定义并保存在“ *. pat”文件中的图案。

● 图案(P):从列表框中可选择预定义图案,最近使用的预定义图案出现在顶部,也可单击右边的按钮,弹出“填充图案选项板”对话框,以可视化形式给出所有预定义图案,从中选择填充图案即可。列表框下面给出当前填充图案样例。预定义图案有 3 类:ANSI 图案、ISO 图案和其他预定义图案,如图 7-10 所示。

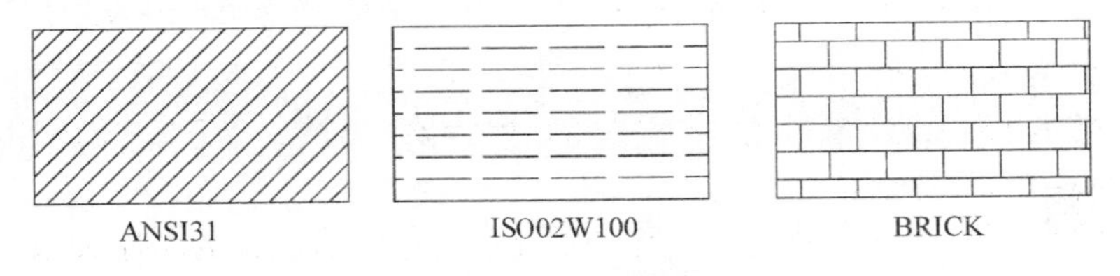

图 7-10 预定义三类填充图案

● 自定义图案(M):从列表中选择用户自定义“ *. pat”文件中定义的图案。当选择

“自定义”类型时,该项有效。“ *.pat”文件应事先添加到 AutoCAD 的搜索路径。

● 角度(G):设置图案倾斜角度,如图 7-10 所示。

● 比例(S):设置填充图案缩放比例,以获得理想效果,如图 7-11 所示。

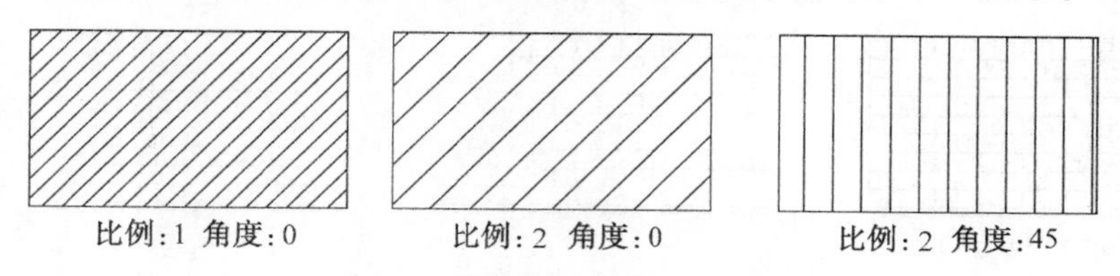

图 7-11 填充图案倾斜角度和缩放比例

● 间距(C):设置用户定义图案线段间距。

● 双向(U):若选中该项,则设置用户定义图案为相互垂直的两组线。

● ISO 笔宽(O):从列表框中选择笔宽,只有选择了“ISO 预定义”图案,才允许选择笔宽。

● 拾取点(K):单击该按钮,关闭对话框,拾取填充区域内一点,AutoCAD 系统根据孤岛检测样式和检测方式自动计算填充区域的封闭边界,以及填充区域内的所有孤岛,并用虚线显示封闭边界和岛。可同时拾取多个填充区域内的点,获得多个填充区域和孤岛,从而完成多个区域的图案填充。按回车键,返回对话框。

● 选择对象(B):单击该按钮,关闭对话框,选择填充区域的边界对象,以及域内岛的边界对象。边界对象一般要首尾相连,否则不能正确填充,如图 7-12 所示。

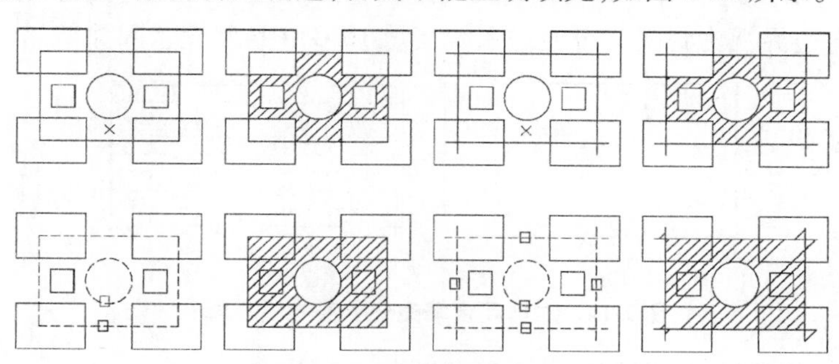

图 7-12 选择边界对象

● 删除边界(D):只有当使用“拾取点”方式后,该按钮才可用。单击该按钮,可删除部分已检测到的岛。

● 查看选择集(V):只有当使用“拾取点”和“选择对象”方式选择了边界对象后,该按钮才可用。单击该按钮,关闭对话框,进入绘图区,查看选择集(虚线表示),键入回车键或单击右键,返回对话框。

● 继承特性(I):单击该按钮,允许用户选择已填充图案,并将其复制到指定填充区域。继承特性功能类似于通常软件的“格式刷”功能。

● 绘图次序(W):设置所填充的图案与图形中其他图形对象的顺序关系。有 5 种顺序关系以供选择:不指定(不指定顺序关系)、后置(所有其他对象之后)、前置(所有其他对象之前)、置于边界之后(填充边界之后)、置于边界之前(填充边界之前)。

● 关联(A):若选中该复选框,则建立填充图案与边界的不可分关系,编辑修改边界,填充图案随边界变化而变化,如图 7-13(b)所示;若不选中该复选框,则设置图案与边界的非关联关系,编辑修改边界,填充图案不随边界变化而变化,如图 7-13(c)所示。

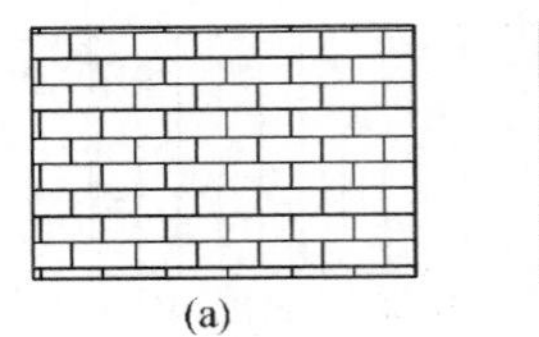
(a)

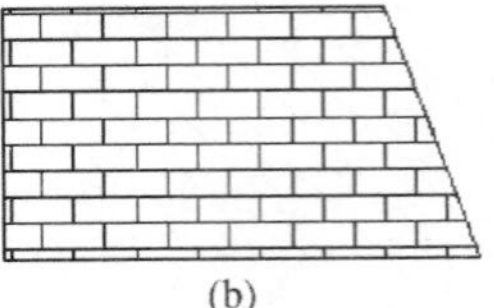
(b)

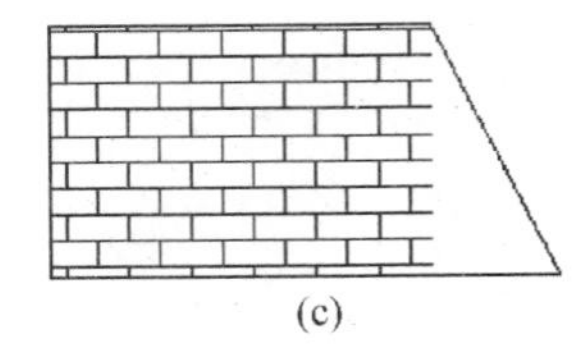
(c)

图 7-13　图案与填充边界的关联关系和非关联关系

● 注释性(N):若选中该复选框,则指定填充图案为注释性对象。

● 预览:单击该按钮,显示填充效果,然后键入回车键返回。

● 孤岛显示样式:单击有关按钮,设置孤岛检测样式,提供"普通""外部""忽略"3 种检测样式。可在扩展对话框内设置。

● 保留边界(S):选中该复选框,则将填充时形成的临时边界添加到图形中,生成新的边界对象(有两种:面域和多段线)。

● 边界集:列表中给出"当前视口"和"现存选择集"。单击右边的"新建"按钮,建立新的填充边界。

● 允许的间隙:键入填充边界最大允许间隙,可将非封闭填充边界视为封闭填充边界,如图 7-14 所示。默认值为 0,填充边界必须绝对闭合。任何小于等于指定值的间隙都将被忽略,并将边界视为封闭。可通过系统变量 HPGAPTOL 设置间隙值。

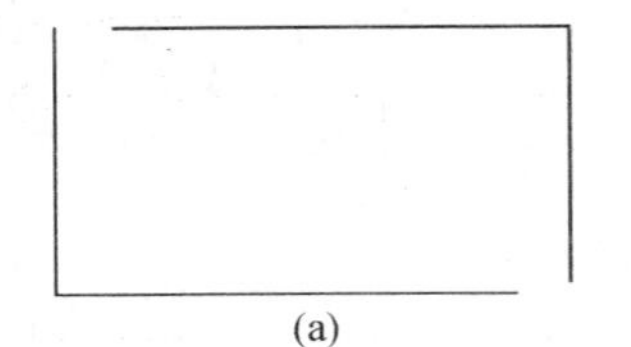
(a)

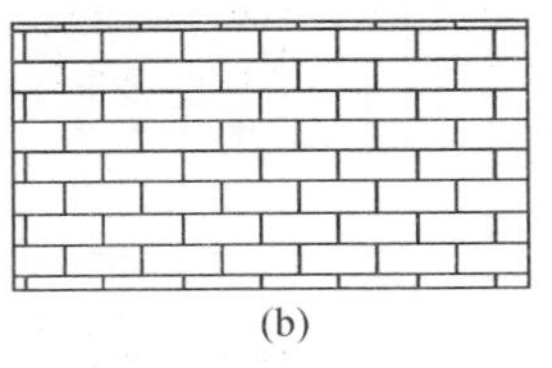
(b)

图 7-14　对非闭合填充边界实施图案填充

【例 7.3】 用 ANSI31 图案填充图形,如图 7-15 所示。

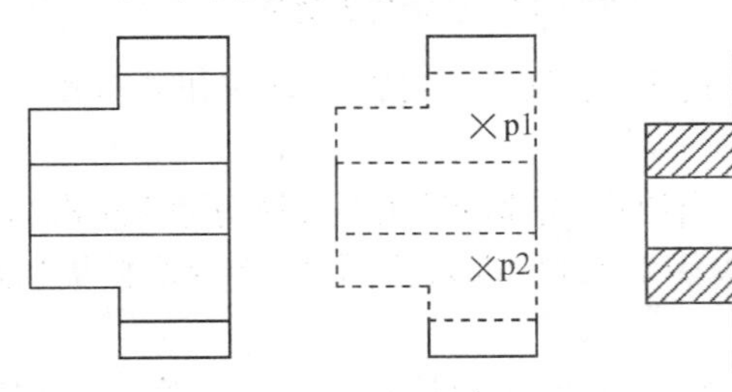

图 7-15　图案填充示例

● 执行 BHATCH 命令。

● 单击"填充图案"按钮,弹出"图案填充"对话框,选择"ANSI31"图案。

● 单击"拾取点"按钮,在填充区域内拾取 p1 和 p2 点,确定边界。

● 设置缩放比例为1.2。

● 单击“确定”按钮,完成图案填充。

7.4 渐变图案填充(BHATCH、HATCH)

渐变图案填充与普通图案填充执行相同的操作命令,执行图案填充命令后,弹出“图案填充和渐变色”对话框,选择“渐变色”标签,如图7-16所示,根据提示完成渐变图案填充。

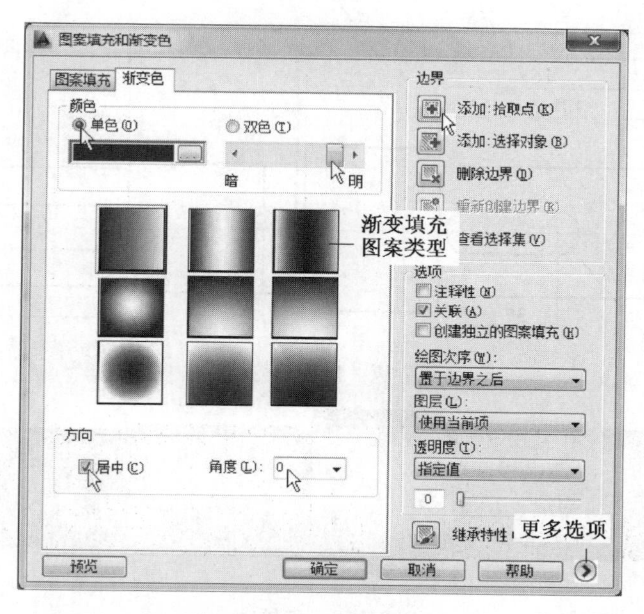

图7-16 “图案填充和渐变色”对话框中的“渐变色”标签

● 单色(O):选中该项,用指定一种颜色与白色组合确定渐变图案。单击右侧颜色框,弹出“选择颜色”对话框,可指定具体颜色(索引色、真彩色、配色系统)。

● 双色(T):选中该项,用指定两种颜色组合确定渐变图案。单击右侧颜色框,弹出“选择颜色”对话框,可指定具体颜色(索引色、真彩色、配色系统)。

● 暗明:左右滑动滑标,可设置颜色深浅(光线明暗程度)。

● 居中(C):若选中该项,则渐变图案对称;否则不对称,向一侧偏移。

● 角度(L):输入或从列表清单中选择旋转角度,填充图案将按所选角度旋转。

● 图案类型:在图案清单区给出九种图案,选择其中一种图案作为填充图案。图案随其他参数的变化而变化。

【例7.4】 根据标注尺寸绘制如图7-17所示的齿轮轴,并用渐变图案进行填充,如图7-18所示。要求设置3个图层:轮廓线、中心线、填充。“轮廓线”层线宽为0.35 mm,其余属性默认;“中心线”层颜色为红色,线型为CENTER,其余属性默认;“填充”层属性默认。

● 新建图形文件,图界为 420×297。

● 按要求创建图层:轮廓线、中心线、填充。

● 将“中心线”层置为当前层。使用 LINE 命令在适当位置绘制长度为 340 的水平线。

● 将“轮廓线”层置为当前层。使用 XLINE、LINE、CIRCLE、OFFSET、TRIM、ERASE、MIRROR 等命令在适当位置绘制齿轮轴轮廓线,如图 7-17 所示。

● 设置“填充”层为当前层。使用渐变色填充有关封闭区域,如图 7-18 所示。

● 将图形按文件名“齿轮轴”保存。

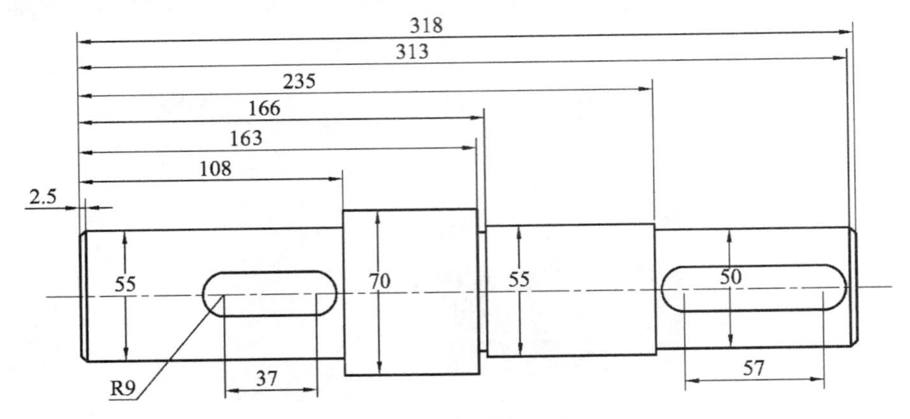

图 7-17 齿轮轴轮廓线

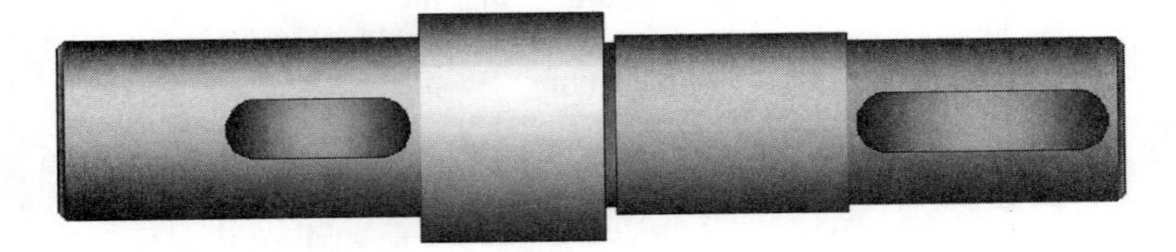

图 7-18 齿轮轴

7.5 编辑填充图案(HATCHEDIT)

1. 任务

编辑修改已填充的图案及有关参数。

2. 操作

● 键盘命令:HATCHEDIT↙。

● 菜单选项:“修改”→“对象”→“图案填充”。

● 工具按钮:“修改”Ⅱ工具条→“编辑图案填充”。

● 功能区面板:“默认”→“修改”→“编辑图案填充”。

● 快捷菜单:单击鼠标右键,在弹出的快捷菜单中选择“编辑图案填充”命令。

3. 提示

弹出“图案填充编辑”对话框,其与“图案填充和渐变色”对话框类似,如图 7-8、

图7-9、图7-16所示,但只允许编辑有关特性,如类型、图案、样例、角度、比例、继承特性、关联、预览和孤岛检查样式。编辑修改有关特性,单击“确定”按钮,即可修改填充图案。

7.6 修剪填充图案

AutoCAD 2014增强了图形修剪(TRIM命令)功能,允许对图案进行修剪。在修剪操作中,填充边界可作为剪切边,填充图案和填充边界都可作为要修剪的对象。

在TRIM命令中,填充边界可作为剪切边修剪其他对象,如图7-19、图7-20所示。填充图案可作为剪切边修剪其他对象,如图7-21所示。填充图案和填充边界可作为被修剪对象,被其他对象修剪,如图7-22所示。

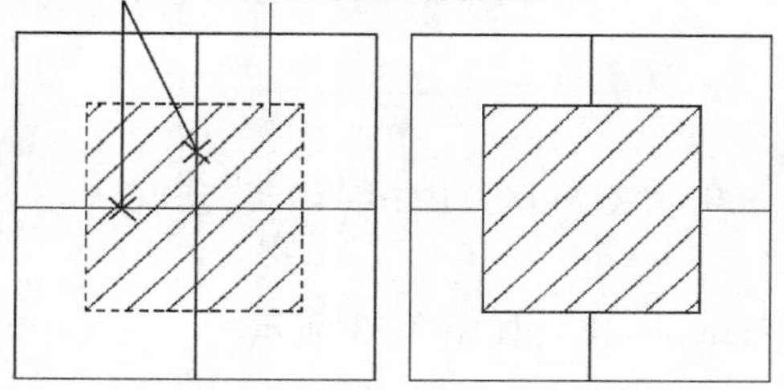

图7-19 填充图案与非填充图案修剪(一)

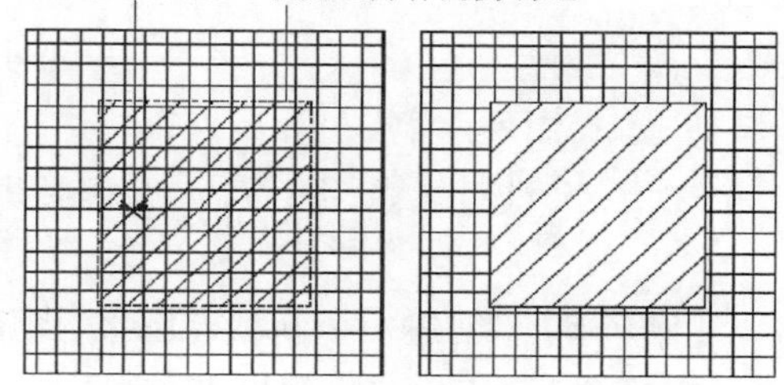

图7-20 填充图案与填充图案修剪

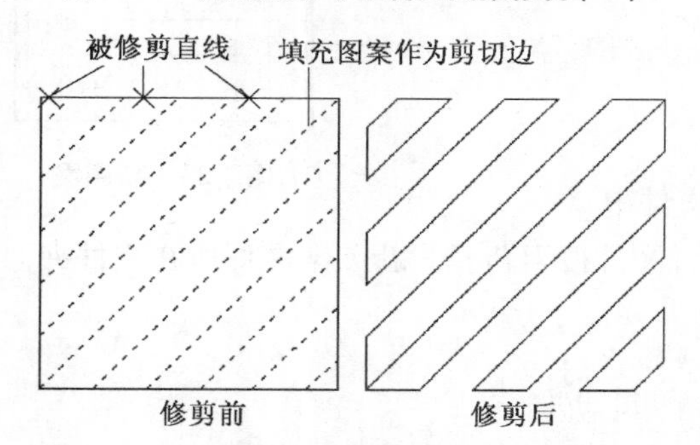

图7-21 填充图案与非填充图案修剪(二)

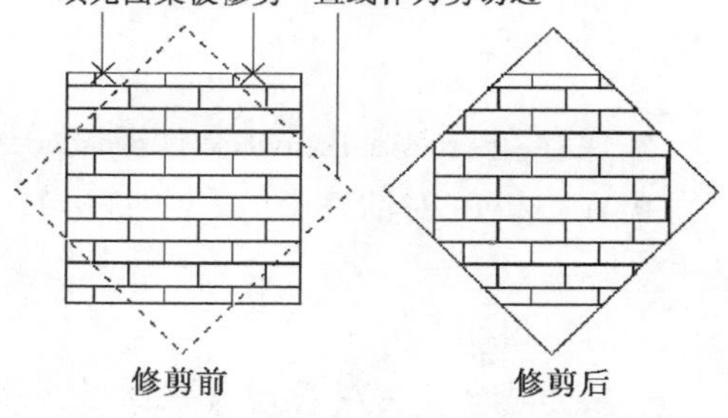

图7-22 填充图案与非填充图案修剪(三)

7.7 定制填充图案

除了预定义填充图案外,AutoCAD系统提供了自定义图案的手段,允许用户定制特殊的填充图案。

1. 图案文件

填充图案的信息保存在扩展名为“.pat”的图案文件中,图案文件是一个文本文件,可用任何文本编辑器进行查询、编辑和修改。AutoCAD系统预定义图案保存在acad.pat和acadiso.pat文件中,用户自定义图案可保存在这些文件中,或自己创建的“*.pat”文件中。

2. 填充图案

一个填充图案由一个或一组平行的图案线组成,定义图案线的规则与线型定义规则类似,但不能包含文本和形。一个填充图案定义包括两部分:标题和定义体。

3. 图案定义格式

图案定义格式如下:

第一行:* 图案名称[,描述]

第二行:角度,起点 X 坐标,起点 Y 坐标,图案线 X 轴偏移量,图案线 Y 轴偏移量[,d1,d2,…]

……

第三行:角度,起点 X 坐标,起点 Y 坐标,图案线 X 轴偏移量,图案线 Y 轴偏移量[,d1,d2,…]

> **说明:**
> d_i定义线型模式,$d_i>0$,为实线段长度;$d_i<0$,为空白段长度;$d_i=0$,为点。

【例 7.5】 创建一个新填充图案,图案名为"crossmark",如图 7-23 所示。

- 启动 Windows 的"记事本"程序。
- 在文本编辑窗口中键入:

```
*crossmark, cross marker pattern cross
0, 0,.2, 0,.8, .4, -.4
90, .2,0, 0,.8, .4, -.4
```

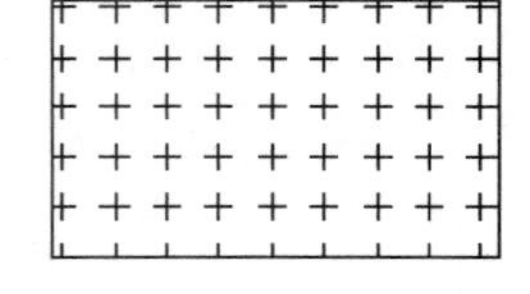

图 7-23 新图案

- 保存在 crossmark. pat 文件或 acad. pat 文件中。
- 在"选项"对话框中的"文件"标签内设置文件搜索路径为新图案文件所在文件夹。

> **说明:**
> 实线段和空白段长均为 0.4。

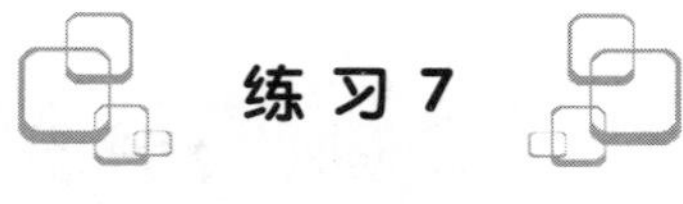

练习 7

1. AutoCAD 系统通过什么途径为用户提供预定义填充图案? 预定义填充图案能否被修改?

2. -HATCH 和 BHATCH 命令有何异同点?

3. 图案填充时,边界对象是否必须首尾相连? 在何种情况下要求首尾相连?

4. 试解释图案填充的关联功能。建立关联关系后,什么情况下该关系自动取消?

5. 试解释三种孤岛检测样式。

6. 绘制并填充如图 7-24 所示的图形。

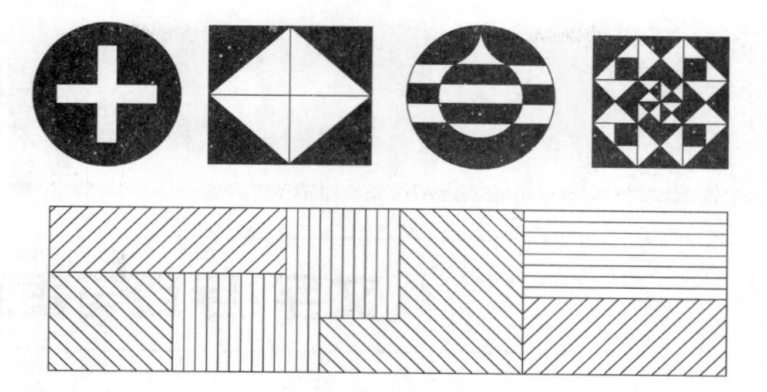

图 7-24 图案填充

7. 绘制并填充如图 7-25 所示的二维图形。

图 7-25 渐变填充

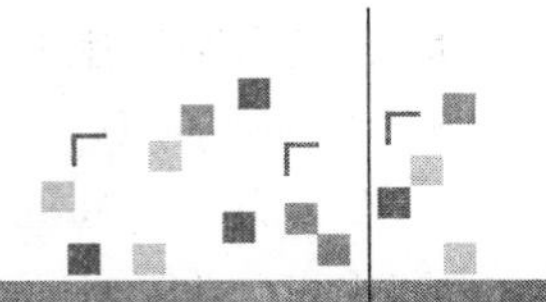

第 8 章 文字、字段与表格

AutoCAD 2014 提供了超强的文字、字段和表格功能。使用这些功能,可灵活、方便、快捷地在图形中注释文字说明(技术指标、设计参数、配料信息、原料清单等)。文字、字段和表格是工程图纸中不可缺少的组成部分,它们与图形对象一起构成一个完整实用的图形文档。在中文 Windows 环境中,允许使用中文 Windows 系统中的中文和西文字体。

8.1 文 字

8.1.1 文字概念

所谓文字,就是由一系列西文字母、汉字或特殊符号组成的字符串,字符串中字符由相应的字体文件和用户设定的有关特性(如大小、方向、粗细等)来控制。在注释文字字符串时,要涉及顶线、中线、基线、底线、文字类型、字高、字宽、起点、终点等概念, 如图 8-1 所示。下面以文字字符串“A B C D i j k l m”为例说明这些概念。

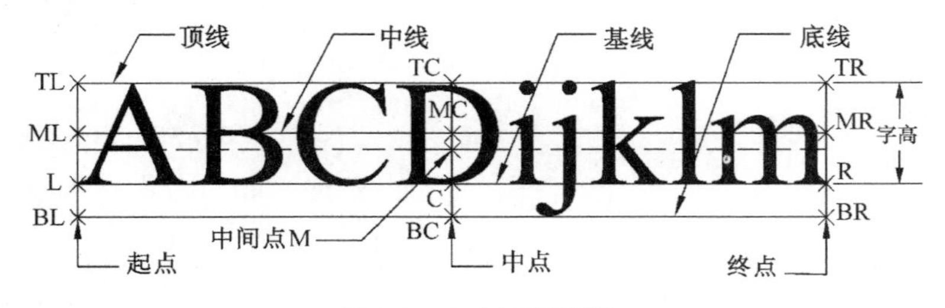

图 8-1 文字注释说明

- 顶线是大写字母顶部边缘线。
- 底线是小写字母最长尾部底部边缘线。
- 基线是大写字母底部边缘线。
- 中线是介于顶线和基线中间的线。
- 字高是顶线和基线间距。
- 字宽是字符的宽度。

- 起点为字符串左边端点。
- 中点为字符串水平中心点。
- 终点为字符串右边端点。
- TL、TC、TR 分别为顶线的起点、中点和终点。
- ML、MC、MR 分别为中线的起点、中点和终点。
- L、C、R 分别为基线的起点、中点和终点。
- BL、BC、BR 分别为底线的起点、中点和终点。
- M 为由顶线、底线、起点位置和终点位置所构成矩形的中心位置。

起点、中点和终点均可在顶线、中线、基线、底线上，在注释时由对齐方式确定。汉字底部边缘比基线略低一些，汉字顶部边缘比顶线略高一些，所以顶线、中线、基线和底线对汉字有一定误差。

8.1.2 单行文字注释(DTEXT、TEXT)

1. 任务

在图中指定位置注释一行或多行文字。DTEXT 命令可一次注释多行文字，每行文字为独立对象，每行文字间无任何联系，可单独进行编辑修改。

2. 操作

- 键盘命令：DTEXT 或TEXT↙。
- 菜单选项："绘图"→"文字"→"单行文字"。
- 工具按钮："文字"工具栏→"多行文字"。
- 功能区面板："默认"→"注释"→"多行文字"→"单行文字"。

3. 提示

➤ 当前文字样式:Standard　文字高度:2.5000　注释性:否对正:左

➤ 指定文字的起点或[对正(J)/样式(S)]:(拾取文字起点或输入J、S)

- 指定文字的起点：拾取文字起点，按基线起点方式(左对齐)注释文字。提示：

➤ 指定高度 <当前高度值>:(输入文字高度)

➤ 指定文字的旋转角度 <当前旋转角度>:(输入文字旋转角度)

在起点位置输入注释文字。

说明：

① 输入高度或角度时，可直接输入数值，也可用鼠标或键盘指定与起点的相对位置或角度确定。

② 在文字起点处直接输入文字，然后按回车键结束本行输入，继续下一行输入，可连续输入多行。也可移动鼠标到预定位置，按鼠标左键，指定新的注释文字起点位置进行输入。

③ 再次执行 DTEXT 命令，上次最后一行注释文字被选中，在提示处按回车键，继续注释文字。

● 对正(J):输入 J,设置文字对齐方式。提示:

➢ 输入选项[左(L)/居中(C)/右(R)/对齐(A)/中间(M)/布满(F)/左上(TL)/中上(TC)/右上(TR)/左中(ML)/正中(MC)/右中(MR)/左下(BL)/中下(BC)/右下(BR)]:(输入 L、C、R、A、M、F、TL、TC、TR、ML、MC、MR、BL、BC、BR)

◆ 左(L):输入 L,将文字按指定高度、旋转角度注释在基线起点右侧。提示:

➢ 指定文字的起点:(拾取基线起点)

高度、角度和文字输入同"指定文字的起点"说明。

◆ 居中(C):输入 C,将文字按指定高度、旋转角度注释在基线中点两侧。提示:

➢ 指定文字的中心点:(拾取基线中点)

文字高度、文字角度和文字输入同"指定文字的起点"说明。

◆ 右(R):输入 R,将文字按指定高度、旋转角度注释在基线终点左侧。提示:

➢ 指定文字基线的右端点:(拾取基线终点)

文字高度、文字角度和文字输入同"指定文字的起点"说明。

◆ 对齐(A):输入 A,将文字注释在起点和终点之间,字高和字宽自动确定。提示:

➢ 指定文字基线的第一个端点:(拾取基线起点)

➢ 指定文字基线的第二个端点:(拾取基线终点)

文字输入同"指定文字的起点"说明。

◆ 中间(M):输入 M,将文字按指定高度、旋转角度注释在文字中间点两侧。提示:

➢ 指定文字的中间点:(拾取文字中间点)

文字高度、文字角度和文字输入同"指定文字的起点"说明。

◆ 布满(F):输入 F,将文字按指定高度注释在起点和终点之间。提示:

➢ 指定文字基线的第一个端点:(拾取基线起点)

➢ 指定文字基线的第二个端点:(拾取基线终点)

文字高度和文字输入同"指定文字的起点"说明。

◆ 左上(TL):输入 TL,将文字按指定高度、旋转角度注释在顶线起点右侧。提示:

➢ 指定文字的左上点:(拾取顶线起点)

文字高度、文字角度和文字输入同"指定文字的起点"说明。

◆ 中上(TC):输入 TC,将文字按指定高度、旋转角度注释在顶线中点两侧。提示:

➢ 指定文字的中上点:(拾取顶线中点)

文字高度、文字角度和文字输入同"指定文字的起点"说明。

◆ 右上(TR):输入 TL,将文字按指定高度、旋转角度注释在顶线终点左侧。提示:

➢ 指定文字的右上点:(拾取顶线终点)

文字高度、文字角度和文字输入同"指定文字的起点"说明。

◆ 左中(ML)、正中(MC)、右中(MR)、左下(BL)、中下(BC)、右下(BR)与左上(TL)、中上(TC)、右上(BR)类似。

● 样式(S):输入 S,指定文字注释的文字样式。提示:

➢ 输入样式名或［?］＜当前文字样式＞:(输入文字样式名)

📖 **说明:**

用"对齐"或"布满"对齐方式注释文字,若终点在起点右边,则输入文字从左向右排列;若终点在起点左边,输入文字从右向左显示,且文字上下颠倒,如图 8-2 所示。

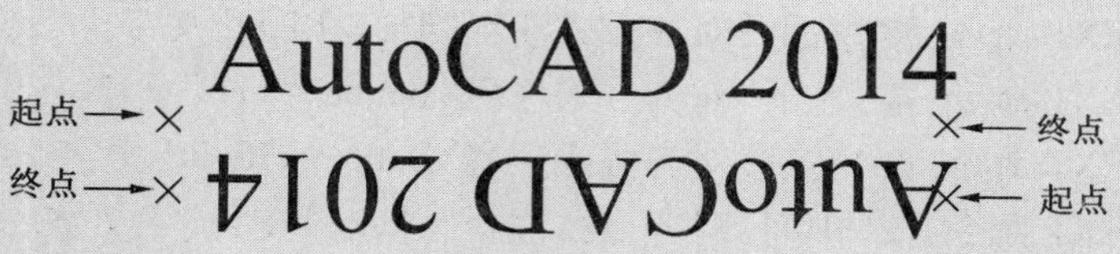

图 8-2 按"对正"对齐方式注释文字

4. 控制码与特殊字符

通常的西文或汉字字符,我们从键盘很容易输入,但有些需要注释的特殊字符,如直径符号"ϕ"、角度符号"°"等,则无法从键盘直接输入,需通过 AutoCAD 2014 提供的控制码来注释这些特殊字符。

AutoCAD 2014 的控制码由"%%"和一个字符组成,如表 8-1 所示。

表 8-1 控制码与特殊符号

控制码	特殊符号	控制码	特殊符号
%%O	开、关文字上划线	%%U	开、关文字下划线
%%D	"度"符号"°"	%%P	"公差"符号"±"
%%C	"直径"符号"ϕ"		

【例 8.1】 采用所有注释方式,注释文字"Sample",如图 8-3 所示。

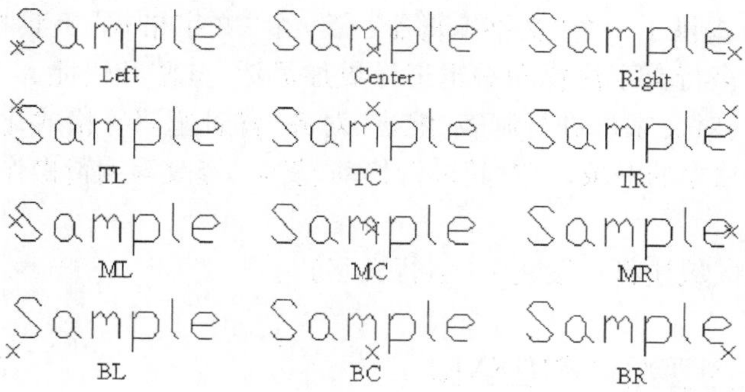

图 8-3 文字注释示例(一)

【例 8.2】 用 DTEXT 命令,采用 M、TL、TR、BL、BR 对齐方式注释文字,如图 8-4 所示。

图 8-4 文字注释示例(二)

- 执行 DTEXT 命令,按“左上”对齐方式注释“Top/ Left”文字。
- 执行 DTEXT 命令,按“右上”对齐方式注释“Top/ Right”文字。
- 执行 DTEXT 命令,按“左下”对齐方式注释“Bottom/ Left”文字。
- 执行 DTEXT 命令,按“右下”对齐方式注释“Bottom/ Right”文字。
- 执行 DTEXT 命令,按“中间”对齐方式注释“苏州科技大学”文字。

【例 8.3】 用 DTEXT 命令,注释含特殊字符的文字,如图 8-5 所示。

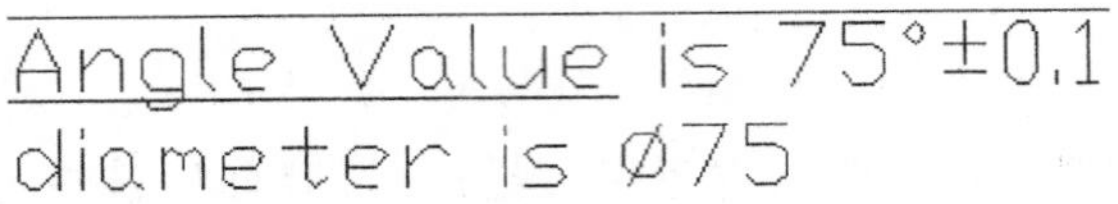

Angle Value is 75°±0.1
diameter is Ø75

图 8-5 文字注释示例(三)

> 命令:DTEXT↙
> 当前文字样式: Standard 当前文字高度: 0.2000
> 指定文字的起点或[对正(J)/样式(S)]:(拾取起点)
> 指定高度 <0.2000>:(输入高度)↙
> 指定文字的旋转角度 <0>:(输入旋转角度)↙
> 输入文字:%%O%%UAngle Value%%U is 75%%D%%P0.1%%O↙
> 输入文字:diameter is %%C75↙
> 输入文字:↙

8.1.3 多行文字注释(MTEXT)

AutoCAD 2014 提供了一个“文字编辑器”和一个“文字格式”工具栏,增强了制表、缩进、分栏等功能,使多行文字注释和编辑工作更加灵活、方便和快捷。文字中可设置不同的文字样式或高度,对文字可进行制表、缩进、对齐、背景遮罩等格式化编辑,一次性注释的多行文字是一个独立的对象,可对其进行移动、复制、修改等编辑操作。

1. 任务

在图中按指定区域注释一段文字(多行文字)。

2. 操作

- 键盘命令:-MTEXT↙或MTEXT↙。
- 菜单选项:“绘图”→“文字”→“多行文字”。
- 工具按钮:“绘图”工具栏 →“多行文字”。
- 工具按钮:“文字”工具栏→“多行文字”。
- 功能区面板:“默认”→“注释”→“多行文字”。

3. 提示

➢ 当前文字样式: "Standard" 文字高度: 2.5 注释性: 否

➢ 指定第一角点:(拾取多行文字注释区第一顶点)

➢ 指定对角点或[高度(H)/对正(J)/行距(L)/旋转(R)/样式(S)/宽度(W)/栏(C)]:(拖动鼠标到合适位置拾取多行文字注释区第一角点的对角点或输入H、J、L、R、S、W、C)

● 高度(H):输入H,设置文字高度。

● 对正(J):输入J,设置文字对齐方式,提示类似"DTEXT"的"对正"选项。

● 行距(L):输入L,设置多行文字行距。行距指相邻两行文字基线之间的距离。AutoCAD定义的单行距为字高的1.66倍。行距数值后跟"X"表示行距为"单行距"的X倍。例如,输入"2X"表示行距为"2 * 1.66 * 文字高度"。提示:

➢ 输入行距类型[至少(A)/精确(E)]<至少(A)>:(输入A或E)

◆ 至少(A):输入A,按一行中的最大字符高度自动调整各行距。提示:

➢ 输入行距比例或行距 <1x>:(输入行距)

◆ 精确(E):输入E,设置行距相等。提示:

➢ 输入行距比例或行距 <1x>:(输入行距)

● 旋转(R):输入R,设置多行文字旋转(倾斜)角度。

● 样式(S):输入S,设置文字样式。

● 宽度(W):输入W,设置行宽(文字输入区域宽度)。

● 栏(C):输入C,设置分栏类型(动态、静态、不分栏)。提示:

➢ 输入栏类型[动态(D)/静态(S)/不分栏(N)]<动态(D)>:(输入D、S、N)

◆ 动态(D):输入D,指定栏宽、栏间距宽度和栏高,分栏数由文字多少确定,调整栏参数可以添加或删除栏,影响分栏数。

◆ 静态(S):输入S,指定总栏宽、栏数、栏间距宽度(栏之间的间距)和栏高,分栏数固定,增加文字,将导致栏高增加。

◆ 不分栏(N):输入N,指定不分栏。

● 指定对角点:拖动鼠标拾取对角顶点,将一段文字按指定字体、高度、粗细、斜体、下划线、堆叠、颜色、对齐、行距、旋转、样式、宽度、分栏模式等特性注释在指定区域。

执行-MTEXT命令,在指定对角点后,按键盘输入方式输入多行文字,输入结束后,多行文字被注释在指定区域。提示:

➢ MText:(输入多行文字)

执行其他命令,在指定对角点后,弹出"文字编辑器"功能区面板、"文字格式"工具栏和"多行文字编辑器"对话框,如图8-6、图8-7、图8-8所示。在文字输入区域按当前设置的文字特性输入有关文字,对文字进行编辑修改。右击鼠标,弹出"多行文字编辑"快捷菜单,提供标准的或特有的编辑选项。

图8-6 "文字编辑器"功能区面板

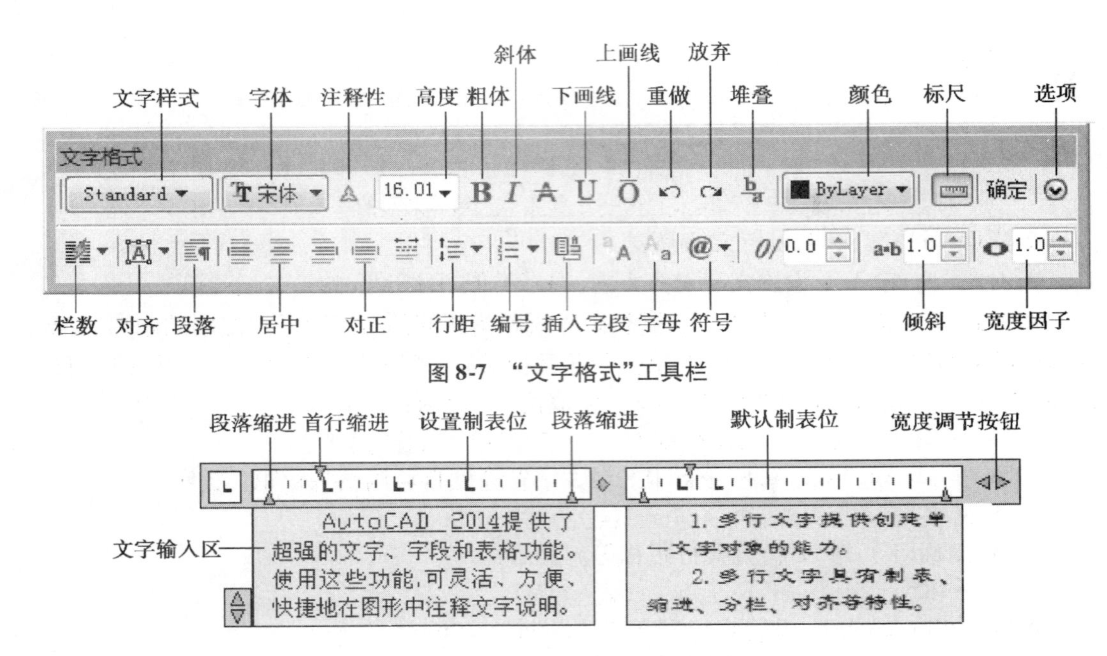

图 8-7 “文字格式”工具栏

图 8-8 “多行文字编辑器”对话框

4. “文字编辑器”功能区面板

通过“文字编辑器”功能区面板设置多行文字有关格式(特性),如图 8-6 所示。

● 样式:提供所有已定义的文字样式,用户可选择使用。指定文字高度,可选择或输入高度值。可设置当前文字为注释性对象。“注释性”是一个开关按钮,单击它,可在注释与非注释之间切换。

● 格式:提供文字粗体、斜体、下划线、上划线、字体、颜色、背景遮罩、大小写字母、倾斜角度、追踪、宽度因子、堆叠等特性设置按钮。选择文字,单击相关按钮即可。

● 段落:提供文字对正、对齐、行距、项目编号等段落特性设置按钮。选定段落,单击相关按钮即可。单击右下角按钮“↘”,弹出“段落”对话框,如图 8-9 所示,可设置更多的段落特性(制表符、左缩进、右缩进、段落对齐、段落间距、段落行距等)。

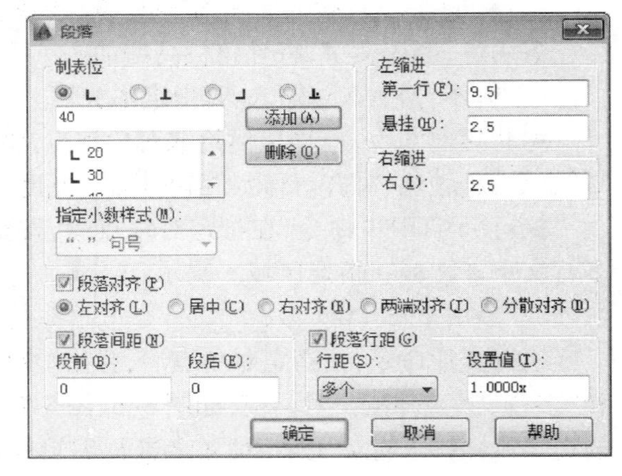

图 8-9 “段落”对话框

● 插入:提供分栏设置、特殊符号输入、字段插入等特性设置按钮。

● 拼写检查:提供文字单词拼写检查按钮,可使用“编辑词典”工具,自定义拼写词典,用于拼写检查。

● 工具:提供查找、替换工具。

● 选项：提供重做、放弃、标尺功能，单击“更多”菜单，选择“字符集”和设置“编辑器”特性，可显示或隐藏“文字格式”工具栏，设置透明或不透明“文字输入区”背景，设置文字亮显颜色。

5. “文字格式”工具栏

通过“文字格式”工具栏设置多行文字有关格式（特性），如图 8-7 所示。

● 文字样式：从列表清单中指定当前多行文字使用的文字样式。

● 字体：从列表清单中指定当前多行文字使用汉字或西文字体。

● 注释性：单击它，可设置或取消当前多行文字的注释性特性。

● 高度：可直接输入，也可从列表清单中选择设置字体高度，其后输入的文字满足该高度。多行文字内可存在不同高度的文字。

● 粗体：设置文字的加粗特性。

● 斜体：设置文字的斜体特性。

● 下（上）画线：设置文字的下（上）划线。

● 放弃、重做：放弃、重做上一次操作。

● 堆叠：命令按钮。单击该项，可构造分数、上下标、对角表示形式。堆叠形式由符号“∧”、“/”和“#”控制。先在文字输入区中输入堆叠文字和堆叠控制符，然后选择它们，再单击“堆叠”按钮（a/ b 按钮），就可完成堆叠注释。选择已堆叠文字，然后单击堆叠按钮，可取消堆叠，如图 8-10 所示。

100+0.002 ^-0.002
X • A+B /C+D
155- 2# 3
(a) 堆叠前书写形式

100+0.002 ^-0.002
X • A+B /C+D
155- 2# 3
(b) 选择堆叠文本

$100^{+0.002}_{-0.002}$ 上下标堆叠
X • $\frac{A+B}{C+D}$ 分数堆叠
155- 2/3 对角堆叠
(c) 堆叠后形式

图 8-10　注释堆叠文字

● 颜色：从列表清单中指定当前多行文字使用的颜色。

● 标尺：单击它，可打开或隐藏“多行文字编辑器”对话框标尺。

● 确定：单击该项，关闭“多行文字编辑器”对话框并保存所做的修改。也可在编辑器外的图形中单击以保存修改并退出编辑器。要关闭“多行文字编辑器”对话框而不保存修改，请按【Esc】键。

● 栏数：设置分栏类型（动态、静态、不分栏），插入分栏符，设置分栏特性参数，单击弹出“分栏设置”对话框，如图 8-11 所示，可设置栏数、高度、栏宽、栏间距、总栏宽等特性参数。

● 选项：单击该项，弹出下拉菜单，选择某一菜单项，执行相关操作。

● 其他选项：单击“对正”“居中”“编号”“插入字段”等选项，执行相关操作。

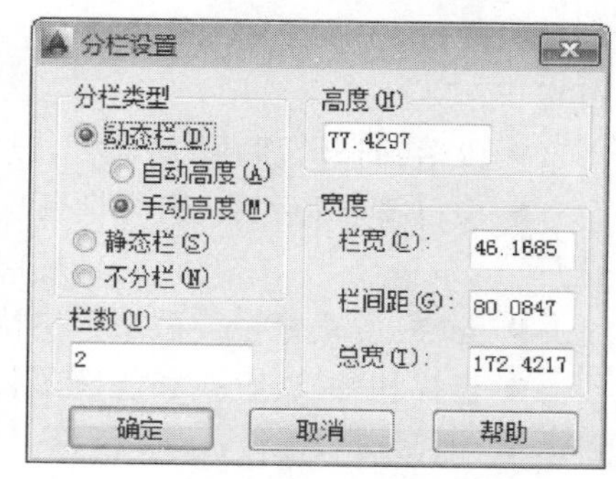

图 8-11　“分栏设置”对话框

6. “多行文字编辑器”对话框

通过“多行文字编辑器”对话框输入、编辑多行文字或字段，设置文字输入有关特性，如图 8-8 所示。

- 首行缩进：位于标尺左上部。用鼠标拖动，设置某段文字首行缩进位置。
- 段落缩进：位于标尺左下、右下部。用鼠标拖动，设置某段文字左部、右部位置。
- 默认制表位：位于标尺内部。指示字符位置。
- 设置制表位：位于标尺内部。指示用户设置的字符位置。
- 栏宽调节按钮：位于标尺中部。将鼠标移到该位置并按鼠标左键，显示栏宽数据，用鼠标左右拖动，动态调节栏宽。
- 宽度调节按钮：位于标尺右侧。将鼠标移到该位置并按鼠标左键，显示总栏宽数据，用鼠标左右拖动，动态调节总栏宽。
- 文字输入区：位于标尺下面。输入多行文字，输入过程中可设置文字格式。
- 段落、宽度、高度：位于文字输入区左下角。将鼠标移到该位置按鼠标左键，显示栏高度数据，用鼠标上下拖动，动态调节栏高度。
- 快捷菜单：将鼠标移到标尺任意位置并按鼠标右键，弹出快捷菜单，打开“段落”对话框，设置段落特性参数。

7. “多行文字编辑”快捷菜单

通过“多行文字编辑”快捷菜单提供的标准或特有选项进行编辑，如图 8-12 所示。

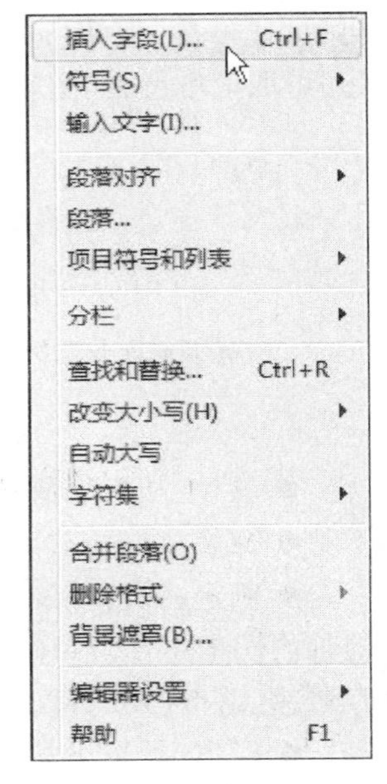

图 8-12 “多行文字编辑”快捷菜单

- 插入字段(L)：在多行文字中插入字段对象。单击菜单项，弹出“字段”对话框，根据提示选择插入字段对象（如保存日期、打印日期、文件名、系统变量等）。可对插入字段对象进行修改、更新、转换等操作。
- 符号(S)：输入 Unicode 字符串、控制码（“°”“Φ”“ ± ”）和特殊字符。从子菜单中选择相关菜单项即可，也可直接在文字输入区输入 Unicode 字符串和控制码。
- 输入文字(I)：从任意 ASCII 或 RTF 格式文件中导入文字。输入的文字保留原始字符格式和样式特性，可在多行文字编辑器中编辑和格式化导入的文字。
- 段落对齐：设置对齐方式（左对齐、居中、右对齐、对正、分布）。
- 段落：打开“段落”对话框，设置段落特性参数。
- 项目符号和列表：设置项目标记方式（字母、数字、项目符号）。
- 分栏：设置分栏类型及分栏特性参数。
- 查找和替换：查找和替换多行文字中的字符串。单击菜单项，弹出“查找和替换”对话框，根据提示操作。
- 改变大小写(H)：将所选文字改为大写或小写。

- 自动大写:输入字母时,自动转变为大写字母。
- 字符集:选择字符集。
- 合并段落(O):将所选段落合并为一段并用空格替换每段的回车。
- 删除格式:清除所选文字的粗体、斜体或下划线格式以及段落格式。
- 背景遮罩(B):在多行文字后设置不透明背景。单击之,弹出“背景遮罩”对话框,根据提示设置有关参数(使用背景遮罩、边界偏移因子、使用背景、颜色),如图 8-13 所示。

说明:

① 边界偏移因子基于文字高度,若为 1.0,则正好布满多行文字对象;若为 1.5,则背景宽度是文字高度的 1.5 倍,如图 8-14 所示。

② 当背景遮罩填充颜色与文字颜色相同,则多行文字被屏蔽,可起到保密作用。

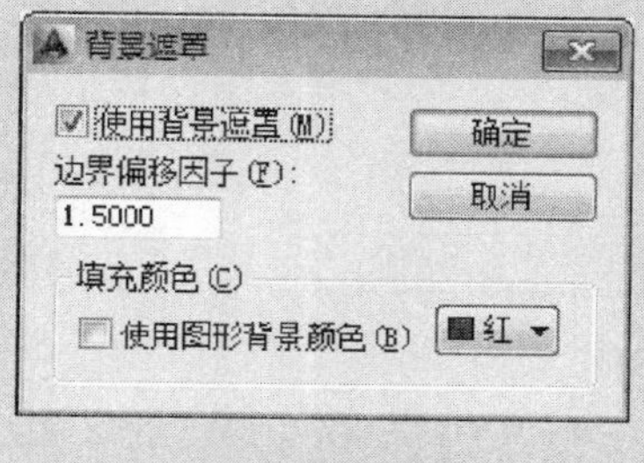

图 8-13 “背景遮罩”对话框

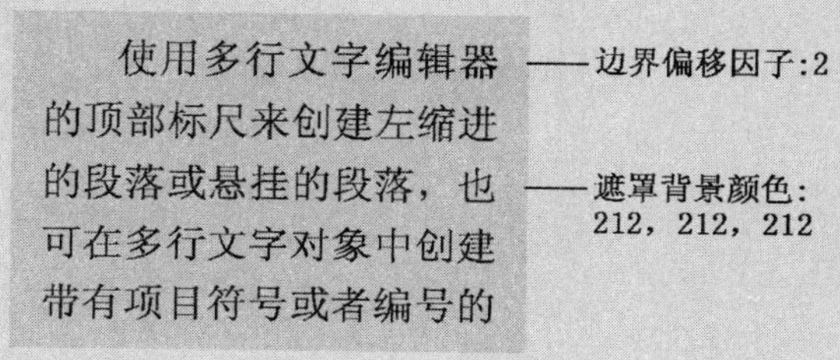

使用多行文字编辑器的顶部标尺来创建左缩进的段落或悬挂的段落,也可在多行文字对象中创建带有项目符号或者编号的

——边界偏移因子:2

——遮罩背景颜色:212, 212, 212

图 8-14 背景遮罩示例

- 编辑器设置:设置“编辑器”特性,可显示或隐藏“文字格式”工具栏、工具栏选项和标尺,设置文字亮显颜色。

8.1.4 设置文字样式(-STYLE、STYLE、DDSTYLE)

1. 任务

在图形中创建、修改或指定文字样式。

2. 操作

- 键盘命令:-STYLE、STYLE、DDSTYLE↙。
- 菜单命令:“格式”→“文字样式”。
- 工具按钮:“样式”工具栏 →“文字样式管理器”。
- 工具按钮:“文字”工具栏→“文字样式”。
- 功能区面板:“默认”→“注释”→“文字样式”。

3. 提示

执行 -STYLE 命令,通过键盘操作方式创建文字样式。

➢ 输入文字样式名或 [?] <Standard>:(输入文字样式名)
➢ 指定完整的字体名或字体文件名(TTF 或 SHX): <txt>:(输入字体名)
➢ 指定文字高度或 [注释性(A)] <0.0000>:(输入文字高度、A)
➢ 指定宽度因子 <1.0000>:(输入文字宽度因子)
➢ 指定倾斜角度 <0>:(输入文字倾斜角度)

➢ 是否反向显示文字?[是(Y)/否(N)] <N>:(输入Y或N,设置文字是否左右镜像)
➢ 是否颠倒显示文字?[是(Y)/否(N)] <N>:(输入Y或N,设置文字是否上下颠倒)
➢ 是否垂直? <N>:(输入Y或N,设置垂直显示)

执行“STYLE”或“DDSTYLE”命令,弹出“文字样式”对话框,如图8-15所示。

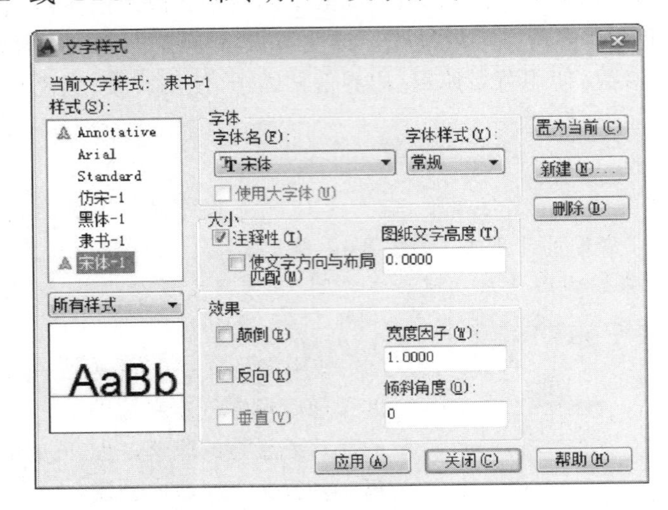

图8-15 “文字样式”对话框

- “样式(S)”区:创建、换名、指定或删除文字样式。

  ◆ 样式:从列表清单中指定文字样式名作为当前样式。“Standard”样式为AutoCAD 2014默认样式,其他样式为用户创建样式。双击样式名可修改样式名。
- 置为当前(C):单击该按钮,可将所选样式置为当前样式。
- 新建(N):单击该按钮,创建新的文字样式。
- 删除(D):单击该按钮,删除当前文字样式。
- “字体”区:设置字体参数。

  ◆ 字体名(F):从列表清单中指定字体,字体由字体文件定义,AutoCAD 2014支持的字体文件有:Shape编译字体文件(扩展名为“.shx”)、Windows系统使用的字体文件(TrueType字体文件,扩展名为“.ttf”)、大字体文件(Big Font file)。系统默认字体为“txt.shx”字体。

  ◆ 字体样式(Y):从列表清单中指定字体样式,一般字体样式为“常规字体”,若指定字体为“Times New Roman”,字体样式有常规、粗体、斜体多种样式。字体样式与字体名有关。

  ◆ 使用大字体(U):选中该项,可使用大字体文件。该项对Shape字体有效。
- “大小”区:设置文字高度、注释性和匹配参数。

  ◆ 图纸文字高度:输入文字高度值。如果高度为0,则在对文字注释时提示输入高度,由用户输入;否则在文字注释时不提示输入高度,按此高度注释文字。
- “效果”区:设置文字的显示效果参数,如图8-16所示。

  ◆ 颠倒(E):选中该项,注释文字上下颠倒显示。

  ◆ 反向(K):选中该项,注释文字左右颠倒显示。

◆ 垂直(V)：选中该项，注释文字纵向排列显示。该项对 Shape 字体有效。

◆ 宽度因子(W)：输入宽度比例值。宽度比例 = 1，则按字体文件定义宽度显示；宽度比例 < 1，则以窄长字体显示；宽度比例 > 1，则以宽扁字体显示。

◆ 倾斜角度(O)：输入倾斜角度值。该角度相对 Y 轴正方向而言，角度 < 0，则文字向左倾斜；角度 > 0，则文字向右倾斜。倾斜角度范围为 -85° ~ 85°。

● "预览"区：预显示文字注释效果。

● 应用(A)：单击该按钮，将当前文字样式重新应用到用该文字样式注释的文字。该功能对于用新样式统一修改注释文字非常方便。

说明：

当字体样式为 TrueType 时，可通过系统变量 Textfill 和 Textqlty 确定所标注文字是否填充以及文字的光滑程度。当 Textfill = 0 时，则不填充；否则填充，缺省值为 0。Textqlty 取值范围为 0 ~ 100，值越大，文字越光滑，缺省值为 50。

【例 8.4】　设置不同文字样式，分别注释文字"AutoCAD"，如图 8-16 所示。

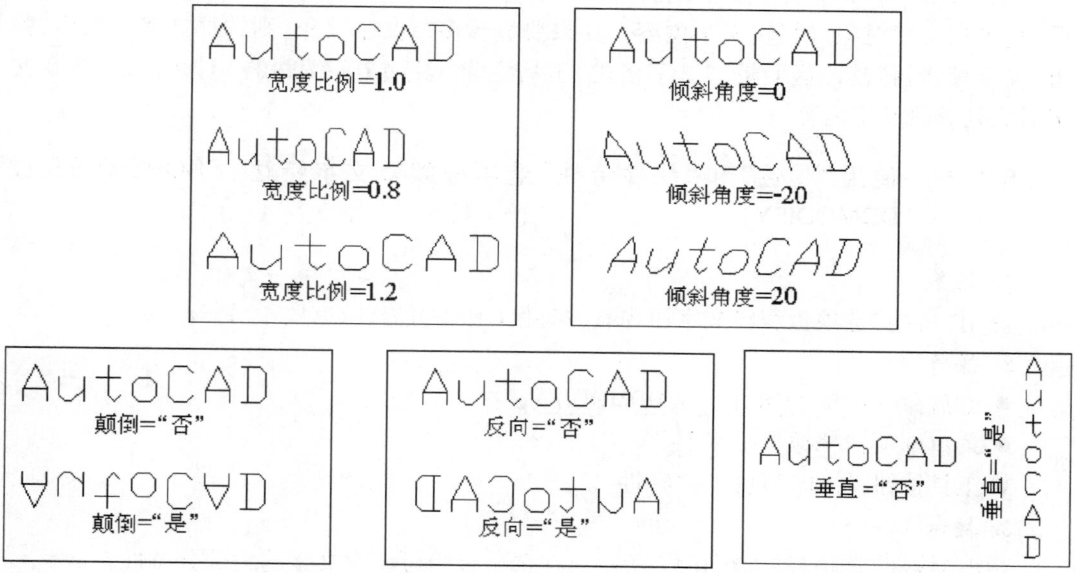

图 8-16　文字样式效果

【例 8.5】　创建一个 S1 文字样式。提示：

➢ 命令：-STYLE↙

➢ 输入文字样式名或 [?] < Standard >：S1↙

➢ 指定完整的字体名或字体文件名 (TTF 或 SHX)：　< txt >：Times New Roman↙

➢ 指定文字高度或 [注释性(A)] < 0.0000 >：↙

➢ 指定宽度因子 < 1.0000 >：0.7↙

➢ 指定倾斜角度 < 0 >：↙

➢ 是否反向显示文字？[是(Y)/否(N)] <N>:↙
➢ 是否颠倒显示文字？[是(Y)/否(N)] <N>:↙
➢ 是否垂直？[是(Y)/否(N)]<N>:Y↙
➢ "S1"是当前文字样式。

8.1.5 文字编辑(DDEDIT)

1. 任务

编辑文字注释的文字内容。

2. 操作

- 键盘命令:DDEDIT↙。
- 菜单选项:"修改"→"对象"→"文字"→"编辑"。
- 工具按钮:"文字"工具栏→"编辑"。
- 快捷菜单:右击文字注释,弹出快捷菜单→"编辑"。

3. 提示

➢ 选择注释对象或[放弃(U)]:(选取文字注释对象)

AutoCAD 2014 增强了文字编辑功能。如果要编辑单行文字对象,则选择文字对象后,直接在文字对象处编辑文字内容。如果要编辑多行文字对象,则选择文字对象后,弹出"文字编辑器"功能区面板、"文字格式"工具栏和"多行文字编辑器"对话框,直接在文字对象处编辑文字内容。

8.1.6 使用"特性"和"快捷特性"选项板编辑文字特性(PROPERTIES 或 DDMODIFY)

1. 任务

使用"特性"选项板编辑文字注释有关特性(有些可修改,有些不可修改)。

2. 操作

- 键盘命令:PROPERTIES 或DDMODIFY↙。
- 菜单选项:"修改"→"特性"。
- 工具按钮:标准工具栏→"特性"。

3. 提示

弹出"特性"选项板,如图 6-57 所示。在选项板中可修改文字的大部分特性。

激活"特性"选项板后,选择待修改的文字对象,选项板中给出该文字注释的有关特性,用鼠标单击待修改特性处,出现闪动的光标竖条,输入新的特性值即可。显示为灰色的特性为只读,不能修改。选择待修改的文字对象后,同时激活弹出"快捷特性"选项板,在"快捷特性"选项板中直接编辑文字有关特性。

8.1.7 文字缩放(SCALETEXT)

1. 任务

改变文字对象的缩放比例,但不改变文字对象基准点位置。SCALETEXT 命令可一次

性缩放多个文字对象,比SCALE命令更加灵活、方便和快捷。

2. 操作

- 键盘命令:SCALETEXT↙。
- 菜单选项:"修改"→"对象"→"文字"→"比例"。
- 工具按钮:"文字"工具栏→"缩放"。
- 功能区面板:"注释"→"文字"→"缩放"。

3. 提示

➢ 选择对象:(选择待缩放文字对象)

➢ 输入缩放的基点选项

➢ [现有(E)/左对齐(L)/居中(C)/中间(M)/右对齐(R)/左上(TL)/中上(TC)/右上(TR)/左中(ML)/正中(MC)/右中(MR)/左下(BL)/中下(BC)/右下(BR)] <现有>:(输入E、L、C、M、R、TL、TC、TR、ML、MC、MR、BL、BC、BR)

➢ 指定新模型高度或[图纸高度(P)/匹配对象(M)/比例因子(S)] <默认高度>:(输入新的文字高度、P、M或S)

● 输入缩放的基点选项:输入选项字母,指定文字缩放的基准点,可与文字对象基准点相同,也可不同。缩放文字基准点含义与文字对象基准点含义相同。

● 指定新模型高度:输入缩放后文字的新高度值,文字对象以指定的文字基准点被更新为新的高度。如图8-17所示,将不同高度文字缩放为同一高度。

● 图纸高度(P):输入P,指定文字在图纸布局中的高度。该项只对注释性对象有效。

● 匹配对象(M):输入M,将文字对象更新为某一文字的高度。如图8-17所示,将不同高度文字缩放为文字"3580"的高度。该操作可以某一文字高度为标准,更新若干文字对象为同一高度。提示:

➢ 选择具有所需高度的文字对象:(选择一文字对象)

➢ 高度 = <匹配文字对象高度>

● 比例因子(S):输入S,将文字按指定比例因子缩放,类似SCALE命令功能。提示:

➢ 指定缩放比例或[参照(R)] <默认比例因子>:(输入缩放比例或R)

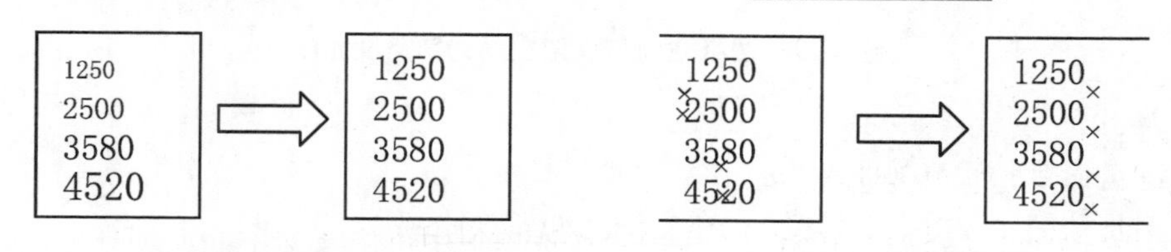

图8-17 文字缩放　　　图8-18 文字对正

8.1.8 文字对正(JUSTIFYTEXT)

1. 任务

改变文字对象的对齐方式(基准点)。JUSTIFYTEXT命令可一次性将多个文字对象对齐方式修改为同一对齐方式。

2. 操作

- 键盘命令:JUSTIFYTEXT↙。

● 菜单选项:“修改”→“对象”→“文字”→“对正”。
● 工具按钮:“文字”工具栏→“对正”。
● 功能区面板:“注释”→“文字”→“对正”。

3. 提示

➢ 选择对象:(选择待缩放文字对象)
➢ 输入对正选项
➢ [左对齐(L)/对齐(A)/布满(F)/居中(C)/中间(M)/右对齐(R)/左上(TL)/中上(TC)/右上(TR)/左中(ML)/正中(MC)/右中(MR)/左下(BL)/中下(BC)/右下(BR)] <左对齐>:(输入 L、A、F、C、M、R、TL、TC、TR、ML、MC、MR、BL、BC、BR)

输入文字对正选项字母后,即可将文字对齐方式修改为新的对齐方式。如图 8-18 所示,将文字对齐方式统一修改为右对齐方式。

8.1.9 文字匹配('SPACETRANS)

1. 任务

统一模型空间和图纸空间布局中的文字高度。在图纸空间布局中创建文字时,用户可使用 SPACETRANS 透明命令计算模型空间中的文字高度在图纸空间布局中显示的等价文字高度,并指定图纸空间布局中的等价文字高度。例如,若需要在图纸空间中创建与模型空间中 1/ 4 高度文字显示高度相同的文字注释,请在“文字高度”提示下输入“'SPACETRANS”,然后输入 1/ 4 即可,如图 8-19 所示。

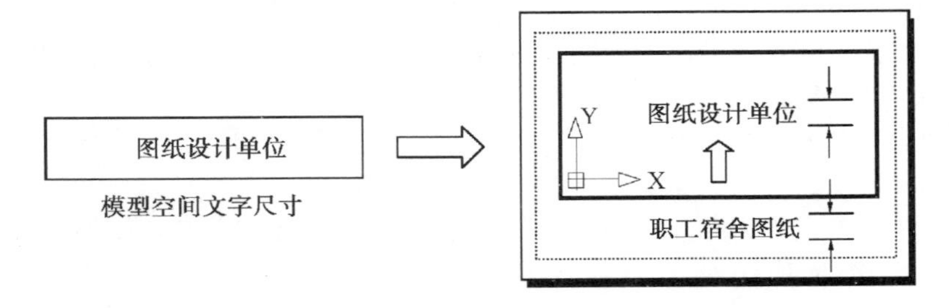

图 8-19 图纸空间与模型空间文字高度匹配

2. 操作

● 键盘命令:'SPACETRANS↙。
● 工具按钮:“文字”工具栏→“在空间之间转换距离”。

3. 提示

➢ 命令:DTEXT↙
➢ 当前文字样式:Standard 文字高度:<图纸空间默认文字高度>注释性:否
➢ 指定文字的起点或[对正(J)/样式(S)]:(输入文字起点)
➢ 指定高度 <图纸空间默认文字高度>:'SPACETRANS↙
➢ >>指定模型空间距离 <模型空间默认文字高度>:(输入模型空间基准高度)
➢ 正在恢复执行 DTEXT 命令。
➢ 指定高度 <图纸空间默认文字高度>:(输入图纸空间新的等价文字高度)
➢ 指定文字的旋转角度 <0>:(输入文字旋转角度)

➢ 输入文字:(输入文字串)

📖 **说明:**

SPACETRANS 命令只能在图纸空间中使用,且在文字创建时使用。

8.1.10 艺术字文字注释

1. 使用艺术字体进行文字注释

在图形中,一般使用常规的字体(宋体、黑体、仿宋体、txt. shx、Times New Roman 等)进行文字注释。这些字体基本能满足计算机辅助设计和绘图要求,但这些字体比较呆板,缺乏艺术效果,有时在图形中需要点缀部分由艺术字体组成的注释文字。AutoCAD 2014 中使用的字体由字体文件定义,有什么样的字体文件,就可注释什么样的字体文字。可以将第三方提供的艺术字体文件安装或复制到 AutoCAD 2014 的 Fonts 文件夹中,就可在文字注释中使用其中的艺术字体,如图 8-20 所示。

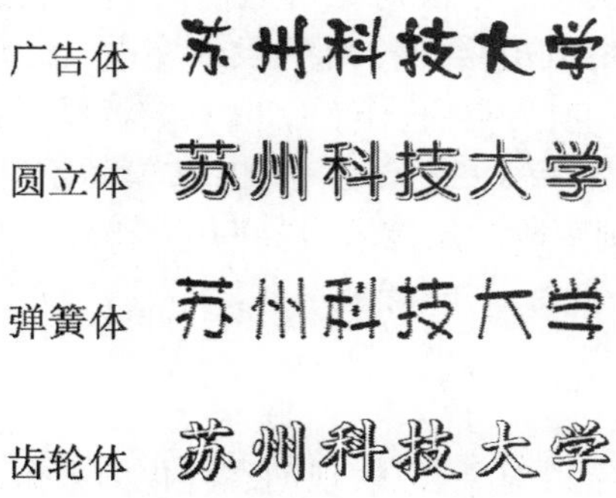

广告体 苏州科技大学

圆立体 苏州科技大学

弹簧体 苏州科技大学

齿轮体 苏州科技大学

图 8-20 艺术字体(一)

苏州科技大学

苏州科技大学

苏州科技大学计算中心

苏州科技大学计算中心

图 8-21 艺术字体(二)

2. 使用 Word 字处理软件和 AutoCAD OLE 特性进行艺术效果文字注释

Word 字处理软件有强大的艺术字处理功能,可使文字产生美观而醒目的艺术效果。先使用 Word 软件输入并创建具有一定艺术效果的文字,然后选择该文字,执行“复制”功能,将其复制到剪贴板上,再激活 AutoCAD 2014,执行“粘贴”功能,将剪贴板内容粘贴到 AutoCAD 2014 绘图区中。同时弹出“OLE 特性管理器”对话框,设置并调整有关参数,关闭“OLE 特性管理器”对话框,将粘贴到绘图区的内容移到指定位置即可。Word 软件提供丰富的艺术字库、艺术字格式和艺术字形状(图 8-21),并可进行旋转、对齐、调整高度和调整间距等操作,也可设置不同颜色。

8.2 字　段

8.2.1 字段概念

AutoCAD 2014 允许图形中注释一些可变化的动态文字或数据(图形特性、对象特性、系统变量、日期、时间等)。例如,在图形中插入一个反映保存日期的字段对象,每次保存图形后,该字段自动显示保存日期文字,使图形能自动跟踪保存事件,如图 8-22 所示。

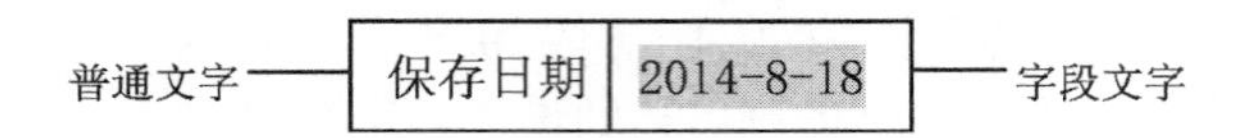

图 8-22　保存日期字段示例

AutoCAD 2014 提供“字段”对话框,通过“字段”对话框来插入和更新字段对象。“字段”对话框为用户提供了丰富的字段类型(打印、对象、日期、时间、文档、图纸集、超链接等)和字段名称,供用户选择使用。

字段对象可以在图形中作为一个独立对象插入,也可以作为多行文字的一部分插入多行文字中,甚至可以作为图块属性值插入图块中。字段对象可以使用“多行文字编辑器”对其进行编辑和更新。如果字段对象没有可用数据,则字段对象显示为连字符(----)。例如,在“图形特性”对话框中“作者”项为空白,作者字段对象将显示连字符。如果字段对象具有无效数据,则字段对象显示为“####”符号。例如,在模型空间中插入在图纸空间中有效的“当前图纸集”字段对象,则字段对象显示为“####”符号。

8.2.2 字段插入(FIELD)

1. 任务

在图形、多行文字、图块属性或表格内插入字段对象,以表现动态变化的数据或文字。

2. 操作

- 键盘命令:FIELD↙。
- 菜单选项:“插入”→“字段”。
- 快捷菜单:“多行文字编辑”快捷菜单→“插入字段”。
- 功能区面板:“插入”→“数据”→“字段”。

3. 提示

弹出“字段”对话框,如图 8-23 所示,根据提示选择字段类别、字段名称、样例等内容,单击“确定”按钮,关闭对话框,在命令输入区指定字段起点、字段文字高度和字段文字对齐方式。提示:

➢ MTEXT 当前文字样式: “Standard” 文字高度: 10.0000

➢ 指定起点或 [高度(H)/对正(J)]:(输入起点、H 或 J)

- 指定起点:指定字段对象起点,在起点位置插入字段对象。
- 高度(H):指定字段文字高度,决定文字大小。
- 对正(J):指定字段文字对齐方式,同多行文字对齐方式。

对“字段”对话框中各项说明如下：

● 字段类别(C)：从列表清单中选择字段类别。类别有：打印、对象、其他、全部、时间和日期、图纸集、文档、已链接。

● 字段名称(N)：显示选定字段类别所包含的字段名称，从字段名称清单中选择一字段名称。不同字段类别其字段名称不同。

● 样例(X)：显示选定字段名称所允许的字段格式，从字段格式清单中选择一字段样例(格式)。不同字段名称其字段样式(格式)不同。

● 字段表达式：显示字段的表达式。字段表达式不可编辑，但用户可以通过阅读此区域来了解字段的构造方式。

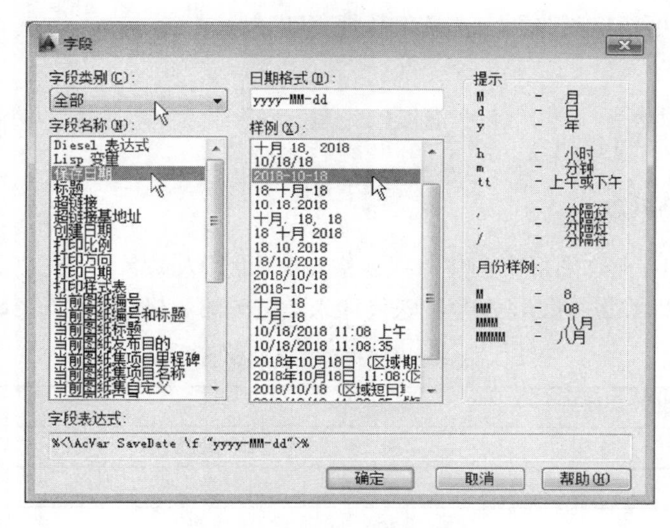

图 8-23 “字段”对话框

📖 **说明：**

① 插入字段对象后，字段对象带有一个灰色背景，便于同普通文字相区别，字段灰色背景不打印输出。字段对象灰色背景可通过“选项”对话框中的“用户系统配置”标签中的“显示字段背景”项设置或取消。

② 字段对象可通过“多行文字编辑器”快捷菜单插入多行文字中；可通过“增强属性编辑器”快捷菜单插入带属性图块中。

③ 字段对象可通过“多行文字编辑器”快捷菜单转换为普通文字。

8.2.3 字段更新

插入字段对象后，根据需要可及时进行更新。可自动更新，也可手动更新。

1. 字段自动更新方法

● 通过“工具”菜单，打开“选项”对话框，选择“用户系统配置”标签，单击右下角“字段更新设置”按钮，弹出“对象更新设置”对话框。

● 根据提示设置自动更新字段有关选项(打开、保存、打印、电子传递、重生成),单击"应用并关闭"按钮,完成字段自动更新设置。今后有关字段数据发生变化后自动更新。

2. 字段手动更新方法

● 选择待更新字段,右击鼠标,在弹出的快捷菜单中选择"特性"项,弹出"特性"选项版,如图 8-24 所示。在选项板中修改该字段的图层、内容、文字样式、注释性。

多行文字	
图层	0
内容	2010-8-16
样式	Arial
注释性	否
对正	左上
文字高度	2
旋转	0

图 8-24 字段更新"特性"选项板

● 修改字段内容时,单击右侧按钮"…",弹出"多行文字编辑器"对话框,双击待更新字段,弹出"字段"对话框,在对话框中修改字段,右击鼠标,弹出快捷菜单,选择"更新字段"项,立即按新数据更新字段。

8.3 表 格

8.3.1 表格概念

AutoCAD 2014 允许图形中创建一些表格对象(设计人员名单、施工原料清单、工程配料明细等)。例如,在图中创建一个反映设计人员情况的表格对象,如表 8-2 所示。

表 8-2 工程设计人员名单

姓名	性别	年龄	职称	职务
白　云	男	45	教授	项目负责人
邱　劲	男	35	工程师	项目组成员
周蓓蓓	女	30	工程师	项目组成员

AutoCAD 2014 提供"插入表格"对话框,可通过"插入表格"对话框来创建表格对象。"插入表格"对话框为用户提供了丰富的表格特性(表格样式、文字高度、插入方式、行数、行高、列数、列宽等),供用户选择使用。

表格是一个由若干行、列构成且行、列中包含有特定文字和数据的复合对象。首先通过表格样式创建一个空表格对象,其后在表格单元格中添加文字和数据内容,也可将表格链接至 Excel 电子表格中的数据。创建表格后,显示构成表格的网格线,用户通过"特性"选项板或表格夹点来修改和调整表格,如图 8-25 所示。按住鼠标左键,拖动夹点,可轻松方便地改变表格宽度、表格列宽、表格高度,移动表格,打断分拆表格。

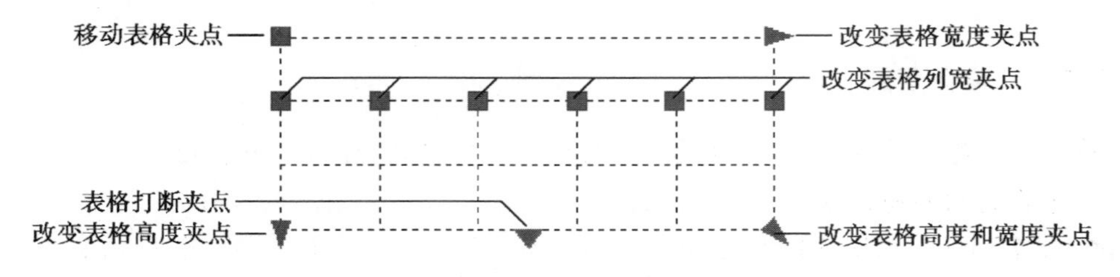

图 8-25 表格网格线和表格夹点

创建表格对象后，选择表格单元格，双击鼠标，弹出“文字编辑器”功能区面板和“文字格式”工具栏，在单元格内输入或修改单元格数据内容，类似多行文字输入和修改操作。单元格内容可相互移动或复制。

8.3.2 表格插入(TABLE)

1. 任务

在图形内任意位置插入表格对象。

2. 操作

- 键盘命令：TABLE↙。
- 菜单选项：“表格”。
- 工具按钮：“绘图”工具栏→“表格”。
- 功能区面板：“默认”→“注释”→“表格”。

3. 提示

弹出“插入表格”对话框，如图8-26所示，根据提示设置表格有关特性，单击“确定”按钮，关闭对话框，在命令输入区指定表格插入点，在表格单元格内输入数据，按【Tab】键或方向键【←】、【→】、【↑】、【↓】选择单元格，通过“文字格式”工具栏设置文字格式。

➤ 指定插入点：(输入表格插入点)

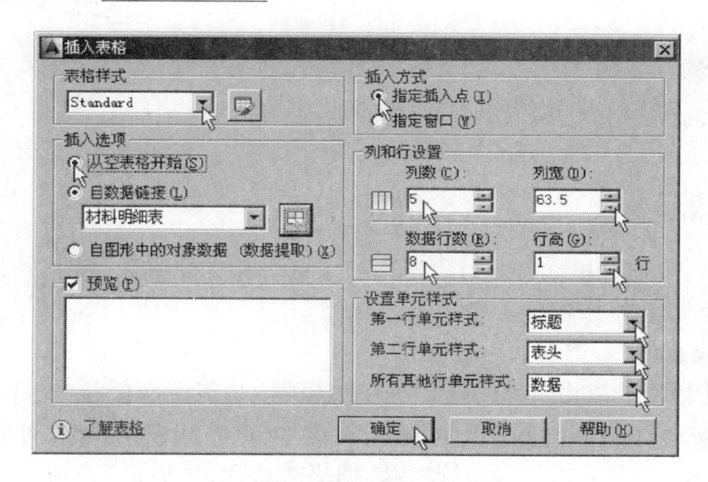

图8-26 “插入表格”对话框

- 表格样式：从列表清单中选择表格样式(Standard为默认表格样式)。单击右侧按钮，弹出“表格样式”对话框，根据提示新建或修改表格样式。对话框下面“预览”区域给出指定表格样式的格式样例。
- 指定插入点(I)：选中该项，用键盘或鼠标指定表格左上角插入点。
- 指定窗口(W)：选中该项，用键盘或鼠标指定矩形窗口两对角顶点，确定表格范围，列数和行高在“插入表格”对话框中设置，数据行数和列宽由窗口大小确定。
- 从空表格开始(S)：选中该项，创建空表格，表格数据由用户输入。
- 自数据链接(L)：选中该项，从Excel电子表格中导入表格数据。单击右侧按钮，创建链接 Excel 文件,导入全部或部分数据。

● 自图形中的对象数据(数据提取)(X):选中该项,导入图形中提取的对象数据。若数据已提取至数据提取文件中(dxe 文件),则选择数据提取文件导入数据,否则从图形文件中创建新的数据提取文件导入。

● 列数(C)、列宽(D)、数据行数(R)、行高(G):在文本框中输入列数、列宽、行数和行高数据。

● 设置单元样式:设置第一行、第二行及其他行单元样式(标题、表头、数据)。标题和表头均可根据需要取消,设置为数据行。

● 指定插入点(I):用键盘输入或用鼠标拾取表格插入点。指定插入点后,按设置表格特性在插入点位置生成空白表格,同时弹出"文字格式"工具栏,光标停在第一个单元格内等待输入数据,按要求依次输入其他单元格数据。在输入单元格数据过程中,可随时设置和修改文字格式。

4. "表格数据编辑"快捷菜单

在输入表格数据过程中,右击鼠标,弹出"表格数据编辑"快捷菜单,提供标准的或特有的编辑选项,类似如图 8-12 所示的"多行文字编辑"快捷菜单。根据快捷菜单提供的标准或特有选项进行数据编辑(剪切、复制、粘贴、插入字段、输入文字、对正等)。

说明:

表格数据编辑与多行文字编辑类似,可插入字段对象,从 ASCII 或 RTF 格式文件中导入文字,改变大小写,输入 Unicode 字符串(特殊符号)。

8.3.3 表格编辑

创建表格后,可随时根据需要对表格进行编辑。有 3 种编辑:表格数据编辑、表格结构编辑和表格单元编辑。

1. 表格数据编辑

双击待修改数据的表格单元,弹出"文字编辑器"功能区面板和"文字格式"工具栏,进入表格数据编辑状态,类似多行文字编辑,可增加、删除和更新数据,可通过"文字编辑器"功能区面板和"文字格式"工具栏改变数据格式特性,可通过"表格数据编辑"快捷菜单修改表格数据,类似图 8-12 所示的"多行文字编辑"快捷菜单。

2. 表格结构编辑

单击表格网线,选择表格,表格呈虚线状,如图 8-25 所示,同时弹出"特性"选项板,如图 8-27 所示。通过夹点编辑功能和"特性"选项板对表格进行编辑,修改表格宽度、表格列宽、表格高度、图层、样式、方向,移动表格,打断分拆表格。右击鼠标,弹出"表格结构编辑"快捷菜单,提供标准的或特有的编辑选项(剪切、复制、粘贴、删除、移动、缩放、旋转、绘图顺序、均匀调整列大小、均匀调整行大小、删除所有特性替代、输出、表指

图 8-27 "特性"选项板

示器颜色、更新表格数据链接、将数据链接写入外部源等)。根据编辑选项,可对表格结构进行编辑。

📖 **说明:**

① 表格可作为图形对象进行删除、复制、移动、旋转、缩放操作。

② 可将表格行、列进行均匀调整(列宽相等,行高相等)。

③ 可将表格数据按逗号分隔,导出到外部文件(扩展名为“.csv”),供其他软件使用。

3. 表格单元编辑

单击表格单元,选择单元格,也可拖动鼠标(或按 Shift 键时单击对角单元)框选多个单元格。右击鼠标,弹出“表格单元编辑”快捷菜单,提供标准的或特有的编辑选项(剪切、复制、粘贴、单元样式、背景填充、单元对齐、单元边框、单元锁定、数据格式、匹配单元、数据链接、插入图块、插入字段、插入公式、编辑文字、管理内容、删除内容、插入列、删除列、均匀调整列大小、插入行、删除行、均匀调整行大小、删除所有特性替代、合并单元、取消合并、特性)。根据编辑选项,可对表格单元进行编辑。

📖 **说明:**

① 可按左上、中上、右上、左中、正中、右中、左下、中下、右下对齐方式对齐数据。

② 可设置单元格边框线宽和颜色。

③ 可在单元格中插入图块,可按行、列合并单元格。

8.3.4 设置表格样式(TABLESTYLE)

1. 任务

在图形中创建、修改或指定表格样式。

2. 操作

- 键盘命令:TABLESTYLE↙。
- 菜单命令:“格式”→“表格样式”。
- 工具按钮:“样式”工具栏 →“表格样式”。
- 功能区面板:“默认”→“注释”→“表格样式”。

3. 提示

弹出“表格样式”对话框,如图 8-28 所示。根据提示设置、新建、修改表格样式。

- 样式(S):列出所有表格样式名,选择一表格样式名,单击右侧按钮,可将其置为当前、修改或删除。右侧给出所选表格样式预览图形。置为当前的表格样式作为表格插入时使用的表格样式。
- 列出(L):从列表清单中选择样式类别(所有样式、正在使用样式)。
- 置为当前(U):单击该按钮,将所选表格样式置为当前样式。

● 新建(N):单击该按钮,弹出"创建新的表格样式"对话框,键入新样式名后,单击"继续"按钮,弹出"新建表格样式"对话框,对话框中有 3 个选项卡("常规""文字""边框"),如图 8-29、图 8-30、图 8-31 所示,根据提示设置表格样式有关特性。

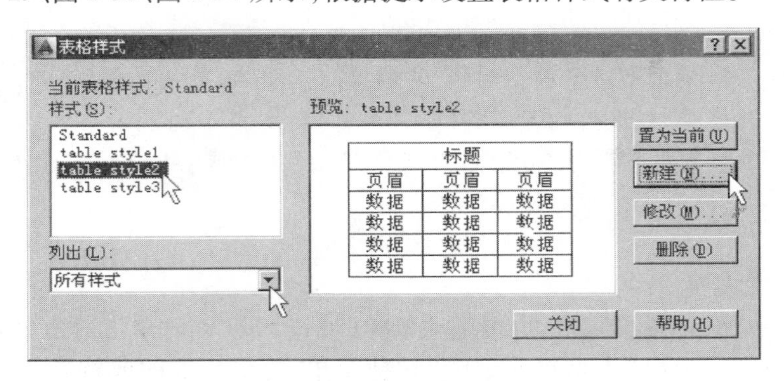

图 8-28 "表格样式"对话框

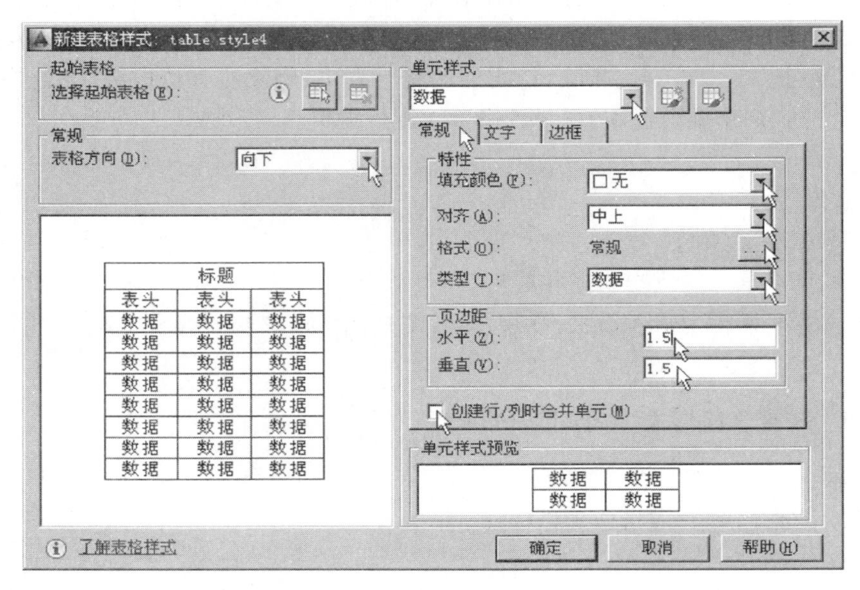

图 8-29 "新建表格样式"对话框

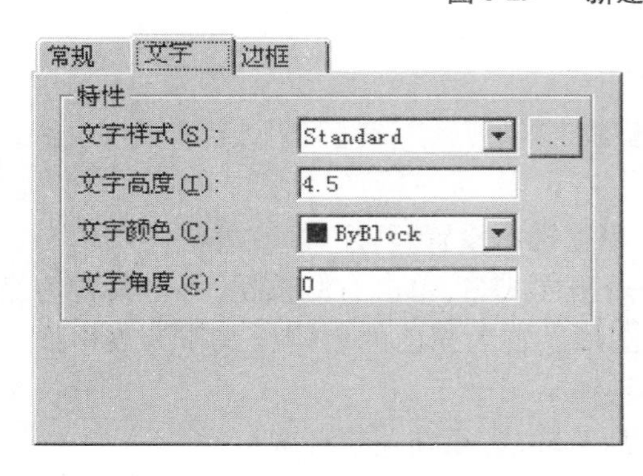

图 8-30 "文字"选项卡

图 8-31 "边框"选项卡

◆ 选择起始表格(E):单击该按钮,在绘图区选择已创建表格,作为新表格样式参考内容,新建表格样式在此基础上设置有关内容。此项功能有助于创建类似表格样式。也可以删除已选择的起始表格。

◆ 表格方向(D):选择表格生成方向(向下、向上)。

◆ 单元样式:设置表格单元样式(标题、表头、数据)。单击右侧"创建新单元样式"按钮,弹出"创建新单元样式"对话框,设置新单元样式名称,创建一个新单元样式,供选择使用,如创建新单元样式"标题1"。单击右侧"管理单元样式"按钮,弹出"管理单元样式"对话框,可以新建、删除、重命名单元样式。

◆ "常规"标签:设置当前单元样式结构特性。

■ 创建行/列时合并单元(M):选中该复选框,将使用当前单元样式创建的所有新行和新列合并为一个单元。可使用此功能在表格顶部方便创建标题行。

■ "特性"区:设置当前单元样式的填充颜色、对齐方式、数据格式(百分比、常规、点、货币、角度、日期、十进制、文字、整数)、单元类型(数据、标签)。

■ "页边距"区:设置单元中文字或图块与左右、上下单元边界之间的距离。

◆ "文字"标签:设置当前单元样式文字特性(文字样式、高度、颜色、角度)。

◆ "边框"标签:设置当前单元样式边框特性(线宽、线型、颜色、双线间距)。单击边框按钮,可设置不同类型边框特性。

● 修改(M):单击该按钮,弹出"修改表格样式"对话框,类似"新建表格样式"对话框。根据提示修改表格样式有关特性。

● 删除(D):单击该按钮,将所选表格样式删除。

【例8.6】 按要求绘制齿轮图,如图8-32所示。

绘图要求如下:

① 设置图形范围为297×210。

② 创建5个新图层:轮廓层,线宽为0.30,其余默认;中心线层,颜色为红色,线型为CENTER,其余默认;填充层,颜色为蓝色,图案为ANSI31,其余默认;标注层,颜色为洋红,其余默认;标题栏层,颜色为蓝色,其余默认。

③ 右下角标题栏为4行、4列的表格对象,表格中带灰色背景的数据(保存日期、打印日期、图形文件)为字段对象,其余数据为普通文字,"齿轮"和"苏州科技大学设计院"为黑体字,其余为宋体字。创建新表格样式"标题栏",文字高度为4,对齐方式为"正中",表格单元类型均为数据,无标题和表头,其余默认。按"标题栏"样式创建表格,列数为4,列宽为30,行数为4,行高为2,根据需要合并单元格和调整行列宽。

④ 尺寸标注略。

⑤ 按文件名"tu8-33.dwg"保存文件。

绘图步骤如下:

① 执行"NEW"命令,创建新文件,设置图形范围为297×210。

② 执行"LAYER"命令,按要求创建五个新图层。

③ 使用绘图和修改命令,按标注尺寸在相应图层绘制图形(中心线、轮廓线、填充图案)。

④ 执行"TABLESTYLE"命令,创建新表格样式,表格样式名为"标题栏",选择"数据"单元样式,设置文字高度为 4,对齐方式为"正中",边框为田字边框;选择"标题"单元样式,只设置边框为无边框;选择"表头"单元样式,只设置边框为底边框。

⑤ 执行"TABLE"命令,创建新表格对象,表格样式选择"标题栏",列数为 4,列宽为 30,行数为 4,行高为 2,插入方式为指定插入点,按要求合并单元格。按文字格式要求输入相应文字和插入字段对象(保存日期字段、打印日期字段、图形文件字段)。

⑥ 执行"RECTANG"命令,绘制图框;执行"MOVE"命令,将表格移至图框右下角。

⑦ 按文件名"tu8-33. dwg"保存文件。

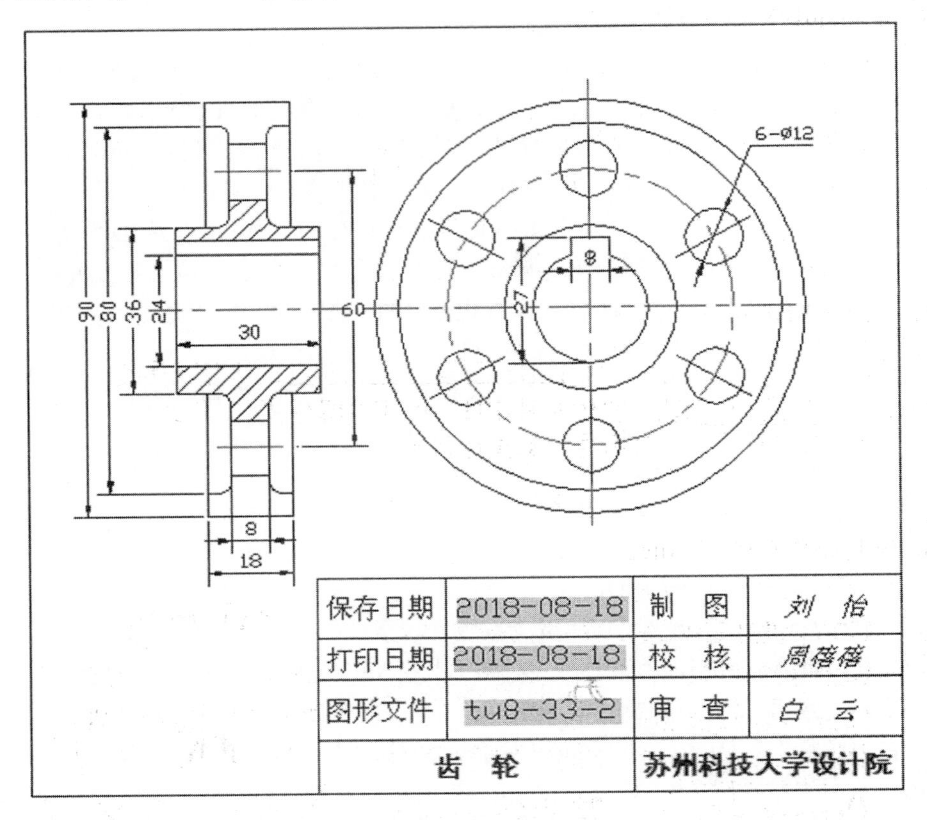

图 8-32 齿轮图

练 习 8

1. 文字注释中的字高如何规定? 能否任意指定字高?
2. 文字注释中的"中心"和"中间"对齐方式有何区别?
3. DTEXT 命令和 MTEXT 命令有何区别?
4. 如何在同一幅图中使用不同的字体进行文字注释?
5. DTEXT 命令可注释多行文字,但为什么称其为单行文字注释命令?

6. 在 DTEXT 命令中，“对齐”和“布满”选项有何异同点？
7. 在执行 DTEXT 命令时，没有出现字高输入提示，为什么会出现这种现象？
8. 在进行文字注释时，如何输入直径符号“ϕ”、度符号“°”、公差符号“±”？
9. 哪些字体有粗体和斜体特性？
10. 如何将当前 AutoCAD 2014 中没有的字体添加到 AutoCAD 2014 中？
11. 如何在 AutoCAD 2014 图形中注释艺术字体文字？
12. 在 AutoCAD 2014 中，字体“@宋体”和字体“宋体”有何区别？
13. 文字样式是否只在文字注释中使用，能否用在属性和尺寸标注中？
14. 绘制如图 8-33 所示的标牌。

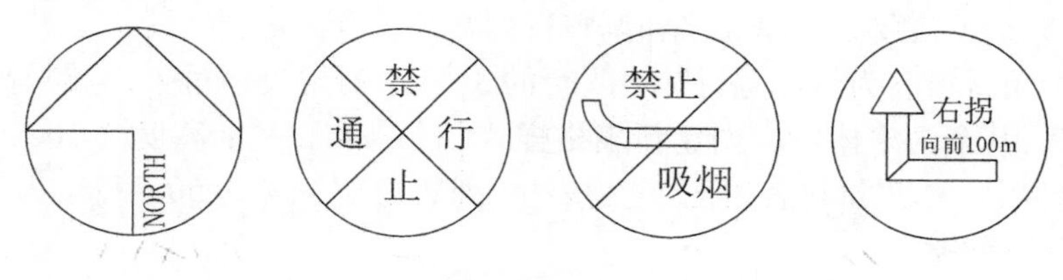

图 8-33 标牌

15. 绘制如图 8-34 所示的文字。

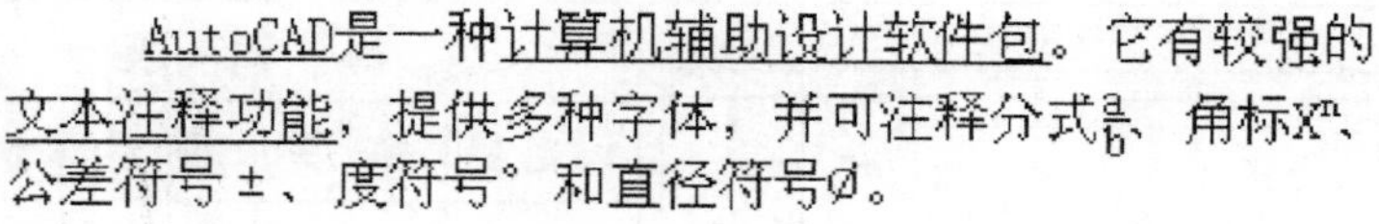

AutoCAD是一种计算机辅助设计软件包。它有较强的文本注释功能，提供多种字体，并可注释分式$\frac{a}{b}$、角标X^m、公差符号±、度符号°和直径符号Ø。

图 8-34 文字注释

16. 绘制如图 8-35 所示的艺术文字。

Computer Center 苏州科技大学
Computer Center 苏州科技大学
Computer Center 苏州科技大学
Computer Center 苏州科技大学
Computer Center 苏州科技大学

图 8-35 艺术文字注释

17. 多行文字输入提供了哪些制表功能？能否插入字段对象？如何插入？
18. 在多行文字输入过程中，可以从何种类型文件中导入文字？
19. 简述多行文字的背景遮罩功能，如何使用背景遮罩功能屏蔽多行文字？
20. 字段对象文字和普通文字有何异同点？
21. 字段对象允许出现在哪些对象内部？能否作为独立对象存在于图形中？
22. 表格单元样式有哪些类型？简述每种单元类型的特点。
23. 如图 8-36 所示，按标注尺寸和绘图要求绘制卫生间。未标注尺寸自定。

绘图要求如下：

（1）设置图形范围为 2 970 ×2 100。

（2）创建六个新图层：墙体层，线宽为 0.50，其余默认；设备层，颜色为红色，其余默认；填充层，颜色为蓝色，图案为 HONEY，其余默认；标注层，颜色为洋红，其余默认；标题栏层，颜色为蓝色，其余默认；材料表层，颜色为红色，其余默认。

（3）右下角标题栏为 4 行、4 列的表格对象，表格中带灰色背景的数据（保存日期、打印日期、图形文件）为字段对象，其余数据为普通文字，“卫生间”和“苏州科技大学”为粗宋体字。创建新表格样式“标题栏”，文字高度为 80，对齐方式为“正中”，表格单元类型为数据，无标题和表头，其余默认。按“标题栏”样式创建表格，列数为 4，列宽为 500，行数为 4，行高为 2，根据需要合并单元格和调整行列宽。

（4）右上角材料表为带标题行和表头行的 3 行、4 列的表格对象，标题行和表头行文字为粗黑体字，其余为宋体字。创建新表格样式“材料表”，文字高度为 100，对齐方式为“正中”，其余默认。按“材料表”样式创建表格，列数为 4，列宽为 500，行数为 3，行高为 2，根据需要调整行列宽。

（5）尺寸标注略。

（6）按文件名“tu8-37. dwg”保存文件。

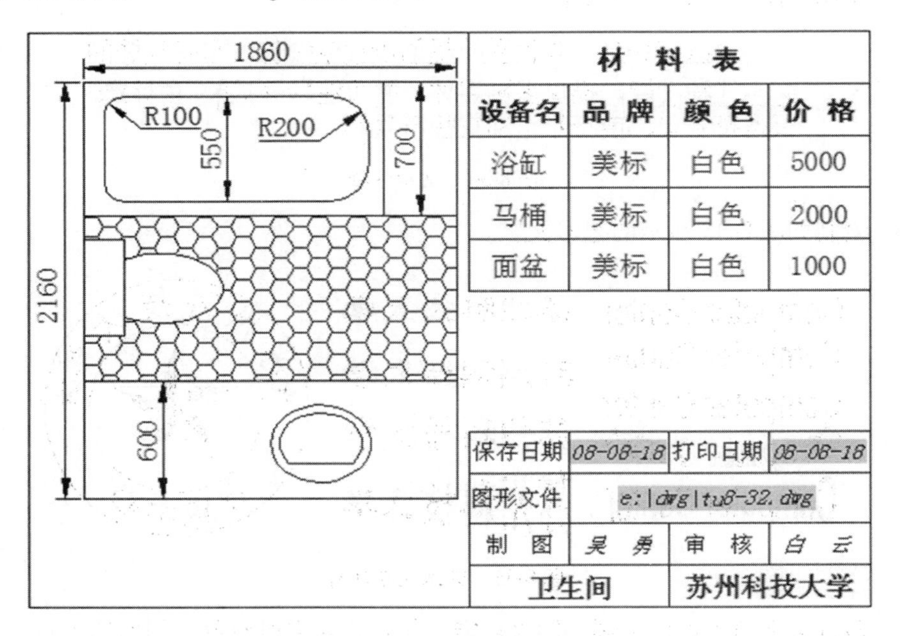

图 8-36 卫生间

第9章

图块与属性

9.1 图 块

9.1.1 图块概念

1. 图块

图块是一组图形对象的集合,它是由多个图形对象组合而成,且与其他图形对象相互独立的图形单元。图块有唯一的块名,它同直线、圆、多段线等图形对象一样作为单一图形对象对待,可进行移动、复制、旋转等编辑操作。用户可单独定义图块,也可从已有图形中选择部分对象定义图块。图块可按镜像、缩放和旋转操作多次插入图中任意位置。图块可以嵌套,即一个块中还可包含其他图块。组成图块的图形对象可以是 AutoCAD 的任何图形对象,甚至可以是图块。图块内可包含称为"属性"的文字信息,对图块的某些特征进行详细描述。

图块具有树型结构特征,组成图块的图形对象可看作是树的分支(树枝),树枝亦可作为图块,其上又可生长出新的树枝,依次类推。一个复杂图块类似一个有多层分支的大树,如图 9-1 所示。作为树枝的图形对象与作为树干的图块既有联系又有区别,树枝受树干控制,而树枝和树干都有各自的属性(图层、颜色、线型和线宽等)。树枝可建立在不同的图层上,如果某树枝所在图层被冻结,则该树枝也同时被冻结,而且不可见。如果树干所在图层被冻结,则所有树枝及其子树枝均被冻结,即不可见,即使树枝所在图层未被冻结也是如此。

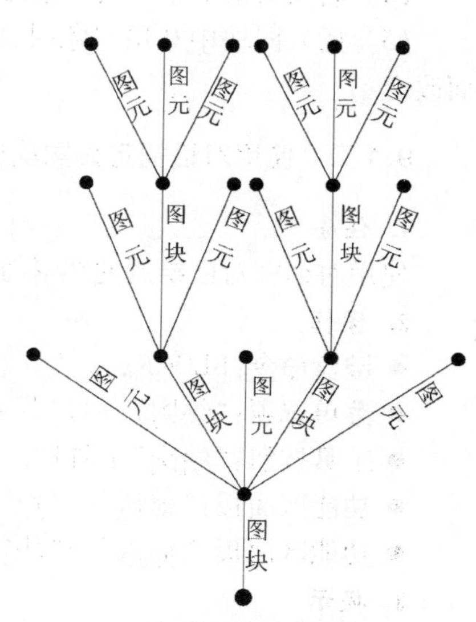

图 9-1 图块树

2. 使用图块的优点

(1) 提高绘图速度。一幅复杂图形中往往含有大量形状相同的重复图形。绘制这些重复图形,将花费大量的宝贵时间,降低绘图效率。使用图块绘制重复图形,只需绘制一次,作为图块的图形可以多次插入使用,从而显著提高绘图速度。

(2) 建立图形库。每个工程设计领域都有一套相对固定的行业标准(如建筑行业的门、窗、厨卫设备等)。对于符合行业标准的通用图形,只需绘制一次,并定义为图块,存放在图形库中,其后可重复多次使用。使用图块可建立标准图形库,并以文件形式保存在存储介质上。

(3) 便于修改图形。对于重复图形的修改,如果一个个去修改,将浪费时间和精力,也容易产生错误,会造成图形修改的不一致性。使用图块可使图形修改操作一次完成,只需修改图块并重新定义,图上大量同名图块便自动完成修改。

(4) 缩短图形文件长度。每一个图形对象都占有一定的存储空间,用于保存其有关信息,非图块的重复图形将大大增加存储开销,导致图形文件太大,给图形处理和存储带来一定困难,甚至无法处理和存储,导致图形绘制失败。一个图块在图中虽然出现多次,但只记录一个图块中图形对象的有关信息以及少量图块信息。使用图块可缩短图形文件长度,节约存储空间。

(5) 可为图块建立属性,提高可读性。一个由一组几何图形对象生成的图形,是生硬的,缺乏灵性,有时难以理解,甚至会造成误解。例如,一个矩形可认为是一幢房子、一个房间或一台机器,所以一幅完整图形需要有丰富的文字标注和说明,便于阅读、生产和管理。图块可带有文字信息,称为图块属性。可在图块中建立属性,对图块进行详细的描述和说明。

3. 图块特性

(1) 图块有一个唯一的图块名。

(2) 图块中对象可以是 AutoCAD 允许的任何对象。

(3) 图块中对象可以放在同一图层上,也可放在不同图层上。

(4) 插入图块中非 0 层对象时,图块中每个对象绘制在自身的图层上。

(5) 插入图块中 0 层对象时,图块中每个对象绘制在当前层上,线型、颜色随当前层而改变。

9.1.2 使用对话框定义图块(BLOCK)

1. 任务

使用对话框对已绘制的图形对象定义图块。

2. 操作

- 键盘命令:BLOCK↙。
- 菜单选项:“绘图”→“块”→“创建”。
- 工具按钮:“绘图”工具栏 →“创建块”。
- 功能区面板:“默认”→“块”→“创建”。
- 功能区面板:“插入”→“块定义”→“创建块”。

3. 提示

弹出“块定义”对话框,如图 9-2 所示。

● 名称(N):键入新建图块的名称,或从下拉列表清单中选择,列表清单中给出了已定义的所有图块名。图块名由字母、数字、汉字、空格以及特殊符号 $ 、_和 - 组成,不能超过255 个字符。

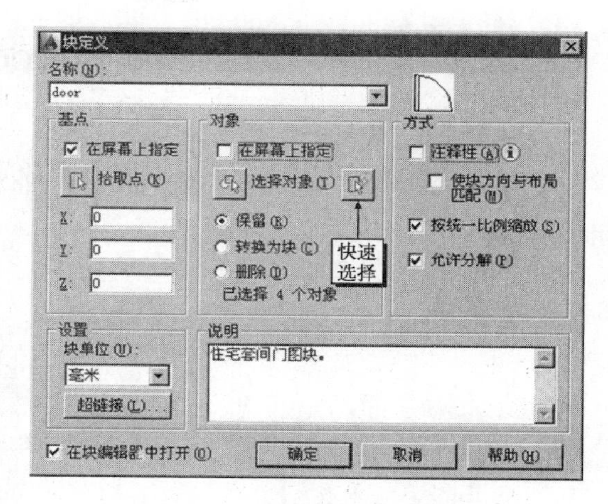

图 9-2 “块定义”对话框

● 拾取点(K):单击该按钮,关闭“块定义”对话框,在绘图区上拾取一点,作为图块插入的基准点,拾取后再返回到对话框。也可在下方坐标文本框内输入坐标值。

● 选择对象(T):单击该按钮,在绘图区选择图形对象,键入【Enter】键,返回对话框。

● 快速选择(“选择对象”按钮右侧):单击该按钮,弹出“快速选择”对话框,如图 6-6 所示,根据提示选择图形对象,单击“确定”按钮,返回对话框。

● 保留(R):选中该按钮,创建图块后仍保留原图形对象。

● 转换为块(C):选中该按钮,创建图块后原图形对象用插入图块替代。

● 删除(D):选中该按钮,创建图块后删除原图形对象。

● 块单位(U):从列表清单中选择块参照插入单位(如英寸、英尺、毫米、厘米、米等)。

● 超链接(L):单击该按钮,将某个超链接(文件、Web 页)与块定义相关联。

● 说明:编辑框。在编辑框中键入对图块的详细说明文字。

● 注释性(A):选中该项,指定块为注释性对象。单击右侧图标,可了解注释性对象的更多信息。

● 使块方向与布局匹配(M):选中该项,指定在图纸空间视口中的块参照的方向与布局的方向匹配。如果未选中“注释性”选项,则该选项不可用。

● 按统一比例缩放(S):选中该项,指定块参照按统一比例缩放。

● 允许分解(P):选中该项,指定块参照可以被分解。

● 在块编辑器中打开(O):选中该项,在块编辑器中打开当前的块定义。

说明:

① 如果图块名同已有图块名重名,则创建图块时会给出提示信息对话框,框中给出“xxx 已定义,是否重定义?”提示信息,单击“是”或“否”按钮,决定是否重新定义。

② 用 BLOCK 定义的图块随图形文件存储,只能用于本图形中。

③ 用于定义图块的图形一般绘制在 1×1、10×10 或 100×100 的矩形区域内,以便用不同比例插入图块。

9.1.3 使用键盘操作定义图块(-BLOCK)

1. 任务

使用键盘操作方式对已绘出的图形对象定义图块。

2. 操作

- 键盘命令:-BLOCK↙。

3. 提示

➢ 输入块名或[?]:(输入图块名或?)
➢ 指定插入基点或[注释性(A)]:(定义图块插入点、A)
➢ 选择对象:(选取组成图块的图形对象)

> **说明:**
> 用键盘操作方式定义图块,定义图块后原图形对象被删除。

【例 9.1】 将图 9-3 所示的图形定义为图块。

➢ 命令:-BLOCK↙
➢ 输入块名或[?]:Q1↙
➢ 指定插入基点:(用交点捕捉方式拾取 p1 点)
➢ 选择对象:W↙
➢ 指定第一个角点:(拾取 p2 点)
➢ 指定对角点:(拾取 p3 点)

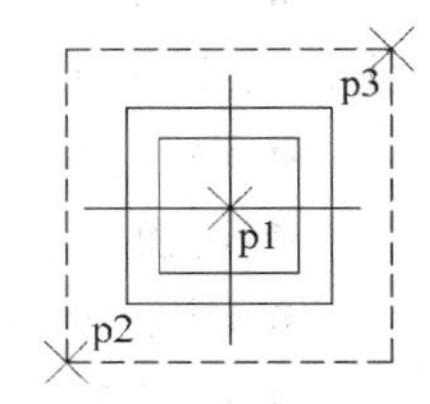

图 9-3 定义图块

9.2 插入图块(-INSERT、INSERT、DDINSERT)

9.2.1 插入图块(-INSERT、INSERT、DDINSERT)

1. 任务

将已定义图块按缩放比例和旋转角度插入图中指定位置。

2. 操作

- 键盘命令:-INSERT、INSERT 或DDINSERT↙。
- 菜单选项:"插入"→"块"。
- 工具按钮:"绘图"工具栏→"插入块"。
- 功能区面板:"默认"→"块"→"插入"。
- 功能区面板:"插入"→"块"→"插入"。

3. 提示

执行-INSERT 命令,按键盘操作方式操作。

➢ 输入块名或[?] <Q1>:(输入图块名、* 图块名或?)
➢ 单位:毫米　转换:　1.0000
➢ 指定插入点或[基点(B)/比例(S)/X/Y/Z/旋转(R)]:(拾取插入点或输入 B、S、X、Y、Z、R)

- 指定插入点:输入或拾取图块插入点坐标,按指定缩放比例和旋转角度插入图块。
  - ➤ 指定比例因子 <1 >:(输入缩放比例)
  - ➤ 指定旋转角度 <0 >:(输入旋转角度)
- 基点(B):输入 B,指定图块基准点。
- 比例(S):输入 S,指定缩放比例。
- X/ Y/ Z:输入 X、Y 或 Z,分别指定 X、Y 或 Z 轴的缩放比例。如果图块定义中选择了"按统一比例缩放"项,则该选项取消。
- 旋转(R):输入 R,指定旋转角度。

执行其他插入图块命令,弹出"插入"对话框,如图 9-4 所示,完成图块插入。

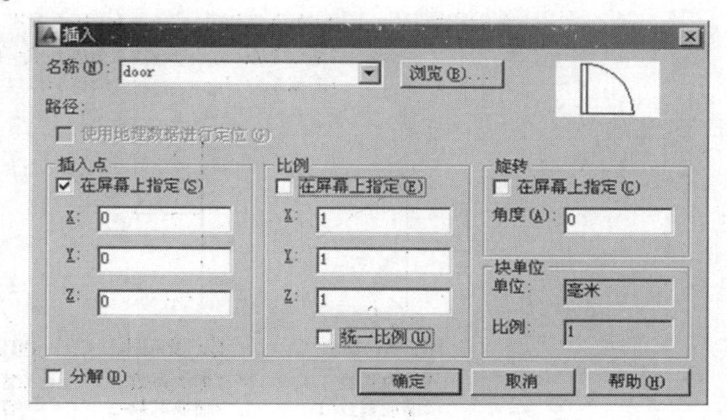

图 9-4 "插入"对话框

- 名称(N):从列表清单中选择一图块名,作为插入图块名。
- 浏览(B):单击该按钮,打开"选择图形文件"对话框,选择一图形文件。
- 在屏幕上指定插入点(S):若选中该项,则插入点按命令提示指定;否则在复选框下方输入插入点坐标值,按该值指定插入点。
- 在屏幕上指定比例(E):若选中该项,则缩放比例按命令提示指定;否则在复选框下方输入 X、Y、Z 方向缩放比例值,按该值缩放。若缩放比例为负数,则按镜像方式插入。
- 在屏幕上指定旋转角度(C):选中该项,则旋转角度按命令提示指定;否则在复选框下方输入旋转角度值,按该值旋转。
- 统一比例(U):选中该项,则 X、Y、Z 方向按同一比例缩放。
- 分解(D):选中该项,则图块插入后自动分解为单一图形对象。
- 使用地理数据进行定位(G):选中该项,插入将地理数据用作参照的图形。只有当前图形和附着的图形包含地理数据,此选项才可用。

说明:

① 插入块时,缩放比例为负,则插入相应方向的镜像图块,如图 9-5 所示。

② 用边框确定缩放比例时,另一角点位于插入点右上、右下、左上、左下,则插入的图块按相应方向镜像。

③ 用键盘操作进行图块插入,在输入图块名前加"*",则图块插入后自动分解。

④ 输入的旋转角度可用鼠标拾取确定,拾取点到插入点连线与 X 轴夹角为旋转角度。

⑤ 若块中源对象位于 0 层,且对象特性为"随层"或"随块",则插入图块时按当前图层的特性或当前设置的对象特性确定,否则按源对象特性确定。若块中源对象

位于0层，则插入图块对象位于当前图层。

⑥ 若块中源对象位于非0层，则插入图块时保留源对象特性，其图层、颜色、线型、线宽等特性保持不变。

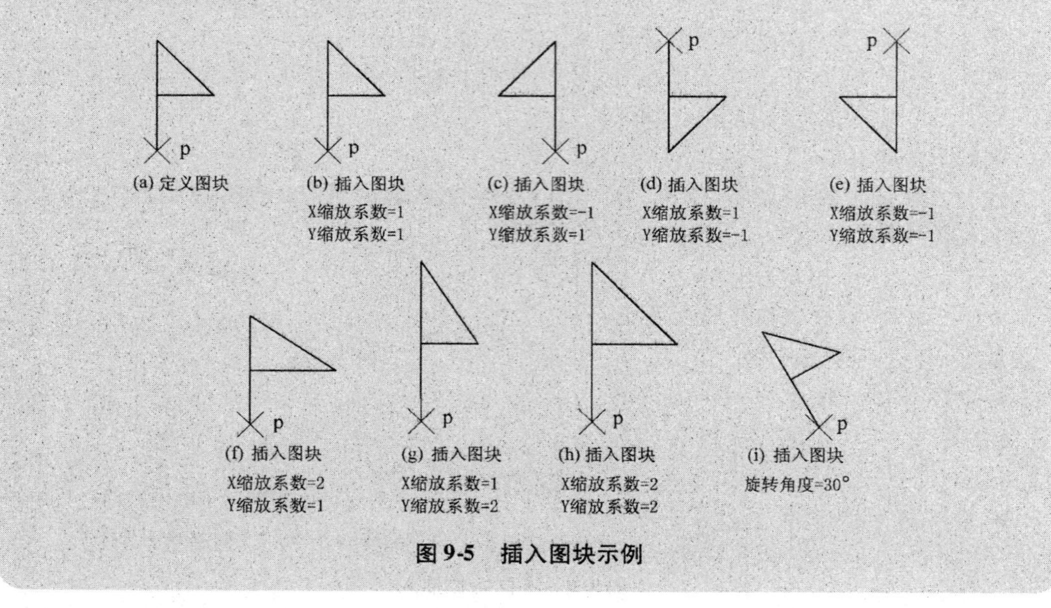

图 9-5　插入图块示例

【例 9.2】 将上节中的 Q1 图块插入在点(100,100)处，X 和 Y 的缩放比例为 0.5。提示：

➢ 命令：-INSERT↙

➢ 输入块名或 [?] <dd>：Q1↙

➢ 指定插入点或 [基点(B)/比例(S)/X/Y/Z/旋转(R)]：100,100↙

➢ 输入 X 比例因子，指定对角点，或 [角点(C)/XYZ(XYZ)] <1>：0.5↙

➢ 输入 Y 比例因子 <使用 X 比例因子>：0.5↙

➢ 指定旋转角度 <0>：↙

【例 9.3】 插入上节中的 Q1 图块并分解，使之成为分散的图形对象。提示：

➢ 命令：-INSERT↙

➢ 输入块名或 [?] <door>：*Q1↙

以下操作同上例。

【例 9.4】 定义图层及有关属性，如表 9-1 所示。按要求在 0 层绘制有关图形对象，如表 9-2 所示。将图形对象定义为图块，图块名为 G1，将 G1 图块按要求插入 L2 层上，按要求在 L2 层绘制有关图形对象，将图形对象定义为图块，图块名为 G2，将 G2 图块按要求插入 L2 层上，观察插入图块的不同之处，如图 9-6 所示。

表 9-1　图层及属性

图层名	颜色	线型	图层名	颜色	线型	图层名	颜色	线型
0	黑	Continuous	L1	红	DASHED2	L2	蓝	DOT2

表9-2 对象及属性

对象	颜色	线型	对象	颜色	线型	对象	颜色	线型
矩形	随层	随层	圆	随层	随块	直线	随层	DASHDOT2

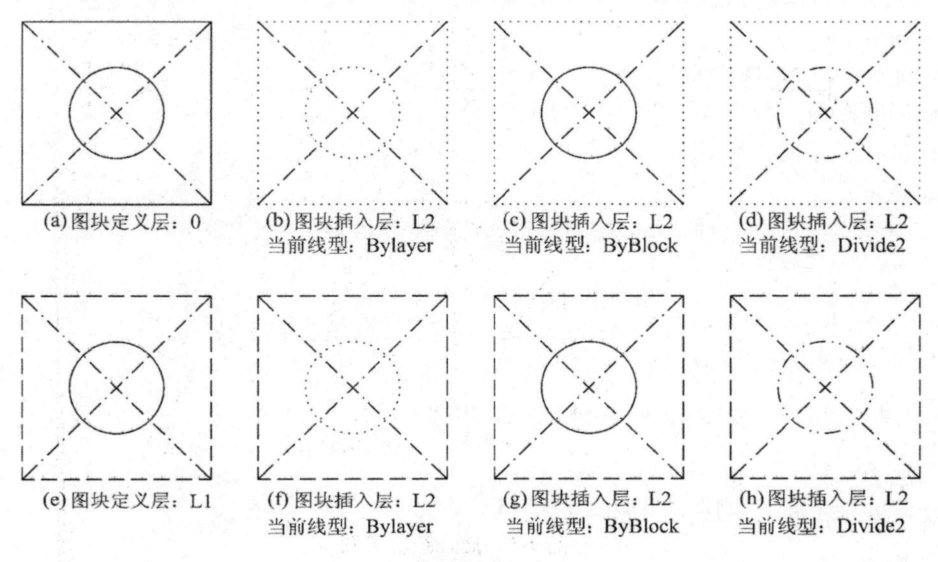

图9-6 不同特性插入

9.2.2 以阵列方式插入图块(MINSERT)

1. 任务

以矩形阵列方式插入图块到图中指定位置。

2. 操作

- 键盘命令:MINSERT↙。

3. 提示

- 输入块名或［?］<BB>:(输入图块名或?)
- 此处提示同 -INSERT 命令。
- 输入行数(---)<1>:(输入行数)
- 输入列数(|||)<1>:(输入列数)
- 输入行间距或指定单位单元(---):(输入行间距)
- 指定列间距(|||):(输入列间距)

说明:

利用 MINSERT 命令插入的矩形阵列图块是一个整体,不能分别编辑,它与用 ARRAY 命令有所不同。其优点是节约存储空间,建议图块保持不变时使用该操作。

9.2.3 以等分方式插入图块(DIVIDE)

1. 任务

以等分方式插入图块到图形对象上。

2. 操作

- 键盘命令：DIVIDE↙。
- 菜单选项："绘图"→"点"→"定数等分"。
- 功能区面板："默认"→"绘图"→"点"→"定数等分"。

3. 提示

> 选择要定数等分的对象：(选择待定数等分的图形对象)
> 输入线段数目或［块(B)］：B↙
> 输入要插入的块名：(输入图块名)
> 是否对齐块和对象？［是(Y)/否(N)］ <Y>：(输入Y或N)
> 输入线段数目：(输入等分数)

9.2.4 以等距方式插入图块(MEASURE)

1. 任务

以等距方式插入图块到图形对象上。

2. 操作

- 键盘命令：MEASURE↙。
- 菜单选项："绘图"→"点"→"定距等分"。
- 功能区面板："默认"→"绘图"→"点"→"定距等分"。

3. 提示

> 选择要定距等分的对象：(选择待定距等分的图形对象)
> 输入线段数目或［块(B)］：B↙
> 输入要插入的块名：(输入图块名)
> 是否对齐块和对象？［是(Y)/否(N)］ <Y>：(输入Y或N)
> 指定线段长度：(输入距离值)

9.2.5 确定图形文件插入基点(BASE)

1. 任务

重新确定图形文件插入基点。

2. 操作

- 键盘命令：BASE↙。

3. 提示

> 输入基点 <0.0000,0.0000,0.0000>：(输入图形文件新基点坐标)

说明：

一个图形文件也可作为图块插入其他图形文件中，缺省为被插入图形文件的坐标原点作为插入基点，通过该命令可重新确定基点。

9.2.6 将图形文件作为图块插入

1. 任务

将一图形文件中的图形作为图块插入其他图形中指定位置。

2. 操作

首先打开要插入的目标图形文件,启动 Windows 资源管理器(浏览器),选择要插入的图形文件,然后按住鼠标左键,将其拖到已打开的图形窗口中。也可通过插入图块命令,将之作为图块插入图形文件中。执行"插入"命令,弹出"插入"对话框,单击"浏览"按钮,选择待插入图形文件即可。

3. 提示

将图形文件拖入图形窗口后,在命令输入区给出类似 - INSERT 命令的提示。

> **说明:**
>
> 被插入的图形文件名作为图块名。对于被插入的图形文件、图形对象,若目标图形文件有该对象所在图层,则绘制在同名层上;否则目标图形文件创建对象所在图层及有关特性,并将对象绘制在新创建图层上。

9.2.7 定义外部图块(- WBLOCK、WBLOCK)

1. 任务

将定义图块以文件形式写入存储介质上,称为"外部图块",它可被其他图形文件引用和插入。

2. 操作

- 键盘命令: - WBLOCK 或WBLOCK↙。
- 功能区面板:"插入"→"块定义"→"写块"。

3. 提示

执行 - WBLOCK 命令,弹出"创建图形文件"对话框,类似"图形另存为"对话框,输入新的图形文件名,或选择已存在的图形文件,该文件作为保存"外部图块"的文件。

➢ 输入现有块名或

➢ [块 = 输出文件(=)/整个图形(*)] <定义新图形>:

- 输入现有块名:输入已定义图块名,将构成图块的图形对象写入图形文件中。
- 块 = 输出文件(=):输入" = ",图块名与文件名相同。文件名为已存在图块名。
- 整个图形(*):输入" * ",将整个图形作为图块写入图形文件。
- 定义新图形:键入回车键,选择构成图块的图形对象,作为图块写入文件。

执行 WBLOCK 命令,弹出"写块"对话框,如图 9-7 所示,根据提示完成写块操作。

- 块(B):选中该项,从右边下拉列表框中选择已定义图块名。
- 整个图形(E):选中该项,将整个图形写入图形文件。

● 对象(O):选中该项,选择构成图块的图形对象写入文件。

● 目标文件名和路径(F):输入将外部图块写入的目标文件名并选择文件所在磁盘路径。

● 插入单位(V):单击鼠标左键,打开下拉列表,从下拉列表清单中选择用AutoCAD设计中心插入图块时图块缩放的单位(如英寸、英尺、毫米、厘米、米等)。

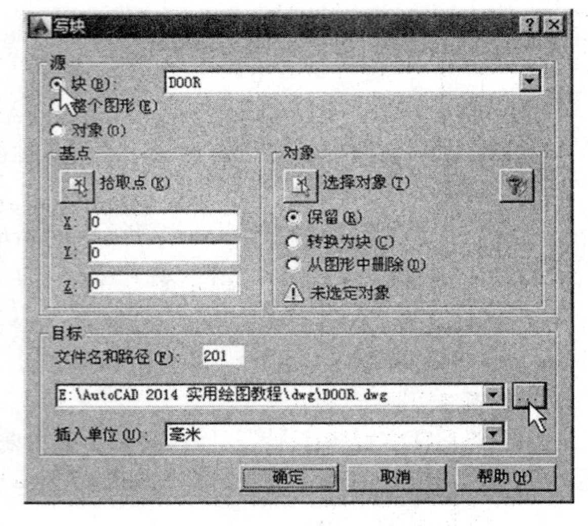

图9-7 “写块”对话框

【例9.5】 将上节定义的图块写入文件Q2中。提示:

➤ 命令:-WBLOCK↙

在“创建图形文件”对话框中指定文件名:Q2

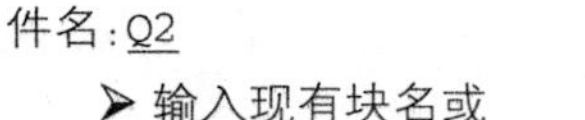

➤ 输入现有块名或

➤ [块=输出文件(=)/整个图形(*)] <定义新图形>:Q1↙

【例9.6】 将上例定义的图块写入文件Q1中。提示:

➤ 命令:-WBLOCK↙

在“创建图形文件”对话框中指定文件名:Q1

➤ 输入现有块名或

➤ [块=输出文件(=)/整个图形(*)] <定义新图形>:=↙

【例9.7】 将整个图形写入文件Q3中。提示:

➤ 命令:-WBLOCK↙

在“创建图形文件”对话框中指定文件名:Q3

➤ 输入现有块名或

➤ [块=输出文件(=)/整个图形(*)] <定义新图形>:*↙

【例9.8】 若图块未定义,将上节绘制的图形用-WBLOCK命令同时执行定义和写图块。提示:

➤ 命令:-WBLOCK↙

在“创建图形文件”对话框中指定文件名:Q4

➤ 输入现有块名或

➤ [块=输出文件(=)/整个图形(*)] <定义新图形>:↙

➤ 选择对象:(选择图形对象)

➤ 选择对象:↙

【例9.9】 绘制吧台和4把椅子,如图9-8所示。

先绘出椅子并定义为图块,绘制吧台,再把图块以矩形阵列方式插入吧台下方,修改椅子图块,重新定义椅子图块。椅子用实线绘制放在0层上,插入YZ层上,吧台用实线绘制放在BT层上。

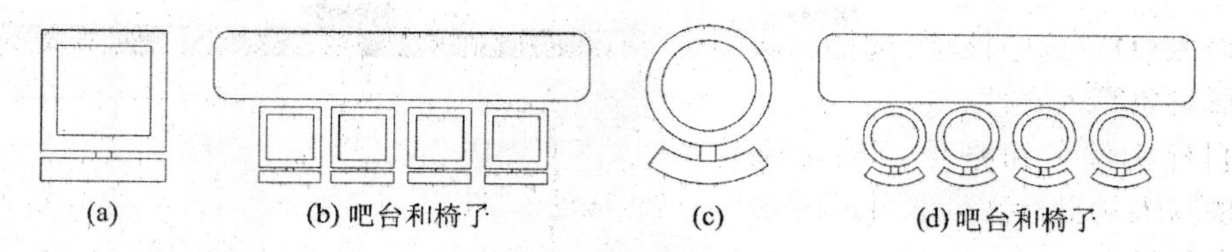

图 9-8 吧台和椅子

绘图过程如下:

- 建立图层:YZ 和 BT。提示:

  ➢ 命令:LAYER↙

  弹出"图层特性管理器"对话框。

  新建图层:YZ 和 BT

  图层特性为缺省设置。

- 在 0 层绘制椅子并定义图块,如图 9-8(a)所示。提示:

  ➢ 命令:LAYER↙

  将 0 层设置为当前图层。

  用 LINE、RECTANG 命令绘制椅子,长、宽均为 100。

  ➢ 命令:BLOCK↙

  设置图块名为 YZ,插入基点为椅背中点,定义图块。

- 在 BT 层绘制吧台。提示:

  ➢ 命令:LAYER↙

  将 BT 层设置为当前图层。

  ➢ 命令:RECTANG↙

  绘制长 240、宽 50、圆角半径为 10 的矩形。

- 在 YZ 层绘制插入 4 把椅子,如图 9-8(b)所示。提示:

  ➢ 命令:LAYER↙

  将 YZ 层设置为当前图层。

  ➢ 命令:MINSERT↙

  ➢ 输入块名或 [?] <YZ>:YZ↙

  ➢ 指定插入点 或 […]:(在吧台下方适当位置拾取点)

  ➢ 输入 X 比例因子,指定对角点,或 […] <1>:0.5↙

  ➢ 输入 Y 比例因子 <使用 X 比例因子>:↙

  ➢ 指定旋转角度 <0>:↙

  ➢ 输入行数 (---) <1>:↙

  ➢ 输入列数 (|||) <1>:4↙

  ➢ 指定列间距 (|||):45↙

- 修改椅子,将矩形改为圆和圆弧,如图 9-8(c)所示。提示:

  ➢ 命令:LAYER↙

  将 0 层设置为当前图层。

  用 FILLET、TRIM、LINE 等命令修改椅子。

- 将椅子重新定义为 YZ 图块,并同时修改原图块,如图 9-8(d)所示。提示:

  ➢ 命令:LAYER↙

将 0 层设置为当前图层。

➢ 命令:BLOCK↙

设置图块名为 YZ,插入基点为椅背中点,定义图块。

● 将吧台和椅子整图保存在"Batai. dwg"磁盘文件中。提示:

➢ 命令:-WBLOCK↙

在"创建图形文件"对话框中指定文件名为Batai

➢ 输入现有块名或

➢ [块=输出文件(=)/整个图形(*)] <定义新图形>:*↙

9.3 属 性

9.3.1 属性概念

1. 属性

属性是从属于图块的非图形部分,是图块的组成部分。属性是独立的图形对象,但它一般从属于图块,用于对图块进行文字说明。一个完整图块应该含有属性,如门的图块可附加上大小、颜色、材料、价格等属性数据。

属性用作对图块的详细注释。提取属性数据,生成数据文件,可供其他程序或数据库使用和处理。

2. 属性特点

属性类似于文本对象,它有 4 个特点。

(1) 属性包括标志和值,类似数据库中的字段名和值。例如,Name 为属性标志,而"Yang""Zhang"为属性值。

(2) 每个属性有定义和赋值两种操作,有定义而没有被赋值,属性就失去了存在的意义。

(3) 属性值在插入图块时由用户输入,插入图块后,属性用属性值表示。

(4) 属性值可显示,也可不显示。

9.3.2 属性定义(ATTDEF、DDATTDEF)

1. 任务

定义属性对象。

2. 操作

● 键盘命令:ATTDEF 或DDATTDEF↙。

● 菜单选项:"绘图"→"图块"→"定义属性"。

● 功能区面板:"默认"→"块"→"定义属性"。

● 功能区面板:"插入"→"块"→"定义属性"。

3. 提示

弹出"属性定义"对话框,如图 9-9 所示。

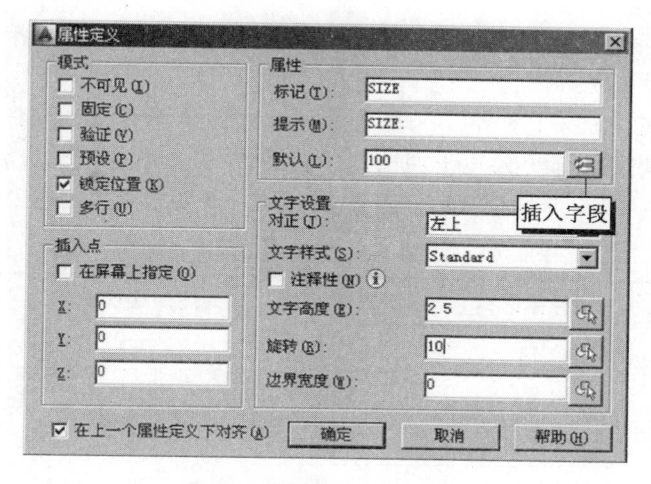

图 9-9 "属性定义"对话框

● 设置属性模式:有 6 种模式供用户选择。

◆ 不可见(I):若选中该项,则不显示属性值;否则显示。

◆ 固定(C):若选中该项,则属性值为常量,取默认值;否则为非常量。

◆ 验证(V):若选中该项,则插入图块时将验证属性值的正确性。

◆ 预设(P):若选中该项,则插入图块时自动把默认值作为属性值。

◆ 锁定位置(K):若选中该项,则锁定块参照中属性位置;否则可使用夹点编辑移动属性位置。

◆ 多行(U):若选择该项,则属性值中可输入多行文字,可指定多行文字边界宽度。

● 设置属性参数:有 3 种属性参数由用户设置。

◆ 标记(T):输入属性标记。标记长度小于 255。

◆ 提示(M):输入提示文字,在输入属性值时给出提示信息。

◆ 默认(L):在文本框中输入缺省属性值。

◆ 插入字段:单击该按钮,弹出"字段"对话框,在属性值处插入字段。

● 指定插入点:可直接输入,也可从屏幕上拾取。

◆ 在屏幕上指定(O): 选中该项,在屏幕上拾取属性的插入点。

◆ X、Y、Z:在编辑框中输入 X、Y、Z 坐标值。

● 文字设置:设置文字有关参数。

◆ 对正(J):从列表清单中选择对齐方式。

◆ 文字样式(S):从列表清单中选择文字样式。

◆ 注释性(N):选中该项,指定属性为注释性对象。

◆ 文字高度(E):在文本框中输入高度,或单击右侧"高度"按钮,在屏幕上输入高度。

◆ 旋转(R):在文本框中输入旋转角度,或单击右侧"旋转"按钮,在屏幕上输入旋转角度。

◆ 边界宽度(W):在文本框中输入边界宽度,或单击右侧"边界宽度"按钮,在屏幕上输入边界宽度。

● 在上一个属性定义下对齐(A):选中该项,属性标记置于上一属性标记下方。

【例9.10】 绘制一个办公室平面图,室内有若干张形状相同的办公桌,每个桌子有职员的姓名、性别、年龄、工资及编号等内容,并按表9-3要求定义为办公桌属性。

表9-3 桌子项目

项目	属性标记	属性提示	属性缺省值	显示可见性
姓名	NAME	姓名	空	可见
性别	SEX	性别	男	可见
年龄	AGE	年龄	空	不可见
工资	SALARY	工资	空	不可见
编号	NUMBER	编号	01	可见

绘图过程如下:

● 设置图形界限为800×800。

● 设置文字样式"STANDARD"字体为"宋体"。

● 新建办公室图层:BGS。

➤ 命令:LAYER↙

弹出"图层特性管理器"对话框。

新建图层:BGS

图层特性为缺省设置。

● 在0层绘制办公桌及属性,并定义图块BGZ,如图9-10(a)所示。提示:

➤ 命令:LAYER↙

将0层设置为当前图层。

用RECTANG命令绘制椅子,长150、宽80。

➤ 命令:ATTDEF↙ ——定义姓名属性

设置属性标记为"NAME",属性提示为"姓名",缺省值为空,可见,插入点为桌子左上角,文字左对齐,文字样式"STANDARD",高度为20,水平。

➤ 命令:ATTDEF↙ ——定义性别属性

设置属性标记为"SEX",属性提示为"姓别",缺省值为"男",可见,插入点为桌子右上角,文字右对齐,文字样式"STANDARD",高度为20,水平。

➤ 命令:ATTDEF↙ ——定义年龄属性

设置属性标记为"AGE",属性提示为"年龄",缺省值为空,不可见,插入点为桌子下方,文字左对齐,文字样式"STANDARD",高度为20,水平。

➤ 命令:ATTDEF↙ ——定义工资属性

设置属性标记为"SALARY",属性提示为"工资",缺省值为空,不可见,插入点为桌子下方,文字左对齐,文字样式"STANDARD",高度为20,水平。

➤ 命令:ATTDEF↙ ——定义编号属性

设置属性标记为"NUMBER",属性提示为"编号",缺省值为"01",可见,插入点为桌子下中,文

字中间对齐,文字样式"STANDARD",高度为20,水平。

➢ 命令:BLOCK↙ ——创建办公桌图块

设置图块名为BGZ,插入基点为矩形左下角,选择矩形和5个属性,定义办公桌图块。

- 绘制一张办公室的矩形平面图,如图9-10(b)所示。提示:

➢ 命令:LAYER↙

将BGS层设置为当前图层。

➢ 命令:RECTANG↙

绘制矩形(办公室墙),长450、宽310。

- 在办公室内插入4张桌子(4个图块),如图9-10(b)所示。提示:

➢ 命令:INSERT↙

➢ 选择图块:BGZ

➢ 拾取左上角适当位置为插入点,缩放比例为1,旋转角度为0。

➢ 插入属性值:(输入属性值)

➢ 姓名< * >: 王刚↙

➢ 性别<男>: ↙

➢ 年龄< * >: 28↙

➢ 工资< * >: 3000↙

➢ 编号<01>: ↙

同理,插入其他办公桌图块。

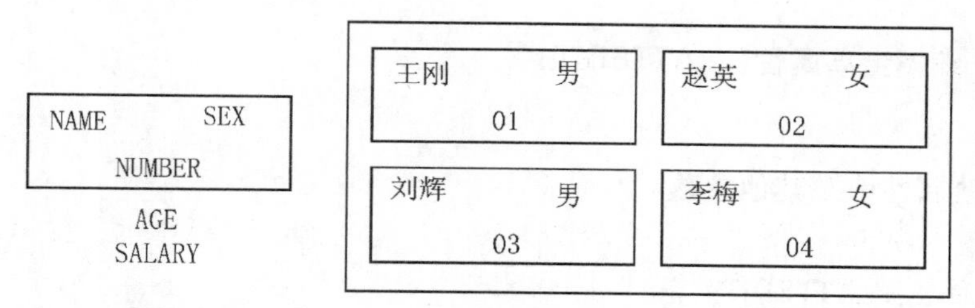

(a) 办公桌带属性图块　　(b) 办公室及四个办公桌

图9-10 带属性图块应用示例

9.3.3 编辑单个属性(ATTEDIT)

1. 任务

编辑修改属性值。

2. 操作

- 键盘命令:ATTEDIT↙。
- 菜单选项:"修改"→"对象"→"属性"→"单个"。
- 工具按钮:"修改"Ⅱ工具栏→"编辑属性"。
- 功能区面板:"默认"→"块"→"编辑属性"→"单个"。
- 功能区面板:"插入"→"属性"→"编辑属性"→"单个"。

3. 提示

➢ 选择块参照:(选择图块)

执行键盘命令,选择图块后,弹出“编辑属性”对话框,如图 9-11 所示。对话框中显示图块内所有属性值,在相应文本框中修改属性值,可通过快捷菜单插入字段对象。单击“确定”按钮,完成属性修改。如果属性值太多,一页显示不下,将分页显示,可向前或向后翻页。

执行其他命令,选择图块后,弹出“增强属性编辑器”对话框,如图 9-12 所示。根据提示修改属性值、属性文字特性(文字样式、对正、反向、倒置、高度、旋转、注释性、宽度因子、倾斜角度、边界宽度)和其他特性(图层、线型、线宽、颜色、打印样式)。

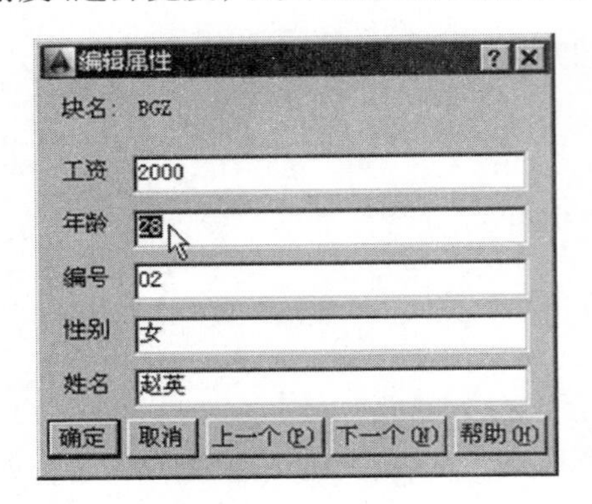

图 9-11 “编辑属性”对话框

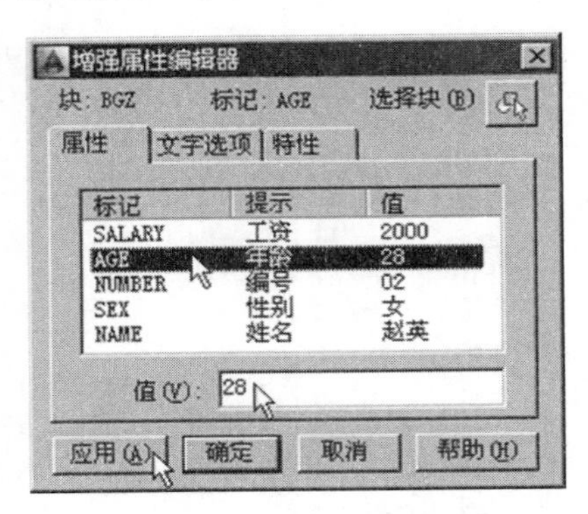

图 9-12 “增强属性编辑器”对话框

9.3.4 编辑全局属性(–ATTEDIT)

1. 任务

编辑修改属性值及其他参数。

2. 操作

- 键盘命令:–ATTEDIT↙。
- 菜单选项:“修改”→“对象”→“属性”→“全局”。
- 功能区面板:“默认”→“块”→“编辑属性”→“多个”。
- 功能区面板:“插入”→“属性”→“编辑属性”→“多个”。

3. 提示

➢ 是否一次编辑一个属性? [是(Y)/否(N)] <Y>:(输入 Y 或 N)

- 是(Y):输入 Y,允许一次编辑一个属性及有关参数。提示:

  ➢ 输入块名定义 <*>:(输入图块名或回车键)

  ➢ 输入属性标记定义 <*>:(输入属性标记或回车键)

  ➢ 输入属性值定义 <*>:(输入属性值或回车键)

  ➢ 选择属性:(用鼠标选取符合要求的属性)

  ➢ 已选择 nnn 个属性。——被选择属性标出“×”符号,表示可对其进行编辑。

  ➢ 输入选项 [值(V)/位置(P)/高度(H)/角度(A)/样式(S)/图层(L)/颜色(C)/下一个(N)] <下一个>:(输入 V、P、H、A、S、L、C 或 N)

  ◆ 值(V):输入 V,编辑修改属性值(修改或替换)。提示:

    ➢ 输入值修改的类型 [修改(C)/替换(R)] <替换>:(输入 C 或 R)

■ 修改(C):输入 C,修改属性值部分子串,用新串替代子串。提示:
➢ 输入要修改的字符串:(输入要修改的子串)
➢ 输入新字符串:(输入要替代的新串)

■ 替换(R):输入 R,修改整个属性值,用新的属性值替代原属性值。提示:
➢ 输入新属性值:(输入要替代的新属性值)

- 位置(P):输入 P,改变属性文字在图形中的位置。提示:
  ➢ 指定新的文字插入点 <不修改>:(拾取属性文字新的位置)
- 高度(H):输入 H,改变属性文字的高度。提示:
  ➢ 指定新高度 <10.0000>:(输入属性文字新的高度)
- 角度(A):输入 A,改变属性文字的旋转角度。提示:
  ➢ 指定新的旋转角度 <15.0000>:(输入属性文字新的旋转角度)
- 样式(S):输入 S,改变属性文字的文字样式。提示:
  ➢ 输入新文字样式 <STANDARD>:(输入属性文字新的文字样式)
- 图层(L):输入 L,改变属性文字所在图层。提示:
  ➢ 输入新图层名 <0>:(输入属性文字所在新的图层名)
- 颜色(C):输入 C,改变属性文字颜色。提示:
  ➢ 输入新颜色名或值 <7(白色)>:(输入属性文字新的颜色名或颜色值)
- 下一个(N):输入 N,编辑下一属性,符号“X”移到下一个要编辑的属性上。

● 否(N):输入 N,允许一次编辑多个属性及有关参数。提示:
➢ 正在执行属性值的全局编辑。
➢ 是否仅编辑屏幕可见的属性?[是(Y)/否(N)] <Y>:(输入 Y 或 N)

- 是(Y):输入 Y,编辑修改可见属性值。提示:
  ➢ 输入块名定义 <*> <*>:(输入图块名或回车键)
  ➢ 输入属性标记定义 <*>:(输入属性标记或回车键)
  ➢ 输入属性值定义 <*>:(输入属性值或回车键)
  ➢ 选择属性:(用鼠标选取符合要求的属性)
  ➢ 已选择 nnn 个属性。——被选择属性标出“×”符号,表示可对其进行编辑。
  ➢ 输入要修改的字符串:(输入要修改的子串)
  ➢ 输入新字符串:(输入要替代的新串)
- 否(N):输入 N,编辑修改任何属性值(可见或不可见)。提示:
  ➢ 此后图形必须重生成。
  ➢ 输入块名定义 <*>:(输入图块名或回车键)
  ➢ 输入属性标记定义 <*>:(输入属性标记或回车键)
  ➢ 输入属性值定义 <*>:(输入属性值或回车键)
  ➢ 已选择 nnn 个属性。
  ➢ 输入要修改的字符串:(输入要修改的子串)
  ➢ 输入新字符串:(输入要替代的新串)

说明:

若属性值为空值,在屏幕上无法选择,则在提示指定属性值时,键入一个反斜杠“\”来选择它们。

9.3.5 块属性管理(BATTMAN)

1. 任务

利用“块属性管理器”对图块属性进行有效管理,可快速查询、修改和编辑图块属性。

2. 操作

● 键盘命令:BATTMAN↙。

● 菜单选项:“修改”→“对象”→“属性”→“块属性管理器”。

● 工具按钮:“修改”Ⅱ工具栏 →“块属性管理器”。

● 功能区面板:“默认”→“块”→“块属性管理器”。

● 功能区面板:“插入”→“块定义”→“管理属性”。

3. 提示

弹出“块属性管理器”对话框,如图 9-13 所示。根据提示完成查询、修改和编辑操作。

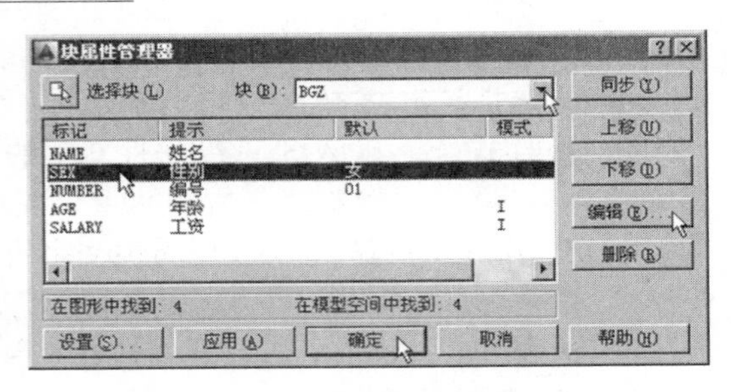

图 9-13 “块属性管理器”对话框

● 选择块(L):单击该按钮,可使用定点设备从绘图区选择图块。在选择图块或按【Esc】键取消之前,“块属性管理器”对话框将一直关闭。如果修改了块的属性,并且未保存所做的更改,可选择一个新块,系统将提示在选择其他图块之前先保存更改。

● 块(B):在下拉列表框中选择要修改其属性的图块。

● 同步(Y):用新的属性特性更新选定块的全部引用,不影响属性值。

● 上移(U):单击该按钮,将当前选定的属性向上移动一个位置,改变属性排列顺序。选定第一个或固定属性时,“上移”按钮不可使用。

● 下移(D):单击该按钮,将当前选定的属性向下移动一个位置,改变属性排列顺序。选定最后一个或固定属性时,“下移”按钮不可使用。

● 编辑(E):单击该按钮,弹出“编辑属性”对话框,如图 9-14、图 9-15、图 9-16 所示。根据提示修改属性特性。编辑过程中,属性值可通过快捷菜单插入字段对象。

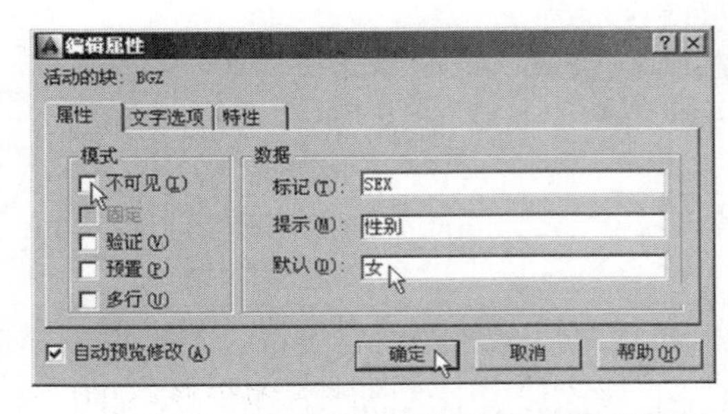

图 9-14 “编辑属性”对话框中的“属性”标签

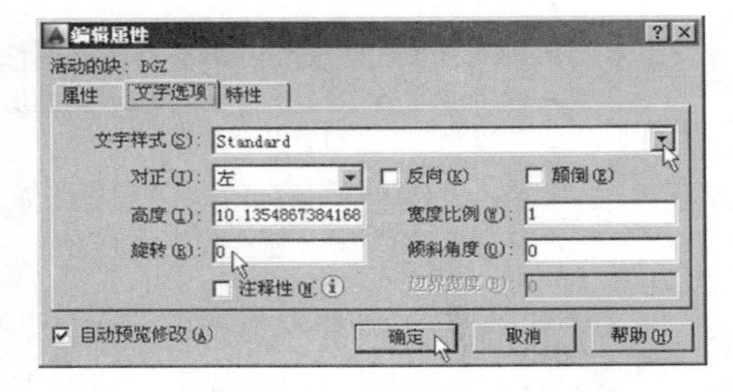

图 9-15 “编辑属性”对话框中的“文字选项”标签

● 删除(R):单击该按钮,从块定义中删除选定的属性。如果在选择“删除”之前已

选择了“设置”对话框中的“将修改应用到现有参照”，将删除当前图形中全部块引用的属性。对于仅具有一个属性的块，“删除”按钮不可使用。

● 属性信息列表：按“设置”对话框中的列出方式列出图块所有属性信息。

● 设置(S)：单击该按钮，弹出“设置”对话框，如图9-17所示，可在其中自定义“块属性管理器”对话框中属性信息的列出方式。

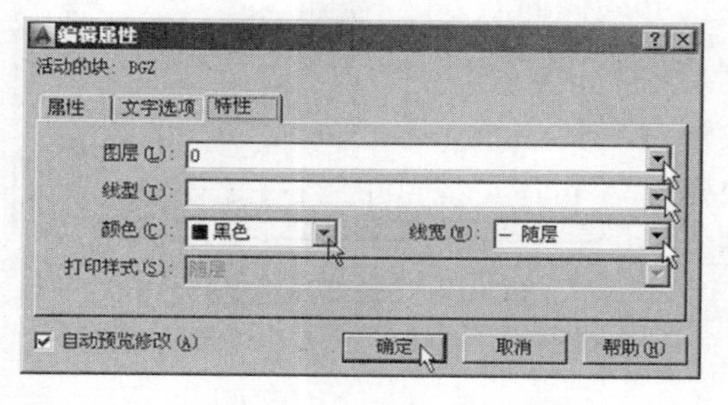

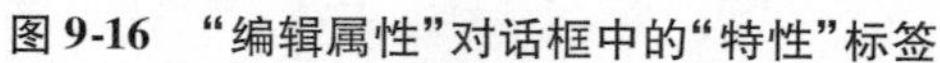
图9-16 “编辑属性”对话框中的“特性”标签

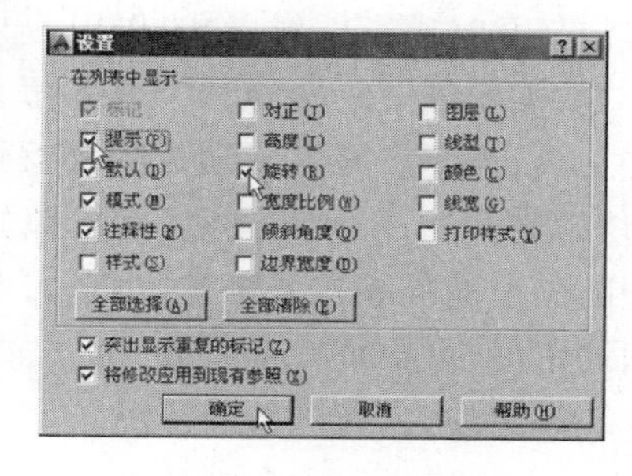

图9-17 “设置”对话框

● 应用(A)：单击该按钮，用属性修改值更新图形，同时将“块属性管理器”对话框保持为打开状态。

9.3.6 编辑修改图块定义及相关属性(ATTREDEF、BEDIT)

1. 任务

编辑修改图块定义及相关属性，并及时更新已插入图块和块参照。

2. 操作

● 键盘命令：ATTREDEF 或BEDIT↙。

● 菜单选项：“工具”→“块编辑器”。

● 工具按钮：标准工具栏→“块编辑器”。

● 功能区面板：“默认”→“块”→“编辑”。

● 功能区面板：“插入”→“块定义”→“块编辑器”。

3. 提示

在执行键盘命令“ATTREDEF”前，编辑修改某图块中的图形对象和相关属性，然后执行键盘命令“ATTREDEF”，选择编辑修改后的图形对象和相关属性，指定新的插入基点，重新定义图块，已插入图块和块参照按新图块定义及时进行更新。提示：

➢ 正在初始化…

➢ C:Attredef 已加载。请用 AT 或 ATTREDEF 启动命令。

➢ 输入要重定义的块的名称：(输入要重新定义的图块名)

➢ 选择作为新块的对象…

➢ 选择对象：(选择构成图块新的图形对象和属性)

➢ 指定新块的插入基点：(指定新图块的插入基点)

执行其他命令，弹出“编辑块定义”对话框，如图9-18所示，选择要编辑修改的图块名，或输入新图块名，单击“确定”按钮，激活“块编辑器”环境，弹出“块编辑器”功能区面板和“块编写”选项板，原绘图区图形消失，进入“块编辑器”绘图区，显示被选择图块定义中的图形对象和相关属性。在原图形对象和相关属性基础上,对其进行编辑修改,或绘制新图形和定义新属性。完成编辑修改操作后,单击"块编辑器"功能区面板上的"保存块"和"关闭"按钮,重新定义图块,已插入图块和块参照按新图块定义及时进行更新,如图 9-19 所示。

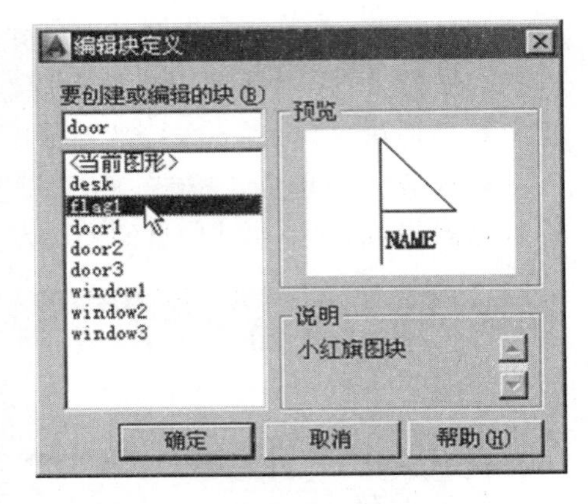

图 9-18 "编辑块定义"对话框

"块编辑器"是 AutoCAD 2014 最具特色的功能之一,它为用户提供了强大的块编辑功能。使用"块编辑器",不但能快速、方便地修改图块定义中的图形对象和相关属性,而且可为图块建立几何约束和标注约束,向图块中添加动态行为,创建动态图块,实现参数化绘图。

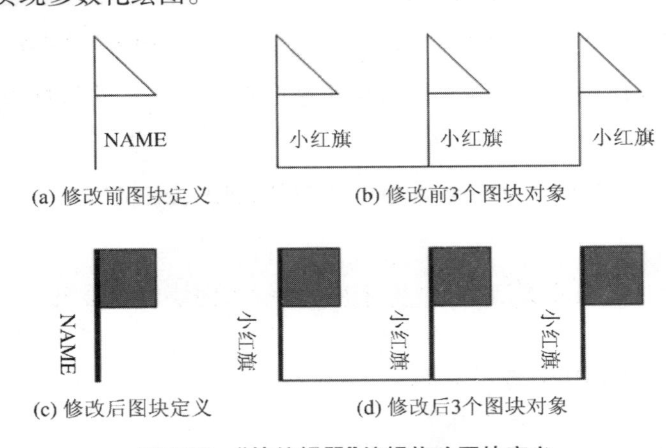

图 9-19 "块编辑器"编辑修改图块定义

9.3.7 控制属性可见性(ATTDISP)

1. 任务

控制属性的可见性。

2. 操作

- 键盘命令:ATTDISP↙。
- 菜单选项:"视图"→"显示"→"属性显示"。
- 功能区面板:"默认"→"块"→"属性显示"。
- 功能区面板:"插入"→"块"→"属性显示"。

3. 提示

➤ 输入属性可见性设置[普通(N)/开(ON)/关(OFF)]<普通>:(输入 N、ON、OFF)

- 普通(N):输入 N,按创建时可见性显示。
- 开(ON):输入 ON,所有属性均可见。
- 关(OFF):输入 OFF,所有属性均不可见。

9.3.8 提取属性数据(ATTEXT)

1. 任务

按规定格式提取属性数据,并保存在磁盘文件中,以便今后打印输出或在其他程序(如数据库管理系统、电子表格、字处理程序等)中使用。图块和属性对象通常包含大量的数据,这些数据信息有的在图形内显示,有的在图形内不显示,它们可被工程设计的其他软件系统使用和处理,所以经常需要将有价值、有意义的信息提取出来,保存到磁盘文件中。

2. 操作

● 键盘命令:ATTEXT↙。

3. 提示

执行 ATTEXT 命令,弹出“属性提取”对话框,如图 9-20 所示,根据提示完成属性提取操作。执行 -ATTEXT 命令,将通过键盘操作实现属性提取。

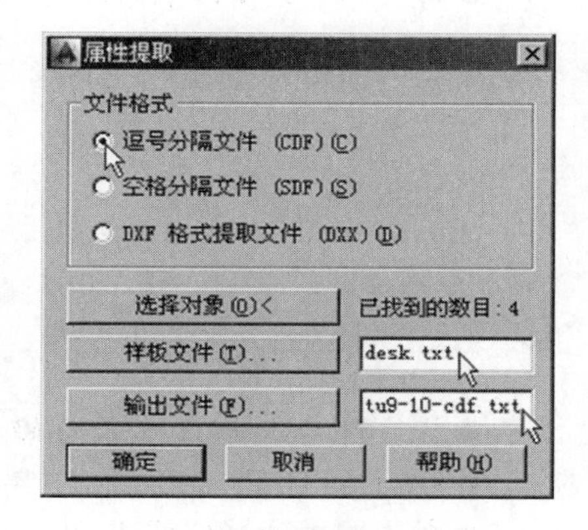

图 9-20 “属性提取”对话框

● CDF 格式:选中该项,将按 CDF 文件格式(逗号分隔文件格式)提取图块及属性数据,每行一个记录,每个记录由逗号分隔的数据域组成,字符串数据由单引号括住,数据库软件可直接读取这类文件。记录内容由样板文件中数据域格式定义决定。例如:

```
'BGZ',380.39,219.42,'王刚','男', 28, 3000, 1
'BGZ',578.32,219.42,'赵英','女', 28, 2000, 2
'BGZ',376.51, 77.98,'刘辉','男', 25, 2500, 3
'BGZ',584.15, 76.04,'李梅','女', 24, 2000, 4
```

每行记录由四部分组成:第一部分是图块名,用引号括住;第二部分是图块位置坐标(插入基点坐标);第三部分是属性值;第四部分是图块序号。

● SDF 格式:选中该项,将按 SDF 文件格式(空格分隔文件格式)提取图块及属性数据,每行一个记录,每个记录由等宽的数据域组成,字符串数据不用单引号括住,数据库软件可直接读取这类文件。记录内容由样板文件中数据域格式定义决定。例如:

```
BGZ    380.39   219.42    王刚    男    28 3000   1
BGZ    578.32   219.42    赵英    女    28 2000   2
BGZ    376.51   77.98     刘辉    男    25 2500   3
BGZ    584.15   76.04     李梅    女    24 2000   4
```

● DXF 格式:选中该项,将按 DXF 文件格式(空格分隔文件格式)提取图块及属性数据。DXF 格式是 AutoCAD 的标准图形交换文件格式,不需要样板文件,输出文件扩展名为“.DXX”,它是一个文本文件,有多种软件可直接读取这种文件格式。

● 选择对象(O):单击该按钮,关闭对话框,在屏幕上选取图块对象。

● 样板文件(T):单击该按钮,指定样本文件。在用 CDF 和 SDF 格式提取属性数据时,必须先建立样板文件。样板文件中指定提取何种数据及其数据类型、宽度和精度。样板文件扩展名为“.txt”,可用任何文本编辑器建立和编辑样板文件。

样板文件由若干行组成,每行两列,第一列为数据域名,第二列为数据域格式。数据域名由“BL:”开头,为非属性数据:块名(NAME)、图块基点坐标(X、Y、Z)、插入图块数(NUMBER)、块句柄(HANDLE)、块所在图层(LAYER)、块的旋转角度(ORIENT)、块缩放比例(XSCALE、YSCALE、ZSCALE)、块的厚度(XEXTRUDE、YEXTRUDE、ZEXTRUDE)。数据域格式由数据类型(1位,数字型数据用N表示,字符型数据用C表示)、数据宽度(3位)和数据精度(3位)构成。

- 输出文件(F):单击该按钮,指定输出文件(文本文件),用于保存属性数据。

【例9.11】 创建提取办公桌图块及属性数据的样本文件 desk. txt。提取4个办公桌图块及属性数据到文本文件 tu9-10-cdf. txt 中。

- 启动 Windows XP 中记事本程序。
- 在文本输入窗口中输入以下内容:

```
BL:NAME      C008000
BL:X         N008002
BL:Y         N008002
NAME         C010000
SEX          C006000
AGE          N003000
SALARY       N005000
NUMBER       N003000
```

- 以文件名 desk. txt 保存在磁盘介质上。
- 执行 ATTEXT 命令,弹出“属性提取”对话框,选择 CDF 格式。
- 单击“选择对象”按钮,选择提取数据的图块。
- 单击“样板文件”按钮,指定样板文件“desk. txt”。
- 单击“输出文件”按钮,指定输出文件“tu9-10-cdf. txt”。
- 单击“确定”按钮,完成属性提取。

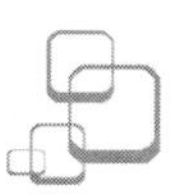

练习9

1. 试解释图块和属性,使用图块和属性的优点是什么?图块和属性有何关系?
2. 采用何种方法,可使图块供其他多个图形文件使用?
3. 将组成图块的图形对象绘制在0层和非0层有何不同?
4. 为什么使用图块可缩短文件长度?
5. 通过什么方法可提高图块的可读性?
6. 用 ARRAY 和 MINSERT 命令绘制的阵列图形有何异同点?
7. 属性的可见、不可见的属性值能否被修改?
8. 绘制并定义如图9-21所示的图块。

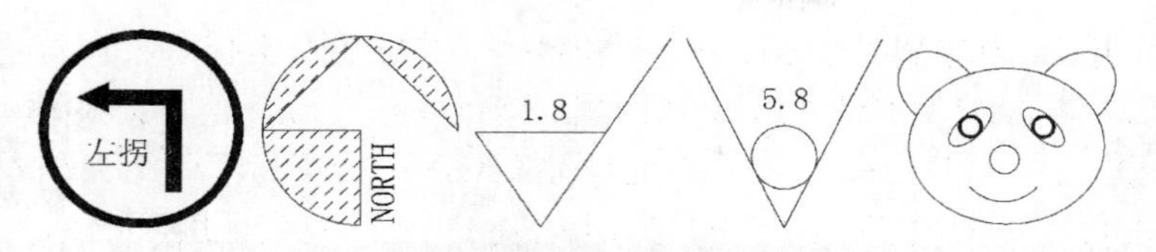

图 9-21　图块示例

9. 使用图块和属性功能绘制如图 9-22 所示的电路图,元件用带属性的图块实现。

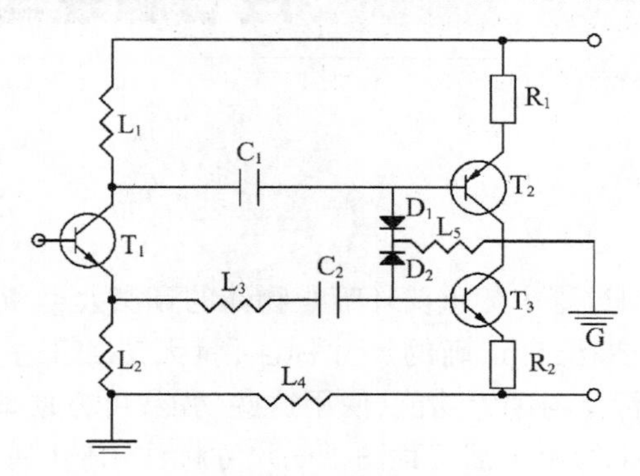

图 9-22　电路图

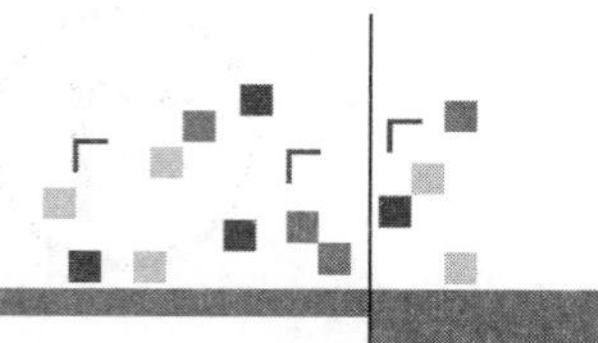

第10章

尺寸标注与编辑

尺寸标注是工程绘图过程中的重要环节。物体的真实大小和位置关系需要通过图形中的尺寸标注来表达,如果没有正确的尺寸标注,就无法加工生产合格产品。AutoCAD 2014 提供了强大的尺寸标注与编辑功能,使用这些功能,可方便地标注各种尺寸,以满足工程绘图的需要。图 10-1 给出了某工程图纸的尺寸标注示例(局部)。

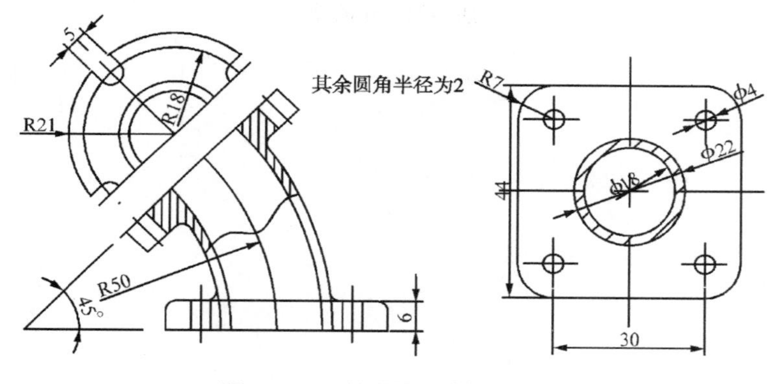

图 10-1　工程图纸尺寸标注示例

10.1　尺寸标注概述

工程图纸与产品生产过程密切相关,生产人员需要根据图纸中标注的尺寸进行操作,以便生产出符合图纸尺寸要求的合格产品。尺寸标注是否清晰和准确直接影响产品的生产质量,快速、准确和规范地进行工程图纸的尺寸标注是工程设计人员应具有的基本素质。

尺寸标注是由直线、箭头、文字等图形对象组成的图块对象,它由一些标准的尺寸标注元素(尺寸文字、尺寸界线、尺寸线、箭头、端点、定义点)组成,如图 10-2 所示。

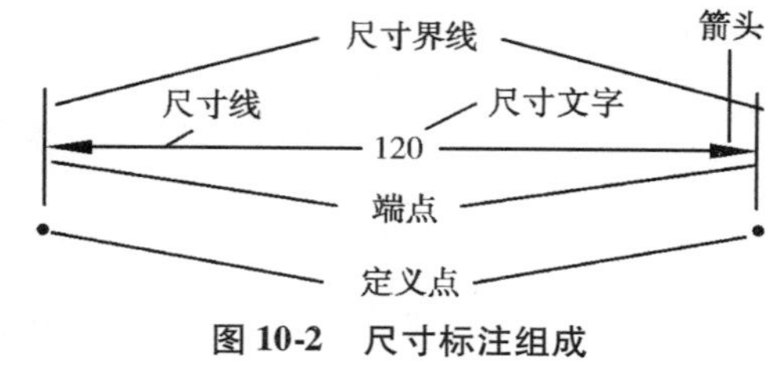

图 10-2　尺寸标注组成

尺寸标注属于无名图块,可用 EXPLODE

命令对其进行分解,分解后,用户可对其中的尺寸标注元素进行编辑修改。一旦在图中标注了尺寸,系统会自动创建一个名为"Defpoints"的图层,用于保存尺寸标注对象的定义点。"Defpoints"图层的内容只能显示,不能输出,所以一般不在该图层上绘制图形。

AutoCAD 2014 提供了丰富的尺寸标注方法和尺寸标注变量,以满足不同行业的绘图需要。尺寸标注应符合国家颁布的制图标准 GB4458-4—1984 和 GB4458-5—1984。

AutoCAD 2014 共有 13 种尺寸标注类型。

(1) 线性标注:标注水平、垂直或旋转投影尺寸,如图 10-3 所示。

(2) 基线标注:标注基于同一尺寸界线的多个平行尺寸。

(3) 连续标注:标注首尾相接的多个平行尺寸。

(4) 对齐标注:标注与标注对象平行的尺寸。

(5) 弧长标注:标注圆弧的弧长尺寸。

(6) 直径标注:标注圆或圆弧的直径尺寸。

(7) 半径标注:标注圆或圆弧的半径尺寸。

(8) 角度标注:标注角度尺寸。

(9) 折弯标注:以折弯方式标注圆或圆弧的半径尺寸。

(10) 引线标注:用引出线标注有关的注释和说明。

(11) 坐标标注:标注某点的坐标值。

(12) 圆心标注:标注圆或圆弧的圆心位置。

(13) 公差标注:标注形位公差。

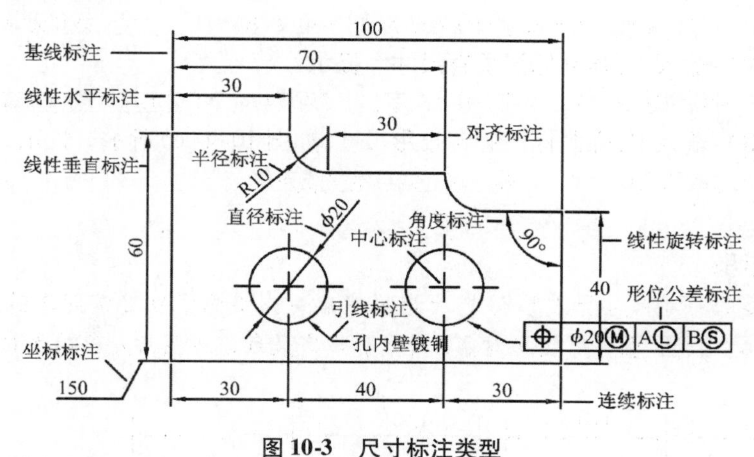

图 10-3 尺寸标注类型

10.2 线性尺寸标注(DIMLINEAR)

1. 任务

按照当前尺寸标注样式标注指定两点间的水平尺寸、垂直尺寸或旋转投影尺寸。

2. 操作

● 键盘命令:DIMLINEAR↙。

- 菜单选项:"标注"→"线性"。
- 工具按钮:"标注"工具栏 →"线性"。
- 功能区面板:"注释"→"标注"→"线性"。

3. **提示**

➢ 指定第一条尺寸界线原点或 <选择对象>:(指定第一条尺寸界线定义点或按回车键直接选择直线、圆、圆弧等标注对象)

➢ 指定第二条尺寸界线原点:(指定第二条尺寸界线定义点)

➢ 指定尺寸线位置或[多行文字(M)/文字(T)/角度(A)/水平(H)/垂直(V)/旋转(R)]:(指定尺寸线位置或输入 M、T、A、H、V 或 R)

➢ 标注文字 = <尺寸测量值>

● 指定尺寸线位置:用鼠标直接在屏幕上拾取尺寸线经过的点,系统将根据拾取点拖动方向自动确定是进行水平尺寸标注还是进行垂直尺寸标注,如图 10-4(a)所示。

● 多行文字(M):输入 M,弹出"多行文字编辑器"对话框,如图 8-8 所示,输入或修改尺寸文字。输入"< >"符号,表示自动测量值,可在其前后输入尺寸文字的前缀或后缀文字,也可删除该符号,重新输入新的尺寸文字。

● 文字(T):输入 T,输入或修改尺寸文字,如图 10-4(b)、(c)所示。提示:

➢ 输入标注文字 <100>:(输入或修改尺寸文字)

● 角度(A):输入 A,输入尺寸文字倾斜角度,如图 10-4(d)所示。提示:

➢ 指定标注文字的角度:(输入文字倾角)

● 水平(H):输入 H,强制标注水平尺寸。提示:

➢ 指定尺寸线位置或[多行文字(M)/文字(T)/角度(A)]:(指定尺寸线位置或输入 M、T、A)

● 垂直(V):输入 V,强制标注垂直尺寸。提示:

➢ 指定尺寸线位置或[多行文字(M)/文字(T)/角度(A)]:(指定尺寸线位置或输入 M、T、A)

● 旋转(R):输入 R,强制标注旋转投影尺寸,如图 10-4(e)所示。提示:

➢ 指定尺寸线的角度 <0>:(输入尺寸线与水平线夹角)

说明:

在"指定第一条尺寸界线原点或 <选择对象>:"提示下直接按回车键,则要求选择被标注的直线、圆、圆弧等图形对象,尺寸界线定义点通过图形对象端点自动确定。

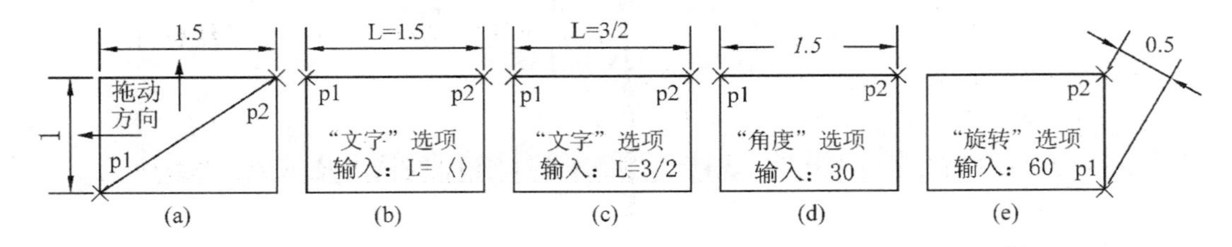

图 10-4 线性标注

【例 10.1】 图形界限为 12×9。绘制并进行尺寸标注,如图 10-5 所示。

➢ 命令:DIMLINEAR↙

➢ 指定第一条尺寸界线原点或 <选择对象>:(拾取p1点)
➢ 指定第二条尺寸界线原点:(拾取p2点)
➢ 指定尺寸线位置或[多行文字(M)/文字(T)/角度(A)/…]:(拾取p3点)
➢ 标注文字 = 2

同法标注其他尺寸。

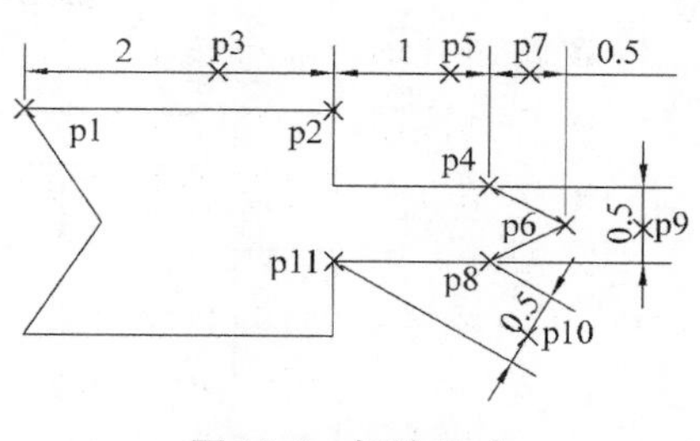

图10-5 标注尺寸

10.3 基线尺寸标注(DIMBASELINE)

1. 任务

按当前尺寸标注样式标注基于同一尺寸界线定义点的多个平行尺寸,平行尺寸线之间的间距由尺寸标注变量DIMDLI决定。

2. 操作

- 键盘命令:DIMBASELINE↙。
- 菜单选项:"标注"→"基线"。
- 工具按钮:"标注"工具栏→"基线"。
- 功能区面板:"注释"→"标注"→"基线"。

3. 提示

➢ 选择基准标注:(选取某尺寸标注的一个尺寸界线作为基线标注的第一条尺寸界线,如果刚做过尺寸标注,则该提示不出现,将最近尺寸标注的第一条尺寸界线作为基线标注的第一条尺寸界线)
➢ 指定第二条尺寸界线原点或[放弃(U)/选择(S)]<选择>:(指定第二条尺寸界线定义点,或输入U、S)
➢ 标注文字 = <尺寸测量值>
➢ ……
➢ 指定第二条尺寸界线原点或[放弃(U)/选择(S)]<选择>:(指定第二条尺寸界线定义点,或输入U、S)
➢ 标注文字 = <尺寸测量值>

- 指定第二条尺寸界线原点:拾取第二条尺寸界线定义点,完成一个基线标注。
- 放弃(U):输入U,取消上一个基线标注。
- 选择(S):输入S,重新指定基准点。提示:

➢ 选择基准标注:(选取一尺寸标注为基准点的尺寸界线,若按回车键,则终止基线标注)

说明:

若两尺寸线之间距离不合适,则修改尺寸标注变量DIMDLI的值进行调整。

【例10.2】 图形界限为12×9。绘制并按基线标注方式标注尺寸,如图10-6所示。

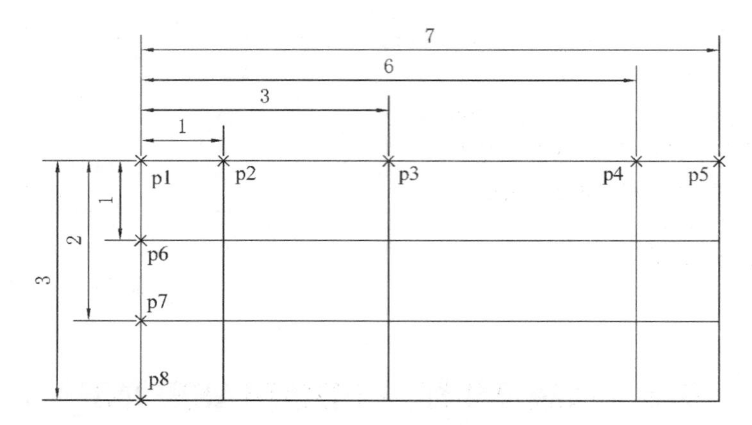

图 10-6　基线标注

- 命令:DIMLINEAR↙
- 指定第一条尺寸界线原点或 <选择对象>:(拾取 p1 点)
- 指定第二条尺寸界线原点:(拾取 p2 点)
- 指定尺寸线位置或[…]:(指定尺寸线位置)
- 标注文字 = 1
- 命令:DIMBASELINE↙
- 指定第二条尺寸界线原点或[放弃(U)/选择(S)] <选择>:(拾取 p3 点)
- 标注文字 = 3
- 指定第二条尺寸界线原点或[放弃(U)/选择(S)] <选择>:(拾取 p4 点)
- 标注文字 = 6
- 指定第二条尺寸界线原点或[放弃(U)/选择(S)] <选择>:(拾取 p5 点)
- 标注文字 = 7
- 指定第二条尺寸界线原点或[放弃(U)/选择(S)] <选择>:↙
- 选择基准标注:↙
- 命令:DIMLINEAR↙

同法完成垂直基线标注。

10.4　连续尺寸标注(DIMCONTINUE)

1. 任务

按照当前尺寸标注样式进行连续尺寸标注,将前一个尺寸标注的第二条尺寸界线作为下一个连续尺寸标注的第一条尺寸界线。连续尺寸标注的尺寸线处于同一位置。

2. 操作

- 键盘命令:DIMCONTINUE↙。
- 菜单选项:“标注”→“连续”。
- 工具按钮:“标注”工具栏→“连续”。
- 功能区面板:“注释”→“标注”→“连续”。

3. 提示

➢ 选择连续标注:(选取某尺寸标注的一个尺寸界线作为连续标注的第一条尺寸界线,如果刚做过尺寸标注,则该提示不出现,将最近尺寸标注的第二条尺寸界线作为连续标注的第一条尺寸界线)

➢ 指定第二条尺寸界线原点或[放弃(U)/选择(S)] <选择>:(指定第二条尺寸界线定义点,或输入 U、S)

➢ 标注文字 = <尺寸测量值>

- 指定第二条尺寸界线原点:指定第二条尺寸界线定义点,完成一个连续标注。
- 放弃(U):输入 U,取消上一个连续标注。
- 选择(S):输入 S,重新指定连续标注的第一尺寸界线。提示:

➢ 选择连续标注:(选取一尺寸标注的一个尺寸界线作为连续标注的第一条尺寸界线,若按回车键,则终止连续标注)

【例 10.3】 图形界限为 12 ×9。绘制并按连续标注方式标注尺寸,如图 10-7 所示。提示:

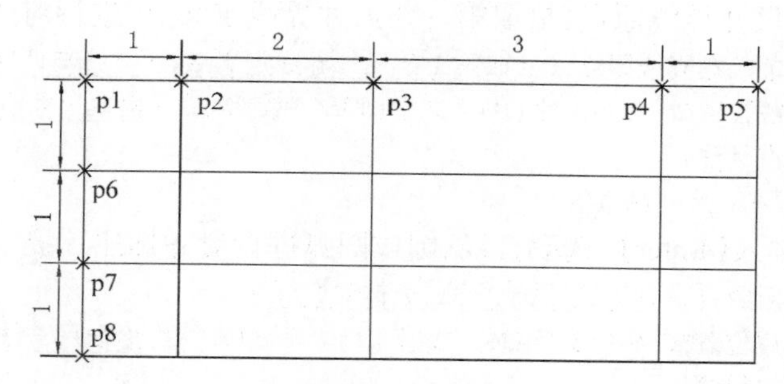

图 10-7 连续标注

➢ 命令:DIMLINEAR↙

➢ 指定第一条尺寸界线原点或 <选择对象>:(拾取 p1 点)

➢ 指定第二条尺寸界线原点:(拾取 p2 点)

➢ 指定尺寸线位置或[…]:(指定尺寸线位置)

➢ 标注文字 = 1

➢ 命令:DIMCONTINUE↙

➢ 指定第二条尺寸界线原点或 [放弃(U)/选择(S)] <选择>:(拾取 p3 点)

➢ 标注文字 = 2

➢ 指定第二条尺寸界线原点或 [放弃(U)/选择(S)] <选择>:(拾取 p4 点)

➢ 标注文字 = 3

➢ 指定第二条尺寸界线原点或 [放弃(U)/选择(S)] <选择>:(拾取 p5 点)

➢ 标注文字 = 1

➢ 指定第二条尺寸界线原点或 [放弃(U)/选择(S)] <选择>:↙

➢ 选择连续标注:↙

➢ 命令:DIMLINEAR↙

同法完成垂直连续标注。

10.5 对齐尺寸标注（DIMALIGNED）

1. 任务

按照当前尺寸标注样式标注与指定直线、圆、圆弧或两点间连线平行的尺寸。

2. 操作

- 键盘命令:DIMALIGNED↙。
- 菜单选项:“标注”→“对齐”。
- 工具按钮:“标注”工具栏→“对齐”。
- 功能区面板:“注释”→“标注”→“对齐”。

3. 提示

➤ 指定第一条尺寸界线原点或 <选择对象>:(指定第一条尺寸界线定义点或按回车键选择直线、圆或圆弧进行标注)

- 指定第一条尺寸界线原点:拾取第一条尺寸界线定义点,进行对齐标注。提示:

➤ 指定第二条尺寸界线原点:(拾取第二条尺寸界线定义点,尺寸线与两定义点连线平行)

➤ 指定尺寸线位置或[多行文字(M)/文字(T)/角度(A)]:(拾取尺寸线位置或输入 M、T、A,作用同线性标注)

➤ 标注文字 = <尺寸测量值>

- 选择对象:键入【Enter】,选取直线、圆或圆弧进行对齐标注。提示:

➤ 选择标注对象:(选择直线、圆或圆弧,进行对齐标注)

➤ 指定尺寸线位置或[多行文字(M)/文字(T)/角度(A)]:(拾取尺寸线位置或输入 M、T、A,作用同线性标注)

➤ 标注文字 = <尺寸测量值>

【例 10.4】 图形界限为 12×9。按对齐标注方式标注尺寸,如图 10-8 所示。提示:

➤ 命令:DIMALIGNED↙

➤ 指定第一条尺寸界线原点或 <选择对象>:(拾取 p1 点)

➤ 指定第二条尺寸界线原点:(拾取 p2 点)

➤ 指定尺寸线位置或[多行文字(M)/文字(T)/角度(A)]:(拾取 p3 点)

➤ 标注文字 =2

➤ 命令:↙

➤ 指定第一条尺寸界线原点或 <选择对象>:↙

➤ 选择标注对象:(拾取 p4 点,选择三角形边)

➤ 指定尺寸线位置或[多行文字(M)/文字(T)/角度(A)]:(拾取 p5 点)

➤ 标注文字 = 2

➤ 命令:↙

➤ 指定第一条尺寸界线原点或 <选择对象>:↙

➤ 选择标注对象:(拾取 p6 点,选择三角形边)

➤ 指定尺寸线位置或[多行文字(M)/文字(T)/角度(A)]:(拾取 p7 点)

➤ 标注文字 = 2

➤ 命令:↙

➢ 指定第一条尺寸界线原点或 <选择对象>:↙
➢ 选择标注对象:(拾取 p8 点,选择圆)
➢ 指定尺寸线位置或[多行文字(M)/文字(T)/角度(A)]:(拾取 p9 点)
➢ 标注文字 = 2
➢ 命令:↙
➢ 指定第一条尺寸界线原点或 <选择对象>:↙
➢ 选择标注对象:(拾取 p10 点,选择圆弧)
➢ 指定尺寸线位置或[多行文字(M)/文字(T)/角度(A)]:(拾取 p11 点)
➢ 标注文字 = 2

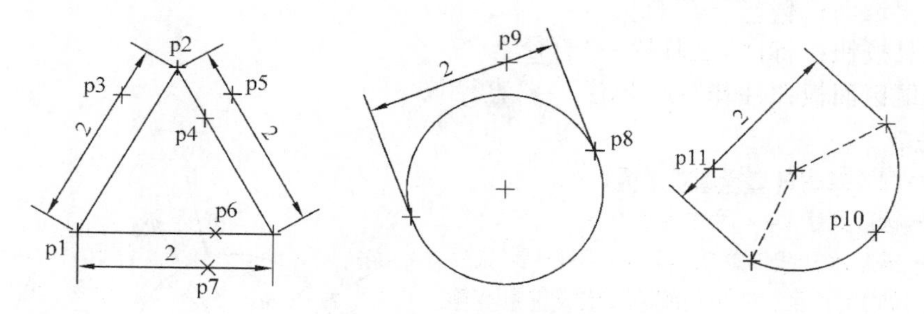

图 10-8 对齐标注

10.6 弧长尺寸标注(DIMARC)

1. 任务

按照当前尺寸标注样式,标注指定圆弧的弧长尺寸。

2. 操作

- 键盘命令:DIMARC↙。
- 菜单选项:"标注"→"弧长"。
- 工具按钮:"标注"工具栏→"弧长"。
- 功能区面板:"注释"→"标注"→"弧长"。

3. 提示

➢ 选择弧线段或多段线圆弧段:(选择圆弧)
➢ 指定弧长标注位置或[多行文字(M)/文字(T)/角度(A)/部分(P)/引线(L)]:(拾取尺寸线位置或输入 M、T、A、P、L,作用同线性标注)
➢ 标注文字 = <尺寸测量值>

说明:

使用"部分"选项,可标注指定部分圆弧的弧长尺寸。使用"引线"选项,从中部给出尺寸线至圆弧的引线。

10.7 直径尺寸标注（DIMDIAMETER）

1. 任务

按照当前尺寸标注样式,标注指定圆、圆弧的直径尺寸。

2. 操作

- 键盘命令:DIMDIAMETER↙。
- 菜单选项:“标注”→“直径”。
- 工具按钮:“标注”工具栏→“直径”。
- 功能区面板:“注释”→“标注”→“直径”。

3. 提示

➢ 选择圆弧或圆:(选择圆或圆弧)
  ➢ 标注文字 = <尺寸测量值>
  ➢ 指定尺寸线位置或[多行文字(M)/文字(T)/角度(A)]:(拾取尺寸线位置或输入M、T、A)

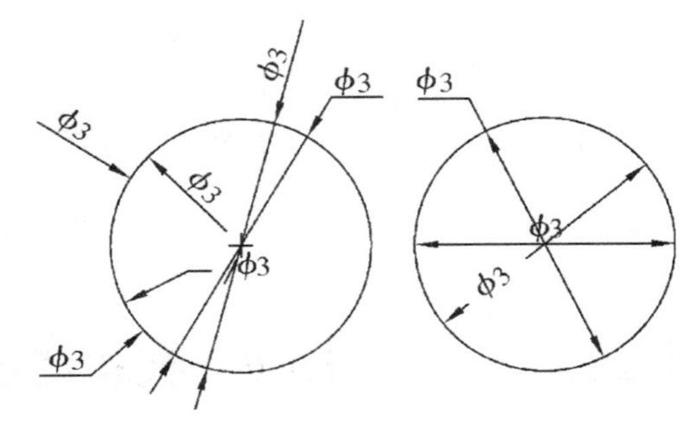

图 10-9 直径标注

> **说明:**
> 可修改有关尺寸标注变量来改变尺寸标注样式,如图 10-9 所示。

10.8 半径尺寸标注（DIMRADIUS）

1. 任务

按照当前尺寸标注样式标注指定圆、圆弧的半径尺寸。

2. 操作

- 键盘命令:DIMRADIUS↙。
- 菜单选项:“标注”→“半径”。
- 工具按钮:“标注”工具栏→“半径”。
- 功能区面板:“注释”→“标注”→“半径”。

3. 提示

➢ 选择圆弧或圆:(选择圆或圆弧)
➢ 标注文字 = <尺寸测量值>
➢ 指定尺寸线位置或[多行文字(M)/文字(T)/角度(A)]:(拾取尺寸线位置或输入M、T、A)

说明:

可修改有关尺寸标注变量来改变尺寸标注样式,如图10-10所示。

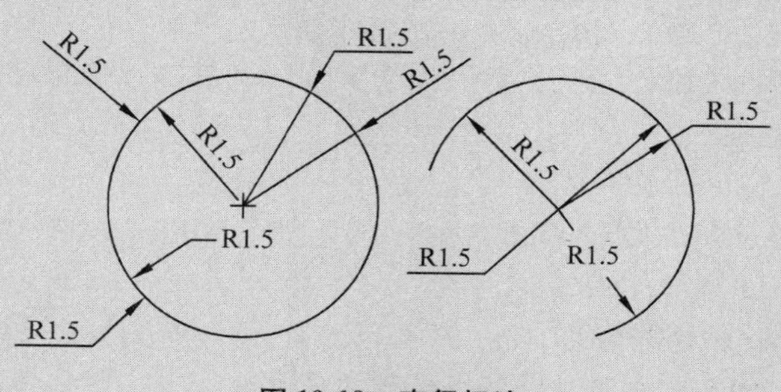

图10-10 直径标注

10.9 角度尺寸标注(DIMANGULAR)

1. 任务

按照当前尺寸标注样式标注两直线间夹角、圆心角或不在一条直线上三点构成的角度。

2. 操作

- 键盘命令:DIMANGULAR↙。
- 菜单选项:"标注"→"角度"。
- 工具按钮:"标注"工具栏→"角度"。
- 功能区面板:"注释"→"标注"→"角度"。

3. 提示

➢ 选择圆弧、圆、直线或 <指定顶点>:(选择圆、圆弧、直线或按回车键)

- 选择圆弧:选择圆弧,标注圆弧的中心角。提示:
  ➢ 指定标注弧线位置或[多行文字(M)/文字(T)/角度(A)/象限点(Q)]:(拾取尺寸线位置或输入M、T、A、Q)
  ➢ 标注文字 = <尺寸测量值>
- 选择圆:标注两拾取点与圆心构成的中心角。提示:
  ➢ 指定角的第二个端点:(拾取第二点,该点可在圆上,也可不在圆上)
  ➢ 指定标注弧线位置或[多行文字(M)/文字(T)/角度(A)/象限点(Q)]:(拾取尺寸线位置或输入M、T、A、Q,作用同线性标注)
  ➢ 标注文字 = <尺寸测量值>
- 选择直线:标注两直线夹角。提示:
  ➢ 选择第二条直线:(选择一条直线)
  ➢ 指定标注弧线位置或[多行文字(M)/文字(T)/角度(A)/象限点(Q)]:(拾取尺寸线位置或输入M、T、A、Q)
  ➢ 标注文字 = <尺寸测量值>

- 指定顶点：按【Enter】键，标注三点构成的角度。提示：
  - ➢ 指定角的顶点：(指定标注角度的顶点)
  - ➢ 指定角的第一个端点：(指定标注角度的第一端点)
  - ➢ 指定角的第二个端点：(指定标注角度的第二端点)
  - ➢ 指定标注弧线位置或 [多行文字(M)/文字(T)/角度(A)/象限点(Q)]：(拾取尺寸线位置或输入 M、T、A、Q)
  - ➢ 标注文字 = <尺寸测量值>

说明：

① 只能标注小于180°的角。

② AutoCAD 2014 允许用户以基线或连续尺寸标注方式标注角度尺寸。

③ 选择“象限点”选项，标注角度尺寸后，角度标注被锁定到所在象限，将标注文字放置在角度标注外时，尺寸线会延伸超过尺寸界线。

【例 10.5】 绘制并按角度标注方式标注尺寸，如图 10-11 所示。

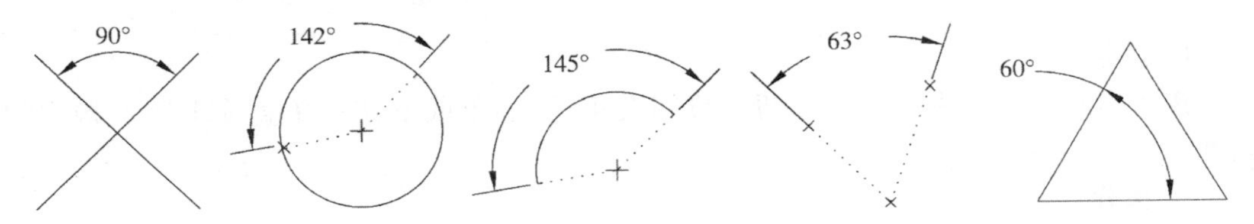

图 10-11　角度标注

10.10　折弯尺寸标注（DIMJOGGED）

1. 任务

按照当前尺寸标注样式以折弯形式标注圆弧或圆的半径。适合于标注半径比较大的圆弧或圆，以尺寸线比较短的折弯形式标注。

2. 操作

- 键盘命令：DIMJOGGED↙。
- 菜单选项：“标注”→“折弯”。
- 工具按钮：“标注”工具栏→“折弯”。
- 功能区面板：“注释”→“标注”→“折弯”。

3. 提示

- ➢ 选择圆弧或圆：(选择圆弧、圆)
- ➢ 指定图示中心位置：(拾取尺寸线起点位置)
- ➢ 标注文字 = <尺寸测量值>
- ➢ 指定尺寸线位置或 [多行文字(M)/文字(T)/角度(A)]：(拾取尺寸线位置或输入 M、T、A)
- ➢ 指定折弯位置：(拾取尺寸线折弯的位置)

10.11 引线尺寸标注（LEADER）

1. 任务

在图中作引线标注，用以说明某种特征。引线可以是带箭头的直线、折线、样条曲线。

2. 操作

- 键盘命令：LEADER↙。

3. 提示

➢ 指定引线起点：（拾取引线起点）

➢ 指定下一点：（拾取引线下一点）

➢ 指定下一点或［注释(A)／格式(F)／放弃(U)］ <注释>：（拾取引线下一点或输入 A、F、U）

- 注释(A)：输入 A，输入引线标注文字，可以一行，也可以多行。提示：

➢ 输入注释文字的第一行或 <选项>：（输入引线标注文字）

① 标注单行文字：若输入标注文字后，则以单行文字形式标注。提示：

➢ 输入注释文字的下一行：（输入下一行标注文字或按回车键）

② 标注形位公差文字：按【Enter】后，执行<选项>中的“公差”选项，弹出“形位公差”对话框，根据对话框提示，设置有关参数即可。提示：

➢ 输入注释选项［公差(T)／副本(C)／块(B)／无(N)／多行文字(M)］<多行文字>：T↙

③ 标注副本对象：按【Enter】后，执行<选项>中的“副本”选项，将选择的文字、块参照或公差对象作为注释文字。提示：

➢ 输入注释选项［公差(T)／副本(C)／块(B)／无(N)／多行文字(M)］<多行文字>：C↙

➢ 选择要复制的对象：（选取复制对象）

④ 标注图块对象：按【Enter】后，执行<选项>选项中的“块”选项，标注图块。提示：

➢ 输入注释选项［公差(T)／副本(C)／块(B)／无(N)／多行文字(M)］<多行文字>：B↙

➢ 输入块名或［?］<aa>：（输入标注图块名，标注图块与插入图块类似）

⑤ 不标注：按【Enter】后，执行<选项>中的“无”选项，不标注任何信息。

⑥ 标注多行文字：按【Enter】键后，执行<选项>选项中的“多行文字”选项，标注多行文字对象。用多行文字编辑器输入标注文字，与多行文字命令操作类似。

- 格式(F)：输入 F，设置引线和箭头类型。提示：

➢ 输入引线格式选项［样条曲线(S)／直线(ST)／箭头(A)／无(N)］：（输入 S、ST、A、N 或按回车键）

  - ◆ 样条曲线(S)：输入 S，设置引线为样条曲线形式。
  - ◆ 直线(ST)：输入 ST，设置引线为折线形式。
  - ◆ 箭头(A)：输入 A，设置引线的起始位置处有箭头。
  - ◆ 无(N)：输入 N，设置引线的起始位置处没有箭头。
  - ◆ 退出(E)：输入 E 或按回车键，结束操作。

- 放弃(U)：输入 U，取消最近一段引线。

【例 10.6】 绘制并进行引线标注,如图 10-12 所示。

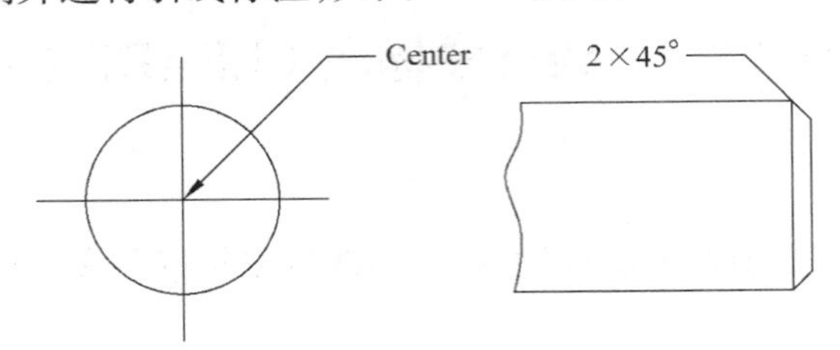

图 10-12 引线标注

10.12 快速引线标注(QLEADER)

1. 任务

在图中快速进行引线标注。引线可以是带箭头的直线、折线、样条曲线。

2. 操作

● 键盘命令:QLEADER↙。

3. 提示

➢ 指定第一个引线点或[设置(S)] <设置>:(拾取引线起点或输入 S)

● 第一个引线点:指定引线起点,绘制引线并标注文字。提示:

➢ 指定下一点:(拾取引线下一点)

➢ 指定文字宽度 <0.0000>:(输入文字宽度)

➢ 输入注释文字的第一行 <多行文字(M)>:(输入引线标注文字)

➢ 输入注释文字的下一行:(输入下一行标注文字或按回车键)

● 设置(S):输入 S,设置引线标注格式参数,弹出"引线设置"对话框。

◆"注释"标签:选择该标签,如图 10-13 所示,根据提示设置有关标注文字的参数。

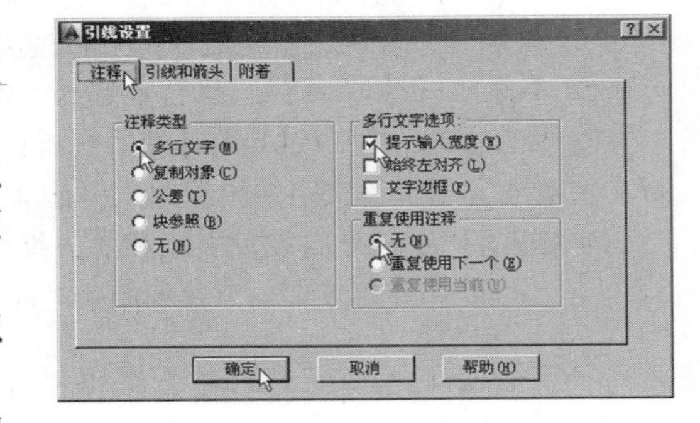

图 10-13 "引线设置"对话框中的"注释"标签

■ 多行文字(M):选中该项,类似 LEADER 命令中的"多行文字"选项功能。

■ 复制对象(C):选中该项,类似 LEADER 命令中的"副本"选项功能。

■ 公差(T):选中该项,类似 LEADER 命令中的"公差"选项功能。

■ 块参照(B):选中该项,类似 LEADER 命令中的"块"选项功能。

■ 无(N):选中该项,类似 LEADER 命令中的"无"选项功能。

■ 提示输入宽度(W):选中该项,输入宽度;否则使用默认宽度。

■ 始终左对齐(L):选中该项,尺寸文字始终采用左对齐,否则文字在右边采用左对齐,文字在左边采用右对齐。

■ 文字边框(F):选中该项,标注文字加边框;否则不加。

■ 无(N):选中该项,不允许重复使用注释;否则允许。

■ 重复使用下一个(E):选中该项,下次标注时重复使用本次文字。

■ 重复使用当前(V):选中该项,用上次标注文字进行标注。

◆“引线和箭头”标签:选择该标签,如图10-14所示,根据提示设置有关参数。

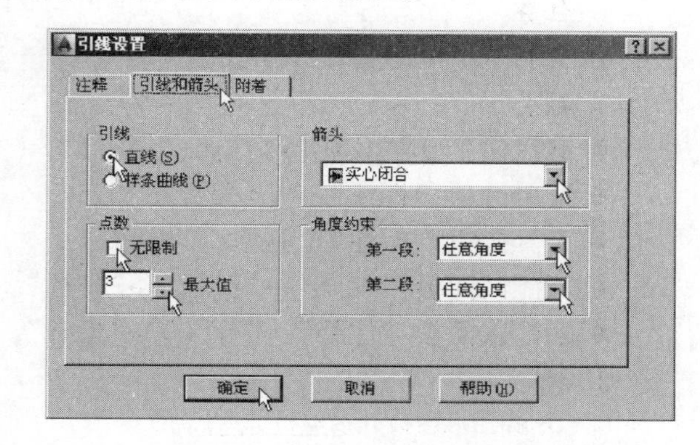

图10-14　“引线设置”对话框中的“引线和箭头”标签

■ 直线(S):选中该项,用直线作引线。

■ 样条曲线(P):选中该项,用样条曲线作引线,输入点为控制点。

■ 无限制:选中该项,引线线段不受限制。提示“指定下一点:”反复出现,直到按【Enter】键为止。

■ 最大值:微调文字框,设置决定引线线段的顶点数,线段数加1。

■ 箭头:单击右端箭头,打开列表清单,选取某种箭头。

■ 角度约束第一段:打开列表清单,选取约束角度,第一段的倾斜角度只允许为该角度的倍数。

■ 角度约束第二段:打开列表清单,选取约束角度,第二段的倾斜角度只允许为该角度的倍数。

◆“附着”标签:选择该标签,如图10-15所示,根据提示设置标注文字对齐参数。

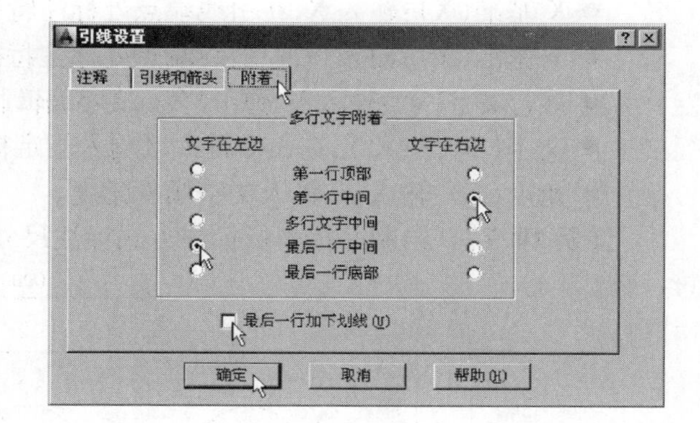

图10-15　“引线设置”对话框中的“附着”标签

■ 第一行顶部:选中该项,引线与第一行文字顶线对齐。

■ 第一行中间:选中该项,引线与第一行文字中线对齐。

■ 多行文字中间:选中该项,引线与多行文字中间对齐。

■ 最后一行中间:选中该项,引线与最后一行文字中线对齐。

■ 最后一行底部:选中该项,引线与最后一行文字底线对齐。

■ 最后一行加下划线:选中该项,在最后一行加下划线;否则不加。

说明:

多行文字附着功能分左边和右边,须分别设置。

10.13 坐标尺寸标注（DIMORDINATE）

1. 任务

在图中标注指定点的 X 坐标或 Y 坐标。

2. 操作

- 键盘命令：DIMORDINATE↙。
- 菜单选项："标注"→"坐标"。
- 工具按钮："标注"工具栏→"坐标"。
- 功能区面板："默认"→"注释"→"坐标"。
- 功能区面板："注释"→"标注"→"坐标"。

3. 提示

> 指定点坐标：（拾取特征点）
> 指定引线端点或［X 基准(X)/Y 基准(Y)/多行文字(M)/文字(T)/角度(A)］：（拾取引线端点或输入 X、Y、M、T、A）
> 标注文字 = <尺寸测量值>

- 指定引线端点：拾取引线端点，标注端点处的 X 坐标、Y 坐标或其他指定文字。

说明：

如果两点 X 坐标之差大于 Y 坐标之差，则标注 X 坐标；否则标注 Y 坐标。

- X 基准(X)：输入 X，在引线端点处标注特征点的 X 坐标值。
- Y 基准(Y)：输入 Y，在引线端点处标注特征点的 Y 坐标值。
- 多行文字(M)：输入 M，弹出"多行文字编辑器"对话框，在对话框中输入指定标注文字。
- 文字(T)：输入 T，在命令输入区输入指定标注文字。
- 角度(A)：输入 A，输入文字倾斜角度。

【例 10.7】 绘制并按坐标标注方式标注尺寸，如图 10-16 所示。

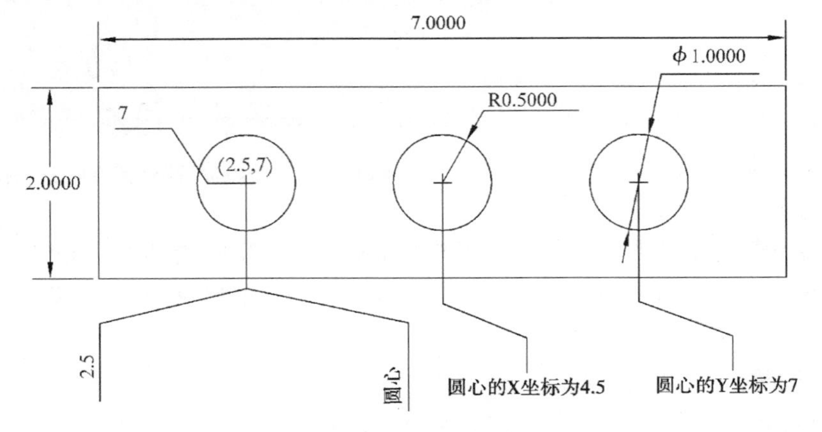

图 10-16 坐标尺寸标注示例

10.14 圆心标记(DIMCENTER)

1. 任务

在图中标注指定圆或圆弧的圆心。

2. 操作

- 键盘命令:DIMCENTER↙。
- 菜单选项:"标注"→"圆心标记"。
- 工具按钮:"标注"工具栏→"圆心标记"。
- 功能区面板:"注释"→"标注"→"圆心标记"。

3. 提示

➢ 选择圆弧或圆:(选择圆弧或圆)

说明:

圆心标记的形式由尺寸变量DIMCEN确定。当DIMCEN >0时,则作圆心十字标记,且该值是圆心十字标记线长度的一半;当DIMCEN <0时,则作圆心十字线标记,且该值绝对值是圆心十字标记线长度的一半;当DIMCEN =0时,则不作圆心标记。

【例10.8】 按坐标标注方式标注尺寸,如图10-17所示。

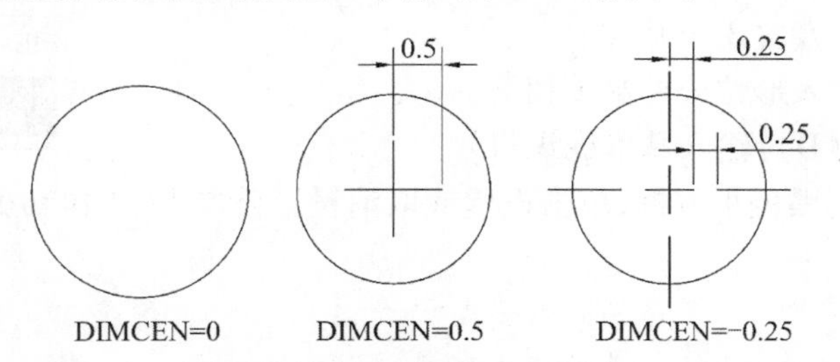

图10-17 圆心标记示例

10.15 形位公差标注(TOLERANCE)

1. 任务

在图中标注形位公差。形位公差一般用于机械设计绘图,给出零件加工参数。

2. 操作

- 键盘命令:TOLERANCE↙。
- 菜单选项:"标注"→"公差"。
- 工具按钮:"标注"工具栏→"公差"。
- 功能区面板:"注释"→"标注"→"公差"。

3. 提示

弹出“形位公差”对话框，如图 10-18 所示，在对话框中选择有关符号和设置有关参数。关闭对话框后给出提示：

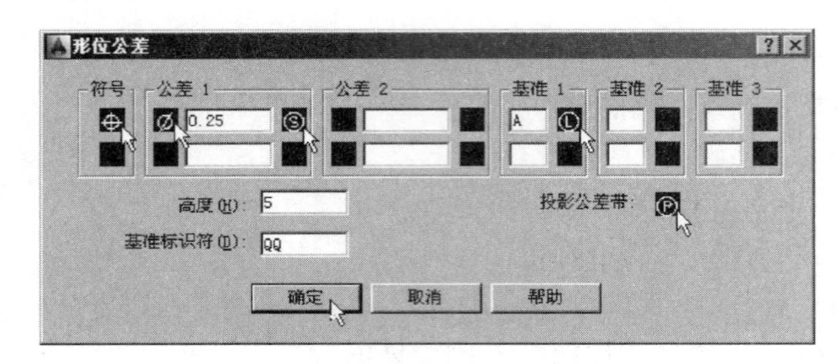

图 10-18 “形位公差”对话框

➢ 输入公差位置：(指定形位公差标注位置)

● 符号：单击黑色框，弹出“特征符号”对话框，如图 10-19所示，从中选取某一符号。

● 公差：单击公差区左边黑色框，设置直径符号，输入直径值；单击右边黑色框，弹出“附加符号”对话框，如图 10-20 所示，从中选取某一条件，允许设置两个公差。

● 基准：单击基准区右边黑色框，弹出“附加符号”对话框，如图 10-20 所示，从中选取某一条件，在其左边文字框中输入基准代号，允许设置 3 个基准。

● 高度(H)：输入形位公差高度值。

● 基准标识符(D)：输入基准标识符号。

● 投影公差带：黑色小方框，单击设置或取消投影公差带。

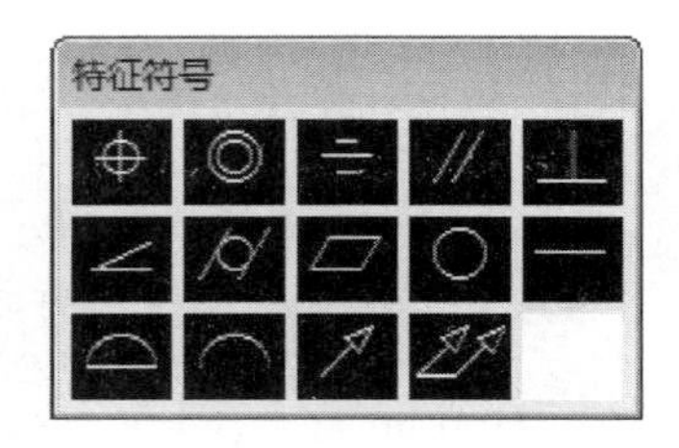

图 10-19 “特征符号”对话框

图 10-20 “附加符号”对话框

> **说明：**
> 公差标注可单独进行，也可在引线标注(LEADER)中进行。

【例 10.9】 按公差标注方式标注尺寸，如图 10-21 所示。

⌖	Ø0.25Ⓜ

◎	Ø1.25Ⓛ	Ø1.0Ⓢ

⌭	Ø1.5Ⓛ	AⓁ	B

⌰	2.5Ⓢ	AⓈ	BⓁ	CⓂ
5Ⓟ				
QQ				

⌖	Ø1.58Ⓛ	AⓈ	BⓁ	CⓈ
◎	Ø1.98Ⓢ	AⓈ	BⓈ	
10Ⓟ				
QQ				

图 10-21 公差标注示例

10.16　调整标注间距（DIMSPACE）

1. 任务

选择多个标注对象，使其整齐划一、间距相等，提高尺寸标注质量。

2. 操作

● 键盘命令：DIMSPACE↙。

● 功能区面板："注释"→"标注"→"调整间距"。

3. 提示

➢ 选择基准标注：（选择基准标注对象）

➢ 选择要产生间距的标注：（选择待调整间距的标注对象）

➢ 输入值或［自动(A)］＜自动＞：（输入间距值或A）

● 输入值：输入间距值，以选择的基准标注对象为基准，按间距值等距调整所选择的要产生间距的标注对象，若输入值为0，则以选择的基准标注对象为基准，调整所选择的要产生间距的标注对象在一条线上，如图10-22所示。

● 自动(A)：输入A，自动选择合适间距，调整尺寸标注对象。

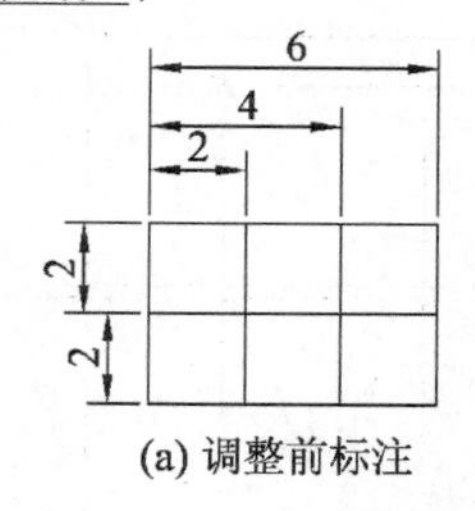

(a) 调整前标注

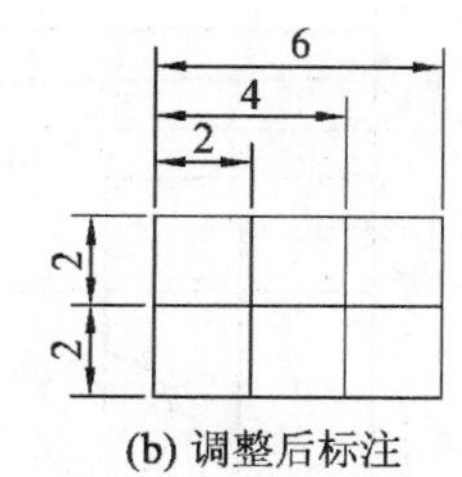

(b) 调整后标注

图10-22　调整尺寸标注

10.17　快速标注（QDIM）

使用快速标注可快速方便地一次性完成一批标注，能提高尺寸标注的速度和质量。

1. 任务

选择多个标注对象，一次性完成多个标注。可进行的快速标注有：连续标注、基线标注、并列标注、坐标标注、半径标注和直径标注，所选对象端点和圆心作为定义点。

2. 操作

● 键盘命令：QDIM↙。

● 菜单选项："标注"→"快速标注"。

● 工具按钮："标注"工具栏→"快速标注"。

● 功能区面板："注释"→"标注"→"快速标注"。

3. 提示

➢ 关联标注优先级 = 端点

➢ 选择要标注的几何图形：（选择待进行快速标注的图形对象，按回车键结束）

➢ 指定尺寸线位置或［连续(C)/并列(S)/基线(B)/坐标(O)/半径(R)/直径(D)/基准点(P)/编辑(E)/设置(T)］＜连续＞：（拾取尺寸线位置或输入C、S、B、O、R、D、P、E、T）

● 指定尺寸线位置：拾取尺寸线位置，完成本次快速标注。

● 连续(C):输入 C,对所选对象进行一次性连续标注,如图 10-23(a)所示。

● 并列(S):输入 S,对所选对象进行一次性并列标注,如图 10-23(b)所示。只对偶数个定义点进行并列标注。

● 基线(B):输入 B,对所选对象进行一次性基线标注,如图 10-23(c)所示。

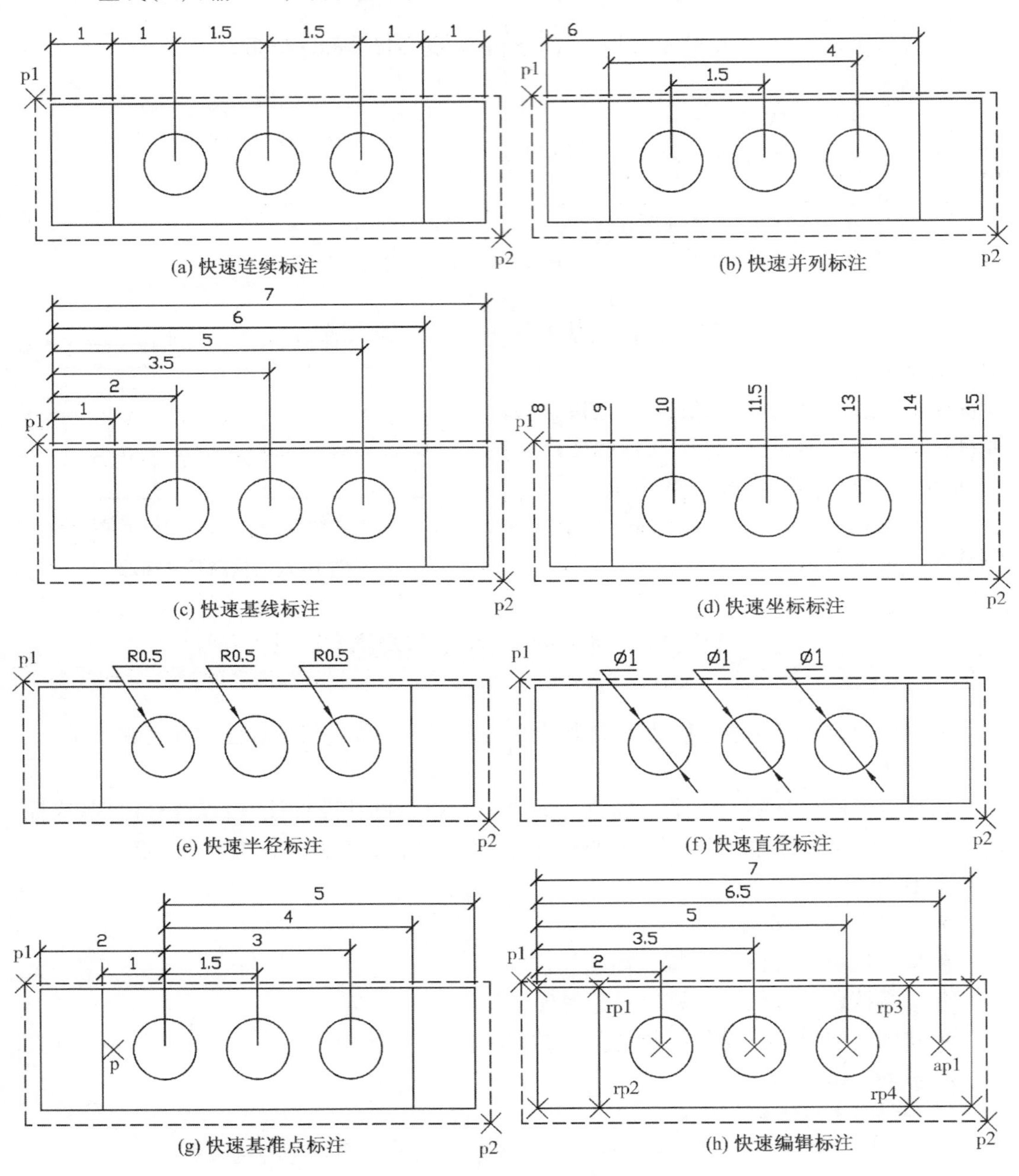

图 10-23 快速标注示例

● 坐标(O):输入O,对所选对象进行一次性坐标标注,如图10-23(d)所示。上下移动鼠标可标注定义点的X坐标,左右移动鼠标可标注定义点的Y坐标。

● 半径(R):输入R,对所选圆和圆弧对象进行一次性半径标注,如图10-23(e)所示。

● 直径(D):输入D,对所选圆和圆弧对象进行一次性直径标注,如图10-23(f)所示。

● 基准点(P):输入P,对基线或坐标标注重新指定基准点(p点右侧定义点),如图10-23(g)所示。提示:

➢ 选择新的基准点:(拾取p点)

● 编辑(E):输入E,显示所有定义点(×表示),删除或增加尺寸标注定义点(删除rp1、rp2、rp3和rp4点,增加ap1点),如图10-23(h)所示。

● 设置(T):输入T,设置关联标注优先级,如端点优先、交点优先。提示:

➢ 关联标注优先级[端点(E)/交点(I)]<端点>:(输入E或I)

10.18 设置尺寸标注样式

在尺寸标注过程中,需要按照某种尺寸标注样式(默认样式)进行标注,默认尺寸标注样式形式单一,可读性差。AutoCAD 2014提供了尺寸标注样式设置功能,通过这些功能,用户可以按要求修改或设置所需要的尺寸标注样式。

AutoCAD 2014通过70个尺寸变量来控制尺寸标注样式。尺寸标注样式由尺寸变量值决定,尺寸变量值不同,就得到不同的尺寸标注样式,可通过多种途径来设置尺寸变量值。尺寸变量是一组决定尺寸标注样式(尺寸线、尺寸界线、尺寸文字、箭头等尺寸标注元素的大小和位置)的变量,它们是系统变量的一部分,可用查询和设置系统变量的方法查询和设置尺寸变量。通过尺寸变量名、DIM命及SETVAR命令可查询和修改尺寸变量值。

10.18.1 通过命令设置尺寸标注样式

1. 设置尺寸变量的值

● 直接键入尺寸变量名设置。

➢ 命令:(尺寸变量名)

➢ 输入(变量名)的新值<当前值>:(输入新的尺寸变量值)

● 通过DIM命令设置。

➢ 命令:DIM↙

➢ 标注:(尺寸标注变量名)

➢ 输入标注变量的新值 <当前值>:(输入新的尺寸变量值)

● 通过SETVAR命令设置。

➢ 命令:SETVAR↙

➢ 输入变量名或[?] <当前系统变量名>:(尺寸变量名)

➢ 输入(尺寸变量名)的新值<当前值>:(输入新的尺寸变量值)

2. 常用尺寸变量

● DIMSE1:控制是否要显示或隐藏第一条尺寸界线,初值为0(关)。DIMSE1 = 0

(关),显示第一条尺寸界线;DIMSE1 =1 (开),隐藏第一条尺寸界线。

● DIMSE2:控制是否要显示或隐藏第二条尺寸界线,初值为0(关)。DIMSE2 =0 (关),显示第二条尺寸界线;DIMSE2 =1 (开),隐藏第二条尺寸界线。

【例 10.10】 修改尺寸变量 DIMSE1 和 DIMSE2 的值,线性标注见图 10-24。

➢ 命令:DIMSE2↙
➢ 输入 DIMSE2 的新值<关>:1↙
➢ 水平线性标注尺寸"1"。
➢ 命令:DIMSE1↙
➢ 输入 DIMSE1 的新值 <关>:1↙
➢ 水平线性标注尺寸"1.5"。
➢ 命令:DIMSE2↙
➢ 输入 DIMSE2 的新值<开>:0↙
➢ 水平线性标注尺寸"0.75"。

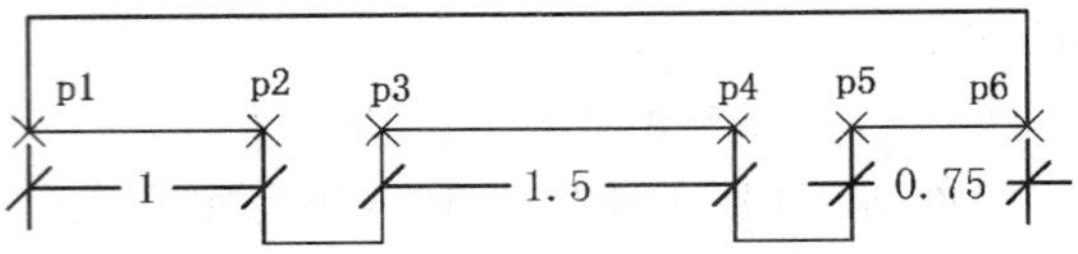

图 10-24 设置尺寸变量值示例

● DIMEXO:控制尺寸界线定义点偏移值,初值为 0.0625,如图 10-25 所示。

● DIMEXE:控制尺寸界线超出尺寸线的长度,初值为 0.18,如图 10-25 所示。

● DIMDLI:控制基线标注相邻平行尺寸线间的距离,初值为 0.38,如图 10-26 所示。

● DIMTOFL:控制是否显示尺寸界线间的尺寸线,初值为 0,如图 10-26 所示。DIMTOFL =0 (关),隐藏尺寸线;DIMTOFL =1 (开),显示尺寸线。

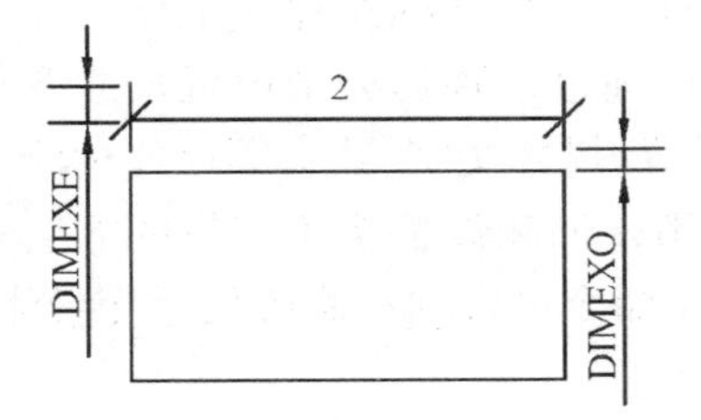

图 10-25 尺寸标注示例(一)

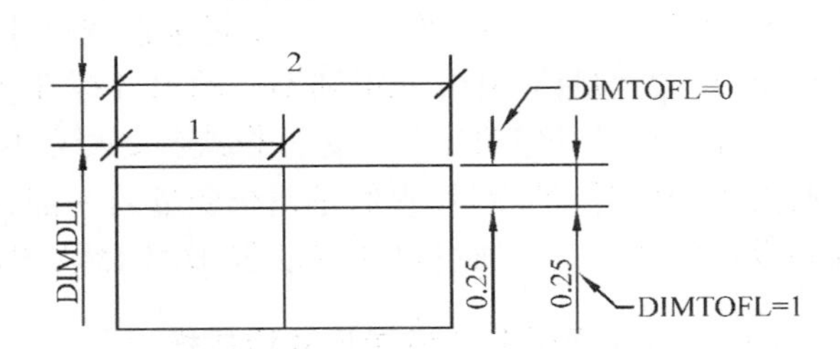

图 10-26 尺寸标注示例(二)

● DIMCEN:控制圆心标注的十字符号或十字线的长度。当 DIMCEN =0 时,无标注;当 DIMCEN >0 时,有标注,十字符号的长度 =2 × DIMCEN;当 DIMCEN <0 时,有标注,十字线的长度 =2 × (- DIMCEN)。

● DIMTXT:控制尺寸标注文字的高度,初值为 0.18。

● DIMTAD:控制尺寸标注文字的位置,初值为 0,如图 10-27 所示。当 DIMTAD =0 时,文字在尺寸线中间,将尺寸线分为两段;当 DIMTAD =1 时,文字在尺寸线上方,尺寸线为一条直线;当 DIMTAD =2 时,文字在尺寸线外侧;当 DIMTAD =3 时,按日本 JIS 标准显示文字;当 DIMTAD =4 时,文字在尺寸线下方。

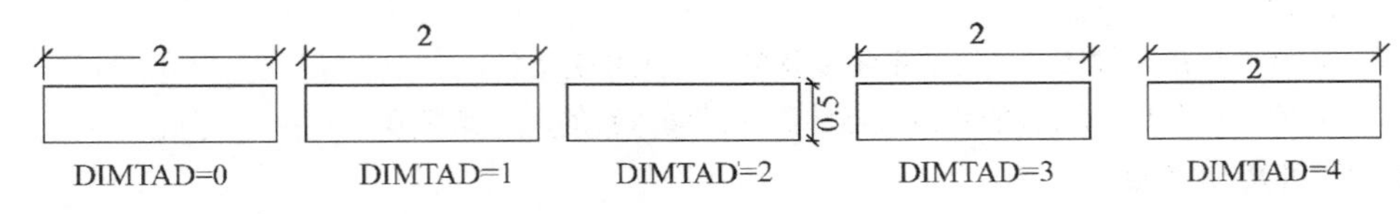

图 10-27 尺寸标注示例(三)

● DIMTIH:控制尺寸界线内尺寸文字的排列方向,初值为1(开),如图10-28所示。DIMTIH =0(关),尺寸文字与尺寸线平行;DIMTIH =1(开),水平排列。

● DIMTOH:控制尺寸界线外尺寸文字的排列方向,初值为1(开),如图10-28所示。DIMTOH =0(关),尺寸文字与尺寸线平行;DIMTOH =1(开),水平排列。

● DIMTIX:控制尺寸文字是否在尺寸界线之内,初值为0(关)。DIMTIX =1(开),在尺寸界线之内;DIMTIX =0(关),在尺寸界线之外。

● DIMTFAC:控制公差文字与尺寸文字的高度比,确定公差文字的字高,初值为1.0。

● DIMLFAC:控制尺寸标注中的测量值的显示,初值为1.0。尖括号内的测量值等于测量的尺寸线长度与该变量的乘积。为了使测量值所标注出的尺寸数字是原物体的大小,须将该变量设置为所绘图形比例因子的倒数。

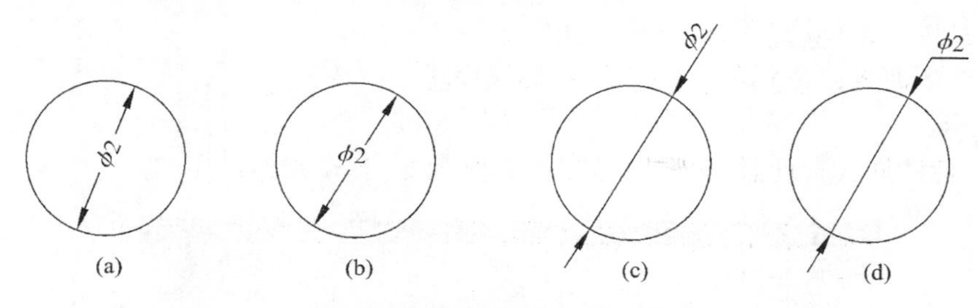

图10-28 尺寸标注示例(四)

● DIMZIN:控制尺寸文字小数尾数的零,一般设置为8。

● DIMTOL:打开或关闭公差标准,初值为0(关)。DIMTOL =0(关),关闭公差标准;DIMTOL =1(开),打开公差标准。

● DIMTP:设置公差的上偏差,初值为0。

● DIMTM:设置公差的下偏差,初值为0。

● DIMTIM:控制是否按极限尺寸标注。DIMTIM 和 DIMTOL 不能同时为1。

● DIMASZ:控制尺寸箭头的长度,初值为0.18,一般为3。

● DIMTSZ:控制代替尺寸箭头的短斜线长度。

● DIMSAH:控制尺寸线两端是否用不同的箭头,初值为0。DIMSAH =0,为同一种形式;DIMSAH =1,为不同形式。

● DIMBLK1 和 DIMBLK2:控制尺寸线两端箭头样式。DIMBLK1 和 DIMBLK2 均为DOT,终端形式为圆点,否则为箭头。

3. 保存和使用尺寸标注样式

AutoCAD允许设置多种尺寸标注样式,并按名保存。如果希望用某种尺寸标注样式进行标注,则不必重新设置,只需用RESTORE命令恢复某尺寸标注样式即可。按名设置并保存尺寸标注样式的操作步骤如下:

(1)修改尺寸标注变量(按尺寸标注样式要求)。

(2)执行DIM命令,在“标注:”提示下用SAVE子命令按名保存新样式。

(3)执行DIM命令,在“标注:”提示下用RESTORE命令恢复某样式,使之成为当前样式。

10.18.2 通过对话框设置尺寸标注样式(DDIM)

1. 任务

通过“标注样式管理器”对话框设置尺寸标注样式。为了满足不同标注需要,可预先设置几种不同的尺寸标注样式并保存起来,供用户绘图时选用。AutoCAD 2014 允许设置父样式和子样式,子样式由父样式派生出来,父样式的设置作用于其派生的每一个子样式,而子样式设置的参数在进行尺寸标注时又优先于父样式的同类参数。

2. 操作

- 键盘命令:DDIM↙。
- 菜单选项:“标注”→“标注样式”。
- 工具按钮:“标注”工具栏→“标注样式”。
- 功能区面板:“注释”→“标注”→“标注样式”。

3. 提示

弹出“标注样式管理器”对话框,如图 10-29 所示,根据提示操作。

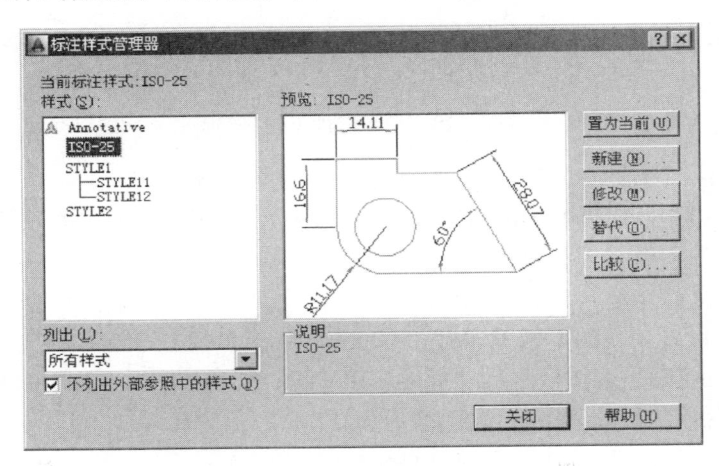

图 10-29 “标注样式管理器”对话框

- 当前标注样式:显示当前标注样式名。“STANDARD”或“ISO-25”为默认样式。选择“公制”单位,默认样式为“ISO-25”;选择“英制”单位,默认样式为“STANDARD”。
- 样式(S):框中列出所有已设置并保存的尺寸标注样式(父样式和子样式)。其中反向显示的样式为当前样式。
- 列出(L):设置样式列表框中的显示条件,列表框有两种选择:“所有样式”和“使用过的样式”,打开列表框并选择一种显示条件。
- 不列出外部参照中的样式(D):控制是否在“样式”列表框中显示外部参照图形中的尺寸标注样式,若选择该项,则显示。
- 预览:显示“样式”列表框中所选择样式的预览图。
- 说明:显示“样式”列表框中所选择样式的文字说明。
- 置为当前(U):单击该按钮,将“样式”列表框选择的样式置为当前样式。

● 新建(N):单击该按钮,创建新的标注样式,弹出“创建新标注样式”对话框,如图 10-30 所示。

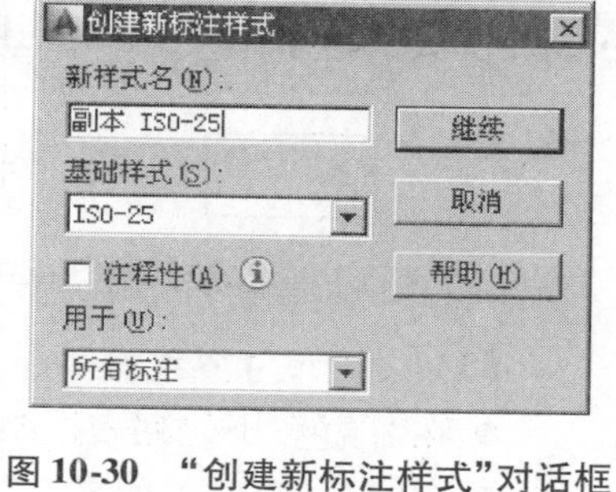

图 10-30 “创建新标注样式”对话框

◆ 新样式名(N):在文字框中输入新创建的样式名称。

◆ 基础样式(S):从样式列表清单中选择某样式为样板。

◆ 用于(U):从样式类型清单中指定适用于新建样式的尺寸标注类型。列表框中提供 7 种类型:“所有标注”“线性标注”“角度标注”“半径标注”“直径标注”“坐标标注”“引线标注”。若指定“所有标注”,则创建父样式;否则创建子样式。

◆ 继续:单击该按钮,完成样式的创建,激活“新建标注样式”对话框,与“修改标注样式”对话框类似,在子对话框中设置修改有关参数。

● 替代(O):单击该按钮,激活“替代当前样式”对话框,与“修改标注样式”对话框类似,在对话框中临时修改标注参数,替代父样式中的相同标注参数,在其后的尺寸标注中用替代后的样式进行标注,随时可取消替代样式,还原到父样式进行标注。

● 比较(C):单击该按钮,弹出“比较标注样式”对话框,如图 10-31 所示。从中可查看任意两个标注样式存在的内容有别的尺寸变量及变量值。如果比较的两个标注样式相同,则列出与该标注样式相关的所有尺寸变量及变量值。

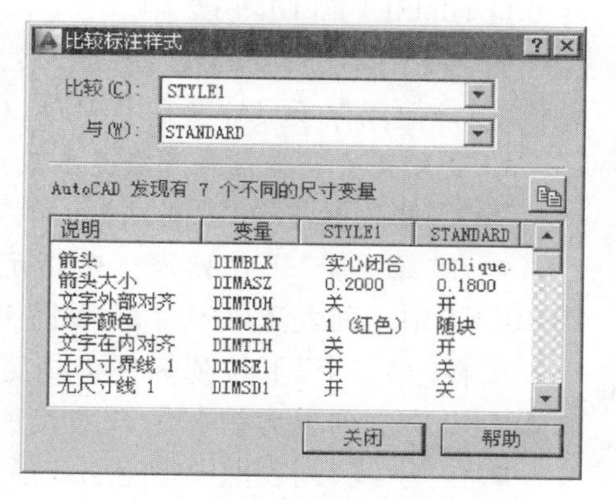

图 10-31 “比较标注样式”对话框

● 修改(M):单击该按钮,激活“修改标注样式”对话框,根据提示操作。

4. 设置尺寸线和尺寸界线有关参数

激活“修改标注样式”对话框中的“线”标签,根据提示设置有关参数。

(1) 设置尺寸线有关参数。

● 在“颜色”下拉列表框中指定尺寸线颜色。该值保存于尺寸变量 DIMCLRD 中。

● 在“线型”下拉列表框中指定线型,该值保存于尺寸变量 DIMLTYPE 中。

● 在“线宽”下拉列表框中指定尺寸线线宽,该值保存于尺寸变量 DIMLWD 中。

● 在“超出标记”微调文字框中设置尺寸线延伸到尺寸界线外的长度,如图 10-32 所示。该值保存于尺寸变量 DIMDLE 中。对于“建筑标记”“倾斜”“小点”“积分”形状的箭头,可设置该参数。

● 在“基线间距”微调文字框中设置作基线标注时尺寸线间的距离,如图 10-26 所示,该值保存于尺寸变量 DIMDLI 中。

● 选中“隐藏”复选框,设置是否隐藏左、右尺寸线,如图 10-33 所示,该值保存于尺寸变量 DIMSD1 和 DIMSD2 中。

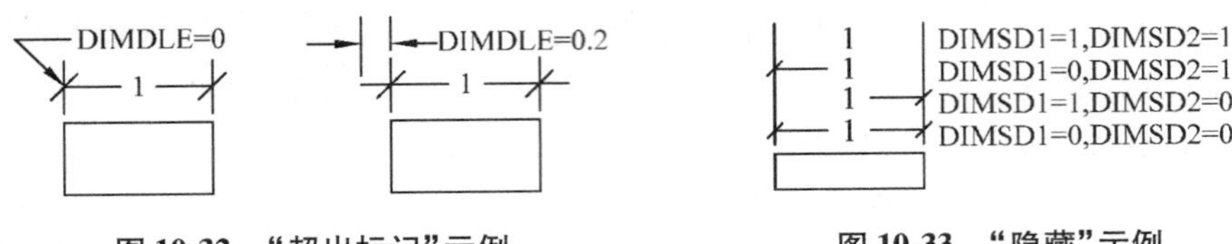

图 10-32 “超出标记”示例　　图 10-33 “隐藏”示例

(2) 设置尺寸界线有关参数。

- 在“颜色”下拉列表框中指定尺寸界线颜色,该值保存于尺寸变量 DIMCLRE 中。
- 在“尺寸界线 1 的线型”和“尺寸界线 2 的线型”下拉列表框中指定线型,该值保存于尺寸变量 DIMLTEX1 和 DIMLTEX2 中。
- 在“线宽”下拉列表框中指定尺寸界线线宽,该值保存于尺寸变量 DIMLWE 中。
- 在“超出尺寸线”微调文字框中设置尺寸界线超出尺寸线的长度,如图 10-32 所示,该值保存于尺寸变量 DIMEXE 中。
- 在“起点偏移量”微调文字框中设置尺寸界线到尺寸标注定义点之间的距离,如图 10-32 所示,该值保存于尺寸变量 DIMEXO 中。
- 选中“隐藏”复选框,设置是否隐藏左、右尺寸界线,如图 10-24 所示,该值保存于尺寸变量 DIMSE1 和 DIMSE2 中。
- 选中“固定长度的尺寸界线”复选框,启用固定长度的尺寸界线,设置尺寸界线的总长度,该值保存于尺寸变量 DIMFXLON 和 DIMFXL 中。

5. 设置箭头和标注符号有关参数

激活“修改标注样式”对话框中的“符号和箭头”标签,根据提示设置有关参数。

- 在“第一个”下拉列表框中指定第一尺寸线一侧箭头样式,该值保存于尺寸变量 DIMBLK1 中。列表清单中有 21 种箭头样式供用户选择。
- 在“第二个”下拉列表框中指定第二尺寸线一侧箭头样式,该值保存于尺寸变量 DIMBLK2 中。列表清单中有 21 种箭头样式供用户选择。
- 在“引线”列表框中指定引线箭头样式,该值保存于尺寸变量 DIMLDRBLK 中。
- 在“箭头大小”微调文字框中设置箭头大小尺寸,该值保存于尺寸变量 DIMASZ 中。

> **说明:**
> 若两个箭头样式一样,则箭头样式保存于尺寸变量 DIMBLK 中;否则分别保存于 DIMBLK1 和 DIMBLK2 中。

(1) 设置圆心标记类型(无标记、标记、直线)和标记大小,如图 10-17 所示。

- 无标记:不生成任何标记,尺寸变量 DIMCEN =0。
- 标记:在圆心处生成十字圆心标记,尺寸变量 DIMCEN 为正值。
- 直线:在圆心处生成中心线标记,中心线与圆相交,变量 DIMCEN 为负值。

(2) 设置打断标注大小,控制折断标注的间距宽度。

(3) 设置弧长符号的位置(在文字前面、在文字上方、无符号),该值保存于尺寸变量 DIMARCSYM 中。

（4）设置半径折弯标注的折弯角度，该值保存于尺寸变量 DIMJOGANG 中。

（5）设置线性折弯标注的折弯高度因子，该值保存于尺寸变量 DIMJOGANG 中。

6. 设置尺寸标注中文字的外观、位置和对齐参数

激活“修改标注样式”对话框中的“文字”标签，根据提示设置有关参数。

（1）设置标注文字外观有关参数。

● 在“文字样式”下拉列表框中指定标注文字样式。该值保存于尺寸变量 DIMTXSTY 中。列出所有已定义的文字样式。要创建或修改文字样式，单击右侧“...”按钮。

● 在“文字颜色”下拉列表框中指定文字颜色，该值保存于尺寸变量 DIMCLRT 中。

● 在“填充颜色”下拉列表框中指定填充颜色，该值保存于尺寸变量 DIMTFILL 和 DIMTFILLCLR 中。

● 在“文字高度”微调文字框中设置文字高度，该值保存于尺寸变量 DIMTXT 中。如果文字样式已设置了非零高度值，则该高度值不起作用。

● 在“分数高度比例”微调文字框中设置标注文字的分数相对于标注文字的高度比，该值保存于尺寸变量 DIMTFAC 中。

● 选中“绘制文字边框”复选框，设置是否在标注文字四周加矩形边框，该值保存于尺寸变量 DIMGAP 中。

（2）设置标注文字位置有关参数。

● 在“垂直”下拉列表框中指定文字与尺寸线垂直方向的位置，该值保存于尺寸变量 DIMTAD 中。有 5 种位置：居中、上方、下方、外部和 JIS，如图 10-27 所示。

- ◆ 居中：将文字置于尺寸线中间位置，尺寸变量 DIMTAD = 0。
- ◆ 上方：将文字置于尺寸线上方位置，尺寸变量 DIMTAD = 1。
- ◆ 外部：将文字置于尺寸线外侧位置，尺寸变量 DIMTAD = 2。
- ◆ JIS ：按日本工业标准 JIS 显示文字，尺寸变量 DIMTAD = 3。
- ◆ 下方：将文字置于尺寸线下方位置，尺寸变量 DIMTAD = 4。

● 在“水平”下拉列表框中指定文字与尺寸线水平方向的显示位置，该值保存于尺寸变量 DIMJUST 中。有 5 种位置：置中、第一条尺寸界线、第二条尺寸界线、第一条尺寸界线上方、第二条尺寸界线上方，如图 10-34 所示。

- ◆ 居中：将文字沿水平方向置于两尺寸线中间位置，尺寸变量 DIMJUST = 0。
- ◆ 第一条尺寸界线：将文字置于第一条尺寸界线一侧，尺寸变量 DIMJUST = 1。
- ◆ 第二条尺寸界线：将文字置于第二条尺寸界线一侧，尺寸变量 DIMJUST = 2。
- ◆ 第一条尺寸界线上方：将文字置于尺寸界线 1 一侧，尺寸变量 DIMJUST = 3。
- ◆ 第二条尺寸界线上方：将文字置于尺寸界线 2 一侧，尺寸变量 DIMJUST = 4。

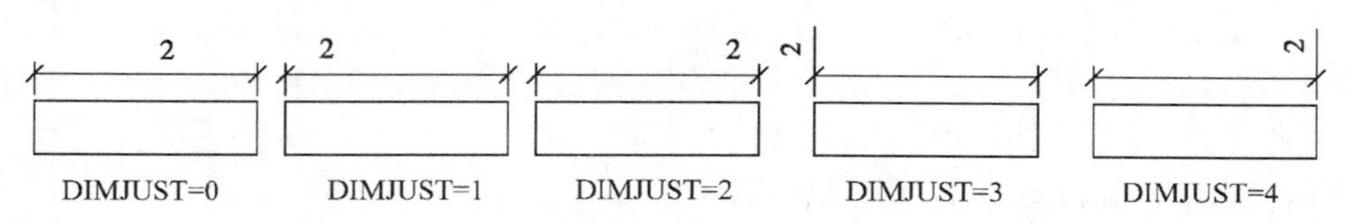

图 10-34 “水平对齐”示例

● 从“观察方向”下拉列表框中指定从左到右、从右到左方向放置文字，该值保存于尺寸变量 DIMTXTDIRECTION 中。

● 在“从尺寸线偏移”微调文字框中设置文字与尺寸线之间间距，该值保存于尺寸变量 DIMGAP 中。

(3) 设置标注文字对齐有关参数。

● 选中“水平”单选项，设置文字保持水平状态，该值保存于尺寸变量 DIMTIH 和 DIMTOH 中，两者均为“开”。

● 选中“与尺寸线对齐”单选项，设置文字保持尺寸线平行状态，该值保存于尺寸变量 DIMTIH 和 DIMTOH 中，两者均为“关”。

● 选中“ISO 标准”单选项，设置标注文字在尺寸线之内时与尺寸线平行，在尺寸线之外时保持水平，DIMTIH = 关，DIMTOH = 开。

7. 设置标注文字与箭头的位置及有关参数

激活“修改标注样式”对话框中的“调整”标签，根据提示设置有关参数。

(1) 设置文字和箭头的调整参数。如果两尺寸界线之间有足够的空间，AutoCAD 自动将文字和箭头放在尺寸界线之内，否则将根据用户在本区指定的调整方式进行必要调整，以达到最佳效果。有五种调整方式供用户选择，如图 10-35 所示。

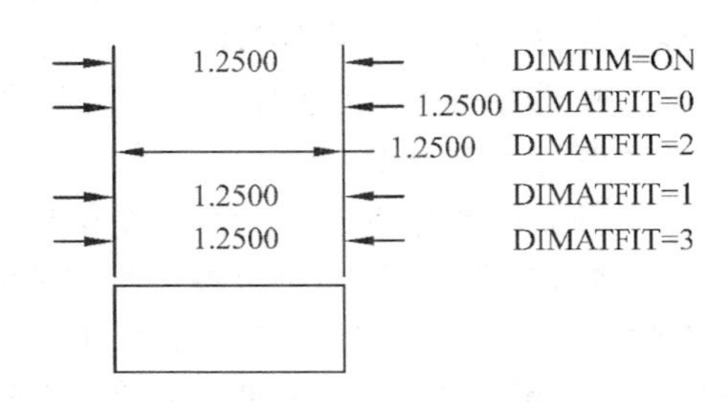

图 10-35　标注文字调整方式

● 选中“文字或箭头”单选项，当尺寸界线之间没有足够空间时，将文字、箭头或两者移到尺寸界线之外，以达到最佳效果，该值保存于尺寸变量 DIMATFIT 中，DIMATFIT = 3。

● 选中“箭头”单选项，当尺寸界线之间空间不够时，优先移出箭头，若还不够，再移出文字，该值保存于尺寸变量 DIMATFIT 中，DIMATFIT = 1。

● 选中“文字”单选项，当尺寸界线之间空间不够时，优先移出文字，若还不够，再移出箭头，该值保存于尺寸变量 DIMATFIT 中，DIMATFIT = 2。

● 选中“文字和箭头”单选项，当尺寸界线之间空间不能放下文字和箭头时，将两者移出，该值保存于尺寸变量 DIMATFIT 中，DIMATFIT = 0。

● 选中“文字始终保持在尺寸界线之间”单选项，文字总在尺寸界线之间，该值保存于尺寸变量 DIMTIX 中。

● 选中“消除箭头”复选框，设置在空间不够时不显示箭头；否则显示箭头。

(2) 设置标注文字非默认位置放置方式，如图 10-36所示，该值保存于尺寸变量 DIMTMOVE 中。

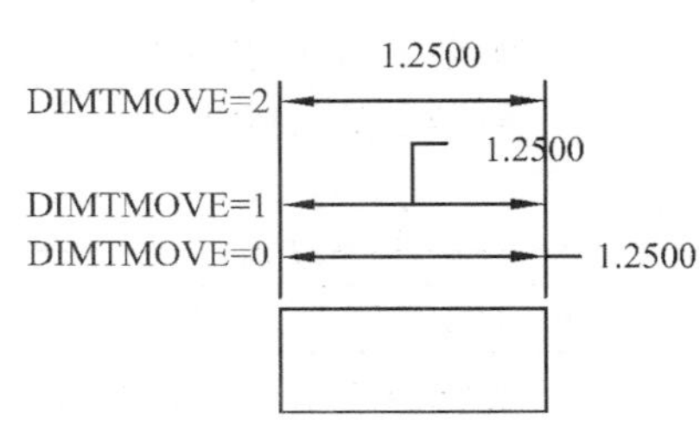

图 10-36　标注文字位置调整

● 选中“尺寸线旁边”单选项，若文字在非默认位置，则将文字放在尺寸线一侧，DIMTMOVE = 0。

● 选中“尺寸线上方，加引线”单选项，若文字在非默认位置，则将其放在尺寸线上方（加引线），

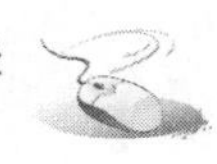

DIMTMOVE = 1。

● 选中"尺寸线上方,不加引线"单选项,若文字在非默认位置,则将其放在尺寸线上方(不加引线),DIMTMOVE = 2。

(3) 设置尺寸标注的缩放比例。

● 选中"使用全局比例"单选项,可设置全局缩放比例,在右侧微调文字框中输入缩放比例值,该值保存于尺寸变量 DIMSCALE 中。

● 选中"将标注缩放布局(图纸空间)"单选项,AutoCAD 根据模型空间和图纸空间缩放比例来确定尺寸标注缩放比例。

● 选中"注释性"复选框,设置标注为注释性对象。

(4) 设置其他尺寸标注调整方式。

● 选中"手动放置文字"复选框,允许用户自行确定文字放置位置,选择该项后,前面关于文字位置的设置失效。

● 选中"始终在尺寸界线之间绘制尺寸线"复选框,设置在任何情况下一定绘制尺寸线,且 DIMTOFL = 开。

8. 设置尺寸标注主单位的格式、精度及有关参数

激活"修改标注样式"对话框中的"主单位"标签,根据提示设置有关参数。

(1) 设置线性标注单位的格式和精度。

● 在"格式单位"下拉列表框中选择线性标注使用的测量单位,有 6 种单位供选择,类似绘图单位,该值保存于尺寸变量 DIMLUNIT 中。

● 在"精度"下拉列表框中选择标注文字精度,确定小数位数,该值保存于尺寸变量 DIMDEC 中。

● 在"分数格式"下拉列表框中选择分数单位格式。

● 在"小数分隔符"下拉列表框中选择整数与小数之间的分隔符。有三种分隔符:句点"."、逗号","和空格,该值存于变量 DIMDSEP 中。

● 在"舍入"微调文字框中设置尺寸测量值的舍入原则。

● 在"前缀"文字框中输入标注文字前放置的前缀符号,取代默认前缀。

● 在"后缀"文字框中输入标注文字后放置的后缀符号,取代默认后缀。

● 在"比例因子"微调文字框中设置尺寸测量值的缩放比例。

● 选中"仅应用到布局标注"复选框,设置比例因子只对布局标注有效。

● 选中"前导消零"复选框,设置不显示整数前无用零。

● 选中"后续消零"复选框,设置不显示小数后无用零。

● 选中"英尺消零"复选框,设置不显示英尺位上无用零。

● 选中"英寸消零"复选框,设置不显示英寸位上无用零。

(2) 设置角度标注单位的格式和精度。类似线性标注单位的格式和精度设置。

9. 设置尺寸标注换算单位的格式、精度及有关参数

激活"修改标注样式"对话框中的"换算单位"标签,根据提示设置有关参数。标签中设置项目类似于"主单位"标签项目,可参考"主单位"参数设置。

10. 设置公差格式及显示方式

激活"修改标注样式"对话框中的"公差"标签,根据提示设置有关参数。

(1) 设置公差格式。

● 在"方式"下拉列表框中选择公差标注方式,有五种公差标注方式供选择,如图 10-37 所示。

◆ 无:不进行公差标注。

◆ 对称:以"测量值±偏差值"形式标注尺寸。

◆ 极限偏差:以"测量值$^{上偏差}_{下偏差}$"形式标注尺寸。

◆ 极限尺寸:"$\frac{最大值}{最小值}$"形式标注尺寸。

◆ 基本尺寸:以"测量值"形式标注尺寸。

● 在"精度"下拉列表框中选择公差文字精度,确定小数位数,该值保存于尺寸变量 DIMTDEC 中。

● 在"上偏差"微调文字框中输入上偏差值,若为负数,则加负号。

● 在"下偏差"微调文字框中输入下偏差值,若为正数,则加正号。

● 在"高度比例"微调文字框中输入公差文字与主文字的高度比例因子,该值保存于尺寸变量 DIMTFAC 中。

● 在"垂直位置"下拉列表框中选择主文字与公差文字的相对位置,该值保存于尺寸变量 DIMTOLJ 中。有三种位置供选择:上部对齐、中部对齐、底部对齐,如图 10-38 所示。

● 前导和后续消零与主文字前导和后续消零类似。

(2) 设置换算单位公差参数,与主文字相同。

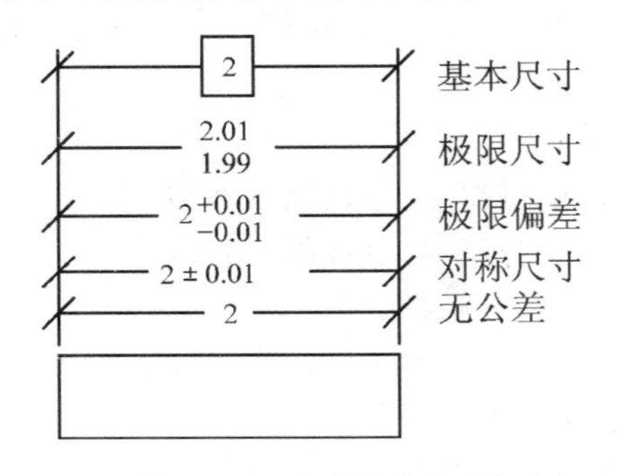

图 10-37 公差显示方式

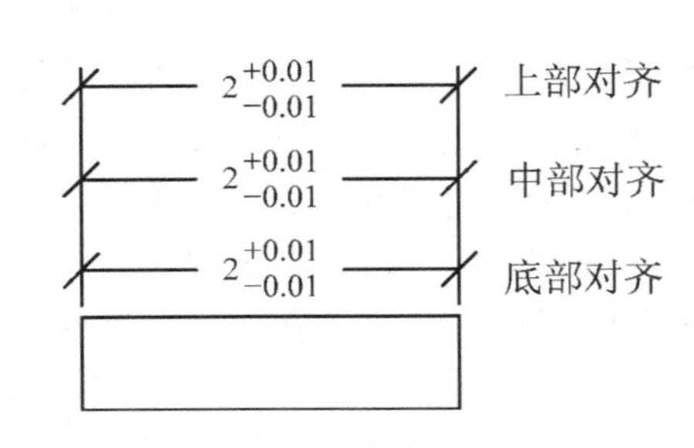

图 10-38 公差对齐方式

10.19 尺寸标注编辑

对已标注的尺寸对象,可使用尺寸编辑命令对其进行修改。用户使用尺寸编辑命令修改尺寸标注文字的内容、位置、倾角、字形以及尺寸界线的倾角等。

10.19.1 使用“特性”和“快捷特性”选项板编辑、修改尺寸标注特性（PROPERTIES、DDMODIFY）

1. 任务

使用“特性”和“快捷特性”选项板编辑修改尺寸标注特性。

2. 操作

- 键盘命令：PROPERTIES 或DDMODIFY↙。
- 菜单选项：“特性”。
- 工具按钮：标准工具栏→“特性”。
- 功能区面板：“默认”→“特性”→“特性”。
- 选择尺寸标注对象。

3. 提示

弹出“特性”或“快捷特性”选项板，在选项板中修改尺寸标注的大部分特性。激活“特性”或“快捷特性”选项板后，选择待修改尺寸标注，对话框中给出尺寸标注有关特性，单击待修改特性处，输入或选择新的特性值。显示为灰色的特性为只读，不能修改。

10.19.2 编辑、修改尺寸标注（DIMEDIT）

1. 任务

编辑、修改尺寸标注文字和尺寸界线。

2. 操作

- 键盘命令：DIMEDIT↙。
- 菜单选项：“标注”→“倾斜”。
- 工具按钮：“标注”工具栏→“编辑标注”。
- 功能区面板：“注释”→“标注”→“倾斜”。

3. 提示

➢ 输入标注编辑类型［默认(H)／新建(N)／旋转(R)／倾斜(O)］<默认>：(输入H、N、R或O)

- 默认(H)：按缺省位置、方向放置指定尺寸文字(恢复)。提示：

➢ 选择对象：(选择尺寸标注对象)

说明：

只有用 DIMEDIT 或 STRETCH 命令改动后的尺寸文字，才能用该选项恢复。

- 新建(N)：输入N，修改指定尺寸标注对象的文字内容。提示：

弹出“多行文字编辑器”对话框，使用多行文字编辑器输入新文字值。

➢ 选择对象：(选择尺寸标注对象)

- 旋转(R)：输入R，将指定尺寸对象的文字按指定角度旋转。提示：

➢ 指定标注文字的角度：(输入旋转角度)

➢ 选择对象：(选择尺寸标注对象)

● 倾斜(O):输入 O,将指定长度型尺寸对象的尺寸界线按指定角度倾斜。提示:
  ➤ 选择对象:(选择尺寸标注对象)
  ➤ 输入倾斜角度 (按 ENTER 表示无):(输入倾斜角度)

10.19.3 编辑、修改尺寸位置(DIMTEDIT)

1. 任务

编辑、修改尺寸标注文字的位置和角度。

2. 操作

● 键盘命令:DIMTEDIT↙。
● 菜单选项:"标注"→"对齐文字"。
● 工具按钮:"标注"工具栏 →"编辑标注文字"。
● 功能区面板:"注释"→"标注"→"文字角度"/"左对正"/"右对正"/"居中对正"。

3. 提示

  ➤ 选择标注:(选择尺寸标注对象)
  ➤ 指定标注文字的新位置或 [左对齐(L)/右对齐(R)/居中(C)/默认(H)/角度(A)]:(输入 L、R、C、H、A 或拾取新位置)

● 指定标注文字的新位置:拾取新位置,将尺寸文字放置在新位置。
● 左对齐(L):输入 L,将文字放置在尺寸线的左边。
● 右对齐(R):输入 R,将文字放置在尺寸线的右边。
● 居中(C):输入 C,将文字放置在尺寸线的中间。
● 默认(H):输入 H,按缺省位置、方向放置尺寸文字。
● 角度(A):输入 A,将尺寸文字旋转指定角度。提示:
  ➤ 指定标注文字的角度:(输入旋转角度)

10.19.4 替代尺寸标注样式(DIMOVERRIDE)

1. 任务

避开当前尺寸标注样式,对已标注尺寸的某些特性进行编辑、修改。

2. 操作

● 键盘命令:DIMOVERRIDE↙。
● 菜单选项:"标注"→"替代"。
● 功能区面板:"注释"→"标注"→"替代"。

3. 提示

  ➤ 输入要替代的标注变量名或 [清除替代(C)]:(输入待替代的尺寸变量名或 C)

● 输入要替代的标注变量名:输入尺寸变量名,按新值替代旧值。提示:
  ➤ 输入标注变量的新值 <当前值>:(输入新值)
  ➤ 选择对象:(选择替代尺寸对象)
● 清除替代(C):输入 C,取消替代操作,恢复当前尺寸标注样式。提示:
  ➤ 选择对象:(选择尺寸对象)

10.19.5 修改(更新)尺寸标注样式(-DIMSTYLE)

1. 任务

修改(更新)已定义的尺寸标注样式。

2. 操作

- 键盘命令:-DIMSTYLE↙。
- 菜单选项:"标注"→"更新"。
- 工具按钮:"标注"工具栏→"标注更新"。
- 功能区面板:"注释"→"标注"→"更新"。

3. 提示

> 当前标注样式:<当前标注样式>
>
> 输入标注样式选项[注释性(AN)/保存(S)/恢复(R)/状态(ST)/变量(V)/应用(A)/?] <恢复>:(输入AN、S、R、ST、V、A或?)

- 注释性(AN):输入AN,将标注样式指定为注释性标注样式。
- 保存(S):输入S,将当前尺寸变量设置作为一种尺寸标注样式保存。提示:

> 输入新标注样式名或[?]:(输入新标注样式名)

- 恢复(R):输入R,恢复某标注样式为当前尺寸标注样式。提示:

> 输入标注样式名、[?]或 <选择标注>:(输入待恢复标注样式名或选择某尺寸标注)
>
> 选择标注:(选择尺寸标注,将该尺寸标注样式作为当前尺寸标注样式)

- 状态(ST):输入ST,查看当前全部尺寸变量值。
- 变量(V):输入V,查看某标注样式尺寸变量值。
- 应用(A):输入A,根据当前尺寸标注样式,更新指定尺寸标注,类似UPDATE命令。

> **说明:**
> 可用"尺寸样式管理器"对话框完成上述操作。

10.19.6 使用夹点功能编辑尺寸标注

在"命令:"提示下,选择某尺寸标注对象,双击尺寸标注对象上的特征点,可对其进行移动、复制、拉伸、镜像等操作,从而起到修改尺寸标注的目的。

10.20 尺寸标注关联特性

10.20.1 尺寸标注关联特性

AutoCAD 2014支持两种真关联标注功能:图形驱动关联标注和转换空间关联标注。

1. 图形驱动关联标注

所谓图形驱动关联标注,是指将尺寸标注附着到图形对象特征点上,当图形对象上有关特征点发生变化时,相应尺寸标注也同时发生相应变化。重新加载图形或对图形进行编辑操作时,都可使关联尺寸标注自动更新,如图 10-39 所示。引线标注也具有关联特性。

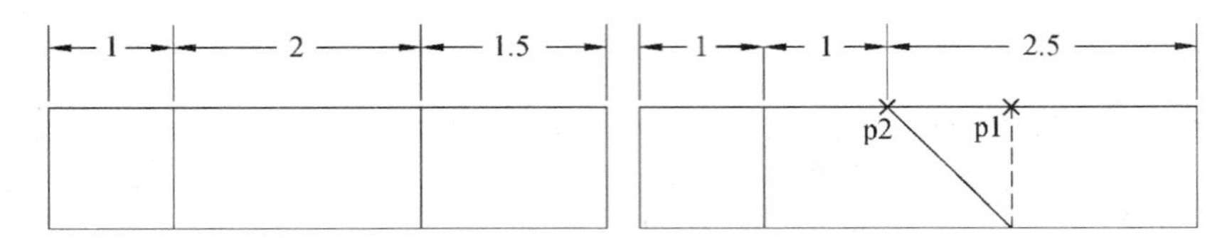

图 10-39 尺寸标注对象关联特征点变更前后

有 3 个控制关联特性的命令。

- DIMDISASSOCIATE 命令:将选中的尺寸标注关联性解除。
- DIMREASSOCIATE 命令:将选中的尺寸标注关联到图形对象特征点上。
- DIMREGEN 命令:更新所有关联标注的位置。

尺寸变量 DIMASSOC 用于控制尺寸标注的关联性。

说明:

① 尺寸标注关联特性为系统默认设置。每次尺寸标注后,即可建立关联性。

② 只有尺寸标注对象的尺寸界线定义点(原点)通过对象捕捉方式指定,才能使尺寸标注对象与几何图形建立关联性,否则不具有关联性。

2. 转换空间关联标注

所谓转换空间关联标注,是指直接在图纸空间布局上标注模型空间几何图形,这些图纸空间标注与模型空间几何图形具有关联性。以下三种情况不影响关联性:

- 转换至模型空间进行操作。
- 改变图纸空间布局视口位置。
- 对图纸空间布局视口进行平移或缩放,如图 10-40 所示。

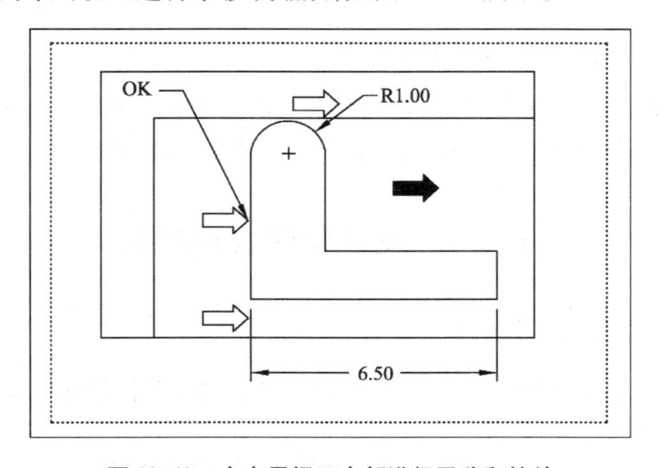

图 10-40 在布局视口内部进行平移和缩放

在模型空间中绘图，在布局标签上设置一个或多个视口，设置每个视口的显示比例，直接在布局上标注模型空间对象，移动或平移模型将更新关联标注。

10.20.2 重新设置尺寸标注关联（DIMREASSOCIATE）

1. 任务

将选定的尺寸标注关联重新关联到新的关联点上。

2. 操作

- 键盘命令：DIMREASSOCIATE↙。
- 菜单选项："标注"→"重新关联"。
- 功能区面板："注释"→"标注"→"重新关联"。

3. 提示

➢ 选择要重新关联的标注…

➢ 选择对象：（选择尺寸标注对象）

➢ 指定第一个尺寸界线原点或[选择对象(S)] <下一个>：（拾取第一个尺寸界线新原点或按回车键）

➢ 指定第二个尺寸界线原点 <下一个>：（拾取第二个尺寸界线新原点或按回车键）

📖 **说明：**

① 选择尺寸标注对象后，在尺寸界线关联原点处显示标记"☒"，拾取新原点，将原关联原点重新指定到新关联原点，如图10-41所示。

② 按【Enter】键，重新关联下一个尺寸界线原点。

③ 可以选择多个标注对象重新关联。

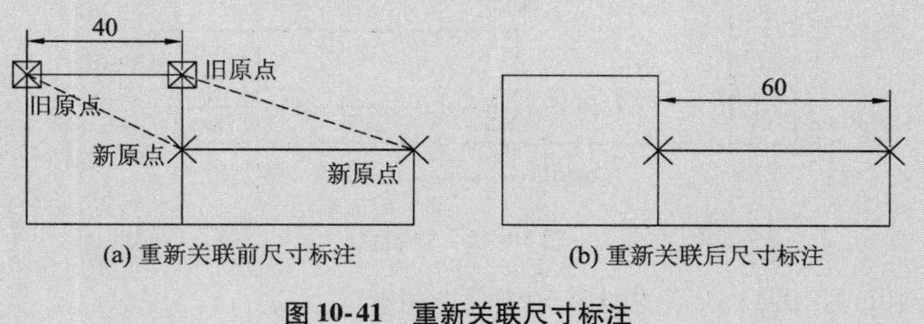

(a) 重新关联前尺寸标注　　(b) 重新关联后尺寸标注

图10-41 重新关联尺寸标注

练习10

1. 简述尺寸标注的意义。AutoCAD 2014 提供多少种尺寸标注类型？
2. 在进行尺寸标注时，应遵守的基本规则是什么？
3. 一个尺寸标注对象由几部分组成？其每部分的意义是什么？
4. 尺寸标注有自动标注和半自动标注方式，它们之间有何区别？
5. 尺寸标注变量的作用是什么？有几种方法可改变尺寸标注变量的值？

6. 尺寸标注变量 DIMEXO、DIMEXE、DIMTXT、DIMTAD、DIMTOH 的作用是什么？

7. 尺寸标注的箭头形式是否唯一？若不唯一，则如何改变箭头形式？

8. DIMEDIT 和 DIMTEDIT 命令的用途分别是什么？两者之间有何区别？

9. 何谓尺寸标注样式？如何使图中包含多种不同样式的尺寸标注？

10. 何谓尺寸标注的关联性？

11. 绘制如图 10-42 所示的图形，并标注尺寸。

绘图要求如下：

① 图形界限为 12 ×9。

② 设置 3 个图层。

- 0 层：颜色为白色，线型为实线，绘制磁盘图形部分。
- AID 层：颜色为绿色，线型为中心线，绘制中心辅助线。
- DIM 层：颜色为红色，线型为实线，标注尺寸。

③ 将图形按文件名“floppy. dwg”保存。

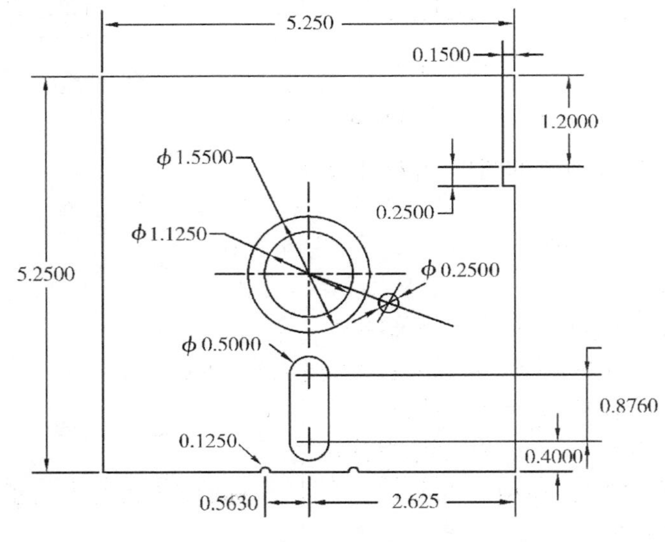

图 10-42　软磁盘

12. 绘制如图 10-43 所示的图形，并标注尺寸。

绘图要求如下：

① 图形界限为 12 ×9。

② 设置 2 个图层。

- 0 层：颜色为白色，线型为实线，绘制图形轮廓部分。
- DIM 层：颜色为蓝色，线型为实线，标注尺寸。

③ 将图形按文件名“diagram. dwg”保存。

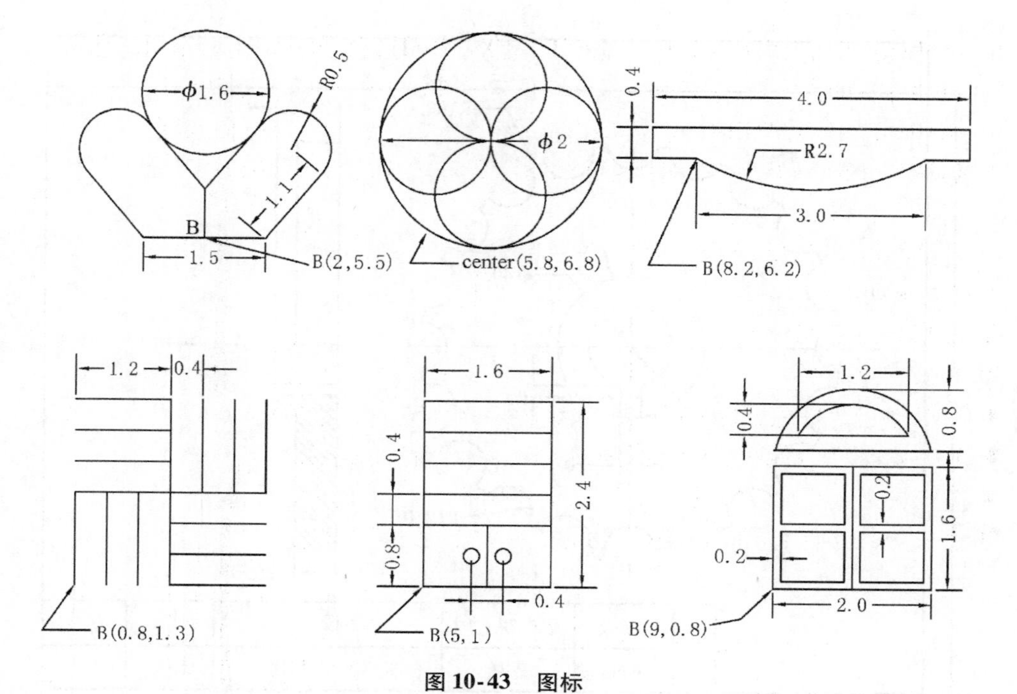

图 10-43 图标

13. 绘制如图 10-44 所示的图形,并标注尺寸。

绘图要求如下:

① 图形界限为 420 ×297。

② 设置 5 个图层。

- 0 层:颜色为白色,线型为实线,绘制零件轮廓。
- AID 层:颜色为绿色,线型为中心线,绘制中心辅助线。
- PAT 层:颜色为蓝色,线型为实线,填充图案 ANSI31。
- DIM 层:颜色为红色,线型为实线,标注尺寸。
- BLK 层:颜色为黄色,线型为实线,绘制图框和标题栏(属性块),正体文字为文字注释,斜体文字为属性值。

③ 按要求标注尺寸。

④ 将图形按文件名"part. dwg"保存。

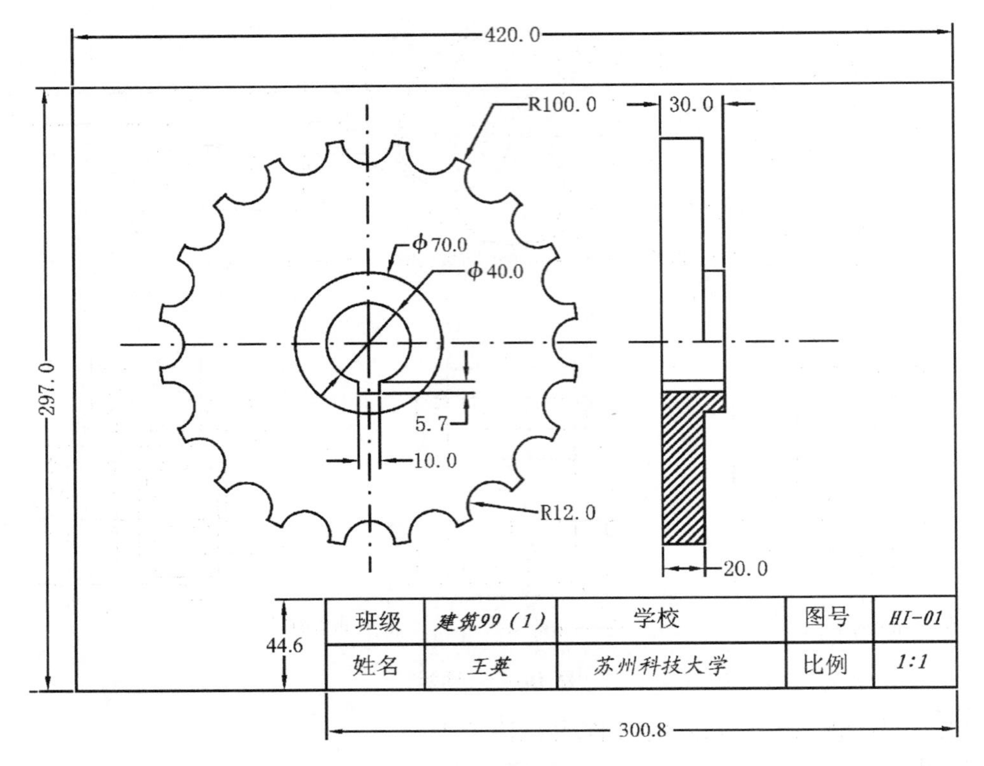
420.0
297.0
R100.0
30.0
ϕ70.0
ϕ40.0
5.7
10.0
R12.0
20.0
44.6
班级
建筑99（1）
学校
图号
HI-01
姓名
王英
苏州科技大学
比例
1:1
300.8

图 10-44　齿轮图

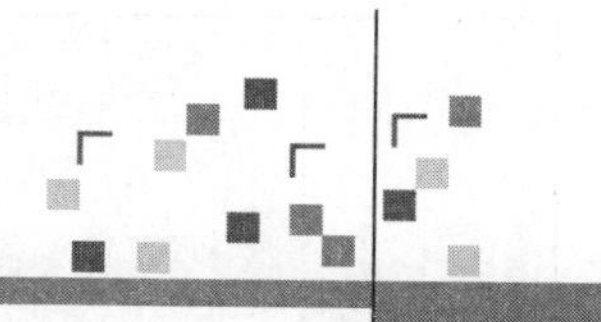

第 11 章

模型空间、图纸空间与图形输出

AutoCAD 2014 为用户提供了两种工作空间:模型空间和图纸空间。用户有关的绘图工作主要在模型空间中进行。绘图工作完成后,一般需要将绘图结果通过图纸空间从打印机或绘图机上输出,以图纸硬拷贝的形式应用于工程实践中。虽然通过模型空间也可输出图形,但输出的图形只是一个视口,如图 11-1 所示,比较单调,不能满足多视口输出图形的要求。通过图纸空间及其布局可以实现图形的多视口输出,如图 11-2 所示,从而达到一幅图形可以获得不同的图纸输出效果。

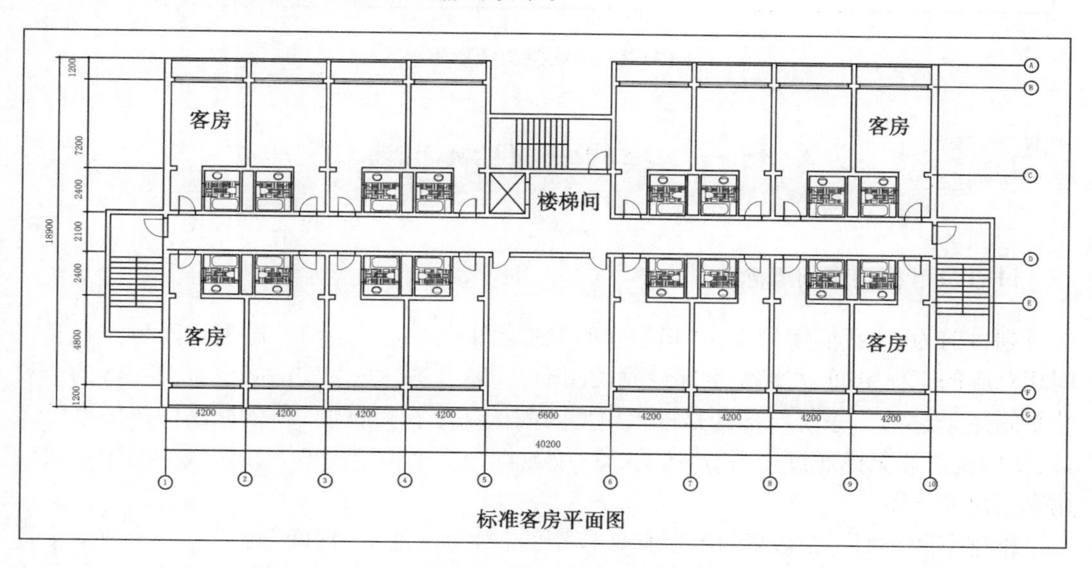

图 11-1　模型空间图形输出

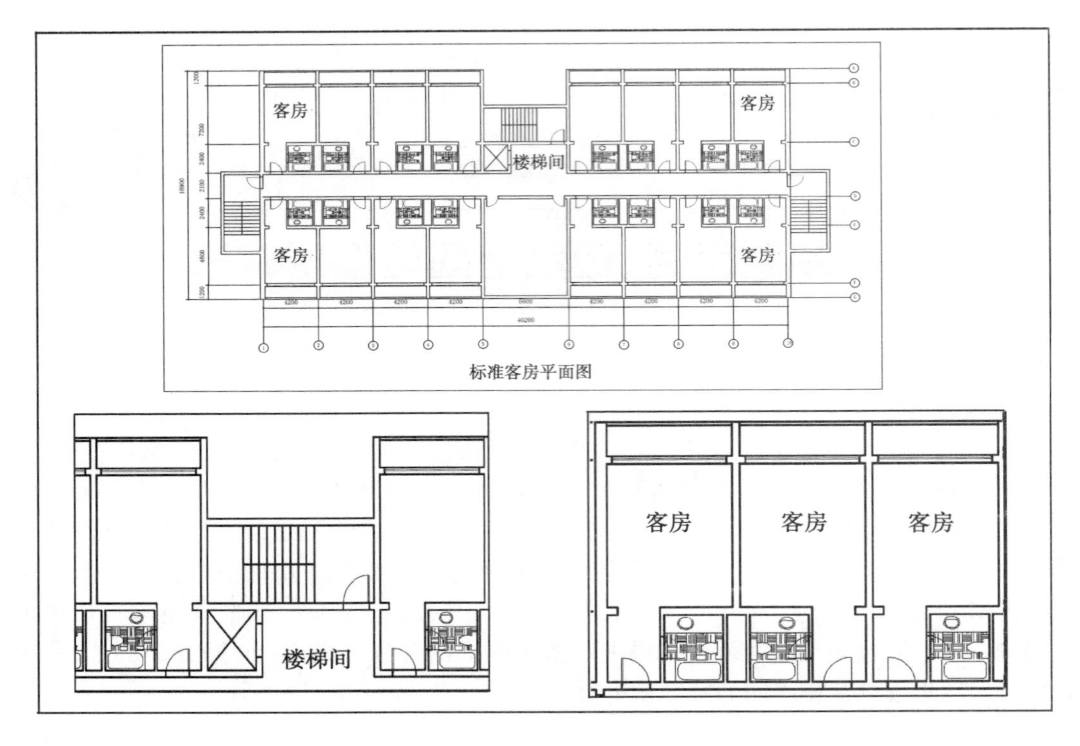

图 11-2　图纸空间图形输出

11.1　模型空间与平铺视口

11.1.1　模型空间概念

到目前为止,我们使用称为"模型空间"的绘图模式进行绘图。模型空间是与真实空间相对应的工作空间,在模型空间绘制的图形,实际上是构造真实空间中有关物体的全尺寸复制品(模型)。系统绘图区是进入模型空间的一个窗口,键盘和鼠标是构造模型的工具,使用键盘和鼠标通过绘图、修改、平移、缩放等命令来构建模型。在模型空间中一般采用真实尺寸绘图。

模型空间类似一个放置、构建、修改模型的"房间",这个"房间"可以有一个或多个进入"房间"的窗口,可以从任意一个窗口观察和进入"房间"对模型进行相应的操作。对模型的平移和缩放操作就好比在窗口处放置了一台"摄像机",调整"摄像机"的距离、角度和焦距,可达到预期的观察效果,如图 11-3 所示。

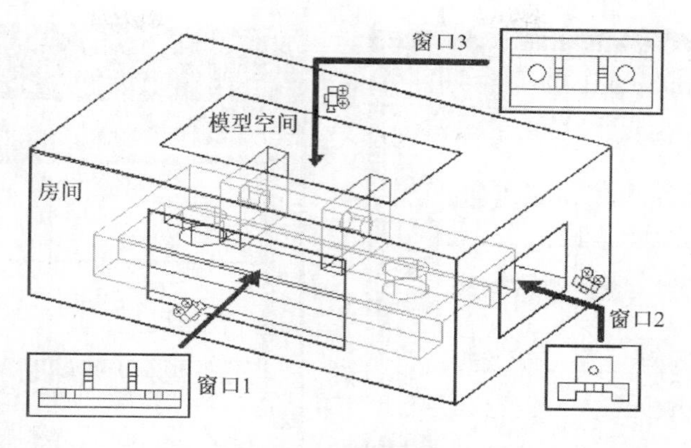

图 11-3 模型空间

11.1.2 模型空间平铺多视口显示(VPORTS)

1. 任务

设置模型空间的多视口显示模式。采用多视口显示,可用于观察、绘制和修改不同部位的图形。所谓"视口",也称"视窗",就是显示图形在模型空间中某个部位的限定区域。系统默认视口为单一视口,且充满整个屏幕。可设置多个视口。采用平铺方式布置多视口,即视口之间不能重叠,将模型空间视口称为"平铺视口"。

2. 操作

- 键盘命令:VPORTS↙。
- 菜单选项:"视图"→"视口"→"命名视口"/"新建视口"。
- 工具按钮:"视口"工具栏→"视口"→"命名视口"/"新建视口"。
- 功能区面板:"视图"→"模型视口"→"命名视口"/"新建视口"。

3. 提示

弹出"视口"对话框,如图 11-4 所示。根据提示完成视口设置操作。

- "新建视口"标签:创建新的视口。
  - ◆ 新名称(N):输入新视口名称。按该视口名保存,以后可恢复。
  - ◆ 标准视口(V):从列表清单中,用鼠标单击设置标准化的多视口模式。相同数目的视口有不同的排列方式,如图 11-5 所示。
  - ◆ 预览:显示当前选中视口模式的分割情况。
  - ◆ 应用于(A):指定应用方式,有两种方式:"显示"和"当前视口"。
    - ■ 显示:将视口设置应用到整个模型空间。
    - ■ 当前视口:将视口设置应用到当前视口。
  - ◆ 设置(S):从列表清单中指定使用二维还是三维设置。
  - ◆ 修改视图(C):从列表清单中指定视口显示模式。
  - ◆ 视觉样式(T):从列表清单中指定视口视觉样式。
  - ◆ 确定:单击该按钮,将当前视口设置保存。
- "命名视口"标签:查询已创建视口,指定当前视口。

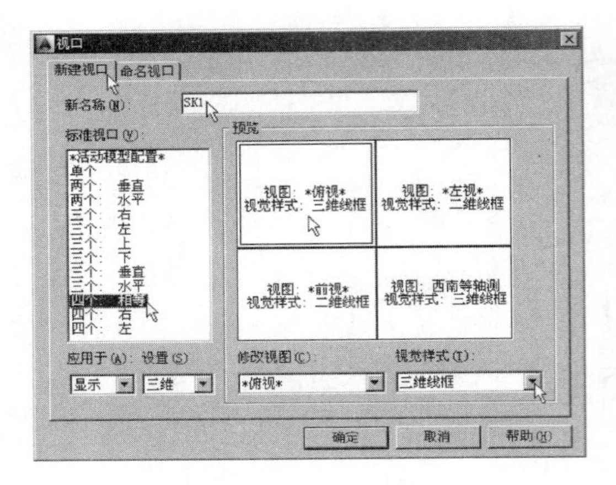

图 11-4 “视口”对话框

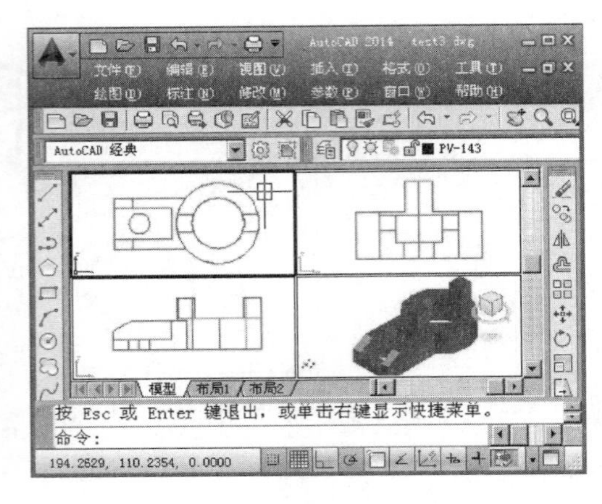

图 11-5 “四视口”设置

◆ 当前名称:显示视口名称。
◆ 命名视口(N):给出所有已创建视口,从中指定某视口为当前视口。

11.1.3 平铺视口管理(-VPORTS)

1. 任务

对多视口进行有效管理(保存、恢复、删除、合并等)。

2. 操作

● 键盘命令:-VPORTS↙。

3. 提示

➢ 输入选项[保存(S)/恢复(R)/删除(D)/合并(J)/单一(SI)/? /2/3/4/切换(T)/模式(MO)]<3>:(输入 S、R、D、J、SI、?、2、3、4、T/MO)

● 保存(S):输入 S,将当前视口设置命名保存。提示:
  ➢ 输入新视口配置的名称或[?]:(输入新视口名)
● 恢复(R):输入 R,从已创建的视口中恢复某个视口为当前视口。提示:
  ➢ 输入要恢复的视口配置名或[?]:(输入视口名)
● 删除(D):输入 D,删除指定视口。提示:
  ➢ 输入要删除的视口配置名 <无>:(输入删除视口名)
● 合并(J):输入 J,将两个以上视口合并为一个。提示:
  ➢ 选择主视口 <当前视口>:(选取视口)
  ➢ 选择要合并的视口:(选取欲加入视口)
● 单一(SI):输入 SI,恢复单一视口为当前视口。
● ?:输入“?”,列出所有创建的视口。
● 2、3、4:输入 2、3 或 4,设置二视口、三视口或四视口。
● 切换(T):输入 T,恢复到前一视口。
● 模式(MO):输入 MO,按“显示”方式还是“当前视口”方式设置视口。

11.2 图纸空间与浮动视口

11.2.1 图纸空间概念

图纸空间是对模型空间中的图形进行规划、排列、调整的工作空间，在图纸空间中也可创建多个视口，每个视口可作为独立的图形对象进行操作，可规划、排列、调整这些视口，以满足不同的工程设计要求，我们称这种“视口”为浮动视口。用户在图纸空间中可以更加灵活方便地规划、排列和调整视口，以得到一幅内容丰富、形式多样的的图形。将图纸空间的一个操作结果称为一个“布局”，图纸空间只有一个，但布局可有多个，用户可根据需要创建多个布局。用户直接用鼠标单击绘图区下方“布局”标签或状态条上的“模型”贴片，使之变为“图纸”贴片，可直接进入图纸空间，如图 11-6 所示。

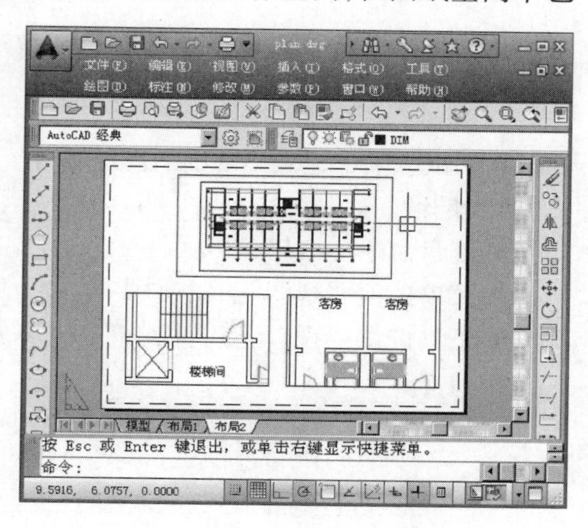

图 11-6 图纸空间

11.2.2 图纸空间与模型空间切换(TILEMODE)

图纸空间和模型空间间可相互切换，由系统变量 TILEMODE 控制。当 TILEMODE = 1(ON)时，则切换到模型空间(激活“模型”标签)；当 TILEMODE = 0(OFF)时，则切换到图纸空间(激活“布局”标签)。通过改变变量 TILEMODE 的值，或单击绘图区下方“模型/布局”标签，或单击状态条上“快速查看布局”或“快速查看图形”贴片，或执行 MSPACE/PSPACE 命令完成切换。

说明：

AutoCAD 2014 在状态栏提供了“快速查看布局”或“快速查看图形”贴片，单击这两贴片，显示模型和所有布局的预览图形，单击预览图形，可快速方便地切换到模型空间或布局图纸空间。

11.2.3 图纸空间浮动多视口显示(+VPORTS、VPORTS)

1. 任务

在图纸空间中建立标准的多个浮动视口。

2. 操作

- 键盘命令：+VPORTS 或VPORTS↙。

- 菜单选项:“视图”→“视口”→“命名视口”/“新建视口”。
- 工具按钮:“视口”工具栏→“视口”→“命名视口”/“新建视口”。

3. 提示

弹出“视口”对话框,类似模型空间的“视口”对话框。与模型空间“视口”对话框不同的是:“新建视口”标签中,由“应用于”项目改变为“视口间距”项目,在图纸空间中可设置视口之间的间距,该项目反映了视口可浮动。根据提示完成视口设置操作。

11.2.4 图纸空间非标准多视口显示(-VPORTS)

1. 任务

在图纸空间中建立不规则的浮动视口。

2. 操作

- 键盘命令:-VPORTS↙。
- 菜单选项:“视图”→“视口”→“多边形视口”/“对象视口”。
- 工具按钮:“视口”工具栏→“多边形视口”/“对象视口”。

3. 提示

> 指定视口的角点或[开(ON)/关(OFF)/布满(F)/着色打印(S)/锁定(L)
> /对象(O)/多边形(P)/恢复(R)/图层(LA)/2/3/4] <布满>:(拾取新视口一个角点或输入ON、OFF、F、S、L、O、P、R、LA、2、3、4)

- 指定视口的角点:拾取新视口另一个角点,由两角点确定的矩形建立单一的矩形浮动视口,如图11-7中的矩形视口。

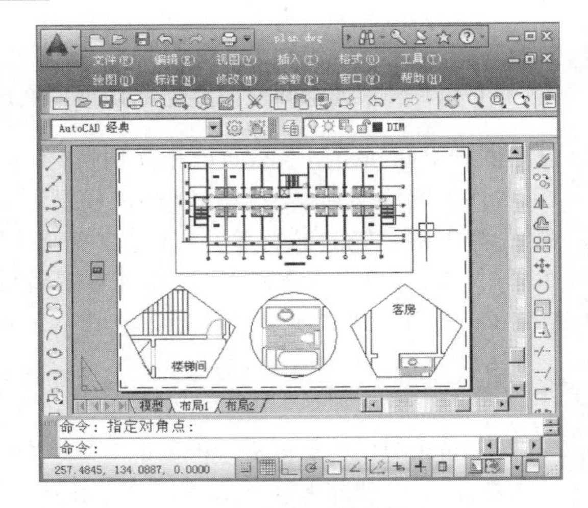

图11-7 不规则浮动视口

- 开(ON):输入ON,显示某视口中图形对象。提示用户选取视口。
- 关(OFF):输入OFF,隐藏(不显示)某视口中图形对象。提示用户选取视口。
- 布满(F):输入F,以模型空间图形范围建立布满整个屏幕的单一矩形浮动视口。
- 着色打印(S):输入S,指定如何打印布局中的视口。提示:

> 是否着色打印?[按显示(A)/线框(W)/消隐(H)/渲染(R)] <按显示>:(输入A、W、H或R)

- ◆ 按显示(A):输入A,按与显示相同的方式打印。
- ◆ 线框(W):输入W,按线框方式打印,不考虑显示设置。
- ◆ 消隐(H):输入H,按消隐方式(删除隐藏线)打印,不考虑显示设置。
- ◆ 渲染(R):输入R,按渲染方式打印,不考虑显示设置。

- 锁定(L):输入L,锁定当前视口。与图层锁定类似。

● 对象(O):输入 O,由图纸空间中的图形对象(多段线、样条曲线、椭圆、圆、面域)定义的边界建立不规则浮动视口。如图 11-7 中的圆形视口就是通过圆对象建立的。

● 多边形(P):输入 P,在图纸空间中定义多边形边界,建立不规则多边形浮动视口。如图 11-7 中的五边形视口就是通过五边形建立的。

● 恢复(R):输入 R,从已建立视口中恢复某视口。

● 图层(LA):输入 LA,将选定视口的图层特性重置为它们的全局图层特性。

● 2、3、4:输入 2、3 或 4,建立二视口、三视口或四视口。

11.2.5 浮动视口管理(MVSETUP)

1. 任务

对浮动多视口进行有效管理(对齐、创建、删除、缩放视口等)。

2. 操作

● 键盘命令:MVSETUP↙。

3. 提示

➢ 输入选项[对齐(A)/创建(C)/缩放视口(S)/选项(O)/标题栏(T)/放弃(U)]:(输入 A、C、S、O、T 或 U)

● 对齐(A):输入 A,将各视口中视图按对应点对齐显示。

● 创建(C):输入 C,创建或删除视口。

● 缩放(S):输入 S,缩小或放大视口。

● 选项(O):输入 O,编辑和管理图层、图界、单位或外部参照。

● 标题块(T):输入 T,插入 AutoCAD 2014 提供的标准标题块。

● 放弃(U):输入 U,取消上一次操作。

11.2.6 模型空间和图纸空间的区别与联系

模型空间和图纸空间既有联系又有区别。

(1) 模型空间和图纸空间都可建立多个视口,不同的是模型空间中的视口只能平铺不能重叠,位置和大小固定,而图纸空间中的视口可重叠,位置和大小可改变。

(2) 模型空间是按照真实空间物体真实尺寸建模的工作空间,用户可在模型空间绘制基本图形(二维和三维图形),而图纸空间是将模型空间中的图形进行合理布局,以便从打印机或绘图机输出各种符合工程要求图纸的工作空间。

(3) 模型空间与图纸空间可随时相互切换,在图纸空间中可将某浮动视口激活为模型空间,并进行建模操作,然后切换到图纸空间。这种在浮动视口上激活的模型空间称为“浮动模型空间”。

(4) 模型空间中的视口不能看作一个独立的图形对象,而图纸空间中的浮动视口可看作一个独立的图形对象,可对其进行移动、复制、删除、缩放等编辑操作。

(5) 两种空间产生的图形数据保存在同一个图形数据库(图形文件)中,但两种空间产生的图形对象性质不同,分类保存,不能交叉使用。

(6) 模型空间是三维空间,使用笛卡儿直角坐标系,在其上可构建三维模型,而图纸空间是二维的。模型空间中的三维图形,在图纸空间中被转换为平面投影图。

11.3 布局(LAYOUT)

AutoCAD 2014 允许在图纸空间上创建多个“布局”来建立多个不同的虚拟的图纸空间。所谓“布局”,就是任何给定图形图纸空间的特定“打印”空间(虚拟图纸空间)。

1. 任务

在图纸空间中创建布局。系统默认建立两个布局:布局1 和布局2。单击绘图区下方的“布局”标签可切换到相应布局。

2. 操作

- 键盘命令:LAYOUT↙。
- 菜单选项:“插入”→“布局”→“新建布局”。
- 工具按钮:“布局”工具栏→“新建布局”。

3. 提示

➢ 输入布局选项[复制(C)/删除(D)/新建(N)/样板(T)/重命名(R)/另存为(SA)/设置(S)/?] <设置>:(输入 C、D、N、T、R、SA、S 或?)

- 复制(C):输入 C,通过已建布局复制并创建新的布局。提示:
  - ➢ 输入要复制的布局名 <布局2>:(输入待复制布局名)
  - ➢ 输入复制后的布局名 <布局2 >:(输入复制的目标布局名)
  - ➢ 布局“布局2”已复制到“布局3”。
- 删除(D):输入 D,删除布局。提示:
  - ➢ 输入要删除的布局名 <布局2>:(输入待删除布局名)
  - ➢ 布局“布局名”已删除。
- 新建(N):输入 N,创建新的布局。提示:
  - ➢ 输入新布局名 <布局3>:(输入新建布局名)
- 样板(T):输入 T,从 AutoCAD 2014 模板库创建布局。弹出“选择文件”对话框,类似“打开文件”对话框,选择一模板文件,根据该模板内布局创建新的布局。
- 重命名(R):输入 R,更改布局名。提示:
  - ➢ 输入要重命名的布局 <布局2>:(输入更改布局名)
  - ➢ 输入新布局名:(输入更改后布局名)
- 另存为(SA):输入 SA,保存布局设置。提示:
  - ➢ 输入要保存到样板的布局 <布局2>:(输入待保存布局名)

弹出“创建图形文件”对话框,类似“保存图形文件”对话框。选择一样板文件,将该布局保存在该样板文件内。

- 设置(S):输入 S,设置某布局为当前布局。提示:
  - ➢ 输入要置为当前的布局 <布局2>:(输入布局名)
  - ➢ 正在重生成布局。
- ?:输入“?”,列出所有布局清单。

11.4 添加绘图设备(PLOTTERMANAGER)

系统安装后,只为用户提供两个虚拟绘图设备,没有提供真实设备,用户如果要从真实绘图设备上输出图纸,必须添加与计算机连接的真实绘图设备。AutoCAD 2014 为用户提供了"绘图仪管理器"功能,使添加绘图设备工作更加灵活方便。

1. 任务

添加新的绘图设备。

2. 操作

- 键盘命令:PLOTTERMANAGER↙。
- 菜单选项:"文件"→"绘图仪管理器"→"添加绘图仪向导"。
- 菜单选项:"开始"菜单→"打印机和传真"→"添加打印机"。
- 菜单选项:"开始"菜单→"控制面板"→"打印机和其他设备"。
- 功能区面板:"输出"→"打印"→"绘图仪管理器"→"添加打印机"。

3. 提示

弹出"添加绘图仪"或"添加打印机"对话框,根据提示完成添加绘图仪或打印机操作。有三种打印机供用户选择:本地打印机、网络打印机和系统打印机。

● 选中"我的电脑"单选按钮,添加由 Autodesk Heidi 打印机驱动程序驱动的本地打印机,并且由此计算机管理。

● 选中"网络绘图仪服务器"单选按钮,添加由 Autodesk Heidi 打印机驱动程序驱动的网络打印机,并且由绘图仪服务器管理。

● 选中"系统打印机"单选按钮,添加由 Windows 系统打印驱动程序驱动的打印机,并根据 AutoCAD 2014 使用条件进行配置,使用与其他 Windows 应用程序不同的默认值。

11.5 页面设置(PAGESETUP)

"页面设置"提供控制图形输出和打印设备配置信息的能力,它是图形输出的最后规划。通过"页面设置"可选择打印机,设置打印信息(打印样式、图纸尺寸、图形单位、图形输出比例、方向、偏移量、打印范围等)。可为模型空间和布局进行页面设置,一幅图形可以有不同的页面设置,可以为同一图形指定不同的输出方式。

1. 任务

为图形输出完成页面设置。

2. 操作

- 键盘命令:PAGESETUP↙。
- 菜单选项:"文件"→"页面设置管理器"。

3. 提示

弹出"页面设置管理器"对话框,如图 11-8 所示,根据提示完成页面设置工作。

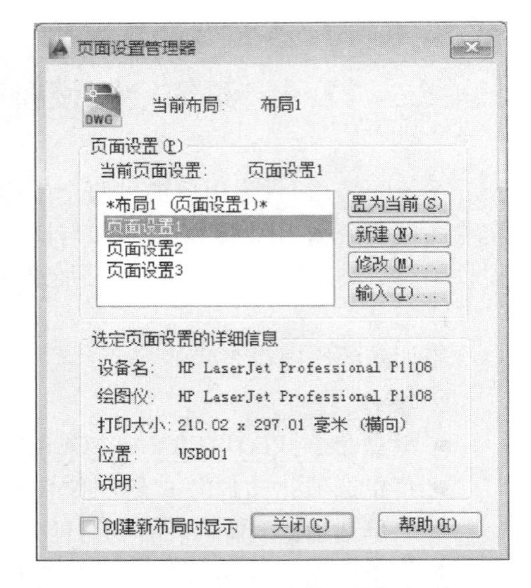

图 11-8 "页面设置管理器"对话框

● 当前布局:显示当前布局名称。

● 当前页面设置:列出页面设置清单。选择某页面设置,可对其进行修改。下面给出该页面设置的详细信息。

● 置为当前(S):选择某页面设置,单击该按钮,将所选页面设置置为当前。

● 新建(N):单击该按钮,弹出"新建页面设置"对话框,输入新页面设置名后,单击"确定"按钮,弹出"页面设置"对话框,如图 11-9 所示,根据提示完成页面设置。

● 修改(M):选择某页面设置,单击该按钮,弹出"页面设置"对话框,如图 11-9 所示。根据提示修改页面设置有关参数。

● 输入(I):单击该按钮,弹出"从文件选择页面设置"对话框(类似"文件选择"对话框),从中可以选择 DWG 图形文件、DWT 样板文件 或 DXF 图形交换文件,从这些文件中输入一个或多个页面设置。

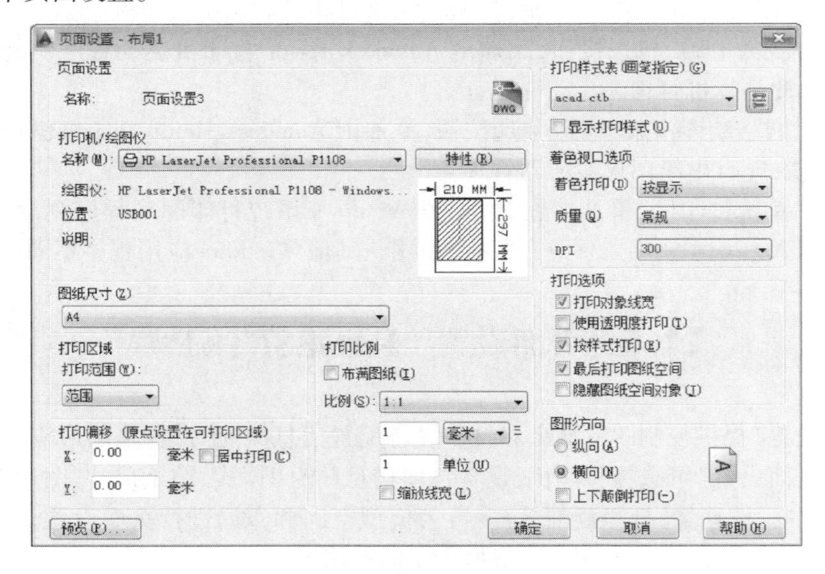

图 11-9 "页面设置"对话框

4. "页面设置"对话框

● 页面设置:给出当前页面设置名称。

● 打印机/ 绘图仪:从列表清单中选择绘图设备。单击右侧"特性"命令按钮,弹出"绘图仪配置编辑器"对话框,修改绘图设备有关参数。

● 图纸尺寸(Z):从列表清单中选择图纸尺寸。

● 打印区域:从列表清单中选择打印范围(布局、窗口、范围、显示)。图纸可打印区

域由所选输出设备决定，在布局中以虚线表示。更改输出设备，可能会更改可打印区域。

◆ 布局：模型空间中显示"界限"，布局中显示"布局"，图形输出范围为图界范围或布局区域。

◆ 范围：图形输出范围为所有图形对象充满图纸。

◆ 显示：图形输出范围为屏幕绘图区域显示的图形范围。

◆ 视口：图形输出范围为指定视口确定的图形范围。

◆ 窗口：图形输出范围为用户任意指定的矩形打印区域。

● 打印偏移：指定打印区域相对于可打印区域左下角或图纸边的偏移量，也可指定居中打印。

● 打印比例：控制图形单位与打印单位之间的相对尺寸。打印布局时，默认缩放比例设置为 1∶1。从模型空间打印图形时，打印比例默认设置为"布满图纸"。

● 打印样式表(画笔指定)(G)：从列表清单中选择指定打印样式表。单击右侧"编辑"按钮，弹出"打印样式表编辑器"对话框，查询或修改打印样式参数。选中"显示打印样式"复选框，控制在屏幕上显示指定给对象的打印样式的特性。

● 着色视口选项：指定着色视口的打印方式(按"显示""线框""消隐""渲染")和打印质量("草稿""预览""常规""演示""最大""自定义")，并确定它们的分辨率级别和每英寸点数(DPI)。

● 打印选项：指定线宽、透明度打印、打印样式、着色打印和对象的打印次序等选项。

◆ 打印对象线宽：当选定打印样式，则该项无效；否则选择该项，按对象线宽输出。若对象未设置线宽，则按 AutoCAD 2014 默认线宽(0.06 英寸)打印。

◆ 使用透明度打印(T)：选中该项，按透明度参数控制打印。

◆ 按样式打印(E)：选中该项，对象按"打印样式"设置的各项参数控制打印。

◆ 最后打印图纸空间：若工作在模型空间，则该项无效；若工作在图纸空间，则选中该项，先输出模型空间图形，后输出图纸空间图形。

◆ 隐藏图纸空间对象(J)：选中该项，则输出消隐后的图形。

● 图形方向：为支持纵向或横向的绘图仪指定图形在图纸上的打印方向。通过选择"纵向"、"横向"或"反向打印"，可以更改图形方向以获得 0°、90°、180°或 270°的旋转图形。图纸图标代表所选图纸的介质方向；字母图标代表图形在图纸上的方向。

11.6 图形输出

AutoCAD 2014 提供多种图形输出方法：PLOT、BatchPLOT 和 ePLOT。这些图形输出方法与页面设置和打印样式相结合，可得到多种图形输出选择，以满足各种图形输出的需要。

11.6.1 按 Plot 方法输出图形

1. 任务

按传统的 PLOT 方法输出图形。

2. 操作

- 键盘命令:PLOT↙。
- 菜单选项:“文件”→“打印”。
- 菜单选项:“应用程序菜单”→“打印”。
- 工具按钮:标准工具栏→“打印”。
- 工具按钮:快速访问工具栏→“打印”
- 功能区面板:“输出”→“打印”。

3. 提示

弹出类似“页面设置”对话框的“打印”对话框,根据提示完成打印输出操作。“打印”对话框比“页面设置”对话框增加了“打印戳记”“打印份数”“打印到文件”等内容。

- 打印戳记:在每一个图形的指定角放置打印戳记和/或将戳记记录到文件中。
- 打印份数:指定打印份数。
- 打印到文件:设置是否从文件输出。

11.6.2 按发布(PUBLISH)方法输出批量图形

1. 任务

按 PUBLISH 方法批量输出图形。

2. 操作

- 键盘命令:PUBLISH↙。
- 菜单选项:“文件”→“发布”。
- 菜单选项:“应用程序菜单”→“打印”→“批处理打印”。
- 工具按钮:标准工具栏→“发布”。
- 工具按钮:快速访问工具栏→“批处理打印”。
- 功能区面板:“输出”→“批处理打印”。

3. 提示

弹出“发布”对话框,将一组希望打印的 AutoCAD 图形文件添加到图纸集合中,直接打印这组图形,也可将其保存为 DWF、PDF、DSD 或 BP3 文件,以后根据需要调出打印。每个待打印图形可指定布局、页面设置、打印设备和打印设置,也可指定图层是否打印。批量打印功能的优点是:可一次性输出大量图形,提高图形输出效率。

说明:

默认情况下,AutoCAD 2014 将根据线宽打印。如果在“图层特性管理器”对话框中未指定线宽,打印图形时,所有图形对象都采用 0.01 英寸的默认线宽。这可能会导致 DWF 文件的打印区域与用外部查看器或 Internet 浏览器查看时在 AutoCAD 绘图区域中显示的外观很不一样,这种差别在进行缩放操作时尤其明显。为避免出现这种情况,请清除“打印”对话框中“打印对象线宽”选项。

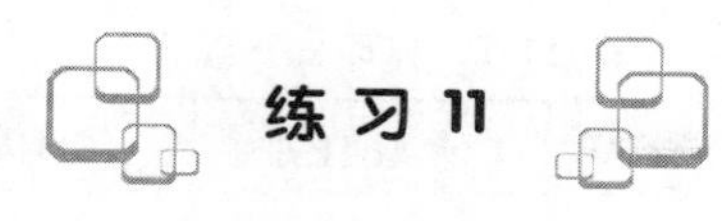

练习 11

1．何谓“模型空间”？如何在“模型空间”上操作？

2．何谓“模型空间视口”？为什么“模型空间视口”称为“平铺视口”？

3．何谓“图纸空间”？如何在“图纸空间”上操作？

4．何谓“图纸空间视口”？为什么“图纸空间视口”称为“浮动视口”？

5．“浮动视口”数量和形状有无限制？

6．简述“模型空间”和“图纸空间”的区别和联系。

7．何谓“布局”？“布局”与“图纸空间”有何关系？

8．AutoCAD 2014 可添加几种类型的打印机？

9．AutoCAD 2014 引入的“页面设置”的作用是什么？“页面设置”可控制哪些参数？

10．AutoCAD 2014 提供了哪些打印输出方法？打印输出与“页面设置”有何异同点？

11．绘制或打开某个图形文件，练习创建平铺视口并命名、保存该视口。

12．绘制或打开某个图形文件，在图纸空间创建如图 11-10 所示的布局及浮动视口。

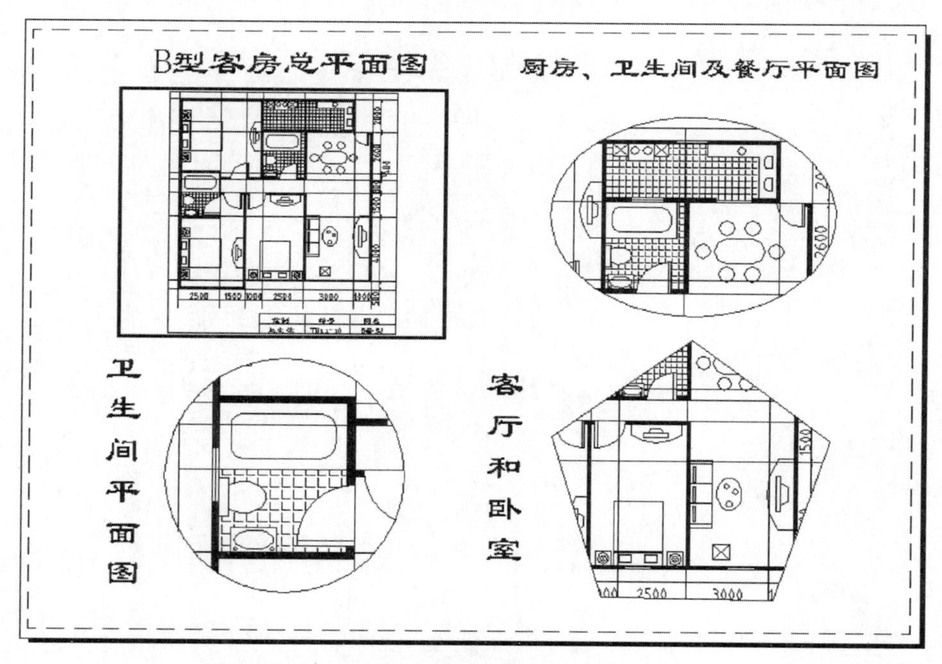

图 11-10　布局与视口示例

13．绘制或打开某个图形文件，建立打印样式并命名、保存该打印样式，线型及参数如表 11-1 所示，打印样式表文件名为“plan. stb”。

表 11-1 打印样式参数

样式名称	线型	对象颜色	打印颜色	线宽/mm
粗实线	Continuous	白	黑	0. 60
细实线	Continuous	绿	黑	0. 20
中心线	CENTER	蓝	黑	0. 20
虚线	DASHED	黄	黑	0. 30

14. 绘制或打开某图形文件,以 PLOT 方法输出图形。

15. 绘制或打开某图形文件,以发布(PUBLISH)方法输出图形为 PDF 文件。

第12章

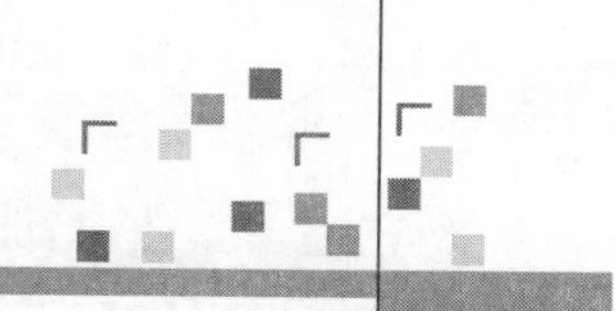

AutoCAD 2014 特殊功能

AutoCAD 2014 以令人耳目一新的形式为用户提供了许多强大、新颖和实用的功能，使图形设计和绘制操作更加方便和高效。本章将详细介绍 AutoCAD 2014 的部分特殊功能。

12.1 AutoCAD 设计中心（ADC）

一个复杂的工程项目，可能有成百上千幅图形，其中一些图形具有相同的图形成分和特性（如图块、图层、线型、布局、样式等）。如何组织管理这些图形文件，实现信息共享，显得至关重要。AutoCAD 2014 的 ADC（AutoCAD Design Center）功能就是实现这一目的有效手段。ADC 是一个集成化的图形组织管理工具，允许用户快速查询、观察、导入已有的图形对象到当前图形中，允许查询其他图形中有价值的图形对象并快速复制移植到当前图形中，允许访问图形中的图块、外部参照、图层、线型、布局、文字样式、尺寸标注样式等图形成分。使用 ADC 功能，可以灵活、快速和高效地完成工程设计和绘图任务。

12.1.1 激活 ADC（ADCENTER）

1. 任务

激活 AutoCAD 设计中心，弹出“设计中心”选项板，完成图形组织管理工作。

2. 操作

- 键盘命令：ADCENTER↙。
- 菜单选项：“工具”→“设计中心”。
- 工具按钮：标准工具栏→“设计中心”。
- 功能区面板：“视图”→“选项板”→“设计中心”。
- 快捷键：【Ctrl】+【2】。

3. 提示

弹出“设计中心”选项板，如图 12-1 所示。该选项板可浮动，可用鼠标拖到绘图区任意位置。用鼠标拖动边缘可改变选项板大小。

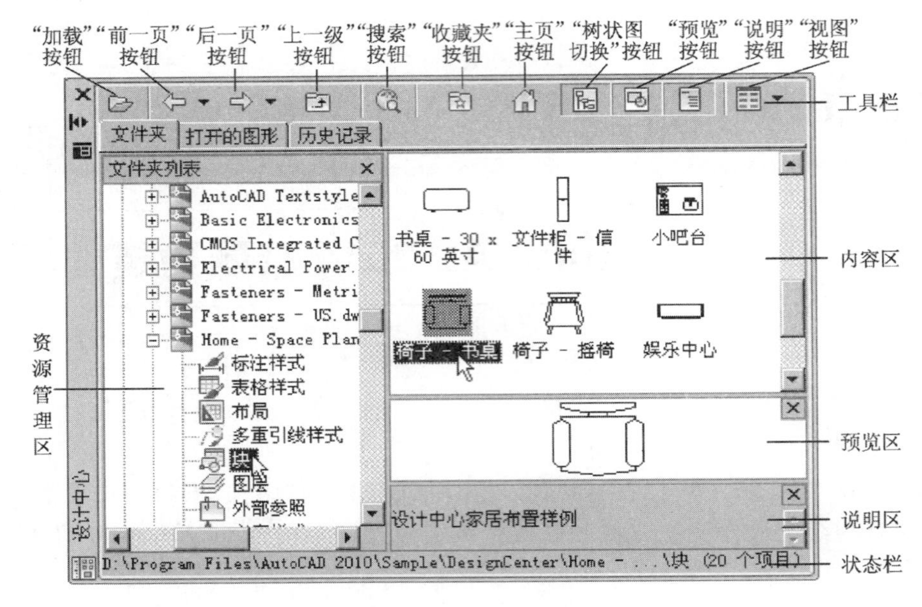

图 12-1 "设计中心"选项板

- "加载"按钮:向设计中心资源管理区加载本地或 Web 上的图形资源(图形文件)。
- "前一页"按钮:返回到前一页显示内容。
- "后一页"按钮:返回到后一页显示内容。
- "上一级"按钮:内容区显示资源管理区上一级文件夹内容。
- "搜索"按钮:弹出"搜索"对话框,根据搜索条件搜索符合条件的图形资源。
- "收藏夹"按钮:访问 AutoCAD 收藏夹中图形资源。收藏夹保留一些经常访问的快捷方式。在内容区域或树状图中项目上单击鼠标右键,然后在弹出的快捷菜单中单击"添加到收藏夹"命令,即可将该项目添加到收藏夹。要删除"收藏夹"中项目,可使用快捷菜单中的"组织收藏夹"选项实现。
- "主页"按钮:在资源管理区中定位默认文件夹"C:Program files/ AutoCAD 2014/ Sample/ DesignCenter"(设计中心图形资源)。
- "树状图切换"按钮:显示或隐藏资源管理区(树状图)。
- "预览"按钮:显示或隐藏预览区。允许预览在内容区中选定项目的图形。
- "说明"按钮:显示或隐藏说明区。允许显示在内容区中选定项目的文字说明。
- "视图"按钮:下拉菜单,指定内容区视图显示方式。有四种显示方式供选择。
- "文件夹"标签:显示本地计算机或网络驱动器中文件夹和文件(图形资源)。
- "打开的图形"标签:在资源管理区中列出当前打开的所有图形文件。
- "历史记录"标签:在资源管理区中列出 ADC 最近访问过的图形文件。
- 资源管理区:按树状图方式列出所有资源。
- 内容区:显示在资源管理区中选定项目的详细内容。
- 预览区:预览在内容区中选定项目的图形。
- 说明区:显示在内容区中选定项目的文字说明。

12.1.2 在 ADC 中浏览资源

通过 ADC,可浏览本地或网络上图形资源,便于以后进行打开、复制和加载等操作。

在“设计中心”选项板中,单击“树状图切换”按钮,在资源管理区显示本地计算机或网络上资源的树状视图,如图 12-1 所示。

用鼠标点取“+”号项目,则展开文件夹、文件或文件内图形成分(图块、图层、外部参照、文字样式、标注样式、表格样式、布局、线型);用鼠标点取“-”号项目,则折叠该项目。选取文件夹、文件或文件内图形成分,在内容区内显示其具体内容。在内容区中选取项目,则在预览区显示预览图形,在说明区中显示项目说明文字。

12.1.3 在 ADC 中打开图形文件

通过 ADC,可打开本地或网络上图形文件,便于以后进行查询、复制和加载等操作。

先在资源管理区浏览并选择待打开图形文件所在的文件夹,在内容区显示该文件夹中所有图形文件,选取待打开图形文件,按鼠标右键,弹出快捷菜单,如图 12-2 所示,单击“在应用程序窗口中打开”菜单项,即可打开该图形文件。

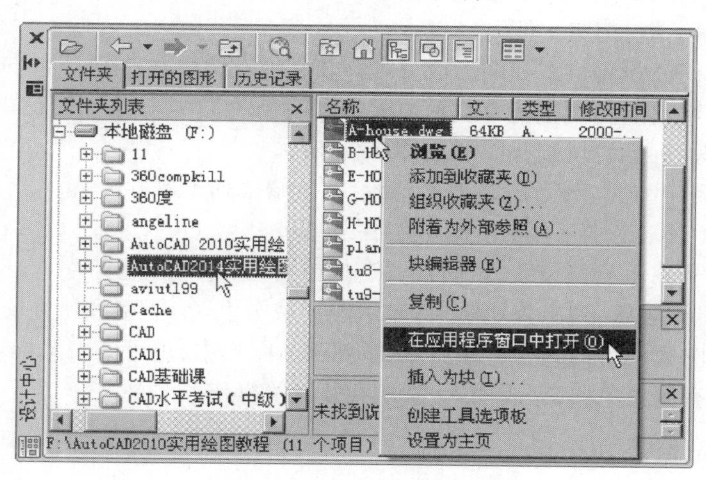

图 12-2 打开文件快捷菜单

12.1.4 在 ADC 中插入或复制图形成分

通过 ADC,可将已加载图形文件的图形成分插入或复制到当前图形中。

先在资源管理区浏览已加载图形文件所在的文件夹或文件,在内容区显示该文件夹中所有图形文件或该文件中的图形成分(图块、图层等),选取待插入或复制的图形文件或图形成分,按鼠标右键,弹出快捷菜单,如图 12-2 所示。用鼠标单击“插入为块”或“复制”菜单项,可完成插入或复制操作。用鼠标将选取图形文件或图形成分拖到绘图区,也可完成这些操作。

● 插入为块(I):选择该项,弹出“插入”对话框,根据提示将所选图块插入当前图形中,同时按图块名创建图块。

● 复制(C):将所选图层、线型或图块等图形成分复制到剪贴板,然后粘贴当前图形。

12.1.5 在 ADC 中查找图形成分

通过 ADC,可按用户设定的搜索条件查找图形成分及所在图形文件。

单击“搜索”按钮,弹出“搜索”对话框,如图 12-3 所示。

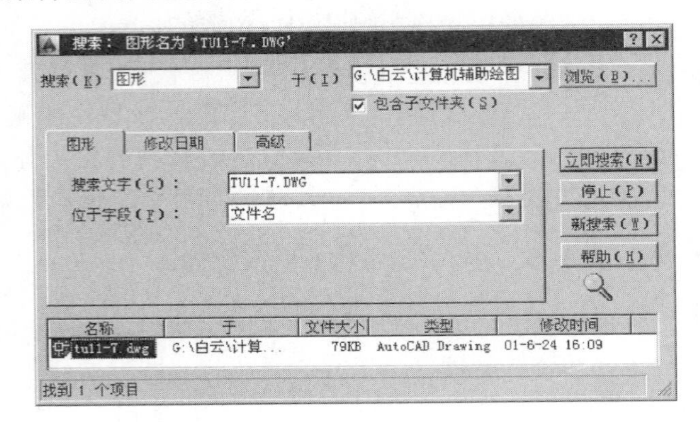

图 12-3 “搜索”对话框

● 搜索(K):从中选择待查找的图形成分类型,共 12 种:标注样式、布局、图块、图层、图形、图形和块、外部参照、文字样式、表格样式、线型、填充图案、填充图案文件。

● 于(I):从列表清单中选择待查找图形成分所在的磁盘驱动器。

● 浏览(B):单击该按钮,弹出“浏览文件夹”对话框,浏览文件夹。

● “图形”标签:设置待查找图形成分名称及其他有关参数。

● “修改日期”标签:设置待查找图形文件日期条件。

● “高级”标签:设置待查找图形文件高级条件。

● 立即搜索(N):单击该按钮,搜索开始,搜索结果列于下方区域。

● 停止(P):单击该按钮,停止查找操作。

● 新搜索(W):单击该按钮,重新设置查找类型、条件、名称。

● 查找信息列表区:列出查找结果,显示图形成分名称、类型和所在文件。选择图形成分,并拖到绘图区,可将其插入、添加、复制到当前图形中,也可单击鼠标右键,弹出快捷菜单,选择执行有关菜单项,完成插入、添加和复制等操作。

12.1.6 在 ADC 中加载资源

通过 ADC,可向资源管理区和内容区加载本地或网络上的有关资源。

单击“加载”按钮,弹出“加载”对话框,类似“选择文件”对话框,浏览选择待加载的图形文件,单击“打开”按钮,即可完成加载,同时更新资源管理区和内容区显示的内容。

12.1.7 在 ADC 中附着外部参照或图像

通过 ADC,可将外部参照或图像信息附着到当前图形中。

选择内容区中的外部参照文件或图像文件,右击之,弹出快捷菜单,选择“附着为外部参照”或“附着图像”命令,弹出“附着为外部参照”或“附着图像”对话框,类似“图块插入”对话框。在对话框中设置有关参数,单击“确定”按钮,即可将外部参照图形或图像附着到当前文件中。

12.2 定制 AutoCAD

对于高级 AutoCAD 用户，AutoCAD 初始工作环境不能很好地满足其需要，可以根据具体情况随时利用 AutoCAD 定制功能定制工作环境和用户界面。

12.2.1 建立命令别名

命名别名（命令缩写）是用单个、两个或三个左右字母、数字、符号组合而成的新的命令名，它以较短的命令形式替代原来冗长的命令名。熟练使用命令别名可显著提高工作效率。

命令别名的定义信息保存在扩展名为“. pgp”的文件中，该文件为文本文件，可用任何文字编辑器（如 Windows 中的记事本程序）进行编辑修改。AutoCAD 2014 在 Support 文件夹中提供了一个“acad. pgp”文件，预先定义了 191 个命令别名。

定义命令别名格式如下：

<别名>，* <完整命令名称>

例如：

```
3A,        *3DARRAY
A,         *ARC
CP,        *COPY
```

依次选择“工具”→“自定义”→“编辑程序参数（acad. pgp）”菜单项，或单击功能区面板上的“管理”→“自定义设置”→“编辑别名”，运行“记事本”文本编辑器，在打开的“acad. pgp”文件中按定义格式，添加新的命令别名定义信息，即可建立新的命令别名，也可修改命令别名信息。建立或修改命令别名信息后，不能立即生效，必须重新启动 AutoCAD 2014，或执行 REINIT 命令之后，建立或修改命令别名操作才生效。用户也可创建自己的“. pgp”文件。

12.2.2 定制工具栏

工具栏为用户提供了一些常用的操作命令。AutoCAD 2014 提供了 52 个默认的工具栏。用户可重新排列、修改、添加、显示、隐藏或删除工具栏，也可根据需要定制新的工具栏。

1. 重新排列工具栏

AutoCAD 2014 的工具栏为“浮动工具栏”，可将其拖到桌面的任何位置。双击工具栏，可将其置于窗口顶部。

2. 显示或隐藏工具栏

将鼠标移动到任意工具栏上，单击鼠标右键，弹出快捷菜单，单击有关工具栏菜单项，当菜单项前有“√”符号，则显示该工具栏，否则隐藏该工具栏。

3. 修改工具栏

AutoCAD 允许将工具按钮（图标）添加到工具栏中，也可从工具栏中删除工具按钮。执行以下操作，弹出“自定义用户界面”对话框，如图 12-4 所示。

- 键盘命令:TOOLBAR↙。
- 菜单选项:“视图”→“工具栏”。
- 功能区面板:“管理”→“自定义设置”→“用户界面”。

在“命令列表”列表框中选择命令类型(如绘图类),同时在下面“命令”区中列出该类型的所有命令,选择其中一个命令(如“射线”命令),用鼠标拖到上方某个工具栏上适当位置,便可将该命令作为工具按钮添加到该工具栏上。右击某个工具栏中的某工具按钮,弹出快捷菜单,选择“删除”菜单项,即可删除该工具按钮。

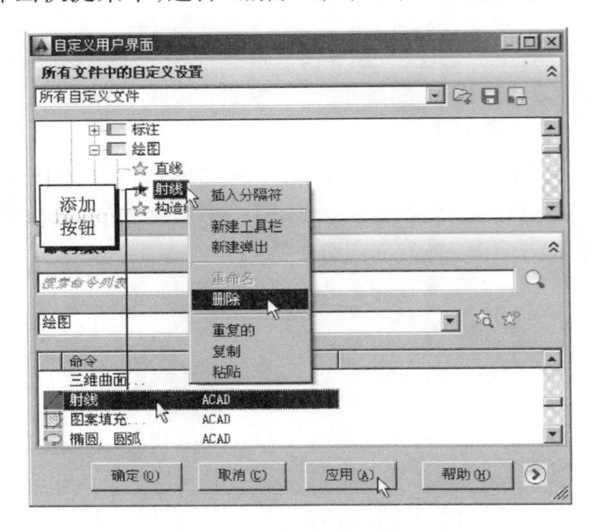

图 12-4 “自定义用户界面”对话框

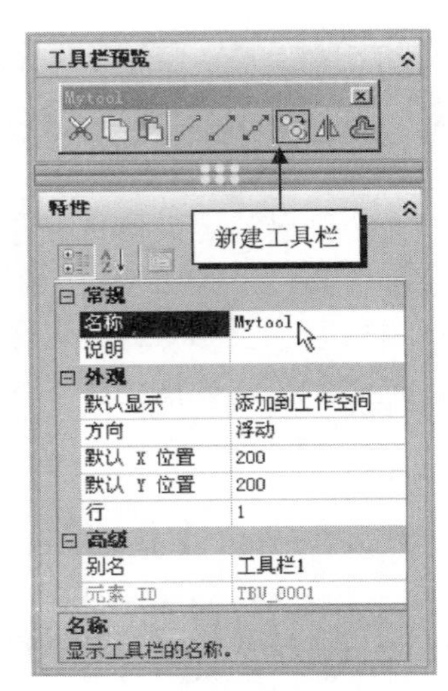

图 12-5 “特性”面板

4. 创建新工具栏

AutoCAD 2014 允许创建新的工具栏,以满足工程设计和绘图需要。

在“自定义用户界面”对话框上方自定义文件区,右击工具栏,弹出快捷菜单,选择“新建工具栏”菜单,新建空白工具栏,在工具栏名处输入新工具栏名称,如“Mytool”,右侧弹出“特性”面板,如图 12-5 所示。在右侧“特性”面板的“名称”文本框中输入新工具栏名称,或修改有关参数。空白工具栏创建后,可按前面方法修改该工具栏(添加或删除工具按钮),如图 12-5 所示。

5. 创建新工具按钮

在“自定义用户界面”对话框下方“命令列表”区的“分类”列表框中选择“自定义命令”项,单击右侧“创建新命令”按钮,在命令列表区中创建新命令(工具按钮),右侧弹出“特性”面板,列出新命令有关特性,如图 12-6 所示,根据提示完成操作。

- 名称:输入按钮名称,如“继续直线”,鼠标移到该按钮处显示该信息。
- 说明:输入按钮详细说明文字,如“绘制继续直线,在提示‘指定第一点处’,按【Enter】键,从上一次操作最后一点开始绘制直线”,鼠标移到该按钮处显示该信息。
- 扩展型帮助文件:输入扩展型帮助文件名,也可单击右侧按钮选择文件。
- 命令显示名:输入命令显示名,如“Myline”。
- 宏:输入按钮操作功能,如“^C^CLINE;;”,也可单击右侧按钮,弹出“长字符串编辑

器”对话框，在其中输入。按钮操作功能是一组宏命令，类似 AutoCAD LISP 语句，“^C”表示【Esc】键（取消），“;”号表示【Enter】键。“^C^CLINE;;”表示“连续直线”新按钮功能是：按两次【Esc】键，执行 LINE 命令，按【Enter】键，在提示“指定第一点”处，按【Enter】键，从上次操作最后一点开始绘制直线。

- 应用于：选择按钮图标类型（“小图像”“大图像”“普通”）。
- 编辑(I)：先在右侧图标区选择一个图标，单击该按钮，弹出“按钮编辑器”对话框，如图 12-6 所示。根据提示绘制按钮图标位图，也可单击“输入”按钮，输入已创建的图标位图文件。单击“保存”按钮，将该按钮图标位图保存至位图文件（bmp 文件）中，如“myline. bmp”。单击“关闭”按钮，结束按钮图标编辑过程。
- 应用(A)：单击该按钮，使按钮特性生效，按钮显示新图标。

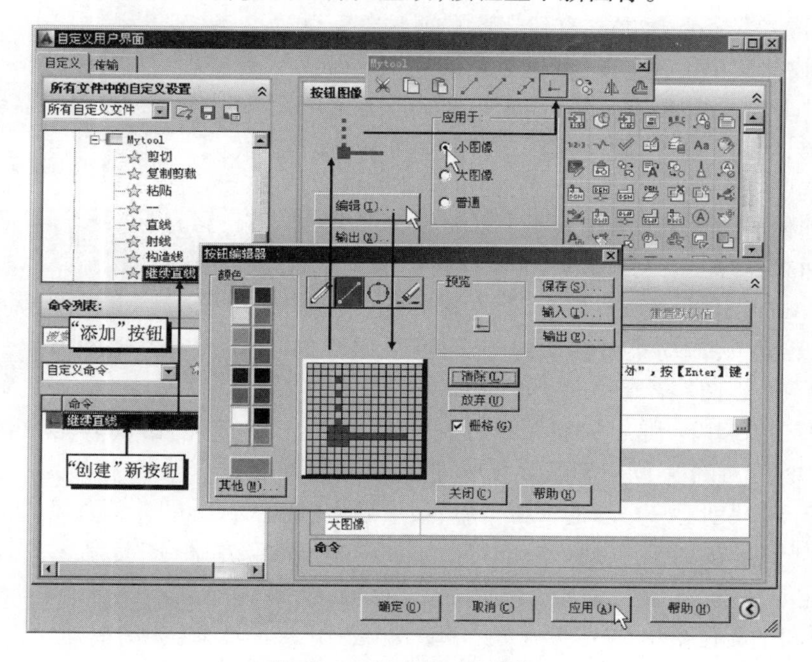

图 12-6　创建新工具按钮

> **说明：**
> 新工具按钮创建好后，可添加到任意工具栏上，移动按钮到合适位置。

AutoCAD 2014 允许用户将现有的某个工具栏作为弹出按钮添加到某个工具栏上，如将“对象捕捉”工具栏添加到“Mytool”工具栏上。在“自定义用户界面”对话框上方自定义文件区，右击“对象捕捉”工具栏，弹出快捷菜单，选择“复制”命令，然后右击“Mytool”工具栏，弹出快捷菜单，选择“粘贴”命令，即可将“对象捕捉”工具栏作为弹出按钮添加到“Mytool”工具栏上，最后

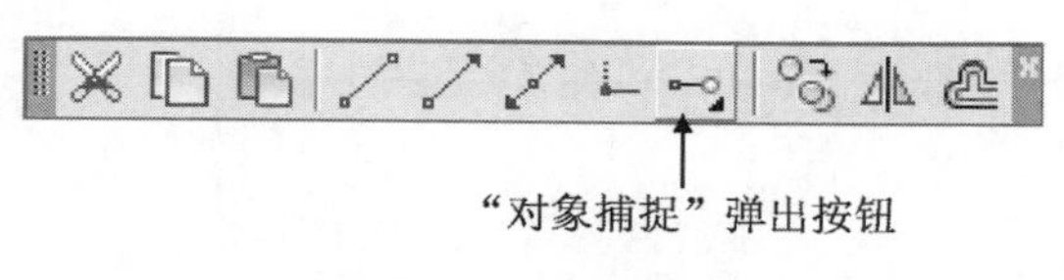

图 12-7　创建新弹出按钮

移动“对象捕捉”弹出按钮到合适位置,如图 12-7 所示。

12.2.3 定制菜单

菜单为用户提供一些常用的操作命令。AutoCAD 2014 提供了 12 个默认菜单,在用户界面自定义文件(acad. cuix)中提供了定制菜单功能,允许用户创建或删除菜单。

在“自定义用户界面”对话框上方自定义文件区,右击菜单,新建空白菜单,在菜单名处输入新菜单名称,如“My_Draw”。按照前面方法添加菜单命令,如“直线”和“多线”,右击菜单项,如“My_Draw”,弹出快捷菜单,选择“插入分隔符”命令,如在“直线”菜单项下插入分隔符,在弹出快捷菜单中,选择“新建子菜单”命令,新建一子菜单,如“其它”,按照前面方法向子菜单添加菜单命令,如“平移,实时”和“缩放,全部”,如图 12-8 所示。在弹出快捷菜单中,选择“删除”命令,即可删除所选菜单。

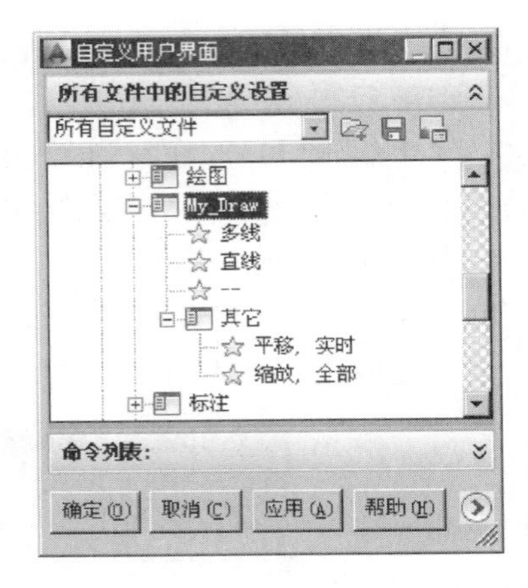

图 12-8 创建菜单(一)

菜单创建后,单击“应用”按钮,新建菜单生效,同时将该菜单加载到“AutoCAD 经典”工作空间中的菜单系统中。单击“AutoCAD 经典”工作空间,右侧弹出“特性”面板,单击展开菜单,拖动菜单移动到合适位置,如将“My_Draw”移动到“绘图”菜单之后,如图 12-9 所示。在“特性”面板,右击某菜单,弹出快捷菜单,选择“从工作空间中删除”命令,从工作空间中卸载该菜单,但并不删除菜单。

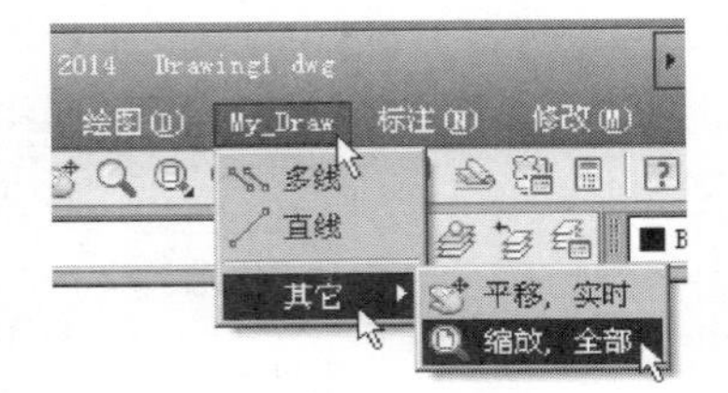

图 12-9 创建菜单(二)

【例 12.1】 创建一个新的下拉菜单,菜单名为“My_Operate”。添加两个绘图菜单命令“矩形”“圆,圆心、半径”,插入分隔符。添加两个修改菜单命令“复制”“移动”,插入分隔符。新建子菜单“缩放”,添加子菜单命令“缩放,全部”“缩放,对象”。将“AutoCAD 经典”工作空间中新建菜单“My_Operate”移动到“绘图”菜单之前。

按照定制菜单方法,定制菜单,如图 12-10、图 12-11 所示。

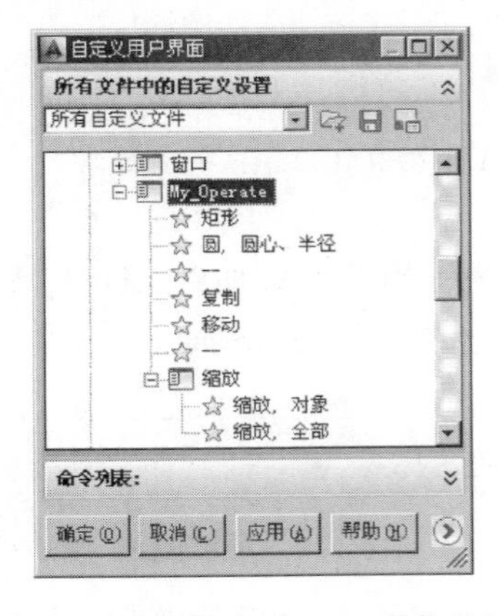

图 12-10 新建“My_Operate”菜单(一)

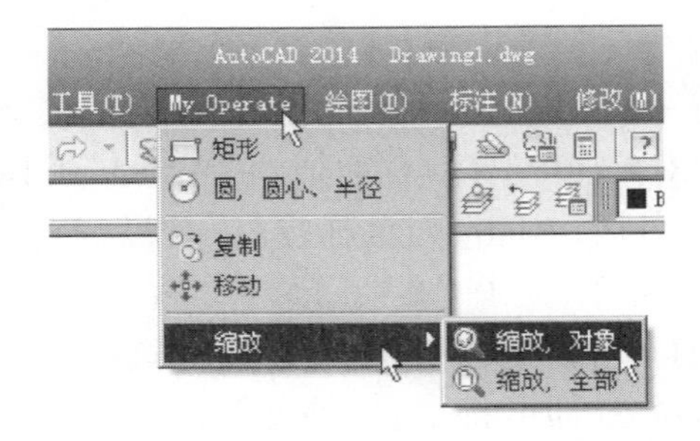

图 12-11 新建“My_Operate”菜单(二)

12.3 参数化绘图

AutoCAD 2014 新增了参数化绘图功能,为用户提供了强大的智能化二维图形绘制手段。用户通过对二维几何图形设置几何约束或标注约束,来绘制参数化图形,有助于缩短图形设计修改时间,显著提高绘图效率。参数化图形技术是一项具有约束功能的设计技术,通过在对象之间定义约束关系,使二维几何图形相互关联和限制,如平行线的平行约束关系将其自动保持平行,同心圆的圆心约束关系将其自动保持居中。

约束是一种规则,可决定对象彼此间的放置位置及其标注关系,对一个对象所做的修改可能会影响其他对象。有两种约束类型:几何约束、标注约束。

12.3.1 几何约束(GEOMCONSTRAINT)

所谓几何约束,是指控制图形对象之间或对象上的点之间的位置关系,用以限制可能会违反约束的所有修改,如果一个对象位置发生变化,则约束其他对象的位置相应变化。例如,如果一条直线被约束为与圆弧相切(小短线与小圆相切图标)且相交端点约束为重合(小方块图标),向右移动该圆弧的位置时将自动保留切线,如图12-12所示。

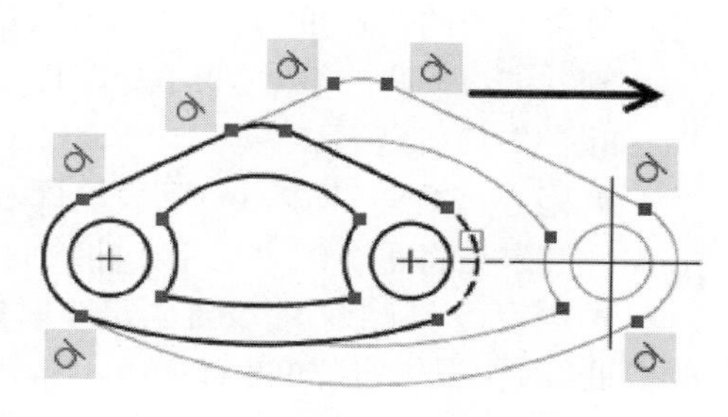

图 12-12 几何约束

1. 任务

为图形对象设置某种几何约束,确定对象之间的位置关系。

2. 操作

- 键盘命令:GEOMCONSTRAINT↙。
- 菜单选项:“参数”→“几何约束”→“重合”/“垂直”/…/“固定”。
- 工具按钮:“参数化”工具栏→“重合”/“垂直”/…/“固定”。
- 功能区面板:“参数化”→“几何”→“重合”/“垂直”/…/“固定”。

3. 提示

➢ 输入约束类型[水平(H)/竖直(V)/垂直(P)/平行(PA)/相切(T)/平滑(SM)/重合(C)/同心(CON)/共线(COL)/对称(S)/相等(E)/固定(F)]<同心>:(输入H、V、P、PA、T、SM、C、CON、COL、S、E、F)

● 水平(H):输入H,设置水平约束关系。使所选直线(多段线)或两个约束点位于与当前坐标系X轴平行的位置,默认选择类型为对象,如图12-13(a)所示。

● 竖直(V):输入V,设置竖直约束关系。使所选直线(多段线)或两个约束点位于与当前坐标系Y轴平行的位置,默认选择类型为对象,如图12-13(b)所示。

● 垂直(P):输入P,设置垂直约束关系。使所选两条直线(多段线)位于彼此垂直的位置,如图12-13(c)所示。

● 平行(PA):输入PA,设置平行约束关系。使所选两条直线(多段线)位于彼此平行的位置,如图 12-13(d)所示。

● 相切(T):输入 T,设置相切约束关系。使所选两条曲线(直线、多段线、圆、圆弧、椭圆)约束为保持彼此相切或其延长线保持彼此相切,如图 12-13(e)所示。

● 平滑(SM):输入 SM,设置平滑约束关系。使所选样条曲线约束为连续,并与其他所选样条曲线、直线、圆弧或多段线保持 G2 连续性,如图 12-13(f)所示。

● 对称(S):输入 S,设置对称约束关系。使所选两个对象(直线、多段线、圆、圆弧、椭圆)相对于选定直线对称,如图 12-13(g)所示。

● 相等(E):输入 E,设置相等约束关系。将所选圆弧和圆的尺寸重新调整为半径相同,或将所选直线的尺寸重新调整为长度相同,如图 12-13(h)所示。

● 重合(C):输入 C,设置重合约束关系。约束两个点使其重合,或者约束一个点使其位于曲线(或曲线的延长线)上,或者使对象上的约束点与某个对象重合,也可使其与另一对象上的约束点重合,如图 12-13(i)所示。

● 共线(COL):输入 COL,设置共线约束关系。使两条或多条直线段沿同一直线方向,如图 12-13(j)所示。

● 同心(CON):输入 CON,设置同心约束关系。将两个圆弧、圆或椭圆约束到同一中心点。结果与将重合约束应用于曲线的中心点所产生的结果相同,如图 12-13(k)所示。

● 固定(F):输入 F,设置固定约束关系。将点和曲线(直线、多段线、圆、圆弧、椭圆、样条曲线)位置锁定,如图 12-13(l)所示。

说明:

将几何约束应用于多个对象时,选择对象的顺序以及选择每个对象的点可能会影响对象彼此间的放置方式。

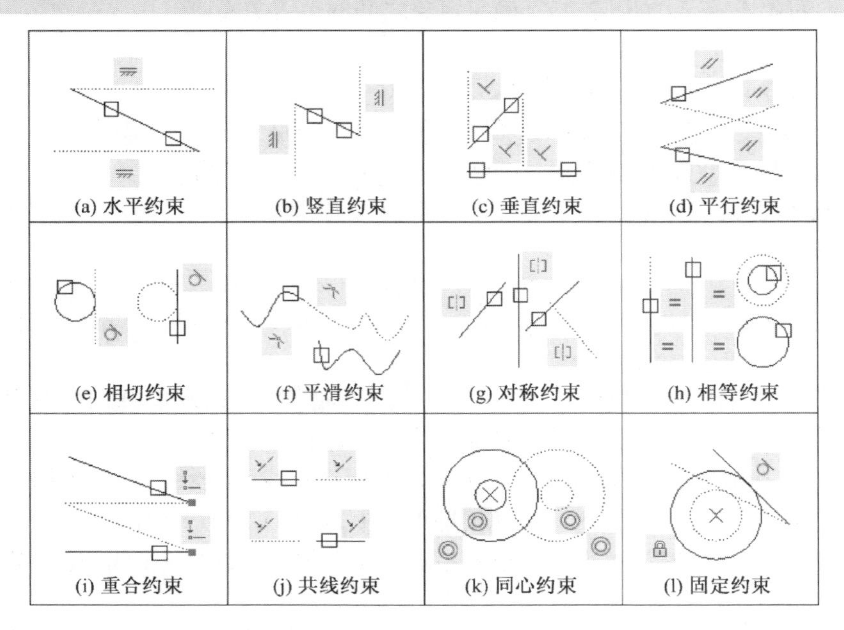

图 12-13　几何约束类型

4. 自动约束

使用自动约束功能，可快速、高效、轻松地为一批选定对象自动按指定的若干约束类型、优先级和公差范围（距离、角度）设置约束关系。执行以下操作，完成自动约束设置。

- 键盘命令：AUTOCONSTRAIN↙。
- 菜单选项："参数"→"自动约束"。
- 工具按钮："参数化"工具栏→"自动约束"。
- 功能区面板："参数化"→"自动约束"。
  - ➢ 选择对象或［设置(S)］:(拾取自动约束对象或输入S)

选择待自动约束的对象，完成自动约束设置。输入S，弹出"约束设置"对话框中的"自动约束"标签，根据提示设置自动约束类型（绿色√为有效，白色√为无效）、优先级（从上到下优先，可移动上下位置）、公差范围（距离、角度）。可单击"参数"菜单中的"约束设置"菜单项或"参数化"工具栏上的"约束设置"按钮，在"约束设置"对话框中完成设置。

【例12.2】 绘制如图12-14所示的图形，尺寸自定。按图12-14所示设置有关约束关系。

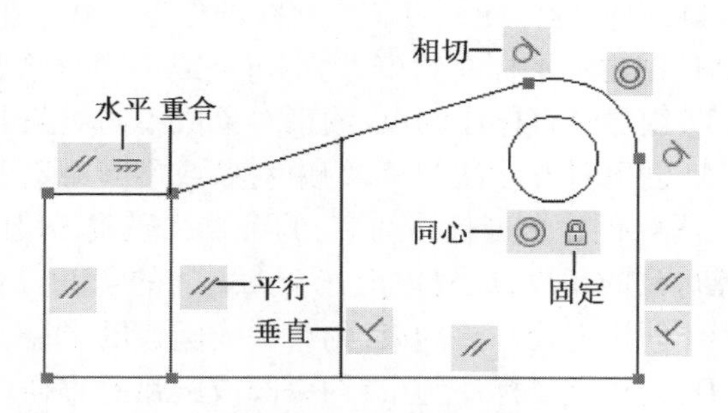

图12-14　设置几何约束

12.3.2　标注约束(DIMMCONSTRAINT)

所谓标注约束，是指控制图形对象的大小和比例，约束对象之间或对象上的点之间的距离和角度，用以限制可能会违反约束的所有修改，如果一个对象的大小和比例发生变化，则约束其他对象的大小和比例相应变化。例如，对矩形和圆设置了标注约束关系，图形尺寸都与矩形宽d1有关，如果修改了d1值，则矩形和圆的尺寸都要发生相应修改，如图12-15所示。

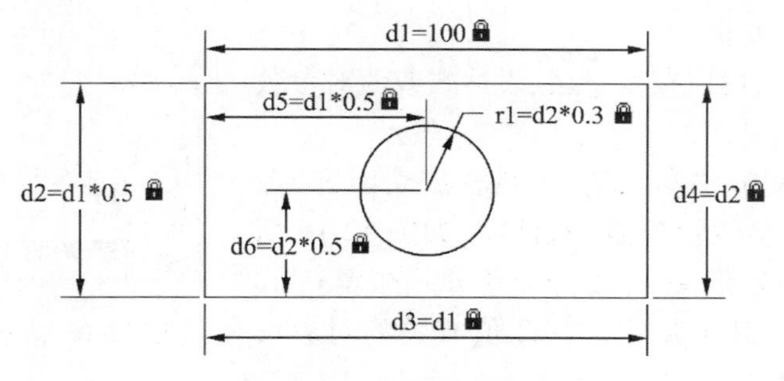

图12-15　标注约束示例

1. 任务

为图形对象设置某种标注约束，确定对象之间的大小和比例关系，约束对象之间或对象上的点之间的距离和角度。

2. 操作

- 键盘命令：DIMMCONSTRAINT↙。
- 菜单选项："参数"→"标注约束"→"对齐"/"竖直"/…/"直径"。
- 工具按钮："参数化"工具栏→"对齐"/"竖直"/…/"直径"。
- 功能区面板："参数化"→"标注"→"对齐"/"竖直"/…/"直径"。

3. 提示

> 当前设置：约束形式 = 动态
> 选择要转换的关联标注或［线性(LI)/水平(H)/竖直(V)/对齐(A)/角度(AN)/半径(R)/直径(D)/形式(F)］<竖直>：(拾取标注或输入 LI、H、V、A、AN、R、D、F)

- 选择要转换的关联标注：拾取普通标注对象，将其转换为标注约束对象，或拾取标注约束对象，修改标注约束方程式。
- 线性(LI)：输入 LI，根据延伸线原点和尺寸线的位置创建水平、垂直或旋转约束。
- 水平(H)：输入 H，创建水平标注约束，约束对象或不同对象上两点之间水平距离。
- 竖直(V)：输入 V，创建竖直标注约束，约束对象或不同对象上两点之间垂直距离。
- 对齐(A)：输入 A，创建对齐标注约束，约束对象或不同对象上两点之间距离。
- 角度(AN)：输入 AN，创建角度标注约束，约束直线段或多段线段之间的角度、由圆弧或多段线圆弧段扫掠得到的角度，或对象上三个点之间的角度。
- 半径(R)：输入 R，创建半径标注约束，约束圆或圆弧的半径。
- 直径(D)：输入 D，创建直径标注约束，约束圆或圆弧的直径。
- 形式(F)：输入 F，设置所创建的标注约束是动态约束还是注释性约束。

4. 参数管理器

AutoCAD 2014 提供参数管理器，用户使用参数管理器可轻松地浏览、查找、创建、修改和删除标注参数(标注变量、表达式、方程式)。"参数管理器"对话框支持以下操作：

- 单击标注约束的名称以亮显图形中的约束。
- 双击名称或表达式以进行编辑。
- 单击鼠标右键，再单击"删除"菜单项，可以删除标注约束或标注变量。
- 单击列标题，可以按变量名、表达式或值对参数的列表进行排序。

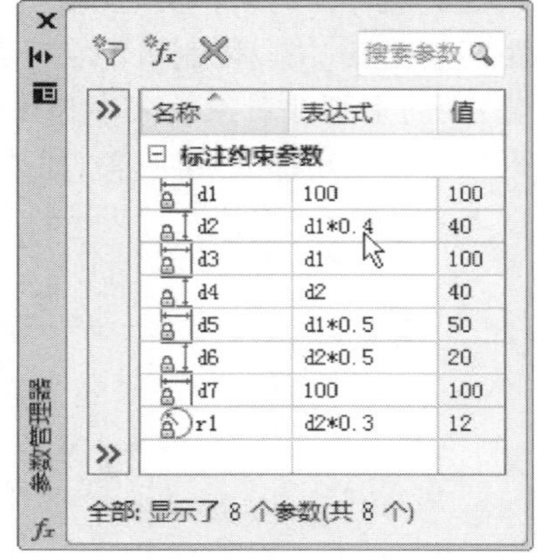

图 12-16 "参数管理器"对话框

通过"参数"菜单、"参数化"工具栏或功能区"参数"面板，可打开"参数管理器"对话框，如图 12-16 所示，根据提示修改有关参数，如将 d2 的表达式"d1 * 0.5"修改为"d1 * 0.4"，与 d2 值有关的对象尺寸都将发生相应修改。

12.4 图形信息查询

图形中的图形对象蕴涵有丰富的几何特征(如端点坐标、顶点坐标、长度、倾斜角度、圆心坐标、半径、直径、面积、体积等)和对象特性(如图层、颜色、线型、线宽、标高、厚度等)。这些几何特征和对象特性都是十分有用的数据信息,需要随时查询和了解。

AutoCAD 2014 提供了许多实用的查询功能,如查询距离、半径(直径)、角度、面积、体积、面域(质量)特性、列表、点坐标、时间、状态、系统变量等。

12.4.1 查询距离(DIST、MEASUREGEOM)

1. 任务

查询任意两点之间的距离、XOY 平面中的倾角、与 XOY 平面的夹角和 XYZ 增量,或多点距离之和。

2. 操作

- 键盘命令:DIST 或MEASUREGEOM↙。
- 菜单选项:“工具”→“查询”→“距离”。
- 工具按钮:“查询”工具栏→“距离”。

3. 提示

➢ 指定第一点:(拾取第一点)

➢ 指定第二点或[多个点(M)]:(拾取第二点或输入 M)

- 指定第二点:拾取第二点,查询两点之间的距离、XOY 平面中的倾角、与 XOY 平面的夹角和 XYZ 增量。查询信息显示:

➢ 距离 = <距离查询值>,XOY 平面中的倾角 = <倾角查询值>,与 XOY 平面的夹角 = <夹角查询值>

➢ X 增量 = <增量查询值>,Y 增量 = <增量查询值>,Z 增量 = <增量查询值>

说明:

“距离”是指两点之间的直线长度,即距离 $L=\sqrt{(x_2-x_1)^2+(y_2-y_1)^2+(z_2-z_1)^2}$;“XOY 平面中的倾角”是指两点连线在 XOY 平面上的投影与 X 轴正方向的夹角;“与 XOY 平面的夹角”是指两点连线与 XOY 平面的夹角;X 增量是指两点 X 轴坐标之差,即 x_2-x_1;Y 增量是指两点 Y 轴坐标之差,即 y_2-y_1;Z 增量是指两点 Z 轴坐标之差,即 z_2-z_1。

- 多个点(M):输入 M,查询多个点直线距离或圆弧弧长之和。提示:

➢ 指定下一个点或[圆弧(A)/长度(L)/放弃(U)/总计(T)] <总计>:

📖 说明：
多点查询类似于查询多个点确定的多段线(可带圆弧)长度。

【例 12.3】 绘制如图 12-17 所示的图形,并查询边界长度。提示：

- ➤ 绘制如图 12-17 所示的图形。
- ➤ 命令:DIST↙
- ➤ 指定第一点:(拾取 p1 点)
- ➤ 指定第二个点或[多个点(M)]:M↙
- ➤ 指定下一个点或[]<总计>:(拾取 p2 点)
- ➤ 距离 = 25.0000
- ➤ 指定下一个点或[圆弧(A)/…/总计(T)]<总计>:A↙
- ➤ 距离 = 25.0000
- ➤ 指定圆弧的端点或
- ➤ [角度(A)/圆心(CE)/…/放弃(U)]:CE
- ➤ 指定圆弧的圆心:(拾取圆弧圆心)
- ➤ 指定圆弧的端点或[…]:(拾取 p3 点)
- ➤ 距离 = 103.5398
- ➤ 指定圆弧的端点或
- ➤ [角度(A)/…/直线(L)/…/放弃(U)]:L↙
- ➤ 指定下一个点或[…]<总计>:(拾取 p4 点)
- ➤ 距离 = 128.5398
- ➤ 指定下一个点或[…]<总计>:(拾取 p5 点)

.....

- ➤ 指定下一个点或[圆弧(A)/闭合(C)/…/总计(T)] <总计>:C↙(或拾取 p1 点)
- ➤ 距离 = 411.3274

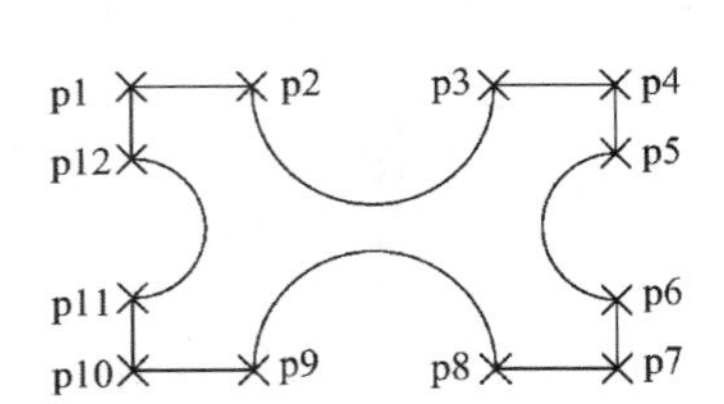

图 12-17 查询多段线长度

12.4.2 查询面积(AREA、MEASUREGEOM)

1. 任务

查询封闭区域(多点确定或多对象围成)的面积和周长,并可对组合区域面积进行加、减运算,得到其实际的总面积。查询面积时不能使用窗口选择或交叉选择方式来选择对象。

2. 操作

- 键盘命令:AREA 或MEASUREGEOM↙。
- 菜单选项:"工具"→"查询"→"面积"。
- 工具按钮:"查询"工具栏→"面积"。

3. 提示

➤ 指定第一个角点或[对象(O)/增加面积(A)/减少面积(S)]:(拾取区域边界第一个角点或输入 O、A、S)

- 指定第一个角点:依次拾取确定待计算面积区域(任意多边形或任意封闭多段线)

的角点,查询其面积和周长,这些点所在的平面必须与当前 UCS 的 XOY 平面平行。提示:

➢ 指定下一个点或[圆弧(A)/长度(L)/放弃(U)]:(拾取下一个角点或输入 A、L、U)

说明:

① 查询面积拾取多点与查询距离拾取多点方法相同,点可以是多段线(可带圆弧)点。

② 拾取最后一点和第一点,可以重叠,也可以不重叠,查询的面积和周长相同。

【例 12.4】 绘制如图 12-18 所示的图形,并查询其阴影部分面积和周长。提示:

➢ 绘制如图 12-18 所示的图形。
➢ 命令:AREA↙
➢ 指定第一个角点或[对象(O)/增加面积(A)/减少面积(S)]:(拾取 p1 点)
➢ 指定下一个角点或[圆弧(A)/长度(L)/放弃(U)]:(拾取 p2 点)
➢ 指定下一个角点或[圆弧(A)/长度(L)/放弃(U)]:(拾取 p3 点)
➢ 指定下一个角点或[圆弧(A)/长度(L)/放弃(U)]:(拾取 p4 点)
➢ 指定下一个角点或[圆弧(A)/长度(L)/放弃(U)]:(拾取 p5 点)
➢ 指定下一个角点或[圆弧(A)/长度(L)/放弃(U)]:(拾取 p6 点)
➢ 指定下一个角点或[圆弧(A)/长度(L)/放弃(U)]:(拾取 p7 点)
➢ 指定下一个角点或[圆弧(A)/长度(L)/放弃(U)]:↙
➢ 面积 = 11.4579,周长 = 15.0183

● 对象(O):输入 O,查询圆、椭圆、样条曲线、多段线、矩形、多边形和面域的闭合面积和周长。提示:

➢ 选择对象:(选择图形对象)
➢ 面积 = <面积查询值>,周长 = <周长查询值> 或圆周长 = <圆周长查询值>

说明:

对于闭合多段线,按中心线计算其面积和周长;对非闭合样条曲线和多段线,假设起点和端点由直线连接形成闭合区域,计算其面积和周长,但周长不包含假设的直线,为非闭合对象实际长度;对于面域,面积和周长是面域中对象的组合面积和组合周长。

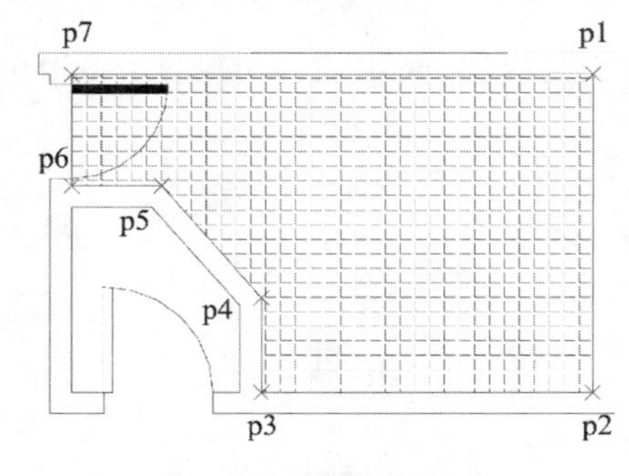

图 12-18 查询面积和周长(一)

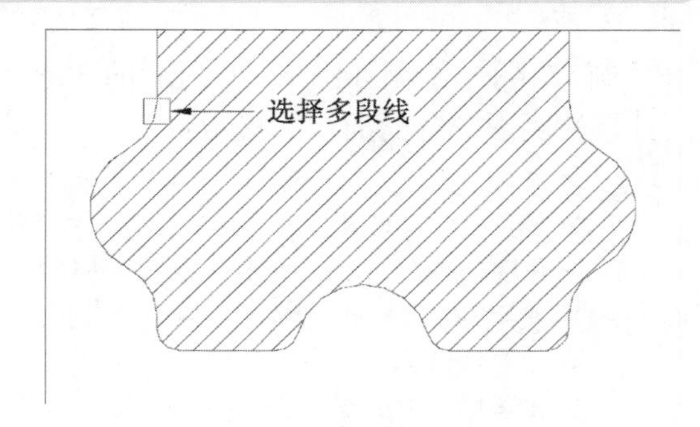

图 12-19 查询面积和周长(二)

【例 12.5】 绘制如图 12-19 所示的图形,内侧线为多段线,计算其阴影部分面积和周长。提示:

➢ 绘制如图 12-19 所示的图形。
➢ 命令:AREA↙
➢ 指定第一个角点或[对象(O)/增加面积(A)/减少面积(S)]:O↙
➢ 选择对象:(选择内侧多段线)
➢ 面积 = 11.4768,长度 = 10.8819

面积和周长与图形尺寸有关。

● 增加面积(A):设置"加"模式,通过查询累加多个封闭区域面积,求其总面积。提示:

➢ 指定第一个角点或[对象(O)/减少面积(S)]:(拾取第一个角点或输入 O、S)

拾取第一个角点或输入 O,在"加"模式下指定或选择要查询面积的区域。

➢ 面积 = <查询当前选定区域的面积值>,周长 = <查询当前选定区域的周长值>
➢ 总面积 = <查询累加当前面积后总面积值>
➢ ("加"模式)选择对象:↙
➢ 指定第一个角点或[对象(O)/减少面积(S)]:(拾取第一个角点或输入 O、S)

输入 S,转换为"减"模式。

➢ 指定第一个角点或[对象(O)/增加面积(A)]:(拾取第一个角点或输入 O、A)

拾取第一个角点或输入 O,在"减"模式下指定或选择要查询面积的区域。

● 减少面积(S):设置"减"模式,从总面积中减去一个或多个封闭区域面积。提示:

➢ 指定第一个角点或[对象(O)/增加面积(A)]:(拾取第一个角点或输入 O、A)

拾取第一个角点或输入 O,在"减"模式下指定或选择要查询面积的区域。

➢ 面积 = <查询当前选定区域的面积值>,周长 = <查询当前选定区域的周长值>
➢ 总面积 = <查询减去当前面积后总面积值>
➢ ("减"模式)选择对象:↙
➢ 指定第一个角点或[对象(O)/增加面积(A)]:(拾取第一个角点或输入 O、A)

输入 A,转换为"加"模式。

➢ 指定第一个角点或[对象(O)/减少面积(S)]:(拾取第一个角点或输入 O、S)

拾取第一个角点或输入 O,在"加"模式下指定或选择要查询面积的区域。

说明:

"加"模式和"减"模式可相互切换。总面积值可取负值。

【例 12.6】 绘制如图 12-20 所示的图形,外侧线为多段线,两边为六边形,中间为矩形,计算其阴影部分的面积。提示:

➢ 使用"LINE""CIRCLE""TRIM"等命令绘制如图 12-20 所示图形的外侧轮廓线。
➢ 使用"PEDIT"命令将图形外侧轮廓线转换为封闭多段线。
➢ 使用"POLYGON"命令绘制两侧六边形。
➢ 使用"RECTANG"命令绘制中间矩形。
➢ 命令:AREA↙
➢ 指定第一个角点或[对象(O)/增加面积(A)/减少面积(S)]:A↙
➢ 指定第一个角点或[对象(O)/减少面积(S)]:O↙

➢ ("加"模式) 选择对象:(选择图形外侧轮廓线)
➢ 面积 = 34.5211,周长 = 30.8393
➢ 总面积 = 34.5211
➢ ("加"模式) 选择对象:↙
➢ 指定第一个角点或[对象(O)/减少面积(S)]:S↙
➢ 指定第一个角点或[对象(O)/增加面积(A)]:O↙
➢ ("减"模式) 选择对象:(选择左侧六边形)
➢ 面积 = 2.5981,周长 = 6.0000
➢ 总面积 = 0.0000
➢ ("减"模式) 选择对象:(选择右侧六边形)
➢ 面积 = 2.5981,周长 = 6.0000
➢ 总面积 = 29.3249
➢ ("减"模式) 选择对象:(选择中间矩形)
➢ 面积 = 4.5000,周长 = 11.0000
➢ 总面积 = 24.8249
➢ ("减"模式) 选择对象:↙
➢ 指定第一个角点或[对象(O)/增加面积(A)]:↙

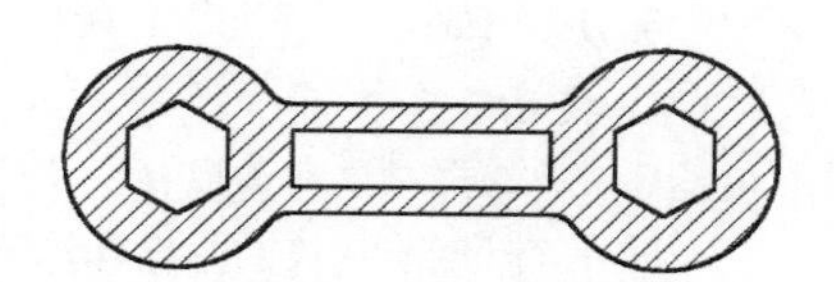

图 12-20 查询组合面积

图形阴影部分面积为 24.8249,面积与图形尺寸有关。

12.4.3 查询面域/质量特性(MASSPROP)

1. 任务

查询面域或实体对象的特性信息,这些特性在分析图形对象的特点时非常重要。

2. 操作

- 键盘命令:MASSPROP↙。
- 菜单选项:"工具"→"查询"→"面域/质量特性"。
- 工具按钮:"查询"工具栏→"面域/质量特性"。

3. 提示

➢ 选择对象:(选择一个面域或实体)

- 选择面域:查询显示面域特性信息。查询结果与具体面域对象有关。
- 选择实体:查询显示实体特性信息。查询结果与具体实体对象有关。

> **说明:**
> MASSPROP 命令可查询面域的面积或实体的体积。

12.4.4 查询几何特征和对象特性(LIST)

1. 任务

查询面域或实体对象的特性信息,即查询选定对象的数据库信息。查询显示的信息有对象类型、对象图层、特征点坐标以及所属空间(模型空间、图纸空间)等。

2. 操作

- 键盘命令:LIST↙。
- 菜单选项:"工具"→"查询"→"列表"。
- 工具按钮:"查询"工具栏→"列表"。

3. 提示

➢ 选择对象:(选择一个或多个图形对象)

显示查询结果,数据与具体对象有关。

> 📖 **说明:**
>
> ① 如果对象的颜色、线型和线宽没有设置为 ByLayer,LIST 命令将列出这些项目的相关信息。如果对象厚度为非零,则列出厚度。Z 坐标的信息用于定义标高。如果输入拉伸方向与当前 UCS 的 Z 轴 (0,0,1) 不同,LIST 命令也会以 UCS 坐标报告拉伸方向。
>
> ② 利用 LIST 命令,也可查询显示一些与特定的选定对象相关的附加信息。
>
> ③ 利用 LIST 命令,还可查询一些特殊对象的面积、周长、长度、半径等信息。

12.4.5 查询点的坐标(ID)

1. 任务

查询指定点的坐标。

2. 操作

- 键盘命令:ID↙。
- 菜单选项:"工具"→"查询"→"点坐标"。
- 工具按钮:"查询"工具栏→"定位点"。
- 功能区面板:"默认"→"实用工具"→"点坐标"。

3. 提示

➢ 指定点:(拾取一个点)

➢ 指定点: X = <X坐标查询值> Y = <Y坐标查询值> Z = <Z坐标查询值>

12.5 工具选项板

使用工具选项板可有效地组织、管理和使用 AutoCAD 命令,也可高效地访问、共享和放置图案、图块、外部参照和图像,使用选项板组还可对已创建的工具选项板进行分类和管理。熟练使用工具选项板功能,能够显著提高工程制图的效率和质量。

"工具选项板"窗口内预定义了若干工具选项板,用户在工具选项板上放置若干常用操作工具,并可随时设置和修改这些工具的有关特性,以满足工程绘图的需要。

12.5.1 打开“工具选项板”窗口(TOOLPALETTES)

1. 任务

根据需要打开“工具选项板”窗口。

2. 操作

- 键盘命令:TOOLPALETTES↙。
- 菜单选项:“工具”→“选项板”→“工具选项板”。
- 工具按钮:标准工具栏→“工具选项板窗口”。
- 功能区面板:“视图”→“选项板”→“工具选项板”。
- 快捷键:【Ctrl】+【3】。

3. 提示

弹出“工具选项板”窗口,如图12-21所示。根据提示完成有关操作。

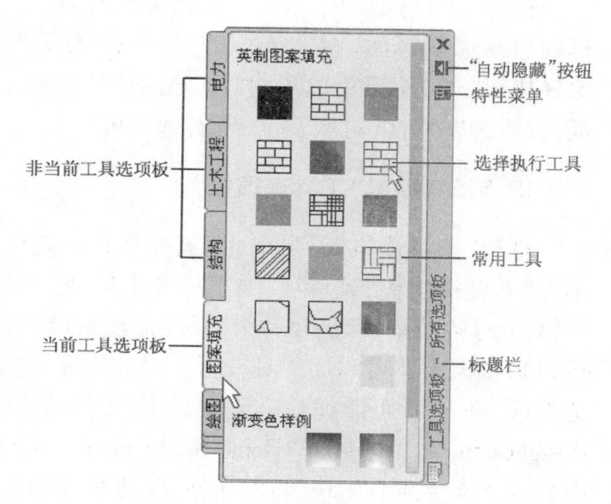

图12-21 “工具选项板”窗口(一)

- 工具选项板:“工具选项板”窗口中包含若干已创建的工具选项板,AutoCAD 2014 预定义 20 个工具选项板(绘图、修改、表格、建模、图案填充、命令工具等),其中有一个为当前工具选项板,其余为非当前工具选项板。用鼠标单击某选项板名称,可将其置为当前工具选项板。选项板上包含有若干工具(如操作命令、图案、图块、外部参照、图像等),用鼠标选择并单击某工具按钮,可绘制图形,修改图形,填充图案,插入图块、外部参照或图像。在工具选项板上右击鼠标,弹出快捷菜单,通过菜单可设置是否隐藏工具选项板,设置工具选项板透明特性,设置工具视图显示参数,新建、删除或重命名工具选项板,可以打开“自定义”对话框,完成有关自定义操作。

- 工具按钮:位于工具选项板内。单击工具按钮,可执行该工具按钮所表示的操作命令(绘制图形,填充图案,插入图块、外部参照或图像)。工具按钮有两种:单一工具按钮和弹出式工具按钮(工具按钮图像右侧有符号“▸”)。弹出式工具按钮为一组预定义工具按钮,单击符号“▸”,弹出一工具按钮面板,面板上给出若干工具按钮,用鼠标单击某一工具按钮,执行该工具按钮操作,同时该工具按钮置为当前工具按钮。在工具按钮上右击鼠标,弹出快捷菜单,通过菜单可剪切、复制、删除或重命名工具按钮,可以打开“工具特性”对话框,指定工具按钮图像、名称、说明文字,设置命令参数(弹出状态、弹出选项、命令字符串)和基本参数(颜色、图层、线型、线型比例、线宽、打印样式、文字样式、标注样式)。

- 标题栏:位于“工具选项板”窗口左侧或右侧,给出选项板及选项板组名称。在标题条上右击鼠标,弹出快捷菜单,通过菜单可设置是否隐藏工具选项板,设置工具选项板透明特性,新建工具选项板,重命名工具选项板组名称,指定新的工具选项板组,可以打开“自定义”对话框,完成有关自定义操作。

- “自动隐藏”按钮:位于标题栏上部。单击它,显示或隐藏工具选项板。
- 特性菜单:位于标题栏上部。单击它,弹出标题栏快捷菜单。

4. 调整“工具选项板”窗口大小

打开“工具选项板”窗口,将鼠标光标移到窗口边缘(上边缘、下边缘、左下角、右上角、右下角),拖动鼠标,可调整窗口大小,如图 12-22 所示。

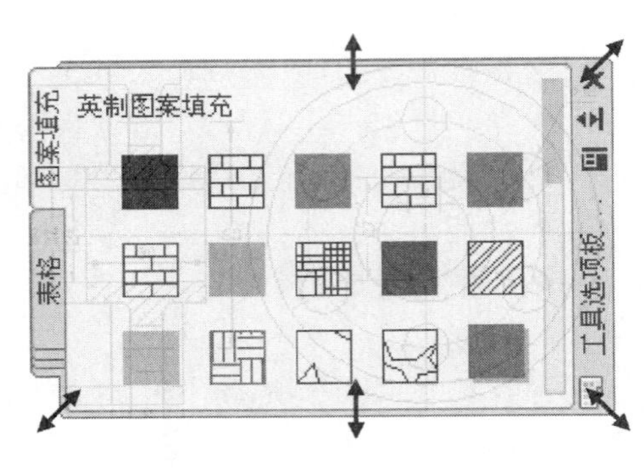

图 12-22 “工具选项板”窗口(二)

5. 设置“工具选项板”窗口透明特性

打开“工具选项板”窗口,将鼠标光标移到标题栏或选项板面,右击鼠标,弹出快捷菜单,选择执行“透明度”菜单项,弹出“透明度”对话框,设置透明特性(透明程度、所有选项板)。

12.5.2 新建“工具选项板”

打开“工具选项板”窗口,将鼠标移到标题栏或选项板面,右击鼠标,弹出快捷菜单,选择“新建选项板”菜单项,弹出一文本框,输入新建的工具选项板名称,如“建筑绘图”,按【Enter】键结束,即创建一个名称为“建筑绘图”的空白工具选项板(选项板内没有工具按钮),根据需要可添加工具按钮。同法创建“办公室项目样例”选项板,打开“设计中心”选项板,在“资源管理区”定位默认文件夹“C:Program Files/AutoCAD 2014/Sample/DesignCenter”,单击展开“Home-Space Planner. dwg”文件,选择“块”项,在右侧图块列表区中显示该文件所有图块,将图块拖至“办公室项目样例”选项板“工具按钮”区。

12.5.3 添加“工具按钮”

打开“工具选项板”窗口,选择待添加工具按钮的工具选项板(如“建筑绘图”工具选项板),AutoCAD 2014 提供多种方式向工具选项板内添加新的工具按钮。

1. 通过绘图区图形对象添加工具按钮

通过绘图区已绘制的图形对象(直线、圆、矩形、图块、填充图案、外部参照、图像文字、表格等)向工具选项板内添加新的工具按钮。选择某图形对象,用鼠标拖动图形对象边缘至工具选项板内适当位置,即可将该图形对象所对应的工具按钮添加到选项板内,如图 12-23 所示。

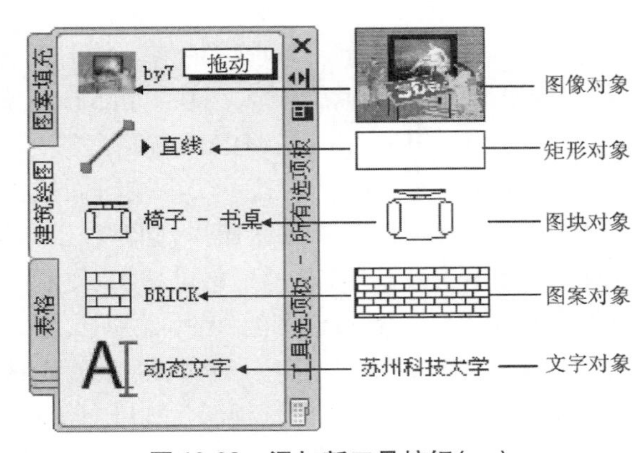

图 12-23 添加新工具按钮(一)

2. 通过剪贴板添加工具按钮

通过其他工具选项板内的工具按钮

向工具选项板内添加新的工具按钮。选择某工具选项板内一工具按钮，右击鼠标，弹出快捷菜单，选择“剪切”或“复制”菜单项，然后选择待添加工具选项板，右击鼠标，弹出快捷菜单，选择“粘贴”菜单项，即可将工具按钮添加至该工具选项板。

3. 通过“自定义用户界面”对话框添加工具按钮

通过“自定义用户界面”对话框中的“命令列表”区向工具选项板内添加新的工具按钮。打开“自定义用户界面”对话框，在“命令列表”区中选择命令类型，如“绘图”，在下面“命令”列表框中选择某命令并拖至工具选项板适当位置，即可将该命令(工具按钮)添加至该工具选项板，如图 12-24 所示。也可按照前面创建新工具按钮的方法，创建一新的工具按钮，如“连续直线”，将其拖至工具选项板适当位置，即可将该新工具按钮添加至该工具选项板，如图 12-25 所示。

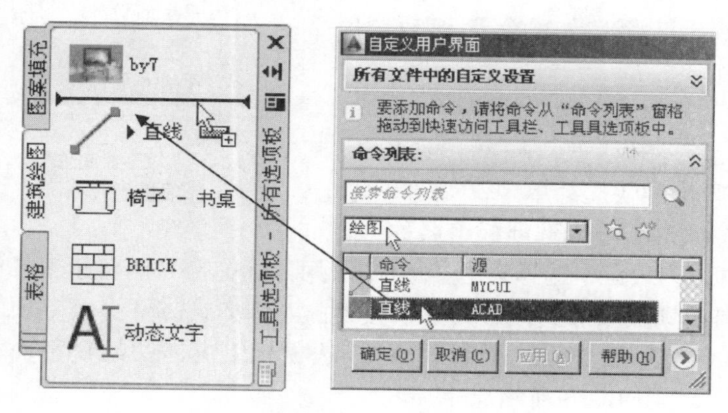

图 12-24 添加新工具按钮(二)

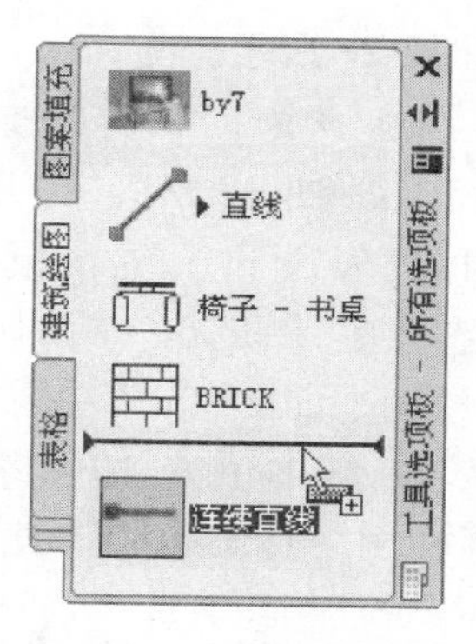

图 12-25 创建新工具按钮

12.5.4 编辑工具按钮

可以对面板上的工具按钮进行编辑、修改。打开“工具选项板”窗口，选择待编辑工具按钮的工具选项板，选择待编辑工具按钮，右击鼠标，弹出快捷菜单，选择“特性”菜单，弹出“工具特性”对话框，如图 12-26 所示。根据提示编辑工具按钮有关特性(工具按钮图像、名称、文字说明、命令参数、基本参数)。编辑新工具按钮“连续直线”，如图 12-25 所示。

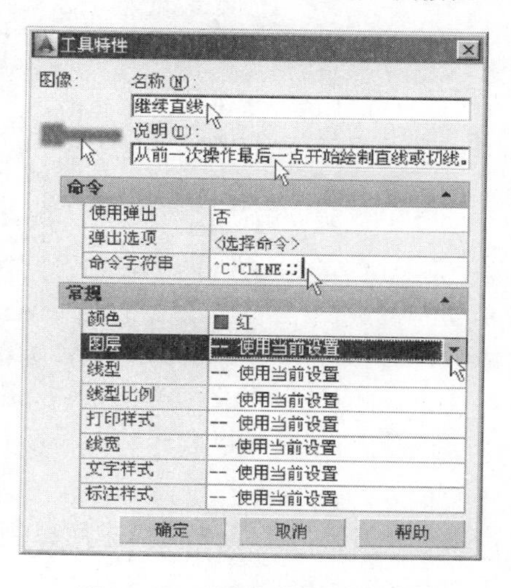

图 12-26 编辑工具按钮特性

12.5.5 打开和新建“工具选项板组”

AutoCAD 2014 提供了 20 个预定义选项板，如果在选项板窗口中所有选项板都打开列出，使用起来很不方便，因为在具体某个设计项目中，许多选项板并不适用。为了更好地发挥选项板作用，AutoCAD 2014 提供了选项板组功能，将 20 个预定义选项板按类定义为 16 个选项板组，用户可根据需要打开某个选项板组，用于设计和绘图。AutoCAD 2014 还允许创建新的选项板和选项板组。对于已创建的若干个工具选项板,可以使用工具选项板组来组织、管理、分类和恢复工具选项板。使用工具选项板组,可以有选择地根据不同的绘图需要使用某个工具选项板组,即部分相关工具选项板。

1. 打开“工具选项板组”

单击“工具”→“自定义”→“工具选项板”菜单项,或右击工具选项板“特性”按钮,弹出快捷菜单,单击“自定义选项板”菜单项,弹出“自定义”对话框,在对话框右侧“选项板组”区,选择并右击某选项板组,如“三维制作”选项板组,在弹出的快捷菜单中选择“设置为当前”,即可打开该选项板组窗口,显示该工具选项板组内容,如“三维制作”选项板组窗口,该选项板组窗口包含“建模”“绘图”“修改”三个选项板,如图 12-27 所示。

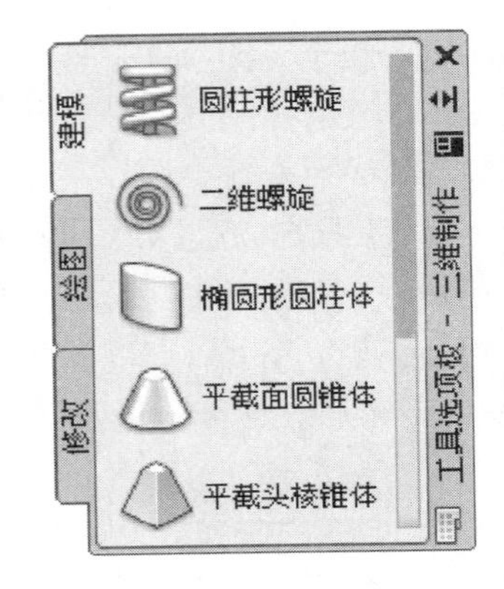

图 12-27 “三维制作”选项板组

2. 新建“工具选项板组”

按照上述方法,打开“自定义”对话框,在右侧“选项板组”列表区下方,右击鼠标,在弹出的快捷菜单中,单击“新建组”菜单项,创建一新的空白选项板组,输入选项板组名称,如“绘制平面图”。从左侧“选项板”列表区中选择某工具选项板,用鼠标拖至右侧新建工具选项板组名下方,即可将该工具选项板添加到该工具选项板组内。例如,选择“办公室项目样例”“图案填充”“绘图”三个选项板,拖至“绘制平面图”选项板组内,将“绘制平面图”选项板组置为当前选项板组,如图 12-28 所示。

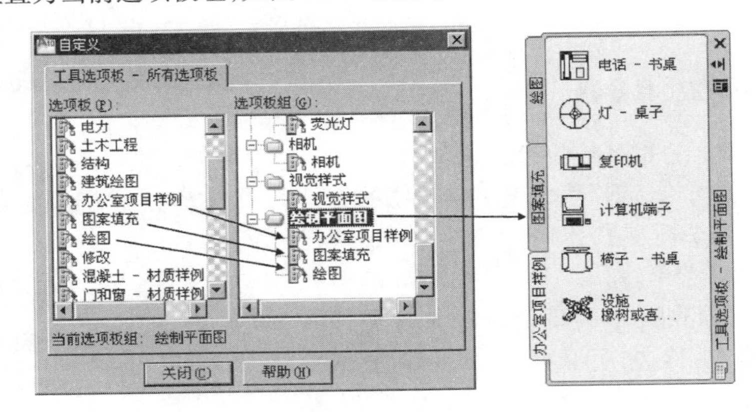

图 12-28 创建工具选项板组

12.5.6 工具选项板应用举例

打开“绘制平面图”选项板组,使用“办公室项目样例”“图案填充”“绘图”工具选项板中工具,绘制如图 12-29 所示的图形。

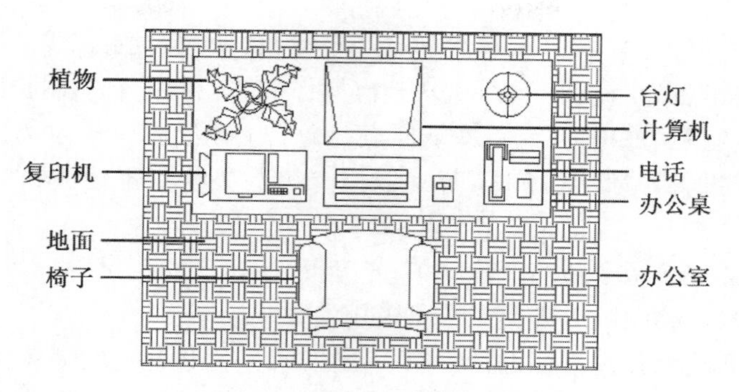

图 12-29 办公室及办公设备

绘图步骤如下：

● 新建图形文件，图界为 420×297。

● 打开“绘制平面图”选项板组。

● 使用“绘图”选项板，利用“矩形”工具按钮绘制“办公室”矩形和“办公桌”矩形，尺寸自定。

● 使用“办公室项目样例”选项板工具按钮插入“椅子”“植物”“台灯”“电话”“复印机”“计算机”图块，插入前右击要插入的图块，通过“工具特性”对话框修改比例，确定合适尺寸，如将比例改为 0.1。

● 使用“图案填充”选项板工具按钮填充办公室地面图案，设置合适比例。

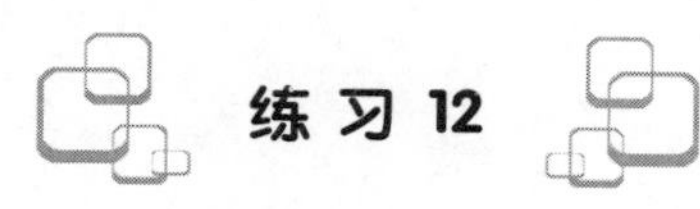

练习 12

1. AutoCAD 设计中心的主要功能有哪些？

2. 在 AutoCAD 设计中心内可以访问和操作哪些图形成分？

3. 简述 AutoCAD 设计中心内的资源管理区、内容显示区和图形预览区及其相互关系。

4. 如何在 AutoCAD 设计中心内插入、添加和复制图形成分？哪些成分可做添加操作？

5. 如何在 AutoCAD 设计中心内打开一个图形文件？

6. 试为 TRACE 命令定义别名“TRA”。

7. 何谓工具栏？AutoCAD 2014 提供多少种默认工具栏？用户能否自定义工具栏？

8. 什么是普通工具按钮和弹出式工具按钮？两者有何区别？

9. 创建新的工具栏“My Draw and Modify”，工具按钮有：“直线”按钮、“多段线”按钮、“多线”按钮、“删除”按钮、“复制”按钮和“移动”按钮，3 个画线按钮与 3 个修改按钮用竖线分隔。

10. 创建新的工具栏，名称为“My_Draw”，工具栏按钮包含 LINE、ARC、CIRCLE 和 PLINE 4 个操作命令。

11. 创建一组新的工具按钮。

- 按钮 1:按钮名为“LINE1”,每次起点从坐标原点开始绘制直线。
- 按钮 2:按钮名为“LINE2”,每次从上次操作的终点起向右绘制长度 5 的水平直线。
- 按钮 3:按钮名为“REC1”,每次从原点起向右上角绘制一长为 4、宽为 3 的矩形。
- 按钮 4:按钮名为“CIRCLE1”,每次以原点为圆心绘制半径为 3 的圆,圆内以象限点为端点绘制十字线。

12. 自己设计定义一个新的下拉菜单。

13. 何谓参数化绘图?对哪类图形可采用参数化绘图?

14. 何谓几何约束?试自行设计绘制一幅图形,并创建几何约束关系。

15. 何谓标注约束?试自行设计绘制一幅图形,并创建标注约束关系。

16. 通过工具选项板主要完成哪些操作?试使用工具选项板设计和绘制办公室及办公设备。

第13章

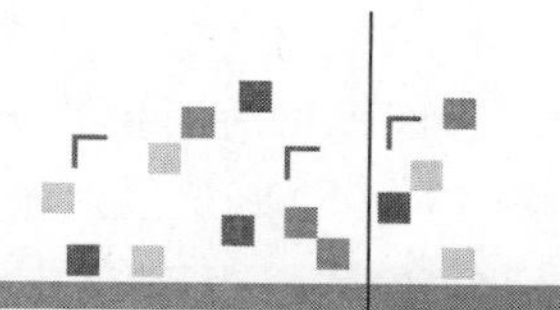

基本三维图形绘制

13.1　概　述

在现实生活中，既有二维图形，也有三维图形。传统的工程图纸一般采用二维图形表达。二维图形结构简单，绘制方便，但缺乏真实感，直观性差，给工程施工和产品生产带来一定困难。我们生存于三维空间之中，遇到的物体都是三维物体。用三维图形描述三维物体其优点突出，真实感强，直观性好，但其缺点是结构复杂，绘制难度大。在传统的工程设计中，人们常用二维图形（如三视图）来描述真实空间中的三维物体，图13-1所示的3个二维图形描述了一个真实的三维模具。

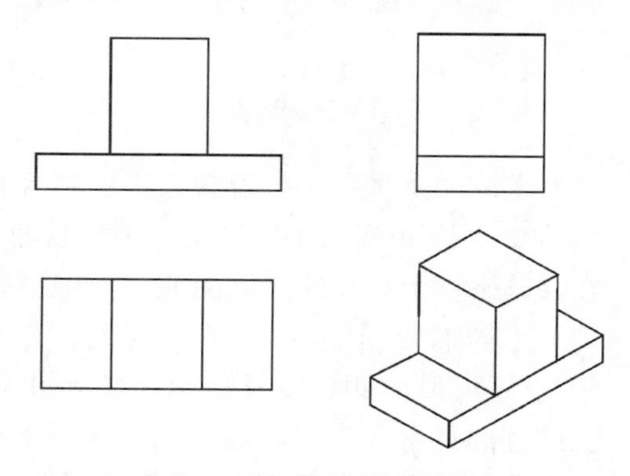

图13-1　三维模具的三视图

三维图形有直观的立体感和真实感，能清楚地表达各组成部分的形状及它们之间的相对位置关系，便于工程设计人员进行直观思维，从而设计出最优产品。现代工程设计和制造技术迫切要求CAD系统不仅提供强大的二维绘图功能，还要提供在虚拟的三维空间中构建三维实体的功能。目前，所有CAD软件均增强了三维绘图功能，使三维绘图如同二维绘图那样简单方便。AutoCAD 2014提供三维绘图功能，用户不但能方便绘制三维图形，还能对其进行表面着色和渲染，能绘制出逼真的三维实体模型。绘制三维图形时，一般将工作空间切换到“三维建模”工作空间界面。

绘制三维图形主要有3种方法。

1. 线框模型法

线框模型法通过一系列三维点、曲线、直线等简单线条描述物体的形状特征来绘制三维图形，如图13-2(a)所示。对于这类三维图形不能进行消隐、着色和渲染处理，但由于绘制简单、存储开销小、处理速度快，所以有时也常用其绘制三维图。

2. 表面模型法

表面模型法通过若干三维平面、曲面、网格面描述物体的形状特征来绘制三维图形，如图 13-2(b)所示。对于这类三维图形可进行消隐、着色和渲染处理。

3. 实体模型法

实体模型法通过对基本几何实体进行组合或运算(交、并、差)描述物体的形状特征来绘制三维图形，如图 13-2(c)所示。这类三维图形可进行消隐、着色、渲染处理。

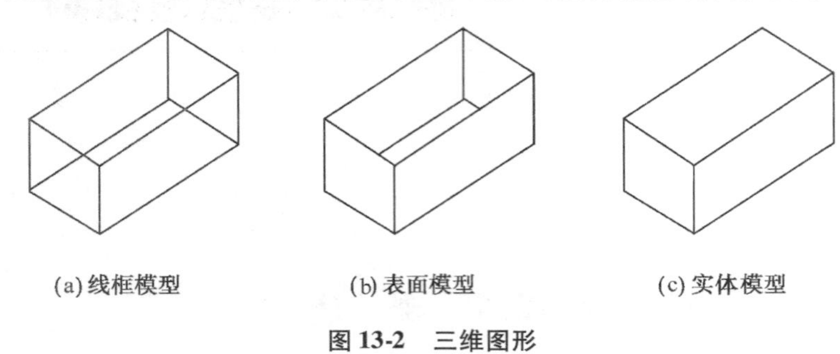

(a)线框模型　(b)表面模型　(c)实体模型

图 13-2　三维图形

13.2　正等轴测图绘制

13.2.1　正等轴测图

轴测图是采用平行投影方法绘制且具有三维立体效果的二维图形，如图 13-3 所示。AutoCAD 2014 提供了绘制正等轴测图的方法，即用二维图形来表达三维物体。轴测图是在二维平面上绘制的二维图形，它不是真正的三维图形。

正等轴测图的 X、Y、Z 轴与通用坐标系 X 轴夹角分别为 30°、150°、90°，如图 13-4 所示。在新的 X、Y、Z 轴组成的坐标系上绘制的具有三维图形效果的二维图形称为正等轴测图，如图 13-3 所示。将平行于 YOZ 平面的正等轴测平面称为左(Left)面；将平行于 XOZ 平面的正等轴测平面称为右(Right)面；将平行于 XOY 平面的正等轴测平面称为上(Top)面。

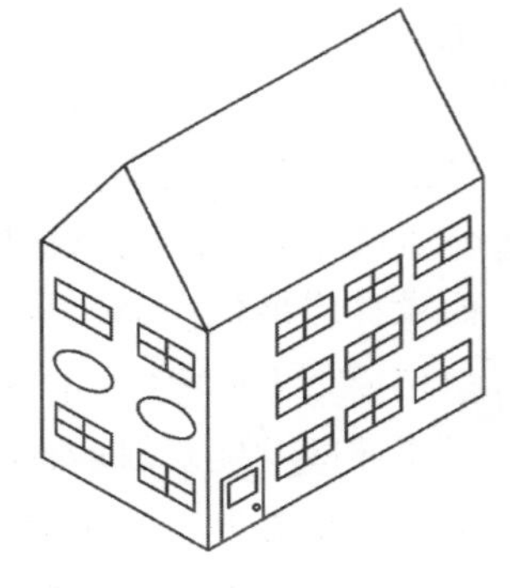

图 13-3　正等轴测图

绘制正等轴测图，首先要确定绘图方式，然后设置某一工作状态：左面、右面或上面，最后用二维绘图命令绘图即可。在“草图设置”对话框中设置“等轴测捕捉”方式，并用 ISOPLANE 命令设置工作状态，此时原来相互垂直的十字光标转换为与正等轴测坐标轴平行的十字光标，如图 13-5 所示。按热键【F5】，可在左、上、右工作状态之间切换。按热键【F8】，打开正交方式，控制橡皮筋与轴测轴方向平行。

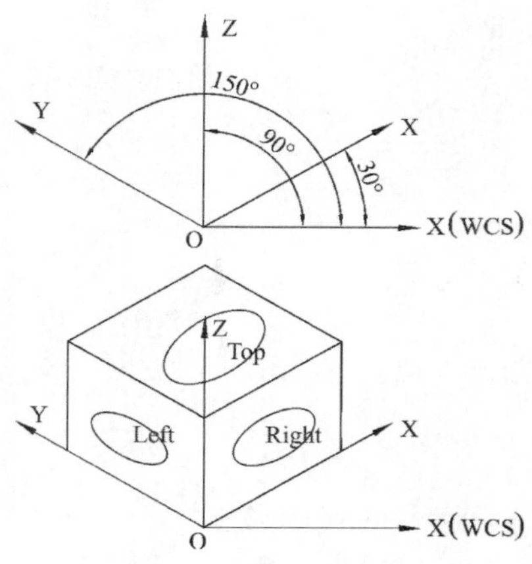

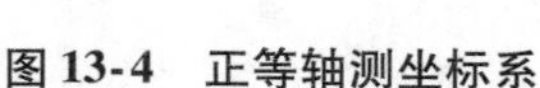
图 13-4　正等轴测坐标系

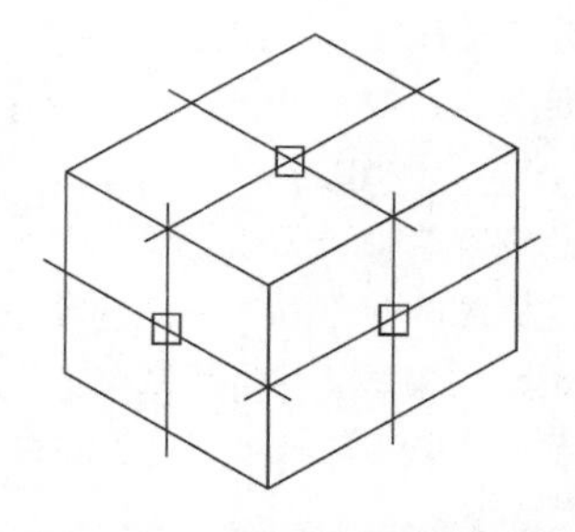
图 13-5　正等轴测图光标形状

13.2.2　正等轴测图绘制(ISOPLANE)

1. 任务

设置当前的正等轴测图绘制工作状态(平面)。

2. 操作

- 键盘命令:ISOPLANE↙。
- 菜单选项:"工具"→"草图设置"→"等轴测捕捉"。

3. 提示

➢ 当前等轴测平面:左视

➢ 输入等轴测平面设置 [左视(L)/俯视(T)/右视(R)] <俯视>:(输入 L、T 或 R)

- 左视:输入 L,设置左面工作状态。
- 俯视:输入 T,设置上面工作状态。
- 右视:输入 R,设置右面工作状态。

【例 13.1】　用轴测图绘制三维矩形块。长、宽、高分别为 70,10,50,左上角 A 坐标为(100,100),圆孔居中,直径为 30,如图 13-6 所示。提示:

➢ 命令:LIMITS↙

设置图界范围为 297 ×210。

➢ 命令:DSETTINGS↙

弹出"草图设置"对话框,在"草图设置"对话框中设置"等轴测捕捉"。

➢ 命令:ISOPLANE↙　　——设置等轴测右平面

➢ 当前等轴测平面:左视

➢ 输入等轴测平面设置 [左视(L)/俯视(T)/右视(R)] <俯视>:R↙

➢ 命令:LINE↙　　——绘制平行四边形

➢ 指定第一点:100,100↙　　——起点为 A 点

➢ 指定下一点或 [放弃(U)]:@ 50 <270↙　　——到 B 点

➢ 指定下一点或 [放弃(U)]:@ 70 <30↙　　——到 C 点

➢ 指定下一点或 [闭合(C)/放弃(U)]:@ 50 <90↙　　——到 D 点

➢ 指定下一点或［闭合(C)/放弃(U)］:C↙
➢ 命令:↙ ——绘制对角线
➢ LINE 指定第一点:(端点捕捉 B 点)
➢ 指定下一点或［放弃(U)］:(端点捕捉 D 点)
➢ 指定下一点或［放弃(U)］:@ 10 <150↙ ——到 D1 点
➢ 指定下一点或［闭合(C)/放弃(U)］:↙
➢ 命令:ELLIPSE↙ ——绘制椭圆
➢ 指定椭圆的轴端点或［圆弧(A)/中心点(C)］C↙
➢ 指定椭圆的中心点:(中点捕捉 pc 点)
➢ 指定轴的端点:(拾取椭圆轴的端点)
➢ 指定另一条半轴长度或［旋转(R)］:(输入另一轴的长度或旋转)
删除 BD 线段。
➢ 命令:COPY↙
➢ 选择对象:(选择矩形和椭圆)
➢ 从 D 点到 D1 点复制。
删除 B1C1 和 C1D1 线段。
➢ 命令:TRIM↙
修剪 p 点处的圆弧。
➢ 命令:COPY↙
➢ 选择对象:(选择 DD1 线段)
多重复制 DD1 线段,从 D 点到 A 点、B 点。
最后得到左边的矩形块图形。

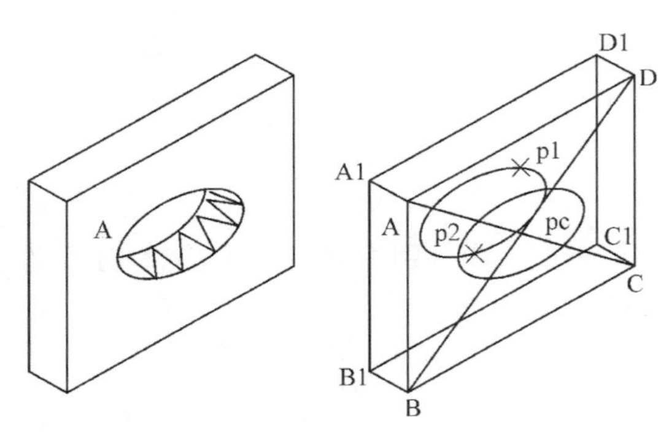

图 13-6 正等轴测图

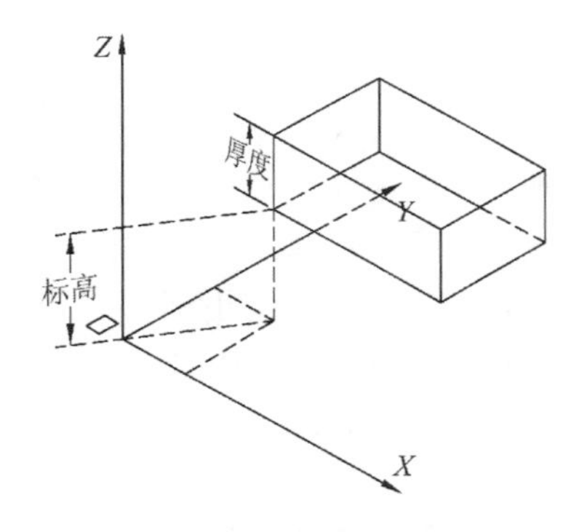

图 13-7 标高与厚度

13.3 简单三维图形绘制

13.3.1 构造平面(ELEV)

平行于 XOY 平面的平面称为构造平面,也称为基面或标高,如图 13-7 所示。通常在构造平面为 XOY 平面的平面上绘制二维图形,通过设置不同的构造平面(默认构造平面

为 XOY 平面)，绘制二维或三维图形。

1. 任务

设置当前构造平面(标高)。沿正 Z 轴方向的标高为正，反之为负。

2. 操作

● 键盘命令：ELEV↙。

3. 提示

➢ 指定新的默认标高 <缺省值>：(输入构造平面高度)

➢ 指定新的默认厚度 <缺省值>：↙

【例 13.2】　绘制构造平面在 10 个单位高度的矩形，如图 13-8 所示。提示：

➢ 命令：ELEV↙

➢ 指定新的默认标高 <0.0>：10↙

➢ 指定新的默认厚度 <0.0>：0↙

绘制矩形。

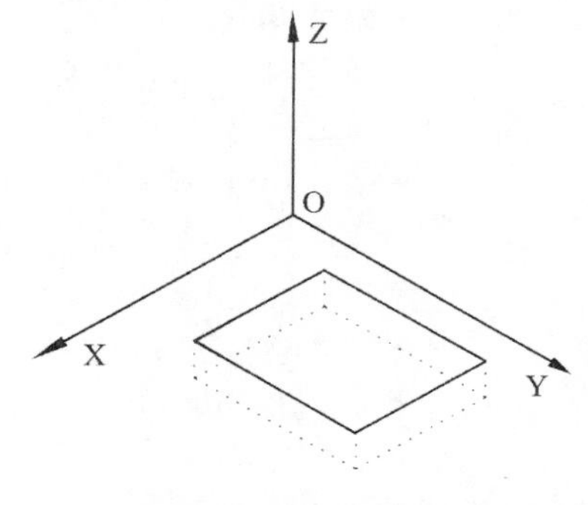

图 13-8　绘制矩形

13.3.2　图形厚度(THICKNESS)

二维图形沿 Z 轴方向延伸的高度称为二维图形的厚度。具有一定厚度的二维图形类似于没有厚度的铁皮围成的图形(称为二维半图形)。二维半图形具有不透明的面，可进行消隐、着色或渲染处理。

1. 任务

设置二维图形厚度特性。

2. 操作

● 键盘命令：THICKNESS↙。

● 菜单选项："格式"→"厚度"。

3. 提示

➢ 输入 THICKNESS 的新值 <缺省值>：(输入厚度值)

说明：

① 用 3DFACE、3DMESH、3DPOLY 命令忽略当前设置的厚度。

② 用 TEXT、DTEXT、DDATTDEF、ATTDEF 命令标出的文字忽略当前设置的厚度。

③ 用 DDMODIFY、DDCHPROP、CHPROP、CHANGE 命令标出的文字受厚度影响。

④ 可先设置厚度，后绘图；也可先绘图，后修改厚度。

⑤ 椭圆、样条线和多线不具有厚度属性。

【例 13.3】　绘制没有底和盖的方桶(边长 80，高 40)，标高为 70，延伸厚度为 40，中心在(100,100)，用 VPOINT 命令观察，并进行消隐和着色处理，如图 13-9 所示。提示：

➢ 命令:ELEV↙
➢ 指定新的默认标高 <0.0>:70↙
➢ 指定新的默认厚度 <0.0>:40↙
➢ 命令:L↙
➢ 指定第一点:80,80↙
➢ 指定下一点或[放弃(U)]:@ 40,0↙
➢ 指定下一点或[放弃(U)]:@ 0,40↙
➢ 指定下一点或[闭合(C)/放弃(U)]:@ -40,0↙
➢ 指定下一点或[闭合(C)/放弃(U)]:C↙
➢ 命令:VPOINT↙
➢ 命令:HIDE↙
➢ 命令:SHADE↙

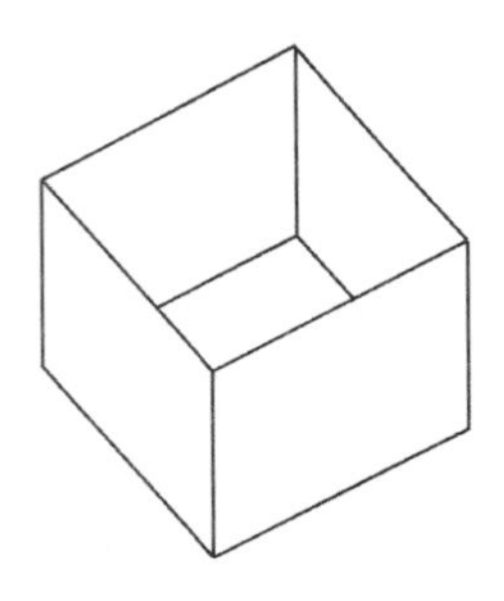

图 13-9 带厚度矩形

13.4 三维图形显示

在三维图形绘制过程中,要随时以不同方式、不同角度、不同距离对三维图形进行观察显示,验证其三维效果。AutoCAD 2014 提供了三维图形多种显示控制方式,有平行投影方式(VPOINT)、透视投影方式(DVIEW)、三维动态观察器(3DORBIT)、消隐(HIDE)、着色(SHADE)和渲染(RENDER)等,如图 13-10 所示。

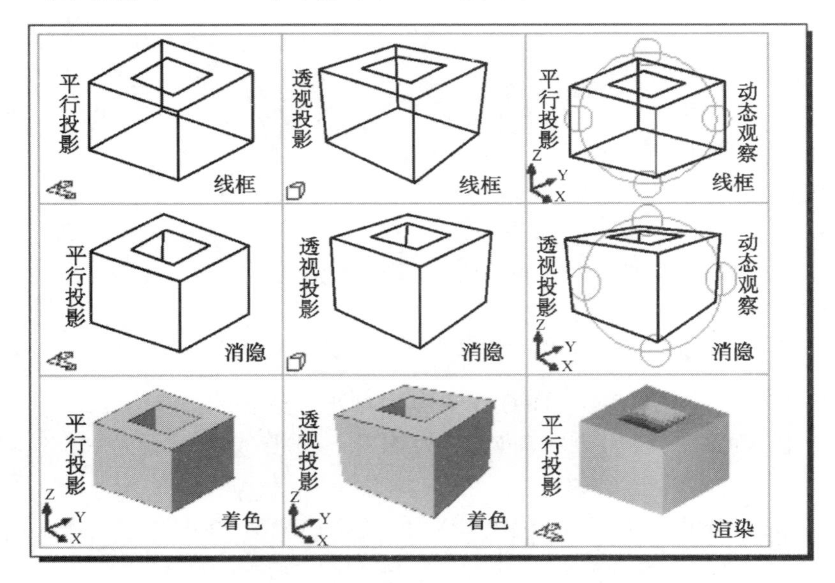

图 13-10 三维图形显示方式

不同的显示控制方式,其显示效果不同,时空开销不同,用户视具体情况选择某种显示控制方式,以最佳效果和最小代价来显示三维图形。

13.4.1 平行投影显示(VPOINT)

VPOINT 命令控制三维图形的平行投影显示。用VPOINT 命令设置观察视点,视点与坐标原点的连线称为观察方向,视点仅确定方向,观察效果只与视点方向有关,与视点到坐标原点的距离无关。如在 A、A1、A2 点观察效果相同,如图 13-11 所示。

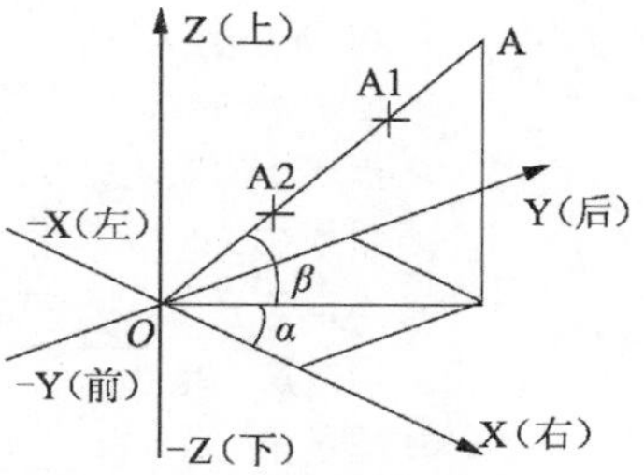

图 13-11 VPOINT 视点

1. 任务

设置观察三维图形的视点。该点到原点是观察方向。

2. 操作

● 键盘命令:VPOINT↙。

3. 提示

- ➢ 当前视图方向:VIEWDIR =1.0000,-1.0000,1.0000
- ➢ 指定视点或[旋转(R)] <显示指南针和三轴架>:(输入视点坐标、R 或按回车键)
- ➢ 正在重生成模型。

● 指定视点:输入视点坐标,确定视点位置。

> **说明:**
> 坐标值决定观察方向,与值大小无关,如(1,1,1)与(2,2,2)效果相同。

● 旋转(R):根据球面坐标中的角度 α 和 β 值确定视点。提示:

- ➢ 输入 XOY 平面中与 X 轴的夹角 <45>:(输入观察方向矢量在 XOY 平面投影与 X 轴的夹角 α)
- ➢ 输入与 XOY 平面的夹角 <35>:(输入观察方向矢量与在 XOY 平面投影的夹角 β)

● 输入回车键:显示指南针和三轴架,根据罗盘确定视点,如图 13-12 所示。

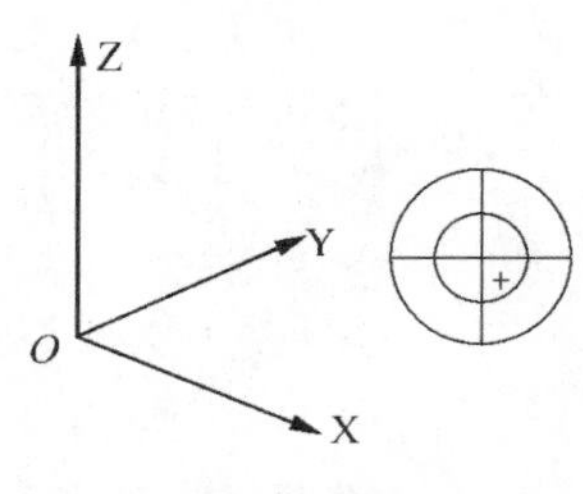

图 13-12 罗盘

在绘图区显示一个环形罗盘和一个轴架。罗盘由十字和大小两个圆组成,小圆称内环,代表赤道,大圆称外环,代表南极,十字中心点代表北极,十字分割的四个区域为 XOY 平面的四个象限。移动鼠标可移动罗盘内的"+"字光标,同时轴架随之变动。光标位于内环以内时,表示从 Z 值正方向向下观察;光标位于内环以外、外环以内时,表示从 Z 值负方向向上观察;单击鼠标左键确定视点,绘图区域显示由该视点观察的视图。

> **说明:**
> 用 VPOINT 命令设置一个视点后,该视点一直保存到下一次用 VPOINT 命令重新设置新视点为止。用户可用 ZOOM 命令的"上一个"选项恢复前一视点。

【例 13.4】 绘制一立体图,如图 13-13 所示。其中,矩形的长、宽、高分别为 50,30,15,圆柱直径为 20,高为 25,且位于矩形块中间。提示:

- 命令:ELEV↙
- 指定新的默认标高 <0.0000>:0↙
- 指定新的默认厚度 <0.0000>:15↙
- 命令:SOLID↙
- 指定第一点:50,50↙
- 指定第二点:@ 50,0↙
- 指定第三点:@ -50,30↙
- 指定第四点或 <退出>:@ 50,0↙
- 指定第三点: ↙
- 命令:ELEV↙
- 指定新的默认标高 <0.0000>:0↙
- 指定新的默认厚度 <15.0000>:0↙
- 命令:LINE↙
- 指定第一点:(按中点捕捉拾取 p1 点)
- 指定下一点或[放弃(U)]:(按中点捕捉拾取 p2 点)
- 指定下一点或[放弃(U)]:↙
- 命令:↙
- 指定第一点:(按中点捕捉拾取 p3 点)
- 指定下一点或[放弃(U)]:(按中点捕捉拾取 p4 点)
- 指定下一点或[放弃(U)]:↙
- 命令:ELEV↙
- 指定新的默认标高 <0.0000>:15↙
- 指定新的默认厚度 <0.0000>:25↙
- 命令:CIRCLE↙

按圆心捕捉 p 点且直径为 20 画圆。

- 命令:VPOINT↙
- 当前视图方向:VIEWDIR =1.0000,-1.0000,1.0000
- 指定视点或[旋转(R)] <显示坐标球和三轴架>:1,1,1↙
- 命令:HIDE↙
- 命令:SHADE↙

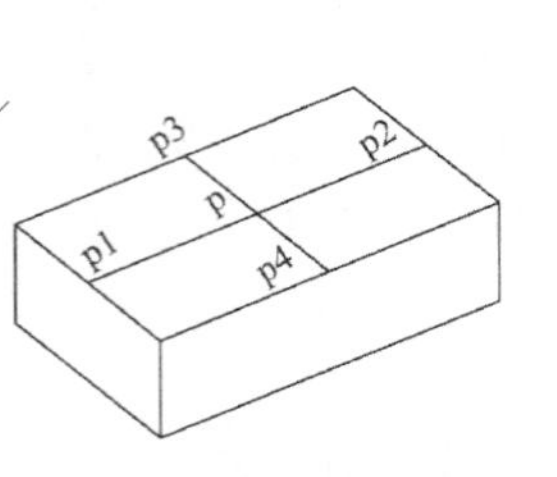

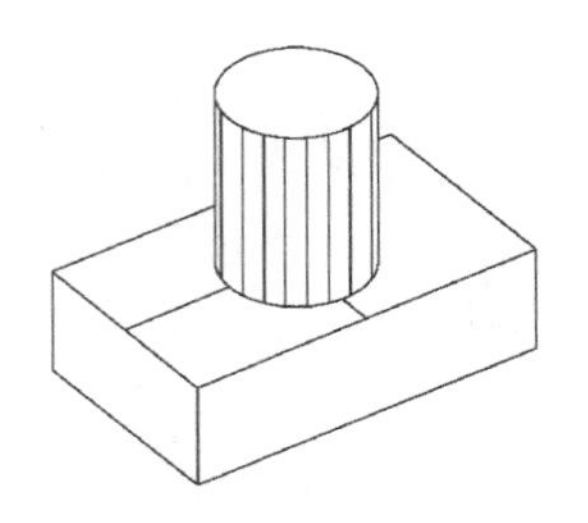

图 13-13 VPOINT 显示

4. 使用对话框设置视点

执行 DDVPOINT 命令或选择“视图”→“三维视图”→“视点预设”菜单项,弹出“视点预设”对话框,如图 13-14 所示。根据提示设置视点或指定其 α 和 β 角。

- 绝对于 WCS(W):选择该项,指定的 α 和 β 角为 WCS 坐标系下的角度。
- 相对于 UCS(U):选择该项,指定的 α 和 β 角为 UCS 坐标系下的角度。
- 自 X 轴(A):输入球面坐标 α 角度,可用鼠标在左上图中单击指定。
- 自 XY 平面(P):输入球面坐标 β 角度,可用鼠标在右上图中单击指定。
- 设置为平面视图(V):单击该按钮,隐含指定视点(0,0,1),显示为平面图。

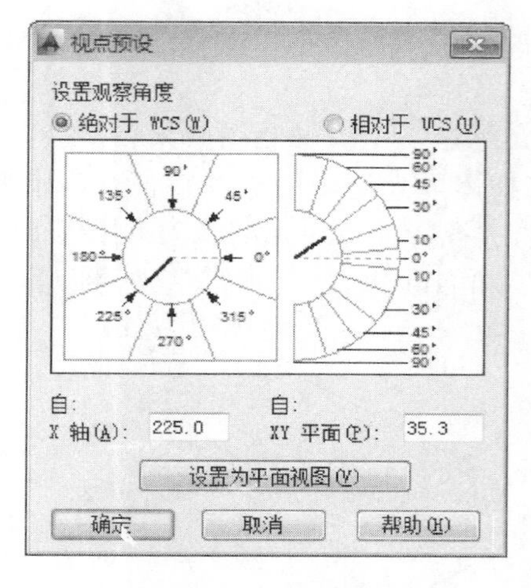

图 13-14 “视点预设”对话框

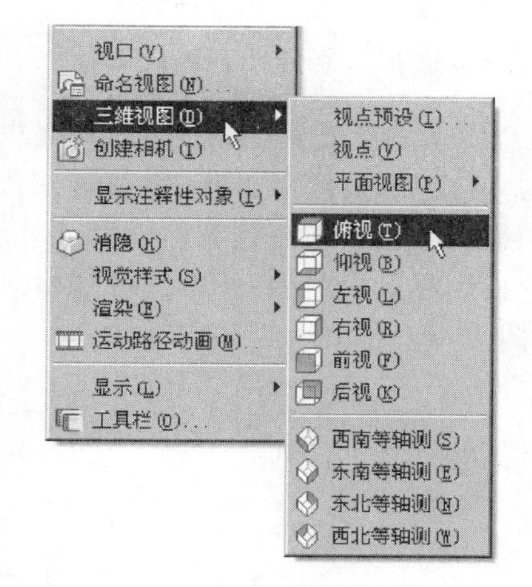

图 13-15 标准视点菜单

5. 设置预定义标准视点

AutoCAD 2014 预定义了 10 个标准视点供用户选择,可按正交或等轴测视图观察。依次执行菜单选项“视图”→“三维视图”→“俯视”/“仰视”/“左视”/“右视”/“前视”/“后视”/“西南等轴测”/“东南等轴测”/“东北等轴测”/“西北等轴测”,如图 13-15 所示,可直接得到标准视图。也可单击“视图”工具栏或“三维建模”工作空间的功能区“视图”面板上的有关工具按钮或“视图”菜单上的“命名视图”菜单项,在弹出的“视图管理器”对话框中选择“预设视图”实现之。

6. 命名视图

AutoCAD 2014 允许将当前视图命名保存,以便今后随时恢复该视图。依次执行菜单选项“视图”→“命名视图”,弹出“视图管理器”对话框,如图 13-16 所示,可将选定视图置为当前视图(恢复选定的命名视图),可新建或删除视图,更新与选定的命名视图一起保存的图层信息,编辑视图显示边界。也可单击“视图”工具栏或功能区“视图”面板上的“命名视图”按钮实现之。

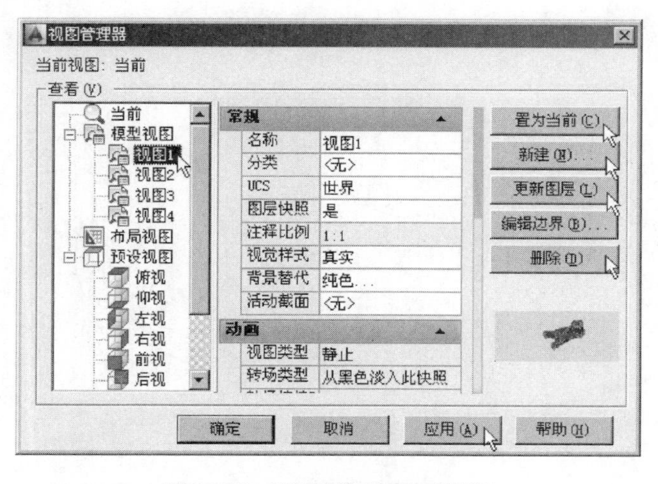

图 13-16 “视图管理器”对话框

13.4.2 透视投影显示(DVIEW)

用 VPOINT 命令观察三维图形,其效果实际是一个等轴测图效果,并不完全反映三维物体的立体感和真实感,即没有体现三维物体近大远小的透视特征。为了使被观察的三维图形能真正体现三维物体近大远小的透视特征,AutoCAD 2014 提供了一个三维图形透视投影显示命令 DVIEW。用 VPOINT 和 DVIEW 命令观察三维图形的效果有所不同,如图 13-17所示。

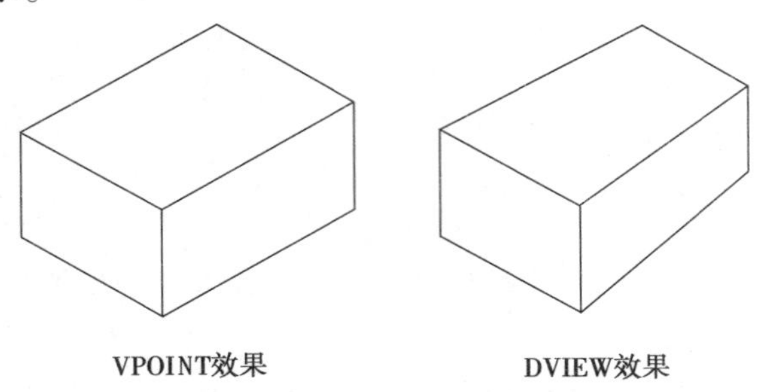

图 13-17 用 VPOINT 和 DVIEW 命令观察三维图形显示效果比较

用 DVIEW 命令观察的图形称为透视图,即采用中心投影方法得到的一种立体图,其观察效果不但与观察方向有关,而且与观察距离、目标点和视点有关,其功能类似于用相机拍摄景物。DVIEW 命令用"照相机"表示视点,用目标点表示观察对象上的一点,两者连线即为观察方向。改变照相机和目标点的位置以及两者之间的距离,可得到不同的显示效果,如图 13-18 所示。

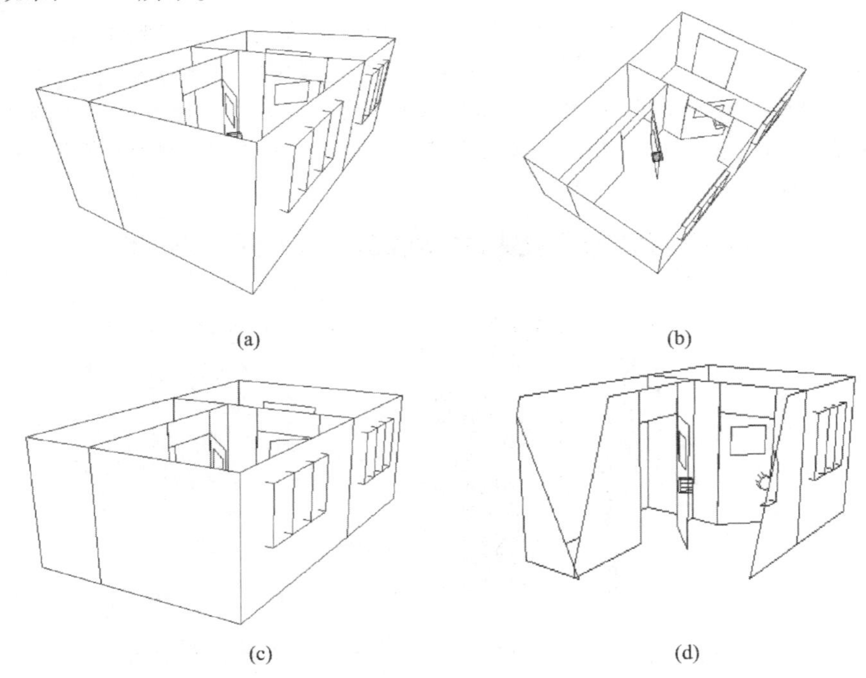

图 13-18 用 DVIEW 命令观察三维图形显示效果比较

1. 任务

以透视投影方式观察三维图形,通过任意三维平面裁剪三维图形。

2. 操作

- 键盘命令:DVIEW↙。

3. 提示

> ➢ 选择对象或 <使用 DVIEWBLOCK>:(选择观察对象)
> ➢ 输入选项[相机(CA)/目标(TA)/距离(D)/点(PO)/平移(PA)/缩放(Z)/扭曲(TW)/剪裁(CL)/隐藏(H)/关(O)/放弃(U)]:(输入 CA、TA、D、PO、PA、Z、TW、CL、H、O 或 U)

- 相机(CA):输入 CA,目标点固定,确定照相机绕目标点旋转的角度。提示:

> ➢ 指定相机位置,输入与 XOY 平面的角度,或[切换角度单位(T)] <0>:(输入相机和目标点的连线与 XOY 平面的角度)
> ➢ 指定相机位置,输入在 XOY 平面上与 X 轴的角度,或[切换角度起点(T)] <0>:(输入相机和目标点的连线在 XOY 平面的投影与 X 轴正方向的夹角)

说明:

① 与 XOY 平面的角度范围为 -90°~90°,与 X 轴正方向的夹角范围为 -180°~180°。

② 可上、下、左、右拖动鼠标,确定有关角度。

- 目标(TA):输入 TA,相机位置固定,确定目标点绕相机旋转的角度。提示:

> ➢ 指定相机位置,输入与 XOY 平面的角度,或[切换角度单位(T)] <0>:(输入目标点和相机的连线与 XOY 平面的角度)
> ➢ 指定相机位置,输入在 XOY 平面上与 X 轴的角度,或[切换角度起点(T)] <0>:(输入目标点和相机的连线在 XOY 平面的投影与 X 轴正方向的夹角)

说明:

目标功能与相机功能正好相反。相机功能为目标点固定,目标功能为相机固定。

- 距离(D):输入 D,指定目标点和相机之间的距离,同时打开透视显示方式,屏幕上出现透视显示标志。提示:

> ➢ 指定新的相机目标距离 <12>:(输入相机与目标点之间的距离值)

说明:

① 距离值表示实际距离,后跟一个“X”,表示新距离值是原距离值的多少倍。

② 距离值要适当,太小,只能观察很少部分;太大,观察图形太小,观察不到细节。

③ 选择该项,同时在屏幕上显示一个调整杆。用户可通过移动鼠标,滑动调整杆上的标尺到恰当位置。游标向右移动,则增加相机和目标点之间的距离;游标向左移动,则减少相机和目标点之间的距离。图中的 nX 表示 n 倍的距离。

● 点(PO):输入 PO,确定相机和目标点的位置。提示:

➢ 指定目标点 <0,0,0>:(输入目标点的位置)

➢ 指定相机点 <0,0,0>:(输入相机的位置)

📖 **说明:**

当输入目标点后,则出现一条从目标点到光标之间的橡皮筋,以帮助用户确定新的相机位置。目标点和相机的位置可用捕捉方式拾取。

● 平移(PA):输入 PA,平移图形。提示:

➢ 指定位移基点:(输入位移基点或位移量)

➢ 指定第二点:(输入第二点或按回车键)

● 缩放(Z):输入 Z,调整相机焦距或缩放系数。提示:

➢ 指定镜头长度 <57.573mm>:(在透视方式下输入焦距值)

➢ 指定缩放比例因子 <1>:(在非透视方式下输入缩放系数)

📖 **说明:**

在透视方式下,屏幕上方出现一个调整杆,可通过移动鼠标调整焦距。

● 扭曲(TW):输入 TW,使图形绕视线旋转,即倾斜视图,如图 13-19 所示。提示:

➢ 指定视图扭曲角度 <0.00>:(输入旋转角度)

● 裁剪(CL):输入 CL,使用剪裁面在相机和目标点之间裁剪图形。提示:

➢ 输入剪裁选项 [后向(B)/前向(F)/关(O)]:(输入 B、F 或 O)

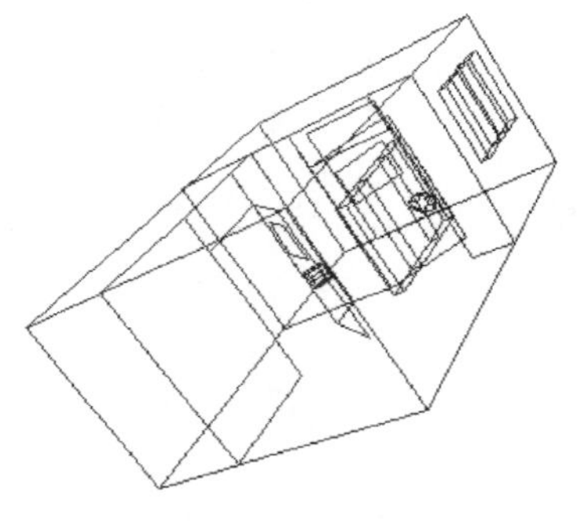

图 13-19　旋转视图

◆ 后向(B):输入 B,剪掉裁剪平面后面的图形部分,如图 13-20 所示。提示:

➢ 指定与目标的距离或 [开(ON)/关(OFF)] <0>:(输入距离值、ON 或 OFF)

■ 指定与目标的距离:设置裁剪平面到目标点的距离。

■ 开(ON):输入 ON,开启裁剪平面。

■ 关(OFF):输入 OFF,关闭裁剪平面。

◆ 前向(F):剪掉裁剪平面前面的图形部分,如图 13-21 所示。提示:

➢ 指定与目标的距离或 [设置为镜头(E)/开(ON)/关(OFF)] <0>:(输入距离值、E、ON 或 OFF)

■ 指定与目标的距离:设置裁剪平面到目标点的距离。

■ 设置为镜头(E):输入 E,将裁减平面设置在相机位置,相机后面不可见。

■ 开(ON):输入 ON,开启裁剪平面。

■ 关(OFF):输入 OFF,关闭裁剪平面。

◆ 关(O):输入 O,取消裁剪面。

- 隐藏(H):输入 H,对图形进行消隐处理,如图 13-20、图 13-21 所示。
- 关(O):输入 O,关闭透视方式。
- 放弃(U):输入 U,取消前一个 DVIEW 操作的效果。

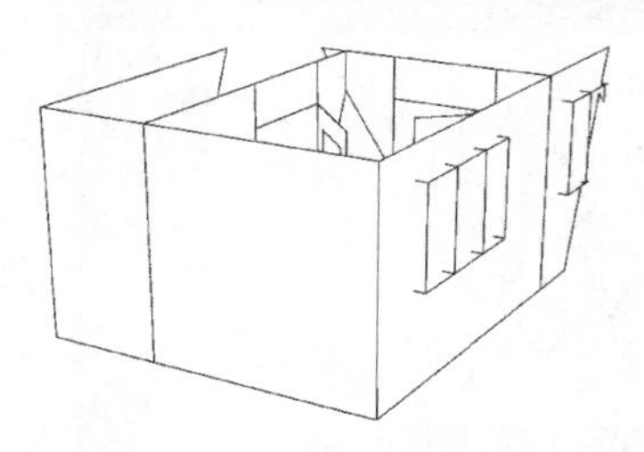

图 13-20 裁剪后半部分

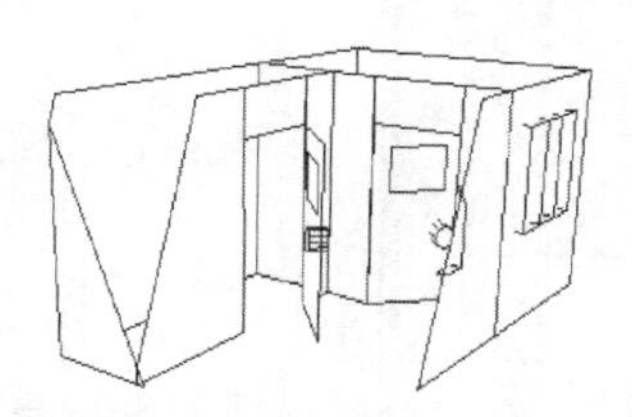

图 13-21 裁剪前半部分

说明:

① 在透视方式下,PAN、ZOOM、透明命令失去作用,可用命令中的“平移”和“缩放”选项完成图形的平移或缩放。

② 首次使用 DVIEW 命令,AutoCAD 对相机和目标点之间的距离给出一个适当的初值。

③ DVIEW 命令要求输入的坐标和角度都相对于当前 UCS,如果在通用坐标系中操作,可事先将系统变量 WORLDVIEW 置为 1。

13.4.3 三维动态观察器(3DORBIT)

AutoCAD 2014 提供从不同视点动态观察三维图形的功能(3DORBIT),使三维图形观察更加方便和灵活。用户只需上、下、左、右移动鼠标就可动态观察三维图形。

1. 任务

动态观察三维图形。有三种动态观察方式:受约束、自由、连续。

2. 操作

- 键盘命令:3DORBIT↙。
- 菜单选项:“视图”→“动态观察”。
- 工具按钮:“动态观察”工具栏→“动态观察”。
- 功能区面板:“视图”→“导航”→“动态观察”。

3. 提示

➢ 按 ESC 或 ENTER 键退出,或者单击鼠标右键显示快捷菜单。

命令执行后,在绘图区出现“三维动态观察器”图标、一个大圆和大圆上四个小圆,左下角为三维坐标系轴架,如图 13-22 所示。

按住鼠标左键,上、下、左、右拖动鼠标,坐标原点和观察对象同时转动,实现动态观察。放开鼠标左键,可得到观察画面。处于动态观察状态时,单击鼠标右键,可弹出相关快捷菜单,切换至其他操作。键入回车键,可结束 3DORBIT 命令。

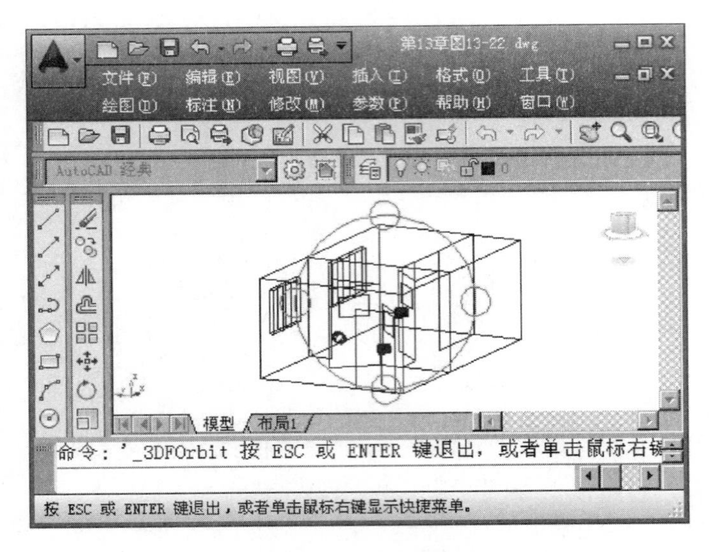

图 13-22　三维动态管理器

13.4.4　消隐(HIDE)

用 VPOINT 命令显示的三维图形是由线框组成的三维图形,它包括全部可见与不可见的线条。如果图形复杂,则导致图形杂乱无章,图形的三维特征不够清晰,要得到清晰的三维特征和立体效果,需进行消隐处理,去掉不可见线条。

1. 任务

删除三维图形中视点观察不可见线条。

2. 操作

- 键盘命令:HIDE↙。
- 菜单选项:"视图"→"消隐"。

消隐处理没有提示项。由于要重新生成图形,所以对复杂图形需等待一会,稍后,出现"正在重生成模型。"提示后,说明消隐操作完成。

【例 13.5】 绘制矩形空心体,标高为 20,长、宽、高分别为 70,50,30,在矩形空心体中心绘制圆柱体,标高为 10,直径为 20,高为 40,进行消隐处理,如图 13-23 所示。提示:

➢ 命令:ELEV↙

设置构造面高度值为 20。

➢ 命令:RECTANG↙

绘制矩形,左下角坐标为(10,10),右上角坐标为(80,60)。

➢ 命令:CHANGE↙

修改矩形厚度为 30。

➢ 命令:ELEV↙

设置构造面高度值为 10,厚度值为 40。

➢ 命令:CIRCLE↙

绘制圆,圆心坐标为(45,35),直径为 20。

➢ 命令:VPOINT↙

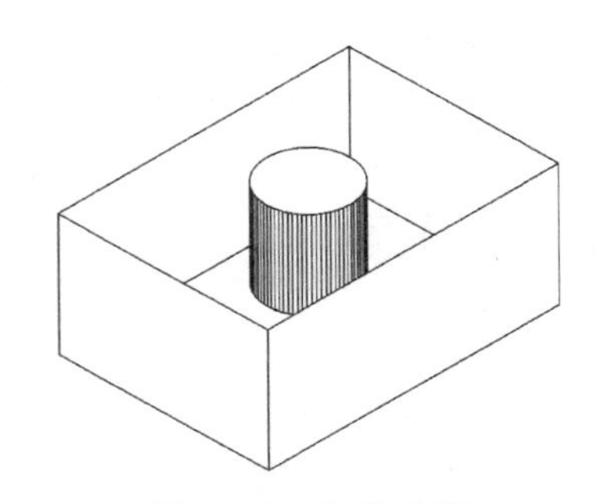

图 13-23　消隐处理

设置视点坐标为(1,1,1)。

➢ 命令:HIDE↙

进行消隐处理。

13.5　建立用户坐标系(UCS)

13.5.1　概述

绘制图形必须在某一坐标系中进行。AutoCAD 2014 采用笛卡儿直角坐标系绘制图形,且提供一个默认的笛卡儿直角坐标系,称为通用坐标系(世界坐标系),简称 WCS。

启动 AutoCAD 2014 系统,首先建立一个通用坐标系,可在通用坐标系中绘制二维或三维图形。使用通用坐标系绘制三维图形,需给定三维坐标(X,Y,Z),这给绘制三维图形带来诸多不便。如果在绘图过程中允许用户根据需要自己建立新的坐标系,那么在新坐标系下,可简化绘图过程,提高绘图效率,绘制三维图形就会像绘制二维图形那样容易。

所谓用户坐标系,就是用户根据需要建立的新坐标系,简称 UCS。AutoCAD 2014 允许用户建立一个或多个用户坐标系。采用 UCS 绘制复杂三维图形将非常方便。如绘制如图 13-24 所示的图形斜面上的圆,采用 UCS 绘制要比采用 WCS 绘制容易得多。

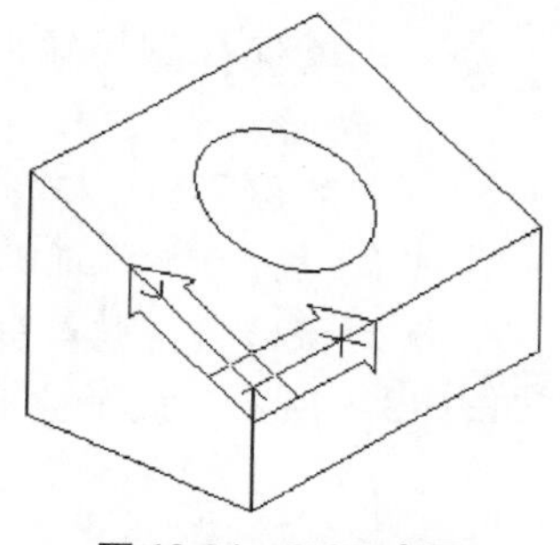

图 13-24　UCS 应用

13.5.2　建立 UCS(UCS)

1. 任务

建立、保存、恢复用户坐标系。

2. 操作

● 键盘命令:UCS↙。

● 菜单选项:"工具"→"命名 UCS"/"正交 UCS"/"新建 UCS"。

● 工具按钮:"UCS"工具栏→"UCS"。

● 功能区面板:"视图"→"坐标"→"UCS"。

3. 提示

➢ 当前 UCS 名称: *世界*

➢ 指定 UCS 的原点或[面(F)/命名(NA)/对象(OB)/上一个(P)/视图(V)/世界(W)/X/Y/Z/Z 轴(ZA)]<世界>:(输入原点或 F、NA、OB、P、V、W、X、Y、Z、ZA)

● 指定 UCS 的原点:输入新 UCS 的原点、X 轴上的点和 XOY 平面上的点,根据三点建立新的 UCS。输入原点后,按【Enter】键,新 UCS 的 X/Y/Z 轴方向与前一坐标系 X/Y/Z 轴方向保持不变,即平移 UCS。

● 面(F):输入 F,在指定三维实体的面上建立新的 UCS。提示:

➢ 选择实体面、曲面或网格:(选择三维实体面、曲面或网格对象)

➢ 输入选项 [下一个(N)/X 轴反向(X)/Y 轴反向(Y)] <接受>:(输入 N、X、Y 或按回车键)

■ 下一个(N):输入 N,将相邻面作为新 UCS 的 XOY 平面。

■ X 轴反向(X):输入 X,将新 UCS 的 XOY 平面绕 X 轴旋转 180°。

■ Y 轴反向(Y):输入 Y,将新 UCS 的 XOY 平面绕 Y 轴旋转 180°。

■ 接受:按回车键,结束命令,确定新 UCS。

说明:

拾取面内任一点,该面为新 UCS 的 XOY 平面,拾取点最近交点为新 UCS 原点。

● 命名(NA):输入 NA,保存、恢复或删除 UCS。提示:

➢ 输入选项 [恢复(R)/保存(S)/删除(D)/?]:(输入 R、S、D、?)

■ 恢复(R):输入 R,将某 UCS 恢复为当前 UCS。提示:

➢ 输入要恢复的 UCS 名称或 [?]:(输入 UCS 名)

■ 保存(S):输入 S,按给定名字保存当前 UCS。提示:

➢ 输入保存当前 UCS 的名称或 [?]:(输入新 UCS 名)

■ 删除(D):输入 D,从已保存 UCS 清单中删除某 UCS。提示:

➢ 输入要删除的 UCS 名称 <无>:(输入 UCS 名)

● 对象(OB):输入 OB,按指定对象特征建立新的 UCS,不同对象其原点和方向不同,如表 13-1 所示。提示:

➢ 选择对齐 UCS 的对象:(选择对象)

说明:

新 UCS 的 Z 轴平行于对象原 Z 轴(即新 XOY 平面平行于对象原 XOY 平面)。新原点和新 X 轴方向将根据对象类型确定,参见表 13-1。

表 13-1 确定 UCS 原点和 X 轴

对 象	新的 UCS 原点和 X 轴
弧(ARC)	新原点为弧的圆心,新 X 轴通过离拾取点最近的圆弧端点
圆(CIRCLE)	新原点为圆的圆心,新 X 轴通过拾取点
尺寸标注(DIM)	新原点为尺寸文字的中点,新 X 轴平行于原 UCS 的 X 轴
线(LINE)	新原点为拾取点最近的端点,新 X 轴直线在新 UCS 的 XOZ 平面上投影线
点(POINT)	新原点为拾取点,新 X 轴平行于原 UCS 的 X 轴
区域填充(SOLID)	新原点为第一点,新 X 轴在第一、二点连线上
等宽线(TRACE)	新原点为起点,新 X 轴在中心线上
三维面(3DFACE)	新原点为三维面上第一点,新 X 轴经过第 1、2 点,新 Y 轴经过第 1、4 点
二维多段线(PLINE)	新原点为起点,新 X 轴经过第 1、2 点
型、文字、块、属性	新原点为插入点,新 X 轴方向同当前 UCS 的 X 轴方向

- 上一个(P)：输入 P，恢复前一个 UCS。
- 视图(V)：输入 V，按原 UCS 原点及平行于视图的新 XOY 平面，建立新的 UCS。
- 世界(W)：输入 W 或按回车键，设置坐标系为 WCS。
- X/ Y/ Z：输入 X、Y 或 Z，将指定坐标轴旋转角度，建立新的 UCS。提示：
  - ➢ 指定绕 X/Y/Z/轴的旋转角度 <0>：(输入旋转角度)

> **说明：**
> 若角度为正，则按逆时针方向旋转；否则按顺时针方向旋转。

- Z 轴(ZA)：输入 ZA，按指定新原点和正 Z 轴方向或选择图形对象建立新 UCS。提示：
  - ➢ 指定新原点或[对象(O)] <0,0,0>：(拾取新 UCS 原点，或输入 O，选择一图形对象)
  - ➢ 在正 Z 轴范围上指定点 <0,0,0>：(拾取新 UCS Z 轴正方向上一点)

13.5.3　使用对话框管理 UCS(DDUCS)

1. 任务

以对话框的形式管理已创建的 UCS，对其进行查询、换名、删除、设置等操作。

2. 操作

- 键盘命令：DDUCS↙。
- 菜单选项："工具"→"命名 UCS"。
- 工具按钮："UCS"Ⅱ工具栏→"命名 UCS"。
- 功能区面板："视图"→"坐标"→"命名 UCS"。

3. 提示

弹出"UCS"对话框，如图 13-25、图 13-26 所示。

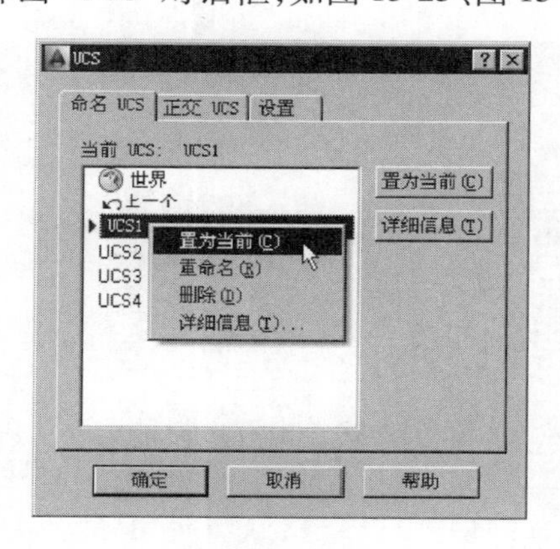

图 13-25　命名 UCS

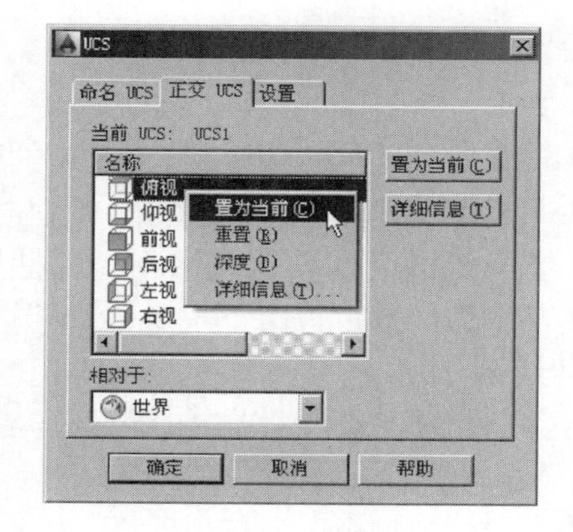

图 13-26　正交 UCS

- "命名 UCS"标签：列出已命名 UCS 清单，选择某 UCS，右击鼠标，根据弹出的快捷菜单，可设置某一 UCS 为当前 UCS，更改 UCS 名，删除 UCS。
- 正交 UCS：列出预定义俯视、仰视、前视、后视、左视、右视共 6 种标准正交 UCS 坐标系，如图 13-27 所示。选择某 UCS，右击鼠标，根据弹出的快捷菜单，可设置某一 UCS 为当前 UCS，重置 UCS，设置 UCS 深度。

- ◆ 俯视：按 WCS 建立新的 UCS。
- ◆ 仰视：将 WCS 绕 Y 轴旋转 180°建立新的 UCS。
- ◆ 前视：将 WCS 绕 X 轴旋转 90°建立新的 UCS。
- ◆ 后视：将 WCS 绕 X 轴旋转 90°且绕 Y 轴旋转 180°建立新的 UCS。
- ◆ 左视：将 WCS 绕 X 轴旋转 90°且绕 Y 轴旋转 -90°建立新的 UCS。
- ◆ 右视：将 WCS 绕 X 轴旋转 90°且绕 Y 轴旋转 90°建立新的 UCS。

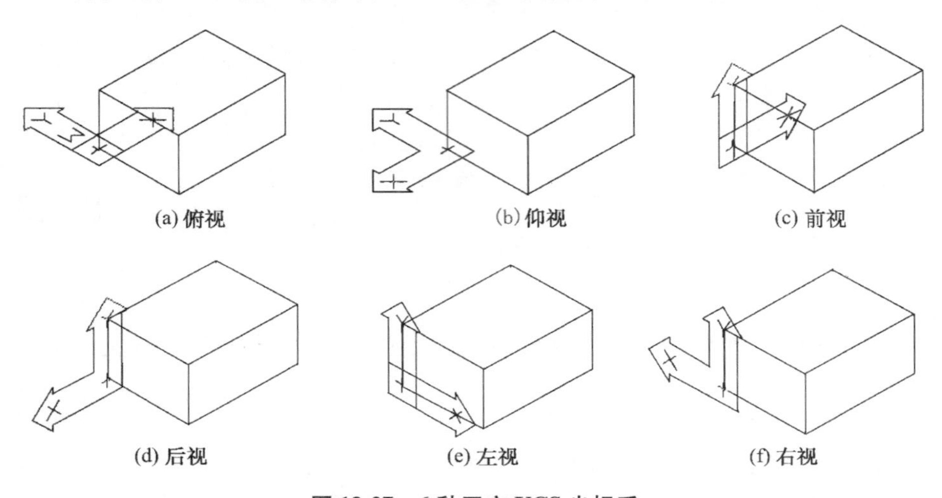

(a) 俯视　(b) 仰视　(c) 前视

(d) 后视　(e) 左视　(f) 右视

图 13-27　6 种正交 UCS 坐标系

13.5.4　设置坐标系图标显示方式（UCSICON）

1. 任务

设置坐标系图标显示方式。

2. 操作

- 键盘命令：UCSICON↙。
- 菜单选项："视图"→"显示"→"UCS 图标"。
- 工具按钮："UCS"工具栏→"命名 UCS"→"设置"标签。
- 功能区面板："视图"→"坐标"→"UCS 图标"。

3. 提示

> ➢ 输入选项 [开(ON)/关(OFF)/全部(A)/非原点(N)/原点(OR)/特性(P)] <开>:(输入 ON、OFF、A、N、OR 或 P)

- 开（ON）：输入 ON，在当前视口显示坐标系图标。
- 关（OFF）：输入 OFF，在当前视口隐藏坐标系图标。
- 全部（A）：输入 A，改变所有视口中的坐标系图标显示。
- 非原点（N）：输入 N，将坐标系图标放置于视口左下角。
- 原点（OR）：输入 OR，将坐标系图标放置于坐标系圆点。

● 特性(P):输入P,设置UCS样式、大小和颜色。

【例13.6】　绘制如图13-28(a)所示的图形。已知:四棱体的长、宽、高分别为30,20,10(20);圆柱直径为15(10),高均为5;V形棱柱宽为3,高为5。

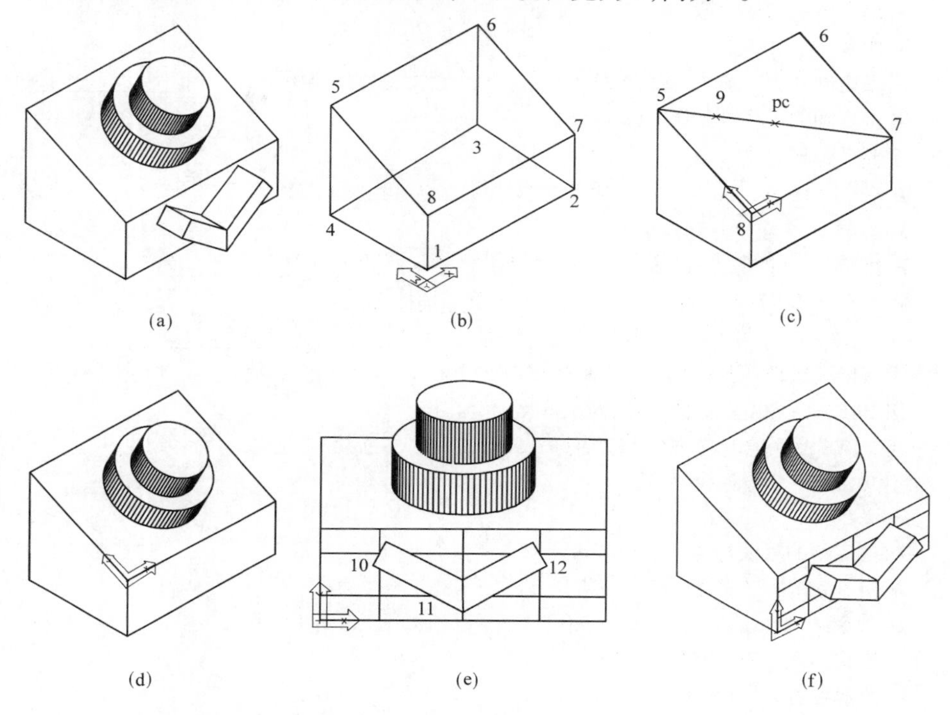

图13-28　绘制四棱体

(1) 用3DFACE命令绘制由6个面组成的四棱体(略),如图13-28(b)所示。

(2) 绘制斜面圆柱。

➢ 命令:UCS↙　　　　——建立坐标系,如图13-28(c)所示
➢ 当前UCS名称: *俯视*
➢ 指定UCS的原点或[面(F)/…/Z轴(ZA)]<世界>:(交点捕捉8点)
➢ 在正X轴范围上指定点 <0,0,0>:(交点捕捉7点)
➢ 在UCS XOY平面的正Y轴范围上指定点 <0,0,0>:(交点捕捉5点)
➢ 命令:LINE↙
➢ 指定第一点:(交点捕捉5点)
➢ 指定下一点或[放弃(U)]:(交点捕捉7点)
➢ 指定下一点或[放弃(U)]:↙
➢ 命令:ELEV↙
➢ 指定新的默认标高 <0.0000>:↙
➢ 指定新的默认厚度 <0.0000>:5↙
➢ 命令:CIRCLE↙　　　　——绘制圆柱,如图13-28(d)所示
➢ 指定圆的圆心或[三点(3P)/两点(2P)/相切、相切、半径(T)]:(中点捕捉pc点)
➢ 指定圆的半径或[直径(D)]:7.5↙

- 用 ERASE 命令删除 5 至 7 线段。
- 命令:ELEV↙
- 指定新的默认标高 <0.0000>:5↙
- 指定新的默认厚度 <5.0000>:↙
- 命令:CIRCLE↙
- 指定圆的圆心或[三点(3P)/两点(2P)/相切、相切、半径(T)]:(捕捉圆柱顶圆圆心)
- 指定圆的半径或[直径(D)]:5↙

(3)绘制 V 形棱柱。

- 命令:UCS↙ ——建立新的 UCS,如图 13-28(e)所示
- 当前 UCS 名称: *俯视*
- 指定 UCS 的原点或[面(F)/…/Z 轴(ZA)]<世界>:(交点捕捉 1 点)
- 在正 X 轴范围上指定点 <0,0,0>:(交点捕捉 2 点)
- 在 UCS XOY 平面的正 Y 轴范围上指定点 <0,0,0>:(交点捕捉 8 点)

设置俯视图,绘图区域为新 UCS 的 XOY 平面。
用 ELEV 命令设置基面高度,对象厚度为 0。
用 LINE 命令绘制网格线,交点有 10、11、12 点。
用 VPOINT 命令设置视点。

- 命令:ELEV↙
- 指定新的默认标高 <0.0000>:↙
- 指定新的默认厚度 <5.0000>:5↙
- 命令:PLINE↙ ——绘制 V 形棱柱,如图 13-28(f)所示
- 指定起点:(交点捕捉 10 点)
- 当前线宽为 0.0000
- 指定下一个点或[圆弧(A)/半宽(H)/长度(L)/放弃(U)/宽度(W)]:W↙
- 指定起点宽度 <0.0000>:3↙
- 指定端点宽度 <3.0000>:↙
- 指定下一个点或[圆弧(A)/半宽(H)/长度(L)/放弃(U)/宽度(W)]:(交点捕捉 11 点)
- 指定下一点或[圆弧(A)/闭合(C)/半宽(H)/长度(L)/放弃(U)/宽度(W)]:(交点捕捉 12 点)
- 指定下一点或[圆弧(A)/闭合(C)/半宽(H)/长度(L)/放弃(U)/宽度(W)]:↙
- 命令:HIDE↙

进行消隐处理。

13.6 三维点和线绘制

使用三维点、线的绘制方法,可以绘制线框型三维图形。三维点、线的绘制,类似于二维点、线的绘制,大多数命令相同,如 POINT、LINE、ARC、CIRCLE 等,只需按三维坐标 x、y、z 输入或拾取点即可,也有专门绘制三维线的命令,如绘制三维多段线命令 3DPOLY。

13.6.1 三维点绘制(POINT)

执行 POINT 命令,即可绘制三维点。

【例 13.7】 在坐标(3,4,5)处绘制一个三维点。提示:

➤ 命令:POINT↙
➤ 指定点:3,4,5↙

📖 说明:

① 输入三维点坐标时,可用直角坐标、柱面坐标或球面坐标多种方式输入。
② 可设置点的样式和大小,点样式图案平行于当前坐标系 XOY 平面。

13.6.2 三维直线段绘制(LINE)

执行 LINE 命令,可绘制三维直线段,绘制方法同二维直线段绘制,不同之处是输入或拾取点采用三维坐标。

【例 13.8】 绘制距 XOY 平面距离为 40,垂直于 XOY 平面的边长为 10 的矩形。使用前视图观察矩形。提示:

➤ 命令:LINE↙
➤ 指定第一点:20,30,40↙
➤ 指定下一点或[放弃(U)]:30,30,40↙
➤ 指定下一点或[放弃(U)]:30,30,50↙
➤ 指定下一点或[闭合(C)/放弃(U)]:20,30,50↙
➤ 指定下一点或[闭合(C)/放弃(U)]:C↙

13.6.3 三维射线绘制(RAY)

执行 RAY 命令,即可绘制三维射线。

【例 13.9】 绘制一起点为(20,30,40),经过点(30,40,50)、(30,50,50)的射线。提示:

➤ 命令:RAY↙
➤ 指定起点:20,30,40↙
➤ 指定通过点:30,40,50↙
➤ 指定通过点:30,50,50↙
➤ 指定通过点:↙

13.6.4 三维双向构造线绘制(XLINE)

执行 XLINE 命令,可绘制三维双向构造线。提示中选项含义与二维双向构造线命令有所不同。

- 指定点:绘制经过两个三维点的构造线。
- 水平:绘制经过三维点且与 X 轴平行的构造线。
- 垂直:绘制经过三维点且与 Y 轴平行的构造线。
- 角度:绘制经过三维点且在 XOY 平面投影与 X 轴正向成指定夹角的构造线。
- 二等分:绘制由 3 个三维点确定的平面上平分一顶角的平分线(构造线)。

● 偏移:按偏移距离和通过点绘制偏移线。

13.6.5 三维多段线绘制(3DPOLY)

1. 任务

绘制三维多段线。

2. 操作

● 键盘命令:3DPOLY↙。
● 菜单选项:"绘图"→"三维多段线"。
● 功能区面板:"默认"→"绘图"→"三维多段线"。

3. 提示

➤ 指定多段线的起点:(拾取起点)
➤ 指定直线的端点或 [放弃(U)]:(拾取直线下一个端点)
➤ 指定直线的端点或 [放弃(U)]:(拾取直线下一个端点)
➤ 指定直线的端点或 [闭合(C)/放弃(U)]:(拾取下一点、C 或 U)

● 闭合(C):输入 C,封闭三维多段线(绘制到起点)。
● 放弃(U):输入 U,取消上一次绘制的线段。
● 指定直线的端点:拾取下一个三维点,绘制从当前点到该点的直线段。

说明:

只能绘制直线段,不能绘制圆弧。不能改变宽度。

13.6.6 三维多段线编辑(PEDIT)

1. 任务

对三维多段线进行编辑、修改。

2. 操作

● 键盘命令:PEDIT↙。
● 菜单选项:"修改"→"对象"→"多段线"。
● 工具按钮:"修改"Ⅱ工具栏→"编辑多段线"。
● 功能区面板:"默认"→"修改"→"编辑多段线"。

3. 提示

➤ 选择多段线或 [多条(M)]:(选择多段线)
➤ 输入选项 [闭合(C)/编辑顶点(E)/样条曲线(S)/非曲线化(D)/反转(R)/放弃(U)]:选项含义同二维多段线编辑。

13.6.7 三维螺旋线绘制(HELIX)

1. 任务

绘制螺旋线。将螺旋线用作 SWEEP 命令的扫掠路径以创建弹簧、螺纹和环形楼梯。

2. **操作**

- 键盘命令:HELIX↙。
- 菜单选项:"绘图"→"螺旋"。
- 工具按钮:"建模"工具栏→"螺旋"。
- 功能区面板:"默认"→"绘图"→"螺旋"。

3. **提示**

> ➢ 圈数 = 3.0000 扭曲 = CCW
> ➢ 指定底面的中心点:(拾取螺旋线底面中心点)
> ➢ 指定底面半径或[直径(D)] <1.0000>:(输入底面半径或直径)
> ➢ 指定顶面半径或[直径(D)] <1.0000>:(输入顶面半径或直径)
> ➢ 指定螺旋高度或[轴端点(A)/圈数(T)/圈高(H)/扭曲(W)] <1.0>:(输入高度、A、T、H、W)

- 指定螺旋高度:输入螺旋线高度。按指定高度和默认圈数绘制螺旋线。
- 轴端点(A):输入A,指定螺旋轴(螺旋线中心轴线,起点为底面中心点)的另一端点(顶面中心点)位置。轴端点可位于三维空间任意位置。轴端点定义了螺旋的高度和方向。
- 圈数(T):输入T,设置螺旋线圈数(≤500)。圈数作为默认值,直到设置新圈数。
- 圈高(H):输入H,设置螺旋内一个完整圈的高度。螺旋线圈数由圈高和螺旋高度确定。
- 扭曲(W):输入W,设置以顺时针方向还是以逆时针方向绘制螺旋,默认值为逆时针。

13.7 三维平面绘制(3DFACE)

使用三维平面的绘制方法,可以绘制表面型三维图形。

1. **任务**

在三维空间任意位置绘制由三条边线或四条边线组成的平面。

2. **操作**

- 键盘命令:3DFACE↙。
- 菜单选项:"绘图"→"建模"→"网格"→"三维面"。

3. **提示**

> ➢ 指定第一点或[不可见(I)]:(输入第一点或I)
> ➢ 指定第二点或[不可见(I)]:(输入第二点或I)
> ➢ 指定第三点或[不可见(I)] <退出>:(输入第三点或I)
> ➢ 指定第四点或[不可见(I)] <创建三侧面>:(输入第四点、I或按回车键)
> ➢ 指定第三点或[不可见(I)] <退出>:(输入第三点或I)
> ➢ 指定第四点或[不可见(I)] <创建三侧面>:(输入第四点、I或按回车键)

📖 说明：

① 三维平面的顶点最多是四个。

② 四个顶点按顺时针或逆时针方向输入，系统自动形成封闭平面。

③ 在“指定第四点”处按回车键，则绘制三角形平面。

④ 前一平面的3、4顶点分别为下一平面的1、2顶点。

⑤ 绘制多边形，按多个四边形或三角形绘制。

⑥ 若要求某边不显示，则在输入该边的起始点前先输入“I”，然后再拾取点。

⑦ 在3DFACE命令之前或之后，必须用VPOINT命令才能显示出立体的三维线框图形。若组成平面的四个点共面，则用HIDE命令消隐，否则不能消隐。

【例13.10】 绘制一四棱台立体图，如图13-29所示。其中点A(20,50,0)、B(60,50,0)、C(60,20,0)、D(20,20,0)、E(30,30,30)、F(50,30,30)、G(50,40,30)、H(30,40,30)。提示：

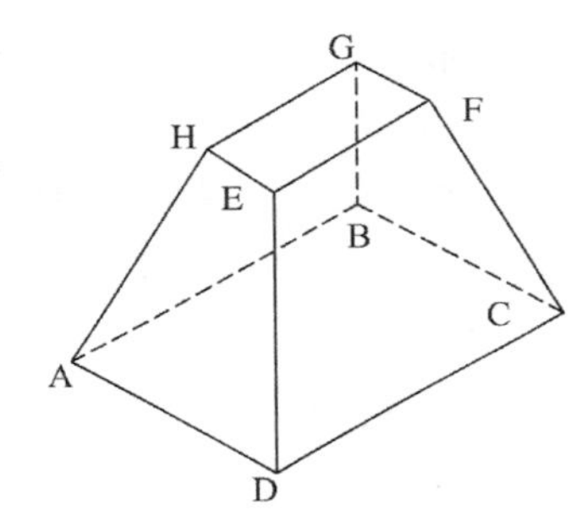

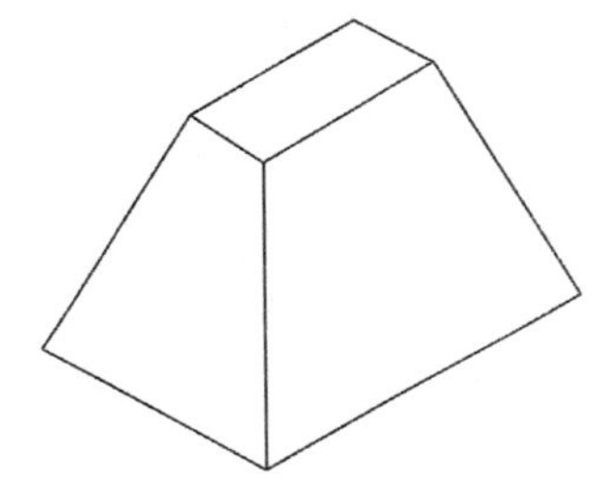

图13-29 绘制四棱台

➢ 命令：3DFACE↙
➢ 指定第一点或［不可见(I)］：20,50,0↙
➢ 指定第二点或［不可见(I)］：60,50,0↙
➢ 指定第三点或［不可见(I)］ <退出>：60,20,0↙
➢ 指定第四点或［不可见(I)］ <…>：20,20,0↙ ——绘制平面ABCD
➢ 指定第三点或［不可见(I)］ <退出>：30,30,30↙
➢ 指定第四点或［不可见(I)］ <…>：50,30,30↙ ——绘制平面CDEF
➢ 指定第三点或［不可见(I)］ <退出>：50,40,30↙
➢ 指定第四点或［不可见(I)］ <…>：30,40,30↙ ——绘制平面EFGH
➢ 指定第三点或［不可见(I)］ <退出>：20,50,0↙
➢ 指定第四点或［不可见(I)］ <…>：60,50,0↙ ——绘制平面GHAB
➢ 指定第三点或［不可见(I)］ <退出>：↙
➢ 命令：↙
➢ 指定第一点或［不可见(I)］：20,50,0↙（或捕捉A点）
➢ 指定第二点或［不可见(I)］：20,20,0↙（或捕捉D点）
➢ 指定第三点或［不可见(I)］ <退出>：30,30,30↙（或捕捉E点）
➢ 指定第四点或［不可见(I)］ <…>：30,40,30↙（或捕捉H点）

➢ 指定第三点或［不可见(I)］<退出>:↙ ——绘制平面 ADEH
➢ 命令:↙
➢ 指定第一点或［不可见(I)］:60,50,0↙（或捕捉 B 点）
➢ 指定第二点或［不可见(I)］:60,20,0↙（或捕捉 C 点）
➢ 指定第三点或［不可见(I)］<退出>:50,30,30↙（或捕捉 F 点）
➢ 指定第四点或［不可见(I)］<…>:50,40,30↙（或捕捉 G 点）
➢ 指定第三点或［不可见(I)］<退出>:↙ ——绘制平面 BCFG
➢ 命令:VPOINT↙
➢ 当前视图方向: VIEWDIR=0,0,1
➢ 指定视点或［旋转(R)］<显示坐标球和三轴架>:-1,-1,1↙
➢ 命令:HIDE↙
➢ 命令:SHADE↙

13.8 三维多边形网格面绘制

用三维多边形网格面来表示平面或曲面。三维多边形网格面是一个整体,由多个三维平面(3DFACE 面)组成,由 M×N 个顶点矩阵定义,可用 PEDIT 命令对其进行编辑,也可用 EXPLODE 命令将其分解为小平面,如图 13-30 所示。网格的顶点数可以控制近似曲面的逼真程度,顶点数越多,网格越密,曲面越光滑,但生成曲面的时间也越长。

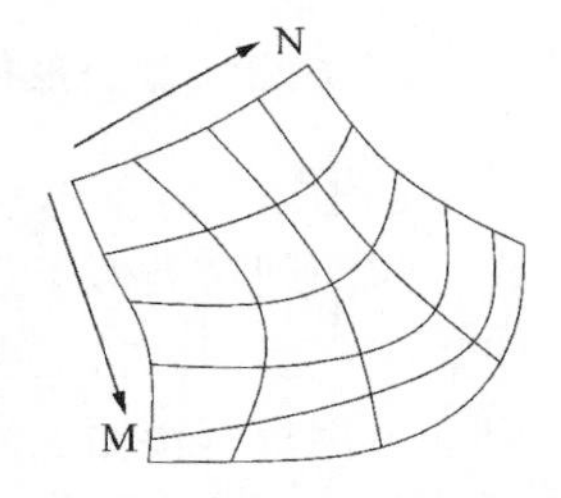

图 13-30 多边形网格

13.8.1 一般三维多边形网格面绘制(3DMESH)

1. 任务

根据用户指定的 M×N 顶点矩阵来绘制三维网格。每个顶点为三维点。

2. 操作

● 键盘命令:3DMESH↙。

3. 提示

➢ 输入 M 方向上的网格数量:(输入 M 方向的顶点数)
➢ 输入 N 方向上的网格数量:(输入 N 方向的顶点数)
➢ 指定顶点(0, 0)的位置:(输入第 1 行、第 1 列顶点)
➢ ……
➢ 指定顶点(M-1, N-1)的位置:(输入第 M 行、第 N 列顶点)

说明:

每个方向的最大顶点数为 256。所生成的三维网格不封闭,可使用 PEDIT 命令使网格在某方向上封闭。

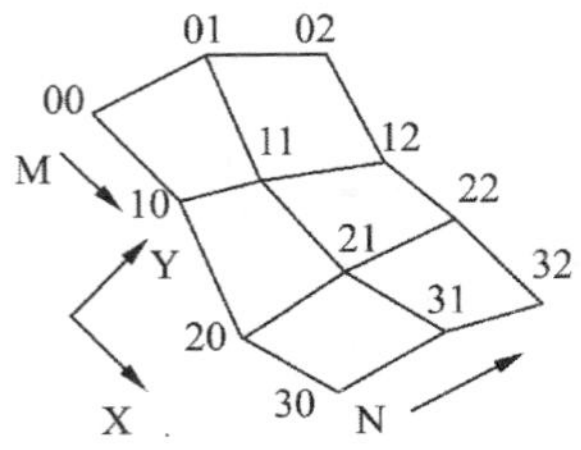

【例 13.11】 绘制 4×3 的三维网格,如图 13-31 所示。

➢ 命令:3DMESH↙
➢ 输入 M 方向上的网格数量:4↙
➢ 输入 N 方向上的网格数量:3↙
➢ 指定顶点(00)的位置:50,40,3↙
➢ 指定顶点(01)的位置:50,45,5↙
➢ 指定顶点(02)的位置:50,50,3↙
➢ 指定顶点(10)的位置:55,40,2↙
➢ 指定顶点(11)的位置:55,45,0↙
➢ 指定顶点(12)的位置:55,50,0↙
➢ 指定顶点(20)的位置:60,40,-1↙
➢ 指定顶点(21)的位置:60,45,-1↙
➢ 指定顶点(22)的位置:60,50,0↙
➢ 指定顶点(30)的位置:60,40,-1↙
➢ 指定顶点(31)的位置:65,45,0↙
➢ 指定顶点(32)的位置:55,50,-1↙

图 13-31 三维网格

13.8.2 多边形网格面(三维面)绘制(PFACE)

1. 任务

多面网格类似于三维网格。通过指定各个顶点,然后将这些顶点与网格中的面关联,可以定义多面网格。多面网格将作为一个单元来编辑。通常情况下,通过应用程序而不是通过用户直接输入来使用 PFACE 命令。

2. 操作

● 键盘命令:PFACE↙。

3. 提示

➢ 指定顶点 1 的位置:(输入第 1 个顶点)
➢ 指定顶点 2 的位置或 <定义面>:(输入第 2 个顶点或按回车键定面)
➢ ……
➢ 指定顶点 m 的位置或 <定义面>:(输入第 m 个顶点或按回车键定面)
➢ 面 1,顶点 1:
➢ 输入顶点编号或[颜色(C)/图层(L)]:(输入网格 1 第 1 顶点编号、指定颜色或图层)
➢ 面 1,顶点 2:
➢ 输入顶点编号或[颜色(C)/图层(L)] <下一个面>:(输入网格 1 第 2 顶点编号、指定颜色或图层)
➢ ……
➢ 面 1,顶点 N_1:
➢ 输入顶点编号或[颜色(C)/图层(L)]<下一个面>:(输入网格 1 第 N_1 顶点编号、指定颜色或图层)
➢ 面 1,顶点 N_{1+1}:
➢ 输入顶点编号或[颜色(C)/图层(L)]<下一个面>:↙
➢ 面 2,顶点 1:

➢ 输入顶点编号或[颜色(C)/图层(L)]:(输入网格2第1顶点编号、指定颜色或图层)
➢ 面2,顶点2:
➢ 输入顶点编号或[颜色(C)/图层(L)]<下一个面>:(输入网格2第2顶点编号、指定颜色或图层)
➢ ……
➢ 面2,顶点N_2:
➢ 输入顶点编号或[颜色(C)/图层(L)]<下一个面>:(输入网格2第N_2顶点编号、指定颜色或图层)
➢ 面2,顶点N_{2+1}:
➢ 输入顶点编号或[颜色(C)/图层(L)]<下一个面>:↙
➢ 面3,顶点1:
➢ 输入顶点编号或[颜色(C)/图层(L)]:(输入网格3第1顶点编号、指定颜色或图层)
➢ ……

说明:

① 输入顶点的顺序可任意。若要使网格边不显示,输入顶点号为负值即可。
② 每个网格可指定图层或颜色。
③ 由PFACE生成的三维面可用二维编辑命令进行编辑。

【例13.12】 用PFACE命令绘制多边形网格面,如图13-32所示。提示:

➢ 命令:PFACE↙
➢ 指定顶点1的位置:15,65,0↙
➢ 指定顶点2的位置或 <定义面>:10,25,0↙
➢ 指定顶点3的位置或 <定义面>:30,25,0↙
➢ 指定顶点4的位置或 <定义面>:30, 5,0↙
➢ 指定顶点5的位置或 <定义面>:75,55,0↙
➢ 指定顶点6的位置或 <定义面>:75,55,35↙
➢ 指定顶点7的位置或 <定义面>:45,70,30↙
➢ 指定顶点8的位置或 <定义面>:25,80,20↙
➢ 指定顶点9的位置或 <定义面>:↙

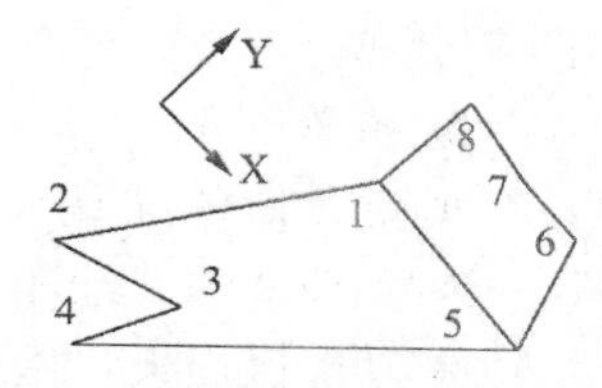

图13-32 多边形网格

➢ 面1,顶点1:
➢ 输入顶点编号或[颜色(C)/图层(L)]:1↙
➢ 面1,顶点2:
➢ 输入顶点编号或[颜色(C)/图层(L)] <下一个面>:2↙
➢ 面1,顶点3:
➢ 输入顶点编号或[颜色(C)/图层(L)] <下一个面>:3↙
➢ 面1,顶点4:
➢ 输入顶点编号或[颜色(C)/图层(L)] <下一个面>:4↙
➢ 面1,顶点5:
➢ 输入顶点编号或[颜色(C)/图层(L)] <下一个面>:5↙
➢ 面1,顶点6:

➢ 输入顶点编号或［颜色(C)/图层(L)］<下一个面>:↙
➢ 面 2,顶点 1:
➢ 输入顶点编号或［颜色(C)/图层(L)］:5↙
➢ 面 2,顶点 2:
➢ 输入顶点编号或［颜色(C)/图层(L)］<下一个面>:6↙
➢ 面 2,顶点 3:
➢ 输入顶点编号或［颜色(C)/图层(L)］<下一个面>:7↙
➢ 面 2,顶点 4:
➢ 输入顶点编号或［颜色(C)/图层(L)］<下一个面>:8↙
➢ 面 2,顶点 5:
➢ 输入顶点编号或［颜色(C)/图层(L)］<下一个面>:1↙
➢ 面 2,顶点 6:
➢ 输入顶点编号或［颜色(C)/图层(L)］<下一个面>:↙
➢ 面 3,顶点 1:
➢ 输入顶点编号或［颜色(C)/图层(L)］<下一个面>:↙

13.8.3 平移网格面绘制(TABSURF)

1. 任务

平移网格面也称轨迹曲面或延伸曲面。将一条直线或曲线(轨迹线)沿一条直线(方向矢量)移动绘制网格曲面,方向矢量确定曲面的方向和长度,如图 13-33所示。

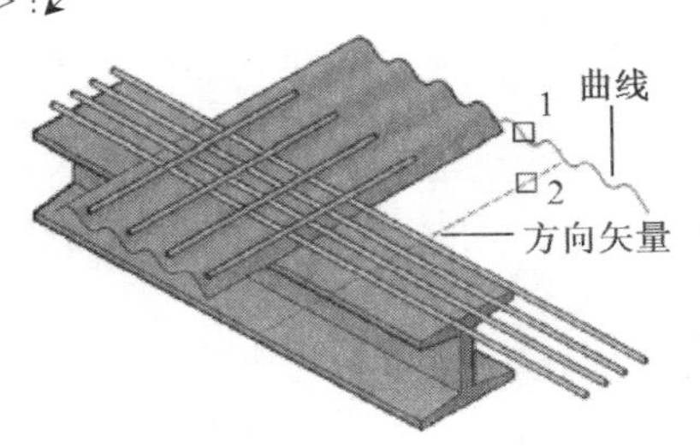

图 13-33 平移曲面

2. 操作

- 键盘命令:TABSURF↙。
- 菜单选项:"绘图"→"建模"→"网格"→"平移网格"。
- 功能区面板:"网格"→"图元"→"平移曲面"。

3. 提示

➢ 当前线框密度:SURFTAB1 =6
➢ 选择用作轮廓曲线的对象:(选择轨迹线)
➢ 选择用作方向矢量的对象:(选择方向矢量)

说明:

① 轨迹线需事先绘出,可以是直线、圆弧、圆、多段线、样条曲线。
② 方向矢量可以是直线,也可以是非闭合多段线,起点为离选择点最近的端点。
③ 曲面的分段数由系统变量 SURFTAB1 确定,缺省值为 6。

【例 13.13】 已知圆、曲线、直线,绘制平移曲面,如图 13-34 所示。提示:

➢ 命令:TABSURF↙
➢ 选择用作轮廓曲线的对象:(拾取 p0 点,选择圆或曲线)
➢ 选择用作方向矢量的对象:(拾取 p1 点,选择直线)

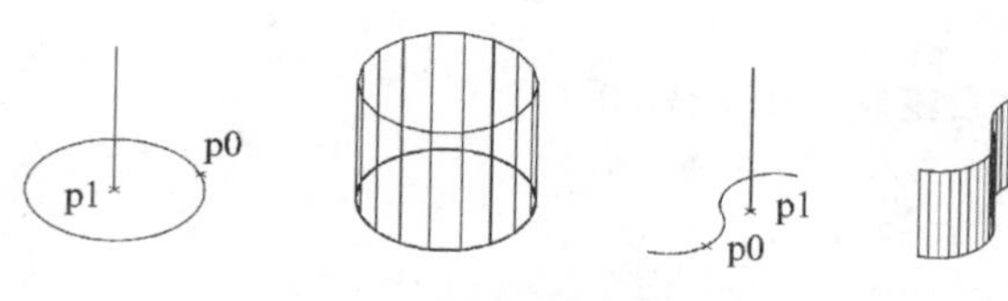

图 13-34 平移曲面绘制

13.8.4 直纹网格面绘制(RULESURF)

1. 任务

根据两条直线或曲线绘制直纹曲面,如图 13-35 所示。

2. 操作

- 键盘命令:RULESURF↙。
- 菜单选项:“绘图”→“建模”→“网格”→“直纹网格”。
- 功能区面板:“网格”→“图元”→“直纹曲面”。

3. 提示

➢ 当前线框密度:SURFTAB1 = 6
➢ 选择第一条定义曲线:(选择第一条曲线)
➢ 选择第二条定义曲线:(选择第二条曲线)

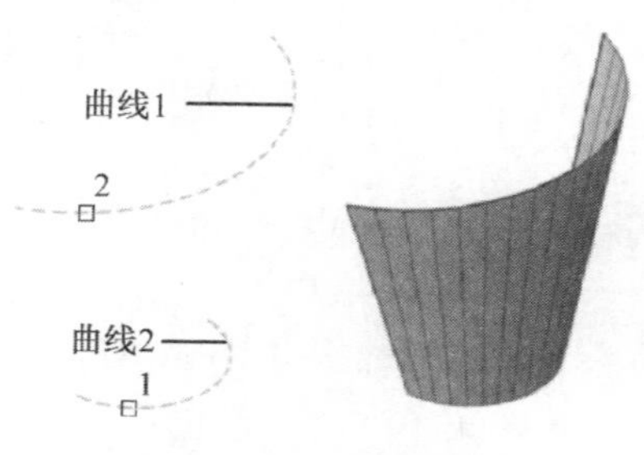

图 13-35 直纹曲面

说明:

① 曲线必须先绘出,曲线可以是点、直线、圆、圆弧、多段线。
② 如果第一条曲线闭合,则第二条曲线也必须闭合或是一点。
③ 如果曲线为非闭合,则从拾取点最近一端绘制。
④ 如果曲线为圆,则从零度位置开始绘制。
⑤ 曲面分段数由系统变量 SURFTAB1 确定。

【例 13.14】 已知直线、圆、点,绘制直纹曲面,如图 13-36 所示。提示:

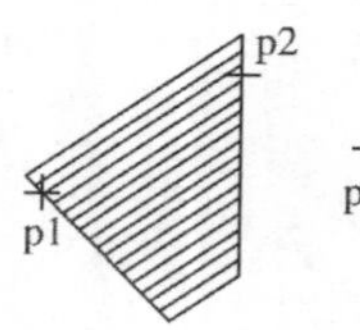

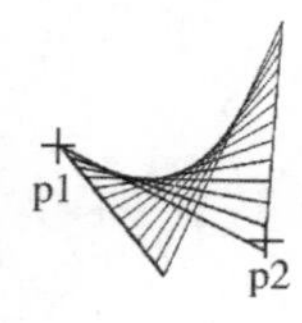

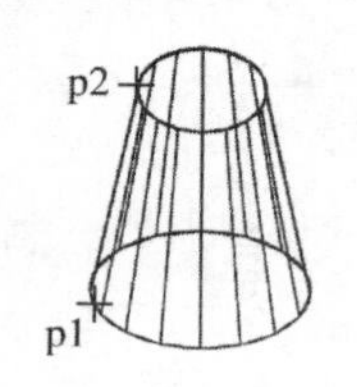

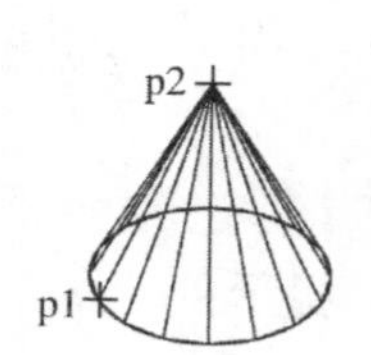

图 13-36 规则曲面绘制

➢ 命令:RULESURF↙
➢ 当前线框密度:SURFTAB1 = 6
➢ 选择第一条定义曲线:(拾取 p1 点)
➢ 选择第二条定义曲线:(拾取 p2 点)

13.8.5 旋转网格面绘制(REVSURF)

1. 任务

将一条曲线绕一指定轴旋转绘制曲面,如图 13-37 所示。

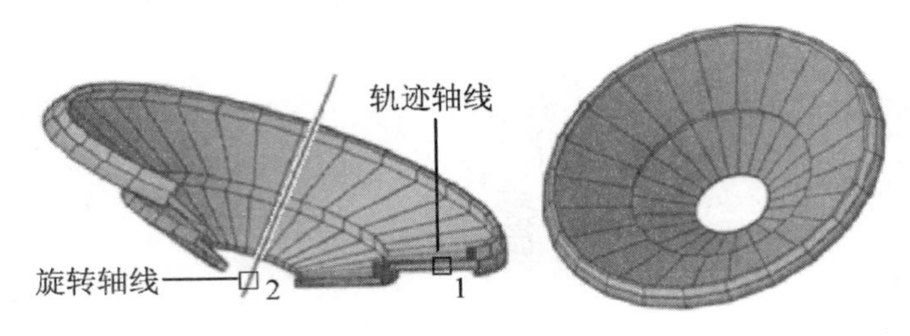

图 13-37 旋转曲面(一)

2. 操作

- 键盘命令:REVSURF↙。
- 菜单选项:"绘图"→"建模"→"网格"→"旋转网格"。
- 功能区面板:"网格"→"图元"→"旋转曲面"。

3. 提示

➢ 当前线框密度: SURFTAB1 =24 SURFTAB2 =12
➢ 选择要旋转的对象:(选择轨迹曲线)
➢ 选择定义旋转轴的对象:(选择旋转轴)
➢ 指定起点角度 <0 >:(输入起始角)
➢ 指定包含角 (+ =逆时针, - =顺时针):(输入旋转角)

📖 **说明:**

① 轨迹线、旋转轴必须先绘出,轨迹线可以是点、直线、圆、圆弧、多段线,旋转轴可以是一条直线或非闭合多段线 。

② 旋转轴上拾取点位置决定旋转轴方向,由右手规则确定:拇指指向轴上远离拾取点的端点,弯曲四指,四指所指方向为旋转方向。

③ 旋转方向为 M 方向,轴线方向为 N 方向,M 方向分段数由 SURFTAB1 确定,N 方向分段数由 SURFTAB2 确定。

【例 13. 15】 已知轮廓线、直线,绘制旋转曲面,如图 13-38 所示。提示:

➢ 命令:RULESURF↙
➢ 当前线框密度: SURFTAB1 =24 SURFTAB2 =12
➢ 选择要旋转的对象:(选择轮廓线)
➢ 选择定义旋转轴的对象:(选择直线)
➢ 指定起点角度 <0 >:↙
➢ 指定包含角 (+ =逆时针, - =顺时针):300↙

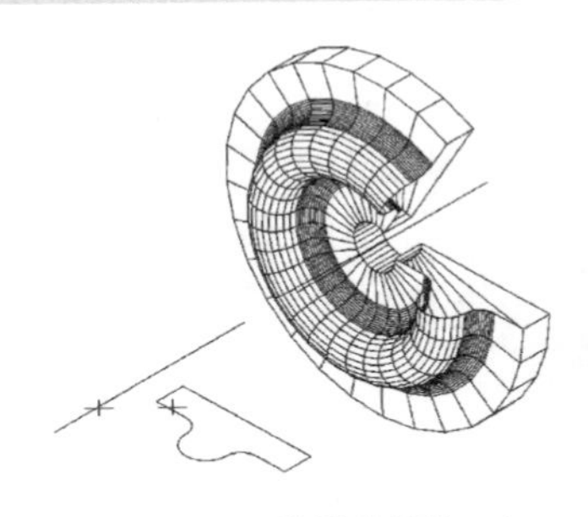

图 13-38 旋转曲面(二)

13.8.6　边界网格面绘制(EDGESURF)

1. 任务

用四条首尾连接的曲线绘制边界曲面,如图13-39所示。

2. 操作

● 键盘命令:EDGESURF↙。

● 菜单选项:"绘图"→"建模"→"网格"→"边界网格"。

● 功能区面板:"网格"→"图元"→"边界曲面"。

3. 提示

➢ 当前线框密度: SURFTAB1 =6　SURFTAB2 =6

➢ 选择用作曲面边界的对象 1:(选择第1条边)

➢ 选择用作曲面边界的对象 2:(选择第2条边)

➢ 选择用作曲面边界的对象 3:(选择第3条边)

➢ 选择用作曲面边界的对象 4:(选择第4条边)

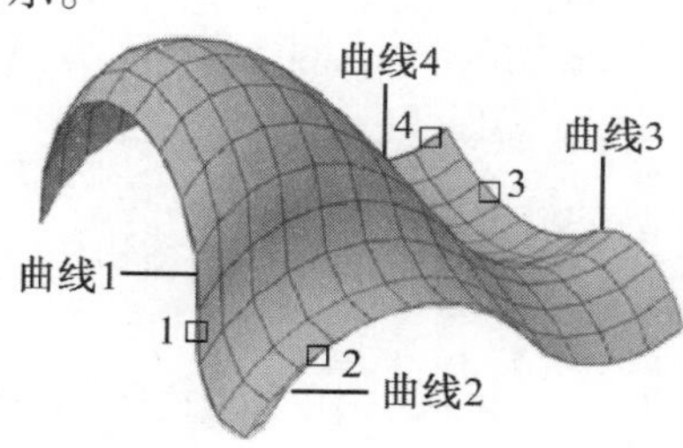

图13-39　边界曲面(一)

📖 **说明:**

① 四条边必须先绘出,每边可为直线、圆弧、非闭合多段线,四条边必须首尾连接。

② 第一条边的方向为M方向,邻边方向为N方向,M方向分段数由SURFTAB1确定,N方向分段数由SURFTAB2确定。

【例13.16】 已知四条首尾相连的线条,绘制边界曲面,如图13-40所示。提示:

➢ 命令:EDGESURF↙

➢ 当前线框密度: SURFTAB1 =6　SURFTAB2 =6

➢ 选择用作曲面边界的对象 1:(拾取p1点)

➢ 选择用作曲面边界的对象 2:(拾取p2点)

➢ 选择用作曲面边界的对象 3:(拾取p3点)

➢ 选择用作曲面边界的对象 4:(拾取p4点)

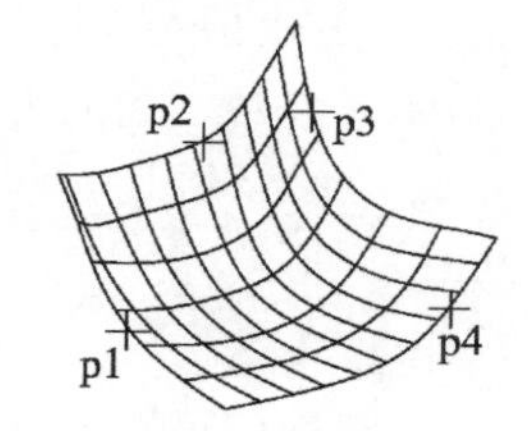

图13-40　边界曲面(二)

13.8.7　平面曲面绘制(PLANESURF)

1. 任务

选择首尾相接的封闭边界对象或指定矩形曲面的对角点创建平面曲面,如图13-41所示。边界对象或对角点处于同一构造平面,平面曲面创建于该构造平面上。

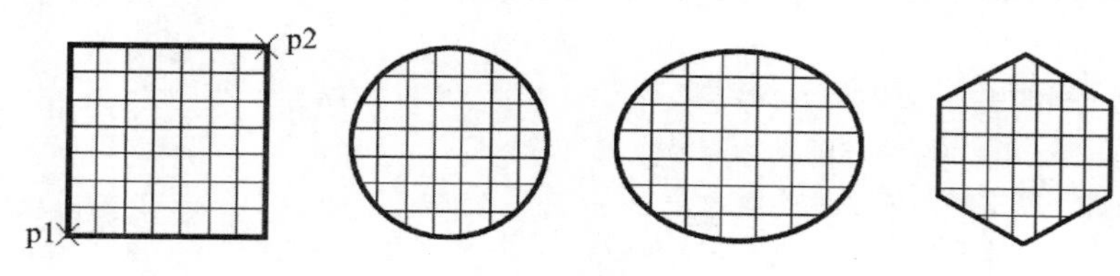

图13-41　平面曲面

2. 操作

- 键盘命令:PLANESURF↙。
- 菜单选项:"绘图"→"建模"→"平面曲面"。
- 工具按钮:"建模"工具栏→"平面曲面"。
- 功能区面板:"曲面"→"创建"→"平面"。

3. 提示

➤ 指定第一个角点或[对象(O)] <对象>:(输入平面曲面第一个角点坐标、O 或按回车键)

➤ 指定其他角点:(输入平面曲面第二个对角点坐标)

或者

➤ 选择对象:(选择封闭边界对象)

说明:

① 指定两对角点,绘制矩形平面曲面。

② 选择封闭边界对象,可绘制非矩形平面曲面。封闭边界对象可以是直线、圆、圆弧、椭圆、椭圆弧、二维多段线、平面三维多段线、平面样条曲线。

③ 系统变量 SURFU 和 SURFV 控制平面曲面网格行列数。

13.9 基本三维形体网格面绘制

AutoCAD 2014 提供了用 Autolisp 语言定义的基本三维表面形体生成函数,利用这些函数,可生成(绘制)长方体、正方体、圆锥、圆柱、棱锥体、楔体、球面、圆环面等基本表面形体。由基本表面形体可组成复杂的三维图形。

13.9.1 长方体网格面绘制(AI_BOX、MESH/BOX)

1. 任务

在指定位置绘制长方体网格面。

2. 操作

- 键盘命令:AI_BOX 或MESH/ BOX↙。
- 菜单选项:"绘图"→"建模"→"网格"→"图元"→"长方体"。
- 工具按钮:"平滑网格图元"工具栏→"网格长方体"。
- 功能区面板:"网格"→"图元"→"网格长方体"。

3. 提示

➤ 正在初始化… 已加载三维对象。

➤ 指定角点给长方体:(输入长方体一个角点坐标)

➤ 指定长度给长方体:(输入长度值)

➤ 指定长方体表面的宽度或[立方体(C)]:(输入宽度值或 C)

或者

➤ 指定第一个角点或［中心(C)］:(输入长方体一个角点坐标)

● 立方体(C):输入 C,绘制指定边长的正方体。提示:

➤ 指定长方体表面绕 Z 轴旋转的角度或［参照(R)］:(输入绕 Z 轴的转角)

● 指定长方体表面的宽度:输入宽度值,绘制指定长、宽、高的长方体表面。提示:

➤ 指定高度给长方体:(输入高度值)

➤ 指定长方体表面绕 Z 轴旋转的角度或［参照(R)］:(输入绕 Z 轴的转角)

● 指定第一个角点:输入长方体一个角点坐标,根据长方体两个对角坐标绘制长方体。

● 中心(C):输入 C,根据长方体中心绘制长方体。提示:

➤ 指定中心:(输入长方体中心坐标)

➤ 指定角点或［立方体(C)/长度(L)］:(输入长方体一个角点坐标、C、L)

◆ 指定角点:输入长方体一个角点坐标,根据该角点和长方体中心绘制长方体。

◆ 立方体(C):输入 C,根据立方体边长和中心绘制立方体。

◆ 长度(L):输入 L,根据长方体长、宽、高和中心绘制长方体。

说明:

① 长方体的长、宽、高分别沿着 X、Y、Z 轴的正方向,且不能为负值。

② 绕 Z 轴的转角为长度方向与 X 轴正向的夹角,且可正可负,符合右手规则。

③ 执行 MESH 命令,选择"设置"选项,可设置长方体平滑度和镶嵌参数等有关特性。

【例 13.17】 绘制正方体和长方体,长方体长、宽、高分别为 3、2、1,五个正方体边长为 0.5,长方体左下角 A 坐标为(1,1,0),如图 13-42 所示。提示:

➤ 命令:LIMITS↙

用 LIMITS 命令设置图界范围为 12 ×9。

用 ZOOM 命令设置绘图区域。

➤ 命令:AI_BOX↙ ——绘制长方体

➤ 正在初始化… 已加载三维对象。

➤ 指定角点给长方体表面:1,1,0↙

➤ 指定长度给长方体表面:3↙

➤ 指定长方体表面的宽度或［立方体(C)］:2↙

➤ 指定高度给长方体表面:1↙

➤ 指定长方体表面绕 Z 轴旋转的角度或[参照(R)]:0↙

➤ 命令:AI_BOX↙ ——绘制 B 点处正方体

➤ 指定角点给长方体表面:1,1,1↙

➤ 指定长度给长方体表面:0.5↙

➤ 指定长方体表面的宽度或［立方体(C)］:C↙

➤ 指定长方体表面绕 Z 轴旋转的角度或［参照(R)］:0↙

➤ 命令:AI_BOX↙ ——绘制 C 点处正方体

➤ 指定角点给长方体表面:4,1,1↙

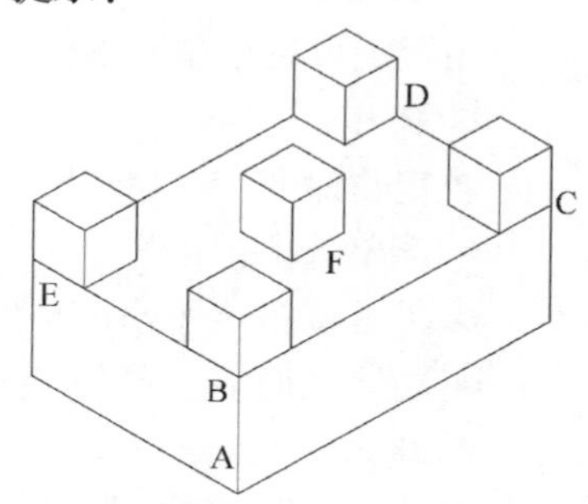

图 13-42 长方体

➢ 指定长度给长方体表面:0.5↙
➢ 指定长方体表面的宽度或[立方体(C)]:C↙
➢ 指定长方体表面绕 Z 轴旋转的角度或[参照(R)]:90↙
➢ 命令:AI_BOX↙　　——绘制 D 点处正方体
➢ 指定角点给长方体表面:4,3,1↙
➢ 指定长度给长方体表面:0.5↙
➢ 指定长方体表面的宽度或[立方体(C)]:C↙
➢ 指定长方体表面绕 Z 轴旋转的角度或[参照(R)]:180↙
➢ 命令:AI_BOX↙　　——绘制 E 点处正方体
➢ 指定角点给长方体表面:1,3,1↙
➢ 指定长度给长方体表面:0.5↙
➢ 指定长方体表面的宽度或[立方体(C)]:C↙
➢ 指定长方体表面绕 Z 轴旋转的角度或[参照(R)]:-90↙
➢ 命令:AI_BOX↙　　——绘制 F 点处正方体
➢ 指定角点给长方体表面:2.25,1.75,1↙
➢ 指定长度给长方体表面:0.5↙
➢ 指定长方体表面的宽度或[立方体(C)]:C↙
➢ 指定长方体表面绕 Z 轴旋转的角度或[参照(R)]:0↙
➢ 命令:VPOINT↙
➢ 当前视图方向:　VIEWDIR=1.0000,1.0000,1.0000
➢ 指定视点或[旋转(R)]<显示坐标球和三轴架>:1,1,1↙

13.9.2　圆锥体网格面绘制(AI_CONE、MESH/CONE)

1. 任务

在指定位置绘制圆锥体面、圆台体面或圆柱体面。

2. 操作

- 键盘命令:AI_CONE 或MESH/ CONE↙。
- 菜单选项:"绘图"→"建模"→"网格"→"图元"→"圆锥体"。
- 工具按钮:"平滑网格图元"工具栏→"网格圆锥体"。
- 功能区面板:"网格"→"图元"→"网格圆锥体"。

3. 提示

➢ 指定圆锥面底面的中心点(输入底面圆心点)
➢ 指定圆锥面底面的半径或[直径(D)](输入底面半径或直径)
➢ 指定圆锥面顶面的半径或[直径(D)]<0>:(输入顶面半径或直径)
➢ 指定圆锥面的高度:(输入高度值)
➢ 输入圆锥面曲面的线段数目<16>:(输入表面网格数)

或者

➢ 指定底面的中心点或[三点(3P)/两点(2P)/切点、切点、半径(T)/椭圆(E)]:(输入底面中心点坐标、3P、2P、T、E)

- 指定圆锥面底面的中心点:输入底面中心点坐标、底面半径、顶面半径和高度,绘制

圆锥面(圆台面、圆柱面)。

● 指定底面的中心点：输入底面中心点坐标，根据底面中心点、底面半径和高度，或者中心点、底面半径和两点距离(高度)，或者底面中心点、底面半径和轴端点(圆锥顶点)，或者底面中心点、底面半径、顶面半径、高度，绘制圆锥面。提示：

➢ 指定底面半径或［直径(D)］<10.0000>：(输入底面半径、D)

➢ 指定高度或［两点(2P)/轴端点(A)/顶面半径(T)］<0.0>：(输入高度、2P、A、T)

● 三点(3P)：输入3P，根据三点确定圆锥面底面，按照高度、两点、周端点、顶面半径方法绘制圆锥面。

● 三点(2P)：输入2P，根据两点确定圆锥面底面，按照前面高度、两点、周端点、顶面半径方法绘制圆锥面。

● 切点、切点、半径(T)：输入T，根据切点、切点、半径确定圆锥面底面，按照前面高度、两点、周端点、顶面半径方法绘制圆锥面。

● 椭圆(E)：绘制椭圆锥面。

说明：

① 若底面或顶面直径(或半径)有一个为0，则绘制圆锥面。

② 若底面或顶面直径(或半径)相等，则绘制圆柱面。

③ 此法绘制的圆锥、圆台、圆柱是没有底面和顶面的桶状对象。

【例13.18】 绘制如图13-43所示的图形。正方体棱长为2，圆锥、圆台、圆柱底圆圆心在正方体面中心，底圆半径为0.5，高为1，圆台顶圆半径为0.25。提示：

➢ 命令：LIMITS↙

用LIMITS命令设置图界范围为12×9。

用ZOOM命令设置绘图区域。

➢ 命令：AI_BOX↙　　　　——绘制正方体

➢ 正在初始化...　已加载三维对象。

➢ 指定角点给长方体表面：1,1,0↙

➢ 指定长度给长方体表面：2↙

➢ 指定长方体表面的宽度或［立方体(C)］：C↙

➢ 指定长方体表面绕Z轴旋转的角度或［参照(R)］：0↙

用UCS命令创建新坐标系，原点在A点，X轴为AB线段，Y轴为AD线段。

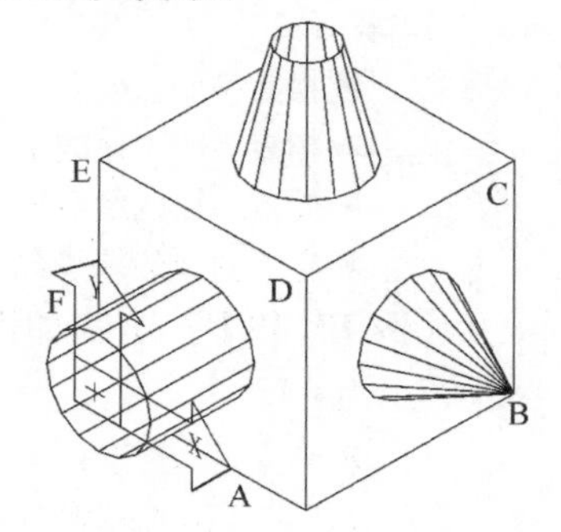

图13-43　圆锥面

➢ 命令：AI_CONE↙

➢ 指定圆锥面底面的中心点：1,1,0↙

➢ 指定圆锥面底面的半径或［直径(D)］：0.5↙

➢ 指定圆锥面顶面的半径或［直径(D)］<0>：0↙

➢ 指定圆锥面的高度：1↙

➢ 输入圆锥面曲面的线段数目 <16>：↙

用UCS命令创建新坐标系，原点在D点，X轴为DC线段，Y轴为DE线段。

同法绘制圆台面。

用 UCS 命令创建新坐标系，原点在 F 点，X 轴为 FA 线段，Y 轴为 FE 线段。
同法绘制圆柱面。

13.9.3 圆柱体网格面绘制（MESH/CYLINDER）

1. 任务

在指定位置绘制圆柱面。

2. 操作

- 键盘命令：MESH/ CYLINDER↙。
- 菜单选项："绘图"→"建模"→"网格"→"图元"→"圆柱体"。
- 工具按钮："平滑网格图元"工具栏→"网格圆柱体"。
- 功能区面板："网格"→"图元"→"网格圆柱体"。

3. 提示

➢ 指定底面的中心点或［三点(3P)/两点(2P)/切点、切点、半径(T)/椭圆(E)］：（输入底面中心点坐标、3P、2P、T、E）

绘制圆柱面的方法与绘制圆锥面的方法类似。

13.9.4 半球体网格面绘制（AI_DOME、AI_DISH）

1. 任务

在指定位置绘制空心上半球面或下半球面。

2. 操作

- 键盘命令：AI_DOME 或AI_DISH↙。

3. 提示

➢ 指定中心点给上半球面：（输入上半球面中心点）
➢ 指定上半球面的半径或［直径(D)］：（输入上半球面的直径或半径）
➢ 输入曲面的经线数目给上半球面 <16>：（输入经度方向的网络分段数）
➢ 输入曲面的纬线数目给上半球面 <8>：（输入纬度方向的网络分段数）

【例 13.19】 绘制如图 13-44 所示的图形。下半球面的底放在上半球面的顶上。提示：

➢ 命令：LIMITS↙
用 LIMITS 命令设置图界范围为 12×9。
用 ZOOM 命令设置绘图区域。
➢ 命令：AI_DOME↙ ——绘制上半球面
➢ 正在初始化…… 已加载三维对象。
➢ 指定中心点给上半球面：4,4,0↙
➢ 指定上半球面的半径或［直径(D)］：2↙
➢ 输入曲面的经线数目给上半球面 <16>：↙
➢ 输入曲面的纬线数目给上半球面 <8>：↙
➢ 命令：AI_DISH↙ ——绘制下半球面
➢ 正在初始化…… 已加载三维对象。

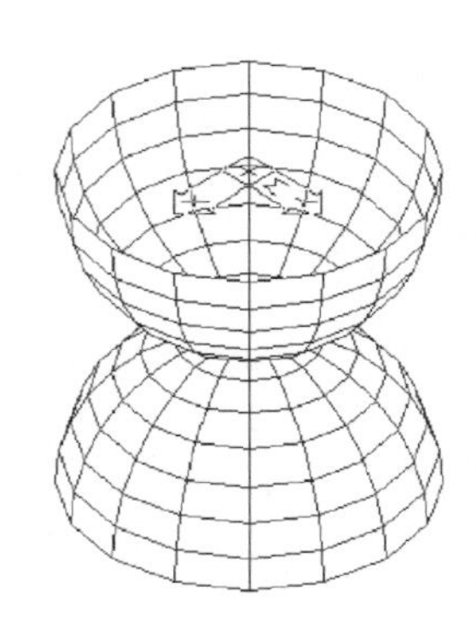

图 13-44 半球面

➢ 指定中心点给上半球面:4,4,4↙
➢ 指定上半球面的半径或［直径(D)］:2↙
➢ 输入曲面的经线数目给上半球面 <16 >:↙
➢ 输入曲面的纬线数目给上半球面 <8 >:↙

13.9.5 球体网格面绘制(AI_SPHERE、MESH/SPHERE)

1. 任务

在指定位置绘制指定半径或直径的球形表面。

2. 操作

- 键盘命令:AI_SPHERE 或MESH/ SPHERE↙。
- 菜单选项:"绘图"→"建模"→"网格"→"图元"→"球体"。
- 工具按钮:"平滑网格图元"工具栏→"网格球体"。
- 功能区面板:"网格"→"图元"→"网格球体"。

3. 提示

➢ 指定中心点给球面:(输入球的中心点)
➢ 指定球面的半径或［直径(D)］:(输入球的直径或半径)
➢ 输入曲面的经线数目给球面 <16 >:(输入经度方向的网格分段数)
➢ 输入曲面的纬线数目给球面 <16 >:(输入纬度方向的网格分段数)

或者

➢ 指定中心点或[三点(3P)/两点(2P)/切点、切点、半径(T)]:(输入中心点坐标、3P、2P、T)

【例13.20】 绘制如图13-45所示的图形。球体直径为2,圆柱体直径为1,长度为3。用UCS命令设置新坐标系,X轴旋转90°。提示:

➢ 命令:AI_SPHERE↙ ——绘制右球面
➢ 指定中心点给球面:2,2,-1.5↙
➢ 指定球面的半径或［直径(D)］:1↙
➢ 输入曲面的经线数目给球面 <16 >:↙
➢ 输入曲面的纬线数目给球面 <16 >:16↙
➢ 命令:AI_SPHERE↙ ——绘制左球面
➢ 指定中心点给球面:2,2,1.5↙
➢ 指定球面的半径或［直径(D)］:1↙
➢ 输入曲面的经线数目给球面 <16 >:↙
➢ 输入曲面的纬线数目给球面 <16 >:16↙
➢ 命令:AI_CONE↙ ——绘制圆柱面
➢ 指定圆锥面底面的中心点: 2,2,-1.5↙
➢ 指定圆锥面底面的半径或［直径(D)］:0.5↙
➢ 指定圆锥面顶面的半径或［直径(D)］ <0 >: 0.5↙
➢ 指定圆锥面的高度:3↙
➢ 输入圆锥面曲面的线段数目 <16 >: ↙

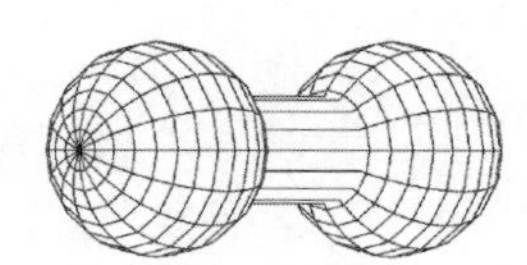

图13-45 哑铃

恢复WCS坐标系,用VPOINT命令设置视点(-1,1,0)。
用HIDE命令消隐。

13.9.6 圆环体网格面绘制(AI_TORUS、MESH/TORUS)

1. 任务

在指定位置绘制圆环面。

2. 操作

- 键盘命令:AI_TORUS 或MESH/ TORUS↙。
- 菜单选项:"绘图"→"建模"→"网格"→"图元"→"圆环体"。
- 工具按钮:"平滑网格图元"工具栏→"网格圆环体"。
- 功能区面板:"网格"→"图元"→"网格圆环体"。

3. 提示

➢ 指定圆环面的中心点:
➢ 指定圆环面的半径或[直径(D)]:(输入环的直径或半径)
➢ 指定圆环管的半径或[直径(D)]:(输入管的直径或半径)
➢ 输入环绕圆环管圆周的线段数目 <16 >:(输入沿圆环圆周方向的网格分段数)
➢ 输入环绕圆环面圆周的线段数目 <16 >:(输入绕圆环横截面中心线方向的网格分段数)

或者

➢ 指定中心点或[三点(3P)/两点(2P)/切点、切点、半径(T)]:(输入中心点、3P、2P、T)
➢ 指定半径或[直径(D)] <10.0000 >:(输入圆环半径、D)
➢ 指定圆管半径或[两点(2P)/直径(D)]:(输入圆管半径、2P、D)

【例 13.21】 绘制如图 13-46 所示的图形,圆环中心点为(4,4,2),圆环中心线半径为 2,圆环管的半径为 0.5。提示:

➢ 命令:LIMITS↙
用 LIMITS 命令设置图界范围为 12 ×9。
用 ZOOM 命令设置绘图区域。
➢ 命令:AI_TORUS↙
➢ 指定圆环面的中心点:4,4,2↙
➢ 指定圆环面的半径或[直径(D)]:2↙
➢ 指定圆环管的半径或[直径(D)]:0.5↙
➢ 输入环绕圆环管圆周的线段数目 <16 >:↙
➢ 输入环绕圆环面圆周的线段数目 <16 >:↙

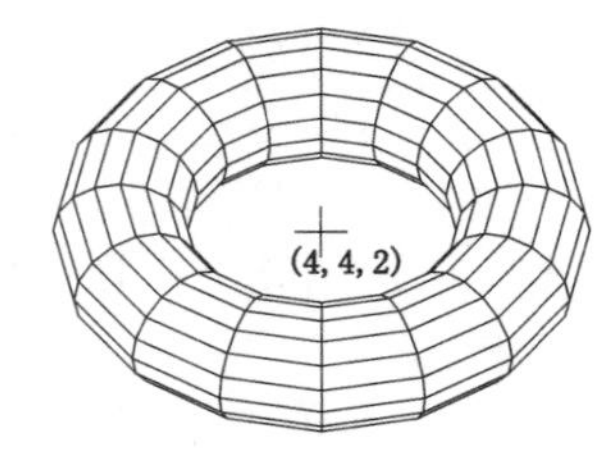

图 13-46 圆环面

13.9.7 棱锥体网格面绘制(AI_PYRAMID、MESH/PYRAMID)

1. 任务

在指定位置绘制棱锥面、棱台面或脊椎面。

2. 操作

- 键盘命令:AI_PYRAMID 或MESH/ PYRAMID↙。
- 菜单选项:"绘图"→"建模"→"网格"→"图元"→"棱锥体"。
- 工具按钮:"平滑网格图元"工具栏→"网格棱锥体"。
- 功能区面板:"网格"→"图元"→"网格棱锥体"。

3. 提示

➢ 指定棱锥面底面的第一角点:(输入第一点)

➢ 指定棱锥面底面的第二角点:(输入第二点)

➢ 指定棱锥面底面的第三角点:(输入第三点)

➢ 指定棱锥面底面的第四角点或[四面体(T)]:(输入第四点或T)

或者

➢ 指定底面的中心点或[边(E)/侧面(S)]:(输入底面中心点、E或S)

● 第四角点:输入底面第四点绘制四棱台、四棱锥或脊椎。提示:

➢ 指定棱锥面的顶点或[棱(R)/顶面(T)]:(输入顶点、R或T)

◆ 指定棱锥面的顶点:输入顶点绘制四棱锥。

◆ 棱(R):输入R,绘制人字形棱锥体。

◆ 顶面(T):输入T,绘制四棱台,提示输入顶面四个顶点。

● 四面体(T):输入T,绘制三棱台、三棱锥体。提示:

➢ 指定四面体表面的顶点或[顶面(T)]:(输入顶点或T)

◆ 指定四面体表面的顶点:输入顶点绘制三棱锥。

◆ 顶面(T):输入T,绘制三棱台,提示输入顶面三个顶点。

● 指定底面的中心点:输入底面中心点坐标,根据底面中心点、底面半径和高度,或者中心点、底面半径和两点距离(高度),或者底面中心点、底面半径和轴端点(棱锥顶点),或者底面中心点、底面半径、顶面半径、高度,绘制棱锥面。底面或顶面半径为内接圆或外切圆半径。提示:

➢ 指定底面半径或[内接(I)] <10.0000>:(输入底面半径、I)

➢ 指定高度或[两点(2P)/轴端点(A)/顶面半径(T)] <0.0>:(输入高度、2P、A、T)

● 边(E):输入E,根据底面某边,按照前面高度、两点、周端点、顶面半径方法绘制棱锥面。

● 侧面(S):输入S,设置棱锥侧面数,默认侧面数为4。

说明:

使用AI_PYRAMID命令可绘制五种形状的三维图形,如图13-47所示。

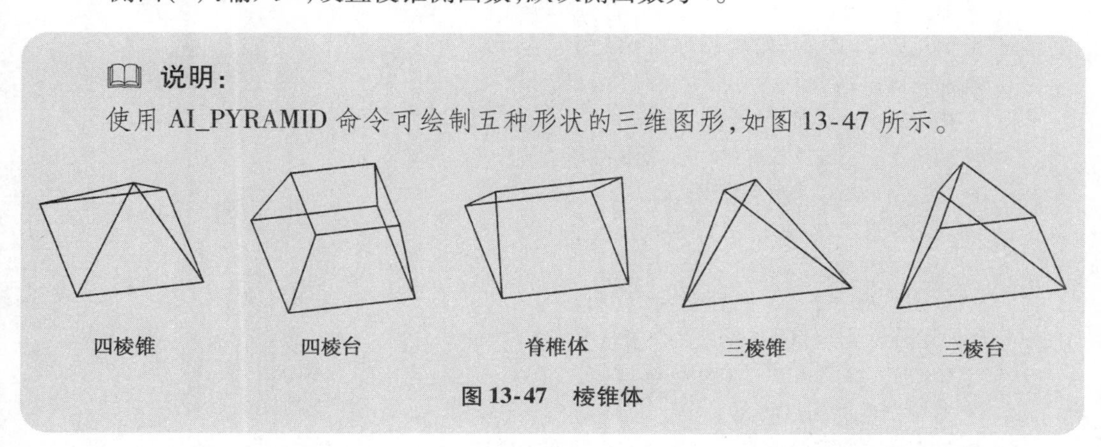

图13-47 棱锥体

【例13.22】 绘制如图13-48所示的正三棱台面。底面边长为2,顶面边长为1,高为1。提示:

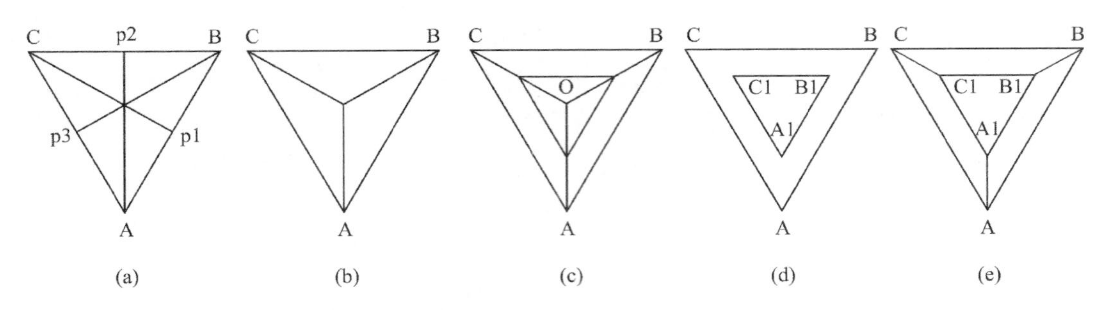

图 13-48　三棱台

设置图层为 0 层，在 0 层绘制三角形及三条中线，如图 13-48(a)所示。

➢ 命令：LINE↙
➢ 指定第一点：1,2↙
➢ 指定下一点或［放弃(U)］：@ 2 <60↙
➢ 指定下一点或［放弃(U)］：@ 2 <180↙
➢ 指定下一点或［闭合(C)/放弃(U)］：C↙
➢ 命令：↙
➢ 指定第一点：(交点捕捉 A 点)
➢ 指定下一点或［放弃(U)］：(中点捕捉 p2 点)
➢ 指定下一点或［放弃(U)］：↙
➢ 命令：↙
➢ 指定第一点：(交点捕捉 B 点)
➢ 指定下一点或［放弃(U)］：(中点捕捉 p3 点)
➢ 指定下一点或［放弃(U)］：↙
➢ 命令：↙
➢ 指定第一点：(交点捕捉 C 点)
➢ 指定下一点或［放弃(U)］：(中点捕捉 p1 点)
➢ 指定下一点或［放弃(U)］：↙
➢ 命令：TRIM↙

修剪三角形内线段，如图 13-48(b)所示。

➢ 命令：LINE↙
➢ 指定第一点：(捕捉线段 AO 中点)
➢ 指定下一点或［放弃(U)］：(捕捉线段 BO 中点)
➢ 指定下一点或［放弃(U)］：↙

结束绘制直线，如图 13-48(c)所示。

➢ 命令：ERASE↙

删除线段 AO、BO、CO，如图 13-48(d)所示。

用 CHANGE 命令将小三角形的高度修改为 1。

创建新图层 PYRAMID，并置为当前层。

➢ 命令：AI_PYRAMID↙
➢ 指定棱锥面底面的第一角点：(交点捕捉 A 点)
➢ 指定棱锥面底面的第二角点：(交点捕捉 B 点)
➢ 指定棱锥面底面的第三角点：(交点捕捉 C 点)

➢ 指定棱锥面底面的第四角点或［四面体(T)］:T↙

➢ 指定四面体表面的顶点或［顶面(T)］:T↙

➢ 指定顶面的第一角点给四面体表面:(交点捕捉 A1 点)

➢ 指定顶面的第二角点给四面体表面:(交点捕捉 B1 点)

➢ 指定顶面的第三角点给四面体表面:(交点捕捉 C1 点)

最后得到正三棱台,如图 13-48(e)、图 13-49 所示图形。

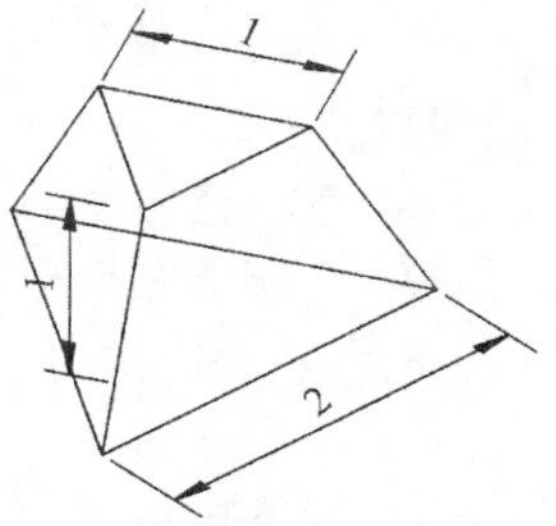

图 13-49 正三棱台

13.9.8 楔体网格面绘制(AI_WEDGE、MESH/ WEDGE)

1. 任务

在指定位置绘制直角楔体表面。绘制楔体方法与绘制长方体方法类似。

2. 操作

- 键盘命令:AI_WEDGE 或MESH/ WEDGE↙。
- 菜单选项:"绘图"→"建模"→"网格"→"图元"→"楔体"。
- 工具按钮:"平滑网格图元"工具栏→"网格楔体"。
- 功能区面板:"网格"→"图元"→"网格楔体"。

3. 提示

➢ 指定角点给楔体表面:(输入楔体直角点)

➢ 指定长度给楔体表面:(输入长度)

➢ 指定楔体表面的宽度:(输入宽度)

➢ 指定高度给楔体表面:(输入高度)

➢ 指定楔体表面绕 Z 轴旋转的角度:(输入绕 Z 轴旋转的角度)

或者

➢ 指定第一个角点或［中心(C)］:(输入楔体一个角点、C)

➢ 指定其他角点或［立方体(C)/长度(L)］:(输入楔体另一个对角点、C、L)

【例 13.23】 绘制长、宽、高分别为 3、1、2 的楔体,如图 13-50 所示。提示:

➢ 命令:AI_WEDGE↙

➢ 指定角点给楔体表面:2,2↙

➢ 指定长度给楔体表面:3↙

➢ 指定楔体表面的宽度:1↙

➢ 指定高度给楔体表面:2↙

➢ 指定楔体表面绕 Z 轴旋转的角度:0 ↙

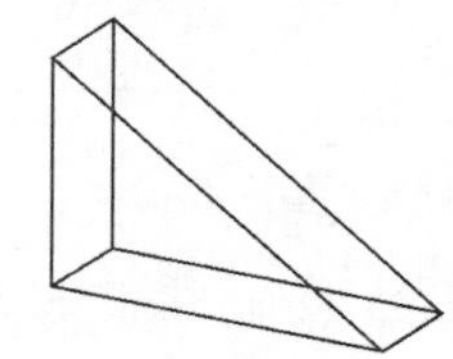

图 13-50 楔体表面

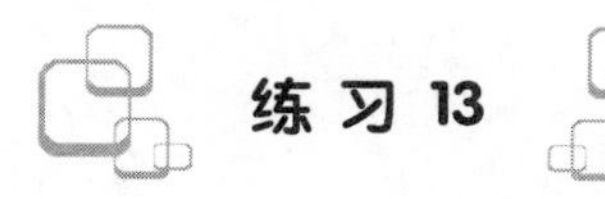

练习 13

1. 三维图形有几种类型？各自的优缺点是什么？

2. 何谓正等轴测图？如何绘制正等轴测图？

3. 正等轴测图中的三个坐标轴有何特征？正等轴测图是否为一个真正的三维图形？它能否进行消隐、着色处理？

4. 何谓构造平面？通过什么命令可设置构造平面？

5. 何谓二维半图形？通过什么命令可绘制二维半图形？它能否进行消隐、着色处理？

6. 有哪些命令不具有厚度特征？

7. 有哪些三维图形显示控制方式？

8. VPOINT、DVIEW、3DFORBIT、3DORBIT、3DCORBIT 命令的功能是什么？有何异同点？

9. 何谓用户坐标系？通过什么命令可创建用户坐标系？它与通用坐标系的区别是什么？

10. 创建用户坐标系的方法有多少种？试简述之。

11. 创建用户坐标系的意义是什么？

12. 三维多段线和二维多段线有何异同点？

13. 分别用线框法、表面法、实心体法、轴测图法、二维半图法绘制长、宽、高分别为 50、40、30 的长方体。

14. 绘制支架轴测图，尺寸自定，如图 13-51 所示。

15. 绘制如图 13-52 所示的旋转曲面。

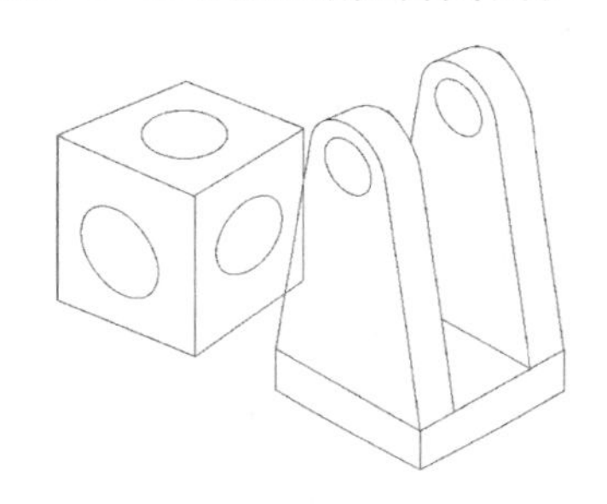

图 13-51　支架

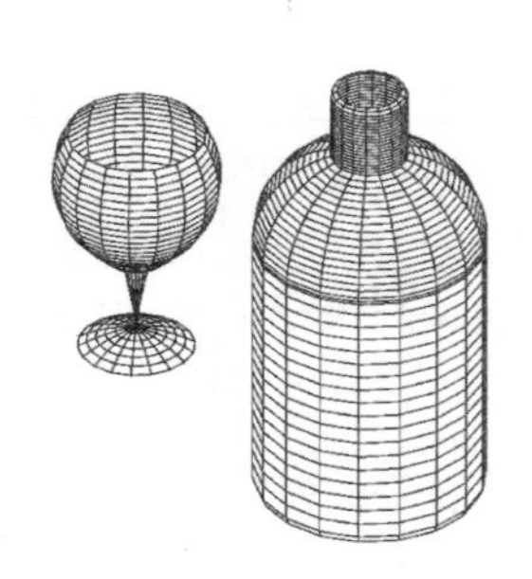

图 13-52　杯子

16. 绘制如图 13-53、图 13-54 所示的三视图所确定的三维图形。

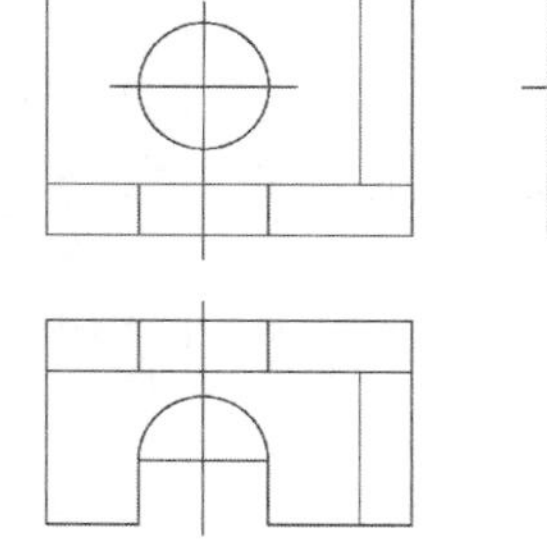

图 13-53　零件

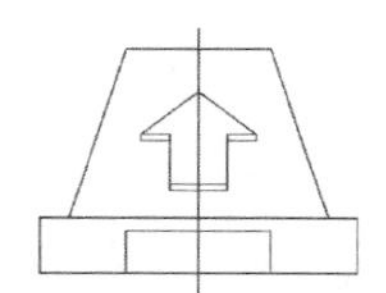

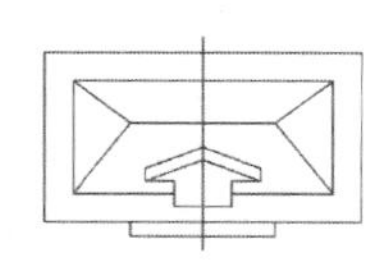

图 13-54　模具

第 14 章

三维图形编辑

前面我们详细介绍了基本三维图形的绘制，为我们绘制复制三维图形奠定了坚实基础。在具体的工程设计中，常常需要绘制比较复杂的三维图形，这些复杂三维图形需要通过三维图形编辑来实现。本章介绍部分常用三维图形编辑功能。

14.1 三维图形阵列（3DARRAY）

三维阵列是对三维图形进行行、列、层的矩形阵列和环形阵列，如图 14-1 所示。

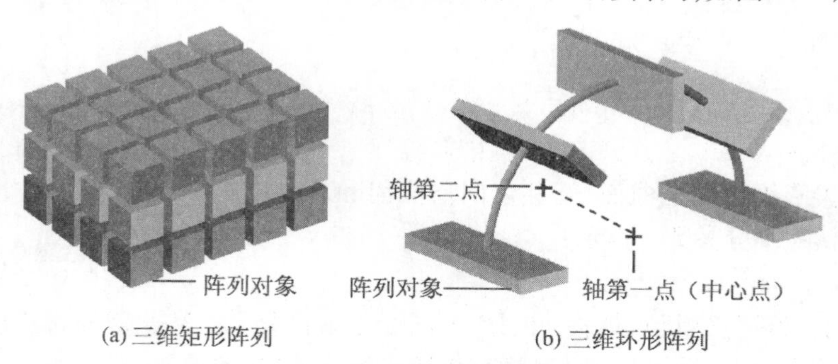

(a) 三维矩形阵列 (b) 三维环形阵列

图 14-1 三维阵列

1. 任务

对三维图形在三维空间内进行矩形阵列和环形阵列。

2. 操作

- 键盘命令：3DARRAY↙。
- 菜单选项："修改"→"三维操作"→"三维阵列"。
- 功能区面板："默认"→"修改"→"三维阵列"。

3. 提示

> ➢ 正在初始化… 已加载 3DARRAY。
> ➢ 选择对象：(选择阵列对象)
> ➢ 输入阵列类型［矩形(R)/环形(P)］<矩形>：(输入 R 或 P)

● 矩形(R):输入 R,将三维图形对象进行三维矩形阵列。提示:

➢ 输入行数 (---) < 1 >:(输入行数)
➢ 输入列数 (|||) < 1 >:(输入列数)
➢ 输入层数 (…) < 1 >:(输入层数)
➢ 指定行间距 (---):(输入行间距)
➢ 指定列间距 (|||):(输入列间距)
➢ 指定层间距 (…):(输入层间距)

● 环形(P):输入 P,将三维图形对象进行三维环形阵列。提示:

➢ 输入阵列中的项目数目:(输入阵列的个数)
➢ 指定要填充的角度 (+ = 逆时针, - = 顺时针) < 360 >:(输入环形阵列的圆心角)
➢ 旋转阵列对象?[是(Y)/否(N)] < 是 >:(输入 Y 或 N)
➢ 指定阵列的中心点:(输入旋转轴上一点)
➢ 指定旋转轴上的第二点:(输入旋转轴上另一点)

【例 14.1】 绘制如图 14-2 所示的图形。底座圆锥的直径为 1,高为 1,圆锥上面的柱子是离地面 0.5、长度为 5.5、半径为 0.08 的圆柱体,圆柱顶端有一个半径为 0.2 的球体,有七个直径为 1 的球体,7 个球体与柱子顶端球体通过半径为 0.05、长度为 5 的圆柱体(绳子)连接,绳子与圆柱的夹角为 45°。

(1) 设置图界范围,执行 ZOOM 命令,按“全部”缩放。提示:

➢ 命令:LIMITS↙

设置图界为 12 ×9。

➢ 命令:ZOOM↙
➢ 指定窗口角点,输入比例因子 (nX 或 nXP),或 [全部(A)/中心点(C)/…] < 实时 >:A↙

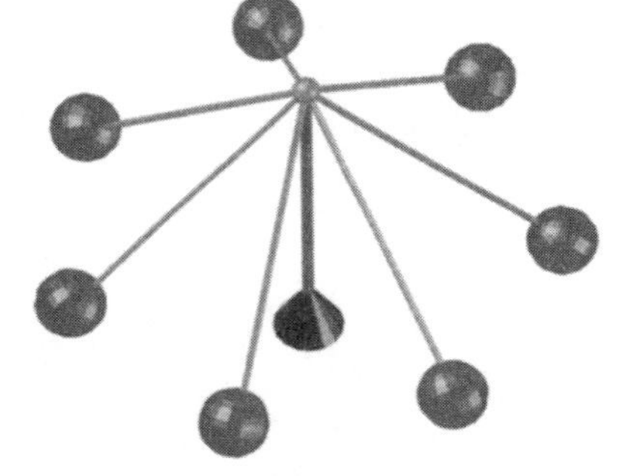

图 14-2 三维阵列球体

(2) 设置圆锥体网格曲面、圆柱体网格曲面和球体网格曲面镶嵌细分参数。提示:

➢ 命令:MESHOPTIONS↙

弹出“网格镶嵌选项”对话框,单击“为图元生成网格”命令按钮,弹出“网格图元选项”对话框,根据提示,设置圆锥体和圆柱体镶嵌细分参数(轴为 16、高度为 1、基点为 3)、球体镶嵌细分参数(轴为 16、高度为 16)。

(3) 绘制圆锥底座。提示:

➢ 命令:MESH↙
➢ 输入选项 [长方体(B)/圆锥体(C)/圆柱体(CY)/…/设置(SE)] < 长方体 >:C↙
➢ 指定底面的中心点或[三点(3P)/…/椭圆(E)]:4,4,0↙
➢ 指定底面半径或 [直径(D)] < 0.0 >:0.5↙
➢ 指定高度或 [两点(2P)/轴端点(A)/顶面半径(T)] < 0.0 >:1↙

(4) 绘制圆柱体柱子。提示:

➢ 命令:MESH↙
➢ 输入选项 [长方体(B)/圆锥体(C)/圆柱体(CY)/…/设置(SE)] < 长方体 >:CY↙
➢ 指定底面的中心点或 [三点(3P)/…/椭圆(E)]:4,4,0.5↙

- 指定底面半径或［直径(D)］<0.0>:0.08↙
- 指定高度或［两点(2P)/轴端点(A)］<0.0>:5.5↙

(5) 绘制圆柱顶端球体。提示：

- 命令:MESH↙
- 输入选项［长方体(B)/…/球体(S)/…/设置(SE)］<长方体>:S↙
- 指定中心点或［三点(3P)/…］:(圆心捕捉圆柱顶面圆心点)
- 指定半径或［直径(D)］<0.0800>:0.2↙

(6) 绘制7条绳子和7个球体。提示：

用UCS命令设置新UCS坐标系,原点在圆锥底面中心点,X轴方向不变,Y轴方向在圆锥顶点。

- 命令:LINE↙　　——绘制与圆柱呈45°角、长度为5的斜线
- 指定第一点:(端点捕捉柱子上端点)
- 指定下一点或［放弃(U)］:@5<-45↙
- 指定下一点或［放弃(U)］:↙
- 命令:UCS↙　　——定义新坐标系,原点在斜线下端点,Z轴沿斜线方向
- 当前UCS名称：*世界*
- 指定UCS的原点或［面(F)/命名(NA)/…/Z轴(ZA)］<世界>:ZA↙
- 指定新原点或［对象(O)］<0,0,0>:(拾取斜线下端点)
- 在正Z轴范围上指定点<6.2,1.2,3.4>:(拾取斜线中点)
- 命令:CIRCLE↙　　——绘制圆心在斜线下断点、半径为0.05的圆
- 指定圆的圆心或［三点(3P)/两点(2P)/切点、切点、半径(T)］:(拾取斜线下端点)
- 指定圆的半径或［直径(D)］:0.05↙
- 命令:TABSURF↙　——绘制平移曲面,即圆柱网格曲面(绳子)
- 当前线框密度：SURFTAB1=6
- 选择用作轮廓曲线的对象:(选择圆对象)
- 选择用作方向矢量的对象:(选择斜线对象)
- 命令:MESH↙　　——绘制球体
- 输入选项［长方体(B)/…/球体(S)/…/设置(SE)］<长方体>:S↙
- 指定中心点或［三点(3P)/两点(2P)/切点、切点、半径(T)］:(端点捕捉斜线下端点)
- 指定半径或［直径(D)］<0.0800>:0.5↙
- 命令:UCS↙　　——设置世界坐标系为当前坐标系
- 指定UCS的原点或［面(F)/命名(NA)/…/Z轴(ZA)］<世界>:↙

(7) 三维阵列绳子和球体。提示：

- 命令:3DARRAY↙
- 正在初始化……　已加载3DARRAY。
- 选择对象:(选择绳子和球体)
- 输入阵列类型［矩形(R)/环形(P)］<矩形>:P↙
- 输入阵列中的项目数目:7↙
- 指定要填充的角度(+=逆时针，-=顺时针)<360>:↙
- 旋转阵列对象?［是(Y)/否(N)］<是>:↙
- 指定阵列的中心点:(圆心捕捉圆锥体底面圆心点)

➢ 指定旋转轴上的第二点:(端点捕捉圆锥体顶点)

14.2 三维图形镜像(MIRROR3D、3DMIRROR)

1. 任务

将三维图形在三维空间内任何方向上做镜像,如图 14-3 所示。

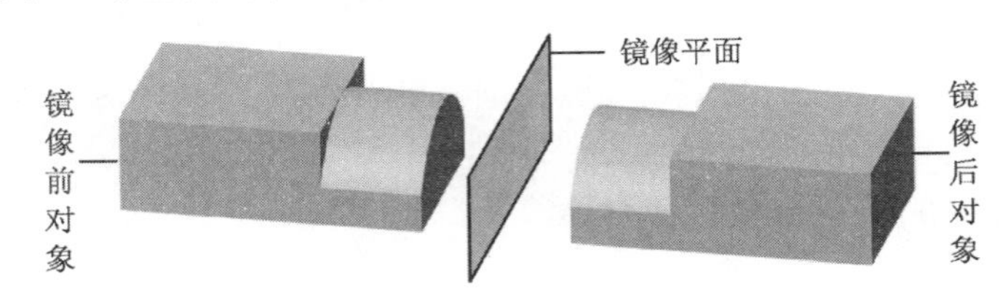

图 14-3 三维镜像

2. 操作

- 键盘命令:MIRROR3D 或3DMIRROR↙。
- 菜单选项:"修改"→"三维操作"→"三维镜像"。
- 功能区面板:"常用"→"修改"→"三维镜像"。

3. 提示

➢ 选择对象:(选择镜像对象)

➢ 指定镜像平面(三点)的第一个点或[对象(O)/最近的(L)/Z 轴(Z)/视图(V)/XY 平面(XY)/YZ 平面(YZ)/ZX 平面(ZX)/三点(3)] <三点>:(输入第一点、O、L、Z、V、XY、YZ、ZX 或 3)

- 指定第一点:输入第一点,根据三点确定镜像平面进行镜像。提示:

➢ 在镜像平面上指定第二点:(输入第二点)

➢ 在镜像平面上指定第三点:(输入第三点)

➢ 是否删除源对象?[是(Y)/否(N)] <否>:(输入 Y 或 N,确定是否删除源对象)

- 对象(O):输入 O,选择二维对象(圆、圆弧、二维多段线)作为镜像平面进行镜像。提示:

➢ 选择圆、圆弧或二维多段线线段:(选择圆、圆弧、二维多段线)

➢ 是否删除源对象?[是(Y)/否(N)] <否>:(输入 Y 或 N,确定是否删除源对象)

- 最近的(L):输入 L,按上次镜像面进行镜像。提示:

➢ 是否删除源对象?[是(Y)/否(N)] <否>:(输入 Y 或 N,确定是否删除源对象)

- Z 轴(Z):输入 Z,根据 Z 轴方向确定的镜像平面进行镜像。提示:

➢ 在镜像平面上指定点:(输入镜像平面上的任一点)

➢ 在镜像平面的 Z 轴(法向)上指定点:(输入与镜像面相垂直的任意直线上的任一点,确定 Z 轴方向)

➢ 是否删除源对象?[是(Y)/否(N)] <否>:(输入 Y 或 N,确定是否删除源对象)

- 视图(V):输入 V,按与当前视图平行的平面作为镜像面进行镜像。提示:

➢ 在视图平面上指定点 <0,0,0>:(输入镜像面上的任一点)

➢ 是否删除源对象?[是(Y)/否(N)] <否>:

● XY/ YZ/ ZX 平面:输入 XY、YZ、ZX,按与当前 UCS 的 XOY、YOZ 或 ZOX 平面作为镜像平面进行镜像。提示:

➢ 指定 XY/YZ/ZX 平面上的点 <0,0,0>:(输入镜像面上的任一点)

➢ 是否删除源对象?[是(Y)/否(N)] <否>:(输入 Y 或 N)

● 三点(3):输入 3 或按回车键,根据三点确定的镜像平面进行镜像。

【例 14.2】 绘制如图 14-4 所示的图形。楔体的长、宽、高分别为 3、1、2,并以 YOZ 平面镜像。提示:

➢ 命令:MIRROR3D↙

➢ 选择对象:(选择【例 13.23】所绘制楔体对象)

➢ 指定镜像平面(三点)的第一个点或[对象(O)/…/YZ 平面(YZ)/ZX 平面(ZX)/三点(3)] <三点>:YZ↙

➢ 指定 YZ 平面上的点 <0,0,0>:0,0,1↙

➢ 是否删除源对象?[是(Y)/否(N)] <否>:↙

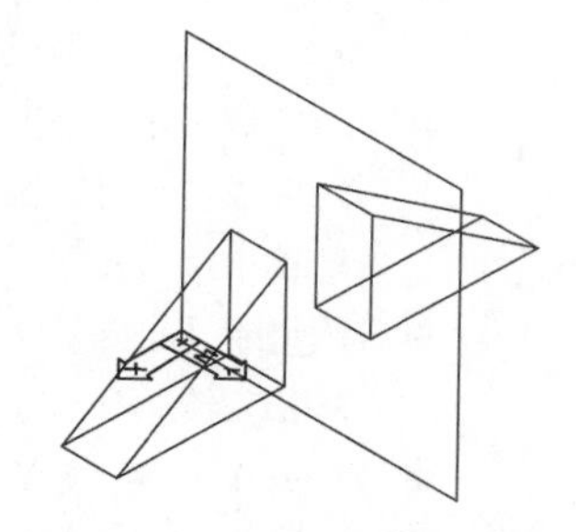

图 14-4 三维镜像楔体

14.3 三维图形旋转(ROTATE3D、3DROTATE)

1. 任务

将三维图形对象绕三维旋转轴旋转指定角度,如图 14-5 所示。

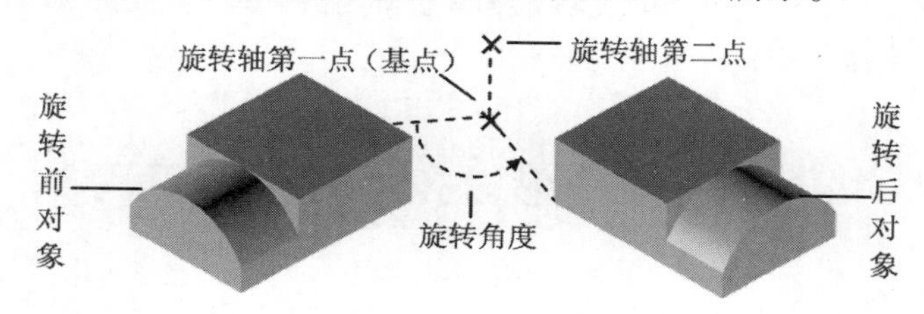

图 14-5 三维旋转

2. 操作

● 键盘命令:ROTATE3D 或3DROTATE↙。

● 菜单选项:"修改"→"三维操作"→"三维旋转"。

● 工具按钮:"建模"工具栏→"三维旋转"。

● 功能区面板:"常用"→"修改"→"三维旋转"。

3. 提示

➢ 当前正向角度: ANGDIR=逆时针 ANGBASE=0

➢ 选择对象:(选择旋转对象)

➢ 指定轴上的第一个点或定义轴依据[对象(O)/最近的(L)/视图(V)/X 轴(X)/Y 轴(Y)/Z 轴(Z)/两点(2)]:(输入第 1 点、O、L、V、X、Y、Z 或 2)

或者

➢ 指定基点:(指定旋转轴基点)

➢ 拾取旋转轴:(拾取旋转轴)

➢ 指定角的起点或键入角度:(指定旋转角起点或输入旋转角度)

➢ 指定角的端点:(指定旋转角终点)

● 指定轴上的第一个点:输入第 1 点,根据两点确定旋转轴进行旋转。提示:

➢ 指定轴上的第二点:(输入旋转轴的第二点)

➢ 指定旋转角度或 [参照(R)]:(输入旋转角度)

● 对象(O):输入 O,将所选对象(直线、圆、圆弧、多段线)作为旋转轴进行旋转。提示:

➢ 选择直线、圆、圆弧或二维多段线线段:(选择直线、圆、圆弧或二维多段线)

➢ 指定旋转角度或 [参照(R)]:(输入旋转角度)

● 最近的(L):输入 L,按上一个进行图形旋转的旋转轴进行旋转。提示:

➢ 指定旋转角度或 [参照(R)]:(输入旋转角度)

● 视图(V):输入 V,绕与当前视图平面垂直的轴进行旋转。提示:

➢ 指定视图方向轴上的点 <0,0,0>:(拾取旋转轴上一点)

➢ 指定旋转角度或 [参照(R)]:(输入旋转角度或 R)

● X 轴(X)/ Y 轴(Y)/ Z 轴(Z):输入 X、Y、Z,绕当前 UCS 的 X、Y、Z 轴进行旋转。提示:

➢ 指定 X/Y/Z 轴上的点 <0,0,0>:(输入 X、Y、Z 轴上的一点)

➢ 指定旋转角度或 [参照(R)]:(输入旋转角度)

● 两点(2):输入 2,根据两点确定旋转轴进行旋转。

● 指定基点:使用三维旋转小控件进行三维旋转。选择对象后,弹出"三维旋转小控件"图标,给出默认旋转基点和三个旋转轴,指定新的旋转基点,拾取旋转轴,输入旋转角度,即可完成三维旋转。

14.4 三维图形对齐(3DALIGN)

1. 任务

将三维图形对象对齐到三维空间中指定位置,有移动和旋转功能,如图 14-6 所示。

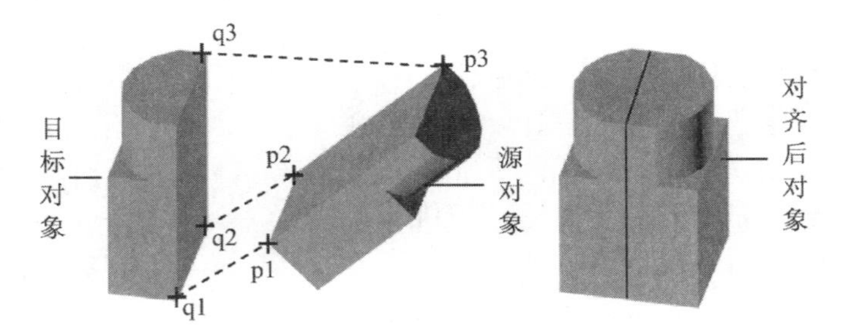

图 14-6 三维对齐

2. 操作

● 键盘命令:3DALIGN↙。

● 菜单选项:"修改"→"三维操作"→"三维对齐"。

● 工具按钮:“建模”工具栏→“三维对齐”。
● 功能区面板:“常用”→“修改”→“三维对齐”。

3. **提示**

➢ 选择对象:(选择对齐对象)
➢ 指定源平面和方向 …
➢ 指定基点或[复制(C)]:(拾取第一源点或输入C)
➢ 指定第二个点或[继续(C)] <C>:(拾取第二源点)
➢ 指定第三个点或[继续(C)] <C>:(拾取第三源点)
➢ 指定目标平面和方向 …
➢ 指定第一个目标点:(拾取第一目标点)
➢ 指定第二个目标点或[退出(X)] <X>:(拾取第二目标点)
➢ 指定第三个目标点或[退出(X)] <X>:(拾取第三目标点)

【例14.3】 将长方体对齐到斜面上,如图14-7所示。提示:

➢ 命令:3DALIGN↙
➢ 选择对象:(选择长方体对象)
➢ 指定源平面和方向 …
➢ 指定基点或[复制(C)]:(拾取A点)
➢ 指定第二个点或[继续(C)] <C>:(拾取B点)
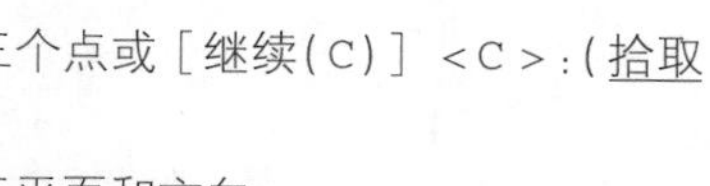
➢ 指定第三个点或[继续(C)] <C>:(拾取C点)
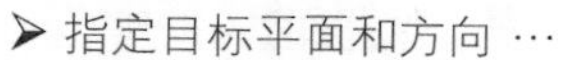
➢ 指定目标平面和方向 …
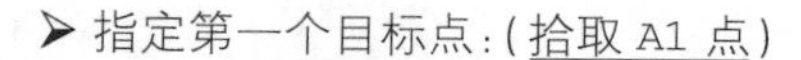
➢ 指定第一个目标点:(拾取A1点)
➢ 指定第二个目标点或[退出(X)] <X>:(拾取B1点)
➢ 指定第三个目标点或[退出(X)] <X>:(拾取C1点)

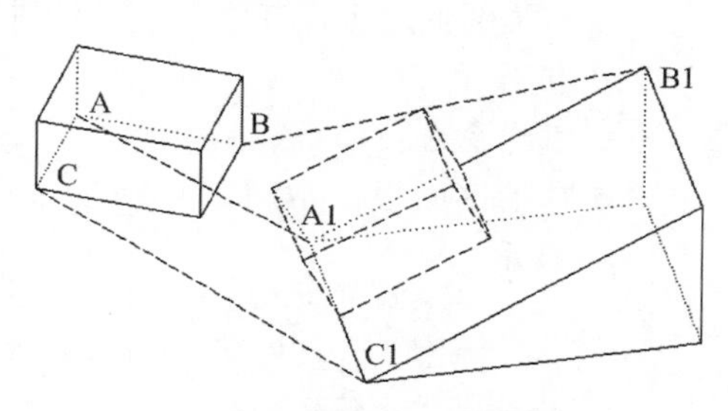

图14-7 对齐长方体

14.5 三维图形移动(3DMOVE)

1. **任务**

将三维图形对象移动到三维空间中的任何位置,类似二维图形的移动,如图14-8所示。

2. **操作**

● 键盘命令:3DMOVE↙。
● 菜单选项:“修改”→“三维操作”→“三维移动”。
● 工具按钮:“建模”工具栏→“三维移动”。
● 功能区面板:“常用”→“修改”→“三维移动”。

3. **提示**

➢ 选择对象:(选择移动对象)
➢ 指定基点或[位移(D)] <位移>:(指定移动基点、输入D或按回车键)

➢ 指定第二个点或 <使用第一个点作为位移>:(指定移动目标点或按回车键)

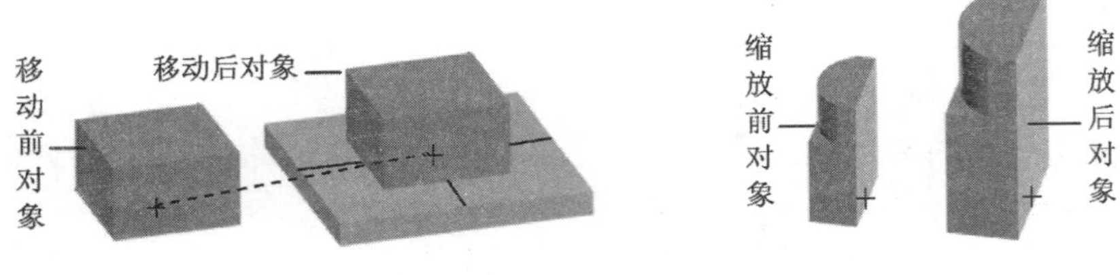

图 14-8　三维移动　　图 14-9　三维缩放

14.6　三维图形缩放(3DSCALE)

1. 任务

将三维图形对象按任意缩放比例进行缩放,类似二维图形的缩放,如图 14-9 所示。

2. 操作

- 键盘命令:3DSCALE↙。
- 功能区面板:"常用"→"修改"→"三维缩放"。

3. 提示

➢ 选择对象:(选择缩放对象)
➢ 指定基点:(指定缩放基准点)
➢ 拾取比例轴或平面:(指定缩放基准点)
➢ 指定比例因子或[复制(C)/参照(R)] <1.0>:(输入缩放比例因子、C、R)

说明:

① 弹出"三维缩放小控件"图标,指定基点后,小控件移至该基点,单击小控件特定位置,可进行统一比例缩放、指定平面缩放或指定轴缩放。

② 选择"复制(C)"项,复制新的缩放对象。

③ 选择"参照(R)"项,根据参照长度比例进行缩放。

14.7　三维图形绘图举例

【例 14.4】　绘制碗,如图 14-10、图 14-11 所示。碗口直径为 15 cm,高为 9 cm。

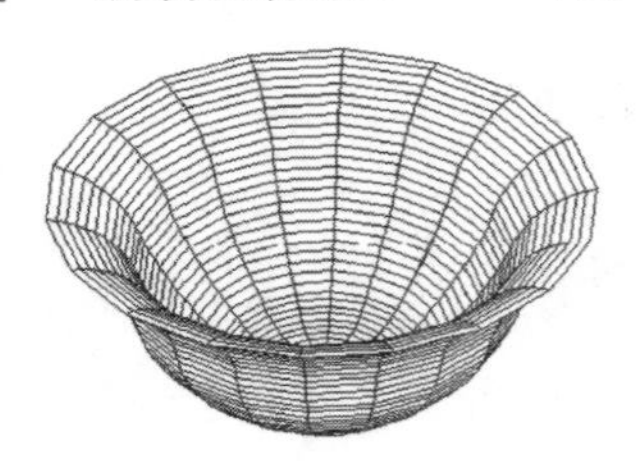

图 14-10　碗

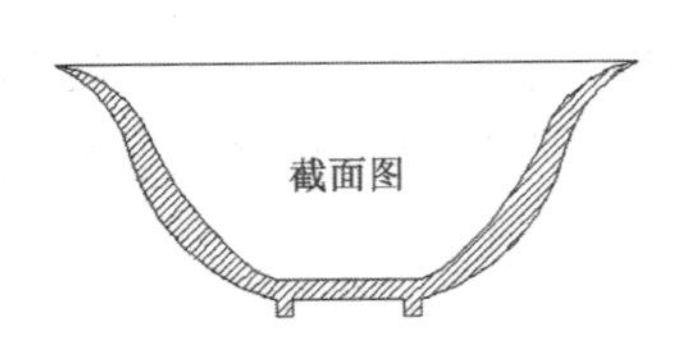

图 14-11　碗截面图

(1) 设置图界范围及图层 AUX、BOWL。提示:

➢ 用 LIMITS 命令设置图界为 120 ×90。

➢ 用 LAYER 命令设置图层为 AUX、BOWL。

📖 **说明:**

AUX 层用于绘制辅助线,BOWL 层用于绘制三维碗体。

(2)绘制辅助线,如图 14-12 所示。提示:

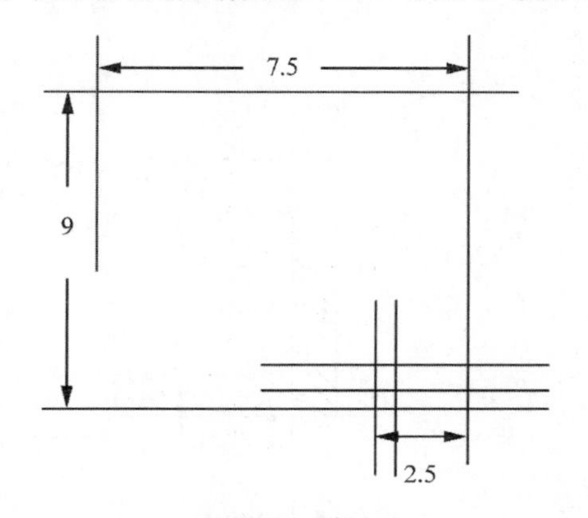

图 14-12 辅助线

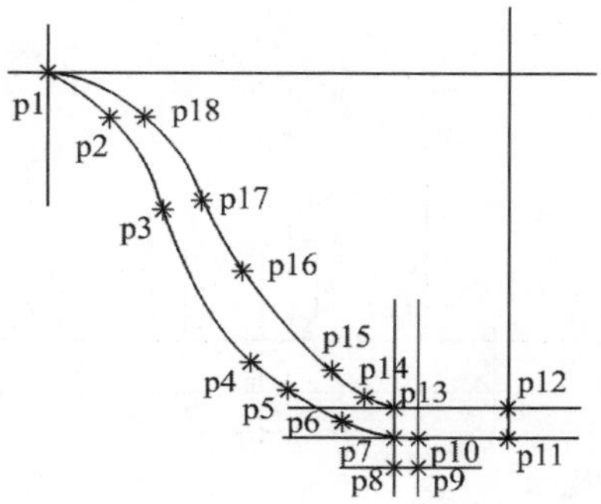

图 14-13 碗体截面轮廓线

➢ 命令:<u>LAYER</u>↙

设置 AUX 层为当前层。

➢ 命令:<u>UCS</u>↙ ——新坐标系绕 X 轴旋转 90°

➢ 当前 UCS 名称: * 世界 *

➢ 指定 UCS 的原点或 [面(F) / … / 世界(W) / X / Y / Z / Z 轴(ZA)] <世界>:<u>X</u>↙

➢ 指定绕 X 轴的旋转角度 <90>:<u>90</u>↙

➢ 命令:<u>PLAN</u>↙ ——设置绘图区域为 XOY 平面

➢ 输入选项 [当前 UCS(C) / UCS(U) / 世界(W)] <当前 UCS>:↙

用 LINE、OFFSET 等命令绘制如图 14-12 所示的图形。

(3) 绘制碗体截面轮廓线,如图 14-13 所示。提示:

用 LAYER 命令设置 BOWL 层为当前层。

用 ARC 命令根据三点 p1、p2、p3 绘弧。

用 ARC 命令根据三点 p3、p4、p5 绘弧。

用 ARC 命令根据三点 p5、p6、p7 绘弧。

用 ARC 命令根据三点 p1、p18、p17 绘弧。

用 ARC 命令根据三点 p17、p16、p15 绘弧。

用 ARC 命令根据三点 p15、p14、p13 绘弧。

用 LINE 命令根据点 p7、p8、p9、p10、p11、p12、p13 绘折线。

(4) 绘制碗体三维图,如图 14-10 所示。提示:

➢ 命令:<u>REVSURF</u>↙

多次执行下面命令。

➢ 当前线框密度：SURFTAB1 = 6 SURFTAB2 = 6

➢ 选择要旋转的对象：(选择碗体截面对象)

➢ 选择定义旋转轴的对象：(选择 p11、p12 直线)

➢ 指定起点角度 <0>：↙

➢ 指定包含角 (+ =逆时针，- =顺时针) <360>：↙

将 AUX 层关闭。用 VPOINT 命令观察图形。

【例 14.5】 用表面模型法绘制支架三维立体图，如图 14-14(d)所示。支架尺寸由其三视图给出，如图 14-14(a)、(b)、(c)所示。

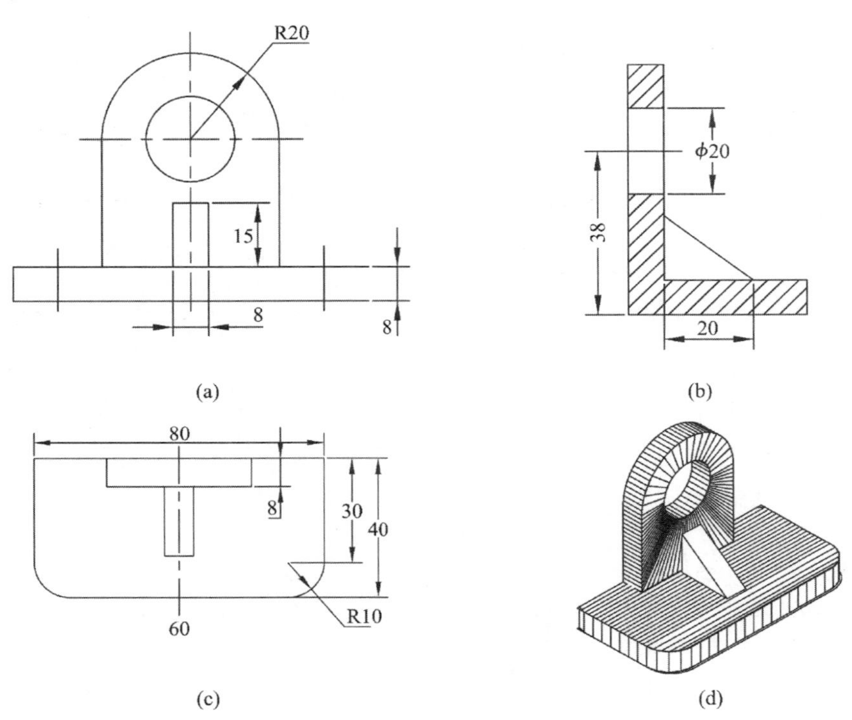

图 14-14 支架

(1) 设置新坐标系，原点在(100,100,0)，坐标轴方向不变。提示：

➢ 命令：VPOINT↙

➢ 当前视图方向： VIEWDIR = 0.0000,0.0000,1.0000

➢ 指定视点或 [旋转(R)] <显示坐标球和三轴架>：-1，-1,1↙

➢ 命令：UCS↙

➢ 当前 UCS 名称： *世界*

➢ 指定 UCS 的原点或 [面(F)/…/世界(W)/X/Y/Z/Z 轴(ZA)] <世界>：100,100↙

➢ 命令：UCSICON↙

➢ 输入选项 [开(ON)/关(OFF)/…/非原点(N)/原点(OR)/特性(P)] <开>：OR↙

(2) 绘制如图 14-15 所示的轮廓线(底板轮廓)。提示：

➢ 命令：RECTANG↙

➤ 指定第一个角点或［倒角(C)／标高(E)／圆角(F)／厚度(T)／宽度(W)］:0,0↙
➤ 指定另一个角点或［面积(A)／尺寸(D)／旋转(R)］:80,40↙
➤ 命令:FILLET↙

以半径为 10,对矩形一侧两角进行圆角。

用 COPY 命令对圆角后的矩形进行复制(复制到 Z 轴方向高度为 8 的位置)。

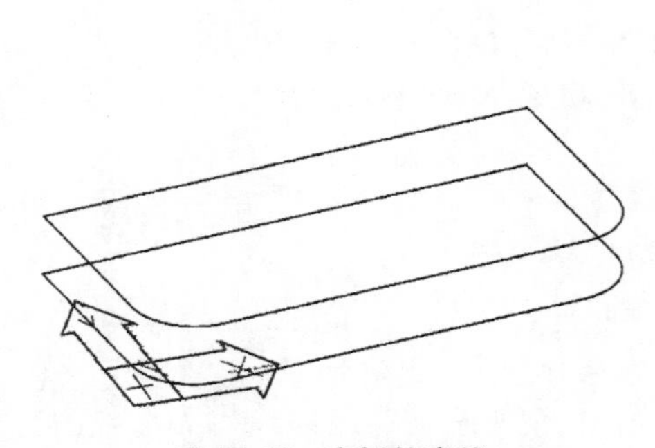

图 14-15 底板轮廓线

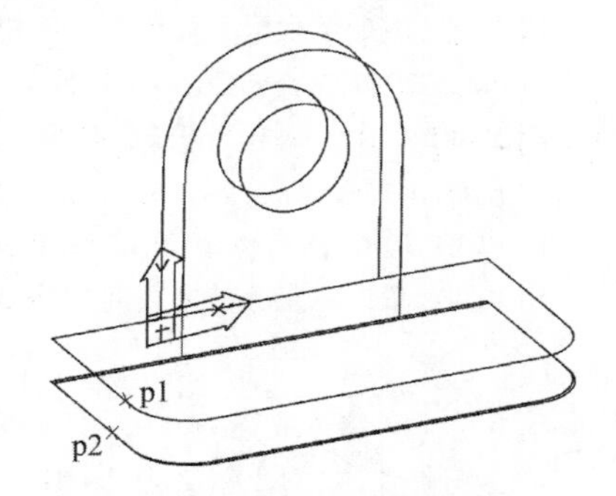

图 14-16 支板轮廓线

(3) 绘制如图 14-16 所示的轮廓线(支板轮廓)。提示:

➤ 命令:UCS↙
➤ 指定 UCS 的原点或［面(F)／…／世界(W)／X／Y／Z／Z 轴(ZA)］ <世界>:20,40,8↙
➤ 命令:↙
➤ 指定 UCS 的原点或［面(F)／…／世界(W)／X／Y／Z／Z 轴(ZA)］ <世界>:X↙
➤ 指定绕 X 轴的旋转角度 <90>:90↙
➤ 命令:LINE↙
➤ 指定第一点:0,30↙
➤ 指定下一点或［放弃(U)］:0,0↙
➤ 指定下一点或［放弃(U)］:40,0↙
➤ 指定下一点或［闭合(C)／放弃(U)］:40,30↙
➤ 指定下一点或［闭合(C)／放弃(U)］:↙
➤ 命令:ARC↙
➤ 指定圆弧的起点或［圆心(C)］:↙
➤ 指定圆弧的端点:0,30↙
➤ 命令:↙ ——用 ARC 命令绘制两个半圆形来绘制圆
➤ 指定圆弧的起点或［圆心(C)］: 30,30↙
➤ 指定圆弧的第二个点或［圆心(C)／端点(E)］:20,40↙
➤ 指定圆弧的端点:10,30↙
➤ 命令:↙
➤ 指定圆弧的起点或［圆心(C)］:↙
➤ 指定圆弧的端点:30,30↙
➤ 命令:COPY↙

用 COPY 命令对支板轮廓进行复制(复制到 Z 轴方向高度为 8 处)。

(4) 构造如图 14-18 所示的网格表面(底板和支板侧面表面)。提示:

➤ 命令:RULESURF↙

➢ 当前线框密度：SURFTAB1 =6
➢ 选择第一条定义曲线：(拾取 p1 点)
➢ 选择第二条定义曲线：(拾取 p2 点)
同理，构造其他侧面网格。
用 RULESURF 命令构造底板上顶面表面网格(拾取 p3 和 p4、p5 和 p6 点)。
用 COPY 命令将底板上顶面表面网格复制到下底面。
用 RULESURF 命令构造支板前面上半环面(拾取 P7 和 P8)。
用 LINE 命令作两条直线，分割下半圆为三段，如图 14-17 所示。
用 BREAK 命令在直线与圆弧交点处剪断。
用 RULESURF 命令构造支板前面其余三个表面网格。
用 COPY 命令将支板前面表面网格复制到后面。

说明：
要注意调整 SURFTAB1 和 SURFTAB2 的值，使表面网格经纬线间隔均匀一致。

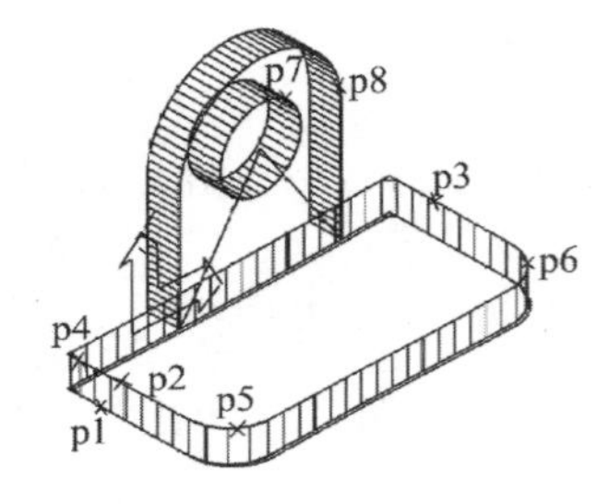

图 14-17　侧面表面

图 14-18　支架

(5) 绘制如图 14-19 所示的三角形筋。提示：
➢ 命令：UCS↙
➢ 指定 UCS 的原点或 [面(F)/…/X/Y/Z/Z 轴(ZA)/三点(3)] <世界>：3↙
➢ 指定新原点 <0,0,0>：(交点捕捉 A 点)
➢ 在正 X 轴范围上指定点 <1,0,0>：(端点捕捉 B 点)
➢ 在 UCS XY 平面的正 Y 轴范围上指定点 <1,0,0>：(端点捕捉 C 点)
➢ 命令：WEDGE↙
➢ 指定第一个角点或 [中心点(C)] <0,0,0>：8,36,0↙
➢ 指定其他角点或 [立方体(C)/长度(L)]：L↙
➢ 指定长度：20↙
➢ 指定宽度：8↙
➢ 指定高度：15↙
➢ 命令：HIDE↙　　——消隐后，所得图形如图 14-14(d)所示

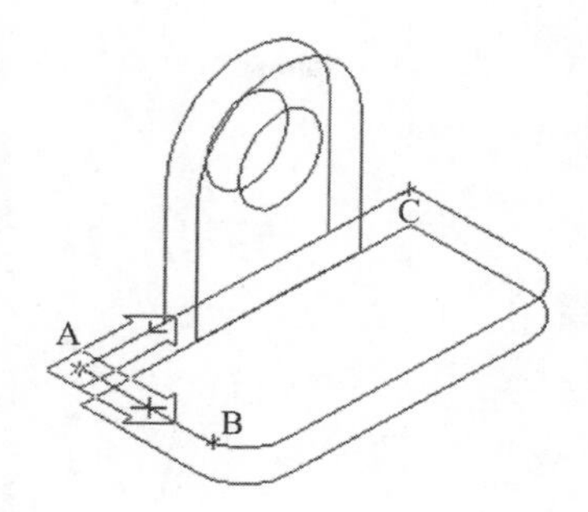

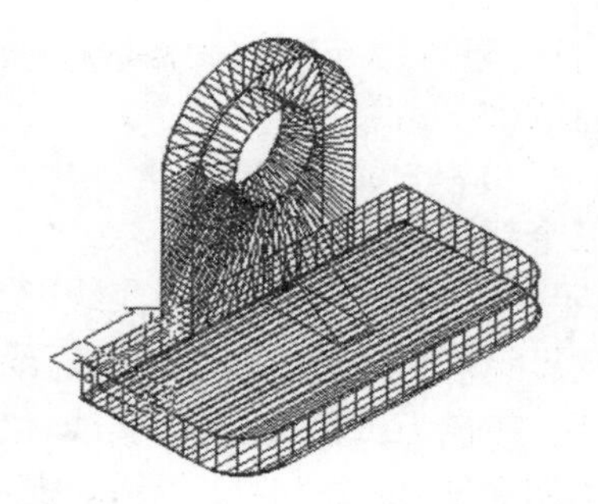

图 14-19 三角形筋

【例 14.6】 绘制电脑工作台,如图 14-20 所示。

(1) 设置图形范围。提示:

用 LIMITS 命令设置图形范围,左下角为(0,0),右上角为(260,184)。

用 ZOOM 命令设置绘图区域。

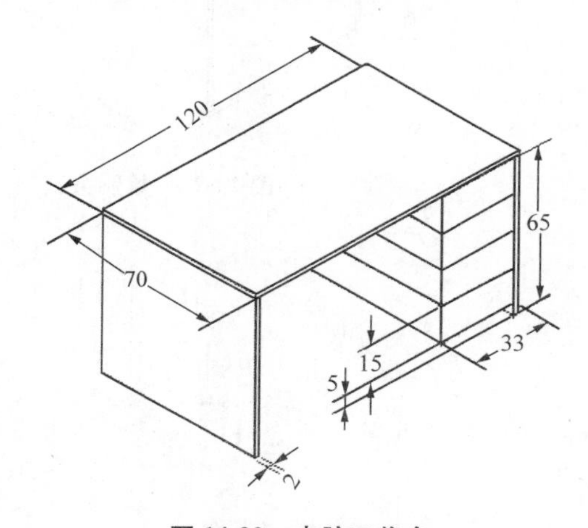

图 14-20 电脑工作台

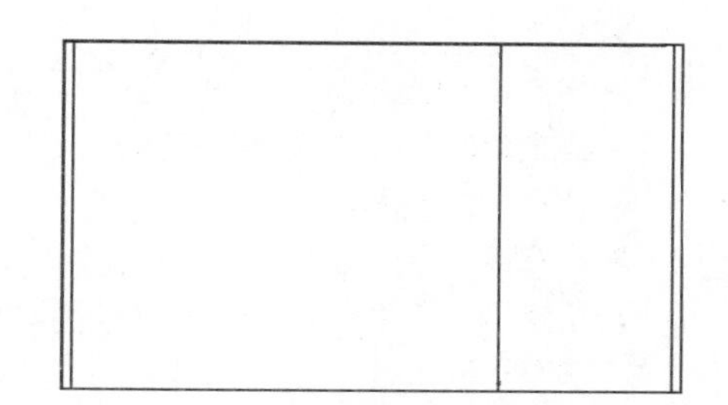

图 14-21 投影轮廓线

(2) 设置三个新图层,并在 0 层绘制顶视投影轮廓,如图 14-21 所示。提示:

➢ 命令:RECTANG↙
➢ 指定第一个角点或 [⋯]:70,57↙
➢ 指定另一个角点或[⋯]:@ 120,70↙
➢ 命令:LINE↙
➢ 指定第一点:72,57↙
➢ 指定下一点或 [放弃(U)]:@ 0,70↙
➢ 指定下一点或 [放弃(U)]:↙
➢ 命令:↙
➢ LINE 指定第一点 :155,57↙
➢ 指定下一点或 [放弃(U)]:@ 0,70↙
➢ 指定下一点或 [放弃(U)]:↙
➢ 命令:LINE↙
➢ 指定第一点:188,57↙

➢ 指定下一点或［放弃(U)］:@ 0,70↙
➢ 指定下一点或［放弃(U)］:↙
➢ 命令:LAYER↙

设置三个新图层:

- L1 层,颜色为红色,线型为实线,绘制桌腿。
- L2 层,颜色为绿色,线型为实线,绘制抽屉。
- L3 层,颜色为黄色,线型为实线,绘制桌面。

(3) 绘制桌腿,如图 14-22 所示。提示:

用 LAYER 命令设置 L1 层为当前层。
➢ 命令:RECTANG↙
➢ 指定第一个角点或［…］:70,57↙
➢ 指定另一个角点或［…］:@ 2,70↙
➢ 命令:RECTANG↙
➢ 指定第一个角点或［…］:188,57↙
➢ 指定另一个角点或［…］:@ 2,70↙
用 PROPERTIES 命令改变两个矩形厚度为 65。

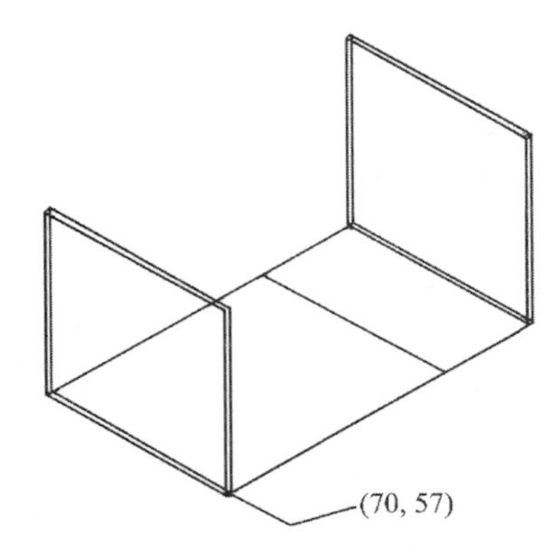

图 14-22 绘制桌腿

(4) 绘制抽屉,如图 14-23 所示。提示:

用 LAYER 命令设置 L2 层为当前层。
➢ 命令:ELEV↙
➢ 指定新的默认标高 <0>:5↙
➢ 指定新的默认厚度 <0>:0↙
➢ 命令:RECTANG↙
➢ 指定第一个角点或［…］:155,57↙
➢ 指定另一个角点或［…］:@ 33,70↙——绘制最底下一只抽屉
用 ELEV 命令设置高度为 20。
用 RECTANG 命令绘制第二个抽屉。
用 ELEV 命令设置高度为 35。
用 RECTANG 命令绘制第三个抽屉。
用 ELEV 命令设置高度为 50。
用 RECTANG 命令绘制第四个抽屉。
用 PROPERTIES 命令改变四个矩形的厚度为 15。

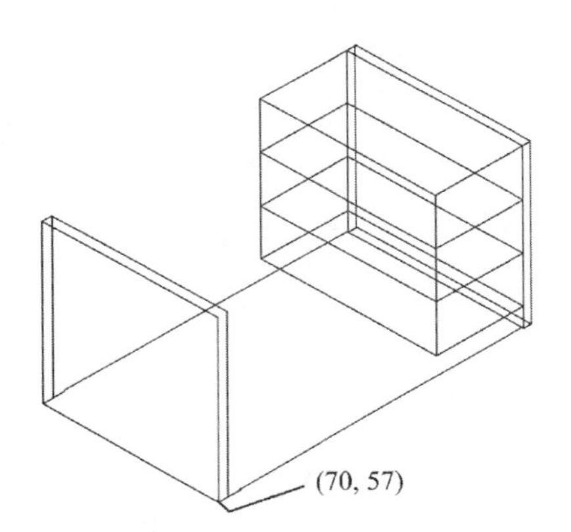

图 14-23 绘制抽屉

(5) 绘制桌面,如图 14-24 所示。提示:

用 LAYER 命令设置 L3 层为当前层。
➢ 命令:ELEV↙
➢ 指定新的默认标高 <0>:65↙
➢ 指定新的默认厚度 <0>:0↙
➢ 命令:RECTANG↙
➢ 指定第一个角点或［…］:70,57↙
➢ 指定另一个角点或［…］:@ 120,70↙
用 PROPERTIES 命令改变矩形的厚度为 2。

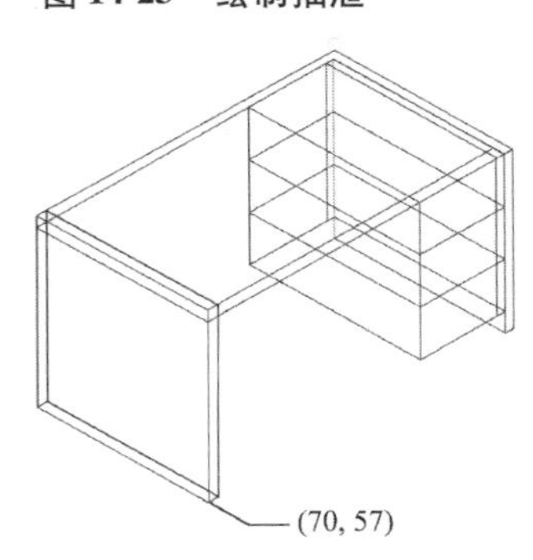

图 14-24 绘制桌面

➤ 命令:3DFACE↙　　——处理桌面
➤ 指定第一点或［不可见(I)］:70,57↙
➤ 指定第二点或［不可见(I)］:@ 120,0↙
➤ 指定第三点或［不可见(I)］<退出>:@ 0,70↙
➤ 指定第四点或［不可见(I)］<创建三侧面>:@ -120,0↙
➤ 指定第三点或［不可见(I)］<退出>:↙

（6）作消隐、着色处理，如图 14-20 所示。提示：

➤ 命令:HIDE↙
➤ 命令:SHADE↙

（7）三维观察。提示：

➤ 命令:VPOINT↙
➤ 命令:DVIEW↙

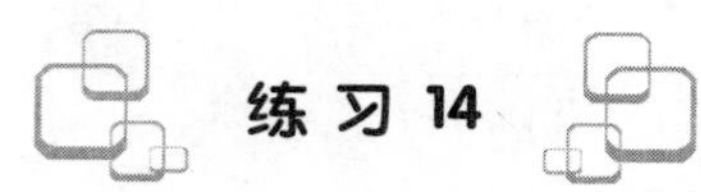
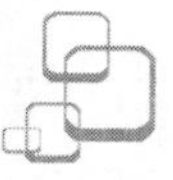

练习 14

1. 针对三维图形，主要有哪些编辑、修改操作？
2. 三维阵列与二维阵列有何异同点？
3. 三维镜像与二维镜像有何异同点？
4. 三维旋转与二维旋转有何异同点？
5. 绘制如图 14-25 所示的图形。
6. 绘制如图 14-26 所示的图形。
7. 绘制如图 14-27 所示的图形。
8. 绘制如图 14-28 所示的图形。

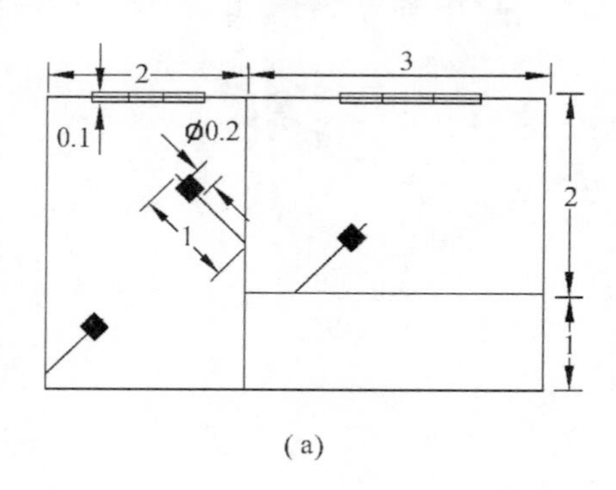

(a)

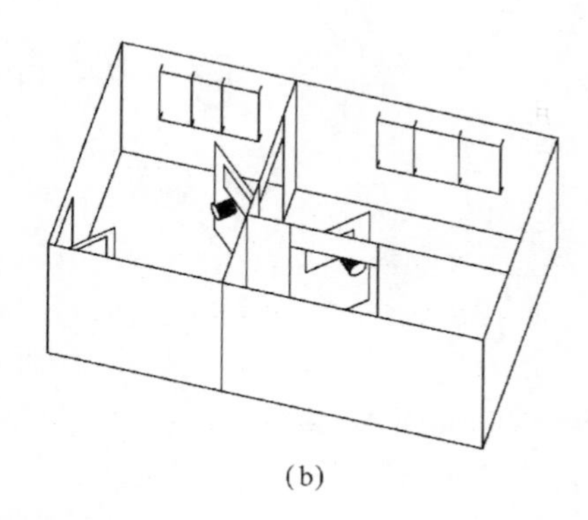

(b)

图 14-25　住宅套间

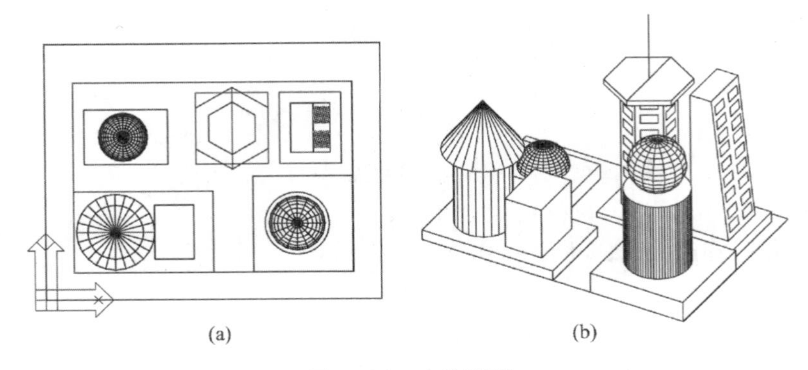

(a) (b)

图 14-26 建筑楼群

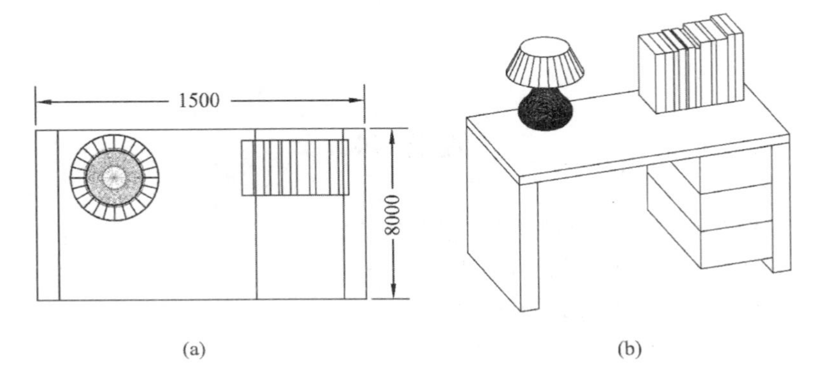

(a) (b)

图 14-27 办公桌

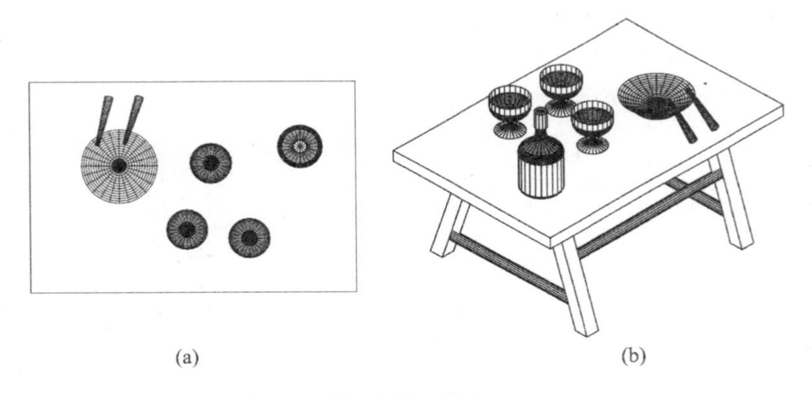

(a) (b)

图 14-28 餐桌

第 15 章

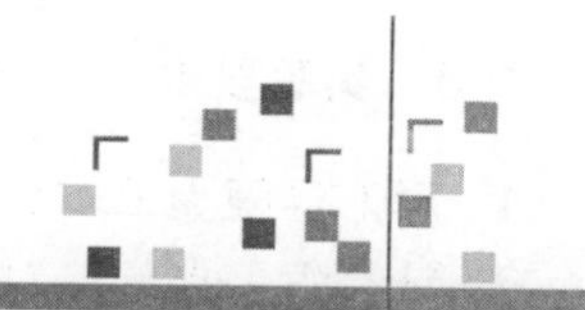

上机实验指导

实验一 简单图形绘制

1.1 实验目的

1. 熟悉计算机软件、硬件环境。
2. 了解 CAD 系统基本组成。
3. 掌握 AutoCAD 2014 启动和退出的方法。
4. 熟悉 AutoCAD 2014 的图形界面及键盘命令、菜单选项、工具按钮等操作方式。
5. 熟悉绝对直角坐标、相对直角坐标和相对极坐标概念,掌握三种坐标输入方法。
6. 掌握图形文件的创建、打开和保存方法。
7. 掌握图形文件密码的设置方法。
8. 掌握基本绘图步骤,会使用 LINE(直线)命令绘制简单图形。

1.2 实验内容

按要求绘制如图 s1-1 所示的图形。

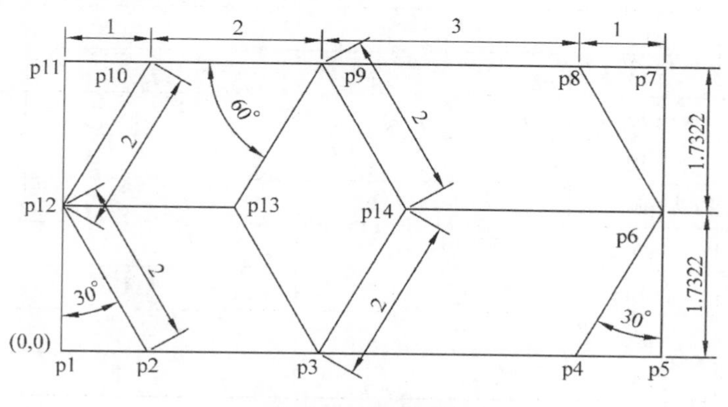

图 s1-1 简单图形

1.3 实验要求

1. 图形界限为 12 ×9(英制),按图中标注尺寸绘制。
2. 计算每一点的绝对直角坐标、相对直角坐标和相对极坐标。
3. 用 LINE 命令绘制图形,绘制前要计算好点的坐标值,绘图时坐标值由键盘输入。
4. 绘图时不允许使用 LINE 命令以外命令和对象捕捉、对象追踪等辅助绘图功能。
5. 尺寸标注略。
6. 为每个图形文件设置密码"shiyan01"。
7. 将图形分别按文件名"ex11. dwg""ex12. dwg""ex13. dwg"保存。
8. 用 LINE 命令自行设计和绘制一幅简单图形,将图形按文件名"ex14. dwg"保存。

1.4 实验步骤

1. 根据图 s1-1 所示,已知当前点 p1 的绝对坐标为(0,0),按绘图时的端点顺序(如表 s1-1 所示)计算各端点的绝对直角坐标、相对直角坐标、相对极坐标,并将计算结果填入表 s1-1 相应位置,端点顺序为绘图过程中输入的点顺序。

表 s1-1 端点顺序及坐标

端点顺序	端点号	绝对直角坐标	相对直角坐标	相对极坐标
1	p1	(0,0)	(0,0)	(0,0)
2	p5			
3	p7			
4	p11			
5	p1			
6	p2			
7	p12			
8	p13			
9	p3			
10	p14			
11	p9			
12	p13			
13	p12			
14	p10			
15	p8			
16	p6			
17	p14			
18	p6			
19	p4			

2. 启动 AutoCAD 2014 系统。

3. 依次选择“文件”→“新建”菜单项,在“选择样板”对话框中选择“acad. dwt”样板文件,或在“创建新图形”对话框中选择“从草图开始”向导,从“默认设置”区中选择“英制”绘图单位,设置默认图形界限为 12 ×9。

4. 用 LINE 命令按照绝对直角坐标绘制如图 s1-1 所示的图形,不要求标注尺寸。

5. 打开“选项”对话框,选择“打开和保存”选项卡,单击“安全选项”,在“安全选项”对话框中设置图形文件密码“shiyan01”。

6. 依次选择“文件”→“另存为”菜单项,弹出对话框,按文件名“ex11. dwg”保存。

7. 依次选择“文件”→“新建”菜单项,同法创建新图形,用 LINE 命令按照相对直角坐标重新绘制如图 s1-1 所示的图形,按文件名“ex12. dwg”保存。

8. 依次选择“文件”→“新建”菜单项,同法创建新图形,用 LINE 命令按照相对极坐标重新绘制如图 s1-1 所示的图形,按文件名“ex13. dwg”保存。

9. 用 LINE 命令绘制一幅自行设计的图形,并按文件名“ex14. dwg”保存。

实验二　二维图形绘制(一)

2.1　实验目的

1. 熟练掌握二维图形(直线、圆、圆弧、椭圆、矩形、射线、构造线等图形对象)的绘制方法。

2. 熟悉键盘命令、菜单选项、工具按钮、功能区面板的使用方法。

3. 掌握图形文件创建、打开和保存的方法。

4. 熟悉键盘、鼠标的数据输入方法。

2.2　实验内容

绘制如图 s2-1、图 s2-2 所示的图形。

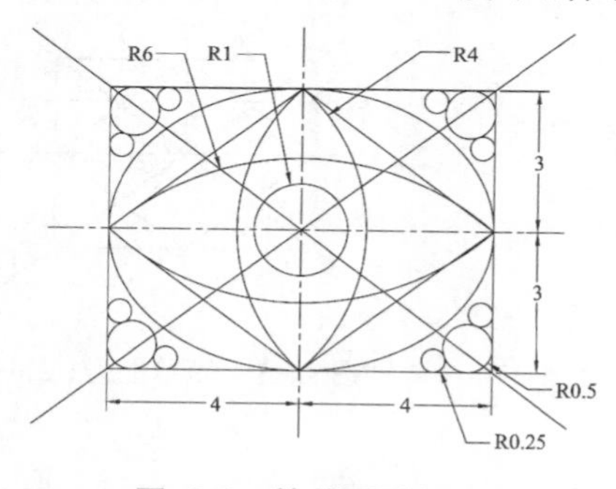

图 s2-1　简单图形(一)

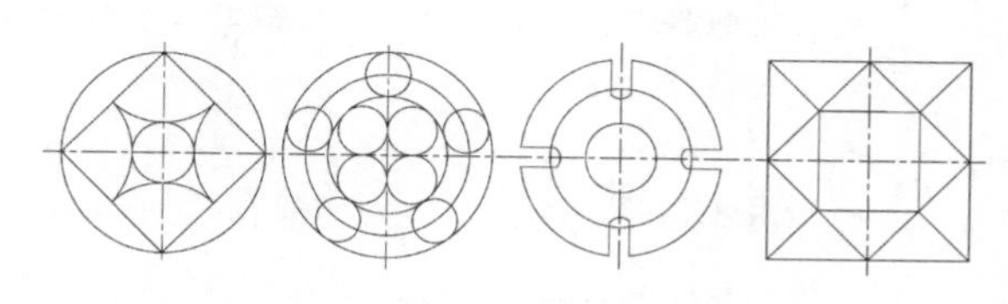

图 s2-2　简单图形(二)

2.3　实验要求

1. 图形界限为 12 ×9(英制),按图中标注尺寸绘制。

2. 绘图时只允许使用二维绘图命令，不允许使用任何编辑命令和辅助绘图功能。
3. 尺寸标注略。
4. 将图 s2-1 按文件名“ex21. dwg”保存。
5. 将图 s2-2 按文件名“ex22. dwg”保存。

2.4 实验步骤

1. 启动 AutoCAD 2014 系统，进入 AutoCAD 2014 绘图界面。
2. 依次选择“文件”→“新建”菜单项，在“选择样板”对话框中选择“acad. dwt”样板文件，或在“创建新图形”对话框中选择“从草图开始”向导，从“默认设置”区中选择“英制”绘图单位，设置图形界限为 12 ×9。
3. 用 LINE 命令绘制矩形和平行四边形，如图 s2-3 所示。提示：

- 命令：LINE↙
- 指定第一点：2,2↙ ——左下角从点(2,2)开始
- 指定下一点或［放弃(U)］：@ 8,0↙
- 指定下一点或［闭合(C)/放弃(U)］：@ 0,6↙
- 指定下一点或［闭合(C)/放弃(U)］：@ -8,0↙
- 指定下一点或［闭合(C)/放弃(U)］：C↙
- 命令：↙
- 指定第一点：@ 4,0↙
- 指定下一点或［放弃(U)］：@ -4, -3↙
- 指定下一点或［闭合(C)/放弃(U)］：@ 4, -3↙
- 指定下一点或［闭合(C)/放弃(U)］：@ 4,3↙
- 指定下一点或［闭合(C)/放弃(U)］：C↙

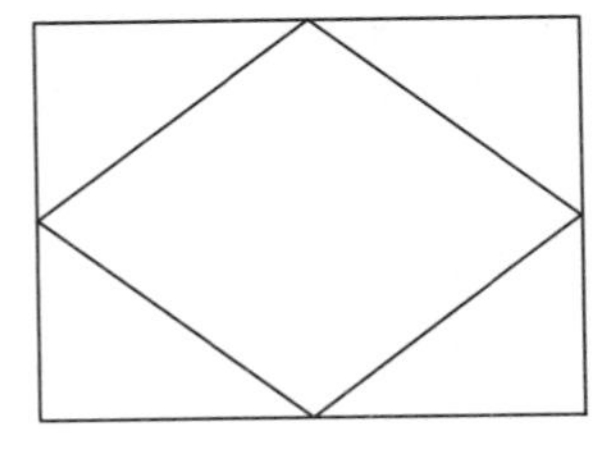
图 s2-3 简单图形(三)

4. 用 XLINE 和 RAY 命令绘制一条水平构造线、一条垂直构造线和四条射线，如图 s2-4 所示。提示：

- 命令：XLINE↙ ——绘制水平构造线
- 指定点或［水平(H)/垂直(V)/角度(A)/二等分(B)/偏移(O)］：H↙
- 指定通过点：6,5↙ ——构造线通过中心点
- 指定通过点：↙
- 命令：↙
- 指定点或［水平(H)/垂直(V)/…］：V↙
- 指定通过点：6,5↙ ——构造线通过中心点
- 指定通过点：↙
- 命令：RAY↙
- 指定起点：6,5↙ ——射线通过中心点
- 指定通过点：10,2↙ ——射线通过右下角点
- 指定通过点：10,8↙ ——射线通过右上角点
- 指定通过点：2,8↙ ——射线通过左上角点
- 指定通过点：2,2↙ ——射线通过左下角点
- 指定通过点：↙

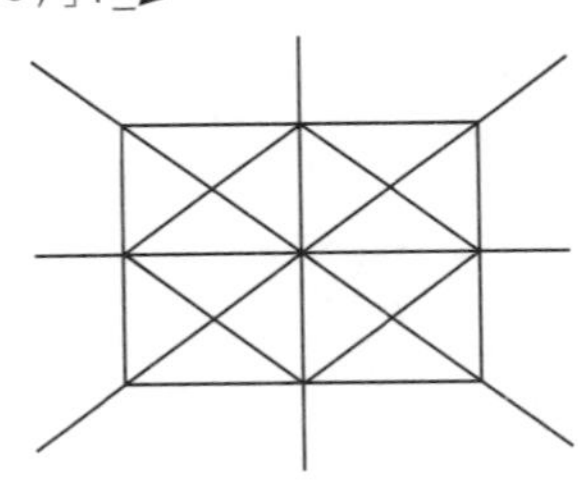
图 s2-4 简单图形(四)

5. 用CIRCLE命令绘制中心一个圆和四个角的12个圆，如图s2-5所示。提示：

➢ 命令：CIRCLE↙
➢ 指定圆的圆心或［…］：6，5↙
➢ 指定圆的半径或［直径（D）］：1↙
➢ 命令：↙
➢ 指定圆的圆心或［…/相切、相切、半径（T）］：T↙
➢ 指定对象与圆的第一个切点：（选择矩形底边线）
➢ 指定对象与圆的第二个切点：（选择矩形左边线）
➢ 指定圆的半径 <1.0000>：0.5↙
➢ 命令：↙
➢ 指定圆的圆心或［…/相切、相切、半径（T）］：T↙
➢ 指定对象与圆的第一个切点：（选择矩形底边线）
➢ 指定对象与圆的第二个切点：（选择矩形左下角圆）
➢ 指定圆的半径 <1.0000>：0.25↙

同法绘制其余圆。

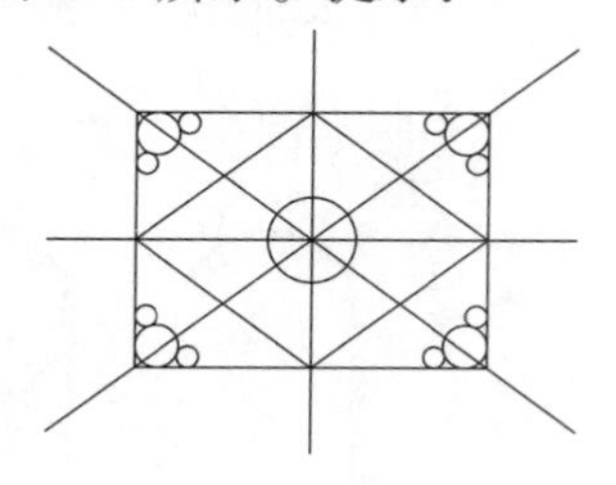

图s2-5　简单图形（五）

6. 用ELLIPSE和ARC命令绘制一个椭圆和四个圆弧，如图s2-1所示。提示：

➢ 命令：ELLIPSE↙
➢ 指定椭圆的轴端点或［圆弧（A）/中心点（C）］：2，5↙　　——长轴左端点
➢ 指定轴的另一个端点：10，5↙　　——长轴右端点
➢ 指定另一条半轴长度或［旋转（R）］：3↙　　——短轴半长
➢ 命令：ARC↙
➢ 指定圆弧的起点或［圆心（C）］：10，5↙
➢ 指定圆弧的第二个点或［圆心（C）/端点（E）］：E↙
➢ 指定圆弧的端点：2，5↙
➢ 指定圆弧的圆心或［角度（A）/方向（D）/半径（R）］：R↙
➢ 指定圆弧的半径：6↙

同法绘制其余三个圆弧。

7. 选择“文件”→“另存为”菜单项，弹出“另存为”对话框，按文件名“ex21.dwg”保存。

8. 用类似方法绘制如图s2-2所示的图形，并将图形按文件名“ex22.dwg”保存。

实验三　二维图形绘制（二）

3.1　实验目的

1. 熟练掌握二维图形（等分点、测量点、二维多段线、矩形、等边多边形、椭圆、圆环、填充圆、轨迹线、修订云线、擦除区域等）的绘制方法和区域填充命令的使用方法。

2. 熟悉键盘命令、菜单选项、工具按钮、功能区面板的使用方法。

3. 掌握图形文件创建、打开和保存的方法。

4. 熟悉键盘、鼠标的数据输入方法。

3.2 实验内容

绘制如图 s3-1、图 s3-2 所示的图形。

图 s3-1　多段线图形

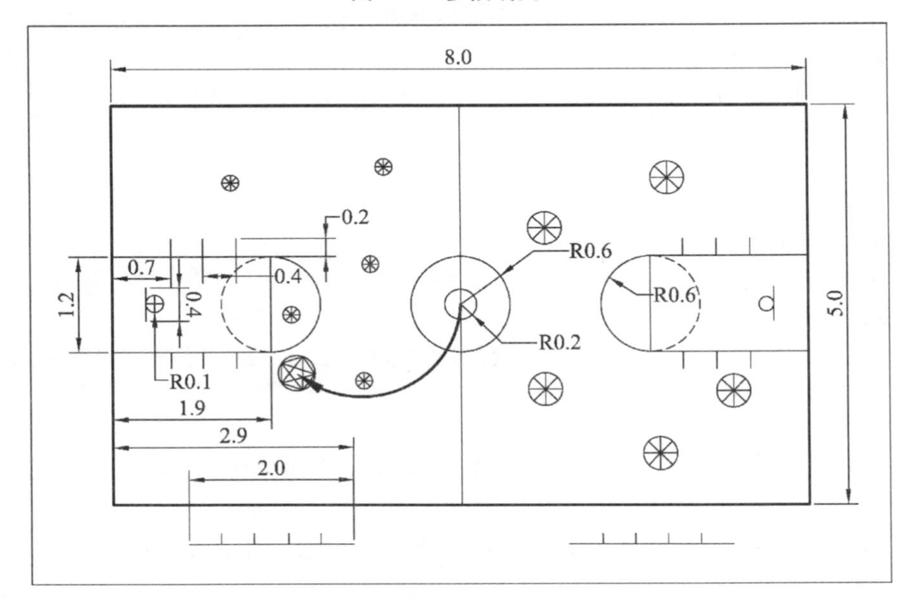

图 s3-2　篮球场

3.3 实验要求

1. 图 s3-1 图形界限为 12×9(英制),绘图尺寸自定。
2. 图 s3-2 图形界限为 12×9(英制),按图中标注尺寸绘制。
3. 绘图时只允许使用二维绘图命令,不允许使用任何编辑命令和辅助绘图功能。
4. 尺寸标注略。
5. 在图中某部位练习绘制修订云线和擦除区域。
6. 将图 s3-1 按文件名“ex31. dwg”保存。

7. 将图 s3-2 按文件名“ex32. dwg”保存。

3.4 实验步骤一

1. 启动 AutoCAD 2014 系统。

2. 执行“文件”→“新建”菜单,在“选择样板”对话框中选择“acad. dwt”样板文件,或在“创建新图形”对话框中选择“从草图开始”向导,从“默认设置”区中选择“英制”绘图单位,设置图形界限为 12 ×9。

3. 使用多段线命令绘制如图 s3-1 所示的图形,按文件名“ex31. dwg”保存。

3.5 实验步骤二

1. 单击标准工具栏上的“新建”按钮,在“创建新图形”对话框中选择“从草图开始”向导,从“默认设置”区中选择“英制”绘图单位,设置图形界限为 12 ×9。

2. 用 RECTANG 命令绘制矩形外框,左下角坐标为(1,1),右上角坐标为(11,8)。

3. 用 RECTANG 命令绘制球场边界,其线宽度为 0.05,球场边界与矩形外框相距为1。提示:

➢ 命令:RECTANG↙

➢ 当前矩形模式: 宽度 = 0.0

➢ 指定第一个角点或 [倒角(C) / 标高(E) / 圆角(F) / 厚度(T) / 宽度(W)]:W↙

➢ 指定矩形的线宽 <0.0000>:0.05↙ ——设置线宽度为 0.05

➢ 指定第一个角点或 [倒角(C) /…/ 宽度(W)]:2,2↙ ——从球场边界左下角点开始

➢ 指定另一个角点或 [面积(A) / 尺寸(D) / 旋转(R)]:@ 8,5↙

在状态栏打开线宽,显示粗线。

4. 用 LINE 命令绘制中线,起点为(6,2),终点为(6,7)。

5. 用 CIRCLE 命令绘制中场大小两个圆,圆心为(6,4.5),半径为 0.2 和 0.6。

6. 用 PLINE 命令绘制罚球区界,其宽度为 0.02。提示:

➢ 命令:PLINE↙

➢ 指定起点:2,3.9↙

➢ 当前线宽为 1.0

➢ 指定下一个点或 [圆弧(A) / 半宽(H) / 长度(L) / 放弃(U) / 宽度(W)]:W↙

➢ 指定起点宽度 <1.0000>:0.02↙

➢ 指定端点宽度 <0.0200>:↙

➢ 指定下一点或 [圆弧(A) /…/ 宽度(W)]:@ 1.9,0↙

➢ 指定下一点或 [圆弧(A) /…/ 宽度(W)]: A↙

➢ 指定圆弧的端点或 [角度(A) /…/ 放弃(U) / 宽度(W)]:@ 0,1.2↙

➢ 指定圆弧的端点或 [角度(A) /…/ 直线(L) /…/ 放弃(U) / 宽度(W)]:L↙

➢ 指定下一点或 [圆弧(A) /…/ 宽度(W)]: @ -1.9,0↙

➢ 指定下一点或 [圆弧(A) / 闭合(C) / 半宽(H) / 长度(L) / 放弃(U) / 宽度(W)]:↙

用 LINE 命令绘制罚球区界圆内直径线,起点为(3.9,3.9),终点为(@ 0,1.2)。

装入 DASHED2 线型,用 ARC 命令绘制罚球区界虚线半圆。

用 LINE 命令绘制罚球区界上 6 个小短线。

用 CIRCLE 和 LINE 命令绘制罚球区内表示篮球架的小圆和十字。

同法绘制右侧罚球区界。

7. 用 LINE、DIVIDE、DDPTYPE 命令绘制替补球员位置(在球场边界和矩形外框之间)。

8. 球员可用非填充圆环(10 个)在任意位置标出。

9. 篮球可用一圆加上一个内接五边形绘出。

10. 表示篮球飞行方向的箭头用多段线绘制。

11. 练习在图中某部位绘制修订云线和擦除区域。

12. 将图 s3-2 图形按文件名“ex32. dwg”保存。

实验四　绘图环境、图层管理、对象捕捉与自动追踪

4.1　实验目的

1. 熟练掌握绘图环境(图形单位、图形界限、对象颜色、对象线型和对象线宽)的设置方法。

2. 熟练掌握辅助绘图工具(栅格显示、网格捕捉、正交模式、对象捕捉和自动跟踪)的使用方法。

3. 理解图层概念,熟练掌握图层管理功能。

4. 熟练掌握图层的应用。

4.2　实验内容

按要求绘制如图 s4-1、图 s4-2 所示的图形。

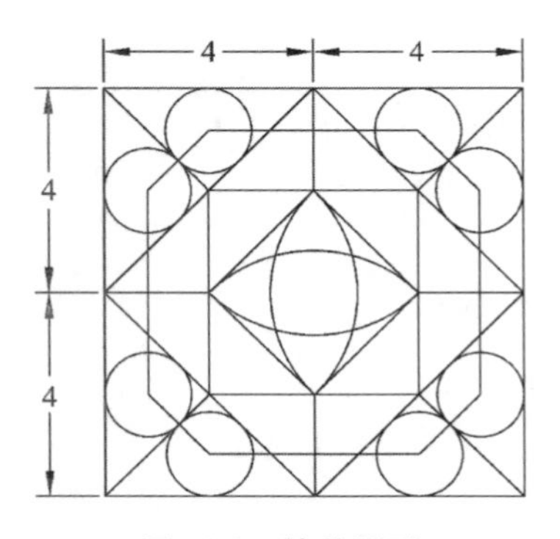

图 s4-1　简单图形

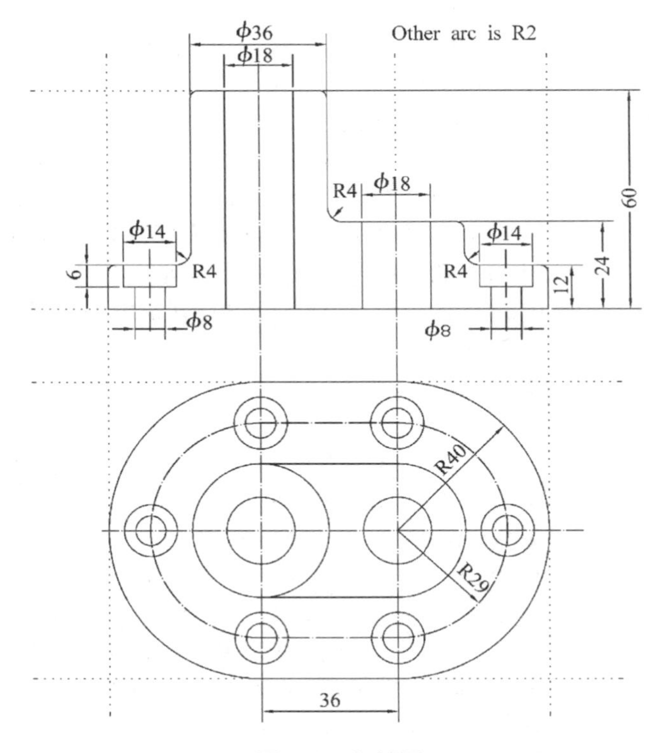

图 s4-2　机械图

4.3　实验要求

1. 图 s4-1 图形界限为 10×10,按图中标注尺寸绘制,中心坐标为(0,0)。
2. 图 s4-2 图形界限为 297×210,按图中标注尺寸绘制。
3. 图 s4-2 前视图左下角坐标为(40,120),俯视图左下角坐标为(40,20)。
4. 图 s4-2 图层规定如表 s4-1 所示。

表 s4-1　图层及属性

图层	颜色	线型	线宽	绘图内容
0	白色(黑色)	Continuous	0.30 mm	图形实线对象
L1	红色	DASHDOT	0.00 mm	中心线对象(直线)
L2	蓝色	DOT	0.00 mm	虚线对象(构造线)

5. 绘图时可设置合适的绘图环境(图形单位、图形图界、对象颜色、对象线型和对象线宽)。
6. 绘图时可使用合适的绘图工具(栅格显示、网格捕捉、正交模式、对象捕捉和自动跟踪)。
7. 绘图时可使用所学二维绘图命令,不允许使用任何编辑命令。
8. 尺寸标注略。
9. 将图 s4-1 按文件名“ex41.dwg”保存。
10. 将图 s4-2 按文件名“ex42.dwg”保存。

4.4　绘图步骤一

1. 启动 AutoCAD 2014 系统。
2. 用 UNITS 命令设置图形长度单位为“小数制”,精度为整数。
3. 用 LIMITS 命令设置图界,左下角坐标为(-5,-5),右上角坐标为(5,5)。
4. 用 GRID 命令设置栅格 X 和 Y 轴间距为 1,并打开栅格显示。
5. 用 SNAP 命令设置网格捕捉 X 和 Y 轴间距为 1,并打开网格捕捉。
6. 用 DSETTINGS 命令设置端点和中点永久对象捕捉,并打开永久对象捕捉。
7. 用 LINE 或 RECTANG 命令绘制边长为 4 和 8 的内外正方形,然后用 LINE 命令通过端点和中点捕捉绘制两个菱形和若干直线段。
8. 用 CIRCLE 命令及切点、切点、切点功能绘制图 s4-1 中 8 个圆。
9. 用 LINE 命令及圆心捕捉绘制八边形(圆心连线)。
10. 用 ARC 命令及端点捕捉绘制中间四个圆弧。
11. 用 SAVEAS 命令将图形按文件名“ex41.dwg”保存。

4.5　绘图步骤二

1. 用 NEW 命令创建新图形。

2. 用 UNITS 命令设置图形长度单位为“小数制”,精度为整数。

3. 用 LIMITS 命令设置图界,左下角坐标为(0,0),右上角坐标为(297,210)。

4. 用 ZOOM 命令和“全部”选项设置绘图区域为图界范围。

5. 用 LAYER 命令按表 s4-1 规定创建图层及图层颜色、线型和线宽。

6. 用 LAYER 命令设置 L2 层为当前层,用 XLINE 命令的水平、垂直、偏移功能绘制图 s4-2 中虚线对象,如图 s4-3 所示,前视图左下角坐标为(40,120),俯视图左下角坐标为(40,20)。绘图时注意偏移间距。

7. 用 LAYER 命令设置 L1 层为当前层,用 LINE、ARC 命令绘制中心线,如图 s4-4 所示。

8. 用 LAYER 命令设置 0 层为当前层,用 COLOR 命令设置颜色为蓝色,用 XLINE 命令的偏移功能根据标注尺寸绘制中心线两侧和虚线上方构造线(实线对象),如图 s4-5 所示。

9. 用 COLOR 命令设置颜色为“随层”。

10. 用 DSETTINGS 命令设置永久对象捕捉为端点和交点捕捉,并打开对象捕捉。

11. 用 LINE、CIRCLE、ARC 命令绘制实线对象,如图 s4-6 所示。

12. 用 ERASE 命令删除第 8 步绘制的辅助蓝色构造线。

13. 用 LAYER 命令隐藏 L1 和 L2 图层。

14. 用 FILLET 命令进行圆角。

15. 用 SAVEAS 命令将图形按文件名“ex42. dwg”保存。

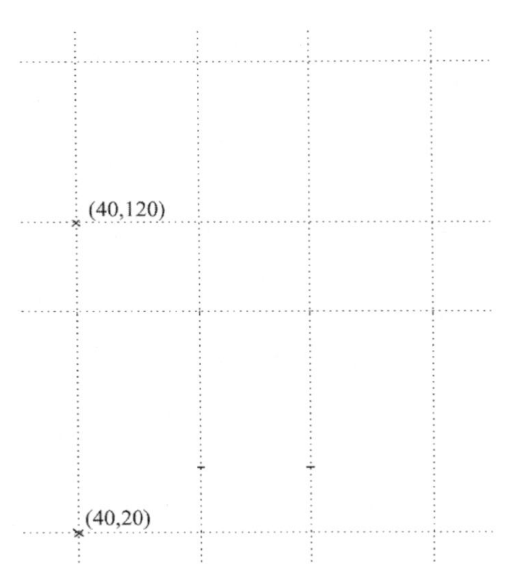

图 s4-3　虚线图

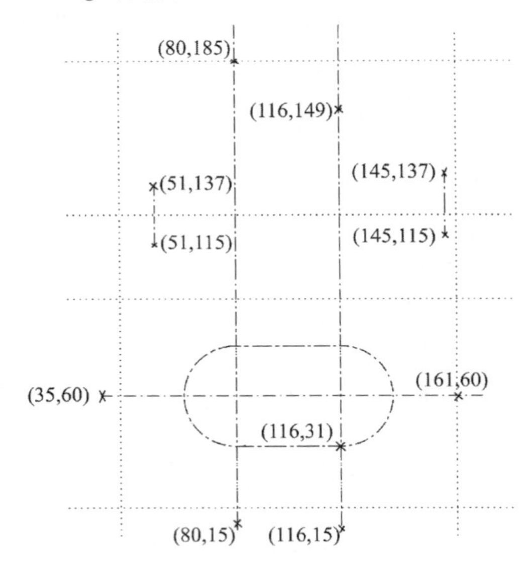

图 s4-4　中心线图

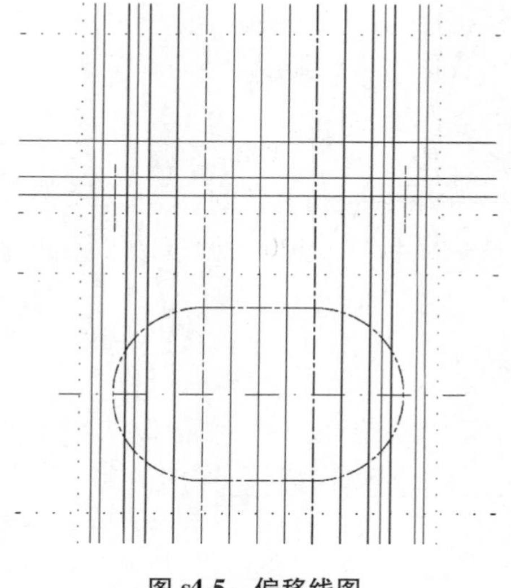

图 s4-5 偏移线图

图 s4-6 实线图

实验五 二维图形编辑（一）

5.1 实验目的

1. 理解选择集概念，熟练掌握各种对象选择方式。

2. 熟练掌握二维图形编辑（ERASE、COPY、MIRROR、OFFSET、ARRAY、MOVE、LENGTH、TRIM、EXTEND、BREAK 等）命令的使用方法。

3. 熟悉掌握绘图环境（图形单位、图形界限、对象颜色、对象线型和对象线宽）的设置方法。

4. 熟练掌握辅助绘图工具（栅格显示、网格捕捉、正交模式、对象捕捉和自动跟踪）的设置方法。

5.2 实验内容

绘制如图 s5-1、图 s5-2、图 s5-3、图 s5-4 所示的图形。

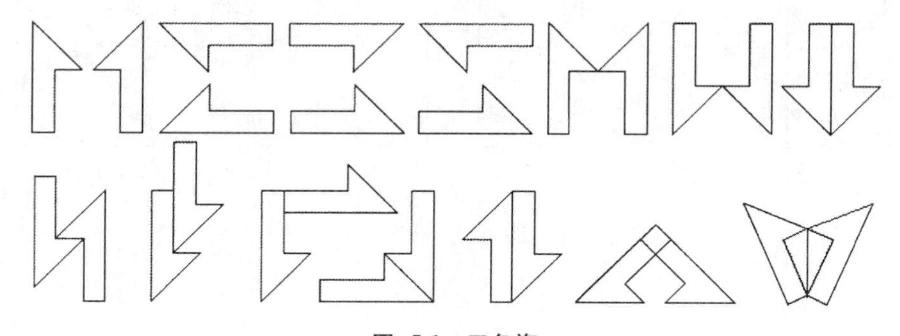

图 s5-1 三角旗

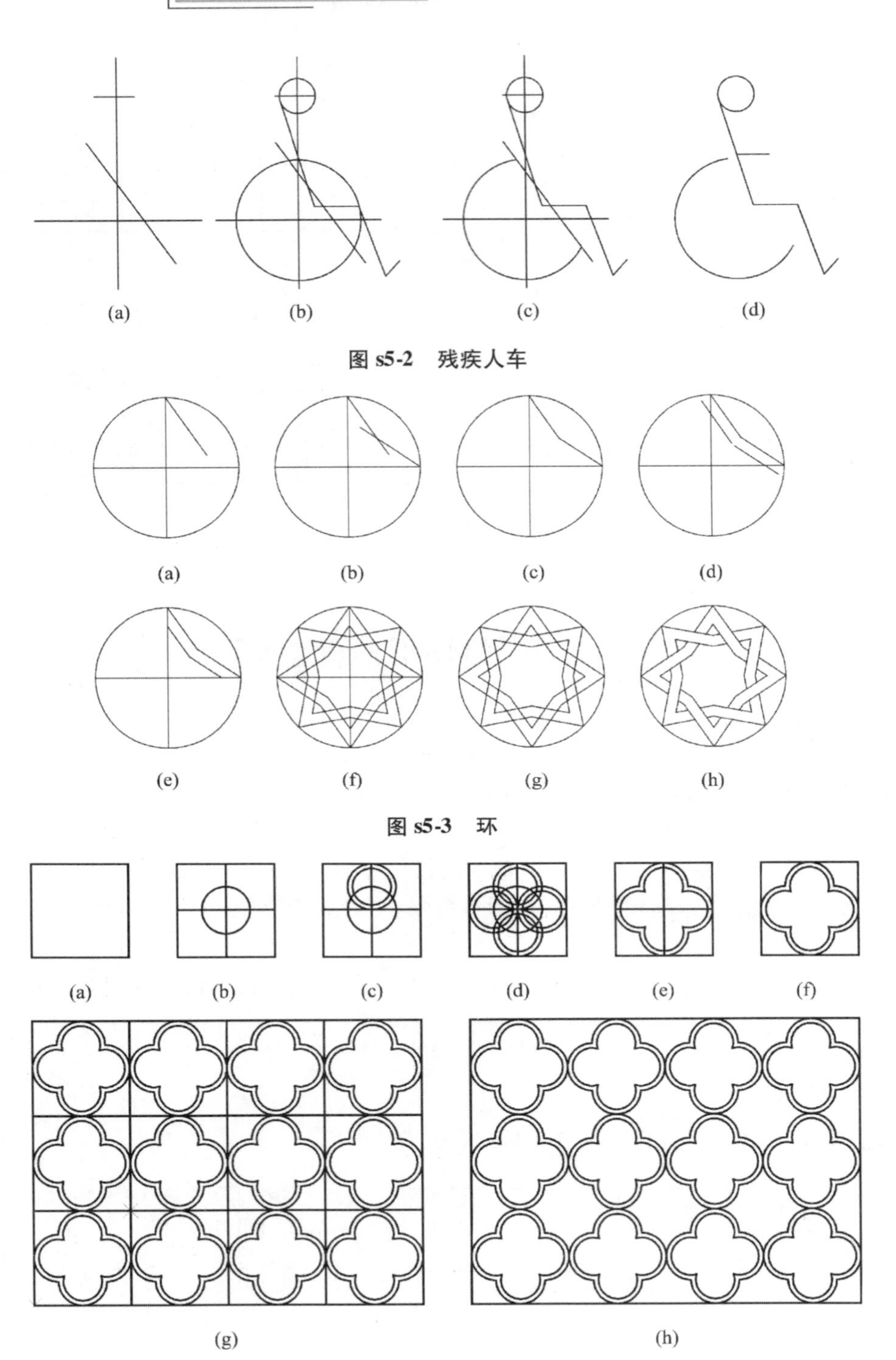

图 s5-2　残疾人车

图 s5-3　环

图 s5-4　花布

5.3 实验要求

1. 将图 s5-1、图 s5-2、图 s5-3、图 s5-4 所示图形分别绘制在不同文件中，4 个图形文件的图形界限均相同，为 120 ×90，绘图尺寸自定，但要与原图相似。

2. 绘图时设置合适的绘图环境（图形单位、图形界限、对象颜色、对象线型和对象线宽）。

3. 绘图时使用合适的绘图工具（栅格显示、网格捕捉、正交模式、对象捕捉和自动跟踪）。

4. 使用绘图、编辑、辅助绘图命令绘制图形。

5. 尺寸标注略。

6. 将图 s5-1、图 s5-2、图 s5-3、图 s5-4 所示图形分别按文件名“ex51. dwg”“ex52. dwg”“ex53. dwg”“ex54. dwg”保存。

5.4 实验步骤一

1. 启动 AutoCAD 2014 系统。

2. 用 LIMITS 命令设置图形界限为 120 ×90。

3. 用 ZOOM 命令及“全部”选项设置绘图区域为图界范围。

4. 用 LINE 命令、正交方式和 45°极轴追踪方式绘制如图 s5-1 所示的基本图形（三角旗）。三角旗图形斜边与垂线夹角为 45°，左右两个对称三角旗控制在一正方形内。

5. 用 COPY、MOVE、MIRROR、ROTATE 和 ALIGN 命令及对象捕捉绘制其余图形。图形底边保持对齐。

6. 将图形按文件名“ex51. dwg”保存。

5.5 实验步骤二

1. 用 NEW 命令创建新图形文件。

2. 用 LIMITS 命令设置图形界限为 120 ×90。

3. 用 ZOOM 命令及“全部”选项设置绘图区域为图界范围。

4. 用 LINE 命令、网格捕捉和正交方式绘制辅助线，如图 s5-2（a）所示。

5. 用 CIRCLE 和 LINE 命令以及对象捕捉功能绘制如图 s5-2（b）所示的图形。

6. 用 TRIM 命令修剪圆，绘制如图 s5-2（c）所示的图形。

7. 用 ERASE 命令删除辅助线，生成如图 s5-2（d）所示的图形（残疾人标志）。

8. 将图形按文件名“ex52. dwg”保存。

5.6 实验步骤三

1. 用 NEW 命令创建新图形文件。

2. 用 LIMITS 命令设置图形界限为 120 ×90。

3. 用 ZOOM 命令及“全部”选项设置绘图区域为图界范围。

4. 用 CIRCLE 和 LINE 命令以及对象捕捉功能绘制如图 s5-3（a）所示的图形。

5. 用 MIRROR 命令镜像短斜线，生成如图 s5-3（b）所示的图形。

6. 用 TRIM 命令修剪图形，生成如图 s5-3（c）所示的图形。

7. 用 OFFSET 命令偏移短斜线,生成如图 s5-3(d)所示的图形。
8. 用 EXTEND 和 TRIM 命令编辑修改短斜线,生成如图 s5-3(e)所示的图形。
9. 用 ARRAY 命令对短斜线进行环形阵列,个数为 8,生成如图 s5-3(f)所示的图形。
10. 用 ERASE 命令删除十字线,生成如图 s5-3(g)所示的图形。
11. 用 TRIM 命令进行修剪,生成如图 s5-3(h)所示的图形。
12. 将图形按文件名"ex53. dwg"保存。

5.7 实验步骤四

1. 用 NEW 命令创建新图形文件。
2. 通过"使用向导"向导对话框设置图界为 120 ×90。
3. 用 ZOOM 命令及"全部"选项设置绘图区域为图界范围。
4. 用 RECTANG 命令绘制小正方形,如图 s5-4(a)所示。
5. 用 LINE 和 CIRCLE 命令以及对象捕捉功能绘制十字线和圆,如图 s5-4(b)所示。
6. 用 CIRCLE 和 OFFSET 命令以及对象捕捉功能绘制圆环,如图 s5-4(c)所示。
7. 用 ARRAY 命令对圆环进行环形阵列,阵列个数为 4 个,生成如图 s5-4(d)所示的图形。
8. 用 TRIM 命令进行修剪,生成如图 s5-4(e)所示的图形。
9. 用 ERASE 命令删除十字线,生成如图 s5-4(f)所示的图形。
10. 用 ARRAY 命令对图 s5-4(f)所示图形进行矩形阵列,生成如图 s5-4(g)所示的图形。
11. 用 ERASE 命令删除十字线,生成如图 s5-4(h)所示的图形。
12. 将图形按文件名"ex54. dwg"保存。

实验六　二维图形编辑(二)

6.1 实验目的

1. 进一步掌握各种对象选择方式。
2. 熟练掌握所有二维图形编辑命令的使用方法。
3. 熟悉掌握绘图环境(图形单位、图形界限、对象颜色、对象线型和对象线宽)的设置方法。
4. 熟练掌握辅助绘图工具(栅格显示、网格捕捉、正交模式、对象捕捉和自动跟踪)的使用方法。
5. 熟练掌握对象特性管理器、特性匹配、夹点编辑和剪贴板功能。

6.2 实验内容

绘制如图 s6-1、图 s6-2、图 s6-3、图 s6-4 所示的图形。

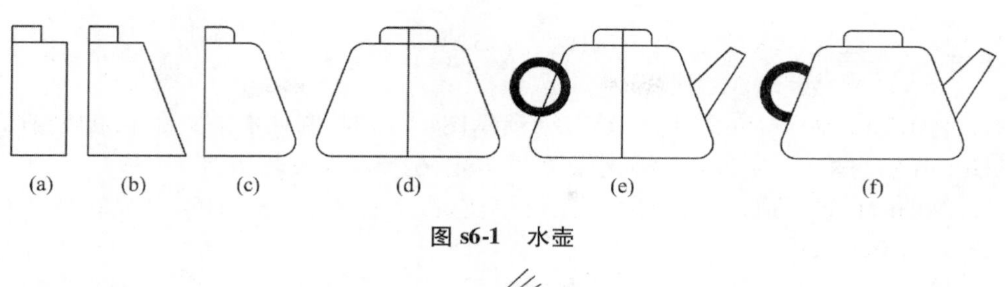

图 s6-1 水壶

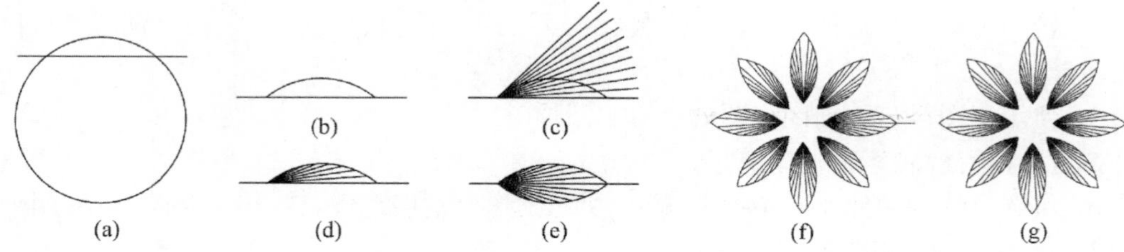

图 s6-2 花(一)

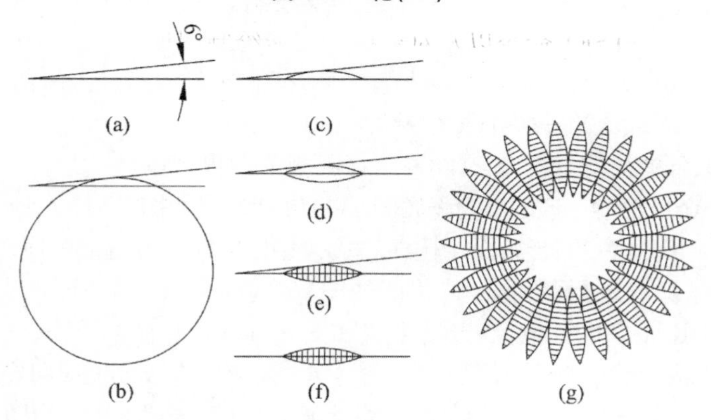

图 s6-3 花(二)

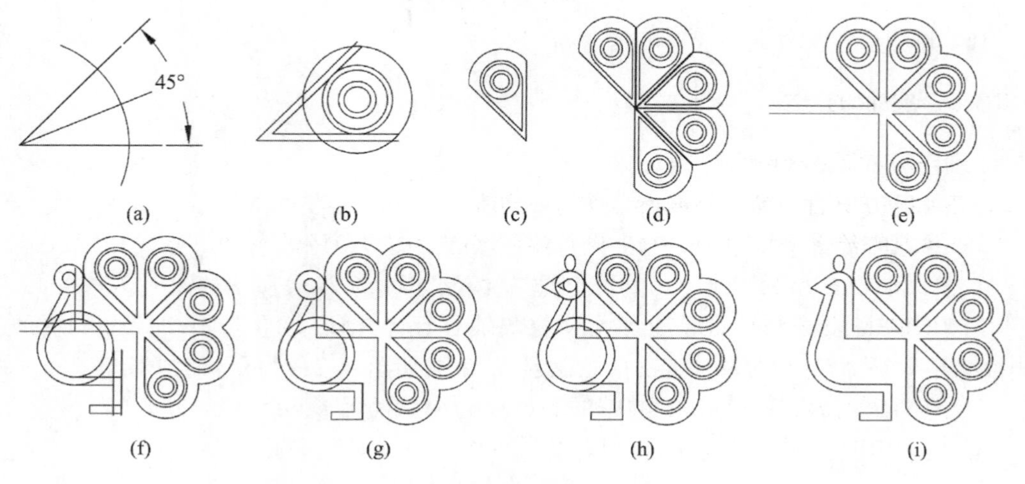

图 s6-4 孔雀

6.3 实验要求

1. 将图 s6-1、图 s6-2、图 s6-3、图 s6-4 所示图形分别绘制在不同文件中,四个图形文件的图形界限均相同,为 240×180,绘图尺寸自定,但要与原图相似。

2. 绘图时设置合适的绘图环境(图形单位、图形界限、对象颜色、对象线型和对象线宽)。

3. 绘图时使用合适的绘图工具(栅格显示、网格捕捉、正交模式、对象捕捉和自动跟踪)。

4. 使用绘图、编辑、辅助绘图命令绘制图形。

5. 尺寸标注略。

6. 将图 s6-1、图 s6-2、图 s6-3、图 s6-4 所示图形分别按文件名"ex61. dwg""ex62. dwg""ex63. dwg""ex64. dwg"保存。

6.4 实验步骤一

1. 启动 AutoCAD 2014 系统。
2. 用 LIMITS 命令设置图形界限为 240×180。
3. 用 ZOOM 命令及"全部"选项设置绘图区域为图界范围。
4. 用 RECTANG 命令、正交方式和对象捕捉功能绘制如图 s6-1(a)所示的基本图形。
5. 用 STRETCH 命令拉伸矩形右下角,生成如图 s6-1(b)所示的图形。
6. 用 FILLET 命令进行圆角处理,生成如图 s6-1(c)所示的图形。
7. 用 MIRROR 命令进行镜像处理,生成如图 s6-1(d)所示的图形。
8. 用 DONUT 命令绘制圆环,用 LINE 命令绘制壶嘴,生成如图 s6-1(e)所示的图形。
9. 用 TRIM 命令修剪圆环,用 ERASE 命令删除中间线段,生成如图 s6-1(f)所示的图形。
10. 将图形按文件名"ex61. dwg"保存。

6.5 实验步骤二

1. 用 NEW 命令创建新图形文件。
2. 用 LIMITS 命令设置图形界限为 240×180。
3. 用 ZOOM 命令及"全部"选项设置绘图区域为图界范围。
4. 用 CIRCLE 和 LINE 命令以及正交方式绘制如图 s6-2(a)所示的图形。
5. 用 TRIM 命令修剪图形,生成如图 s6-2(b)所示的图形。
6. 用 RAY 命令和对象捕捉功能绘制射线,生成如图 s6-2(c)所示的图形。
7. 用 TRIM 命令修剪图形,生成如图 s6-2(d)所示的图形。
8. 用 MIRROR 命令进行镜像处理,生成如图 s6-2(e)所示的图形。
9. 用 ARRAY 命令进行环形阵列,阵列个数为 8 个,生成如图 s6-2(f)所示的图形。
10. 用 ERASE 命令删除辅助线,生成如图 s6-2(g)所示的图形。
11. 将图形按文件名"ex62. dwg"保存。

6.6 实验步骤三

1. 用 NEW 命令创建新图形文件。
2. 用 LIMITS 命令设置图形界限为 240 × 180。
3. 用 ZOOM 命令及“全部”选项设置绘图区域为图界范围。
4. 用 LINE 命令绘制夹角为 6°的两条直线段，如图 s6-3(a)所示。
5. 用 CIRCLE 命令绘制与斜线相切的圆，生成如图 s6-3(b)所示的图形。
6. 用 TRIM 命令修剪图形，生成如图 s6-3(c)所示的图形。
7. 用 MIRROR 命令镜像圆弧，生成如图 s6-3(d)所示的图形。
8. 用 LINE 命令绘制若干小短线，生成如图 s6-3(e)所示的图形。
9. 用 ERASE 命令删除斜线，生成如图 s6-3(f)所示的图形。
10. 用 ARRAY 命令对短线和圆弧进行环形阵列，个数为 30，生成如图 s6-3(g)所示的图形。
11. 将图形按文件名“ex63. dwg”保存。

6.7 实验步骤四

1. 用 NEW 命令创建新图形文件。
2. 用 LIMITS 命令设置图形界限为 240 × 180。
3. 用 ZOOM 命令及“全部”选项设置绘图区域为图界范围。
4. 用 LINE 和 ARC 命令以及对象捕捉功能绘制斜线和圆弧，如图 s6-4(a)所示。
5. 用 CIRCLE 和 OFFSET 命令以及对象捕捉功能绘制圆环和偏移斜线，圆心为圆弧与斜线交点，用 ERASE 命令删除圆弧和中间斜线，生成如图 s6-4(b)所示的图形。
6. 用 TRIM 命令进行修剪，然后用 ROTATE 命令旋转，生成如图 s6-4(c)所示的图形。
7. 用 ARRAY 命令对基本图形进行环形阵列，阵列个数为 5 个，阵列角度为 180°，生成如图 s6-4(d)所示的图形。
8. 用 ERASE 命令删除中间线段，用 LINE 命令绘制左侧水平线，生成如图 s6-4(e)所示的图形。
9. 用 CIRCLE、OFFSET 和 LINE 命令以及对象捕捉功能绘制左侧图形，生成如图 6-4(f)所示的图形。
10. 用 ERASE 命令删除线段，生成如图 s6-4(g)所示的图形。
11. 用 LINE 和 ELLIPSE 命令绘制有关图形部分，生成如图 s6-4(h)所示的图形。
12. 用 TRIM 命令进行修剪，生成如图 s6-4(i)所示的图形。
13. 将图形按文件名“ex64. dwg”保存。

实验七 图案填充、渐变填充与文字注释

7.1 实验目的

1. 理解图案填充、渐变填充、文字注释的基本概念。

2. 熟练掌握图案填充(HATCH、BHATCH)命令的使用方法。
3. 熟练掌握填充图案、填充边界、渐变色的选择方法,掌握各种填充功能。
4. 熟练掌握文字编辑方法和文字注释(TEXT、DTEXT、MTEXT)命令的使用方法。
5. 熟练掌握文字样式的创建和设置方法。
6. 熟练掌握所有二维图形编辑命令的使用方法。

7.2 实验内容

1. 绘制如图 s7-1、图 s7-2 所示的图形。

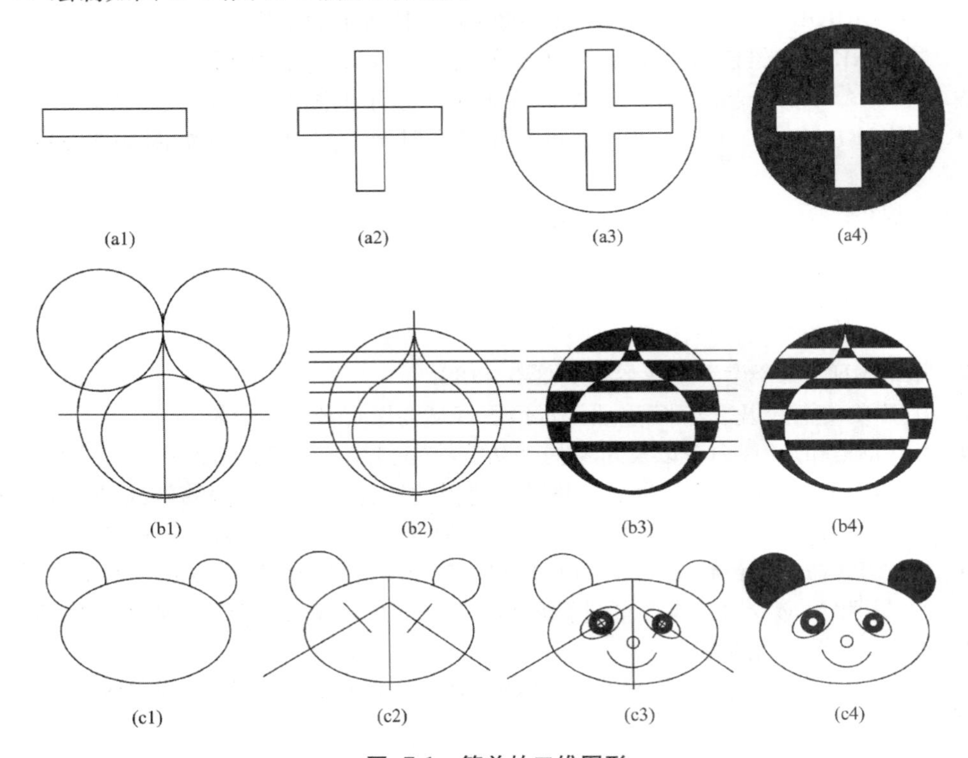

图 s7-1 简单的二维图形

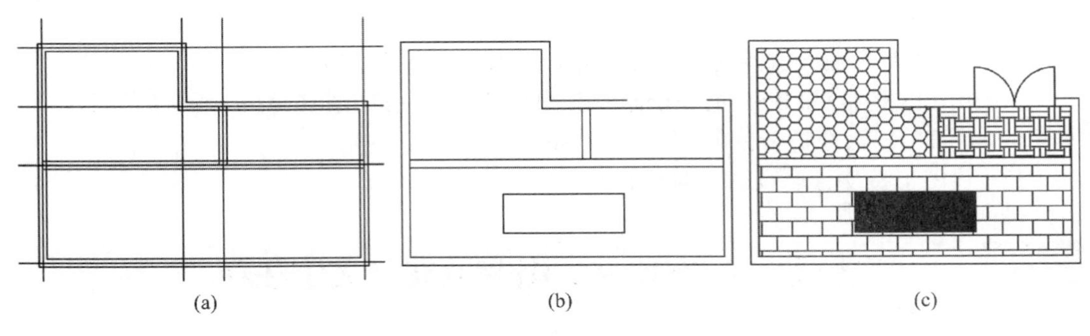

图 s7-2 建筑图形

2. 绘制如图 s7-3 所示的线条,并注释有关文字,用浅灰色填充标题行。

图层名	含 义	颜 色	线 型
WALL	*墙体层*	*WHITE*	*Continous*
DOOR	*门窗层*	*YELLOW*	*Continous*
FUTURE	*家具层*	*GREEN*	*Continous*
BATHROOM	*浴室层*	*BLUE*	*Continous*
DIM	*标注层*	*MAGENTA*	*Continous*

图 s7-3 图层及特性

3. 注释一段文字,如图 s7-4 所示。

AUTOCAD 是一种计算机辅助设计软件包。它有较强的文字注释功能,提供多种字型,并可注释分式 $\frac{a}{b}$、公差符号 ±、度符号°、直径符号ϕ、指数 b^n。

图 s7-4 文字段

4. 绘制如图 s7-5 所示的标志牌图形。

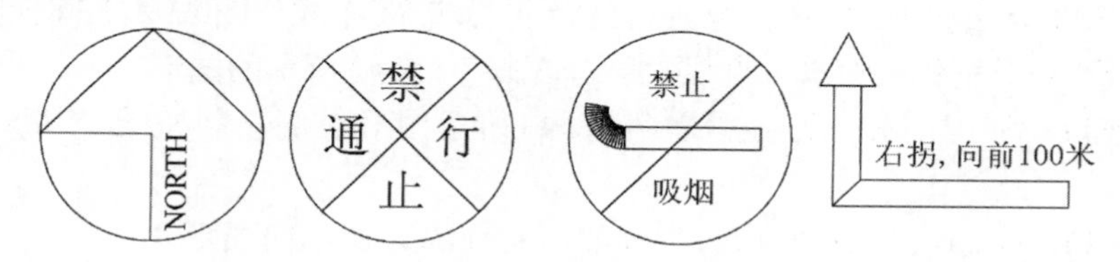

图 s7-5 标志牌图形

7.3 实验要求

1. 将图 s7-1、图 s7-2、图 s7-3、图 s7-4、图 s7-5 所示图形分别绘制在不同文件中,5 个图形文件的图形界限相同,为 297 ×210,绘图尺寸自定,但要与原图相似。

2. 绘制表格有以下要求:

- 第一行文字为黑体,其余文字为仿宋体。
- 第一行文字放在所在列的中间位置,其余文字左对齐。
- 所有文字的宽度因子为 0.7。
- 除第一行外,其余行文字向右倾斜 10°。
- 第一行用浅灰色填充。

3. 绘图时设置合适的绘图环境(图形单位、图形界限、对象颜色、对象线型和对象线宽)。

4. 绘图时使用合适的绘图工具(栅格显示、网格捕捉、正交模式、对象捕捉和自动跟踪)。

5. 使用绘图、编辑、文字注释、辅助绘图命令绘制图形。

6. 将图 s7-1、图 s7-2、图 s7-3、图 s7-4、图 s7-5 所示图形分别按文件名“ex71. dwg”“ex72. dwg”“ex73. dwg”“ex74. dwg”“ex75. dwg”保存。

7.4 实验步骤一

1. 启动 AutoCAD 2014。

2. 用 LIMITS 命令设置图形界限为 297 ×210。

3. 用 ZOOM 命令及“全部”选项设置绘图区域为图界范围。

4. 用 RECTANG 命令在图界区域左侧绘制如图 s7-1(a1)所示的矩形。

5. 用 MIRROR 命令按 M2P 两点之间中点捕捉功能捕捉矩形中心点作为镜像线第一点,按 45°追踪功能指定镜像线第二点,对矩形进行镜像,生成如图 s7-1(a2)所示的图形。

6. 用 CIRCLE 命令按临时捕获点获取水平线和垂直线中点,并移动光标进行正交追踪,绘制圆,用 TRIM 命令修剪图形,生成如图 s7-1(a3)所示的图形。

7. 用 HATCH 或 BHATCH 命令进行红色实心填充,生成如图 s7-1(a4)所示的图形。

8. 用 LINE 和 CIRCLE 命令在图 s7-1(a4)所示图形右侧绘制如图 s7-1(b1)所示的图形。

9. 用 TRIM 命令修剪图形,用 LINE 和 OFFSET 命令绘制水平直线,生成如图 s7-1(b2)所示的图形。

10. 用 HATCH 或 BHATCH 命令进行红色实心填充,生成如图 s7-1(b3)所示的图形。

11. 用 ERASE 命令删除水平直线,生成如图 s7-1(b4)所示的图形。

12. 用 ELLIPSE 和 ARC 命令在图 s7-1(b4)所示图形右侧绘制如图 s7-1(c1)所示的图形。

13. 用 LINE 命令绘制辅助直线,生成如图 s7-1(c2)所示的图形。

14. 用 CIRCLE、ARC、ELLIPSE 和 DONUT 命令以及对象捕捉功能绘制图形,生成如图 s7-1(c3)所示的图形。

15. 用 ERASE 命令删除辅助直线,耳朵部位用 BHATCH 命令进行黑色渐变色填充,生成如图 s7-1(c4)所示的图形。

16. 将图形按文件名“ex71.dwg”保存。

7.5 实验步骤二

1. 用 NEW 命令创建新图形文件。

2. 用 LIMITS 命令设置图形界限为 297 ×210。

3. 用 ZOOM 命令及“全部”选项设置绘图区域为图界范围。

4. 用 XLINE 命令绘制“井”字辅助线,用 MLINE 命令以及正交方式和对象捕捉功能绘制多线,多线放大比例为 20,对齐方式为居中,如图 s7-2(a)所示。

5. 用 ERASE 命令删除“井”字辅助线,用 MLEDIT 命令修改多线图形,用 RECTANG 命令绘制矩形,生成如图 s7-2(b)所示的图形。

6. 用 LINE 和 ARC 命令绘制门,用 BHATCH 命令分别以 Earth、Brick、Honey 图案填充有关区域,用 BHATCH 命令以渐变色填充中间矩形区域,生成如图 s7-2(c)所示的图形。

7. 将图形按文件名“ex72.dwg”保存。

7.6 实验步骤三

1. 用 NEW 命令创建新图形文件。

2. 用 LIMITS 命令设置图形界限为 297 ×210。

3. 用 ZOOM 命令及“全部”选项设置绘图区域为图界范围。

4. 用 RECTANG、LINE、OFFSET 命令绘制如图 s7-3 所示的表格框架。

5. 执行“格式”→“文字类型”菜单项,定义两种文字样式 S1 和 S2,文字样式 S1 的字体为黑体、宽度因子为 0.7、非倾斜,文字样式 S2 的字体为仿宋体、宽度因子为 0.7、向右倾斜 10°。

6. 用 DTEXT 命令注释第一行文字,文字样式为 S1,对齐方式为居中 Center 方式。

7. 用 DTEXT 命令注释其余行文字,文字样式为 S2,对齐方式为左对齐 LEFT 方式。

8. 用 BHATCH 命令以浅灰色填充第一行区域。

9. 将表格按文件名“ex73. dwg”保存。

7.7 实验步骤四

1. 用 NEW 命令创建新图形文件。

2. 用 LIMITS 命令设置图形界限为 297 ×210。

3. 用 ZOOM 命令及“全部”选项设置绘图区域为图界范围。

4. 用 RECTANG 命令绘制矩形。

5. 用 MTEXT 命令在矩形内绘制如图 7-4 所示的文字段。

6. 将图 7-4 文字段按文件名“ex74. dwg”保存。

7.8 实验步骤五

1. 用 NEW 命令创建新图形文件。

2. 用 LIMITS 命令设置图形界限为 297 ×210。

3. 用 ZOOM 命令及“全部”选项设置绘图区域为图界范围。

4. 用 CIRCLE、LINE、OFFSET、PLINE、TRACE、ROTATE 等命令绘制如图 s7-5 所示的图形。

5. 用 DTEXT 命令注释文字,文字样式自行定义。

6. 用 BLOCK 命令将图形(标牌)定义为图块。

7. 将图形按文件名“ex75. dwg”保存。

实验八　字段、表格、图块与属性

8.1　实验目的

1. 熟练掌握字段、表格、图块和属性的概念。
2. 熟练掌握字段插入与更新、表格样式创建与设置、表格插入与编辑的操作技术。
3. 熟练掌握图块创建与插入、属性定义与编辑的操作技术。
4. 熟练掌握 FIELD、TABLE、TABLESTYLE、BLOCK、WBLOCK、INSERT、MINSERT、ATTDEF 和 ATTEDIT 等命令的使用方法。
5. 熟悉块属性管理器和属性提取功能。
6. 熟练掌握用 DIVIDE 和 MEASURE 命令进行图块标记。

8.2　实验内容

1. 绘制如图 s8-1 所示的表格和如图 s8-2 所示的标题栏。

材料明细表				
名称	材质	颜色	价格	数量
门	实木	棕色	400 元	8 扇
窗	塑钢	乳白	180 元	$200m^2$
地板	实木	浅黄	195 元	$120m^2$
保存日期		2018 - 9 - 24		

图 s8-1　材料明细表

齿　　轮		图号	TH001
		数量	10
设计	吴勇	重量	500g
制图	刘怡	比例	1 : 1
审核	白云	苏州科技大学设计院	
打印	2018 - 9 - 24		

图 s8-2　图形标题栏

2. 绘制如图 s8-3、图 s8-4、图 s8-5 所示的图形。

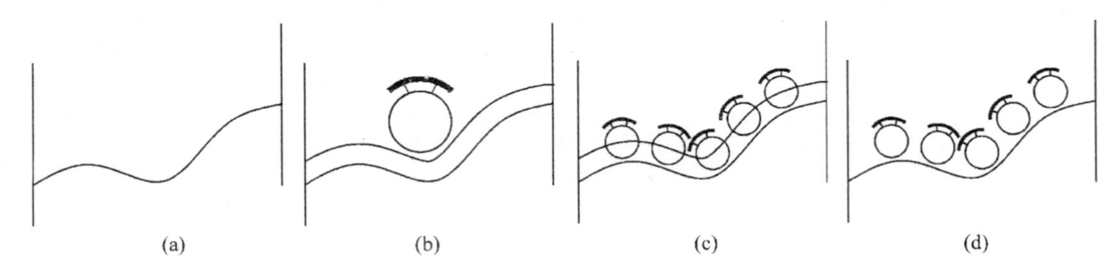

图 s8-3　吧台和吧椅

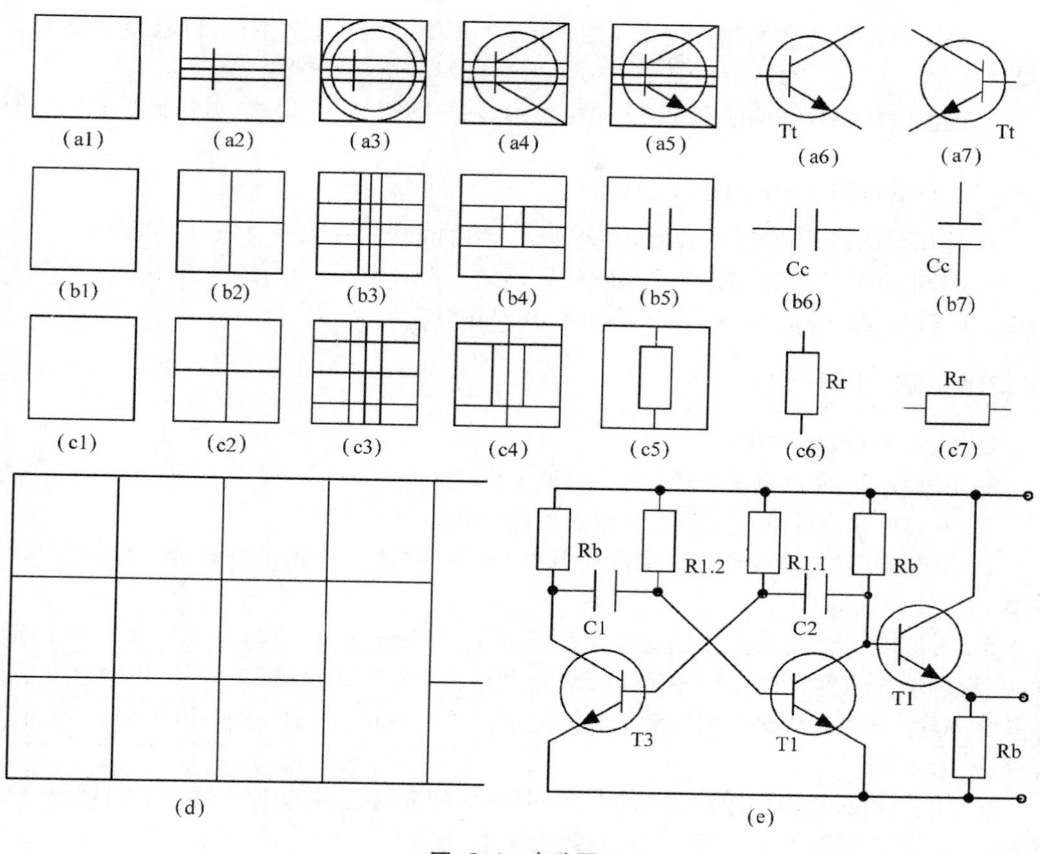

图 s8-4 电路图

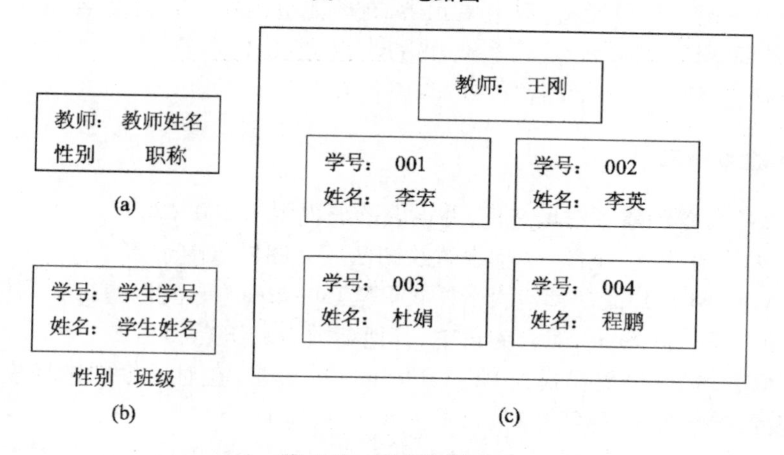

图 s8-5 讲台和课桌

8.3 实验要求

1. 将图 s8-1、图 s8-2、图 s8-3、图 s8-4、图 s8-5 所示表格、标题栏、图形分别绘制在不同文件中，5 个图形文件的图形界限相同，为 280 × 200，绘图尺寸自定，但要与原图相似。

2. 绘图时设置合适的绘图环境(图形单位、图形界限、对象颜色、对象线型和对象线宽)。

3. 绘图时使用合适的绘图工具(栅格显示、网格捕捉、正交模式、对象捕捉和自动跟踪)。

4. 绘图时创建文字样式和表格样式。

5. 使用绘图、编辑、字段、表格、图块、属性、辅助命令绘制表格、标题栏和图形。

6. 将图 s8-1、图 s8-2、图 s8-3、图 s8-4、图 s8-5 所示图形分别按文件名"ex81. dwg""ex82. dwg""ex83. dwg""ex84. dwg""ex85. dwg"保存。

8.4 实验步骤一

1. 启动 AutoCAD 2014。

2. 用 LIMITS 命令设置图形界限为 280 × 200。

3. 用 ZOOM 命令及"全部"选项设置绘图区域为图界范围。

4. 用 DDSTYLE 命令创建文字样式 Heiti_Style(字体为黑体)和 Songti_Style(字体为宋体)。

5. 用 TABLESTYLE 命令创建表格样式 MX_TableStyle[设置标题文字样式为 Heiti_Style,标题填充颜色为浅灰色(索引色 254);列标题文字样式为 Heiti_Style,列标题填充颜色为淡灰色(真彩色 235,235,235);数据文字样式为 Songti_Style,对齐为正中,其他参数为默认]。

6. 用 TABLE 命令创建样式为 MX_TableStyle 的表格,在对话框中选择表格样式 MX_TableStyle,设置列数为 5,列宽为 27,行数为 4,行高为 1。

7. 合并最下面一行单元格,双击单元格,在单元格内输入有关文字,在右下端单元格内插入保存日期字段,调整列宽、行宽至合适尺寸(图 s8-1)。

8. 将绘制表格图形按文件名"ex81. dwg"保存。

8.5 实验步骤二

1. 用 NEW 命令创建新图形文件,并设置图形界限为 280 × 200。

2. 用 ZOOM 命令及"全部"选项设置绘图区域为图界范围。

3. 用 TABLESTYLE 命令创建表格样式 BT_TableStyle(取消标题行和列标题行,设置数据文字样式为 Songti_Style,对齐为正中,其他参数为默认)。

4. 用 TABLE 命令创建样式为 BT_TableStyle 的表格,在对话框中选择表格样式 BT_TableStyle,设置列数为 4,列宽为 27,行数为 6,行高为 1。

5. 合并左上角和右下角单元格,双击单元格,在单元格内输入有关文字,在最下一行中部单元格中插入打印日期字段,调整列宽、行宽至合适尺寸,修改"齿轮"文字字体为隶书,字高为 8,右击阴影部位单元格,弹出快捷菜单,选择"特性"菜单项,弹出"特性"管理器选项板,设置背景填充颜色为淡灰色(真彩色 235,235,235),如图 s8-2 所示。

6. 将绘制表格图形按文件名"ex82. dwg"保存。

8.6 实验步骤三

1. 用 NEW 命令创建新图形文件，并设置图形界限为 280×200。

2. 用 ZOOM 命令及“全部”选项设置绘图区域为图界范围。

3. 用 LINE 和 SPLINE 命令绘制吧台，如图 s8-3(a)所示。

4. 用 CIRCLE、LINE、ARC、TRIM 等命令绘制大小适中的吧椅，用 BLOCK 命令将吧椅定义为图块，图块名为 CHAIR，插入基点为圆心，用 SPLINE 命令绘制与第一条样条曲线形状相似的另一条样条曲线，生成如图 s8-3(b)所示的图形。

5. 用 DIVIDE 命令以 CHAIR 图块六等分样条曲线，生成如图 s8-3(c)所示的图形。

6. 用 ERASE 命令删除用于六等分的样条曲线，生成如图 s8-3(d)所示的图形。

7. 将图形按文件名“ex83.dwg”保存。

8.7 实验步骤四

1. 用 NEW 命令创建新图形文件，并设置图形界限为 280×200。

2. 用 ZOOM 命令及“全部”选项设置绘图区域为图界范围。

3. 用 LAYER 命令创建两个新图层。

- 辅助图层(Aux)：颜色为蓝色，其余属性为缺省。
- 电路图层(Circuit)：颜色为红色，其余属性为缺省。

当前图层为 0 层。

4. 用二维图形绘制和编辑命令以及对象捕捉功能，在 1×1 范围内，按图 s8-4(a1)、图 s8-4(a2)、图 s8-4(a3)、图 s8-4(a4)、图 s8-4(a5)顺序，绘制三极管基本图形，如图 s8-4(a6)、图 s8-4(a7)所示，字母“T”为文字字符，字母“t”为属性名称，该属性提示信息为“t =”，缺省值为“1”。

5. 用二维图形绘制和编辑命令以及对象捕捉功能，在 1×1 范围内，按图 s8-4(b1)、图 s8-4(b2)、图 s8-4(b3)、图 s8-4(b4)、图 s8-4(b5)顺序，绘制电容基本图形，如图 s8-4(b6)、图 s8-4(b7)所示，字母“C”为文字字符，字母“c”为属性名称，该属性提示信息为“c =”，缺省值为“1”。

6. 用二维图形绘制和编辑命令以及对象捕捉功能，在 1×1 范围内，按图 s8-4(c1)、图 s8-4(c2)、图 s8-4(c3)、图 s8-4(c4)、图 s8-4(c5)顺序，绘制电阻基本图形，如图 s8-4(c6)、图 s8-4(c7)所示，字母“R”为文字字符，字母“r”为属性名称，该属性提示信息为“r =”，缺省值为“b”。

7. 用 BLOCK 命令创建两个带属性的三极管图块 T1 和 T2，插入基点分别为水平短直线外侧端点。

8. 用 BLOCK 命令创建两个带属性的电容图块 C1 和 C2，插入基点分别为左边水平短直线和上边垂直短直线外侧端点。

9. 用 BLOCK 命令创建两个带属性的电阻图块 R1 和 R2，插入基点分别为上边垂直短直线和左边水平短直线外侧端点。

10. 用 LAYER 命令设置当前图层为 Aux。

11. 用图形绘制和编辑命令绘制“井”字网格,间距为20,如图 s8-4(d)所示。

12. 用 LAYER 命令设置当前图层为 Circuit。

13. 用 INSERT 命令插入有关三极管图块、电容图块和电阻图块,放大比例为20,用 LINE 命令以及对象捕捉功能,绘制有关连线,用 DONUT 命令以及对象捕捉功能,在接点处绘制填充实心小圆环,如图 s8-4(e)所示。

14. 用 LAYER 命令关闭图层:0 层和 Aux 层。

15. 将图形按文件名“ex84. dwg”保存。

8.8 实验步骤五

1. 用 NEW 命令创建新图形文件,并设置图形界限为 280 × 200。

2. 用 ZOOM 命令及“全部”选项设置绘图区域为图界范围。

3. 用 RECTANG 命令绘制教师讲台,用 DTEXT 命令注释文字“教师:”,用 ATTDEF 命令设置讲台的三个属性,如图 s8-5(a)所示。

讲台有三个属性:(1)教师姓名——可见;(2)性别——不可见;(3)职称——不可见。

4. 用 RECTANG 命令绘制学生课桌,用 DTEXT 命令注释文字“学号:”“姓名:”,用 ATTDEF 命令设置讲台的四个属性,如图 s8-5(b)所示。

课桌有4个属性:(1)学生姓名——可见;(2)学生编号——可见;(3)性别——不可见;(4)班级——不可见。

5. 用 BLOCK 命令将讲台、课桌分别定义为属性图块 Table 和 Desk。

6. 用 RECTANG 命令绘制教室(矩形)。

7. 用 INSERT 命令将讲台和课桌插入适当位置,如图 s8-5(c)所示。

8. 将图形按文件名“ex85. dwg”保存。

实验九 尺寸标注

9.1 实验目的

1. 理解尺寸标注、尺寸标注变量和尺寸标注样式的概念。

2. 熟练掌握各种尺寸标注的方法。

3. 进一步熟悉图层、图块和属性的使用方法。

9.2 实验内容

绘制如图 s9-1(f)、图 s9-2、图 s9-3 所示的图形,并标注相应尺寸。

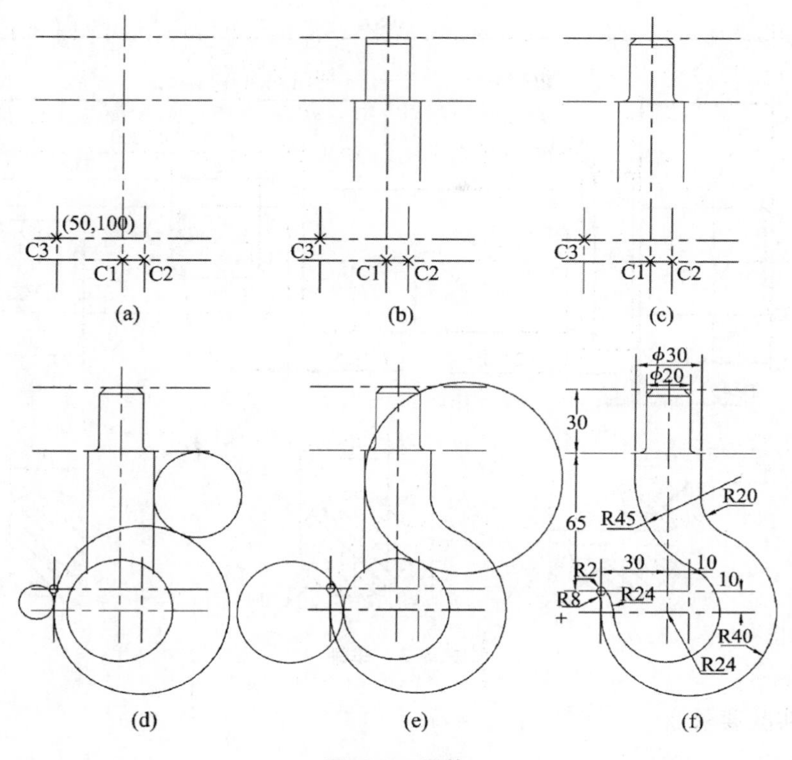

图 s9-1 吊钩

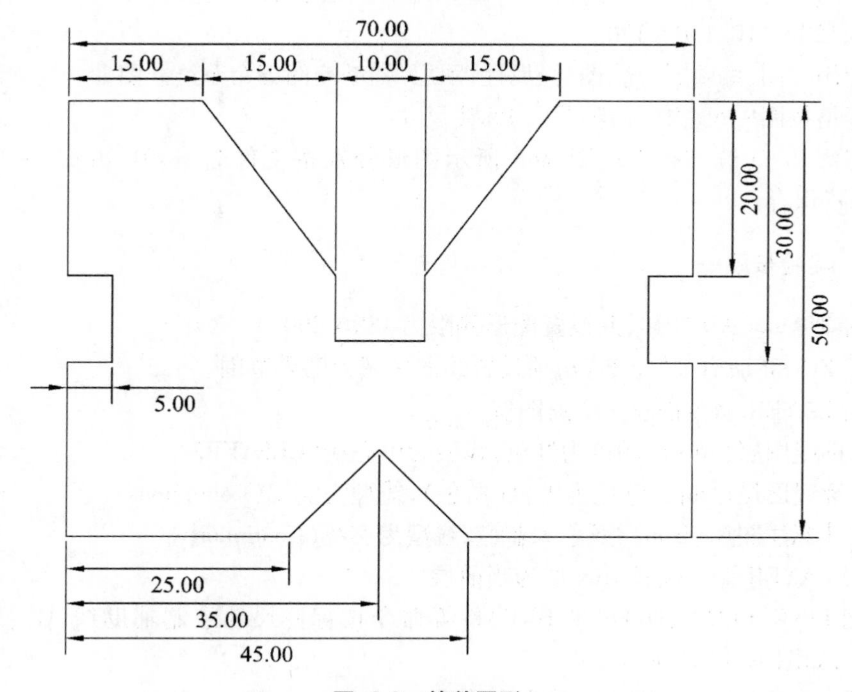

图 s9-2 简单图形

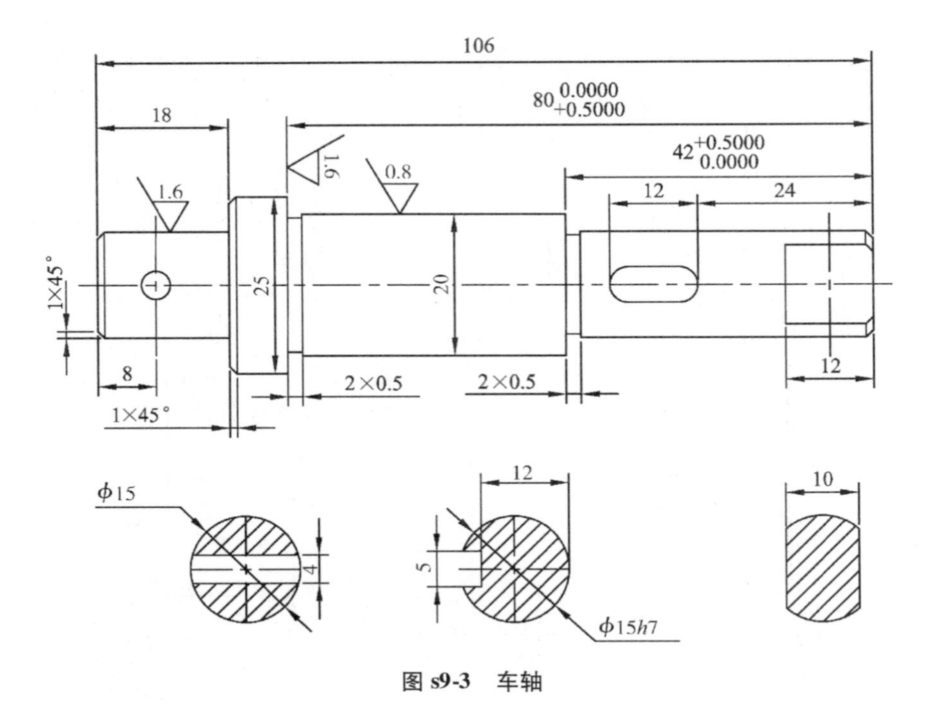

图 s9-3　车轴

9.3　实验要求

1. 将图 s9-1(f)、图 s9-2、图 s9-3 所示图形分别绘制在不同文件中,图形界限分别为 180×260、120×110、150×120。

2. 使用绘图、编辑、填充、图块、属性、图层、辅助绘图等命令绘制图形。

3. 严格按图中尺寸标注样式风格标注尺寸。

4. 将图 s9-1(f)、图 s9-2、图 s9-3 所示图形分别按文件名"ex91. dwg""ex92. dwg""ex93. dwg"保存。

9.4　实验步骤一

1. 启动 AutoCAD 2014,并设置图形界限为 180×260。

2. 用 ZOOM 命令及"全部"选项设置绘图区域为图界范围。

3. 用 LAYER 命令创建三个新图层。

- 辅助线图层(Aux):颜色为红色,线型为中心线(CENTER2)。
- 轮廓线图层(Obj):颜色为黑色(白色),线型为实线(Continuous)。
- 尺寸标注图层(Dim):颜色为蓝色,线型为实线(Continuous)。

4. 用 LAYER 命令设置 Aux 层为当前层。

5. 用 LINE、PLINE、OFFSET、BREAK 等命令按标注尺寸绘制辅助线,C3 点坐标为(50,100),如图 s9-1(a)所示。

6. 用 LAYER 命令设置 Obj 层为当前层。

7. 用 LINE、PLINE、OFFSET 等命令按标注尺寸绘制轮廓线,如图 s9-1(b)所示。

8. 用 FILLET、CHAMFER 命令倒角和圆角,倒角距离和圆角半径为3,如图 s9-1(c)所示。

9. 用 CIRCLE 命令分别以点 C1、C2、C3 为圆心绘制三个圆,用 TTR 方法绘制其余两个圆,如图 s9-1(d)所示。

10. 用 TRIM 命令剪切图形后,用 TTR 方法绘制圆,如图 s9-1(e)所示。

11. 用 TRIM 命令剪切图形后,在 Dim 图层按图 s9-1(f)所示标注样式标注尺寸。

12. 将图形按文件名"ex91. dwg"保存。

9.5 实验步骤二

1. 用 NEW 命令创建新图形文件,并设置图界范围为 120×90。

2. 用 ZOOM 命令及"全部"选项设置绘图区域为图界范围。

3. 用 LAYER 命令创建两个图层。

- Obj 层:颜色为黑色(白色),线型为实线,绘制图中实线。
- Dim 层:颜色为红色,线型为实线,标注尺寸。

4. 在 Obj 层绘制如图 s9-2 所示的图形,左下角坐标为(15,25)。

5. 在 Dim 层按图中尺寸标注样式标注尺寸。

6. 将图形按文件名"ex92. dwg"保存。

9.6 实验步骤三

1. 用 NEW 命令创建新图形文件,并设置图界范围为 150×120。

2. 用 ZOOM 命令及"全部"选项设置绘图区域为图界范围。

3. 用 LAYER 命令创建三个图层。

- Prt 层:颜色为黑色(白色),线型为实线,绘制图中实线。
- Pat 层:颜色为蓝色,线型为实线,填充图案。
- Dim 层:颜色为红色,线型为实线,标注尺寸。

0 层用于绘制和创建带属性图块,设置为当前图层。

4. 用 LINE、OFFSET、TRIM 等命令绘制粗糙度图形,用 ATTDEF 命令定义粗糙度属性 ATT,并将其定义为带属性图块 ROUGH,如图 s9-4 所示。

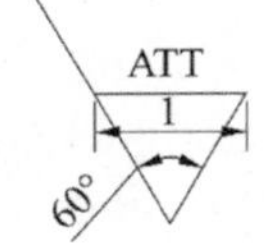

图 s9-4

5. 在 Prt 层用 RECTANG、LINE、FILLET 等命令绘制如图 s9-3 所示的图形的实线。

6. 在 Pat 层填充图案。

7. 在 Dim 层按图中尺寸标注样式标注尺寸,在相应位置插入 ROUGH 属性图块。

8. 将图形按文件名"ex93. dwg"保存。

实验十 二维平面绘图综合练习(一)

10.1 实验目的

1. 提高读者综合绘图能力。

2. 熟练运用 AutoCAD 基本知识、基本概念和基本方法绘制复杂二维图形。

3. 熟练使用 AutoCAD 2014 基本操作、基本命令和辅助功能绘制复杂二维图形。

10.2 实验内容

绘制如图 s10-1、图 s10-2 所示的图形。

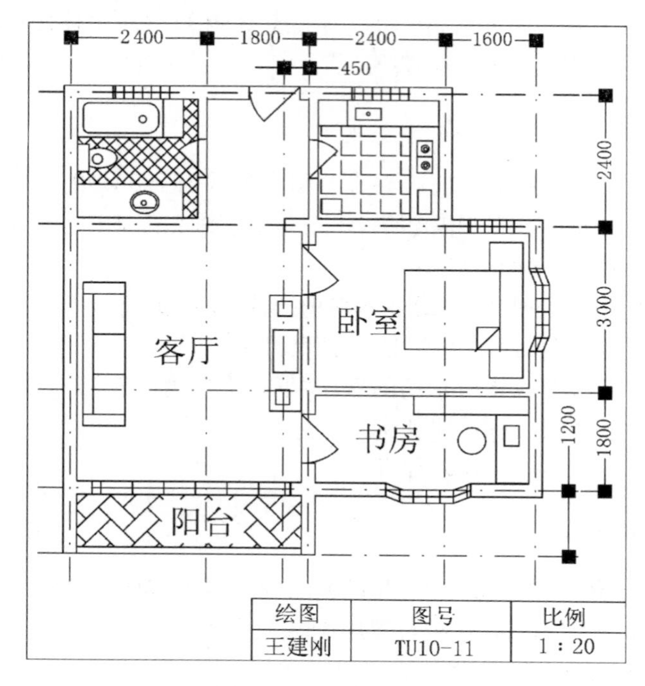

图 s10-1 二维平面图

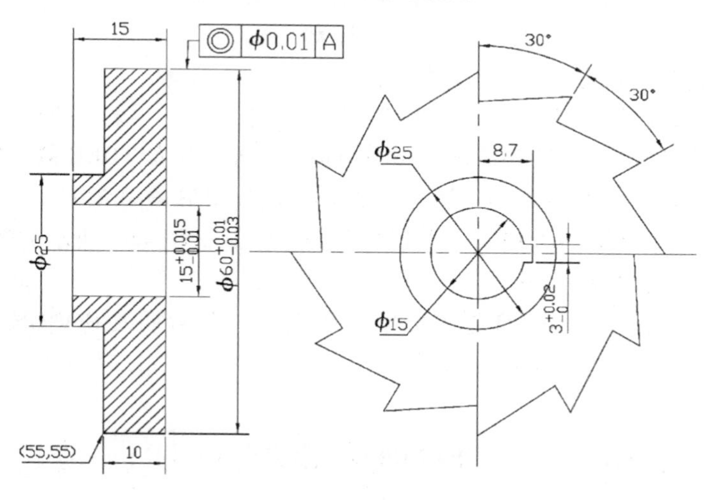

图 s10-2 齿轮图

10.3 实验要求

1. 将图 s10-1、图 s10-2 所示图形分别绘制在不同文件中，图 s10-1 的图形界限为

11 000×13 000，图 s10-2 的图形界限为 594×420。

2. 绘图时设置合适的绘图环境（图形单位、图形图界、图形图层、对象颜色、对象线型和对象线宽）。

3. 绘图时可使用合适的绘图工具（栅格显示、网格捕捉、正交模式、对象捕捉和自动跟踪）。

4. 使用绘图、编辑、填充、图块、属性、图层、辅助绘图等命令绘制图形。

5. 严格按图中尺寸标注样式标注尺寸。

6. 将图 s10-1、图 s10-2 图形分别按文件名“ex101. dwg”“ex102. dwg”保存。

10.4 实验步骤一

1. 启动 AutoCAD 2014，设置图形界限为 11 000×13 000。

2. 用 ZOOM 命令及“全部”选项设置绘图区域为图界范围。

3. 用 LAYER 命令创建 11 个图层。

- 0 层：颜色为黑色，线型为实线，绘制和创建门窗图块。
- 中心线层（Center）：颜色为红色，线型为 DASHDOTX2，绘制墙体中心线。
- 墙体层（Wall）：颜色为黑色，线型为实线，绘制墙体。
- 门层（Door）：颜色为青色，线型为实线，绘制门对象，插入门图块。
- 窗层（Window）：颜色为青色，线型为实线，绘制窗对象，插入窗图块。
- 家具层（Furniture）：颜色为蓝色，线型为实线，绘制家具。
- 设备（Fixture）：颜色为 145 色，线型为实线，绘制厨卫设备。
- 填充层（Hatch）：颜色为 200 色，线型为实线，填充地面图案。
- 说明层（Direction）：颜色为紫色，线型为实线，绘制图框和说明文字。
- 尺寸标注层（Dim）：颜色为蓝色，线型为实线，标注尺寸。
- 文字注释层（Text）：颜色为绿色，线型为实线，注释文字。

4. 用 LAYER 命令设置 0 层为当前层，用 XECTANG、LINE、ARC、TRIM、BLOCK 等命令按标注尺寸绘制和创建门窗图块 WINDOW1、WINDOW2、DOOR，如图 s10-3 所示。

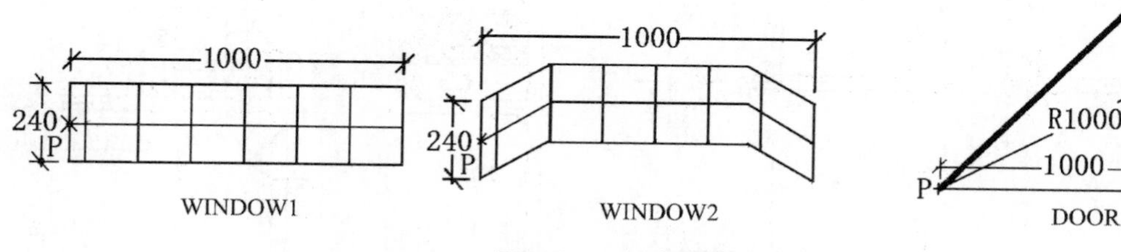

图 s10-3 创建图块

5. 用 LAYER 命令设置 Center 层为当前层，用 XLINE、LINE、OFFSET 等命令在 Center 层按标注尺寸绘制中心线，如图 s10-4 所示。

6. 用 LAYER 命令设置 Wall 层为当前层，用 MLINE 命令及对象捕捉功能在 Wall 层绘制墙体，承重墙宽为 240，非承重墙宽为 180，如图 s10-5 所示。

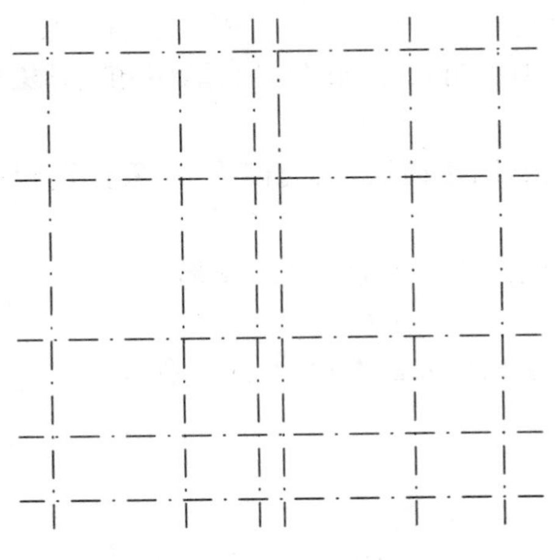

图 s10-4　绘制中心线

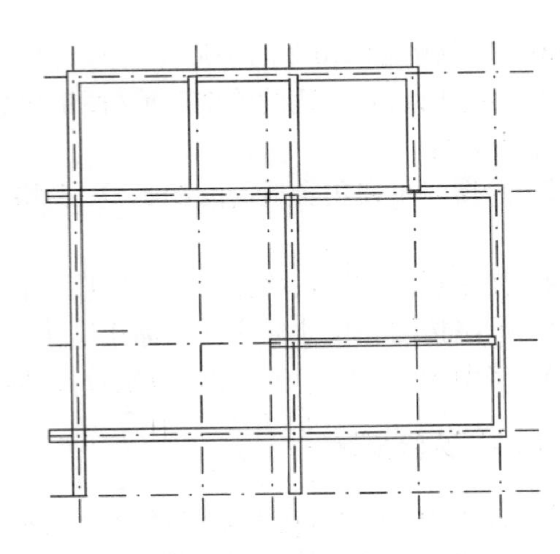

图 s10-5　绘制墙体

7. 用 MLEDIT 命令修剪墙体，如图 s10-6 所示。

8. 用 LAYER 命令设置 Door 层为当前层，用 INSERT 命令插入门图块，如图 s10-7 所示。

9. 用 LAYER 命令设置 Window 层为当前层，用 INSERT 命令插入窗块，如图 s10-7 所示。

10. 用 LAYER 命令设置 Furniture 层为当前层，用 RECTANG、LINE、CIRCLE、TRIM 等命令绘制家具，如图 s10-7 所示。

11. 用 LAYER 命令设置 Fixture 层为当前层，用 RECTANG、LINE、CIRCLE、TRIM 等命令绘制厨卫设备，如图 s10-7 所示。

12. 用 LAYER 命令设置 Text 层为当前层，用 DTEXT 命令注释文字，如图 s10-7 所示。

13. 用 LAYER 命令设置 Hatch 层为当前层，用 BHATCH 命令填充图案，如图 s10-7 所示。

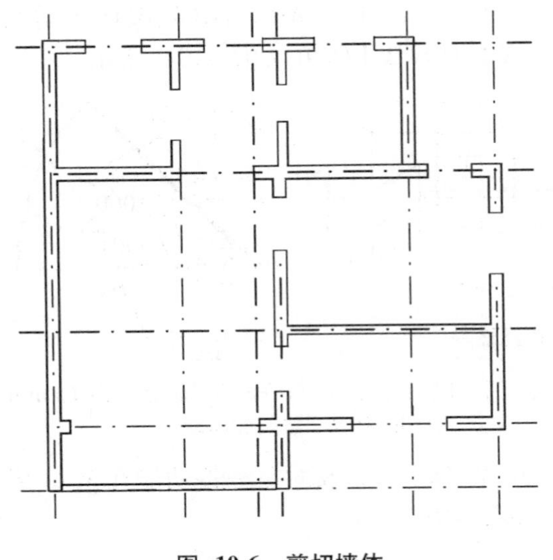

图 s10-6　剪切墙体

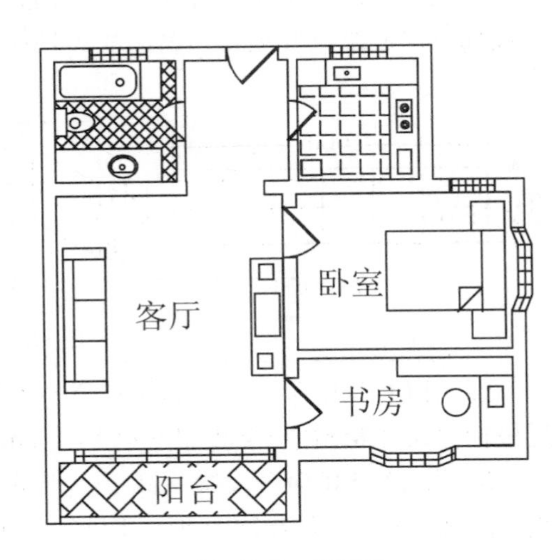

图 s10-7　平面图

14. 用 LAYER 命令设置 Dim 层为当前层,按图 S10-1 所示尺寸标注样式标注尺寸。

15. 用 LAYER 命令设置 Direction 层为当前层,用 RECTANG、LINE、DTEXT 命令绘制图框、标题块、标题文字,如图 s10-1 所示。

16. 将图形按文件名"ex101. dwg"保存。

10.5　实验步骤二

1. 用 NEW 命令创建新图形文件,并设置图形界限为 594 ×420。
2. 用 ZOOM 命令及"全部"选项设置绘图区域为图界范围。
3. 用 LAYER 命令创建 5 个图层。

- L1 层:颜色为黑色,线型为实线,绘制轮廓线。
- L2 层:颜色为蓝色,线型为实线,填充图案。
- L3 层:颜色为红色,线型为实线,标注尺寸。
- L4 层:颜色为绿色,线型为中心线(CENTER),绘制中心线。
- L5 层:颜色为紫色,线型为虚线(DASHED2),绘制辅助线。

4. 用 LAYER 命令设置 L5 层为当前层,用 PLINE、OFFSET、LINE、ARC 等命令按标注尺寸绘制辅助线,如图 s10-8 所示。

5. 用 LAYER 命令设置 L4 层为当前层,用 LINE 命令及对象捕捉功能绘制中心线,如图 s10-2 所示。

6. 用 LAYER 命令设置 L1 层为当前层,用 LINE、CIRCLE、ARRAY、TRIM 等命令及对象捕捉功能绘制轮廓线,如图 s10-9 所示。

7. 用 LAYER 命令关闭 L5 层和设置 L2 层为当前层,用 BHATCH 命令填充图案,如图 s10-2 所示。

8. 用 LAYER 命令设置 L3 层为当前层,按图中尺寸标注样式标注尺寸,如图 s10-2 所示。

9. 将图形按文件名"ex102. dwg"保存。

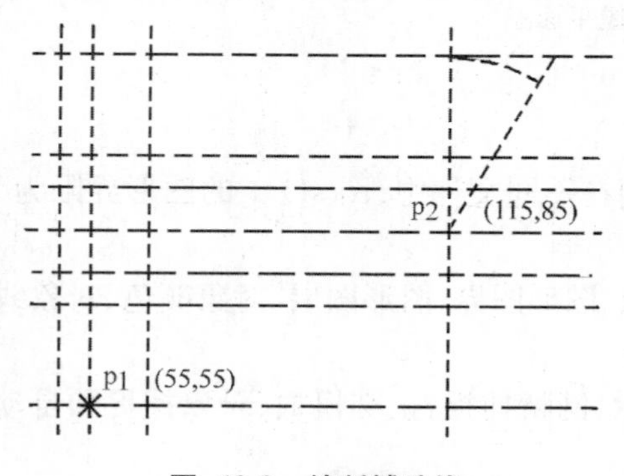

图 s10-8　绘制辅助线

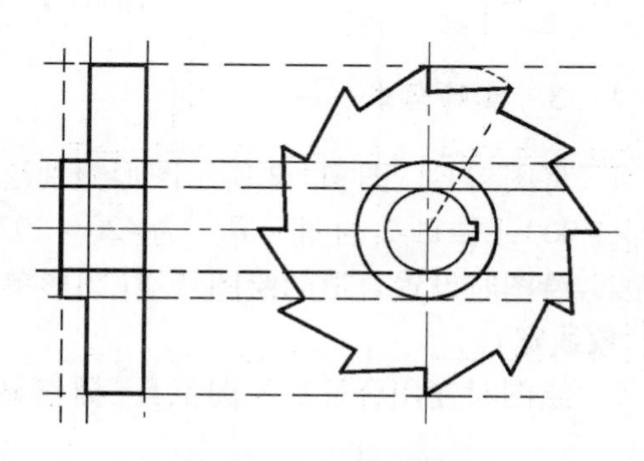

图 s10-9　绘制轮廓线

实验十一　二维平面绘图综合练习（二）

11.1　实验目的

1. 提高读者综合绘图能力。
2. 熟练运用 AutoCAD 基本知识、基本概念和基本方法绘制复杂二维图形。
3. 熟练使用 AutoCAD 2014 基本操作、基本命令和辅助功能绘制复杂二维图形。

11.2　实验内容

绘制如图 s11-1、图 s11-2 所示的图形。

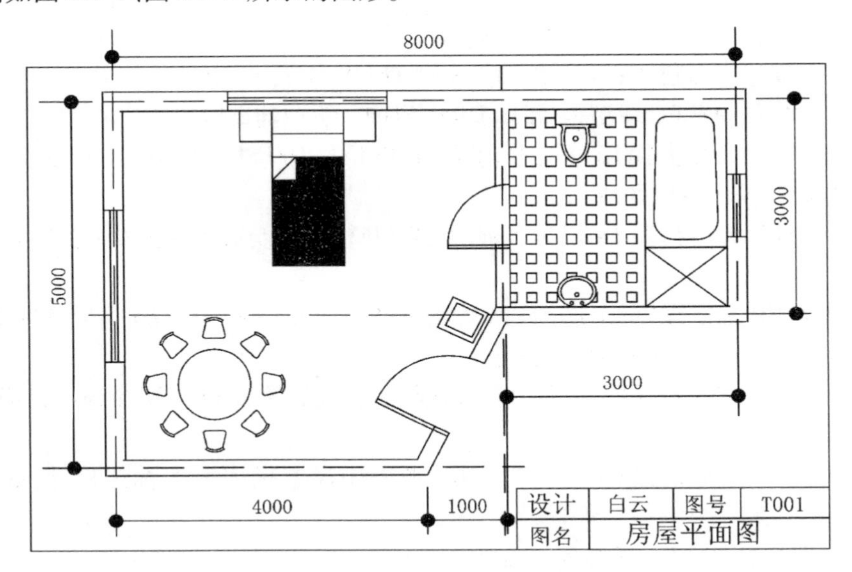

图 s11-1　房屋平面图

11.3　实验要求

1. 将图 s11-1、图 s11-2 所示图形分别绘制在不同文件中，图 s11-1 的图形界限为 10 000 × 7 000，图 s11-2 的图形界限为 420 × 297。

2. 绘图时设置合适的绘图环境（图形单位、图形图界、图形图层、对象颜色、对象线型和对象线宽）。

3. 绘图时使用合适的绘图工具（栅格显示、网格捕捉、正交模式、对象捕捉和自动跟踪）。

4. 使用绘图、编辑、填充、图块、属性、图层、辅助绘图等命令绘制图形。

5. 严格按图中尺寸样式风格标注尺寸。图框和标题栏不标注尺寸。

6. 将图 s11-1、图 s11-2 所示图形分别按文件名“ex111. dwg”“ex112. dwg”保存。

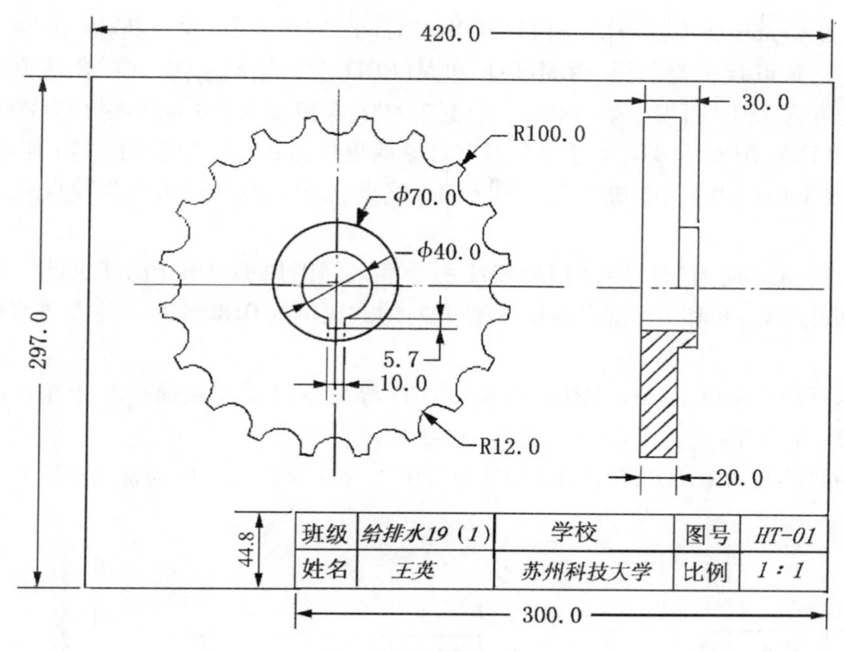

图 s11-2 零件图

11.4 实验步骤一

1. 启动 AutoCAD 2014，进入 AutoCAD 2014 绘图界面，并设置图形界限为 10 000 × 7 000。

2. 用 ZOOM 命令及“全部”选项设置绘图区域为图界范围。

3. 用 LAYER 命令创建 9 个图层。

- 0 层：黑色，实线，绘制图块和属性。
- 中心线层(Center)：红色，DASHDOT(比例 1 000)，绘制墙体中心线。
- 墙线层(Wall)：黑色，实线，绘制墙体。
- 门窗层(Door)：品红色，实线，绘制门和窗户，插入门窗图块。
- 填充层(Hatch)：绿色，实线，绘制浴室地砖及填充地砖图案。
- 家具层(Furniture)：青色，实线，绘制家具及插入家具图块。
- 卫生间层(Bathroom)：200 色，实线，绘制卫生间设备及插入卫生设备图块。
- 尺寸标注层(Dim)：黄色，实线，标注尺寸。
- 标题层(Direction)：蓝色，实线，绘制外框及插入标题图块。

4. 用 RECTANG、LINE、XLINE、DTEXT、ATTDEF、BLOCK 和 TRIM 等命令以及对象捕捉功能在 0 层绘制和创建带属性标题图块 DIRECTION，其中，“NAME”、“NUMBER”和“GROUPNAME”为属性，如图 s11-3 所示。

5. 用 LAYER 命令设置 Direction 层为当前层，用 RECTANG 命令绘制外框，用 INSERT 命令插入标题图块 DIRECTION，缩放比例为 10。

6. 设置 Center 层为当前层，用 LINE、XLINE 和 TRIM 等命令绘制墙体中心线。

7. 设置 Wall 层为当前层，用 MLINE 和 MLEDIT 命令绘制墙体，并在合适位置挖门洞和窗洞，墙宽为 250，大门宽为 1 000，小门宽为 800，大窗宽为 2 000，小窗宽为 800。

8. 用 LINE、ARC 和 TRIM 等命令以及对象捕捉功能在 0 层绘制和创建门图块 DOOR 和窗户图块 WINDOW，门图块插入点为转轴线端点 p，窗户图块插入点为顶点 p，如图 s11-3 所示。

9. 设置 Door 层为当前层，用 INSERT 命令插入门图块 DOOR 和窗户图块 WINDOW，门图块缩放比例为 8 和 10，窗户图块 X 轴方向缩放比例为 0.8 和 2，Y 轴方向缩放比例均为 1。

10. 用 LINE、RECTANG、TRIM 和 BHATCH 等命令以及对象捕捉功能在 0 层绘制和创建床图块 BED，图块插入点为 p，如图 s11-3 所示。

11. 用 LINE、ARC、OFFSET、FILLET 和 TRIM 等命令以及对象捕捉功能在 0 层绘制和

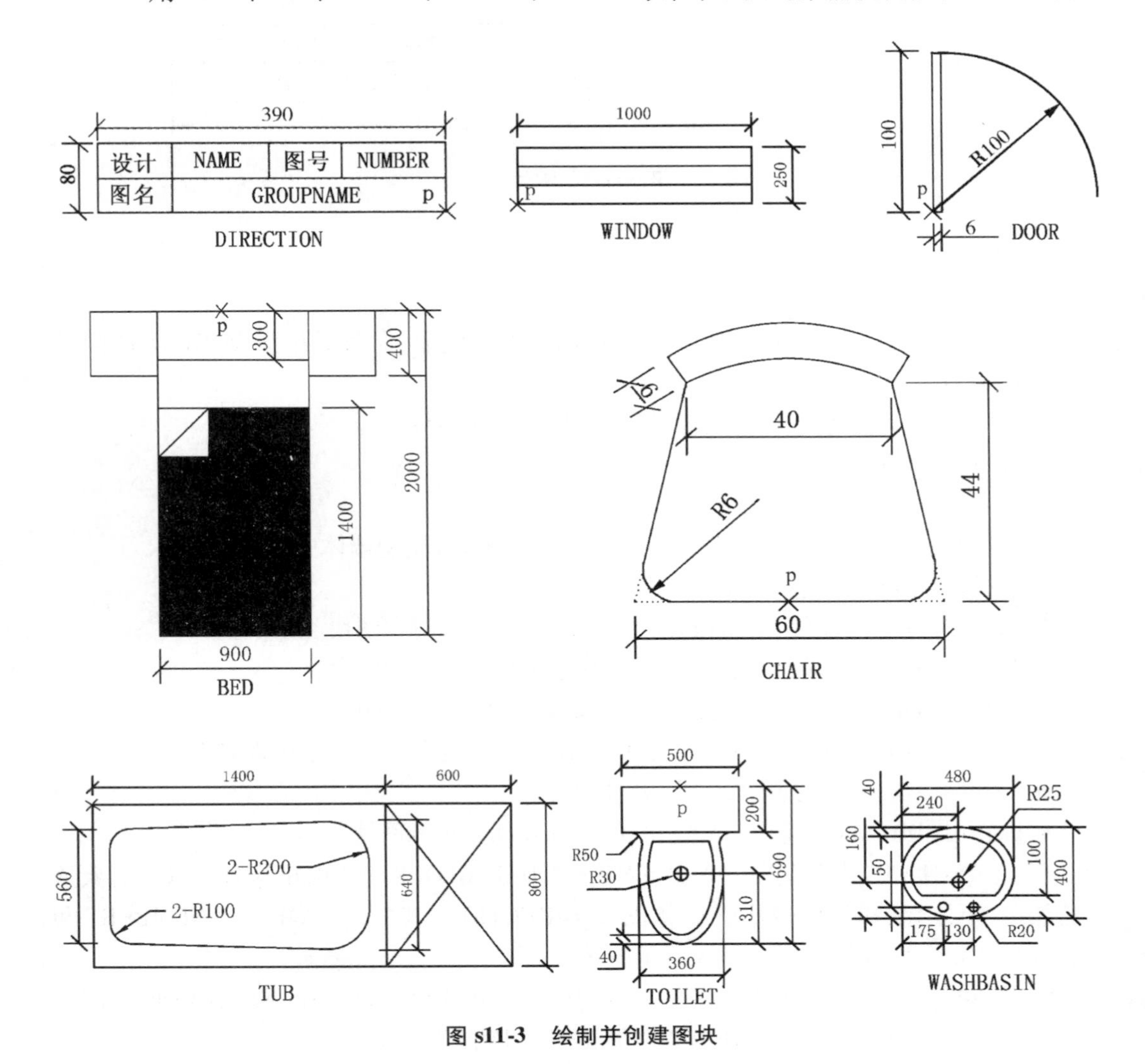

图 s11-3　绘制并创建图块

创建椅子图块 CHAIR，图块插入点为 p，如图 s11-3 所示。

12. 设置 Furniture 层为当前层，用 CIRCLE 和 RECTANG 绘制圆桌和电视柜，用 INSERT 命令插入床图块 BED 和椅子图块 CHAIR，对椅子图块进行环形阵列。

13. 用 RECTANG、LINE、CIRCLE、ELLIPSE、OFFSET、CHAMFER 和 TRIM 等命令以及对象捕捉功能在 0 层绘制和创建浴缸图块 TUB、马桶图块 TOILET 和面盆图块 WASHBASIN，图块插入点为 p，如图 s11-3 所示。

14. 设置 Bathroom 层为当前层，用 INSERT 命令插入浴缸图块 TUB、马桶图块 TOILET 和面盆图块 WASHBASINR。

15. 设置 Hatch 层为当前层，用 BHATCH 命令填充浴室的地砖图案（SQUARE）。

16. 设置 Dim 层为当前层，在尺寸标注层按图中尺寸标注样式标注尺寸。

17. 将图形按文件名"ex111. dwg"保存。

11.5 实验步骤二

1. 用 NEW 命令创建新图形文件，并设置图界范围为 420×297。
2. 用 ZOOM 命令及"全部"选项设置绘图区域为图界范围。
3. 用 LAYER 命令创建 5 个图层。

- 0 层：黑色，实线，绘制零件轮廓。
- 辅助层（Aux）：绿色，中心线（CENTER），绘制中心辅助线。
- 填充层（Pat）：蓝色，实线，填充图案 ANSI31。
- 尺寸标注层（Dim）：红色，实线，标注尺寸。
- 标题层（Direction）：紫色，实线，绘制图框和标题栏（属性块）。

4. 用 RECTANG、LINE、XLINE、DTEXT、ATTDEF、BLOCK 和 TRIM 等命令以及对象捕捉功能在 0 层绘制和创建带属性的标题图块 BLOCK，其中，"CLASS""NAME""SCHOOL""NUMBER""SCALE"为属性，正体文字为文字注释，字体为宋体，斜体文字为属性值，字体为斜体、宋体，如图 s11-4 所示。

班级	*CLASS*	学校	图号	*NUMBER*
姓名	*NAME*	*SCHOOL*	比例	*SCALE*

44.8

300.0

BLOCK

图 s11-4 绘制并创建标题图块

5. 设置 Direction 层为当前层，用 RECTANG 绘制图框，用 INSERT 插入标题图块 BLOCK。

6. 设置 Aux 层为当前层，用 LINE 命令绘制中心线。

7. 设置 0 层为当前层，用 LINE、CIRCLE、TRIM、ARRAY、OFFSET 命令绘制零件轮廓。

8. 设置 Pat 层为当前层，用 BHATCH 命令填充零件剖面图案。

9. 设置 Dim 层为当前层，按图示标注风格进行尺寸标注。图框和标题栏不标注尺寸，未标注尺寸可自行确定。

10. 将图形按文件名“ex112. dwg”保存。

实验十二　图纸空间、布局与图形输出

12.1　实验目的

1. 理解模型空间、图纸空间和布局的概念以及它们的区别与联系。
2. 熟练掌握多视口和浮动视口的创建方法。
3. 灵活运用 AutoCAD 2014 功能绘制较复杂的二维平面图形。
4. 熟练掌握布局创建方法。
5. 熟练掌握图形输出功能。

12.2　实验内容

绘制如图 s12-1 所示的图形，创建布局“Mylayout1”，如图 s12-2 所示，将布局打印输出。

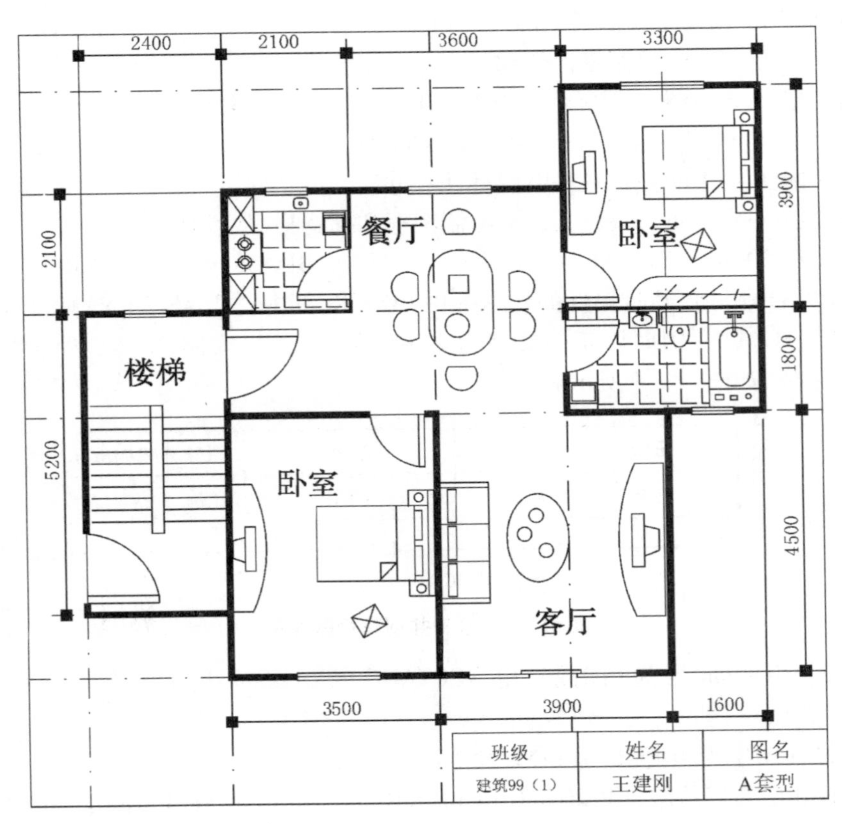

图 s12-1　房屋平面图

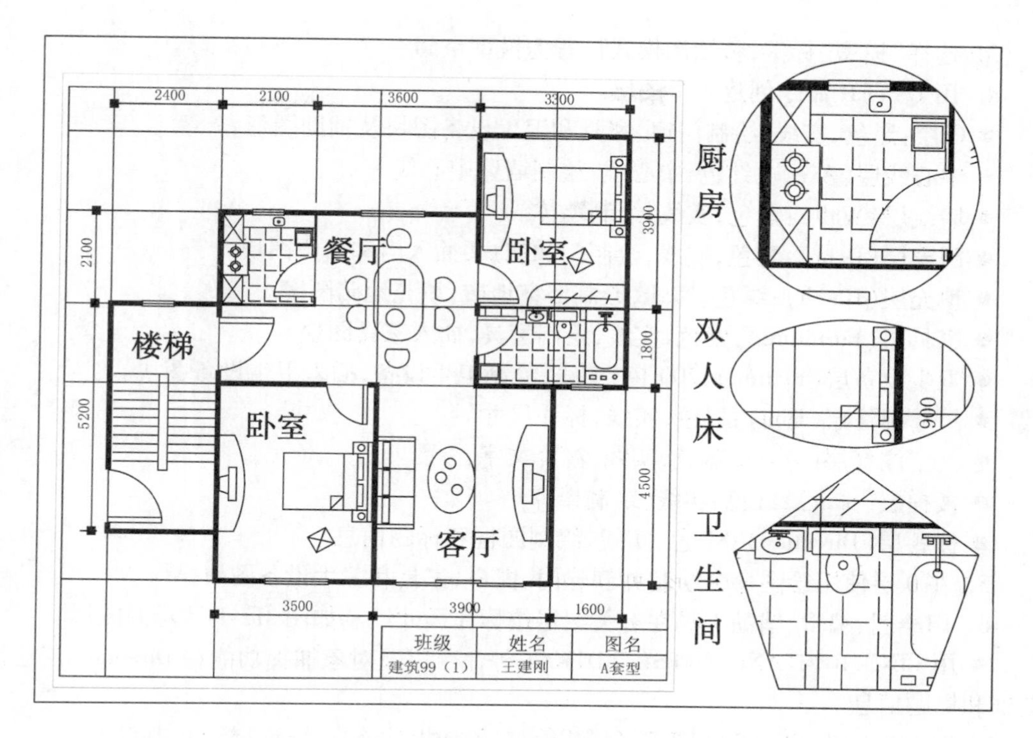

图 s12-2 创建布局

12.3 实验要求

1. 图形界限为 14 400 × 14 400。

2. 绘图时可设置合适的绘图环境(图形单位、图形图界、图形图层、对象颜色、对象线型和对象线宽)。

3. 绘图时可使用合适的绘图工具(栅格显示、网格捕捉、正交模式、对象捕捉和自动跟踪)。

4. 使用绘图、编辑、填充、辅助绘图等命令按标注尺寸绘制图形。

5. 按图 s12-1 所示图形中尺寸标注样式标注尺寸。

6. 模型空间页面名为"mplot1",打印机任选,图纸尺寸为 A3,打印区域为图界范围,打印比例为充满。

7. 图纸空间布局名为"Mylayout1",布局页面名为"plot1",打印机任选,图纸尺寸为 A2,打印区域为布局范围,打印比例为 1 : 1。

8. 将图形按所创建页面打印输出。

9. 将图 s12-1 所示图形按文件名"ex121. dwg"保存。

12.4 实验步骤

1. 启动 AutoCAD 2014,设置图形界限为 14 400 × 14 400。

2. 用 ZOOM 命令及"全部"选项设置绘图区域为图界范围。

3. 选择“模型”标签,将绘图模式设置为模型空间。

4. 用 LAYER 命令创建 7 个图层。

- 0 层:黑色,实线,绘制门窗、家具和卫生设备图块及辅助图形。
- 中心线层(Axes):红色,中心线,绘制墙体中心线。
- 墙线层(Wall):黑色,实线,绘制墙体。
- 门窗层(Door):青色,实线,绘制门和窗户,插入门和窗户图块。
- 填充层(Hatch):绿色,实线,绘制浴室地砖,填充地砖图案。
- 家具层(Furniture):紫色,实线,绘制家具,插入家具图块。
- 卫生设备层(Fixture):200 色,实线,绘制卫生设备,插入卫生设备图块。
- 尺寸标注层(Dim):黑色,实线,标注尺寸。
- 文字注释层(Text):蓝色,实线,注释文字。
- 楼梯层(Stair):红色,实线,绘制楼梯。
- 标题层(Direction):82 色,实线,绘制图框和标题信息。

5. 在 0 层使用绘图命令绘制并创建门、窗户、家具和卫生设备图块。

6. 用绘图、编辑、辅助工具在有关图层按标注尺寸绘制如图 s12-1 所示的图形。

- 用 LINE、RECTANG、OFFSET、DTEXT 等命令以及对象捕捉功能在 Direction 层绘制图框和标题信息。
- 用 LINE、PLINE、OFFSET 等命令以及对象捕捉功能在 Axes 层绘制中心线。
- 用 TRACE、BREAK 等命令以及对象捕捉功能在 Wall 层绘制墙线。
- 用 INSERT 命令以及对象捕捉功能在门窗层插入门和窗户图块。
- 用 INSERT 命令以及对象捕捉功能在家具层插入家具图块。
- 用 INSERT 命令以及对象捕捉功能在卫生设备层插入卫生设备图块。
- 用 BHATCH 命令在填充层填充地砖图案。
- 用 DTEXT 命令在文字注释层标注有关文字。
- 用 LINE、COPY 等命令以及对象捕捉功能在楼梯层绘制楼梯。
- 用 DIM 命令在尺寸标注层标注尺寸。

7. 用 PAGESETUP 命令按绘图要求创建模型空间页面“mplot1”。

8. 用 PLOT 命令打印输出页面“mplot1”。

9. 用 Layout 命令或用鼠标单击绘图区下方“布局(Layout)”标签,创建新布局“Mylayout1”。

10. 用 PAGESETUP 命令按绘图要求创建布局“Mylayout1”页面“plot1”。

11. 用 STRETCH 命令调整矩形视口,用 CIRCLE、ELLIPSE 和 POLYGON 命令绘制圆、椭圆和五边形对象,用 DTEXT 命令注释文字,如图 s12-2 所示。

12. 用 -VPORTS 命令创建新的浮动视口,如图 s12-2 所示。提示:

➢ 命令: -VPORTS↙ ——创建圆形浮动视口

➢ 指定视口的角点或 [开(ON)/…/对象(O)/…/图层(LA)/2/3/4] <布满>:O↙

➢ 选择要剪切视口的对象:(选择圆)

➢ 正在重生成模型。

同法创建椭圆和五边形浮动视口。

13. 双击浮动视口，转换为兼容模型空间"模型(MODEL)"。

14. 用 ZOOM 和 PAN 命令在圆形、椭圆和五边形浮动视口的相应模型空间将图形调整到合适大小和位置。

15. 双击浮动视口外区域，转换为图纸空间"图纸"。

16. 用 PLOT 命令打印输出页面"PLOT1"。

实验十三 三维图形绘制（一）

13.1 实验目的

1. 理解和掌握三维空间的概念。
2. 理解和掌握构造平面、标高、厚度等概念。
3. 理解和掌握三维图形显示方式（VPOINT、DVIEW、3DORBIT、3DFORBIT、3DCORBIT）。
4. 理解和掌握用户坐标系的概念，熟练掌握用户坐标系的创建方法。
5. 熟练掌握标高和厚度特性，使用二维绘图命令绘制简单三维图形。
6. 理解和掌握三维平面的概念，熟练掌握用 3DFACE 命令绘制表面模型三维图形。

13.2 实验内容

绘制如图 s13-1、图 s13-2、图 s13-3 所示的图形。

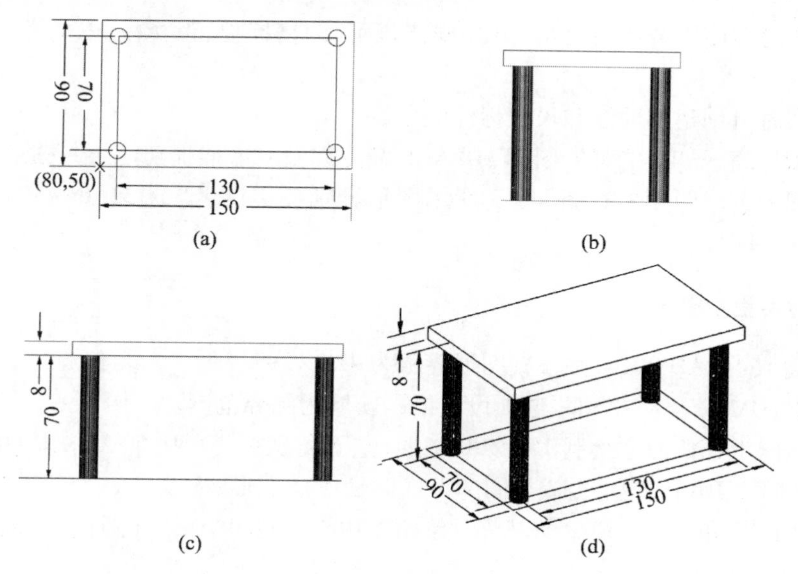

图 s13-1 绘制桌子

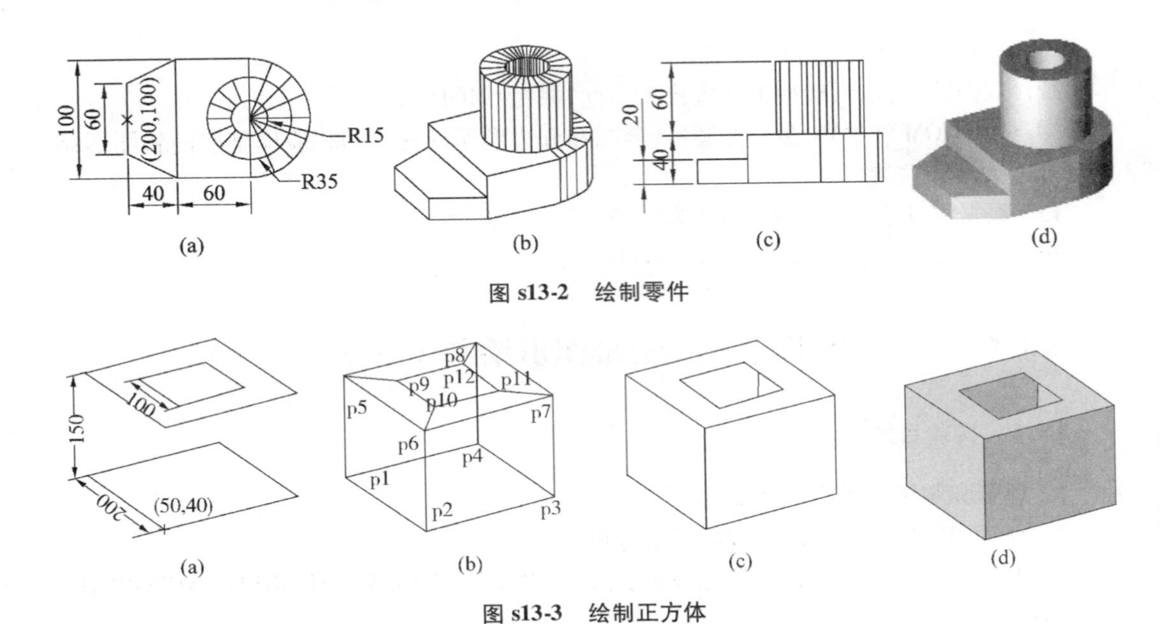

图 s13-2　绘制零件

图 s13-3　绘制正方体

13.3　实验要求

1. 将图 s13-1、图 s13-2、图 s13-3 所示图形分别绘制在不同文件中，三个图形文件的图形界限均相同，为 420×297，按标注尺寸绘制。

2. 绘图时可设置合适的绘图环境（图形单位、图形图界、图形图层、对象颜色、对象线型和对象线宽）。

3. 绘图时可使用合适的绘图工具（栅格显示、网格捕捉、正交模式、对象捕捉和自动跟踪）。

4. 绘图时可创建辅助线和尺寸标注图层。

5. 使用标高、厚度、二维绘图和 3DFACE 命令以及对象捕捉功能绘制图形。

6. 将图 s13-1、图 s13-2、图 s13-3 所示图形分别按文件名"ex131. dwg""ex132. dwg""ex133. dwg"保存。

13.4　实验步骤一

1. 启动 AutoCAD 2014，并设置图形界限为 420×297。

2. 用 ZOOM 命令及"全部"选项设置绘图区域为图界范围。

3. 用 RECTANG 命令绘制 150×90 矩形，左下角坐标为（80,50,0），用 OFFSET 命令将矩形向里偏移 10 个单位，生成如图 s13-1（a）所示的图形。

4. 用 ELEV 和 CIRCLE 命令以及对象捕捉功能绘制四个桌腿（圆柱）。提示：

➢ 命令：ELEV↙

➢ 指定新的默认标高 <0.0>：↙

➢ 指定新的默认厚度 <0.0>：70↙

➢ 命令：CIRCLE↙

➢ 指定圆的圆心或[三点(3P)/…/相切、相切、半径(T)]:(交点捕捉小矩形一顶点)
➢ 指定圆的半径或[直径(D)] <20.0>:5↙
同法绘制其他三个圆柱。

5. 用 ELEV 和 PLINE 命令绘制桌面(长方体)。提示:
   ➢ 命令:ELEV↙
   ➢ 指定新的默认标高 <0.0>:70↙
   ➢ 指定新的默认厚度 <70.0>:8↙
   ➢ 命令:FILL↙
   ➢ 输入模式[开(ON)/关(OFF)] <开>:OFF↙
   ➢ 命令:PLINE↙
   ➢ 指定起点:80,95↙　　——矩形框左边中点
   ➢ 当前线宽为 0.0000
   ➢ 指定下一个点或[圆弧(A)/半宽(H)/长度(L)/放弃(U)/宽度(W)]:W↙
   ➢ 指定起点宽度 <0.0000>:90↙
   ➢ 指定端点宽度 <90.0000>:↙
   ➢ 指定下一个点或[圆弧(A)/半宽(H)/长度(L)/放弃(U)/宽度(W)]:@ 150,0↙
   ➢ 指定下一点或[圆弧(A)/闭合(C)/半宽(H)/长度(L)/放弃(U)/宽度(W)]:↙
6. 用 UCS 和线性尺寸标注命令标注尺寸,生成如图 s13-1(d)所示的图形。
7. 用 VPOINT 和 HIDE 命令显示三维图形,如图 s13-1(d)所示。
8. 将图形按文件名“ex131. dwg”保存。

13.5 实验步骤二

1. 用 NEW 命令创建新图形文件,用 LIMITS 命令设置图形界限为 420 × 297。
2. 用 ZOOM 命令及“全部”选项设置绘图区域为图界范围。
3. 用 ELEV 和 PLINE 命令绘制底座。提示:
   ➢ 命令:ELEV↙　　——用 ELEV 命令设置标高为 0、厚度为 20
   ➢ 命令:PLINE↙
   ➢ 指定起点:200,100↙
   ➢ 指定下一个点或[圆弧(A)/半宽(H)/长度(L)/放弃(U)/宽度(W)]:W↙
   ➢ 指定起点宽度 <0.0000>:60↙
   ➢ 指定端点宽度 <60.0000>:100↙
   ➢ 指定下一个点或[圆弧(A)/半宽(H)/长度(L)/放弃(U)/宽度(W)]:@ 40,0↙
   ➢ 指定下一个点或[圆弧(A)/闭合(C)/半宽(H)/长度(L)/放弃(U)/宽度(W)]:↙
   ➢ 命令:ELEV↙　　——用 ELEV 命令设置标高为 0,厚度为 40
   ➢ 命令:PLINE↙
   ➢ 指定起点:↙
   ➢ 当前线宽为 100.0000
   ➢ 指定下一个点或[圆弧(A)/半宽(H)/长度(L)/放弃(U)/宽度(W)]: @ 60,0↙
   ➢ 指定下一个点或[圆弧(A)/闭合(C)/半宽(H)/长度(L)/放弃(U)/宽度(W)]: ↙
   ➢ 命令:PLINE↙
   ➢ 指定起点:300,75↙

➢ 当前线宽为 100.0000
➢ 指定下一个点或 [圆弧(A)/半宽(H)/长度(L)/放弃(U)/宽度(W)]:W↙
➢ 指定起点宽度 <100.0000>:50↙
➢ 指定端点宽度 <50.0000>:↙
➢ 指定下一个点或 [圆弧(A)/半宽(H)/长度(L)/放弃(U)/宽度(W)]:A↙
➢ 指定圆弧的端点或 [角度(A)/圆心(CE)/方向(D)/…/宽度(W)]:@0,50↙
➢ 指定圆弧的端点或 [角度(A)/圆心(CE)/闭合(CL)/…/宽度(W)]:CL↙

4. 用 ELEV 和 DONUT 命令绘制底座上方圆管。提示:

➢ 命令:ELEV↙ ——用 ELEV 命令设置标高为 40、厚度为 60
➢ 命令:DONUT↙
➢ 指定圆环的内径 <0.5000>:30↙
➢ 指定圆环的外径 <30.0000>:70↙
➢ 指定圆环的中心点或 <退出>:300,100↙
➢ 指定圆环的中心点或 <退出>:↙

5. 用 LAYER 命令创建尺寸标注图层 Dim,对图形进行尺寸标注。
6. 用 VPOINT 和 HIDE 命令显示三维图形,如图 s13-2(b)所示。
7. 将图形按文件名"ex132.dwg"保存。

13.6 实验步骤三

1. 用 NEW 命令创建新图形文件,用 LIMITS 命令设置图形界限为 420×297。
2. 用 ZOOM 命令及"全部"选项设置绘图区域为图界范围。
3. 用 LAYER 命令创建两个新图层:辅助图层 Aux,颜色为蓝色;实体图层 Object,颜色为红色。其余属性为缺省,当前图层为 Aux 层。
4. 用 RECTANG、COPY 和 OFFSET 命令绘制如图 s13-3(a)所示的辅助二维图形,正方形左下角坐标为(50,40,0),边长为 200。提示:

➢ 命令:RECTANG↙ ——绘制下方大正方形
➢ 命令:COPY↙ ——绘制下方大正方形,朝 Z 轴正向 150 位置复制大正方形
➢ 命令:OFFSET↙ ——绘制上方大正方形,朝内侧偏移 50,生成小正方形

5. 用 LAYER 命令设置当前图层为 Object。
6. 用 3DFACE 命令绘制三维面,如图 s13-3(b)所示。提示:

➢ 命令:3DFACE↙ ——绘制底面三维面 p1p2p3p4
➢ 命令:3DFACE↙ ——绘制侧面三维面 p1p5p6p2、p6p2p3p7、p3p7p8p4、p8p4p1p5
➢ 指定第一点或 [不可见(I)]:(拾取 p1 点)
➢ 指定第二点或 [不可见(I)]:(拾取 p5 点)
➢ 指定第三点或 [不可见(I)] <退出>:(拾取 p6 点)
➢ 指定第四点或 [不可见(I)] <创建三侧面>:(拾取 p2 点)
➢ 指定第三点或 [不可见(I)] <退出>:(拾取 p3 点)
➢ 指定第四点或 [不可见(I)] <创建三侧面>:(拾取 p7 点)
➢ 指定第三点或 [不可见(I)] <退出>:(拾取 p8 点)
➢ 指定第四点或 [不可见(I)] <创建三侧面>:(拾取 p4 点)

➢ 指定第三点或［不可见(I)］<退出>:(拾取 p1 点)
➢ 指定第四点或［不可见(I)］<创建三侧面>:(拾取 p5 点)
➢ 指定第三点或［不可见(I)］<退出>:↙
➢ 命令:3DFACE↙ ——绘制顶面三维面 p5p9p10p6,…,p12p8p5p9
➢ 命令:EDGE↙ ——隐藏顶面三维面交线,虚线表示

7. 用 HIDE 命令消隐处理,如图 s13-3(c)所示。
8. 用 SHADE 命令进行带边线体着色处理,如图 s13-3(d)所示。
9. 将图形按文件名"ex133. dwg"保存。

实验十四 三维图形绘制(二)

14.1 实验目的

1. 进一步理解三维空间的概念。
2. 进一步理解构造平面、标高、厚度等的概念。
3. 进一步理解三维图形显示方式(VPOINT、DVIEW、3DORBIT、3DFORBIT、3DCORBIT)。
4. 进一步理解用户坐标系的概念,熟练掌握用户坐标系的创建方法。
5. 熟练掌握用三维图形绘制命令以及各种辅助绘图工具绘制复杂三维图形的方法。
6. 提高综合绘图能力。

14.2 实验内容

按要求绘制如图 s14-1 所示的床、床头柜、台灯等三维模型图。

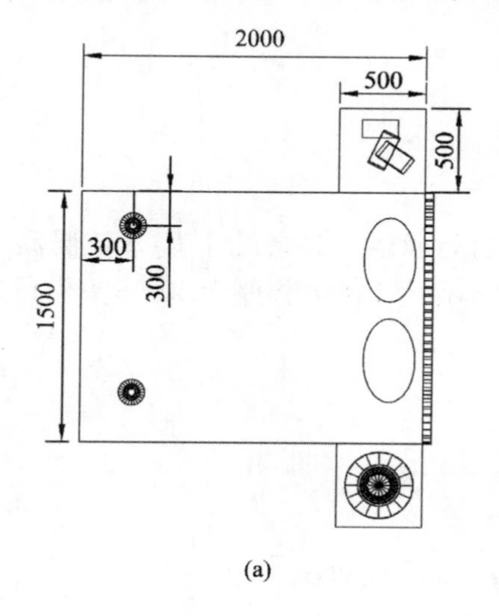

(a)

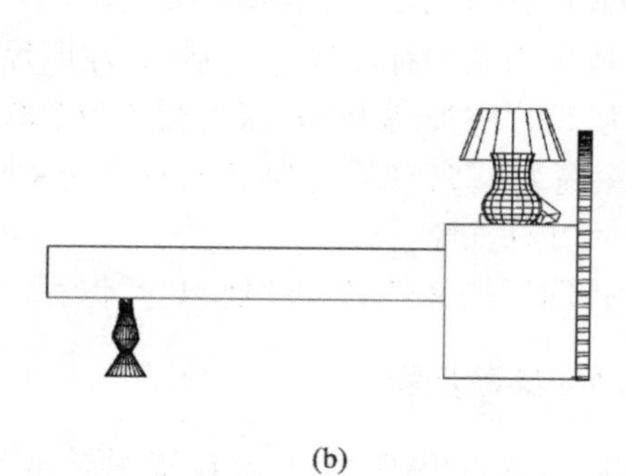
(b)

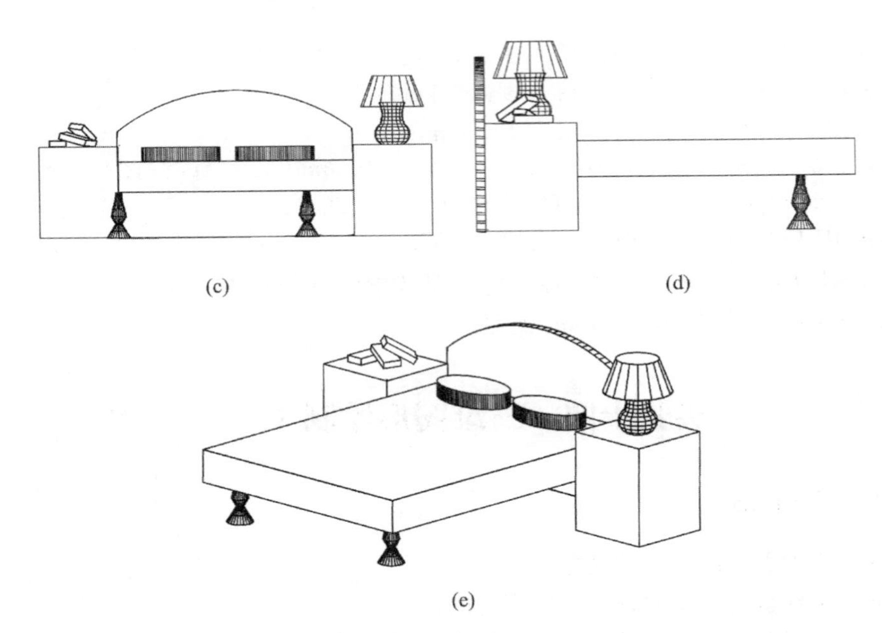

(c)　　(d)

(e)

图 s14-1　绘制三维图形

14.3　实验要求

1. 图形界限为 2 400 ×2 900。
2. 按图形性质设置 7 个图层。
- 0 层:黑色,虚线(DOT2),线型比例 10,绘制“井”字形辅助线。
- L1 层:洋红色,绘制床头柜。
- L2 层:蓝色,实线,绘制台灯及书。
- L3 层:青色,实线,绘制床支脚。
- L4 层:绿色,实线,绘制床垫。
- L5 层:黄色,实线,绘制枕头。
- L6 层:红色,实线,绘制床头板。

3. 按平面图中标注尺寸绘制(未注明尺寸自行确定),其余尺寸为:床支脚高为 300,床垫高为 200,枕头高为 90;床头板高为 700,弧半径为 1 000,板厚为 40;床头柜高为 600,台灯底座高为 275,灯罩高为 200,总高为 450。
4. 尺寸标注略。
5. 将图形按文件名“ex141. dwg”保存。

14.4　实验步骤

1. 启动 AutoCAD 2014,并设置图形界限为 2 400 ×2 900。
2. 用 ZOOM 命令及“全部”选项设置绘图区域为图界范围。
3. 用 LAYER 命令按绘图要求创建图层,设置有关状态参数。
4. 用 LAYER 命令设置 0 层为当前层,用 PLINE、OFFSET、LINE 等命令按标注尺寸绘

制“井”字形辅助线，如图 s14-2 所示。

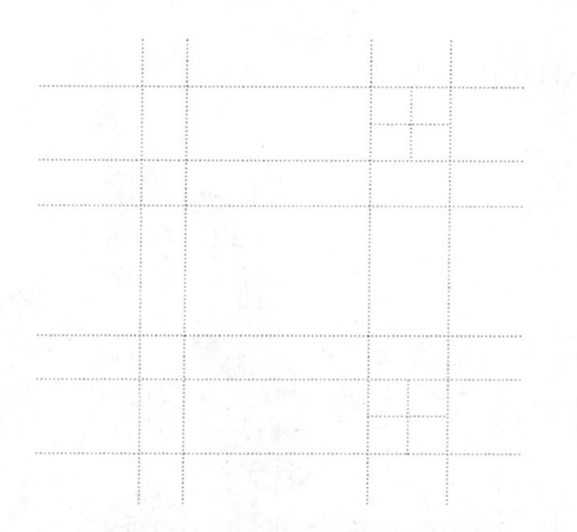

图 s14-2　绘制“井”字形辅助线

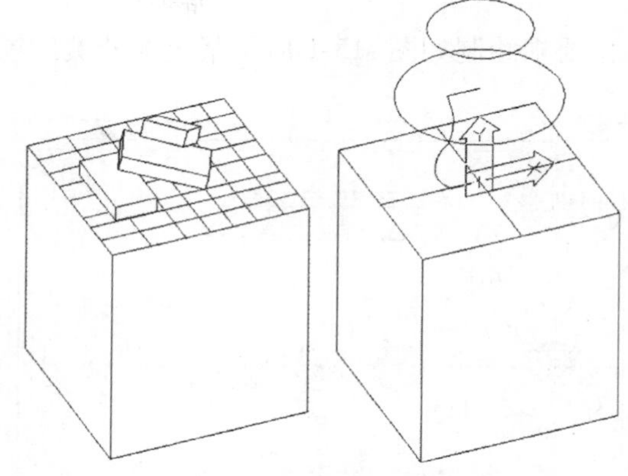

图 s14-3　绘制床头柜、台灯、书

5. 用 LAYER 命令设置 L1 层为当前层，用 ELEV、PLINE、FILL 等命令绘制床头柜，高度为 0，厚度为 600，如图 s14-3 所示。

6. 用 LAYER 命令设置 L2 层为当前层，用 UCS、LINE、CIRCLE、PLAN、PLINE、ALIGN、REVSURF、RULESURF 等命令绘制台灯及书，如图 s14-3 所示。

7. 用 LAYER 命令设置 L3 层为当前层，用 UCS、LINE、CIRCLE、PLAN、PLINE、REVSURF 等命令绘制两个床脚，如图 s14-1 所示。

8. 用 LAYER 命令设置 L4 层为当前层，用 ELEV、PLINE、FILL 等命令绘制床垫，高度为 300，厚度为 200。

9. 用 LAYER 命令设置 L5 层为当前层，用 ELEV、ELLIPSE、FILL 等命令绘制枕头，高度为 500，厚度为 90。

10. 用 LAYER 命令设置 L6 层为当前层，用 UCS、PLAN、PLINE、REGION、COPY、RULESURF 等命令绘制床头板，高度为 700，弧半径为 1 000，厚度为 40。

11. 将图形按文件名“ex141. dwg”保存。

实验十五　三维图形绘制（三）

15.1　实验目的

1. 深入理解三维空间的概念。
2. 深入理解构造平面、标高、厚度等的概念。
3. 深入理解三维图形显示方式（VPOINT、DVIEW、3DORBIT、3DFORBIT、3DCORBIT）。
4. 深入理解用户坐标系的概念，熟练掌握用户坐标系的创建方法。
5. 熟练掌握用三维图形绘制命令以及各种辅助绘图工具绘制复杂三维图形的方法。
6. 提高综合绘图能力。

15.2 实验内容

按要求绘制如图 s15-1 所示某金融外贸广场的立体模型图。

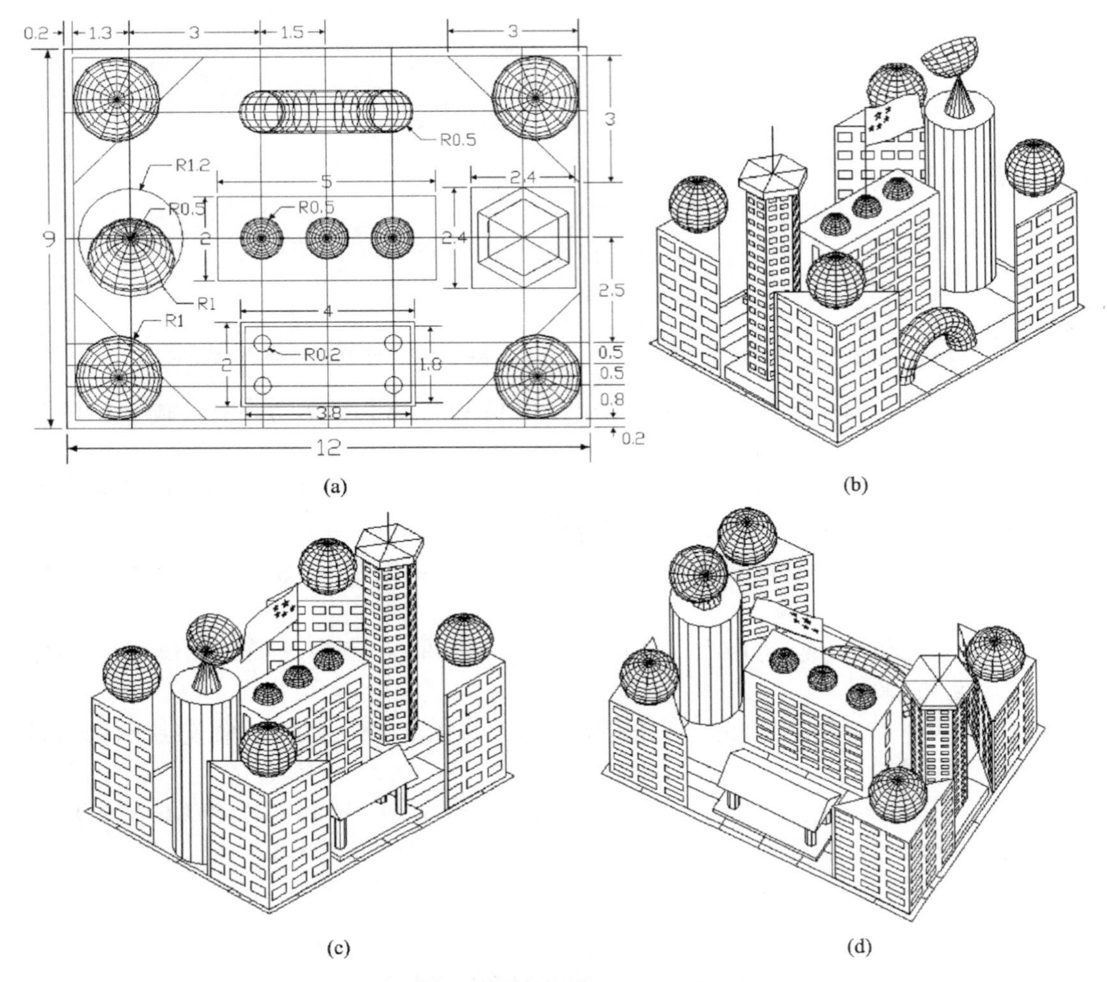

图 s15-1 某金融外贸广场立体模型图

15.3 实验要求

1. 图形界限为 12 ×9。
2. 按图形性质设置 7 个图层。

- 0 层:白色,实线,绘制矩形外框和地面“井”字形辅助线。
- L1 层:洋红色,实线,绘制三棱台形建筑及顶部球体。
- L2 层:蓝色,实线,绘制圆柱形建筑、顶部天线底座及顶部天线。
- L3 层:青色,实线,绘制六面体建筑。
- L4 层:绿色,实线,绘制主楼前凉亭。

- L5 层：黄色，实线，绘制主楼、顶部半球体和五星红旗。
- L6 层：红色，实线，绘制主楼后半圆形拱门。

3. 按平面图中标注尺寸绘制（未注明尺寸自行确定），其余尺寸如下：

- 三棱台建筑高为5。
- 圆柱体建筑高为7，顶部天线底座圆锥高为1.5，碟形天线倾斜30°。
- 六面体底座高为0.5，主体建筑高为8，顶盖厚为0.3。
- 凉亭底座高为0.2，四个圆柱高为1.5，顶部脊形顶高为1。
- 四面体主楼高为5。
- 半圆环拱门的截面圆半径为0.5，旋转角度为180°。

4. 绘图时可设置合适的绘图环境（图形单位、图形图界、图形图层、对象颜色、对象线型和对象线宽等）。

5. 绘图时可使用合适的绘图工具（栅格显示、网格捕捉、正交模式、对象捕捉和自动跟踪等）。

6. 绘图时用三维图形绘制和编辑命令以及 UCS 和各种辅助工具绘制图形。

7. 将图形按文件名“ex151.dwg”保存。

15.4 实验步骤

1. 启动 AutoCAD 2014，并设置图形界限为 12×9。
2. 用 ZOOM 命令及“全部”选项设置绘图区域为图界范围。
3. 用 LAYER 命令按绘图要求创建图层，设置有关状态参数。
4. 在0层按标注尺寸绘制矩形外框和地面“井”字形辅助线，如图 s15-2 所示。

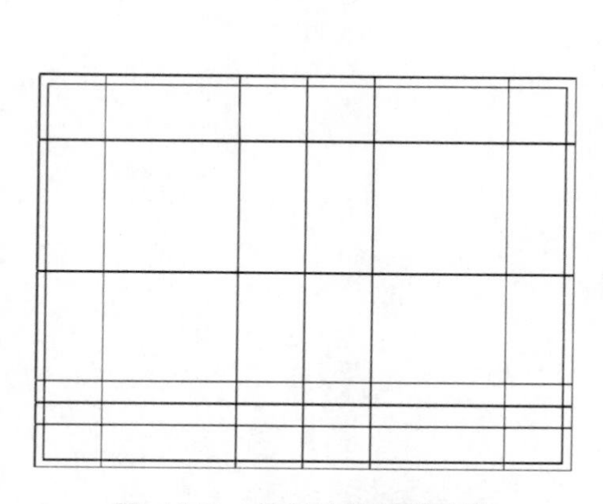

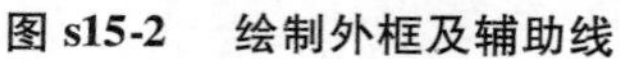

图 s15-2 绘制外框及辅助线

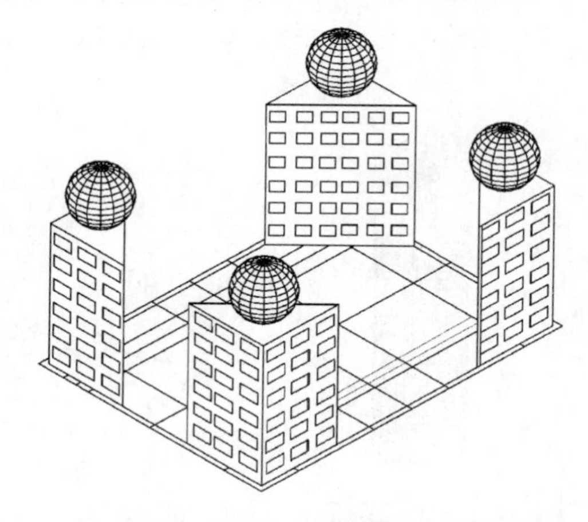

图 s15-3 绘制三棱台建筑和顶部球体

5. 在 L1 层绘制三棱台建筑和顶部球体，如图 s15-3 所示。

- 绘制左下角三棱台。提示：

用 LAYER 命令设置 L1 层为当前层。

➤ 命令：AI_PYRAMID↙

输入底面第一、二、三角点坐标：(0.2,0.2,0)、(@3,0,0)、(@ -3,3,0)。

➢ 指定棱锥面底面的第四角点或［四面体(T)］:T↙

➢ 指定四面体表面的顶点或［顶面(T)］:T↙

输入顶面第一、二、三角点坐标:(0.2,0.2,5)、(3.2,0.2,5)、(0.2,3.2,5)。

● 绘制顶部球体。提示:

➢ 命令:SPHERE 或AI_SPHERE↙

输入中心坐标(1.2,1.2,6)和半径1。

● 绘制侧面小矩形窗口。提示:

用 UCS、PLAN、RECTANG、COPY 等命令绘制侧面小矩形窗口。

● 阵列三棱台。提示:

用 3DARRAY 命令以矩形外框中心点 Z 轴正向垂直线为轴环形阵列三棱台和球体。

用 MOVE 命令将不在位置的三棱台和球体平移到指定位置(可使用捕捉功能)。

6. 在 L2 层绘制圆柱形建筑、顶部天线底座和顶部天线,如图 s15-4 所示。

● 绘制圆柱形建筑。提示:

用 LAYER 命令设置 L2 层为当前层。

用 ELEV 命令设置高度为0,厚度为7。

➢ 命令:CIRCLE↙

输入底部圆心(1.5,4.5)和半径1.2。

● 绘制圆锥底座。提示:

➢ 命令:CONE 或AI_CONE↙

输入底部圆心(1.5,4.5,7),半径0.5,高1.5。

● 绘制碟形天线。提示:

➢ 命令:AI_DISH↙

输入圆心(1.5,4.5,9.5),半径1。

用 ROTATE3D 命令对碟形天线倾斜 30°(旋转轴为经过圆锥顶点且平行于 X 轴的直线)。

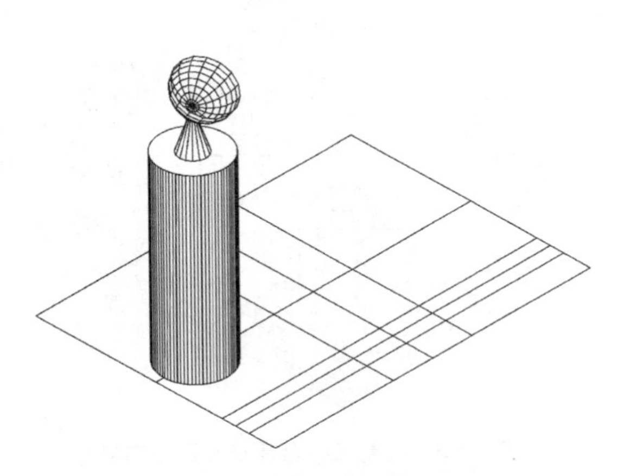

图 s15-4 绘制圆柱形建筑、顶部天线

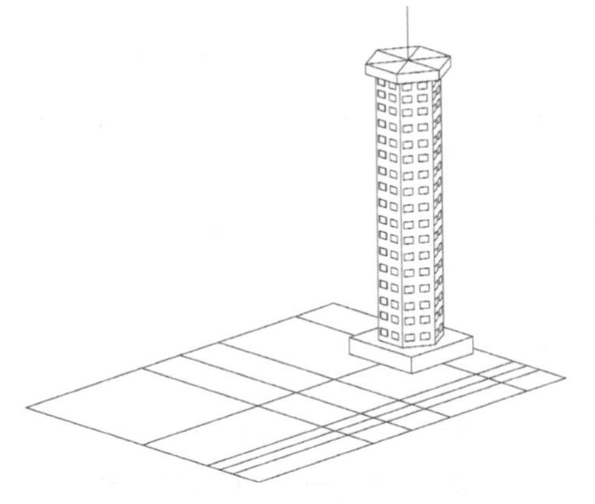

图 s15-5 绘制六面体建筑、顶部避雷针

7. 在 L3 层绘制六面体建筑和顶部避雷针直线,如图 s15-5 所示。

● 绘制四面体底座。提示:

用 LAYER 命令设置 L3 为当前层。

➢ 命令:BOX 或AI_BOX↙

输入角点坐标(9.4,3.3,0),长2.4,宽2.4,高0.5。提示:

- 绘制六面体主体建筑。

用 ELEV 命令设置高度为0.5,厚度为8。

用 POLYGON 命令按内切圆绘制六边形,圆心为(10.6,4.5)。

- 绘制六面体顶盖。提示:

用 ELEV 命令设置高度为8.5,厚度为0.3。

用 POLYGON 命令按内切圆绘制六边形,圆心为(10.6,4.5)。

- 绘制顶部避雷针直线。提示:

用 ELEV 命令设置高度为8.8,厚度为2。

用 POINT 命令绘制点(10.6,4.5)。

- 绘制侧面小矩形窗口。

用 UCS、PLAN、RECTANG、COPY 等命令绘制侧面小矩形窗口。

8. 在 L4 层绘制主楼前凉亭,如图 s15-6 所示。

- 绘制底座。提示:

用 LAYER 命令设置 L4 为当前层。

➢ 命令:BOX 或AI_BOX↙

输入角顶点坐标(4,0.5,0),长4,宽2,高0.2。

- 绘制四个圆柱。提示:

用 ELEV 命令设置高度为0.2,厚度为1.5。

用 CIRCLE 命令绘制顶部四个圆,圆心用捕捉方式拾取。

- 绘制脊形顶。提示:

➢ 命令:AI_PYRAMID↙

输入底面第一、二、三、四角点坐标:(4.1,0.6,1.7),(@3.8,0,0),(@0,1.8,0),(@ -3.8,0,0)↙

指定棱锥面的顶点或[棱(R)/顶面(T)]:R↙

指定棱锥面棱的第一端点:4.1,1.5,2.7↙

指定棱锥面棱的第二端点:@3.8,0,0↙

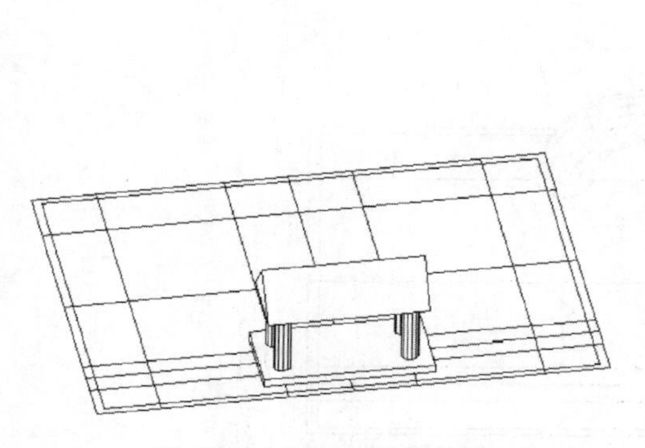

图 s15-6 绘制主楼前凉亭

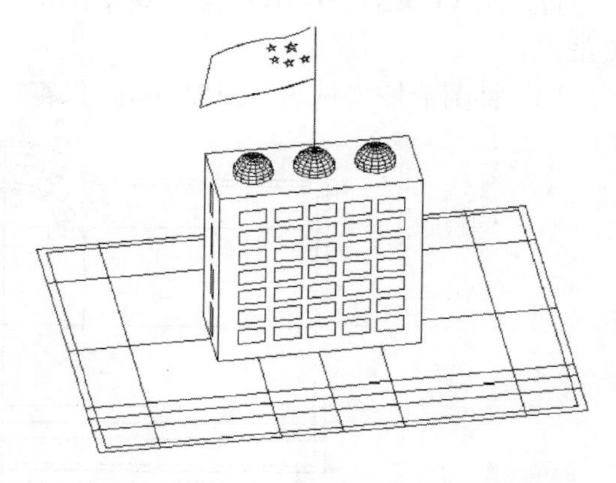

图 s15-7 绘制主楼、顶部半球体、五星红旗

9. 在 L5 层绘制主楼、顶部半球体和五星红旗,如图 s15-7 所示。

- 绘制四面体主楼。提示:

用 LAYER 命令设置 L5 层为当前层。

➢ 命令:BOX 或AI_BOX↙

输入角点坐标(3.5,3.5,0),长5,宽2,高5。

● 绘制顶部三个半球体。提示:

➢ 命令:AI_DOME↙

输入圆心(4.5,4.5,5),半径0.5。

输入圆心(6,4.5,5),半径0.5。

输入圆心(7.5,4.5,5),半径0.5。

● 绘制顶部五星红旗。提示:

用 ELEV 命令设置高度为0,厚度为0。

用 UCS 命令创建新的坐标系,原点在中间半球体顶,X 轴旋转 90°。

用 PLAN 命令设置新 UCS 的 XOY 平面。

用有关二维绘图命令绘制五星红旗。

用 RULESURF 命令将旗面绘制为规则曲面。

● 绘制侧面小矩形窗口。提示:

用 UCS、PLAN、RECTANG、COPY 等命令绘制侧面小矩形窗口。

10. 在 L6 层绘制半圆形拱门,如图 s15-8 所示。

● 绘制截面圆。提示:

用 LAYER 命令设置 L6 层为当前层。

用 ELEV 命令设置高度为0,厚度为0。

➢ 命令:CIRCLE↙

输入圆心(4.5,7.5),半径0.5。

● 绘制拱门。提示:

➢ 命令:REVSURF↙

选择截面圆。

选择旋转轴(矩形外框平行于 Y 轴的中线),旋转角度 180°。

11. 用 VPOINT、DVIEW 命令观察图形,用 HIDE、SHADE、RENDER 命令消隐、着色、渲染。

12. 将图形按文件名“ex151. dwg”保存。

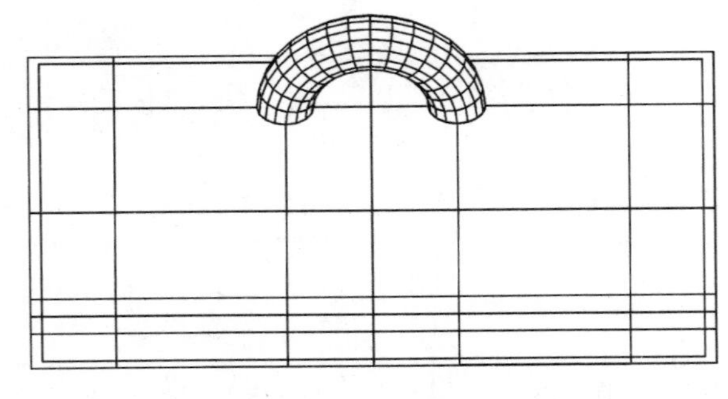

图 s15-8　绘制半圆形拱门